# 水环境模型与应用

蒲　晓　董国涛　张桂香　古今今　张玉虎
谢　婧　张瑞宁　刘训良　楚　楚　张志明　编

黄河水利出版社
·郑州·

**图书在版编目(CIP)数据**

水环境模型与应用/蒲晓等编. —郑州:黄河水利出版社,2021.10
ISBN 978-7-5509-2538-0

Ⅰ.①水…　Ⅱ.①蒲…　Ⅲ.①水环境-数值模拟
Ⅳ.①X143

中国版本图书馆 CIP 数据核字(2019)第 240093 号

出　版　社:黄河水利出版社　　　　　　　　　　　　网址:www.yrcp.com
　　　　　地址:河南省郑州市顺河路黄委会综合楼 14 层　邮政编码:450003
发行单位:黄河水利出版社
　　　　　发行部电话:0371-66026940、66020550、66028024、66022620(传真)
　　　　　E-mail:hhslcbs@ 126. com
承印单位:河南瑞之光印刷股份有限公司
开本:787 mm×1 092 mm　1/16
印张:27
字数:624 千字　　　　　　　　　　　　　印数:1—1 000
版次:2021 年 10 月第 1 版　　　　　　　　印次:2021 年 10 月第 1 次印刷

定价:90.00 元

# 前　言

　　水环境是指自然界中水的形成、分布和转化所处的空间环境。水环境既可指相对稳定的、以陆地为边界的天然水域所处的空间环境，又可指围绕人群空间及可直接或间接影响人类生活和发展的水体。水环境可分为地表水环境和地下水环境两部分。地表水环境包括河流、湖泊、海洋、水库、池塘、沼泽、冰川等；地下水环境包括浅层地下水、深层地下水、泉水等。总之，水环境是构成环境的基本要素之一，是人类社会赖以生存和发展的重要场所，也是受人类干扰和破坏最严重的领域。如今，水环境形势严峻，水体受到点源污染和非点源污染，导致水体出现富营养化、酸化的趋势，不仅直接破坏了水生生物的生存环境，导致水生态系统失衡，更重要的是影响了人类的生存环境。

　　同时，由于水环境模型是研究水体水环境的重要工具，通过对自然界水体系统形成、分布和转化的空间环境定性、定量化描述，更好地认识自然界水体环境的各项资料，可为流域规划与管理提供决策依据，在保护和合理开发利用水环境的同时能够进一步保护人类生存发展环境。因此，对水环境模型的了解和应用研究对认识和保护水环境具有十分重大的意义。

　　水环境模型包括水文模型和水质模型，20世纪二三十年代以来，国内外的学者开发了大量的水环境模型，其中包括：水环境数学模型、河流水环境模型、河口水环境模型、湖库水环境模型、地下水环境模型、流域水环境模型等，建立起了各种水环境中的污染物估算、污染物迁移、水文状况等机制，形成了相对完整的模型系统，能够更好地认识自然界各种水环境，为人类合理开发利用水环境提供借鉴和指导。本书对各种水环境模型进行汇编，整合的水环境模型包括：水环境数学模型、河流水环境模型、河口水环境模型、湖库水环境模型、地下水环境模型、流域水环境模型等十几个模型，通过介绍各种水环境模型的理论知识、应用操作与实际应用，全面地展示了各种水环境模型在实际中模拟中的应用。

　　本书第1章由首都师范大学蒲晓、黄河水利委员会黄河水利科学研究院董国涛、合肥工业大学古今今编写，第2章由首都师范大学张瑞宁、首都师范大学刘训良和首都师范大学张玉虎编写，第3章由生态环境部环境规划院谢婧、张玉虎和蒲晓编写，第4章由董国涛、蒲晓、首都师范大学张篏言和首都师范大学孟少康编写，第5章由刘训良、张瑞宁、中国科学院南京地理与湖泊研究所张志明编写，第6章由董国涛、黄河水利委员会水文局楚楚编写，第7章由太原科技大学张桂香编写。全书由张瑞宁、刘训良、孟少康和张篏言统稿，由蒲晓、董国涛审校。

　　项目支持：国家自然科学基金项目"黄土丘陵沟壑区植被—水文过程的尺度效应研究"（51779099）、"松嫩平原盐碱土改良影响下农田非点源氮素输出响应机制及分异特征研究"（41771496）、"不确定因素影响下流域非点源污染最佳管理措施空间优化配置研究"（41601581）、"季节性冻土农业区生态水文驱动下土壤碳氮输移的热斑与热时段解析研究"（41301529）。

全书从各种水环境模型的操作实用性方面出发,总结多种水环境模型的理论基础与操作应用。本书在编写过程中,参考了许多水环境模型相关的公开资料,吸收了许多专家同仁的观点和例句,但为了行文方便,有些未一一注明。书中所附参考文献是本书重点参考的资料。在此,特向在本书中引用和参考的已注明和未注明的教材、专著、文章、手册等资料的作者表示诚挚的谢意。由于汇编过程难免存在疏漏,书中有不妥和缺失之处,敬请读者批评指正。

编　者

2021 年 10 月

# 目　录

# 1 绪 论

## 1.1 水环境问题与水环境模拟

水环境是指自然界中水的形成、分布和转化所处的空间环境。水环境既可指相对稳定的、以陆地为边界的天然水域所处的空间环境,又可指围绕人群空间及可直接或间接影响人类生活和发展的水体。水环境可分为地表水环境和地下水环境两部分。地表水环境包括河流、湖泊、海洋、水库、池塘、沼泽、冰川等;地下水环境包括浅层地下水、深层地下水、泉水等。水环境是构成环境的基本要素之一,是人类社会赖以生存和发展的重要场所,也是受人类干扰和破坏最严重的领域。

狭义的水环境主要是指位于地球表面的水圈,其上界面直接与大气圈和生物圈相接,下界面则主要与岩石圈相连。可见水环境在整个地球表层环境系统中占有特殊的空间地位——处于大气圈、生物圈、岩石圈的交接地带,是连接无机环境和有机环境的纽带(见图 1-1)。从环境系统来看,它与大气、生物和土壤密不可分,它是地表环境系统中各种物理、化学、生物过程以及界面反应、物质与能量交换、迁移转化过程的重要发生场所,也是环境变化信息较为敏感和丰富的子环境系统。水环境的特殊位置,使它在地表水环境系统中起着重要的稳定与缓冲作用。

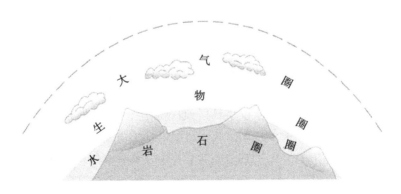

**图 1-1 地球的外部圈层关系**

水圈与大气圈、岩石圈之间有密切联系,使得水圈成为大气环境、土壤环境中污染物质浓度变化的调节平衡机制之一,如地下水对土壤环境中的污染物质迁移转化起到重要作用,水循环也对大气中的有害气体的减少起到一定的作用。由于水环境具有较强的自净能力和较大的环境容量,因此它在地表表层环境系统的污染净化过程中起着极为重要的作用。水体作为一个重要的环境要素,其稳定协调与缓冲作用等环境功能受到人们的重视,但水环境的稳定和缓冲作用是有限的,如输入水环境的污染物质数量和强度超过了水体的自净能力,或超过了水环境容量,不但会造成水环境污染、破坏水生态系统平衡,而且可通过各种污染迁移途径,使大气、生物、土壤环境发生"次生污染"。

### 1.1.1　水环境问题的产生

水环境问题是伴随着人类对自然环境的干扰而产生的。长期以来,自然环境给人类的生存发展提供了物质基础和活动场所,而人类则通过自身的各种活动给环境打下深深的烙印。随着科技的迅猛发展,人类改变环境的能力日益增强,但发展引起的环境污染则使人类不断受到种种惩罚和伤害,甚至人类赖以生存的物质基础受到严重破坏。目前,环境问题已成为当今制约和影响人类社会发展的关键问题之一。从人类历史发展来看,环境问题大致可分为三个阶段:

(1)工业革命以前阶段。人类为了生存和发展需求,通过各种手段来获取生活必需品和生产材料。在这个过程中,随着砍伐森林、破坏草原、开垦荒地、乱采乱捕、滥用资源,以及农业、牧业的发展,引起一系列环境污染问题。

(2)环境恶化阶段。18世纪60年代(工业革命)至20世纪50年代,是环境问题恶化发展阶段。这一时期,人类生产力的迅速发展,机器的广泛应用,劳动力生产效率的大幅提高,增强了人类利用和改造环境的能力。由此,带来了新的环境问题,大量废水、废渣、废气的排放污染了环境,并引起环境的进一步恶化。例如19世纪末,伦敦多次发生有毒烟雾事件,造成大量市民死伤。这一阶段的环境污染属于局部的、暂时的,造成的危害有限。

(3)环境问题爆发阶段。20世纪中期以后,科学技术和工业生产迅猛发展,尤其是石油工业和煤炭工业的崛起,导致工业分布过分集中、城市人口过分密集、环境污染由局部逐渐扩大到区域乃至全球;由单一的大气污染扩大到气体、水体、土壤和食品等各方面的污染。由于环境污染问题直接威胁着人们的生命和安全,所以它被视为重大的社会问题。1972年6月5日,第一次国际环保大会——联合国人类环境会议在瑞典斯德哥尔摩举行,世界上133个国家和地区的1 300多名代表出席了这次会议。会议通过了《联合国人类环境会议宣言》,达成"只有一个地球",人类与环境是不可分割的"共同体"的共识。此后,发达国家把环境问题摆上了国家议事日程,通过制定相关法律,加强监督管理,采用新技术和新方法,使污染得到了有效控制。我国目前尚处于污染防治阶段,针对我国当前面临的大气、水、土壤环境污染问题,陆续出台了《大气污染防治行动计划》《水污染防治行动计划》《土壤污染防治行动计划》。

总体来看,水环境问题自古就有,并伴随着人类社会的发展而发展,人类社会越进步,水环境问题越突出。发展和环境问题是相伴而生的,只要有发展,就不可避免环境问题的产生。环境问题的产生是与社会、经济相关的综合问题,要解决环境问题,就要从人类、环境、社会和经济等综合的角度出发,找到一个既能实现发展又能保护生态环境的途径,协调好社会经济发展和环境保护的关系,实现人类社会和生态环境的可持续发展。

### 1.1.2　水环境污染源

造成水环境污染的物质来源可分为自然污染源和人为污染源两大类。

#### 1.1.2.1 自然污染源

自然污染源是指自然界本身的地球化学异常所释放的物质给水环境造成的污染。例如,高矿化度的地下水对河水的污染,矿床周围的矿化水对河水的污染。这种污染源具有长期持久作用的特点,一般多发生在有限的区域内。例如,河流的上游往往流着当地自然条件下能溶解的有害元素(如 Cd、Cu、F 等)的水,这样的上游水称为自然背景水,由这种原因造成的水中有害物质的含量,称为自然背景值,或称自然本底值,简称本底值。例如,一般天然水中氟的本底值为 0.10 ~ 0.40 mg/L,镉的本底值为 0.007~0.013 mg/L。

#### 1.1.2.2 人为污染源

对水体造成较大危害的不是自然污染源,而是人类活动所造成的污染源——人为污染源。人为污染源主要有工业废水、生活污水和农业污水三方面。

**1. 工业废水**

工业废水是水体最主要的污染源,由于量大、面广、污染物种类多、组成复杂、毒性大,因此这类水不易净化,处理比较困难。常具以下特点:①悬浮物质含量高。可高达 30 000 mg/L(生活污水一般为 200~500 mg/L)。②需氧量高。工业废水中常含有多种有机物和还原性物质,一般难以降解,且对微生物有毒害作用。COD 为 400~10 000 mg/L,BOD 为 200 ~5 000 mg/L。③pH 值变化幅度大。一般 pH 值为 5~ 11,最低可达 2,高的可达 13。④温度高。排入水体可引起热污染。⑤易燃。工业废水中常含有低燃点的挥发性液体,如汽油、苯、二硫化碳、丙酮、甲醇、乙醇、石蜡等。⑥有害成分复杂。如含酚、硫化物、氰化物、汞、镉、砷等。

**2. 生活污水**

生活污水主要来源为城市生活污水。生活污水的组成与工业废水截然不同。生活污水主要是日常生活中的各种洗涤水,其中 99.6% 以上是水,固体物质不到 1%,且多为无毒物质。生活污水中的无机盐类包括氯化物、硫酸盐、磷酸盐和钠、钙、镁等碳酸氢盐。有机物则包括纤维素、淀粉、糖类、脂肪、蛋白质和尿素等。生活污水的特点是含氮、磷、硫高,在厌氧菌作用下易产生恶臭物质,如硫化氢、硫醇和吲哚等。

**3. 农业污水**

农业污水也是水体的重要污染源,主要包括农田排水、农田径流等。农业上喷洒的农药,一般只有 10%~ 20%附着在作物上,绝大部分残留于土壤和漂浮在大气中。农业上施用的化肥,直接为农作物吸收的只占 30%左右。这些未被吸收利用的化肥、农药,大部分随灌溉后排水或雨水径流进入江、河、湖、海,造成农药污染和水体富营养化。

### 1.1.3 水环境问题模拟

水环境问题的研究方法主要有理论分析、原型观测、物理模型、数值模拟等。这几种方法是相辅相成的。

理论分析揭示的是普遍性的规律,如果能用数学方法求解微分方程,得到水质要素的解析表达式,就可以得到相应的初始条件和边界条件下的污染浓度场的准确信息。同时,为证明数值模拟的合理性,应该用理论分析的方法对数学模型的相容性、收敛性和稳定性进行推导证明。另外,数值模拟结果的整理和分析也要借助理论分析工具。理论分析的缺点是受限于数学工具,只有少量特定条件下的问题可得到解析解;原型观测十分可贵,可以为物理模型及数值模型提供设计和计算的参数及最后验证的数据,但是耗费人力、物力;物理模型试验也可称为物理模拟,其优点是十分直观,可为数值模拟提供一系列必需的计算参数,但投资大、周期长,精度受比尺效应和观测仪器的影响;数值模拟具有高效、经济、简便的优点,某一水环境数学模型及其计算程序完成后,对同类问题具有普适性,可不受限制地被反复引用,但数学模型必须验证其有效性和合理性后才能应用。

水环境模拟包括物理模拟和数学模拟。对于水环境而言,模拟占有很重要的地位。例如,在某一水环境(如河流或湖泊系统)的污染控制和规划管理研究中,为了研究污染物在该水环境中的变化,我们不会采用向其倾倒大量的污染物(特别是有毒、有害物质)的办法,而是采用模型模拟的方法获取相关参数研究水环境的变化规律。这种研究方法根据实际监测资料所提供的部分信息,通过逻辑推理、数理分析或模型试验建立起能代替真实系统的模型,然后用模型进行水环境变化规律的研究。

# 1.2　水环境模型的产生与发展

## 1.2.1　水环境模型的产生

水环境模型是研究水体水环境的重要工具,通过对自然界水体系统形成、分布和转化的空间环境定性、定量化描述,更好地认识自然界水体环境的各项资料,可为流域规划与管理提供决策依据。水环境模型主要由水质模型和水文模型组成。

### 1.2.1.1　水质模型的产生与发展

当污染物进入水体后,随水流迁移,在迁移的过程中受到水力学、水文、物理、化学等因素的影响,引起了污染物的输移、混合、分解、稀释和降解。建立水质模型的目的就是力图把这些相互制约因素的定量关系确定下来,从而为水质的规划、控制和管理提供技术支持。

描述河流水质的第一个模型是斯特里特(H. W. Streeter)和费尔普斯(E. B. Phelps)于1925年研究美国俄亥俄河污染问题时建立的,简称S-P模型。现在已有用于不同用途的各种水质模型。自S-P模型至今已有90多年,国际上对水质模型的开发研究划分为三个阶段。

1. 第一阶段(1925~1980年)

这个阶段研究的主体主要是水体水质本身,模型注重分析水质内部组分之间的规律关系,主要研究受生活和工业点污染源严重污染的河流系统,输入的污染负荷仅强调点源。与水动力传输一样,底泥耗氧和藻类光合及呼吸作用都是作为外部输入,而面污染源仅仅作为背景负荷。该阶段的发展历程简述如下:

(1)1925~1965年,开发了比较简单的生物化学需氧量和溶解氧(BOD-DO)的双线性系统模型并成功应用于水质预测。对河流与河口问题采用一维计算方法。S-P模型的基本方程为

$$U\frac{\partial L}{\partial x} = E\frac{\partial^2 L}{\partial x^2} - K_1 L$$

$$U\frac{\partial O}{\partial x} = E\frac{\partial^2 O}{\partial x^2} - K_1 L + K_2 D \tag{1-1}$$

式中：$U$ 为河流平均流速，m/s；$L$ 为河流 $x$ 处 BOD 质量浓度，mg/L；$x$ 为离排污口（$x=0$）的河水流动距离，m；$E$ 为河流弥散系数，$m^2/s$；$K_1$ 为 BOD 的衰减系数，1/s；$K_2$ 为河水复氧系数，1/s；$O$ 为河流 $x$ 处 DO 质量浓度，mg/L；$D$ 为河流 $x$ 处溶解氧亏质量浓度，mg/L。

在随后的 90 多年里，许多学者对 S-P 模型提出了各种修正和补充：托马斯（H. A. Thomas）于 1948 年提出 BOD 随泥沙的沉降和絮凝作用而减少且不消耗溶解氧，并认为其减少速率正比于存留的 BOD 数量，因此在稳态的 S-P 模型生化需氧量方程中引入了絮凝系数；奥康纳（D. J. O'Connor）于 1967 年提出将 BOD 分为碳化 BOD 和硝化 BOD 两部分，并在托马斯方程上进行了修改；多坎（Dobbins Camp）在托马斯模型的基础上，添加了因底泥释放 BOD 和地表径流所引起的 BOD 变化速率，藻类光合作用和呼吸作用以及地表径流引起的溶解氧速率变化。

（2）1965～1970 年，除继续研究 BOD-DO 模型的多维参数估值问题外，水质模型发展为六个线性系统，计算机的应用使水质模型的研究取得突破性进展，计算方法从一维发展到二维，开始计算湖泊及海湾问题。

（3）1970～1975 年，研究发展了相互作用的非线性系统模型。涉及营养物质磷、氮的循环系统，浮游植物和浮游动物系统，以及生物生长率同这些营养物质、阳光、温度的关系，浮游植物与浮游动物生长率之间的关系。其相互关系都是非线性的，有限差分法（FDM）、有限元计算应用于水质模型的计算，空间上用一维和二维方法进行计算。

（4）1975～1980 年，除继续研究第三阶段的食物链问题外，还发展了多种相互作用系统，涉及与有毒物质的相互作用。空间尺度已经发展到三维。模型中状态变量的数目已大大增加。

2. 第二阶段（1980～1995 年）

这一阶段模型的发展：①在状态变量（水质组分）数量上的增长；②在多维模型系统中纳入了水动力模型；③将底泥等作用纳入了模型内部；④与流域模型进行连接以使面污染源能被连入初始输入。在这一阶段，由于能对流域内面源进行控制，从而使管理决策更加完善；由于将底泥的影响作为模型内部相互作用的过程处理，从而在不同的输入条件下使底泥通量能随之改变；由于水质模型的约束更多了，从而使预测的主观性大大减少。这一时期，人们对一些系统建立了模型，如美国的大湖、切萨比特湾等。

3. 第三阶段（1995 年至今）

随着发达国家加强了对面污染源的控制，面源污染减少了，而大气中污染物质沉降的输入，如有机化合物、金属（如汞）和氮化合物等对河流水质的影响日趋重要。虽然营养物和有毒化学物由于沉降直接进入水体表面已经被包含在模型框架内，但是，大气的沉降负荷不仅直接落在水体表面，也落在流域内，再通过流域转移到水体，这已成为日益重要的污染负荷要素。从管理的发展要求看，增加这个过程需要建立大气污染模型，即对一个给定的大气流域（控制区），能将动态或静态的大气沉降连接到一个给定的水流域。所以,在模型发展的第三阶段,增加了大气污染模型,能够像对沉降到水体中的大气污染负荷直接进行评估一样,对来自流域的负荷进行评估(见图1-2)。

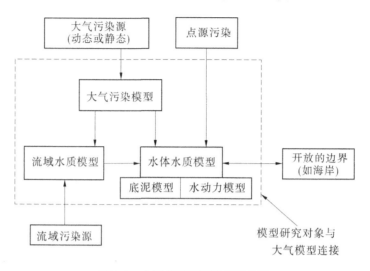

**图 1-2　水质模型发展的第三阶段**

### 1.2.1.2　水文模型的产生与发展

　　水文模型是对自然界中复杂水文现象的近似模拟,是水文科学研究的一种手段和方法;描述水文过程的模型,是一切与水文过程有关的过程模拟的基础。从 20 世纪 30 年代 Horton 提出著名的下渗理论至今,在近一个世纪以来,各国水文学家在水文规律研究及水文过程模拟方面做了大量的研究工作,获得了丰硕的成果,也提出了众多的水文模型。按模型的性质和建模技术,水文模型可分为实体模型、类比模型和模拟模型。其中,模拟模型是最常用的一类水文模型,也是各国学者着力研究的重点,该类模型的特征是运用数学的语言和方式描述水文原型的主要特征关系和过程,因此也称为水文数学模型。

　　水文模型是水文学发展的产物,并伴随着水文学的发展而发展。现代水文模型出现于应用水文学兴起的 20 世纪 30 年代,特别是 Sherman 提出水文单位线过程的概念和 Horton 提出下渗理论以后。在 50 年代以前,水文模拟大多是针对某一个水文环节(如产流、汇流等)进行的。进入 50 年代以后,随着人们对入渗理论、土壤水运动理论和河道理论等的综合认识,以及将计算机引入水文研究领域,开始把水文循环的整体过程作为一个完整的系统来研究,在 50 年代后期提出了流域模型的概念,著名的 Stanford 模型就是在 1959 年提出的。20 世纪 60 年代初到 80 年代中期,是水文模型蓬勃发展的时期,先后提出了一些比较著名的水文模型,如 Stanford 模型、SR-FCH 模型、API 模型、新安江模型、SSARR 模型、ARNO 模型、SCS 模型、HEC-1 模型等。

　　Freeze 和 Harlan 于 1969 年首先提出了分布式水文模型的概念。由于模型对资料的要求很高,要从有限的观测站点的有限资料中找到在质量上符合要求,且在空间和时间分辨率上合适的资料是十分困难的,加之对计算机的要求较高,使得分布式水文模型在 20 世纪 70 年代末以前发展较慢。分布式水文模型的大量出现开始于 70 年代以后。主要的分布式水文模型有 SHE 模型、IHDM 模型、SWAM 模型等。

20世纪80年代后期至今,流域水文模型的发展处于缓慢阶段,大多数的水文模型是在原模型的基础上,为适应不同的用途进行改进的。由于计算机计算能力的提高,以及地理信息系统(GIS)、遥感技术等新技术引入水文模型的研究和应用中,资料的获取和模型的运行更加方便,分布式水文模型得到了较快的发展,致使原有的水文模型在处理降雨和下垫面条件的不均匀性方面得到了改进,也更重视对水文过程物理基础的描述。

## 1.2.2 水环境模型研究状况及其发展趋势

### 1.2.2.1 流域水环境模型分类概况及其发展趋势

#### 1.流域水环境模型分类概况

目前,中国水资源面临严峻形势,人均水资源量低,且时空分布不均衡、循环利用率低;此外,水环境污染形势不容乐观,由于污水排放量增大造成了水体污染负荷较大,而水环境容量相对较小,致使水质恶化趋势仍未得到根本转变,水污染事故易发多发。因此,为实现中国水资源对社会的可持续发展,各流域水环境污染防治等问题亟待解决。近年来,流域水环境污染、水体富营养化已成为全球性热点问题,但是目前解决流域水环境污染问题的主要手段仍是通过工程技术途径,运用数理模型对流域水环境污染问题进行系统分析、预测、模拟及风险评估等方式研究仍存在不足。

在流域尺度上,估算其污染负荷发生量与处理量、明确水环境污染负荷是流域水环境污染控制的前提;判别水体污染物的来源与分布特征,并对其贡献率进行定量化解析,是有效开展水环境污染控制的基础。综合应用流域水环境模型技术,基于环境数理与计算机模拟定量描述流域系统及内部污染发生、传输及转化过程,已成为国际上常用的有效解析污染源与管理决策支持工具。

1)流域水环境污染负荷模型

目前,在国家实施污染物总量控制的背景下,对于流域水环境污染负荷模型的研究尤为重要,污染负荷模型用于描述与估算污染负荷发生量和处理量,计算结果可作为水量水质模拟时的边界条件和数据源项,为流域规划与管理提供决策依据。流域水环境污染是点源和面源共同作用的结果,其中点源污染已得到有效的控制。因此,在流域污染总量控制中,搞清非点源污染中各种污染源的发生、迁移及转化过程,实现非点源污染负荷估算研究是非常关键的环节,其中非点源污染负荷分为农业、城市两种类型,分别选取其代表性模型对其功能进行描述。

2)流域水环境污染物归趋模型

污染物进入水体后,随水流扩散、迁移,迁移过程中受到水力水文、物理、化学、生物、生态等因素影响,引起污染物的混合、稀释和降解等过程。水质模型是应用物理、化学、数学等方面的知识,在监测和收集有关数据的基础上,借助编制的计算机软件系统等技术描述河流、湖泊等水体水质要素及定量描述污染物在水环境中迁移转化规律及其影响因素之间相互关系的数学描述。自1925年以来,水质模型的研究经历了3个阶段。第一阶段,地表水水质模型研究对象仅是水体水质本身,主要是简单的氧平衡模型和涉及一些非耗氧类物质,属于一维稳态模型。第二阶段,研究了多维模拟、形态模拟、多介质模拟及动态模拟等特征模型,其主要特点是将河网水动力水质模型、湖泊水动力水质模型及底泥作用模型纳入水质模拟模型中,典型模型有一维动态模型 LAKECO、WRMMS,动态水质模型 WASP(水质分析模拟程序,The water quality analysis simulation program)等。第三阶段,水质模型研究不断深化、完善并广泛应用。地表水水质模型依据数学表达式和输入条件随时间的变化情况分类,不变的为稳态模型,变化的为动态模型。

3)水环境质量评价模型

水环境质量评价是按照一定的标准、指标和方法,根据水的用途对水域的质量状况进行定性或定量的评定。按照水质级别的确定原则,可分为不确定性方法和确定性方法。不确定性方法结合数学理论和计算机技术,可进行大量运算并处理较复杂问题,评价结果更加真实客观,但不确定性方法的理论复杂,适用性不如确定性方法广泛。确定性方法主要有指数评价法,包括单因子污染指数法和综合污染指数法等;不确定性方法有模糊评价法、灰色评价法等。

2. 流域水环境模型发展趋势

流域水环境模型的应用,使得对流域污染负荷等问题有了进一步的把握,同时可较好地研究水环境中污染物的产生、迁移、转化等复杂过程,识别污染物来源与迁移规律、估算污染负荷及判别水质风险,为流域规划与管理提供决策依据。由于流域水环境的区域、特征等的差异性,开发应用综合性较好、实用性较强的水质模型,才能为流域水环境规划、管理过程提供更加准确的依据。

随着计算机、网络通信和自动化等应用技术进步,运用地理信息系统实现评价模型查询和运算的自动化、智能化,以及评价结果的直观可视化,是流域水环境污染、水质评价模型的发展趋势。结合流域尺度管理管控需求,开发能够应用于不同条件、不同目的以及稳态与动态模型结合、定性与定量结合的数学模型有望成为进一步研究的重点。

### 1.2.2.2 湖库水质模型发展过程及其发展趋势

1. 湖库水质模型发展过程

湖库水质模型是一种广泛用于描述物质在水环境中的混合、迁移过程的数学过程,也描述水体中污染物与时间、空间的定量关系。湖库水质模型的研究远不如河流水质模型的研究系统和深入。湖库水质模型研究与应用的发展过程可分为以下几个阶段:

(1)第一阶段(1929~1970年),湖库水质模型初始发展阶段,主要是湖库水温模型的研究。Mcewwn首先用温度模型来估计热迁移系数。Ertel提出热扩散模型,湖泊的热扩散与时间、深度有关。Hutchinson在研究中,定量地阐述了湖泊的水循环对物理、化学和生物过程的影响。20世纪60年代末,美国的Orlob和Selna、Huber和Harleman分别独立地提出了各自的深分层蓄水体温度变化的垂向一维数学模型,即WRE模型和MIT模型。

(2)第二阶段(1970~1985年),湖库水质模型迅速发展阶段。该阶段主要特征有:①开展湖库富营养化研究,提出了许多简单的磷负荷模型,评价、预测湖库水体的营养状态,代表模型有加拿大湖泊专家Vollenweider提出的Vollenweider模型、Dillon模型以及Larsen-Mercier模型;②开始出现生态动力学模型,生态动力学模型是以水动力学为理论依据,以对流—扩散方程为基础建立模型,生态动力学模型的研究始于Chen开发的简单水质动力模型,1976年Jorgensen提出了Glusm生态模型,是此后一系列富营养化模型研究的基础,Park等开发的Clean系列湖泊综合模型至今仍在广泛应用;③水温模型得到进一步发展,代表模型有 Wrmms 模型、Resremp 模型、Usgs 模型;④开始出现多维模拟、动态模拟等多种模型研究,代表模型有 Lakeco 模型、Dyresm 模型以及三维模型。万能水质模型 WASP 也是在这个阶段开发出来的。

(3)第三阶段(1985 年至今),水质模型研究的深化、完善与广泛应用的阶段。该阶段主要特征有:①动态 WASP 模型得到进一步更新,代表湖泊模型有一维动态模型 CE-QIAL-R1、二维动态模型 CE-QIAL-W2 等;②考虑水质模型与非点源模型的对接;③多种新技术方法引入水质模型的研究。例如,Neelakantan 等用人工神经网络(ANNs)建立了湖库运行的模拟优化模型,Sinha 等用行为分析算法来优化确定非线性多目标湖库体系的规模以及 Dramouli 等结合神经网络和动态规划方法来建立湖库体系的水质管理模型等。

**2. 湖库水环境模型发展趋势**

**1)研究范围日益扩大**

随着人们对湖泊富营养化机制的不断深入研究,湖泊富营养化模型的研究范围不断扩大。从最初简单的输入输出的箱式水质模型,逐渐发展成考虑各种形式的污染源输入并且综合湖泊中生物、物理、化学和水动力学过程的水质模型。模型中的状态变量也从最初的几个发展到十几个,甚至几十个,而且数量还在不断增加;变量的形式趋向于简单易得的地形参数和监测项目(如湖泊体积、pH 值等),大大方便了模型的使用与发展。近年来,湖泊富营养化的研究更加细致,人们发现湖泊中污染物运动的某些内部过程或外部因素对湖泊富营养化有显著的贡献,并且建立了一些详细描述这些过程(如底泥中污染物的释放、风切变应力对湖泊污染物分布的影响等)的模型,取得了显著的成果,进一步完善了湖泊富营养化的理论。某些研究者还注意到大气沉降对湖泊的富营养化进程的影响,目前这方面正处于探索阶段,尚没有统一的理论。

**2)气候条件的考虑**

气候影响体现在多方面:大气物理化学等变化会对湖泊浮游植物生长率、溶解氧的垂直分布产生重要影响;随着全球气候变暖,湖泊水温随之升高,进而有可能加剧湖泊富营养化;气候变化还会影响藻类种群变化。因此,对于气候等条件加以充分考虑是模型发展的内在要求。Hassan 等考虑水文和气候对于水质和热量交换的影响,将其作为湖泊水质模型和富营养化过程的组成部分加以考虑,建立了可以预测气候变化时浮游植物生物量、溶解氧浓度的模型。Malmaeus 等将湖泊物理模型和磷模型与区域气候模型(RCM)生成的两个温度模式相结合,得出了气候变化对于物理性质不同的湖泊有着不同影响的结论,在全球气候变暖的趋势影响下,湖水更换周期长的湖泊富营养化问题将更加严重。

**3)人工神经网络的应用**

人工神经网络是模拟人脑结构的一种大规模的并行连接机制系统,不需要有关体系的先验知识,具有自适应建模学习及自动建模功能。在对于富营养化过程的很多发生机制还未完全明确之前,可用该法进行评价和预测。蔡煜东等建立了预测水质富营养化程度的人工神经网络决策模型,用此模型研究我国 17 个湖泊的富营养化状况。吴京洪等用人工神经网络预报赤潮多发海区浮游植物生长趋势,运用误差反向传播人工神经网络,以 1998 年 4 ~5 月大亚湾海区的实际监测数据为研究对象预报浮游植物总量。楼文高建立了富营养化人工神经网络评价模型,根据湖库富营养化的评价标准,提出了生成 BP 神经网络训练样本、检验样本和测试样本的新方法,给出了区分湖库富营养化不同程度的分界值,训练后的模型的应用结果表明,新的评价模型具有更好的客观性、通用性和实用性。

4)3S 技术的应用

3S 技术是对遥感(Remote Sensing,简称 RS)、地理信息系统(Geographic Information System,简称 GIS)和全球定位系统(Global Positioning System,简称 GPS)的合称,以 GIS、RS 和 GPS 等为代表的 3S 高技术不断深入到湖泊水环境研究领域。其中,RS 可以动态和周期性地提取湖泊水质信息,具有适时、迅速、持久的特点;GIS 是有效的辅助决策工具,利用这一技术,可以处理、存贮海量的数据,简化模型的输入输出,还能对水质的计算结果进行空间分析,有助于我们理解复杂模型,得到很多有价值的信息;GPS 的作用表现为精确的定位能力及准确的定时和测速能力。3S 技术的应用可以全面、快速、准确地获取各种信息,并对它们进行有效的存贮管理和空间分析,实现对湖泊富营养化的模拟、水质预测,为湖泊的富营养化管理提供科学依据,同时可大大节省人力、物力和财力,实现环境效益、经济效益和社会效益的统一。

实时监测是当今另一个发展的前沿。随着 3S 技术的发展以及它们在湖泊富营养化模型研究中的应用,专家们可以做到实时、动态地应用模型分析和解决湖泊水环境问题,使开发湖泊水环境管理决策支持系统成为可能。

近几年以来,我国这方面已经取得一些进展,在太湖和滇池的研究中,运用遥感数据,建立了模拟营养物质分布的遥感信息模型,为这方面的研究做出了开拓性的工作。

### 1.2.2.3　河口水环境模型分类概况及其发展趋势

#### 1.河口水环境模型分类概况

1)二维水动力数值模拟的研究

对河口海湾水域的流体动力学研究始于 20 世纪五六十年代。1952 年 Hansen 利用潮汐运动的周期性简化基本方程,提出了 2D 潮汐数值计算的边值方法,并借助计算机成功地对北海潮流场进行了数值试验。70 年代,2D 模型得到深入的研究和广泛应用,许多学者在河口、近岸海域潮流模拟中应用包括有限差分法、有限单元法、特征线法等模型数值解法方面进行了探索,如 Leendertse 发展了有限差分法的半隐差分格式;Yanenko 提出了著名的分裂算子法,解决了许多实际问题。20 世纪 80 年代至今,2D 模型的研究和应用已日臻完善,不仅许多经典的数值试验方法得以改进和提高,而且还增加了许多新的内容。

有限差分法(FDM)在河口或海岸工程的潮流数值模拟中应用较为广泛。为了很好地拟合复杂的固岸边界和底地形,并可随意布置和加密网格,不少学者研究出了三角形或多边形网格差分法,形成显式、隐式或半隐半显式的有限差分法。例如,二维不规则三角网格的潮流数学模型、四边形等参单元法数学模型、边界拟合坐标法及 FDM 的结合应用等。有限单元法(FEM)也是一种对潮流进行成功模拟的经典方法,该方法在流体力学中的应用还有河口浅水方程的隐式和显式有限元解法及具有潮滩边界的浅海环流有限元模型等,且均取得过较好的模拟效果。Partankar 提出的有限体积法(FVM)也开始出现在河口潮流的数值模拟中,考虑到复杂的边界形状,Thompson 提出了边界拟合坐标法形成曲线网格体系来划分模拟区域,随后在 Wang 等、Wei 等的边界拟合正交曲线网格坐标系下利用有限体积法对河口及港口等潮流场进行了模拟计算,并且该法在潮流模拟中逐步得到推广。美籍华人陈景仁提出了有限分析法(FAM),杨屹松又进一步发展为混合有限分析法及混合有限分析多重网格法,取得了一定的模拟效果。

除上述解法外,其他解法及动边界处理相关技术也不断涌现,如破开算子解法及窄缝法在边界变动潮流模拟中的应用,准分析法、潮波能谱法、ADI-QUICK 格式等均在流场模拟方面取得一定效果,其中 ADI-QUICK 格式具有高阶精度、不呈现数值振荡和可感受的数值衰减、计算过程稳定和方法简便等优点,通过在大连湾的潮流模拟显示该方法具有在浅海和河口水域应用的普适性。

2)三维水动力数值模拟的研究

由于某些局部水域精细模拟的需要,从 20 世纪 60 年代以来,3D 模型的研究也由简单到复杂,逐步得到实际应用,特别是 90 年代的计算机技术的蓬勃发展,更为 3D 模型的应用提供了硬件保障,3D 模型更是被广泛应用于河口海洋的环流模拟中。在潮流模型方面,Leendertse 等、Blumberg 和 Mellor、Casulli 和 Cheng 分别提出了三维斜压模型;张存智基于湍流闭合的三维斜压流体力学方程组,建立了河口环流的三维斜压模式,将模型分裂法和 ADI 差分方法结合,并采用总变差格式(TVD)来求解平流过程,提高了模拟精度;我国其他学者也先后建立了我国近海陆架潮波或海洋环流的三维数值模式。

在三维模拟数值解法方面,Heaps 提出了一种谱模式,把水平流速展开成以本征函数为基函数的级数形式,从而将三维问题简化为一组二维问题求解。Leendertse 等提出了一个分层的三维数值模式,这种模式直接在三维空间中对原始方程求解,其计算量要比谱模式大,但它具有较高的灵活性。随着 $\sigma$ 垂向坐标变换分层方法在 3D 分层处理上的改进,其良好的拟合复杂海底地形的效果及在模拟精度上的提高,使得其在潮流的模拟中迅速发展。近年来,结合其他数值处理方法,产生了一些新的三维模式,如 HH-SIMPLE 求解格式、动水压力校正模型、流速分解模式、分步杂交模式、过程分裂模型等,取得了较为理想的效果。这方面的成果还有 Davies 的分层流垂向级数解模型及 Lin 等潮流和输运模型中的 Ultimate Quilkest 差分格式等;Bijvelds 等采用的紊流模型及 Trisula 数值模拟方法对 Harbor 的 3D 水流进行了模拟。

3)综合水动力数值模拟的研究

随着综合模型的开发,如 1D 和 2D 联网计算、2D 和 3D 的嵌套模拟,甚至三种模型的联合模拟等,结合物理模型而产生的复合模型也开始出现。随着对复杂水流现象认识的不断深入以及研究手段的不断更新,人们对自然界的现象模拟要求会更高,数值模拟研究与应用也必然会步入更加成熟的殿堂。

2. 河口水环境模型发展趋势

尽管在河口水域水环境状况模拟中已有不少模型应用,但由于人们认识程度和各种技术条件的限制,模型研究还存在诸多问题,需要不断改进、深化和完善,主要表现在如下方面:①物理模型:河口水域物理模型多用于针对热(核)电厂的温排放和城市尾水的深海排放研究。但由于测试技术和条件的限制,以往物理模型多偏向于近区的变尺度稀释扩散模拟,流向为单向流、单孔运行状况。即使对多孔排放研究,也多为理想的深海恒定流状况,而在实际河口受限水域的尾水排放中,水动力条件十分复杂。因此,结合该水域受限环境特定水动力和地理地形特点,对温排放和尾水排放产生的浮羽流或浮射流的认识和模拟还有待进一步深化。②数学模型:目前,随着河口水域水动力数学模型及其解法的逐渐完备,对该水域的水流运动场的模拟也日趋成熟,结合人机界面图像处理,已经出现不少商业模拟软件,如 Delft3D、POM、SMS、MIKE 软件包系列等。水动力模拟手段和精度的提高,促使人们对水体中所挟带介质的运移规律进行更深层次的探索和研究,并取得一定进展。尽管如此,对河口水域的水环境模拟还存在相当多的难题有待解答。首先,河口水域盐水楔和悬移质等引起的异重流、河口拦门沙以及最大混浊带等对该水域水动力和河床变化有很大影响;诸如航道导流堤、港口码头等特殊构筑物对水流作用也十分明显;不同数值网格和不同数值解法相结合的模拟精度和效果也存在较大的差别,也还需要进一步探索。因此,上述内容将是未来对该水域水动力模拟研究的主要方向。其次,在河口水域特殊的水环境中,由于温度、盐度、泥沙(包括悬沙和底沙)、生物与微生物等的共同作用,不同污染指标的迁移转化规律各有不同,如 COD 和 BOD 等污染物指标;N、P 和 Si 等生物地球化学元素;富营养化问题以及赤潮演变等,尤其是这些介质与水、盐和泥沙之间的微观界面化学反应以及宏观输运规律模拟,这些都是影响河口水域水环境质量的主要因素,还有许多问题有待深入研究。因此,它们将是未来河口水环境研究的重要内容和模拟方向。最后,一个好的模型需要有大量可靠的实测资料作为验证和率定的依据,这些资料包括实测水文和水质数据,甚至一些通过 3S 技术(GPS、GIS 和 RS)获得的数据等。这些数据信息对模型进行校核和完善非常有益,因为它们可以使得建立的模型在微观和宏观上与模拟对象尽可能相符,所以在数据的监测技术和手段方面应不断改进,只有这样才能使建立的模型可靠,从而达到有效模拟和准确预测预报的目的。

### 1.2.2.4 地下水水环境模型方法进展及其发展趋势

#### 1.地下水水环境模型方法进展

用来刻画饱和地下水流及饱和溶质在多孔介质中运移过程的数值模型称为地下水数值模型,即通过数值方法求解描述地下水各种状态的偏微分方程定解问题。当前地下水系统数值模拟方法主要有有限差分法、有限单元法、边界元法和有限体积法等,其中有限差分法和有限单元法应用居多,其他方法应用较少。经过几十年的发展,20 世纪 80 年代末期地下水数值模拟计算方法已经比较成熟。经过进一步研究,近年来国内外不少学者提出了自己关于模型计算和建模理念方面的新见解。

薛禹群介绍了多尺度有限元法的基本原理,并将其应用于非均质多孔介质中的流动问题,通过计算结果的比较得出多尺度有限元法比传统有限元法有效的结论。张祥伟等根据地质统计、逆问题理论和地下水运动理论提出了大区域地下水系统数值模拟的理论和方法。卢文喜对地下水运动数值模拟中的边界条件进行了分析,提出在模型预报前要考虑自然因素、人类活动因素及邻区水流条件因素产生的耦合效应问题,首先是对边界条件进行预报。武强等通过对地下水系统数值模拟的研究分析,抽象出空间类层次结构,并提出了基于属性关系的宏观拓扑结构和基于同构或异构几何模型关系的微观拓扑结构。林琳等综合考虑区域饱和-非饱和地下水分流动存在的运动尺度问题,提出一种拟三维数学模型,简化饱和-非饱和区域问题的维数,减少数值分析的计算工作量,以进行准确高效的数值模拟。Neuman 等对二维地下水运动方程有限元解法中的非稳定流问题进行了分析,推测了不合理的时间步长有可能导致解的不稳定。针对 Newman 等的推测,Wood 提出了二维地下水运动有限元计算的时间步长条件。Ghassemi 等指出三维模型可以详细说明含水层系统的三维边界条件以及抽水应力情况,而二维模型就不能恰当处理。Mazzia 等提出一种特殊的数值方法用于求解重盐地下水运移模拟的二维非线性动力学控制方程,效果很好。Li 等指出数值模型还不能解决预报的不确定性因素问题,并提出一种随机地下水模型,用以解决均值分布和小尺度过程的不同尺度问题。Mehl 等提出二维局部网格细分法的有限差分地下水模型,并提供了新的插值和误差分析的方法。王浩然等综合有限元和边界元法两种方法的优势,提出了一种有限元和边界元耦合的方法:在需要重点研究的地段采用有限单元法处理,而非重点研究的外围地区则采用边界单元法,在保证一定精度的情况下,能够有效减少模拟的计算工作量。张志忠等针对河水和地下水转化问题,利用地表水文学和水文地质学理论,提出了一种复杂的河水和地下水流耦合模拟模型,并借此详细研究了黑河流域下游水资源间的相互转化。潘世兵等提出了一种基于河流越流系数的处理方法,能够适合河流切割多个含水层系统的情况。李存法等针对现有地下水有限元解法比较复杂的问题,提出了有限元解法的显式格式,但是对于此法的稳定性和收敛性检验还需要深入进行。

除了以地下水流为主的模拟研究,近年来伴生地下水流过程的溶质运移、热运移、地面沉降等研究内容在地下水流的模拟研究基础上也逐渐兴起并取得了很大进展。以上类似的研究成果层出不穷,这些对于各种地下水数值模拟方法和理论的深入研究和探讨,极大地丰富了地下水数值模拟技术的实践经验,对于促进地下水模拟技术的发展起到了积极的作用。

2. 地下水水环境模型方法发展趋势

鉴于现有模型存在的不足以及水资源研究的需求,地下水数值模型在以下几个方面将可望有广阔的发展空间。①对地下水系统的各个源、汇项的概化方法深入研究,将使模拟结果更准确,模型的仿真性得到提高。裂隙介质、岩溶介质中的地下水位运动机制研究,将扩大模型的应用范围,使之能模拟多种复杂的地下水系统。②与其他水文模型的耦合是水资源研究发展的必然需求。地下水是水循环系统的一部分,与地表水、土壤水、大气水之间存在密切的联系。随着水资源联合利用、统一管理的广泛开展,水循环系统将作为一个整体进行研究。地下水模型与地表水模型、土壤水模型、气象模型等耦合集成,将能更全面、准确地模拟各部分水体间的关系,使研究水平达到一个新高度。③目前的主流地下水软件都实现了与 GIS 的数据交互,随着计算机技术的发展以及 GIS 在水资源领域的广泛应用,地下水软件与 GIS 的无缝集成将是未来发展的必然趋势。与 GIS 紧密结合,能够增强数据处理能力,节省数据处理时间,提高输出结果的可视化程度,使地下水软件功能实现质的飞跃。发挥 GIS 强大的空间数据处理功能,将为地下水模型开拓更广阔的发展空间。④随着水资源管理工作不断深化,地下水软件面向的应用对象将不仅是专业技术人员,还将面向各级管理者。应用对象的转变将使地下水软件向着便于管理人员操作、使用和分析的方向发展。而随着用户对地下水软件要求的提高以及计算机技术发展,地下水软件将不仅是单机上操作的软件,也将成为能够实现网络便捷访问的技术支持平台。

# 1.3　水环境模型建模方法与步骤

## 1.3.1　不同研究对象水环境模型的建立

### 1.3.1.1　地表水模型

地表水模型主要用于研究各类点源污染物与非点源污染物进入到地表水(包括河流、湖泊、河口、海洋)后的运移转化过程及其对相应水体质量的影响。表1-1列举了地表水模型的主要技术指标。

### 1.3.1.2　地下水模型

对地下水的模拟可以分为两步,首先模拟地下水流状况,然后模拟污染物的运移转化过程。因此,在地下水模型中存在一些专门进行地下水流模拟的模型,它们一般对地下水流模拟细致,并提供将模拟结果连接到污染物运移转化模型的功能。但是大部分地下水质模型都同时具有模拟地下水流和污染物运移转化过程的功能。表1-2列举了地下水模型的主要技术指标。

### 1.3.1.3　非点源模型

由于许多种污染物主要是通过径流、渗透、吸附等方式进入到地表水、土壤、地下水或生物体中,非点源模型就是研究各类非点源污染物进入地表水、地下水系统的载荷规律,如方式、强度等特性。污染物或溶于水中,或附着在沉积物上,因此非点源模型除模拟水流运动外,还要模拟沉积物的运动方式。具体非点源污染实例包括城市污水和生活垃圾、化肥和农药、固体废弃物造成的污染等。非点源模型的研究单元是流域(单流域或多流域),流域类型可以是农业用地、城市与城郊、填埋场、未开发地、湿地等五大类。表1-3列举了非点源模型的主要技术指标。

## 1.3.2　水环境模型的建模步骤

### 1.3.2.1　资料收集和试验设计

建立模型之前,必须对影响水环境的各种因素(水文、气象、地质)进行调查并取得比较完整而系统的资料,其中一部分来自长期的观察记载,一部分则来自野外现场实测和实验室的分析。试验设计的目的是设法利用尽可能少的人力、物力,取得尽可能多的数据资料。试验设计的内容包括试验河段的选定、监测断面的布设、分析项目、分析方法,以及采样频率的确定。经过分析找出主要的影响因素,收集其影响方式、影响程度状况和水环境等状况。

### 1.3.2.2　模型结构识别

所谓模型结构识别,就是确定模型的函数结构。根据所取得的资料数据,进行初步的分析和判别。从现有的各种模型中,选出适当的一个,作为识别的出发点。再根据一些数学方法和判别准则,对它进行识别和校验,看它能否代表系统的真实情况,如不能代表则必须对其结构做出修改。

表 1-1　地表水模型的主要技术指标

| 模型名称 | 水体类型 | 水文模型 | 水质模型 | 沉积物 | 污染物的类型 | 有机污染物的物理化学变化 |
| --- | --- | --- | --- | --- | --- | --- |
| CEQICM | 河/河口 | 一维静态 | 三维 | 沉降 | 易/难降解有机物 | — |
| CEQR1 | 湖 | 一维动态 | 一维 | 吸附/沉降 | 有机物、重金属 | — |
| CEQRIV1 | 河 | 二维动态 | 一维 | 吸附 | 有机物、重金属 | — |
| CEQW2 | 河/湖/河口 | 三维动态 | 二维 | 吸附/沉降 | 有机物、重金属 | — |
| CORMIX | 河/湖/河口/海 | 一维动态 | 三维 | — | 难降解有机物 | 降解 |
| DYNHYD5 | 河/河口 | 一维静态 | 均质 | — | 难降解有机物 | — |
| DYNTOX | 河 | 一维静态 | 一维 | — | 难降解有机物 | — |
| EUTRO5 | 河/湖/河口 | 一维静态 | 三维 | 吸附 | 易/难降解有机物 | — |
| EXAMS | 河/湖/河口 | 一维动态 | 三维 | 吸附 | 难降解有机物 | 降解/挥发转化 |
| HEC-5Q | 河/湖 | 一维静态 | 一维 | — | 易/难降解有机物 | — |
| HEC-6 | 河/湖 | 一维动态 | 一维 | 沉降/迁移 | 难降解有机物 | — |
| HSPF | 河/湖 | 三维动态 | 一维 | 吸附/沉降/迁移 | 易/难降解有机物 | 降解/挥发转化 |
| HYDRO2DV | 河/河口 | 二维动态 | 均质 | — | 难降解有机物 | — |
| HYDRO3D | 湖/河口 | 三维静态 | 均质 | — | 难降解有机物 | — |
| MEXAMS | 河/湖/河口 | 一维静态 | 三维 | 吸附 | 重金属 | 挥发转化 |

续表 1-1

| 模型名称 | 水体类型 | 水文模型 | 水质模型 | 沉积物 | 污染物的类型 | 有机污染物的物理化学变化 |
|---|---|---|---|---|---|---|
| MICHRIV | 河 | 一维静态 | 一维 | 吸附/沉降 | 难降解有机物 | — |
| MINTEQA2 | 河/湖/河口 | 一维静态 | 均质 | 吸附 | 重金属 | 转化 |
| PCPROUTE | 河 | 三维动态 | 一维 | — | 难降解有机物 | 降解/转化 |
| PLUMES | 河/湖/河口/海 | 一维静态 | 三维 | — | 难降解有机物 | — |
| QUAL2E | 河 | 一维静态 | 一维 | 吸附 | 易/难降解有机物 | — |
| REACHSCAN | 河 | 一维动态 | 一维 | 吸附 | 难降解有机物 | 挥发 |
| RIVMOD | 河/湖/河口 | 一维静态 | 一维 | 迁移 | 难降解有机物 | — |
| SEDDEP | 河口/海 | 一维静态 | 三维 | 沉降 | 难降解有机物 | — |
| SLSA | 河/湖 | 一维静态 | 一维 | 吸附 | 难降解有机物 | — |
| SMPTOX | 河 | 三维动态 | 二维 | 吸附/沉降/迁移 | 重金属 | 降解/挥发 |
| TOXI5 | 河/湖/河口 | 一维静态 | 三维 | 吸附/沉降/迁移 | 难降解有机物 | 降解/挥发/转化 |
| TWQM | 河 | 一维动态 | 一维 | 吸附/沉降 | 有机物、重金属 | 挥发 |
| WASP5 | 河/湖/河口 | 一维静态 | 三维 | 吸附/沉降/迁移 | 易/难降解有机物 | 降解/挥发/转化 |
| WQAM | 河/湖/河口 | 一维静态 | 一维 | 吸附 | 易/难降解有机物 | — |
| WQRRS | 河/湖 | 一维静态 | 一维 | 沉降 | 易/难降解有机物 | — |

表 1-2　地下水模型的主要技术指标

| 模型名称 | 研究区域 | 水文模型 | 溶解相 | 含水层数量 | 地下水位 | 水质模型 | 污染源类型 | 污染物的物理化学过程 |
|---|---|---|---|---|---|---|---|---|
| BIOPLUMEII | 非饱和带 | 二维均质 | 多相 | 单个 | 恒定 | 二维 | 点源 | 扩散/吸收/降解 |
| CATTI | 饱和带 | 二维均质 | 单一相 | 多个 | 恒定 | 二维 | 点源/线源 | 扩散/降解 |
| CFEST | 饱和带 | 三维非均质 | 单一相 | 多个 | 变化 | 三维 | 点源/线源/面源 | 扩散/吸收/降解 |
| CHAINT | 饱和带 | 二维均质 | 单一相 | 单个 | 变化 | 二维 | 点源/线源/面源 | 扩散/吸收/衰变 |
| CHEMFLO | 非饱和带 | 一维均质 | 单一相 | 单个 | 恒定 | 一维 | 点源 | 扩散/降解 |
| DPCT | 饱和带 | 二维非均质 | 单一相 | 多个 | 变化 | 二维 | 点源/线源/面源 | 扩散/吸收/衰变 |
| FEMWASTE | 任意 | 二维非均质 | 单一相 | 多个 | 变化 | 二维 | 点源/线源/面源 | 扩散/吸收/降解 |
| GETOUT | 饱和带 | 一维均质 | 单一相 | 单个 | 恒定 | 一维 | 点源 | 扩散/降解/衰变 |
| GLEAMS | 非饱和带 | 一维非均质 | 单一相 | 多个 | 恒定 | 三维 | 点源/线源/面源 | 吸收/降解 |
| HST3D | 饱和带 | 三维非均质 | 单一相 | 单个 | 变化 | 三维 | 点源/线源/面源 | 扩散/降解/衰变 |
| MMT | 饱和带 | 一维均质 | 单一相 | 单个 | 变化 | 三维 | 点源/线源/面源 | 扩散/吸收 |
| MOCDENSE | 饱和带 | 二维非均质 | 单一相 | 单个 | 变化 | 二维 | 点源/线源/面源 | 扩散/吸收/降解 |
| NWFT/DVM | 饱和带 | 一维均质 | 单一相 | 单个 | 恒定 | 一维 | 点源 | 扩散/吸收/衰变 |
| PRINCETON | 饱和带 | 三维非均质 | 单一相 | 多个 | 变化 | 三维 | 点源/线源/面源 | 扩散/吸收/降解 |
| PRZM | 非饱和带 | 一维均质 | 单一相 | 多个 | 变化 | 一维 | 点源/线源/面源 | 扩散/吸收/降解 |

续表 1-2

| 模型名称 | 研究区域 | 水文模型 | 溶解相 | 含水层数量 | 地下水位 | 水质模型 | 污染源类型 | 污染物的物理化学过程 |
|---|---|---|---|---|---|---|---|---|
| RITZ | 非饱和带 | 一维均质 | 多相 | 单个 | 恒定 | 一维 | 点源 | 吸收/降解 |
| RUSTIC | 任意 | 三维非均质 | 单一相 | 多个 | 变化 | 三维 | 点源/线源/面源 | 扩散/吸收/降解 |
| RWH | 饱和带 | 二维均质 | 单一相 | 单个 | 变化 | 二维 | 点源/线源/面源 | 扩散/吸收/降解 |
| SAFTMOD | 饱和带 | 二维非均质 | 单一相 | 多个 | 变化 | 二维 | 点源/线源/面源 | 扩散/吸收/降解 |
| SESOIL | 任意 | 一维均质 | 单一相 | 多个 | 变化 | 一维 | 点源/线源/面源 | 扩散/吸收/降解 |
| SHALT | 饱和带 | 二维非均质 | 单一相 | 多个 | 变化 | 二维 | 点源/线源/面源 | 扩散/吸收/降解/衰变 |
| SUTRA | 任意 | 二维非均质 | 单一相 | 多个 | 变化 | 二维 | 点源/线源/面源 | 扩散/吸收/降解 |
| SWANFLOW | 任意 | 三维均质 | 多相 | 单个 | 变化 | 三维 | 点源/线源/面源 | — |
| SWENT | 饱和带 | 三维非均质 | 单一相 | 多个 | 变化 | 三维 | 点源/线源/面源 | 扩散/吸收/降解/衰变 |
| SWIFT | 饱和带 | 三维非均质 | 单一相 | 多个 | 变化 | 三维 | 点源/线源/面源 | 扩散/吸收/衰变 |
| SWIP2 | 饱和带 | 三维非均质 | 单一相 | 多个 | 变化 | 三维 | 点源/线源/面源 | 扩散/吸收/降解 |
| TETRANS | 非饱和带 | 一维均质 | 单一相 | 单个 | 变化 | 一维 | 点源/线源/面源 | 吸收 |
| TRAFRAP-WT | 饱和带 | 二维非均质 | 单一相 | 单个 | 变化 | 二维 | 点源/线源/面源 | 扩散/吸收/衰变 |
| TRANS | 饱和带 | 二维均质 | 单一相 | 单个 | 变化 | 二维 | 点源/线源/面源 | 扩散/吸收/降解/衰变 |
| TRUST | 任意 | 三维非均质 | 单一相 | 多个 | 变化 | 三维 | 点源/线源/面源 | 扩散 |
| USGS2D-MOC | 饱和带 | 二维非均质 | 单一相 | 单个 | 变化 | 二维 | 点源/线源/面源 | 扩散/吸收/降解 |
| VADOFT | 非饱和带 | 一维均质 | 单一相 | 多个 | 变化 | 一维 | 点源 | 扩散/吸收/降解 |
| WORM | 任意 | 一维非均质 | 单一相 | 多个 | 变化 | 一维 | 点源 | 吸收/降解 |

表 1-3 非点源模型的主要技术指标

| 模型名称 | 流域类型 | 污染源 | 流域数量 | 模型的时间分辨率 | 污染物进入水体的方式 | 污染物类型 | 污染物的物理化学过程 |
|---|---|---|---|---|---|---|---|
| AGNPS | 农业用地/未利用地 | 点源/面源 | 多个 | min/s | 径流 | 易降解/难降解 | — |
| ANSWERS | 农业用地/未利用地 | 面源 | 多个 | min/s | 径流/渗流 | 易降解 | — |
| BASINS | 农业用地/城市用地/未利用地 | 点源/面源 | 多个 | d/h | 径流 | 易降解/农药 | 吸附/降解 |
| CREAMS | 农业用地/未利用地 | 面源 | 单个 | min/s | 径流 | 易降解/农药 | 吸附/降解 |
| DR3M-QUAL | 城市用地 | 点源/面源 | 多个 | min/s | 径流/人工管道 | 难降解 | — |
| EPIC | 农业用地 | 面源 | 单个 | d/h | 径流/渗流 | 易降解/农药 | 吸附/降解 |
| FHWA | 城市用地 | 面源 | 单个 | 年/月 | 径流 | 易降解/难降解 | — |
| GLEAMS | 农业用地/未利用地 | 面源 | 单个 | d/h | 径流/渗流 | 易降解/农药 | 吸附/降解 |
| GWLF | 农业用地/城市用地/未利用地 | 点源/面源 | 多个 | d/h | 径流/渗流 | 易降解 | — |
| HELP | 填埋场 | 面源 | 单个 | d/h | 径流/渗流 | — | — |
| HSPF | 农业用地/城市用地/未利用地 | 点源/面源 | 多个 | min/s | 径流 | 易降解/农药 | 吸附/降解 |
| MRI | 农业用地/城市用地/填埋场/未利用地 | 面源 | 单个 | 年/月 | 径流/渗流 | 易降解/农药 | — |
| NPSMAP | 农业用地/城市用地/未利用地 | 点源/面源 | 多个 | d/h | 径流 | 易降解 | — |
| P8-UCM | 城市用地 | 点源/面源 | 多个 | min/s | 径流 | 易降解 | — |
| PREWET | 湿地 | 点源/面源 | 单个 | d/h | 径流 | 易降解/难降解 | 降解 |

续表 1-3

| 模型名称 | 流域类型 | 污染源 | 流域数量 | 模型的时间分辨率 | 污染物进入水体的方式 | 污染物类型 | 污染物的物理化学过程 |
|---|---|---|---|---|---|---|---|
| PRZM | 农业用地 | 面源 | 单个 | d/h | 径流/渗流 | 农药 | 吸附/降解 |
| Q-ILLUDAS | 城市用地 | 面源 | 单个 | d/h | 径流 | 易降解 | — |
| SIMPLE | 城市用地 | 面源 | 单个 | 年/月 | 径流 | 易降解 | — |
| SLAMM | 城市用地 | 点源/面源 | 单个 | d/h | 径流 | 易降解 | — |
| SLOSSPHOS | 农业用地/未利用地 | 面源 | 多个 | 年/月 | 径流 | 易降解 | — |
| STREAM | 农业用地 | 面源 | 单个 | d/h | 径流 | 农药 | 吸附/降解 |
| SWAT | 农业用地/未利用地 | 点源/面源 | 多个 | d/h | 径流/渗流/人工管道 | 易降解/农药 | 吸附/降解 |
| SWMM | 城市用地 | 点源/面源 | 多个 | min/s | 径流/渗流/人工管道 | 易降解/难降解 | 降解 |
| SWRRBWQ | 农业用地/未利用地 | 点源/面源 | 多个 | d/h | 径流/渗流 | 易降解/农药 | 吸附/降解 |
| USCSREGR | 农业/城市/未利用地 | 面源 | 单个 | 年/月 | 径流 | 易降解 | — |
| WATERSHED | 农业用地/城市用地 | 点源/面源 | 多个 | 年/月 | 径流 | 易降解 | — |
| WMM | 农业/城市/未利用地 | 面源 | 多个 | 年/月 | 径流 | 易降解/难降解 | 吸附 |
| WQAM | 农业/城市/填埋场/未利用地 | 点源/面源 | 多个 | 年/月 | 径流/渗流 | 易降解/农药 | 吸附/降解 |

### 1.3.2.3  参数估计

在所建立的水环境模型基础上，利用已获得的原始资料初步研究模型中的参数，作为水环境模型调试过程的参考依据。

### 1.3.2.4  模型校验和灵敏度分析

在模型调试的基础上，利用主要年份、主要影响因素资料，对所建模型进行校验，达到一定精度。灵敏度分析是指模型参数变动时造成的影响。首先变动一个参数，其余参数保持不变，然后检查目标函数的变化程度，如果变化不大，那就说明目标函数对这个参数不敏感，对这个参数的估计不要求准确。如果特别不敏感，说明这个参数是多余的，可以将其从模型中剔除。

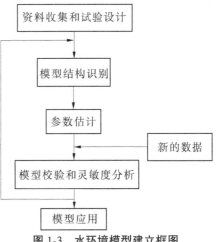

图 1-3  水环境模型建立框图

### 1.3.2.5  模型应用

求解技术是模型实践过程中的重要一环。利用所建立的比较完善的水环境模型，选取典型的水文年资料和相应的水环境影响因素资料，对水环境进行评估，如果达不到解决问题的要求，那么仍然要重复上述各步骤，直至能用所建立的模型满意地解决原问题。

水环境模型建立框图见图 1-3。

# 参考文献

[1] 陈祖军，陈美发. 河口水域水环境状况模型研究进展[J]. 海洋环境科学，2005，24(2)：59-64.

[2] 窦明，左其亭. 水环境学[M]. 北京：中国水利水电出版社，2014.

[3] 冯民权，郑邦民，周孝德. 水环境模拟与预测[M]. 北京：科学出版社，2009.

[4] 李本纲，陶澍，曹军. 水环境模型与水环境模型库管理[J]. 水科学进展，2002，13(1)：14-20.

[5] 刘巍. 水环境数学模型探析[J]. 东北水利水电，2012，30(3)：1-3.

[6] 钱德安. 湖库水环境管理模型及实例研究[D]. 长春：吉林大学，2006.

[7] 孙丽凤，王玉番，刘晓晖，等. 流域水环境模型及应用[J]. 科技导报，2016，34(18)：170-175.

[8] 沈媛媛，蒋云钟，雷晓辉，等. 地下水数值模型在中国的应用现状及发展趋势[J]. 中国水利水电科学研究院学报，2009，7(1)：57-61.

[9] 王浩，陆垂裕，秦大庸，等. 地下水数值计算与应用研究进展综述[J]. 地学前缘，2010，17(6)：1-12.

[10] 王伟萍. 湖泊水质模型研究现状及发展趋势[J]. 江西水产科技，2011(3)：40-42.

# 2 水体污染物的迁移转化

## 2.1 水环境体系

### 2.1.1 水环境的概念

水环境由地表水环境与地下水环境组成,包括河流、湖泊、水库、海洋、沼泽、冰川、泉水、浅层和深层地下水等。水环境是最易受人类活动影响和破坏的地域,它同其他环境要素如土壤环境、生物环境、大气环境等构成了一个有机的综合体。它们互相影响、互相联系、互相制约,当改变或破坏某一区域的水环境状况时,必然引起其他环境要素的变化。

就水体组成部分而言,水环境是指水体中的水组分、底质组分、水生生物组分和微生物组分的联合体。它们是既独立又互相依存的关系,人们要促进水环境与其他环境要素间保持协调一致。从自然规律看,在各种自然地理要素作用下形成的水循环,是流域复合生态系统的主要控制性因素,对人为产生的物理与化学干扰极为敏感。上游地区干扰水循环系统,会迅速传递到下游社会经济和生态系统,流域内任何地点的水土开发利用,都会影响全流域生态系统平衡状态。流域的水循环规律的改变可能引起在资源、环境、生态方面的一系列不利效应;流域产流机制改变,在同等降水条件下,水资源总量呈逐步递减趋势;径流减少导致水环境容量减少、水质等级降低、水盐关系失衡等问题。所以,重视水环境的保护与研究是很有必要的。

### 2.1.2 水在生态环境中的作用

水是生态环境中的一小部分,但它是极重要的一个因素,是维持一切生命活动的不可替代的物质,不仅为人类生活所必需,也为人类的生产活动和支持人类赖以生存的环境不可或缺。

对于生存条件而言,水在生态环境中具有两重性:一方面水造成有利于人类生存的环境,提供人类生存和发展的最基本的条件;另一方面水有时会带给人类自然灾害的困扰,如洪灾、涝灾、旱灾和水致疾病传播等。当人类科学技术发展到一定水平之后,人类逐渐学会通过工程措施或非工程措施来改造水环境,使之向有利于人类生活和生产的方向转化,但也在一些问题上由于认识的不够全面,违背了自然规律,因而有时会出现事与愿违的结果。因此,进行水环境评价时,应当对天然条件下的、经过人类对水资源治理开发后的、为进一步适应用水增长要求,以及拟开发利用水资源的远景条件下的水环境质量予以评价。上述关于水质的情况,属于水环境评价的基础部分,加上对自然界水在生态环境中的作用评价,组成水环境评价的全部内容。

由水引起的自然灾害和人为灾害分为两类:一类是因水的时空分布不均及水和地面

作用所引起的洪、涝、旱、碱、水土流失、滑坡、泥石流等灾害,水工程失事、溃决等灾害;另一类是以水为媒体传播的疾病,或因水质所引起的地方病等。

## 2.1.3    水环境现状

我国水资源面临严峻形势,人均淡水资源量低,淡水资源的时空分布不均衡,水资源利用效益差、浪费严重。水污染严重,不少地区和流域水污染呈现出支流向干流延伸,城市向农村蔓延,地表向地下渗透,陆地向海洋发展的趋势。近几年来我国废水、污水排放量以每年 18 亿 $m^3$ 的速度增加,全国工业废水和生活污水每天的排放量近 1.64 亿 $m^3$,其中 80% 未经处理直接排入水域。水资源已成为我国社会经济发展的短缺资源,成为制约建设小康社会的瓶颈之一。因此,对我国的水污染防治需给予高度的重视,以实现我国水资源对经济社会可持续发展的保障。

由于历史欠账过多和众多的主、客观原因,纵观全国,水污染仍呈发展趋势。传统的污染物(COD、BOD)未能得以控制,富营养化和有毒化学物质的污染却相继增加;点源污染还没有效控制住,非点源污染问题在一些地区又突出起来。由于 80% 以上的污水未经处理就直接排入水域,已造成我国 1/3 以上的河段受到污染,90% 以上的城市水域严重污染,近 50% 的重点城镇水源不符合饮用水标准。水资源不合理的开发利用,尤其是水污染的不断加重,引起了普遍缺水和严重的生态后果。

造成我国水污染严重的主要原因在于:我国许多企业生产工艺落后,管理水平较低,物料消耗高,单位产品的污染物排放量过高;城市人口增长速度过快,工业集中,而城市下水道和污水处理设施的建设发展速度极为缓慢,与整个城市建设和工业生产的发展不相适应;防治水污染投资少,加之管理体制和政策上、技术上的原因,仅有的投资亦未发挥应有的效果;有些地方对工业废水处理提出了过高的要求,耗资很大,而设施建成后却不能正常运行,投资效益差;不少新建城市的污水费用不能发挥应有的作用。此外,由于用水和排水的收费偏低,使得人们(包括工矿企业)不重视节约用水、不合理利用水资源、不积极降低污染物排放量,造成水资源严重浪费和水污染不能得到有效控制的局面。

我国水污染状况触目惊心。2019 年的相关调查报告结果显示,水环境恶化趋势尚未得到根本扭转,水污染形势仍然严峻。江、河、湖泊水污染负荷早已超过其水环境容量。污水排放量仍在增长,七大江河水质继续恶化,Ⅴ类和劣Ⅴ类水所占比例仍很高。水污染严重河流,依次为海河、辽河、淮河、黄河、松花江、长江、珠江。其中,海河劣Ⅴ类水质河段高达 56.7%、辽河达 37%、黄河达 36.1%。长江干流超过Ⅲ类水的断面已达 38%,比 8 年前上升了 20.5%。除西藏、青海外,75% 的湖泊富营养化问题突出。现在工业水污染仍旧突出,仍是江河水污染的主要来源。近年来水污染事故频繁,平均每年达 1 000 起左右。不少老企业无钱治理,高污染的乡镇企业仍大量存在,企业违法排污现象普遍。有61.5% 的城市没有建成污水处理厂,相当多的城市没有建立污水处理收费制度,污水收采管网建设滞后,污水处理收费普遍过低。因此,除特大城市外,许多城镇污水没有得到有效地处理。城乡居民饮用水安全问题严重。地表饮用水水源地不合格的约占 25%,其中淮河、辽河、海河、黄河、西北诸河近一半水质不合格。华北平原地下水水源地,有 35% 不合格。全国尚有 3 亿多人饮用水不安全,其中约有 1.9 亿人饮用水有害物质含量超标,农村有 6 300 万人饮用高氟水、200 多万人饮用高砷水、3 800 多万人饮用苦咸水,另外,南方血吸虫疫区农村饮水也不够安全。

这不仅仅是因为众所周知的城市集中了大量的工业生产企业,工业废水排放量巨大;而且,随着城市规模的不断扩大以及人口的进一步增长,生活污水排放量与日俱增。中国环境监测总站 2007 年 1~4 月对全国地表水水质监测结果表明,流经长江、黄河、淮河、海河城市的水质多数为重度污染。例如,长江安徽段的巢湖全湖平均为Ⅴ类(Ⅴ类水已不能和人体接触,劣Ⅴ类水更是丧失基本生态功能);黄河支流渭河的渭南市、淮河支流沙颍河的周口市的国控断面 2007 年前 4 个月的监测结果全部为劣Ⅴ类。国家环保总局近日对海河和淮河流域干流和支流 67 个断面水质抽样监测结果显示,全部为劣Ⅴ类。2005年的松花江事件标志着中国进入了水污染事故高发期;2007 年入夏以来,太湖、滇池、巢湖的蓝藻接连暴发,标志着中国进入了水污染密集爆发阶段。

## 2.1.4　不同类型水环境体系

### 2.1.4.1　水环境质量基准体系

美国较早开展了水环境质量基准的研究和制定工作,目前已经形成了一整套较为完善的水环境质量基准体系,其主要包括 8 个类别的基准,建立了或正在建立各类基准的技术指南以规范各类基准的制定与推导程序,并不断发布基准研究成果。目前,世界上只有少数国家(如加拿大等)开展了水环境基准研究,但截至目前,只在某类基准上开展了一些工作,尚未形成较为完整的水环境基准体系,我国在这方面的研究刚刚起步。

美国水环境基准对世界各国的基准研究影响较深。自 20 世纪 60 年代,美国相继发表了《绿皮书》、《蓝皮书》、《红皮书》和《金皮书》等水环境基准文献,形成了以保护水生生物和人体健康的水质基准为主,辅以营养物基准、沉积物基准、细菌基准、生物学基准、野生生物基准和物理基准等较为完整的水环境基准体系。这些基准一般用数值或描述方式来表达,为美国各州制定水质标准提供了科学依据。

美国最新的水质基准于 2009 年由美国国家环境保护局(USEPA)发布,共有 167 项污染物的淡水急性、淡水慢性、海水急性、海水慢性和人体健康基准值以及 23 项感官基准。167 项污染物包括合成有机化合物 107 种、农药 31 种、金属和无机化合物 24 种、基本的物化指标 4 种、细菌 1 种,其中有 120 种是优先控制有毒污染物。

1. 水生生物基准

美国最早制定的水环境基准是保护水生生物的水质基准(简称水生生物基准),起初该基准只用一个值来表示,一般是用水生生物的急性毒性值乘上相应的应用系数所得到的浓度,作为不允许超过的基准值。在综合考虑了急性、慢性不同毒性效应的基础上,USEPA 对水生生物基准制定原则和方法进行了修正。1985 年,USEPA 颁布了《推导保护水生生物及其用途的水质基准技术指南》,对双值水质基准的思想有更为明晰的表述,并为双值水质基准的推导提出了较完善的技术路线(见图 2-1)。该指南规定了试验数据的收集范围及质量要求,最终急性值、最终慢性值、最终植物值和最终残留值的计算方法,以及利用上述 4 个最终值推导水生生物基准的程序和方法。

USEPA 颁布水质基准的目标在于防止污染物对重要的具有商业和娱乐价值的水生

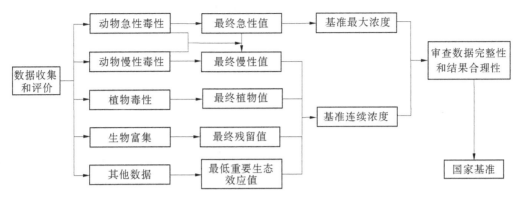

**图 2-1　水生生物基准制订技术路线**

生物以及其他重要物种(如河流湖泊中的鱼类、底栖无脊椎动物和浮游生物)造成不可接受的长期和短期的影响。《推导保护水生生物及其用途的水质基准技术指南》中规定为每个化合物制定的水生生物基准值分别用基准最大浓度(CMC)和基准连续浓度(CCC)表示,这两个浓度是为了防止高浓度污染物短期和长期作用对水生生物造成的急性和慢性毒性效应而设,其值分别为水生生物短期或长期暴露在有毒物质中,没有产生不可接受的影响时,有毒物质在环境水体中的最大浓度。

**2. 人体健康基准**

保护人体健康的水质基准(简称人体健康基准)是由 USEPA 或州制定的,用来保护人体健康免受致癌物和非致癌物的毒性作用,它考虑了人群摄入水生生物以及饮水带来的健康影响。2000 年起,USEPA 陆续颁布了《推导保护人体健康的水质基准技术指南》及其技术支持文件,规定了推导人体健康基准的 4 个步骤,即暴露分析、污染物动态分析、毒性效应分析和基准推导方法。对于可疑的或已证实的致癌物,需估算各种浓度下人群致癌风险概率的增量;对于非致癌物,则估算不对人体健康产生有害影响的水环境浓度。

**3. 营养物基准**

1994 年,美国发布的《国家水质清单报告》指出,营养物(氮和磷)是河流、湖泊和河口水质污染的主要因素。过多的营养负荷会导致水生杂草和藻类的疯长,引起溶解氧损耗,增加鱼类和大型无脊椎动物的死亡率。为了评价和控制水体中的营养物,USEPA 制定了《国家营养物基准战略》,该战略认为营养物基准应建立在生态区的基础上,并提出了制订湖库、河流、湿地和河口近海水域营养物基准指南的计划。2000 年,USEPA 发布了这 4 类水体的营养物基准制定方法指南,建立了评价水体营养状态和制定生态区营养物基准的技术方法,以指导各生态区建立营养物基准。

**4. 沉积物质量基准**

沉积物是水生生态系统中不可忽视的理化环境组成部分,是许多污染物的最终归宿,同时也是各种水生生物的生存基质。由于化学品直接从沉积物传递给生物,是生物接触污染物的主要途径,因此保护沉积物质量已成为水质保护的必要延伸,而沉积物质量基准正是为了保护底栖生物免受沉积物中污染物所造成的慢性影响。美国沉积物质量基准的制定和实施主要是为了促进各州建立特定污染物的质量标准和国家污染物排放削减许可证(NPDES)的许可限值;同时,该基准也在建立沉积物修复目标和水道疏浚评价项目中发挥了重要作用。

5. 细菌基准

1986年,USEPA发布了《细菌环境水质基准》,提供了指示生物、采样频率和基准风险的信息,主要用于州和部落制定娱乐性水体的水质标准。该基准采用的指示生物为肠道球菌和大肠杆菌,并建立了这两种菌的测定方法。用肠道球菌与大肠杆菌基准确定是否存在急性胃肠疾病风险,就可以确定来自肠道病毒和致病性肠道原生生物如贾第鞭毛虫和隐担孢子的风险是否可以接受,因为这些病原体具有更强的环境抵抗力,能耐受多种处理技术。

6. 生物学基准

《清洁水法》规定USEPA与州和部落共同致力于恢复和维持地表水体的生物完整性。生物完整性是指具有平衡的、适应的、物种多样性的水生生物群落,并与自然环境相协调。为了更充分地保护水生资源,USEPA规定,州和部落应明确水体的水生生物用途,并建立生物学基准进行保护。生物学基准可定性或定量表述为基于水生群落组成、生物多样性等指标,描述水生生物理想状态的基准。生物学基准主要关注污染物对水生动植物群落的种类和丰度等的影响。俄亥俄州为底栖大型无脊椎动物(底栖昆虫等)和鱼类制定了数值型生物学基准。

7. 野生生物基准

野生生物基准可保护哺乳动物和鸟类免受由饮水或摄食而引起的有害影响。美国野生生物基准主要适用于五大湖流域,《五大湖指南》中发布了4种化合物[DDT及其代谢物、汞、多氯联苯和二噁英(2,3,7,8-TCDD)]的野生生物基准。但目前USEPA还没有建立野生生物基准的制定方法指南。

8. 物理基准

物理基准主要考虑水环境物理参数的影响。《清洁水法》的目的之一是保护和恢复水体的物理完整性。USEPA认为物理参数(包括流量)虽重要但经常被忽视,可直接影响水环境功能的达标,其对于制定水质标准是十分必要的。但截至目前,美国还没有建立国家物理基准指南。

## 2.1.4.2　水环境监管体系

随着经济的发展、人口的增加,流域水污染日益严重、水生态恶化,流域人口、资源、环境与经济社会协调发展的矛盾相当突出。我国的水环境质量监测能力和环境行政执法效力等依然存在不足,管理部门执法成本大、环境执法的自由裁量权监控不力、执法决策随意,所以研究行之有效的工业水环境监管体系对于解决水环境质量与经济发展矛盾的问题有着较强的现实意义。

目前,对工业水环境监管体系构建的研究主要有三个层次:一是建立参与主体的委托代理模型,模拟环境监管问题。二是综合考虑体制、经济、管理和工业污水处理的关系,构建自然因素、区域人文因素以及政策因素的关系模型进行监管体系设计。三是对监管体系中可能出现的一些问题的分析。例如,政府监管失职责任对环境监管效力的影响;排污企业采取的策略选择行为研究;政府、监管人员和企业三方可能存在合谋行为的有效防范方法等。总的来看,目前的研究是以地方政府和排污企业为主体,模拟工业水环境监管行为、构建监管体系、解决监管困境问题。然而现实中各参与主体之间的联系和渗透日益增强,工业水环境监管的成功与否,并不是仅由企业是否达标排污决定的,还涉及地方政府、公众乃至中央政府的行为选择。

### 2.1.4.3 水环境保护规划体系

现行与流域水环境保护相关的规划很多,但是由于各地区、各部门协调不足,规划间没有明确的关系,缺乏接口和控制,规划内容不统一,致使流域水环境保护规划没有形成体系。基于流域水环境保护相关规划存在的问题和当前的政府管理体制,提出了由国家流域水环境保护总体规划、小流域水环境保护规划、城市水环境保护规划和大点源水污染物减排规划构成的流域水环境保护规划体系。明确了该体系内,上级规划通过审批和评估实现对下级规划的指导与控制,规划之间的衔接关系体现为指标的联结;同时,提出了制定水环境保护规划法规、制定规划编制规范和指南、建立信息共享平台等建议。

1. 制定水环境保护规划法规

《中华人民共和国环境保护法》、《中华人民共和国水法》、《中华人民共和国水污染防治法》和《中华人民共和国水土保持法》具有水环境保护规划或相关规划的条款或内容,但是至今并没有水环境保护规划的法规。中国发展较完善的规划体系,如城市总体规划和土地利用总体规划都有专门的法律,如《中华人民共和国城乡规划法》和《中华人民共和国土地管理法》,明确其规划的法律地位。借鉴中国相关规划体系的经验,需要对水环境保护规划单独立法,实现以下目标:一是确立流域水环境保护规划体系的地位;二是规定各规划的编制、实施、批准、评估和问责等具体事项。

2. 制定规划编制规范和指南

制定规划编制规范和指南,指导规划的编制。规范和指南应该针对问题的界定、规划目标的确定、干系人责任的分析、行动清单的筛选、实施方案设计和实施效果的评估等内容,识别主要问题,并对问题的解决方法做具体的说明,为规划的编制提供基础的技术支持。值得一提的是,规范和指南中,应该对于如何实现规划之间的衔接做具体说明,如对上级规划目标合理分解的技术和方法等。通过制定规范和指南,可以使规划编制更加规范,规划内容的协调性更强,便于充分发挥规划的作用。

3. 建立信息共享平台

从信息的收集、信息的流动、信息的协同作用等各方面入手,建立统一的信息平台,促进信息共享和不同部门之间的沟通,达到信息的有效利用和协调统一,既节约成本,又可提高信息的完整性。通过广泛的信息共享和披露,为流域相关活动的决策者提供有力的信息支持。信息共享、沟通和协调还能够促进流域问题的跨学科综合研究与先进技术的使用。

# 2.2 水体水文过程

## 2.2.1 水文要素简介

水文过程是水文要素在时间上持续变化或周期变化的动态过程。它包括各种表示水文过程的要素:降水、蒸发、径流和下渗,是水文循环中的 4 个基本要素(见图 2-2);此外,水位、流量、含沙量、水温、冰凌和水质等也可以称为水文要素。

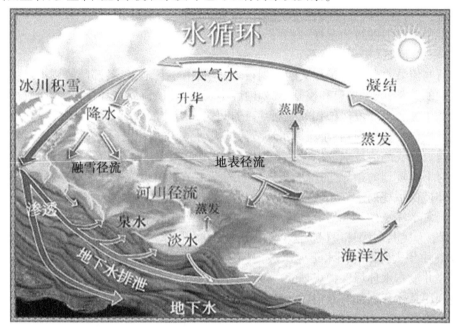

图 2-2　水循环示意图

### 2.2.1.1　降水

降水是指空气中的水汽冷凝并降落到地表的现象,它包括两部分:一部分是大气中水汽直接在地面或地物表面及低空的凝结物,如霜、露、雾和雾凇,又称为水平降水;另一部分是由空中降落到地面上的水汽凝结物,如雨、雪、霰雹和雨凇等,又称为垂直降水,是水分从大气输送到地球表面的主要途径。

### 2.2.1.2　蒸发

蒸发具有多个定义,一般指物质从液态转化为气态的相变过程(大气科学—大气物理学);水由液态或固态转化为气态的相变过程(地理学—水文学);发生在液体表面的汽化(电力—通论);液态水转化为气态水,逸入大气的过程(电力—通论);温度低于沸点时,从水面、冰面或其他含水物质表面逸出水汽的过程(水利科技—水文、水资源—陆地水文学);物质从液态转化为气态的相变过程(资源科技—气候资源学)。水分通过蒸发从地表向大气输送,在此过程中水分由液态变为气态。约有 80% 的蒸发来自海洋,20% 来自内陆水体或植被。发生在土壤表面的蒸发称为土面蒸发,发生在植物表面的蒸发称为植物蒸腾。风是水汽输送的推动力,把水汽输送至全球,并影响着世界各地的空气湿度。

### 2.2.1.3　径流

流域的降水,由地面与地下汇入河网,流出流域出口断面的水流,称为径流。液态降水形成降雨径流,固态降水则形成冰雪融水径流。由降水到达地面时起,到水流流经出口断面的整个物理过程,称为径流形成过程。降水的形式不同,径流的形成过程也各异,我国的河流以降雨径流为主,冰雪融水径流只是在西部高山及高纬地区河流的局部地段发生。根据形成过程及径流途径不同,河川径流又可分为生成于地面、沿地面流动的地面径流;在土壤中形成并沿土壤表层相对不透水层界面流动的表层流,也称壤中流;形成地下水后从水头高处向水头低处流动的地下水流。

从降雨到达地面至水流汇集、流经流域出口断面的整个过程,称为径流形成过程。径流的形成是一个极为复杂的过程,为了在概念上有一定的认识,可把它概化为两个阶段,即产流阶段和汇流阶段。①产流阶段:当降雨满足了植物截留、洼地蓄水和表层土壤储存后,后续降雨强度又超过下渗强度,其超过下渗强度的雨量,降到地面以后,开始沿地表坡面流动,称为坡面漫流,是产流的开始。如果雨量继续增大,漫流的范围也就增大,形成全面漫流,这种超渗雨沿坡面流动注入河槽,称为坡面径流。地面漫流的过程,即为产流阶段。②汇流阶段:降雨产生的径流,汇集到附近河网后,又从上游流向下游,最后全部流经流域出口断面,叫作河网汇流,这种河网汇流过程,即为汇流阶段。

#### 2.2.1.4　下渗

下渗指水透过地面渗入土壤的过程。水在分子力、毛细管引力和重力的作用下在土壤中发生的物理过程,是径流形成的重要环节。它直接决定地面径流量的生成及其大小,影响土壤水和潜水的增长,从而影响表层流、地下径流的形成及其大小。按水的受力状况和运行特点,下渗过程分为 3 个阶段:①渗润阶段。水主要受分子力的作用,吸附在土壤颗粒之上,形成薄膜水。②渗漏阶段。下渗的水分在毛细管引力和重力作用下,在土壤颗粒间移动,逐步充填粒间空隙,直到土壤孔隙充满水分。③渗透阶段。土壤孔隙充满水,达到饱和时,水便在重力作用下运动,称饱和水流运动。

### 2.2.2　水文过程的描述方法

水文模型是描述水文过程的数学模型,是水文循环规律研究的必然结果,也可以说是水文过程的符号化。水文模型可以分为随机性模型和确定性模型。随机性模型应用概率理论和随机性过程描述水文环节,其预测结果多为条件概率的形式;确定性模型根据模型对流域的描述是空间集总式的还是分布式的描述,以及对水文过程是经验性描述、概念性描述还是完全物理描述进一步划分为黑箱模型、概念模型和基于物理学的分布式模型。这里按照建模角度分为集总式水文模型、分布式水文模型。

#### 2.2.2.1　集总式水文模型

集总式水文模型普遍将流域作为一个整体来进行研究,忽略了气候因子和下垫面因子均呈现空间分布不均匀的事实。根据这种观点建立起来的水文模型显然只能虚拟模拟气候和下垫面因子空间分布均匀的状态,属于概念性流域水文模型范畴。模型中的一些水文过程通常由一些简化的水力学公式或经验公式来进行描述,使得水文模型的结构和参数的物理意义模糊,在模拟流域降雨径流形成过程时存在较大的局限性。常见的这类模型有新安模型、萨克拉门托模型和水箱模型等。

集总式水文模型经过多年的发展,虽然在实践中发挥了重要的作用,但还是在多方面表现不足。流域的降水径流过程十分复杂,流域的下垫面因素,如土壤结构、地形差异、地表覆盖等,以及一些人类的活动,对径流的过程都会产生影响。集总式水文模型采用一些经验性和集总概化的方式来描述水文过程,不能较好地反映降雨和下垫面的空间变化,在利用遥感、地理信息系统等空间数据时会存在结构不一致的问题。集总式水文模型对径流形成过程的描述是近似的,不涉及水文现象的本质或物理机制,许多参数缺乏明确的物理意义,只能通过实测资料来率定。因此,它对实测资料的依赖性很大,并且具有统计和经验的性质,不利于参数的外延。当今水资源危机日益突出,气候变化和人类活动对水文水资源产生了巨大影响,出现了许多新的课题,集总式水文模型由于本身的局限性,很难处理变化环境下的水文水资源问题。

#### 2.2.2.2 分布式水文模型

分布式水文模型以其具有明确物理意义的参数结构和对空间分异性的全面反映,可以更加准确详尽地描述和反映流域内真实的水文过程。

分布式水文模型软件系统作为分布式水文模型的技术外壳,是模型应用的重要技术保障。随着分布式水文模型的发展,分布式水文模型软件系统也随之不断发展进步。近年来,分布式水文模型应用领域不断扩大和深入,呈现出以下新特点:①面向单一水文过程的分布式水文模型在流域综合管理应用中具有很大的限制性,需要从流域系统的角度出发综合考虑流域水文、生态、侵蚀、养分等诸多过程;②分布式水文模型的应用不再局限于水文专业科研人员,其他领域的科研人员乃至管理部门决策者对分布式水文模型的需求愈加迫切;③随着 GIS 和 RS 技术的发展,模型所用的 DEM、土壤、土地利用等空间数据的时空尺度不断精细化,加之模型应用的空间范围不断扩大,分布式水文模型呈现出计算量巨大的特点。上述新特点对分布式水文模型软件系统提出了更高要求,根据这些应用需求确定分布式水文模型软件系统的发展方向,对分布式水文模型软件系统的发展具有重要意义。

分布式水文模型应用流程是指用户根据研究目的、研究区水文过程特征、时空尺度和数据资料情况确定模型结构、提取模型参数及运行、率定模型的过程。

1. 模型结构确定

1) 确定参与模拟的子过程

分布式水文模拟涉及诸多子过程,如降水、融雪、截留、入渗、填洼、蒸散发、渗漏、壤中流、地下水、河道汇流、植被生长、土壤侵蚀、养分循环等。不同的研究目的和应用背景需要考虑不同的子过程,并非所有应用都需要考虑全部子过程。例如,在黄土区进行短时段的降雨—径流模拟无须考虑壤中流和地下水子过程;在青藏高原区进行水量平衡计算,则需要考虑冰川融水、冰川表面蒸发等子过程。因此,分布式水文模型建模需要用户根据实际研究目的和应用场景确定建模所需子过程。

2) 选择各子过程合适的算法

经过水文模型研究的长期积累,很多子过程都能有多个不同的算法实现,每个算法具有其特定适用条件,需要针对研究区流域特征、数据特征、时空尺度等条件为子过程选择合适的算法。子过程算法的选择与下列因素相关:①流域特性。例如,对于入渗和地表产流子过程,当气候条件为干旱时,应采用超渗产流算法;DHSVM 模型包含两种坡面汇流算法:单位线法和基于运动波的逐栅格汇流算法,如果栅格内有公路或河道截留,则应采用后一算法。②所需的输入数据。例如,在潜在蒸散发子过程模拟的算法中,Hargreaves 等的算法需要月或日尺度的最高、最低气温数据;Thornthwaite 的算法需要月平均气温数据;McCloud 的算法需要日平均气温数据。因此,需要根据数据情况选择具体算法。③尺度。例如,SWAT 模型中对地表产流的模拟包括 Green-Ampt 方法和 SCS-CN 方法,其中SCS-CN 方法适用于日尺度模拟,而 Green-Ampt 方法适用于小时尺度模拟。如上所述,根据实际应用条件"定制"合理的分布式水文模型结构明显地依赖于水文建模知识,对分布式水文模型软件系统中模型结构设置的灵活性也提出了较高要求。

2. 模型参数提取

分布式水文模型中,大多数具有明确物理含义的参数可根据下垫面数据(如 DEM、土地利用、植被覆盖、土壤类型等)提取,模型参数提取是分布式水文模型建模过程中较为复杂的环节。图 2-3 以分布式水文模型 WetSpa Extension 为例,描述了分布式水文模型参数提取的典型流程:①基于 DEM 提取流向、坡度、河网、子流域等参数;②基于土地利用数据推求曼宁系数、根深、土壤湿度系数等参数;③基于土壤质地推求田间持水量、孔隙度、水力传导率等参数;④利用插值算法进行气象数据空间插值,等等。分布式水文模型参数提取过程较为复杂,需要用户具备较高的预处理算法、工作流和软件操作等方面的知识,这也对模型软件系统的参数提取功能提出了易用性的要求。

3. 模型运行和率定

分布式水文模型的计算单元(或称水文单元)一般较为精细,如网格、坡面单元或子流域等,截留、蒸发、入渗、填洼、渗漏等水文过程发生在独立的各个水文单元,而坡面汇流、壤中流、河道汇流等水文过程则需要多个水文单元按照上下游关系共同参与运算。分布式水文模型通常需通过数值方法求解偏微分方程,与传统的集总式水文模型相比,计算量更大,模型运行时间更长。限于当前水文科学的发展水平,对于没有实际物理含义的参数、具有物理含义但比较敏感的参数和具有物理含义但缺乏观测数据的参数仍需通过率定方式来确定。率定可以根据经验手工进行,手工率定通常采用试错法,对于缺少相关经验的用户来说,既困难又费时。随着计算机和人工智能技术的发展,自动率定方式成为一种高效的途径,它通过不断迭代修正参数的方式进行参数率定,在一定程度上降低用户参数率定的难度。当前,较流行的自动率定方法包括遗传算法、模拟退火算法、粒子群算法、SCE-UA 算法、MOSCEM-UA 算法、NSGA Ⅱ算法等。自动率定在迭代过程中需要不断调用模型,加之分布式水文模型运算量大,导致自动参数率定的效率较低。这一问题在计算单元多、时空尺度精细、待率定参数数量大的情况下尤为明显,这对分布式水文模型软件系统提出了高性能的要求。

## 2.2.3　水体水文过程对水环境生态的影响

河流的自然水文过程在维持生态系统完整性方面至关重要。水流挟带营养盐、溶解气体、泥沙等物质向下游流动,是河流物理化学过程与地貌过程的驱动力。同时,河流水文过程还挟带着物种生命节律的信息,流量的升降将引发生物的生活行为,如鱼类产卵、树种散布等(见图 2-4)。河流的水文过程作为河流生态过程的重要构成部分,对其他生态过程起主导作用。

河流流量受到降雨、蒸散发、地下水等水循环过程的影响,一年之内呈现出丰、平、枯

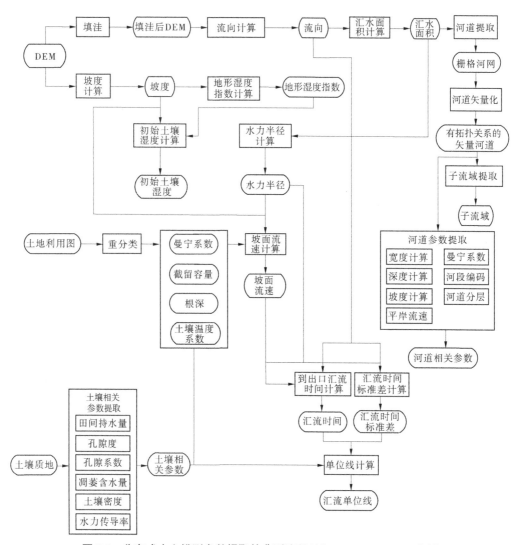

图 2-3　分布式水文模型参数提取的典型流程(以 WetSpa Extension 为例)

水期流量高低的变化。根据流量大小,年内的水文过程可以分为低流量过程、高流量过程和洪水脉冲过程三种环境水流组分。而每种水流组分均具有流量、频率、时机、持续时间和变化率五种水文要素。

### 2.2.3.1　三种水流组分及其生态影响

1. 低流量过程

低流量过程期间,流量较小和水位较低,水流主要在主河槽流动,水文连通性降低,水生生物的生活空间减少。其生态作用主要体现在:①维持河道基流条件;②维持一定的地下水位及土壤水分,为水生生物与候鸟越冬提供必要的生存空间。

2. 高流量过程

高流量过程期间,流量增加,流速增加,水位升高,生物栖息地面积扩大,水体中溶解氧与营养物质增加,水生生物食物来源增加。其生态作用为:①维持河口适当的盐度,利

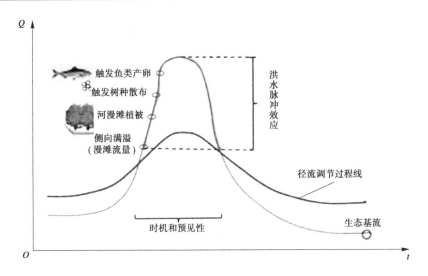

**图 2-4　水文过程的生态效应示意图**

于鱼类洄游或产卵,②提供漫滩植被种子萌发的水分;③增加泥沙输移,加快河口三角洲造陆过程。

3. 洪水脉冲过程

洪水脉冲过程期间,流量大于河流断面平滩流量,水流漫出主河道进入河漫滩区,主河道与支流、湿地等的水文连通性显著增强。洪水脉冲过程对于河流漫滩湿地生态系统具有重要的生态意义:①促进主河道与河漫滩的能量交换与物质循环;②滩区缓慢的流速和丰富的饵料为鱼类提供产卵场、繁育场和躲避洪水的避难所;③补给沿岸湿地,促进滩区植物的演替过程;④形成高度空间异质性的动态连通系统,成为维持生物群落多样性的关键;⑤塑造河床形态。

### 2.2.3.2　五种水文要素及其生态影响

河流水文情势表现出一定的区域格局,这些格局特征由河流大小、地形特征、植被覆盖等因素决定。水文情势的几个关键水文要素(流量、频率、时机、持续时间与变化率)能够描述整个水文过程及特定的洪水、基流过程等,调控着河流生态系统的生态过程。

1. 流量

流量指单位时间内通过某一河流断面的水量。河流的最高、最低流量随区域气候与流域大小而异。流量的大小直接决定河流的流速、水位、湿周等水力学参数,流量是最基本的水文要素。

2. 频率

频率指在一定时间间隔内,某一特定水文事件的发生次数。水文过程的高流量、低流量和洪水脉冲过程每年都会有一定的发生次数,如果发生次数过少或者过多均可能产生不利影响。例如,长江四大鱼类的产卵繁殖需要一定涨水过程的刺激,若涨水过程发生次数减少甚至不发生,将无法刺激鱼类繁殖。

3. 时机

时机指特定水文事件的出现时间。许多河流水生生物和河岸带生物的生活史行为往往与特定水文事件同步。例如,一些鱼类利用季节性流量峰值作为产卵信号;如果洪水脉冲过程与高温期相一致,则利于河岸植被生长。

### 4.持续时间

持续时间指某一特定流量事件持续发生的时间长度,一般用持续天数表示。持续时间的重要生态学意义在于物种对于持续水流事件的耐受能力。例如,河岸带不同类型植被对于持续洪水的耐受能力不同,持续的水流可有效驱除外来物种。

### 5.变化率

变化率指单位时间内流量变化的幅度,为流量过程线的斜率值。生态学家更关心对生态过程有较大影响的变化率。例如,流量脉冲过程的涨水率对鱼类繁殖的影响,退水率也需要维持一定范围才能保证植被的出苗生长。

# 2.3　污染物的迁移转化

## 2.3.1　污染源相关概念

向水体排放或释放污染物的来源和场所,都称为水体污染源,这是造成水体污染的"罪魁祸首",从不同角度可以将水体污染源进行分类。

### 2.3.1.1　按水体类型分类

#### 1.大气水污染源

这主要是指污染物质进入大气对大气水分造成的污染,也就是污染物对降水的影响。大气水分对大气起清洁剂的作用,如果它受到污染,不仅使大气质量下降,对工农业生产形成直接的影响,而且大气污染源降至地表时,又引起地表水体、土壤等的二次污染。

#### 2.地表水污染源

几乎所有水污染源的污染物,都通过各种途径进入地面水体中,且向下游汇集。河川水、湖泊水对流域内工农业生产有着极其重大的意义,一旦这些水体遭到污染,将会给人们的生活带来极大的危害。

#### 3.地下水污染源

地下水一般有一定的保护层,污染物很难进入地下水体形成地下水污染源。但是,地下水体一旦被污染,则很难恢复,更新期特别长,且大气水污染源和地表水污染源都可以通过下渗而转化为地下水污染源。

### 2.3.1.2　按污染源的形态分类

#### 1.点污染源

点污染源分为固定的点污染源(如工厂、矿山、医院、居民点、废渣堆等)和移动的点污染源(如轮船、汽车、飞机、火车等)。造成水体点污染源主要有以下几种工业:食品工业、造纸工业、化学工业、金属制品工业、钢铁工业、皮革工业、染色工业等。点污染源排放污水的方式主要有4种:直接排污水进入水体;经下水道与城市生活污水混合后排入水体;用排污渠将污水送至附近水体;渗井排入。

2.线污染源

线污染源是指输油管道、污水沟道以及公路、铁路、航线等线状污染源。线污染源所形成的危害大大低于点污染源,但一旦形成污染源,其后果也是极其可怕的。

3.面污染源

面污染源是指喷洒在农田里的农药、化肥等污染物,经雨水冲刷随地表径流进入水体,从而形成水体污染。

### 2.3.1.3　按水体污染源的动力特性分类

1.人为污染源

从目前的情况来看,绝大多数的水体污染源都是人为污染源,即由于人类生活和工农业生产,造成大量污染物质泄入水体而形成污染。

2.自然污染源

例如,地下水流经某一特定岩层后,其矿化度明显提高或其碱度明显变化;在一定条件下,某水体内藻类等浮游生物急剧增长,从而引起富营养化的水体污染。

## 2.3.2　污染物迁移的主要方式

污染物进入水体后,随着水的迁移运动、污染物的分散运动以及污染物质的衰减转化运动,在水体中得到稀释和扩散,起着一种重要的水体物理净化作用,从而降低了污染物在水体中的浓度。研究水体的净化作用、研究流域水体的污染物迁移转化过程,可以分析污染物在水体中的运动规律,有助于流域水质模型的建立与率定。

水体中含有的物质可通过各种方式而发生位置的迁移,这些方式主要有如下几种。

### 2.3.2.1　分子扩散

分子扩散指物质分子的布朗运动而引起的物质迁移,当水体内物质浓度不均匀时,浓度梯度的存在将使物质从浓度高的地方向浓度低的地方迁移,以求浓度趋于一致。即使在静止的水体中,分子扩散也会使物质散布到越来越大的范围。物质在水体中分子扩散的快慢与物质的性质及浓度分布的不均匀程度有关,也与温度和压力有一定的关系。设静止溶液中含有某种物质的浓度为 $C(x,y,z,t)$,由于浓度梯度而引起的分子扩散可以用质量守恒原理和费克扩散定律来描述。

费克(Fick)是德国的一位生理学家,他在1855年提出热在导体中的传导规律也可以适用于盐分在溶液中的扩散现象。费克扩散定律可以表述如下,单位时间内通过单位面积的溶解质(扩散质)与溶质浓度在该面积的法线方向上的梯度成正比例,用公式表示为

$$F_x = -D\frac{\partial C}{\partial x} \tag{2-1}$$

式中:$F_x$ 为溶质在法线 $x$ 方向的单位通量;$C$ 为溶质浓度;$D$ 为分子扩散系数,表示溶质浓度在 $x$ 方向的梯度。式中负号表示溶质从高浓度向低浓度扩散。

一般,费克扩散定律表示为

$$F = -D\mathrm{grad}C \tag{2-2}$$

式中:$F$ 为扩散通量密度矢量。

设 $F_x,F_y,F_z$ 为 $F$ 在 $x,y,z$ 方向上的分量,则

$$F_x = -D \frac{\partial C}{\partial x}, \quad F_y = -D \frac{\partial C}{\partial y}, \quad F_z = -D \frac{\partial C}{\partial z} \tag{2-3}$$

式中:$D$ 一般称为分子扩散系数,影响分子扩散系数的因素有温度、扩散质的浓度、浓度梯度、压力等,其中温度是最主要的影响因素,如试验测定:

25 ℃时,NaCl 在水中的扩散系数 $D = 1.61 \times 10^{-5}$ cm$^2$/s;

0 ℃时,NaCl 在水中的扩散系数 $D = 7.84 \times 10^{-6}$ cm$^2$/s。

从费克扩散定律可知,只要存在浓度梯度,必然发生物质扩散,人们把符合梯度型费克扩散定律的扩散现象统称为费克型扩散。

在静止溶液中以点$(x,y,z)$为中心取出一微元六面体,六面体的各边长分别为 d$x$,d$y$,d$z$,其面平行于坐标面,如图 2-5 所示。

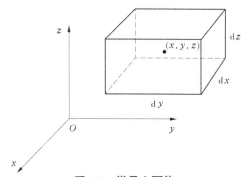

**图 2-5　微元六面体**

设扩散通量密度矢量 $F$ 在三个坐标方向上的分量分别为 $F_x$,$F_y$,$F_z$。对于在$(t,t +$ d$t)$时段内,由于分子扩散作用引起微元体内物质质量的增量。

在 $y$ 轴方向,由于分子扩散作用引起物质质量的增量为

$$F_y\left(x, y - \frac{dy}{2}, z, t\right) dxdzdt - F_y\left(x, y + \frac{dy}{2}, z, t\right) dxdzdt = -\frac{\partial F_y}{\partial y}\Big|_{(x,y,z,t)} dxdydzdt \tag{2-4}$$

同理,在 $x$ 轴方向和 $z$ 轴方向分子扩散作用引起的物质质量的增量分别为

$$-\frac{\partial F_x}{\partial x}\Big|_{(x,y,z,t)} dxdydzdt, \quad -\frac{\partial F_z}{\partial z}\Big|_{(x,y,z,t)} dxdydzdt \tag{2-5}$$

在 d$t$ 时段内,由于分子扩散作用在微元体内物质质量的增量为

$$-\left(\frac{\partial F_x}{\partial x} + \frac{\partial F_y}{\partial y} + \frac{\partial F_z}{\partial z}\right)\Big|_{(x,y,z,t)} dxdydzdt = -\text{div}F(x,y,z,t) dxdydzdt \tag{2-6}$$

另一方面,在 d$t$ 时段内微元体中因浓度增加需要的物质质量的增量为

$$\left[ C(x,y,z,t + dt) - C(x,y,z,t) \right] dxdydz = \frac{\partial C}{\partial t}\Big|_{(x,y,z,t)} dxdydzdt \tag{2-7}$$

根据质量守恒定律,在 d$t$ 时段内分子扩散作用在微元体内物质质量增量应与该时段内微元体中因浓度变化引起的物质质量增量相等,即

$$\frac{\partial C}{\partial t} dxdydzdt = -\text{div}(F) dxdydzdt \tag{2-8}$$

消去 $\mathrm{d}x\mathrm{d}y\mathrm{d}z\mathrm{d}t$,得到静止溶液中物质的质量守恒方程为

$$\frac{\partial C}{\partial t} + \mathrm{div}(F) = 0 \tag{2-9}$$

根据费克扩散定律,$F = -D\mathrm{grad}C$,代入式(2-9)中,得到分子扩散方程为

$$\frac{\partial C}{\partial t} - \mathrm{div}(D\mathrm{grad}C) = 0$$

或

$$\frac{\partial C}{\partial t} = \frac{\partial}{\partial x}\left(D_x \frac{\partial C}{\partial x}\right) + \frac{\partial}{\partial y}\left(D_y \frac{\partial C}{\partial y}\right) + \frac{\partial}{\partial z}\left(D_z \frac{\partial C}{\partial z}\right) \tag{2-10}$$

式中:$D_x$,$D_y$,$D_z$ 为 $D$ 在 $x$,$y$,$z$ 方向上的分量。

当物质在溶液中扩散为各向同性时,即 $D_x = D_y = D_z = D$,式(2-10)可写为

$$\frac{\partial C}{\partial t} = \frac{\partial}{\partial x}\left(D \frac{\partial C}{\partial x}\right) + \frac{\partial}{\partial y}\left(D \frac{\partial C}{\partial y}\right) + \frac{\partial}{\partial z}\left(D \frac{\partial C}{\partial z}\right) \tag{2-11}$$

当物质在溶液为均质且扩散为各向同性,分子扩散系数 $D$ 为常量时,式(2-11)可简化为

$$\frac{\partial C}{\partial t} = D\left(\frac{\partial^2 C}{\partial x^2} + \frac{\partial^2 C}{\partial y^2} + \frac{\partial^2 C}{\partial z^2}\right) \tag{2-12}$$

式(2-10)~式(2-12)是描述分子扩散浓度时空关系的基本方程式。由于扩散方程是基于费克扩散定律的物质扩散方程,也称为费克型扩散方程。

若物质扩散发生在二维空间或一维空间,扩散方程可简化为

$$\frac{\partial C}{\partial t} = \frac{\partial}{\partial x}\left(D_x \frac{\partial C}{\partial x}\right) + \frac{\partial}{\partial y}\left(D_x \frac{\partial C}{\partial y}\right)$$

或

$$\frac{\partial C}{\partial t} = \frac{\partial}{\partial x}\left(D_x \frac{\partial C}{\partial x}\right) \tag{2-13}$$

如果扩散是稳定的,则式(2-10)和式(2-11)可简化为

$$\frac{\partial}{\partial x}\left(D_x \frac{\partial C}{\partial x}\right) + \frac{\partial}{\partial y}\left(D_y \frac{\partial C}{\partial y}\right) + \frac{\partial}{\partial z}\left(D_z \frac{\partial C}{\partial z}\right) = 0 \tag{2-14}$$

和

$$\frac{\partial^2 C}{\partial x^2} + \frac{\partial^2 C}{\partial y^2} + \frac{\partial^2 C}{\partial z^2} = 0 \tag{2-15}$$

在数学上,式(2-10)~式(2-12)属于二阶线性抛物线型偏微分方程;式(2-14)、式(2-15)属于二阶椭圆型偏微分方程,式(2-15)又称作拉普拉斯方程。

如果溶液中存在体源 $I[\mathrm{g}/(\mathrm{m}^3 \cdot \mathrm{s})]$,则扩散方程式(2-10)右端应增加一项 $I$,变为

$$\frac{\partial C}{\partial t} = \frac{\partial}{\partial x}\left(D_x \frac{\partial C}{\partial x}\right) + \frac{\partial}{\partial y}\left(D_y \frac{\partial C}{\partial y}\right) + \frac{\partial}{\partial z}\left(D_z \frac{\partial C}{\partial z}\right) + I \tag{2-16}$$

#### 2.3.2.2 随流输移

当水体处在流动状态时,水中含有的物质可以随水质点的流动一起移动至新的位置,此种迁移作用称为随流输移。以上讨论的为水体处于静止状态下污染物质在水体中的分子扩散方程,本节中所讨论分子处于流动状态下污染物质在水体中的迁移扩散问题。假设水体是层流运动,造成污染物质在水体中迁移的主要因素有:①随流作用;②分子扩散

作用。

设流速 $u = (u_x, u_y, u_z)^{\mathrm{T}}$,物质的分子扩散符合费克扩散定律,污染物质在水中 $(x, y, z)$ 处 $t$ 时刻的浓度为 $C(x, y, z, t)$。下面推导在水体流动状态下物质的随流扩散方程。水体中任取一点 $(x, y, z)$,作以 $(x, y, z)$ 为中心的平行六面微元体 $dV$,各边长分别为 $dx, dy, dz$,且其六面体的面平行于坐标面,在 $dt$ 时段内进行物质质量平衡分析。

(1)由于随流作用,在 $dt$ 时段内微元体 $dV$ 在 $x$ 轴方向物质质量的增量为

$$Cu_x \big|_{(x - \frac{dx}{2}, y, z)} dydzdt - Cu_x \big|_{(x + \frac{dx}{2}, y, z)} dydzdt = -\frac{\partial Cu_x}{\partial x} \big|_{(x, y, z)} dxdydzdt \quad (2\text{-}17)$$

同理,$y$ 轴方向和 $z$ 轴方向,在 $dt$ 时段微元体 $dV$ 内物质质量的增量分别为

$$-\frac{\partial Cu_y}{\partial y} \bigg|_{(x, y, z, t)} dxdydzdt \ , \quad -\frac{\partial Cu_z}{\partial z} \bigg|_{(x, y, z, t)} dxdydzdt \quad (2\text{-}18)$$

综合 $x, y, z$ 方向在 $dt$ 时段微元体 $dV$ 内物质质量增量为

$$- \operatorname{div}(Cu) \big|_{(x, y, z, t)} dxdydzdt \quad (2\text{-}19)$$

(2)由于分子扩散作用,在 $dt$ 时段微元体 $dV$ 内物质质量的增量为

$$- \operatorname{div}(F) \big|_{(x, y, z, t)} dxdydzdt \quad (2\text{-}20)$$

综合以上各式可得,由于随流作用和分子扩散作用在 $dt$ 时段微元体 $dV$ 内物质质量的增量为

$$- \left[ \operatorname{div}(\vec{F}) + \operatorname{div}(\vec{Cu}) \right] \big|_{(x, y, z, t)} dxdydzdt \quad (2\text{-}21)$$

另一方面,在 $dt$ 时段微元体中因浓度变化 $[C(x, y, z, t + dt) - C(x, y, z, t)]$ 需要物质质量的增量为

$$\left[ C(x, y, z, t + dt) - C(x, y, z, t) \right] dxdydz = \frac{\partial C}{\partial t} \big|_{(x, y, z, t)} dxdydzdt \quad (2\text{-}22)$$

根据质量守恒原理,得到

$$\frac{\partial C}{\partial t} \big|_{(x, y, z, t)} dxdydzdt = - \left[ \operatorname{div}(\vec{F}) + \operatorname{div}(\vec{Cu}) \right] \big|_{(x, y, z, t)} dxdydzdt \quad (2\text{-}23)$$

消去等式两端 $dxdydzdt$,得到

$$\frac{\partial C}{\partial t} = - \operatorname{div}(\vec{F}) - \operatorname{div}(\vec{Cu}) \quad (2\text{-}24)$$

这就是水体在流动状态下的质量守恒方程,由于费克扩散定律 $\vec{F} = -D\operatorname{grad}C$,代入式(2-24),得到

$$\frac{\partial C}{\partial t} = \operatorname{div}(D\operatorname{grad}C) - \operatorname{div}(\vec{Cu}) \quad (2\text{-}25)$$

或写成标量形式为

$$\frac{\partial C}{\partial t} = \frac{\partial}{\partial x}\left(D_x \frac{\partial C}{\partial x}\right) + \frac{\partial}{\partial y}\left(D_y \frac{\partial C}{\partial y}\right) + \frac{\partial}{\partial z}\left(D_z \frac{\partial C}{\partial z}\right) - \frac{\partial}{\partial x}(Cu_x) - \frac{\partial}{\partial y}(Cu_y) - \frac{\partial}{\partial z}(Cu_z)$$
$$(2\text{-}26)$$

假定水是不可压缩的,则 $\left( \dfrac{\partial u_x}{\partial x} + \dfrac{\partial u_y}{\partial y} + \dfrac{\partial u_z}{\partial z} \right) = 0$,于是式(2-26)可简化为

$$\frac{\partial C}{\partial t} = \frac{\partial}{\partial x}\left(D_x \frac{\partial C}{\partial x}\right) + \frac{\partial}{\partial y}\left(D_y \frac{\partial C}{\partial y}\right) + \frac{\partial}{\partial z}\left(D_z \frac{\partial C}{\partial z}\right) - u_x \frac{\partial C}{\partial x} - u_y \frac{\partial C}{\partial y} - u_z \frac{\partial C}{\partial z}$$

或 $$\frac{\partial C}{\partial t} + u_x \frac{\partial C}{\partial x} + u_y \frac{\partial C}{\partial y} + u_z \frac{\partial C}{\partial z} = \frac{\partial}{\partial x}\left(D_x \frac{\partial C}{\partial x}\right) + \frac{\partial}{\partial y}\left(D_y \frac{\partial C}{\partial y}\right) + \frac{\partial}{\partial z}\left(D_z \frac{\partial C}{\partial z}\right) \quad (2-27)$$

式(2-26)和式(2-27)称为三维随流扩散方程或对流扩散方程。

在稳态情况下,$\frac{\partial C}{\partial t} = 0$,则式(2-27)可简化为

$$\frac{\partial}{\partial x}\left(D_x \frac{\partial C}{\partial x}\right) + \frac{\partial}{\partial y}\left(D_y \frac{\partial C}{\partial y}\right) + \frac{\partial}{\partial z}\left(D_z \frac{\partial C}{\partial z}\right) - u_x \frac{\partial C}{\partial x} - u_y \frac{\partial C}{\partial y} - u_z \frac{\partial C}{\partial z} = 0 \quad (2-28)$$

方程式(2-28)属于椭圆形偏微分方程。

式中:$D_x, D_y, D_z$ 表示 $x, y, z$ 方向的分子扩散系数,若流速场均质,物质扩散各向同性,则 $D_x = D_y = D_z = D($常数$)$,此时式(2-27)和式(2-28)可写为

$$\frac{\partial C}{\partial t} + u_x \frac{\partial C}{\partial x} + u_y \frac{\partial C}{\partial y} + u_z \frac{\partial C}{\partial z} = D\left(\frac{\partial^2 C}{\partial x^2} + \frac{\partial^2 C}{\partial y^2} + \frac{\partial^2 C}{\partial z^2}\right) \quad (2-29)$$

和 $$D\left(\frac{\partial^2 C}{\partial x^2} + \frac{\partial^2 C}{\partial y^2} + \frac{\partial^2 C}{\partial z^2}\right) - u_x \frac{\partial C}{\partial x} - u_y \frac{\partial C}{\partial y} - u_z \frac{\partial C}{\partial z} = 0 \quad (2-30)$$

或将式(2-29)和式(2-30)写成向量形式

$$\frac{\partial C}{\partial t} + \vec{u} \cdot \text{grad} C = D \text{div}(\text{grad} C) \quad (2-29')$$

和 $$D \text{div}(\text{grad} C) - \vec{u} \cdot \text{grad} C = 0 \quad (2-30')$$

若随流扩散是二维或一维扩散,则有

二维随流扩散方程为

$$\frac{\partial C}{\partial t} + u_x \frac{\partial C}{\partial x} + u_y \frac{\partial C}{\partial y} = D\left(\frac{\partial^2 C}{\partial x^2} + \frac{\partial^2 C}{\partial y^2}\right) \quad (2-31)$$

一维随流扩散方程为

$$\frac{\partial C}{\partial t} + u_x \frac{\partial C}{\partial x} = D \frac{\partial^2 C}{\partial x^2} \quad (2-32)$$

在稳态情况下:

二维稳定随流扩散方程为

$$D\left(\frac{\partial^2 C}{\partial x^2} + \frac{\partial^2 C}{\partial y^2}\right) - u_x \frac{\partial C}{\partial x} - u_y \frac{\partial C}{\partial y} = 0 \quad (2-33)$$

一维稳定随流扩散方程为

$$D \frac{\partial^2 C}{\partial x^2} - u_x \frac{\partial C}{\partial x} = 0 \quad (2-34)$$

#### 2.3.2.3　紊动扩散

在水体做紊流运动的情况下,随即紊动作用也可引起水中物质的扩散,这种扩散称为紊动扩散。紊动扩散作用的强弱与水流旋涡运动密切相关。

2.3.2.2 小节中推导了层流情况下的三维随流扩散方程,而没有考虑流速场和浓度

场脉动的存在。如果把式(2-29′)中的流速 $\vec{u}$ 和浓度 $C$ 作为瞬时量,并引入速度和浓度时段平均量 $\vec{\bar{u}}$ 和 $\vec{\bar{C}}$ 及脉动量 $u' = (u'_x, u'_y, u'_z)$ 和 $C'$,则

$$
\left.
\begin{aligned}
u_x &= \bar{u}_x + u'_x \\
u_y &= \bar{u}_y + u'_y \\
u_z &= \bar{u}_z + u'_z \\
C &= \bar{C} + C'
\end{aligned}
\right\}
\tag{2-35}
$$

将式(2-35)代入式(2-29)且各项取时段平均,并化简整理后,可得出紊流的随流扩散方程为

$$
\frac{\partial \bar{C}}{\partial t} + \bar{u}_x \frac{\partial \bar{C}}{\partial x} + \bar{u}_y \frac{\partial \bar{C}}{\partial y} + \bar{u}_z \frac{\partial \bar{C}}{\partial z} = D\left(\frac{\partial^2 \bar{C}}{\partial x^2} + \frac{\partial^2 \bar{C}}{\partial y^2} + \frac{\partial^2 \bar{C}}{\partial z^2}\right) - \frac{\partial}{\partial x}(\overline{u'C'}) - \frac{\partial}{\partial y}(\overline{u'C'}) - \frac{\partial}{\partial z}(\overline{u'C'})
\tag{2-36}
$$

将式(2-36)与式(2-29)相比较可以看出, $\bar{u}_x \frac{\partial \bar{C}}{\partial x} + \bar{u}_y \frac{\partial \bar{C}}{\partial y} + \bar{u}_z \frac{\partial \bar{C}}{\partial z}$ 为时均运动所产生的随流扩散项, $-\frac{\partial}{\partial x}(\overline{u'C'}) - \frac{\partial}{\partial y}(\overline{u'C'}) - \frac{\partial}{\partial z}(\overline{u'C'})$ 为脉动作用引起的紊动扩散项。对于紊动扩散,关键在于确立紊动扩散量 $u'C'$ 与时均特性的联系。为此,通常认为紊动扩散也符合费克扩散定律,即令

$$
\left.
\begin{aligned}
\overline{u'_x C'} &= - E_x \frac{\partial \bar{C}}{\partial x} \\
\overline{u'_y C'} &= - E_y \frac{\partial \bar{C}}{\partial y} \\
\overline{u'_z C'} &= - E_z \frac{\partial \bar{C}}{\partial z}
\end{aligned}
\right\}
\tag{2-37}
$$

式中: $E_x, E_y, E_z$ 为 $x, y, z$ 方向的紊动扩散系数。

将式(2-37)代入式(2-36),得到紊动扩散方程为

$$
\frac{\partial \bar{C}}{\partial t} + \bar{u}_x \frac{\partial \bar{C}}{\partial x} + \bar{u}_y \frac{\partial \bar{C}}{\partial y} + \bar{u}_z \frac{\partial \bar{C}}{\partial z} = \frac{\partial}{\partial x}\left[(D + E_x)\frac{\partial \bar{C}}{\partial x}\right] + \frac{\partial}{\partial y}\left[(D + E_y)\frac{\partial \bar{C}}{\partial y}\right] + \frac{\partial}{\partial z}\left[(D + E_z)\frac{\partial \bar{C}}{\partial z}\right]
\tag{2-38}
$$

二维紊动扩散方程为

$$
\frac{\partial \bar{C}}{\partial t} + \bar{u}_x \frac{\partial \bar{C}}{\partial x} + \bar{u}_y \frac{\partial \bar{C}}{\partial y} = \frac{\partial}{\partial x}\left[(D + E_x)\frac{\partial \bar{C}}{\partial x}\right] + \frac{\partial}{\partial y}\left[(D + E_y)\frac{\partial \bar{C}}{\partial y}\right]
\tag{2-39}
$$

一维紊动扩散方程为

$$\frac{\partial \overline{C}}{\partial t} + \overline{u}_x \frac{\partial \overline{C}}{\partial x} = \frac{\partial}{\partial x}\left[(D + E_x)\frac{\partial \overline{C}}{\partial x}\right] \tag{2-40}$$

把式(2-38)和式(2-29)相比较可见,紊动状态下,随流扩散方程比层流状态下随流扩散方程多了紊流扩散项,另外随流扩散方程(2-29)中流速和浓度都是瞬时量,而紊流扩散方程(2-38)中的流速和浓度都是时均量。

以后为了书写方便,式(2-38)紊动扩散方程可写为

$$\frac{\partial C}{\partial t} + u_x \frac{\partial C}{\partial x} + u_y \frac{\partial C}{\partial y} + u_z \frac{\partial C}{\partial z} = \frac{\partial}{\partial x}\left[(D + E_x)\frac{\partial C}{\partial x}\right] + \frac{\partial}{\partial y}\left[(D + E_y)\frac{\partial C}{\partial y}\right] +$$
$$\frac{\partial}{\partial z}\left[(D + E_z)\frac{\partial C}{\partial z}\right] \tag{2-41}$$

如果水体存在物质体源 $I[\text{g}/(\text{m}^3 \cdot \text{s})]$,则式(2-41)改写为

$$\frac{\partial C}{\partial t} + u_x \frac{\partial C}{\partial x} + u_y \frac{\partial C}{\partial y} + u_z \frac{\partial C}{\partial z} = \frac{\partial}{\partial x}\left[(D + E_x)\frac{\partial C}{\partial x}\right] + \frac{\partial}{\partial y}\left[(D + E_y)\frac{\partial C}{\partial y}\right] +$$
$$\frac{\partial}{\partial z}\left[(D + E_z)\frac{\partial C}{\partial z}\right] + I(x,y,z,t) \tag{2-42}$$

因为紊动分子扩散系数 $\|E\| \gg D$,所以一般分子扩散系数可以忽略,则式(2-42)可简化为

$$\frac{\partial C}{\partial t} + u_x \frac{\partial C}{\partial x} + u_y \frac{\partial C}{\partial y} + u_z \frac{\partial C}{\partial z} = \frac{\partial}{\partial x}\left(E_x \frac{\partial C}{\partial x}\right) + \frac{\partial}{\partial y}\left(E_y \frac{\partial C}{\partial y}\right) + \frac{\partial}{\partial z}\left(E_z \frac{\partial C}{\partial z}\right) + I(x,y,z,t) \tag{2-43}$$

#### 2.3.2.4　剪切流弥散

当垂直于流动方向的横断面上流速分布不均匀或随流输移,以平均流速的均匀流计算,则由于实际上剪切流中各点流速与平均流速的不同,将引起附加的物质分散。这种附加的物质分散称为弥散。

2.3.2.2 小节和 2.3.2.3 小节建立分子扩散方程和紊动扩散方程时,都是在流速均匀状态下考虑的,而实际问题中,由于水的黏滞性和边壁的影响,同一断面内流速的分布是不均匀的,在边壁附近流速小,断面中心流速大,形成剪切流动。在剪切流动情况下,物质除被水流挟带向下游移动一段距离外,它的浓度分布还被拉开如图 2-6 所示的形状,这种分散过程称为弥散。为了弥补以前假设的不足,在推导剪切流的弥散方程时,考虑到造成物质迁移的主要因素时加一条剪切流的弥散作用,假定剪切流的弥散也符合费克扩散定律,即剪切流的弥散通量密度矢量为

$$p = -K_s \text{grad}\overline{C}^{cs} \tag{2-44}$$

式中: $\overline{C}^{cs}$ 为浓度断面平均值; $K_s$ 为剪切弥散系数或称为弥散系数。

下面以河流一维紊流扩散为基础来建立剪切流弥散方程。

设 $\overline{u}^{cs}$ 和 $\overline{C}^{cs}$ 分别表示流速和浓度的断面平均值,造成污染物质迁移的主要因素有:①分子扩散作用;②随流作用;③紊动扩散作用;④剪切流的弥散作用。

按照质量守恒定律和费克扩散定律,得到剪切流一维扩散方程为

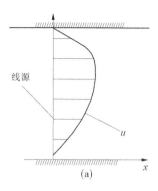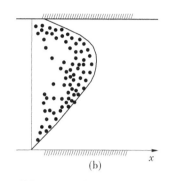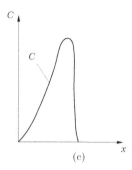

图 2-6　剪切流弥散过程示意图

$$\frac{\partial \overline{C}^{cs}}{\partial t} + \overline{u}_x^{cs} \frac{\partial \overline{C}^{cs}}{\partial x} = (D + E + K_s) \frac{\partial^2 \overline{C}^{cs}}{\partial x^2} \tag{2-45}$$

式中：$D$ 为分子扩散系数；$E$ 为紊动扩散系数；$K_s$ 为剪切弥散系数或称为弥散系数，$\mathrm{m^2/s}$。

式（2-45）也可以从式（2-40）一维紊流扩散方程得到，并把浓度 $C$ 和流速 $u$ 分解为断面剪切平均值 $\overline{C}^{cs}$ 和 $\overline{u}^{cs}$ 以及断面偏差值 $C'$ 和 $u'$ 项，即

$$\left. \begin{array}{l} u = \overline{u}^{cs} + u' \\ C = \overline{C}^{cs} + C' \end{array} \right\} \tag{2-46}$$

将式（2-46）代入式（2-40）中，并对式（2-40）两端再作断面平均，注意到 $\overline{u'}^{cs}$ 和 $\overline{C'}^{cs}$ 的值为零，且令 $\overline{u'C'}^{cs} = -K_s \dfrac{\partial \overline{C}^{cs}}{\partial x}$，即可得到式（2-45）。为了书写方便，同样把表示断面平均的"$cs$"去掉，即将剪切一维弥散方程写为

$$\frac{\partial C}{\partial t} + u_x \frac{\partial C}{\partial x} = (D + E + K_s) \frac{\partial^2 C}{\partial x^2} \tag{2-47}$$

如果考虑的水体中存在总的源和汇 $I[\mathrm{g/(m^3 \cdot s)}]$，则剪切弥散方程（2-47）可写为

$$\frac{\partial C}{\partial t} + u_x \frac{\partial C}{\partial x} = (D + E + K_s) \frac{\partial^2 C}{\partial x^2} + I \tag{2-48}$$

式中，$I$ 包含侧向的源和漏，表面的源和漏，体积元内源和漏（假定源为正、漏或汇为负）。

同理，可得三维剪切弥散方程为

$$\frac{\partial C}{\partial t} + u_x \frac{\partial C}{\partial x} + u_y \frac{\partial C}{\partial y} + u_z \frac{\partial C}{\partial z} = (D + E + K_s) \left[ \frac{\partial^2 C}{\partial x^2} + \frac{\partial^2 C}{\partial y^2} + \frac{\partial^2 C}{\partial z^2} \right] + I \tag{2-49}$$

式中：$u_x, u_y, u_z$ 为流速 $u$ 在 $x, y, z$ 方向上的分量；$I$ 为源汇项。

以上方程是同时考虑了分子扩散、紊动扩散、弥散得到的，因为分子扩散系数 $D$ 具有 $10^{-5} \sim 10^{-4} \mathrm{m^2/s}$ 的数量级，紊动扩散系数 $E$ 具有 $10^{-5} \sim 10^{-4} \mathrm{m^2/s}$ 的数量级，所以在一般情况下，在大面积评价污染情况时，常可忽略 $E$ 和 $D$。但在天然河流中，弥散系数可达到 $10 \sim 10^3 \mathrm{m^2/s}$ 的数量级，因此就不能忽略。如果研究污染物迁移规律精度要求很高，这时 $D$ 和 $E$ 就不能忽略。

#### 2.3.2.5 污染物在水体中的扩散稀释模式

1. 污染物在河流中的扩散稀释

污染物在河流中的扩散稀释时(见图 2-7),空间任意点处的污染物扩散浓度为

$$\rho(x,y) = \frac{M\bar{h}}{\sqrt{2\pi}\,\bar{u}\delta_y}\exp\left(-\frac{y^2}{2\delta_y^2}\right) \tag{2-50}$$

其中 $\qquad\qquad \delta_y^2 = 2D_y\frac{x}{\bar{u}}, \quad D_y = \alpha_y\bar{h}u^*, \quad u^* = \sqrt{gih}$

式中:$\rho(x,y)$ 为河流中任意点 $(x,y)$ 处的污染物浓度,mg/L;$M$ 为污染物排放源的强度,g/s;$\bar{h}$ 为河流平均水深,m;$\bar{u}$ 为河流平均流速,m/s;$\delta_y$ 为横向均方差;$\alpha_y$ 为横向弥散系数;$u^*$ 为摩阻流速,m/s;$i$ 为河流平均水力坡度;$g$ 为重力加速度,m/s$^2$。

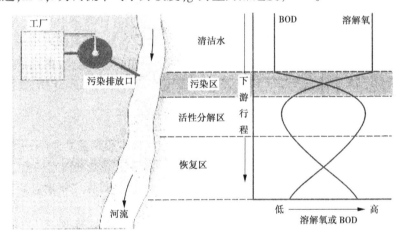

**图 2-7 污染物在河流中的扩散稀释示意图**

若污染物是分散排入河流中的,则排放源强度为 $M/n$($n$ 为排放孔数)。从分散排放扩散稀释(见图 2-8)可以看出,$x$ 轴处浓度最大,其增量为

$$\Delta\rho(x,y) = \alpha + 2\sum_{i=1}^{\frac{n-1}{2}}\alpha\exp\left(-\frac{y_i^2}{2\delta_y^2}\right) \tag{2-51}$$

其中 $\qquad\qquad\qquad\qquad \alpha = \frac{\dfrac{M}{n\bar{h}}}{\sqrt{2\pi}\,\bar{u}\delta_y} \tag{2-52}$

式中:$i$ 为序数,$i=1,2,\cdots,n-1/2$;$y_i$ 为排放孔间距。

2. 污染物排入湖泊的扩散模式

湖水流速一般比较缓慢,污染物在湖泊中的停留时间比河流要长。对于湖泊来说,污染物的浓度与停留时间及湖泊的大小、形状、深浅有关。

对于长条形湖泊,污染物从一边流入,另一边流出,污染物的停留时间为

$$T = \frac{V}{Q} \tag{2-53}$$

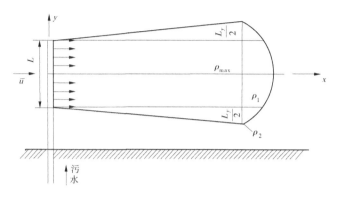

**图 2-8　分散排放扩散稀释图**

式中:$V$ 为湖水的储水量,$m^3$;$Q$ 为流入湖中的平均流量(包括河水和污染物),$m^3/d$ 或 $m^3/h$。

如果污染物不发生分解,处在完全混合情况下,湖泊中污染物的浓度为

$$\rho = \rho_0(1 - e^{-t/T}) \tag{2-54}$$

式中:$\rho_0$ 为流入湖泊的污染物浓度,$mg/L$;$t$ 为扩散时间。

3. 大气复氧

水中溶解氧的主要来源是大气。氧由大气进入水中的质量传递速率可以表示为

$$\frac{d\rho}{dt} = \frac{K_L A}{V}(\rho_s - \rho) \tag{2-55}$$

式中:$\rho$ 为河流水中的溶解氧浓度;$\rho_s$ 为河流水中的饱和溶解氧浓度;$K_L$ 为质量传递系数;$A$ 为气体扩散的表面积;$V$ 为水的体积。

对于河流,$A/V = 1/H$,$H$ 是平均水深,$\rho_s - \rho$ 表示河水中的溶解氧不足量,称为氧亏,用 $D$ 表示,则式(2-55)可写作

$$\frac{dD}{dt} = -\frac{K_L}{H}D = -K_a D \tag{2-56}$$

式中:$K_a$ 为大气复氧速率常数。

$K_a$ 是河流流态及温度等的函数。如果以 20 ℃ 作为基准,则任意温度时的大气复氧速率常数可以写为

$$K_{a,r} = K_{a,20℃} \theta_r^{T-20℃} \tag{2-57}$$

式中:$K_{a,20℃}$ 为 20 ℃ 条件下的大气复氧速率常数;$\theta_r$ 为大气复氧速率常数的温度系数,通常 $\theta \approx 1.024$。

饱和溶解氧浓度 $\rho_s$ 是温度、盐度和大气压力的函数,在 101.32 kPa 的压力下,淡水中的饱和溶解氧浓度可以用下式计算:

$$\rho_s = \frac{468}{31.6 + T} \tag{2-58}$$

式中:$\rho_s$ 为饱和溶解氧浓度,$mg/L$;$T$ 为温度,℃。

4.污染物由河口入海的扩散模式

由河口向海湾的流线多呈喇叭状(见图2-9)。在稳定条件下,污染物以半圆形散布。设各个方向上的扩散系数相等,连续流入的污染物浓度为 $\rho_0$,则在半径 $r$ 处的污染物浓度为

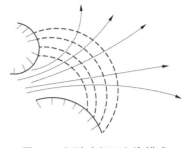

$$\rho = \rho_0(1 - e^{-a/r}) \qquad (2\text{-}59)$$

$$a = \frac{Q}{2\pi K} \qquad (2\text{-}60)$$

**图2-9　河流由河口入海模式**

式中:$Q$ 为污水排放量;$K$ 为扩散系数。

## 2.3.3　污染物的转化方式

### 2.3.3.1　物理转化

1.挥发作用

挥发作用是物质从液相或固相迁移进入气相的过程。对于大多数有机物而言,挥发作用是一个重要的环境迁移途径。

化学物质的挥发速率由溶质、水体和大气的性质决定。溶质的性质包括水溶性、蒸气压、亨利定律常数等;水体性质包括水体深度、湍流程度、沉积物含量以及其他污染物的存在情况,如吸附剂、有机薄膜、电解质和乳浊液等;在大气的性质中,风速的稳定性对有机物的挥发速率影响较大。

通常,水体中有机污染物的挥发速率可以由如下关系式预测:

$$\frac{\partial C}{\partial t} = \frac{-K_V(C - pH)}{Z} \qquad (2\text{-}61)$$

式中:$C$ 为有机物在溶解相中的浓度;$K_V$ 为挥发速率常数;$Z$ 为水体的混合深度;$p$ 为有机物在大气中的分压;$H$ 为亨利系数。

在多数情况下,化学物质大气分压可以忽略,式(2-61)可以简化为

$$\frac{\partial C}{\partial t} = -K_V \frac{C}{Z} \qquad (2\text{-}62)$$

当应用化学物质的总浓度($C_T$)计算时,式(2-62)可以写作:

$$\frac{\partial C}{\partial t} = \frac{-K_V C_T a_W}{Z} \qquad (2\text{-}63)$$

式中:$a_W$ 是有机物溶解相分数。

2.吸附作用

吸附作用是化学物质在环境介质中的一种常见反应过程,主要指化学物质在气-固或液-固两相介质中,在固相中浓度升高的过程,包括一切使溶质从气相或液相转入固相的反应。

1)固体表面吸附

固体与水接触时的许多性质和效应与固体表面对溶质的吸附作用密切相关。在固体

金属氧化物表面,水分子和固体表面的氧化物 MO 发生反应,—OH 占据固体表面的配位部位形成羟基化表面。

$$
\begin{matrix} M & OH \\ & \\ M & OH \end{matrix} + HPO_4^{2-} \Longleftrightarrow \begin{matrix} M-O \\ \\ M-O \end{matrix} \begin{matrix} OH \\ P \\ O \end{matrix} + 2OH^- \tag{2-64}
$$

固体表面对阴离子的吸附程度是不同的。

2) 离子交换吸附

(1) 阳离子交换吸附:在通常情况下,有机胶体或无机胶体都带有负电荷,其表面可以吸附很多阳离子,胶体吸附阳离子可以和溶液阳离子进行交换,使溶液阳离子转移到胶体颗粒上,这种过程称为阳离子交换吸附。

(2) 阴离子交换吸附:水合氧化铁、水合氧化铝等胶体颗粒可以带正电荷,它们可以吸附阴离子,而被吸附的阴离子与溶液中的阴离子可以相互交换,这种过程称为阴离子交换吸附。

3. 分配作用

在土壤/沉积物介质中,无机物和亲水性有机物的吸附主要表现为表面静电吸附和共价作用。众多学者通过研究疏水性有机物土壤吸附过程,发现土壤吸附具有吸附等温线为线性、吸附能低、多种有机物共存条件下无竞争吸附的特点。以此为依据,Chiou 等提出分配理论(partition theory)。

分配理论认为,有机物在土壤中的吸附过程类似于有机物在一个亲水相(如水)和一个疏水相(如辛醇)之间的分配过程,有机物通过溶解作用分配到土壤有机质中,一定时间后达到分配平衡,此时有机物在土壤有机质和水中含量的比值称为分配系数($K_d$)。应用土壤有机碳含量($X_{OC}$)对分配系数($K_d$)进行归一化,可以得到以有机碳为基础表示的相对于不同土壤保持基本稳定的分配系数 $K_{OC}$ 值,$K_{OC}$ 可以作为衡量有机物土壤吸附特性的重要参数。

$K_d$ 和 $K_{OC}$ 的关系可以表示为

$$
K_{OC} = \frac{K_d}{X_{OC}} \tag{2-65}
$$

如此,对于每一种有机物,都可以得到与土壤/沉积物特征无关的一个 $K_{OC}$。而对于不同类型的土壤/沉积物,只要知道其有机碳含量,便可以求得相应的分配系数 $K_d$。若进一步考虑颗粒物对分配作用的影响,其分配系数可以表示为

$$
K_d = K_{OC} [\, 0.2(1-w) X_{OC}^s + w X_{OC}^f \,] \tag{2-66}
$$

式中:$w$ 为细颗粒($d < 50\ \mu m$)的质量分数;$X_{OC}^s$ 为粗沉积物组分有机碳含量;$X_{OC}^f$ 为细沉积物组分有机碳含量。

分配理论已广泛应用于疏水性有机化合物的吸附研究。但在有机物浓度很低时,分配作用似乎不能成为主要的固体吸附作用。因此,分配理论仍有待进一步接受检验和发展。

### 2.3.3.2　化学转化

#### 1. 水解作用

水解作用是化合物和 $H_2O$ 解离产生的 $H^+$ 和 $OH^-$ 发生交换,从而结合生成新物质的反应。对于大多数有机物来说,水解作用是其环境转化的重要途径之一。在水解反应中,有机物 RX 的官能团 $X^-$ 可以和 $H_2O$ 解离的 $OH^-$ 发生交换生成新的有机化合物,反应方程式可以表示为

$$RX + H_2O \Longleftrightarrow ROH + HX \tag{2-67}$$

水解作用改变了有机化合物的结构,水解产物的毒性可能低于也有可能高于原化合物的毒性;水解产物可能比原化合物更易或更难挥发,离子化水解产物的挥发性可能为零;一般来说,水解产物比原化合物更易生物降解。

#### 2. 氧化和还原

在水环境特性中,氧化-还原平衡对污染物的迁移转化具有重要意义。水环境中主要的氧化剂有溶解氧、$Fe(\text{III})$、$Mn(\text{IV})$、$S(\text{VI})$,其发生还原作用后依次转化为 $H_2O$、$Fe(\text{II})$、$Mn(\text{II})$ 和 $S(-\text{II})$;主要还原剂有 $Fe(\text{II})$、$Mn(\text{II})$、$S(-\text{II})$ 和各种各样有机化合物,有机化合物的氧化产物非常复杂。

在水环境中,有机物可以在微生物作用下被溶解氧降解。如果引入的有机物不多,其耗氧量没有超过水中溶解氧的补充量,水体在一段时间后可以恢复原来状态。如果进入水体的有机物很多,溶解氧来不及补充,水质将发生恶化。

### 2.3.3.3　生物转化

研究化学物质的生物效应和生态效应规律,是了解生物圈中化学物质归属的基础,是认识化学物质环境效应的必要前提。

#### 1. 生物吸收

生物吸收过程是化学物质对生物体产生生理、生态、遗传以及毒性效应的第一步,是研究化学物质生物富集、生物毒害以及生物抗性等效应的基础。

1) 植物吸收过程

植物对化学物质的吸收是伴随生命代谢过程的发生而发生的,土壤环境中的化学物质可以依靠植物蒸腾作用、通过根系吸收过程进入植物体(见图 2-10);还可以通过呼吸作用经由植物叶、茎、果实等吸收大气化学物质。

2) 动物吸收过程

伴随动物吸收氧和营养的过程,化学物质主要通过表皮吸收、呼吸作用以及摄食等途径进入动物体内。

3) 微生物吸收过程

微生物是分布广、种类多、繁殖快、生存能力强的一大类生物,其对化学物质具有很强的吸收能力。微生物吸收作用主要是通过细胞壁和化学物质的结合过程,细胞壁的肽聚糖结构使其能通过离子交换反应、沉淀作用和配位作用使化学物质固定在细胞壁上。

#### 2. 生物富集

有些物质(如有机氯化合物和重金属)在生物体内不易降解,可以在生物体内以原来

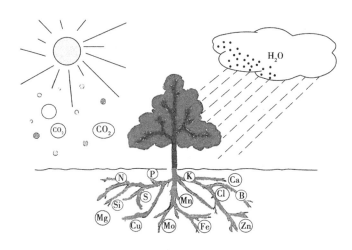

图 2-10　植物根系对化学物质的吸收

的形态或其他形态长时间存在,污染物生物吸收的数量远远大于分解的数量,结果导致这类物质在生物体内大量蓄积。

　　污染物在沿食物链流动过程中,在生物体内的含量可以逐级增加,富集系数可以达到很高的程度。研究表明,德国驼鹿的肝中汞的含量已高达 0.014 ug/g,而一些肉食类动物肝中汞的含量更高,甚至达到 $0.1 \sim 0.4$ μg/g。在美国长岛河口区域,鱼类体内的 DDT 含量为 $0.5 \sim 2.0$ mg/kg,BCF 为 $1.7 \times 10^5 \sim 8.3 \times 10^6$;以鱼类为食的海鸟体内 DDT 含量达到 25 mg/kg,其生物富集系数(BCF)高达 $8.6 \times 10^6$。在牧牛草地,土壤中六六六的含量仅为 $5 \times 10^{-8}$,但通过牧草和奶牛的积累,长期饮用牛奶的牧工体内竟高达 $1.71 \times 10^{-4}$;在北极生活的因纽特人体内 PCBs 的浓度为正常人的 70 倍。因此,即使大气、水体、土壤中的污染物含量很低,但由于污染物可以沿食物链营养级在生物体内逐级放大,同样能对生态系统和人类健康造成严重的威胁。图 2-11 即为 DDT 在生物体内积累并沿食物链不断放大的示意图。

　　生物富集是指生物从周围环境(水体、土壤、大气)吸收并积累某种元素或难降解的物质,使其在有机体中的浓度超过周围环境中浓度的现象。生物富集常用生物富集系数或浓缩系数(BCF)表示,即生物体内污染物的浓度与其生存环境中该污染物浓度的比值。

$$BCF = \frac{c_b}{c_e} \tag{2-68}$$

式中:$c_b$、$c_e$ 为有机体及其周围环境中污染物的浓度。

　　此外,污染物的生物富集现象还可以用生物积累和生物放大来描述。生物积累是指同一生物个体在生长发育的不同阶段生物富集系数不断增加的现象;生物放大是指在同一生物链上,生物富集系数随营养级数提高而逐渐放大的现象。

　　富集机制:在生物体内,污染物可以通过与活性物质的结合而蓄积;可以通过分配作用溶解集中于脂肪中;可以通过离子交换吸附进入骨骼组织而蓄积。

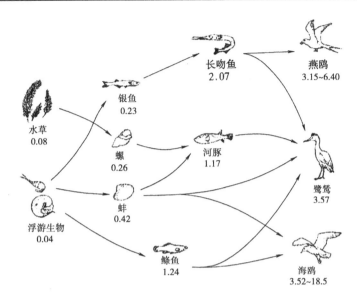

**图 2-11　DDT 在生物体内积累并沿食物链不断放大的示意图**　（单位：mg/kg）

生物富集主要与污染物、生物和环境三方面的影响因素有关。污染物的主要影响因素是化学稳定性、脂溶性和水溶性。一般来说，难降解、高脂溶、低水溶物质的生物浓缩系数高。生物影响因素主要有生物种类、大小、性别、器官、发育阶段等。环境影响因素主要包括温度、盐度、pH 值、水硬度、氧含量和光照状况等。

3. 生物转化

物质在生物作用下发生的化学变化，称为生物代谢或生物转化。通过生物转化，污染物的毒性会发生转变。在环境中，污染物的微生物转化起着重要作用。

1) 有机物的微生物降解

在微生物作用下，有机物通过生物氧化以及其他生物转化类型，分解成更小、更简单分子的过程，称为有机物的微生物降解。有机物降解生成 $CO_2$ 和 $H_2O$ 等无机化合物的过程，称为彻底降解；否则，为不彻底降解。

2) 重金属生物甲基化过程

在微生物作用下，环境重金属可以发生甲基化作用、氧化作用和还原作用等，其中甲基化作用对金属的生态污染最为重要。

金属的生物甲基化是指在好氧或厌氧条件下，环境中的某些微生物使金属无机盐转化为甲基金属化合物的过程。

# 参考文献

[1] 仇蕾，赵爽，王慧敏. 江苏省太湖流域工业水环境监管体系构建[J]. 中国人口·资源与环境，2013，23(5)：84-92.

[2] 陈艳卿，孟伟，武雪芳，等. 美国水环境质量基准体系[J]. 环境科学研究，2011，24(4)：467-474.

[3] 金栋梁，刘予伟. 水环境评价概述[J]. 水资源研究，2006，27(4)：33-35.

[4] 江净超，朱阿兴，秦承志，等. 分布式水文模型软件系统研究综述[J]. 地理科学进展，2014, 33 (8)：1090-1100.

[5] 彭泽洲，杨天行，梁秀娟，等. 水环境数学模型及其应用[M]. 北京：化学工业出版社，2007.

[6] 宋国君，宋宇，王军霞，等. 中国流域水环境保护规划体系设计[J]. 环境污染与防治，2010, 32 (8)：94-99.

[7] 余钟波. 流域分布式水文学原理及应用[M]. 北京：科学出版社，2008.

[8] 张爱静. 水文过程对黄河口湿地景观格局演变的驱动机制研究[D]. 北京：中国水利水电科学研究院，2013.

[9] 张桂杰，康健，包化国. 我国水环境现状研究[J]. 科技资讯，2010(19)：150.

[10] 杨志峰，刘静玲. 环境科学概论[M]. 2版. 北京：高等教育出版社，2010.

# 3 河流水环境模型

## 3.1 河流水环境概述

### 3.1.1 河流水环境

河流是生命的源泉。河流系统为人类提供淡水、食品、药品等资源;涵养水分、调节气候、调蓄洪水、保持水体自净;维系水文循环、营养物质循环和初级生产;提供休憩、旅游空间以及教育和美学价值。河流不但支撑维系了地球的生命支持系统,而且更与人类福祉息息相关,是人类生存与现代文明的基础。

近百年来,全球范围的经济生产生活以空前的规模和迅猛的速度发展,一方面给人类社会带来了巨大的繁荣;另一方面也对自然环境形成了巨大的压力,对河流生态系统造成了重大干扰。在工业化过程中,人们从工厂运走了各类产品,却将废水、污水倾倒在河流中;在城市化进程中,大范围改变了土地利用方式,使自然水文循环方式发生改变。森林无度砍伐、河湖围垦、过度捕鱼和养殖等生产活动,引起水土流失、植被破坏、河湖萎缩以及物种多样性的下降。大规模的基础设施建设,诸如公路、铁路、矿山建设,改变了景观格局,造成水土流失、土地塌陷和生物多样性下降。特别是水利水电工程建设,一方面在保障供水、发展农业灌溉和水力发电、保障防洪安全等方面发挥了巨大作用,为社会经济发展做出了巨大贡献;另一方面也使河流面貌发生了巨变。在河流上建设水坝和各类建筑物大幅度改变了河流地貌景观和水文情势;过度的水资源开发利用,造成河流干涸、断流,对河流生态系统产生了重大影响。人类这些大规模的经济生产活动对河流的干扰所造成的影响往往是巨大而深远的。河流系统的退化以及生物多样性的降低,不可避免地威胁当代人类福祉,也威胁子孙后代的可持续发展。

#### 3.1.1.1 河流的形态

河流地貌形态的多样性决定了沿河生物栖息地的有效性和总量。河流地貌特征参数是制定河流模拟方案的基本信息。水流是水体在重力作用下一种不可逆的单向运动,具有明确的方向。在河流的某一横断面建立笛卡儿坐标系,规定水流的瞬时流动方向为 $Y$ 轴(纵向),在地平面上与水流垂直方向为 $X$ 轴(侧向),对于地面铅直方向为 $Z$ 轴(纵向),再按照曲线坐标系的原理,令坐标原点沿河流移动,逐点形成各自的坐标系。另外,定义一个时间坐标 $t$,以反映河流系统的动态性。这样,就形成了河流4维坐标系统。

河流的形成是一个长期的动态过程,水流对流域范围内的土壤侵蚀、对河床的冲刷作用以及泥沙输移和淤泥作用,是河流形态演变的主要原因。

1. 侵蚀作用

水流破坏地表物质,使它脱离原位的作用称为侵蚀作用。侵蚀作用分为两类:一类是化学侵蚀,指水对可溶性岩石的溶解;一类是机械侵蚀,是靠流水的推力和上举力,使物质脱离地面进入水中的过程。上举力是由水的压力差引起的,当水流通过河床时,上部流速大、压力小,下部流速小、压力大,由于压力差的存在而产生上举力。如果上举力大于颗粒重力,颗粒被引动进入水流。

水流侵蚀分为面状侵蚀和线状侵蚀两种形式。面状侵蚀也称坡面侵蚀,是指降水和冰雪融水在倾斜地面上产生的薄层水流对地面的侵蚀。水流的坡面侵蚀用侵蚀模数表示,侵蚀模数是指每平方千米($km^2$)流域面积上,每年被侵蚀并汇入河流的泥沙重量,单位是 $t/(km^2 \cdot 年)$。线状侵蚀是指降水和冰雪融水在固定的沟谷或河床的侵蚀。水流在河谷中对河床产生的侵蚀作用,不但直接冲刷河槽,而且还挟带泥沙磨蚀槽床,使侵蚀作用进一步加剧。河床侵蚀又可分为以下3种形式:①垂直侵蚀:也称下切,是指水流对河谷底部的侵蚀,其结果是使河谷加深。垂直侵蚀不会无限制地发展,当下切到某一高程后垂直侵蚀就会停止,这个高程称为侵蚀基准面高程。海平面高程是控制整条河流下切的最终基准面。②侧向侵蚀:也称旁蚀,是指水流对河谷两侧的侵蚀。这种侵蚀在弯曲的河床凹岸特别明显,因为这里的水流离心力作用强,侵蚀作用的结果是使河谷扩宽。③溯源侵蚀:指水流向河谷源头上溯的侵蚀,它与垂直侵蚀过程同步发生。由于下游点临近侵蚀基准面,故该河段流量大,侵蚀力强,下切作用明显,侵蚀出新的河床曲线。在新的河床曲线的上端因纵坡变陡,流速增加,进一步加强了侵蚀作用,于是产生了新的曲线。这样,侵蚀作用继续向上游方向发展形成溯源侵蚀。

2. 输移作用

水流挟带侵蚀下来的物质向下游运动的过程称为输移过程。输移的方式有4种,即推移、跃移、悬移和溶解质输移。河流输移泥沙的主要来源是水流在流域范围内坡面侵蚀的结果。

1) 推移

一般体积较大、重量较大的砂砾,在水力推动下沿河床滑动或滚动前移,被输移的物质称为推移质。水流推移物质颗粒的能力主要与流速有关,推移质颗粒重量与流速的6次方成正比。如果流速增加1倍,则推移质颗粒重量增加64倍。山区河流在山洪暴发时可将巨大卵石搬运的现象,就是一个佐证。

2) 跃移

颗粒中等大小的砂砾在水力推动下,在河床底部与水流之间跳跃式前进,这种输移方式称为跃移。跳跃开始时,水流上举力大于颗粒重力,颗粒跃起。当它升入水中时,砂砾的顶面与底面间的流速差不大,压差减小,上举力也因而减小,重力作用相对显著,颗粒又沉降到河床底部。推移和跃移的物质统称为推移质。

3) 悬移

颗粒细小的泥沙,在水流中以悬浮方式被输移的现象称为悬移。处于紊流状态的水流,当水质点的向上分速度大于泥沙下沉速度时,泥沙被抬升,遂进入水中并随水流前行。被悬浮输移的物质称为悬移质。悬移质的含沙量和粒径从河底到水面垂直向上递减。在时间变化上,汛期的含沙量高于非汛期,而且第一次洪水的含沙量往往最高。随河流运动的泥沙也称固体径流。河水中泥沙含量用含沙量表示,含沙量是指单位体积水体中所含的泥沙重量,单位是 $kg/m^3$。输沙率的定义是单位时间通过某过水断面的泥沙重量,单位是 t/s 或 kg/s。

4）溶解质输移

可溶性岩石或矿物质被水溶解后成为溶解质水流移动的现象,称为溶解质输移。溶解质输移是肉眼观察不到的运动方式,能够为水生生物提供营养物质,构成河流生态系统的物质流。

3. 淤泥作用

当水流的流量减少,或流速降低,或含沙量增加时,输移能力都会不同程度地消减,造成泥沙淤积。因为输移能力逐渐减弱,所以泥沙的淤泥也是有序地进行。对于一条河流来说,水流动力由上游到下游逐渐降低,淤泥物的分布基本规律依次是粗颗粒、中等颗粒和细颗粒。

综上所述,水流对流域内土壤及河床的侵蚀、泥沙输移和淤泥作用,是河流形态的形成和演变的根本原因。绝大多数河流都挟带泥沙,这种水流属于水-沙二相流,水-沙之间的关系基本上处于不平衡状态,而平衡状态是罕见的。假设水相与沙相高度和谐,在运动过程中,虽然包含着水流中的泥沙与床面上的泥沙相互交换的现象,但来水与来沙保持恒定,河床保持不冲不淤,也没有泥沙颗粒粗化或细化的发展,可以把这种水-沙运动理想过程称为水-沙平衡状态。这种平衡状态仅仅在个别较短的河段短时出现。在河道大量出现的情况是:自然因素或者人为因素引起水-沙二相关系发生改变,这种改变又导致新的平衡关系出现。换言之,河流往往处于两种状况:一种状况是向不平衡状况继续发展;另一种状况是向新的相对平衡状态进行自我调节。河流形态的演进过程实质上是河流依靠自身调节能力力图实现自我稳定的过程。

### 3.1.1.2 河流的平面形态

1. 流域

划分相邻水系的山岭或河间高地称为分水岭,分水岭最高点的连线称为分水线。例如,秦岭是黄河与长江的分水岭,秦岭的山脊线就是黄河与长江的分水线。分水线可分为地表分水线和地下分水线。地表分水线将降水形成的水流分开流向两条河流,地下分水线则将含水层中的地下水水流分开流向两条河流。地表分水线主要受地形限制,而地下分水线主要受地质构造和岩性控制。分水线包围的区域称为流域。由于分水线有地表分水线与地下分水线之分,故流域也是指汇集地表水和地下水的区域。流域可分为闭合流域和非闭合流域。地表分水线与地下分水线重合的流域,称为闭合流域;反之,称为非闭合流域。流域面积、形状、海拔高度、坡度和倾斜方向等是流域的重要特征值。

2. 水系

河流的干支流构成的脉络相通的河道系统称为水系。水系特征主要包括河长、河网密度等。河长是河源到河口沿河道的轴线所量的长度;河网密度指流域内干支流总长与流域面积之比,即单位面积内干支流河道的长度。根据干支流分布的形态,可以对水系进行分类。水系类型可以分为树枝状、平形状、格架状、矩形、辐射状、环纹状、洼地组合和扭曲状等。

3. 河流廊道

景观生态学的廊道是指景观中与相邻环境不同的路线或带状结构。常见的廊道包括河流、峡谷、农田中的人工渠道、运河、防护林带、道路、输电线等。河流廊道是陆地生态系统最重要的廊道,具有重要的生态学意义。河流廊道结构由以下 3 部分组成:河道、河漫滩和高地边缘过渡带。河道多为常年过水,也有季节性过水河道;河漫滩位于河道两侧或一侧,随洪水淹没与消落变化,属于时空高度变动区域,河漫滩包括河漫滩植被、小型湖泊、季节性湿地和洼地;高地边缘过渡带位于河漫滩的两侧或一侧,是高地的边缘部分,也是河漫滩与外部景观的过渡带,高地边缘过渡带包括高地森林和丘陵草地。

　　根据河流径流状况,常把河流划分为 3 种类型:①短暂性河流,一般指全年河流出现径流时间不超过 30 d;②季节性河流,一般指全年径流时间虽然超过 30 d,但仅在雨季产生径流;③常年性河流,指无论是雨季还是旱季总保持有径流的河流,一些常年性河流的基流是靠地下含水层提供保障。为便于工程应用,也可以定义为某洪水频率下的淹没范围为河流廊道范围。

### 3.1.1.3　河流的纵向形态

　　河流的纵剖面是指由河源至河口的河床最低点的连线剖面。测量出河床最低点地形变化转折的高程,以河长为横坐标、高程为纵坐标,就可以绘出河流的纵剖面图。河段的纵坡可以用反映河底高程变化的纵坡比降 $i$ 表示:

$$i = (H_1 - H_2)/L \tag{3-1}$$

式中:$i$ 为河段纵坡比降;$H_1$、$H_2$ 分别为河段上、下游河底两点的高程;$L$ 为河段长度。

　　从整体看,河流的纵坡比降 $i$ 值上游较陡,中下游纵坡逐渐变缓,呈下凹型曲线;从微观看,河床纵剖面是凹凸不平的,高起的河床地貌是浅滩和岩槛,深陷的地貌是深潭和瓯穴。河床纵剖面的起伏变化是蜿蜒性河流形成的深潭-浅滩序列在纵剖面上的反映。有些河段局部出现剧烈的隆起和深陷地貌变化,主要是受岩性、地质构造、地面升降、流量、流速和泥沙运动等影响形成的。

　　尽管河流的类型各不相同,但是河流的纵向结构,从发源地直到河口都有大体相似的分区特征,大型河流的纵剖面可以划分 5 个区域,即河源、上游、中游、下游和河口。河源以上区域大多是冰川、沼泽或泉眼等,称为河流的水源地。河流的上游段大多位于山区或高原,河床多为基岩和砾石;河道纵坡较为陡峭,纵坡常为阶梯状,多跌水和瀑布。上游段的水流湍急,下切力强,以河流的侵蚀作用为主,因多年侵蚀、冲刷形成峡谷式河床,一些山区溪流经陆面侵蚀挟带的泥沙汇入主流并向下游输移。河流的中游段大多位于山区与平原交界的山前丘陵和山前平原地区,河道纵坡趋于平缓,下切力不大但侧向侵蚀明显;沿线陆续有支流汇入,流量沿程加大;中游段基本以河流的淤泥作用为主;由于河道宽度加大,出现河道-滩区格局并形成蜿蜒型河道。河流的下游段多位于平原地区,河道纵坡平缓,河流通过宽阔、平坦的河谷,流速变缓,以河流的淤泥作用为主;河道中有较厚的冲击层,河谷谷坡平缓,河道多呈宽浅型,外侧发育有完好的河漫滩;在河道内形成许多微地貌形态。河口是大河的末端,是淡水和海水交汇的水域,是海岸的组成部分,但又不形成海岸。河口是河流的尾闾,但又不限于陆地约束的范围,它对流域的自然变化和人为作用响应最敏感,而且是与近岸海域环境变化密切相关的地区。

## 3.1.2　河流水环境特征

　　河流生物的发育、生存和繁殖以及时空变化,反映了非生命系统和生命系统众多要素的变化,这些要素包括水文水力学条件、水温、遮阴作用、河流基质、溶解氧、pH 值以及有机质和营养物质等。这些物理、化学要素并非孤立存在,而是互相作用的。

### 3.1.2.1 物理要素

#### 1. 水力条件

水体在重力条件下从上游向下游的流动性,决定了河流生态系统有别于其他类型生态系统的特征,它是一个流动的生态系统。水力条件的特征值,包括水流特征值(流速、流量、流速梯度、含沙量等)、河道特征值(水深、湿周等)和无量纲(弗劳德数 $Fr$,雷诺数 $Re$),这些因子都会影响河流物种分布的微观与宏观格局。许多物种对于流速十分敏感,这是因为流速大小关系到提供食物和营养物质的方式,同时也界定了生物在河段停留与生存的能力。流速高的河段,物质交换频繁,水流曝气效果好,溶解氧含量高,利于鱼类生长;漂流性鱼卵需要一定的流速,才能漂流到下游孵化;浮游生物是多种鱼类的食物,而流速是浮游生物生存与繁殖的重要条件。流态是指急流和缓流等流场特征,不同鱼类对于急流和缓流显示出不同的偏好。流量年周期变化,特别是季节性洪水对大量的水生生物具有重要的意义。洪水不但带来大量的营养物质,也提供了一些鱼类产卵或洄游的信号。而枯水季节常是一些生物群落的生长期,超低流量会影响幼鱼生长。水深表征鱼类自由游动的空间特征,水深过浅,会阻碍鱼类游动和觅食。河道的湿周率反映河流底质被水覆盖的程度,其值越高,对滨水带植被和岸边水生生物的生长越有利。弗劳德数 $Fr$ 可以反映水深和流速的共同影响。雷诺数 $Re$ 可以解释水力、地貌、流量与种群结果之间的关系,反映有效栖息地变化。

#### 2. 水温

河流系统水温在很大的变幅内变动,它与周围气温、海拔、维度、太阳辐射和水源条件等因子有关。水温控制着冷血水生动物的生物化学和生理学过程,这是由于这些动物的体温与周围水温相近,水温决定了这些动物发育、生长和行为模式。水温作为控制因子对鱼类的代谢率起控制作用,从而影响鱼类的生长和其他生命活动。另外,河流随维度或海拔高度变化引起的温度梯度,对于一些物种也十分敏感。这就意味着有可能容许一些物种在较温暖的河段能完成两代或更多代的繁殖,而在较冷的河段只能完成一代繁殖。

各种鱼类一般都有自己最适宜的生长温度范围,如我国的四大家鱼的最适温度为 23~26 ℃,罗非鱼为 25~33 ℃。15 ℃是长江上游大部分温水性鱼类春季性腺发育的起始温度,20 ℃是中华鲟繁殖期的上限温度。在鱼类生长适宜温度范围内,鱼类生长速度与水温呈现正相关。不少淡水生物只能耐受一定的水温范围,如果一条河流的最高水温和最低水温具有多变特征,则会深刻地影响河流的物种结构。另外,水体溶解氧随温度上升而降低。水温较高时,生物将面临需氧量耗损的威胁。水温还影响其他一些物理化学过程,诸如曝气复氧、生物对颗粒物的化学吸附率和蒸发率。水温升高会使有毒成分对水体的威胁增加,因为能溶解的有毒物质往往具有生物活性。另外,由于筑坝形成水库,改变了河流水体水温条件。在库区,水体出现温度分层现象,改变了河流垂向水温基本均匀分布的条件。对于大坝下游,由于大坝采用不同高程的孔口泄流,下泄水流的水温往往低于原河道水温,对于鱼类和其他水生生物都有不同程度的影响。

### 3. 遮阴作用

河流带的植被具有削减光照和降低水温的遮阴作用,遮阴作用对中小河流尤为重要。在夏季,宽浅型河流在阳光照射下水体升温加剧,植被的遮阴作用明显。有研究者指出,由于河流带植被被砍伐引起河流水温升高 2~6 ℃,导致大型无脊椎动物的生活史关键特征的变化。

#### 3.1.2.2　化学要素

##### 1. 溶解氧

所谓溶解氧,是指水体通过与大气交换或化学、生物化学反应而溶解的氧,以每升水中氧气的毫克数(mg/L)表示。水体中充分的溶解氧含量是水生生物生存的必要条件,也是生物繁殖和健康生长的基础,一般清洁水体的溶解氧浓度大于 7.5 mg/L。

增氧作用和耗氧作用是影响水体溶解氧的两个过程。增氧作用主要是大气复氧和光合作用放氧过程。气体在水中的溶解氧浓度与其分压成正比,水体总是力图达到当前温度与压力下的饱和浓度。夏季水生生物生长茂盛,由于光合作用放氧,可以使水中氧达到过饱和状态。水环境中的耗氧作用,主要是由水生生物的呼吸和死亡有机体的分解等过程产生的。增氧与耗氧二者交互作用决定了水中溶解氧的水平。

河流的溶解氧浓度受水温及海拔影响较大。溶解氧浓度随温度降低而升高,随海拔高度升高而降低。水流流速也是影响溶解氧的重要因子。流速高,复氧能力强,有利于提高溶解氧浓度。引起水体溶解氧耗损的原因很多,包括流速低、水温高、藻类水华、大量生根水生植物生长等。另外,当水体受到碳水化合物、氨基酸、脂肪酸等耗氧有机物以及还原物质污染后,也会使溶解氧含量严重下降。在各种外界干扰下,溶解氧下降到一定水平时,水体中厌氧菌繁殖,使水体发臭。根据鱼类生物学与化学过程对氧的需求量,每一种鱼类都有一个临界溶解氧浓度值,当水体溶解氧低于临界值时,鱼类会因缺氧而窒息死亡。当水体溶解氧高于临界值时,如果食物有保障,随溶解氧浓度升高,生长率也升高。

##### 2. pH 值

大多数类型水生生物适宜生存的水域为中性环境,pH 值大体为 7.0 左右。河水的 pH 值变化与地质和水热条件有关。长江水系河水的 pH 值一般为 6.7~9.0,但随水系也有差异,河源区变化幅度较大,一般为 7.3~9.5;乌江和赤水水系石灰岩分布广,受石灰岩溶解与沉淀造成 pH 值区域性偏高,一般为 7.9~8.9;潘阳湖水系因流域内花岗岩分布广泛,河水的 pH 值普遍较低。导致 pH 值升高的外界干扰因素包括工业和城市污染以及酸雨等。河水水体酸性提高,是一种缓慢的胁迫效应,最终可能导致物种多样性和生物量下降。考虑到土壤对这些外界输入的酸性物质会产生中和作用,但其缓冲能力是有限的,因此对这些外界干扰的后果需要密切监测和分析。

##### 3. 有机质

河流水体中的有机质成分极为复杂,一部分是天然存在的活体,一部分是动植物代谢产物及其死亡腐烂的碎屑,常以有机聚集体形式存在于水中。水体中有机质的来源:一是在河道内生长的藻类、大型水生植物及其代谢产物和死亡腐烂的碎屑;二是来自河道以外的残枝落叶和溶解性有机碳(DOC);三是来自上游的营养物质随水流挟带到下游。洪水季节,外界向河道输入的营养物质增多,大幅增加了河流水体有机质含量,在洪水过程中,水体中的有机质腐烂、分解过程加快。

水环境中有机质的形成与补充,主要靠浮游生物和大型水生生物的生长、繁殖和发展,其过程主要在水体上层进行,而有机质的腐败、分解和矿化,是靠异养生物特别是微生物完成的。这个过程发生在整个水体中,其中大部分发生在水体底部沉积物中。河流的初级生产力取决于河流的规模、气候、季节、地貌等因素。天然水体一般都有维持藻类正常生长所需的各种营养盐(主要是氮、磷、钾、钙、镁等)。可是当天然水体接纳大量富含氮、磷营养元素的水体(包括工业、生活污水、农田排水,加之水体自生的有机质腐败分解释放的营养物质)时,水中营养物质不断补充,藻类异常增殖而发生富营养化,导致水质恶化,同时还伴随一系列水生生态恶化的现象。

## 3.2 一维水质模型

### 3.2.1 一维稳态河流单组分水质模型

当河流中河段均匀、恒定连续排污和水文条件稳定时,该河段的断面面积 $A$、平均流速 $u$ 以及污染物的输入量 $W$ 和纵向弥散系数 $E$ 都不随时间而变化。此时,河流断面污染物浓度 $C$ 是稳定而不随时间变化的,即 $\frac{\partial C}{\partial t} = 0$,如图 3-1 所示。

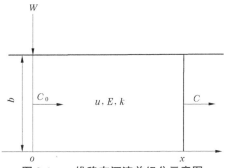

图 3-1 一维稳态河流单组分示意图

一维稳态河流单组分水质模型基本方程为

$$u \frac{\partial C}{\partial x} = E \frac{\partial^2 C}{\partial x^2} - kC \tag{3-2}$$

当初始条件和边界条件为 $x = 0, C = C_0 ; x = \infty , C = 0$,可解得以下积分方程:

$$C = C_0 \exp \left[ \frac{u}{2E} \left( 1 - \sqrt{1 + \frac{4kE}{u^2}} \right) x \right] \tag{3-3}$$

式中:$C$ 为 $x$ 处的河水污染物浓度,mg/L;$C_0$ 为 $x = 0$ 处的河水污染物浓度,mg/L;$u$ 为平均流速,m/s;$k$ 为污染物的衰减系数,1/s;$E$ 为弥散系数,m²/s。

### 3.2.2 忽略弥散的一维稳态河流水质模型

对于一般不受潮汐影响的、连续排污的稳态河流,往往可以忽略纵向弥散作用。此时

一维稳态河流的水质模型为

$$\left. \begin{array}{l} C = C_0 e^{-kt} \\ x = ut \end{array} \right\} \tag{3-4}$$

式中:$C$ 为 $x$ 处的河水污染物浓度,$mol/m^3$;$C_0$ 为 $x = 0$ 处的河水污染物浓度,$mol/m^3$;$u$ 为平均流速,$m/s$;$t$ 为河水由 $x = 0(t = 0)$ 处下流的时间。

式(3-4)的关系可用图 3-2 反映。

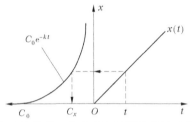

图 3-2　忽略弥散的一维稳态河流污染物流动位置和浓度

### 3.2.3　一维河流突发性排污的水质模型

如图 3-3 所示,假定排污口($x = 0$)在很短的 $\Delta t$ 时间内,瞬时突发性地排放质量为 $W$ 的污染物,它与流量为 $Q$ 的河水迅速均匀混合,在 $x = 0$ 断面处形成一个平面(面积为 $A$)污染源。

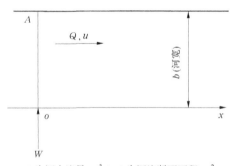

$Q$ 为河水流量,$m^3/s$;$A$ 为河流断面面积,$m^2$

图 3-3　一维河流突发性排污示意图

在上述条件下,在不同流动距离、不同时间河流各断面的水质为

$$C(x,t) = \frac{W}{A\sqrt{4\pi Et}} \exp(-kt) \exp\left[ -\frac{(x-ut)^2}{4Et} \right] \tag{3-5}$$

或

$$C(x,t) = C_0 \frac{u}{\sqrt{4\pi Et}} \exp(-kt) \exp\left[ -\frac{(x-ut)^2}{4Et} \right] \tag{3-6}$$

式中:$C$ 为 $x$ 处 $t$ 时河水断面污染物浓度,$mol/m^3$;$C_0$ 为 $x = 0$ 处瞬时投放的平面污染源浓度,$C_0 = W/Q$,$mol/m^3/s$;$W$ 为瞬时排放的污染物总量,$mol$;$u$ 为平均流速,$m/s$;$E$ 为弥散系数,$m^2/s$;$k$ 为污染物衰减系数,$1/h$。

对于惰性污染物(如示踪剂),$k = 0$,当 $t = 0$,$x = 0$ 处排污时,各河流下游断面的污

染物浓度为

$$C(x,t) = \frac{W}{A\sqrt{4\pi Et}}\exp\left[-\frac{(x-ut)^2}{4Et}\right]$$ (3-7)

### 3.2.4　纵向离散系数 $E_x$ 的估算

#### 3.2.4.1　纵向离散系数 $E_x$ 的方程推导

河流中投放一个污染源,其河水污染物分布浓度为 $C(x,y,z,t)$,水质模型的基本方程为

$$\frac{\partial C}{\partial t} + u(y,z)\frac{\partial C}{\partial x} = \frac{\partial}{\partial y}\left(D_y\frac{\partial C}{\partial y}\right) + \frac{\partial}{\partial z}\left(D_z\frac{\partial C}{\partial z}\right)$$ (3-8)

式中: $u$ 为点的流速; $D_y$、$D_z$ 为横向垂向扩散系数,$L^2/T$。

定义河流断面的平均值为

$$\overline{C} = \frac{1}{A}\int_0^b\mathrm{d}y\int_0^h C(x,y,z,t)\,\mathrm{d}z$$ (3-9)

$$\overline{u} = \frac{1}{A}\int_0^b\mathrm{d}y\int_0^h u(y,z)\,\mathrm{d}z$$ (3-10)

$$C = \overline{C} + C'$$ (3-11)

$$u = \overline{u} + u'$$ (3-12)

式中: $b$ 为河宽; $h$ 为水深; $A$ 为断面面积; $C$、$u$ 分别为河流质点的河水污染物浓度与流速; $\overline{C}$、$\overline{u}$ 分别为河流断面的河水污染物平均浓度与平均流速; $C'$、$u'$ 分别为某点浓度与流速对于平均值 $\overline{C}$、$\overline{u}$ 的偏离值。

在基本方程中,以平均值和偏离值代替点的实际浓度与流速,经推导,得河流的平均纵向弥散系数方程为

$$\overline{E}_x = -\frac{1}{A}\int_0^b q'(y)\,\mathrm{d}y\int_0^y\frac{1}{D_y h(y)}\mathrm{d}y\int_0^y q'(y)\,\mathrm{d}y$$ (3-13)

式中: $q'(y)$ 为横向坐标上由于流速分布不均相对于平均流速而言的流量偏差值。

$$q'(y) = \int_0^{h(y)} u'(z,y)\,\mathrm{d}z$$ (3-14)

用纵向离散系数表达一维河流水质的基本方程为

$$\frac{\partial\overline{u}}{\partial t} + u\frac{\partial\overline{C}}{\partial x} = E_x\frac{\partial^2 C}{\partial x^2} - kC$$ (3-15)

#### 3.2.4.2　实测法估算 $E_x$

Fischer 提出用近似差分法公式

$$E = -\frac{1}{A}\sum_{k=2}^n q'_k\Delta y_k\left[\sum_{j=2}^k\frac{\Delta y_j}{D_{yj}h_j}\left(\sum_{i=1}^{j-1}q'_i\Delta y_i\right)\right]$$ (3-16)

当河段为均匀顺直河段,$\Delta y_i$ 取成定常值,$\Delta y_i = \Delta y$,式(3-16)可改为

$$E = -\frac{\Delta y^3}{0.23u^* A}\sum_{k=2}^n q'_k\left[\sum_{j=2}^k\frac{1}{h_j^2}\left(\sum_{i=1}^{j-1}q'_i\right)\right]$$ (3-17)

其中 $i = 1,2,3,\cdots,n;j,k = 2,3,4,\cdots,n$。

式中：$A$ 为总过水断面面积，$A = \sum_{i=1}^{n} \bar{h}_i \Delta y_i$；$n$ 为河宽分割为 $\Delta y$ 的单元数；$\bar{h}_i$ 为第 $i$ 单元的平均水深，$\bar{h}_i = \dfrac{h_i + h_{i+1}}{2}$，$h_i,h_{i+1}$ 为第 $i$ 单位左右两边水深；$q'_i$ 为第 $i$ 单元单位宽度上流量偏差，$q'_i = \bar{h}_i(\bar{u}_i - u)$，$u_i,\bar{u}$ 为第 $i$ 单元与全断面的平均流速；$D_{yj}$ 为横向扩散系数，$m^2/s$；$u^*$ 为摩阻流速，$u^* = \sqrt{gI\bar{h}}$，$g$ 为重力加速度，$I$ 为水力坡度，$\bar{h}$ 为河流断面的平均水深。

Fischer 提出横向扩散系数可采用 Elder 公式：

$$D_{yj} = 0.23u^* \bar{h}_j \text{（均匀顺直河段）} \tag{3-18}$$

或

$$D_{yj} = 0.6u^* \bar{h}_j \text{（非顺直河段）} \tag{3-19}$$

### 3.2.4.3 经验公式估算 $E_x$

Elder 曾在水深为 1.5 m 的明渠中试验，验证了以下的河流纵向离散系数计算式：

$$E_x = a_x h u^* \tag{3-20}$$

式中：$h$ 为河流平均水深；$u^*$ 为摩阻流速，$u^* = \sqrt{gI\bar{h}}$；$a_x$ 为经验系数，$a_x = \dfrac{E_x}{hu^*}$。

据 Elder 理论计算 $a_x = 5.9$，试验得 $a_x = 6.3$。

由于天然河流很不规则，Fischer 提出用下式估算：

$$E_x = 0.011\bar{u}^2 \frac{b^2}{hu^*} \tag{3-21}$$

式中：$\bar{u}$ 为平均流速；$b$ 为河宽；$h$ 为水深；$u^*$ 为摩阻流速，$u^* = \sqrt{gI\bar{h}}$。

# 3.3 二维水质模型

## 3.3.1 无随流情况下瞬时点源二维扩散

二维环境水体，其水平面是无限大的，在水平面中间点 $(0,0)$ 处，瞬时投放质量为 $M$ 的污染源，污染物质在 $x,y$ 方向四面扩散，$D_x,D_y$ 分别表示 $x$ 和 $y$ 方向的分子扩散系数，流速为 $u = (u_x,u_y)$，则其数学模型为

$$\frac{\partial C}{\partial t} = D_x \frac{\partial^2 C}{\partial x^2} + D_y \frac{\partial^2 C}{\partial y^2} \quad (-\infty < x < +\infty, -\infty < y < +\infty, t > 0) \tag{3-22a}$$

初始条件
$$C(x,y,t)\big|_{t=0} = M\delta(x)\delta(y) \quad (-\infty < x < +\infty, -\infty < y < +\infty) \tag{3-22b}$$

边界条件
$$\lim_{x\to\pm\infty} C = 0, \quad \lim_{y\to\pm\infty} C = 0 \quad (t > 0) \tag{3-22c}$$

对数学模型式 (3-22) 的变量 $x$ 和变量 $y$ 作二维傅氏变换，令

$$\bar{C} = \int_{-\infty}^{+\infty} \int_{-\infty}^{+\infty} C(x,y,t) e^{-i(a_1 x + a_2 y)} dx dy \tag{3-23}$$

对方程(3-22a)两边作二维傅氏变换,并注意到边界条件即式(3-22c),得到

$$\frac{\mathrm{d}\overline{C}}{\mathrm{d}t} = -(D_x a_1^2 + D_y a_2^2)\overline{C} \tag{3-24}$$

对初始条件方程(3-22b)作傅氏变换,得到

$$\overline{C}(a_1, a_2, t)\big|_{t=0} = M \tag{3-25}$$

数学模型方程(3-22)作二维傅氏变换后变为常微分方程初值问题:

$$\frac{\mathrm{d}\overline{C}}{\mathrm{d}t} = -(D_x a_1^2 + D_y a_2^2)\overline{C} \tag{3-26a}$$

$$\overline{C}(a_1, a_2, t)\big|_{t=0} = M \tag{3-26b}$$

这是一阶线性齐次常微分方程,使用分离变量法,可得其解为

$$\overline{C}(a_1, a_2, t) = Me^{-(D_x a_1^2 + D_y a_2^2)t} \tag{3-27}$$

再对 $\overline{C}$ 作逆傅氏变换,得到数学模型方程(3-22)的解为

$$C(x, y, t) = \frac{1}{4\pi^2} \int_{-\infty}^{+\infty} \int_{-\infty}^{+\infty} \overline{C}(a_1, a_2, t) e^{i(a_1^x + a_2^y)} \mathrm{d}a_1 \mathrm{d}a_2$$

$$= \frac{M}{4\pi t\sqrt{D_x D_y}} \exp\left[-\left(\frac{x^2}{4D_x t} + \frac{y^2}{4D_y t}\right)\right] \tag{3-28}$$

若瞬时源投放点为 $(\varepsilon, \eta)$,则污染物浓度分布规律为

$$C(x, y, t) = \frac{M}{4\pi t\sqrt{D_x D_y}} \exp\left\{-\left[\frac{(x-\varepsilon)^2}{4D_x t} + \frac{(y-\eta)^2}{4D_y t}\right]\right\} \tag{3-29}$$

当流场均质各向同性时,即 $D_x = D_y = D$,则式(3-28)和式(3-29)可简化为

$$C(x, y, t) = \frac{M}{4\pi t D} \exp\left[-\left(\frac{x^2 + y^2}{4Dt}\right)\right] \tag{3-30}$$

和

$$C(x, y, t) = \frac{M}{4\pi t D} \exp\left[-\left(\frac{(x-\varepsilon)^2 + (y-\eta)^2}{4Dt}\right)\right] \tag{3-31}$$

### 3.3.2  有随流情况下瞬时点源二维扩散

若水平面无限水体不是静止的而是流动的,其流速为 $u = (u_x, u_y)$,在水平面 $(\varepsilon, \eta)$ 处,瞬时投放质量为 $M$ 的污染源,污染物质在 $x, y$ 方向四面扩散,设水体污染物浓度为 $C(x, y, t)$,则其数学模型为

$$\frac{\partial C}{\partial t} + u_x \frac{\partial C}{\partial x} + u_y \frac{\partial C}{\partial y} = D_x \frac{\partial^2 C}{\partial x^2} + D_y \frac{\partial^2 C}{\partial y^2} \quad (-\infty < x < +\infty, -\infty < y < +\infty)$$

$$\tag{3-32a}$$

$$\text{初始条件} \quad C(x, y, t)\big|_{t=0} = M\delta(x - \xi)\delta(y - \eta) \quad (-\infty < x < +\infty, -\infty < y < +\infty)$$

边界条件

$$\tag{3-32b}$$

$$\lim_{x \to \pm\infty} C = 0, \quad \lim_{y \to \pm\infty} C = 0 \quad (t > 0) \tag{3-32c}$$

对数学模型方程(3-32)的变量 $x$ 和 $y$ 作二维 Fourier 变换,令

$$\overline{C} = \int_{-\infty}^{+\infty}\int_{-\infty}^{+\infty} C(x,y,t)\,e^{-i(a_1^x+a_2^y)}\,\mathrm{d}x\mathrm{d}y \tag{3-33}$$

对方程(3-32a)两边作二维傅氏变换,并注意边界条件方程(3-32c),得到

$$\frac{\mathrm{d}\overline{C}}{\mathrm{d}t} + \left[(a_1 u_x i + D_x a_1^2) + (a_2 u_y i + D_y a_2^2)\right]\overline{C} = 0 \tag{3-34}$$

对初始条件方程(3-32b)作 Fourier 变换,得到

$$\overline{C}\big|_{t=0} = M e^{-i(a_1\varepsilon+a_2\eta)} \tag{3-35}$$

偏微分方程混合问题作二维 Fourier 变换后变一阶线性齐次常微分方程初值问题:

$$\frac{\mathrm{d}\overline{C}}{\mathrm{d}t} = -\left[(D_x a_1^2 + D_y a_2^2) + i(a_1 u_x + a_2 u_y)\right] \tag{3-36a}$$

$$\overline{C}\big|_{t=0} = M e^{-i(a_1\varepsilon+a_2\eta)} \tag{3-36b}$$

用分离变量法可求得问题方程式(3-8)的解为

$$\overline{C}(a_1,a_2,t) = M e^{-(D_x a_1^2+D_y a_2^2)t+i[(\varepsilon-u_x t)a_1+(\eta-u_y t)a_2]} \tag{3-37}$$

再对式(3-9)作逆 Fourier 变换,得到式(3-32a)~式(3-32c)数学模型的解为

$$C(x,y,t) = \frac{M}{4\pi t\sqrt{D_x D_y}} e^{-\left[\frac{(x-\varepsilon-u_x t)^2}{4D_x t}+\frac{(y-\eta-u_y t)^2}{4D_y t}\right]} \tag{3-38}$$

这就是有随流情况下,瞬时点源二维扩散规律。

当 $\varepsilon=0,\eta=0$ 时,即点源放在原点$(0,0)$时,瞬时点源二维扩散规律为

$$C(x,y,t) = \frac{M}{4\pi t\sqrt{D_x D_y}} e^{-\left[\frac{(x-u_x t)^2}{4D_x t}+\frac{(y-u_y t)^2}{4D_y t}\right]} \tag{3-39}$$

当浓度场均质各向同性时,即 $D_x=D_y=D$,则式(3-39)和式(3-40)可简化为

$$C(x,y,t) = \frac{M}{4\pi tD} e^{-\left[\frac{(x-\varepsilon-u_x t)^2+(y-\eta-u_y t)^2}{4Dt}\right]} \tag{3-40}$$

和

$$C(x,y,t) = \frac{M}{4\pi tD} e^{-\left[\frac{(x-u_x t)^2+(y-u_y t)^2}{4Dt}\right]} \tag{3-41}$$

### 3.3.3　二维起始有限分布源在平面上二维扩散和随流扩散

设二维水体的平面上,在一个以原点为中心的矩形 $R$ 内,初始污染物浓度为 $C_0$,其余部分的初始浓度为 0,求以后任意时刻无限水体平面上污染物浓度分布。

二维初始有限分布源可以看成在单位深度的二维水体中有一个初始的污染柱作为源,污染柱的浓度为 $C_0$,如图 3-4 所示,以上问题可归纳为如下数学模型。

水体静止情况下:

$$\frac{\partial C}{\partial t} = D_x\frac{\partial^2 C}{\partial x^2} + D_y\frac{\partial^2 C}{\partial y^2} \quad (-\infty<x<+\infty,\ -\infty<y<+\infty,t>0) \tag{3-42a}$$

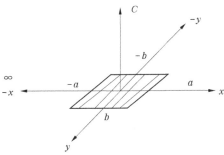

图3-4 二维初始有限分布源数学模型

$$C(x,y,t)\big|_{t=0} \overset{\text{初始条件}}{=} \begin{cases} C_0 & [\,(x,y) \in R\,] \\ 0 & [\,(x,y) \notin R\,] \end{cases} \tag{3-42b}$$

$$\overset{\text{边界条件}}{\lim_{x \to \pm\infty}} C(x,y,t) = 0, \quad \lim_{y \to \pm\infty} C(x,y,t) = 0 \quad (t > 0) \tag{3-42c}$$

式中, $R = \begin{cases} |x| \le a \\ |y| \le b \end{cases}$。

把有限分布源看作由连续无限多个微小单元 $\mathrm{d}\varepsilon\mathrm{d}\eta$ 所组成,每一个单元具有质量为 $C_0\mathrm{d}\varepsilon\mathrm{d}\eta = \mathrm{d}m$,每一个源可以视为一个瞬时点源;每个瞬时源 $\mathrm{d}m$ 对 $p(x,y)$ 点的二维扩散为

$$\mathrm{d}C = \frac{C_0\mathrm{d}\varepsilon\mathrm{d}\eta}{4\pi t\sqrt{D_x D_y}} e^{-\frac{\varepsilon^2}{4D_x t} - \frac{\eta^2}{4D_y t}} \tag{3-43}$$

使用叠加原理,初始有限分散源的二维扩散为

$$\begin{aligned}
C(x,y,t) &= \frac{C_0}{4\pi t\sqrt{D_x D_y}} \int_{x-a}^{x+a}\int_{y-b}^{y+b} e^{-\frac{\varepsilon^2}{4D_x t} - \frac{\eta^2}{4D_y t}} \mathrm{d}\varepsilon\mathrm{d}\eta \\
&= \frac{C_0}{4}\Big[\operatorname{erf}(\frac{x+a}{2\sqrt{D_x t}}) + \operatorname{erf}(\frac{x-a}{2\sqrt{D_x t}})\Big] \times \Big[\operatorname{erf}(\frac{y+b}{2\sqrt{D_y t}}) + \operatorname{erf}(\frac{y-b}{2\sqrt{D_y t}})\Big] \\
&= \frac{C_0}{4}\Big[\operatorname{erf}(\frac{x+a}{2\sqrt{D_x t}}) - \operatorname{erf}(\frac{x-a}{2\sqrt{D_x t}})\Big] \times \Big[\operatorname{erf}(\frac{y+b}{2\sqrt{D_y t}}) - \operatorname{erf}(\frac{y-b}{2\sqrt{D_y t}})\Big]
\end{aligned} \tag{3-44}$$

在流动情况下,设流速 $u = (u_x, u_y)$,则数学模型可归纳为

$$\frac{\partial C}{\partial t} = D_x\frac{\partial^2 C}{\partial x^2} + D_y\frac{\partial^2 C}{\partial y^2} - u_x\frac{\partial C}{\partial x} - u_y\frac{\partial C}{\partial y} \quad (-\infty < x < +\infty, -\infty < y < +\infty, t > 0) \tag{3-45a}$$

$$C(x,y,t)\big|_{t=0} \overset{\text{初始条件}}{=} \begin{cases} C_0 & [\,(x,y) \in R\,] \\ 0 & [\,(x,y) \cup R\,] \end{cases} \tag{3-45b}$$

$$\overset{\text{边界条件}}{\lim_{x \to \pm\infty}} C(x,y,t) = 0, \quad \lim_{y \to \pm\infty} C(x,y,t) = 0 \quad (t > 0) \tag{3-45c}$$

同样可求得,数学模型的解为

$$C(x,y,t) = \frac{C_0}{4}\Big[\operatorname{erf}(\frac{x+a-u_x t}{2\sqrt{D_x t}}) + \operatorname{erf}(\frac{x-a+u_x t}{2\sqrt{D_x t}})\Big] \times \Big[\operatorname{erf}(\frac{y+b-u_y t}{2\sqrt{D_y t}}) +$$

$$\text{erf}(\frac{y - b + u_y t}{2\sqrt{D_y t}})]\qquad\qquad(3\text{-}46)$$

这就是随流情况下,有限分布源引起的二维浓度扩散规律。根据这个函数,可求得任意时刻平面上任意点的污染物浓度。

# 3.4　二维水质模型的应用

## 3.4.1　研究区域水环境概况

长江蕲春段位于湖北省黄冈市境内,上接黄冈市浠水县,下接武穴市,总长 31 km,多年平均过境客水量 7 219 亿 m³,年最小流量系列平均值为 6 984 m³/s,90%保证率最枯月均流量 5 110 m³/s。某污水处理厂位于湖北省黄冈市蕲春县,该污水处理厂设排污口于蕲春县管窑镇,区域内距离排污口较近的饮用水水源地有 3 个,分别为管窑镇长江饮用水水源地、蕲州镇长江饮用水水源地和阳新县黄颡口镇长江饮用水水源地,均属于乡镇长江饮用水水源地(见表 3-1)。区域水环境功能区划情况:排污口上游黄石市城区江段为Ⅲ类水体,排污口上游 200 m 至排污口下游 1 600 m 江段为Ⅲ类水体;长江蕲春段其他水体为Ⅱ类水体(见图 3-5)。

表 3-1　长江蕲春段周边饮用水水源地情况

| 序号 | 名称 | 坐标 | | 取水量 (万 t/年) | 与排污口 位置关系 |
|------|------|------|------|--------|--------|
| | | 东经 | 北纬 | | |
| 1 | 官窑 | 115°16′32.64″ | 30°9′1.28″ | 7 | 上游 1.2 km |
| 2 | 蕲州 | 115°19′51.19″ | 30°3′34.67″ | 140 | 下游 10.4 km |
| 3 | 黄颡口 | 115°18′51.6″ | 30°1′34.1″ | 26 | 下游 13.2 km |

## 3.4.2　基本算法及模型建立

Mike21 是由丹麦水动力研究所(DHI)开发的系列水动力水质模型软件中的二维动态模型软件,多用于处理在水质预测中垂向变化可被忽略的湖泊、河口、海岸地区。Mike21 中的水动力模型(Flow Model,FM)采用的数值计算方法为有限体积法,这种算法具有很好的守恒性质,可以准确地处理急流、间断解,而且该模型采用非结构网格,可针对预测区域的地形特征同时使用混合网格,便于处理复杂边界条件,具有较好的计算精度,且相对更节省时间。

### 3.4.2.1　基本方程

污染物扩散模拟结果是建立在水动力条件模拟基础上的。

计算方程采用描述水流运动的 Navier-Stokes 方程组,由水流连续性方程和 $x$、$y$ 方向的动量方程组成;污染物在水体中的运动变化包括平流输移、分散作用输移、反应衰减等,综合描述上述水质运动变化的最基本方程为对流扩散方程。

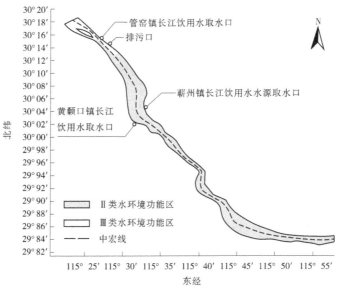

图 3-5  研究区域水环境概况

### 3.4.2.2  模型建立

1. 计算范围

在正常情况下,污水经处理后达到《城镇污水处理厂污染物排放标准》(GB 18918—2002)中一级 A 标准(COD 为 50 mg/L,NH₃—N 质量浓度为 5 mg/L)后排入长江蕲春段,在非正常排污事故中污水直接排入长江,考虑最坏情况下污染物对该江段的影响范围及该江段的水文特征,初步试算结果表明,污染物影响范围不超过排污口下游 40 km。因此,确定计算范围上边界选为排污口上游 5 km 处,下边界为排污口下游 50 km 处。

2. 模型网格

采用非结构网格,网格的设置特点是在河道较窄、水深较浅的部分采用较密的网格,计算节点共 1 043 个,最小网格面积为 1×10⁻⁵deg²,最小角度为 29°。

3. 计算条件

模型地形采用国家基础地理信息数据。水动力上游边界条件采用蕲春江段 90% 保证率最枯月均流量 5 110 m³/s,下游边界条件采用与上游时段对应的由排污口下游约 50 km 处的码头镇水文站水文数据经处理得到的水位时间序列数据。背景值取 2013 年 1 月 8~10 日排污口上游 200 m 处断面的监测平均值:COD 为 12.3 mg/L,NH₃—N 质量浓度为 0.42 mg/L。排污口排污量为 1.14 万 t/d,即 0.132 m³/s。正常情况下,污水处理后达到《城镇污水处理厂污染物排放标准》(GB 18918—2002)中一级 A 标准;非正常排污事故中的排放量按 COD 200 mg/L、NH₃—N 质量浓度 20 mg/L 计算。

4. 模型率定及验证

计算参数参考软件中的推荐值和相关文献中的取值,并通过率定对各参数进行调整。模型率定采用 2013 年 1 月 10 月对排污口上游 200 m 和 1 000 m 处断面的实际监测结果,模型率定结果见表 3-2。可知,实测值与计算值的误差均在可接受范围内,吻合情况较为理想,质量浓度变化趋势也较为合理,表明本模型选择的计算参数较为合适。通过实测值对模型进行率定后最终确定本模型中河床糙率为 0.04,Smagorinshy 模型的涡黏系数为 0.28,水平扩散系数取 0.5 m²/s,COD、NH₃—N 的衰减系数分别取 $1.157×10^{-6}$ s$^{-1}$、5.994× $10^{-6}$ s$^{-1}$。

表 3-2　污染物指标质量浓度计算值与实测值对比

| 监测断面 | 监测点位 | COD | | | NH₃—N 质量浓度 | | |
|---|---|---|---|---|---|---|---|
| | | 计算值<br>(mg/L) | 实测值<br>(mg/L) | 误差<br>(%) | 计算值<br>(mg/L) | 实测值<br>(mg/L) | 误差<br>(%) |
| 上游 200 m | 左岸 50 m | 13.03 | 12.7 | 2.6 | 0.348 | 0.33 | 5.4 |
| | 左岸 150 m | 13.72 | 13.9 | -1.3 | 0.357 | 0.35 | 2.0 |
| | 左岸 550 m | 13.52 | 13.2 | 2.4 | 0.322 | 0.32 | 0.6 |
| 上游 1 000 m | 左岸 50 m | 12.86 | 12.3 | 4.6 | 0.377 | 0.38 | -0.8 |
| | 左岸 150 m | 12.17 | 11.9 | 2.3 | 0.377 | 0.39 | -3.3 |
| | 左岸 550 m | 12.07 | 11.3 | 6.8 | 0.354 | 0.35 | 1.1 |

## 3.4.3　模拟结果与分析

### 3.4.3.1　数学模型模拟结果

正常情况下 COD 和 NH₃—N 质量浓度扩散情况见图 3-6。可知,在正常情况下,COD 和 NH₃—N 分别在排污口下游 2 km 处和 4 km 处基本与江水混合,达到背景质量浓度,未形成明显污染带。

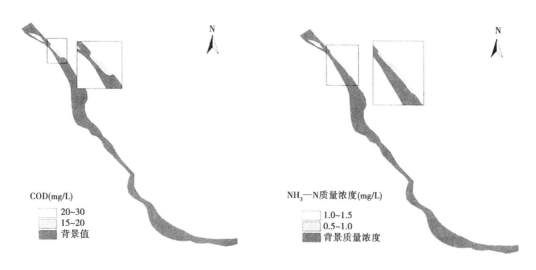

图 3-6　正常情况下 COD 和 NH₃—N 质量浓度扩散情况

#### 3.4.3.2 排污口对水功能区水质的影响分析

根据《地表水环境质量标准》(GB 3838—2002)规定的各类水体的质量浓度限值,预测排污事故中 COD 和 NH₃—N 各时段的影响范围,见表 3-3。排污口所在水功能区水质管理目标为:排污口上下游 1.8 km 的河段区域为Ⅲ类,其余水体为Ⅱ类。在事故持续发生 36 h 内,污染物迅速扩散形成明显污染带,在持续发生 36 h 后,由于该江段水流自身的紊动稀释作用,污染物扩散情况逐渐被控制,污染范围逐渐稳定,不再扩大。COD 和 NH₃—N 污染带 48 h 内平均扩散速率分别为 1.19 $km^2$/h 和 1.41 $km^2$/h,最大扩散速率均在事故发生后 2~4 h 内出现,分别达到 1.68 $km^2$/h 和 2.94 $km^2$/h,在事故持续发生 48 h 后污染物扩散情况逐渐稳定,其中 COD 的最大污染范围约为 58 $km^2$,NH₃—N 的最大污染范围约为 68 $km^2$。计算结果显示,在排污事故发生时该排污口将在 48 h 内影响到排污口下游约 30 $km^2$、68 $km^2$ 的水域。事故情况下各时段 COD 和 NH₃—N 质量浓度扩散情况分别见图 3-7、图 3-8。

表 3-3　COD 和 NH₃—N 各时段的影响范围预测统计

| 事故持续时间(h) | COD | | | | NH₃—N | | | |
|---|---|---|---|---|---|---|---|---|
| | 劣于Ⅱ(≥15 mg/L) | | 劣于Ⅲ(≥20 mg/L) | | 劣于Ⅱ(≥0.5 mg/L) | | 劣于Ⅲ(≥1.0 mg/L) | |
| | 长度(km) | 宽度(km) | 长度(km) | 宽度(km) | 长度(km) | 宽度(km) | 长度(km) | 宽度(km) |
| 1 | 2.54 | 0.58 | 2.00 | 0.32 | 2.74 | 0.72 | 2.39 | 0.38 |
| 5 | 6.77 | 1.00 | 5.61 | 0.36 | 7.26 | 1.89 | 5.88 | 0.51 |
| 12 | 10.82 | 1.71 | 7.51 | 0.39 | 11.26 | 2.59 | 8.31 | 0.51 |
| 24 | 19.64 | 1.90 | 7.55 | 0.33 | 19.92 | 2.63 | 8.43 | 0.51 |
| 36 | 29.76 | 1.90 | 7.55 | 0.33 | 25.79 | 2.63 | 8.44 | 0.51 |
| 48 | 30.60 | 1.90 | 7.55 | 0.33 | 26.04 | 2.63 | 8.45 | 0.51 |

#### 3.4.3.3 排污口对下游取用水户的影响分析

排污口上游 1.2 km 处为管窑镇长江饮用水水源取水口,下游 10.4 km 处和 13.2 km 处分别为蕲州镇长江饮用水水源取水口和黄颡口镇长江饮用水水源取水口。预测结果显示,在污水处理厂正常运作情况下,排污口附近各取水口均不会受到影响;在事故情况下,管窑镇及黄颡口镇饮用水水源不会受到事故影响,而蕲州镇饮用水水源在事故持续发生 20 h 内便会受到影响。因此在事故发生时,应将蕲州镇饮用水水源地水域作为重点保护对象,及时通知下游居民,封闭取水口,停止供水,采取其他临时供水措施,待水质恢复正常后解除控制。

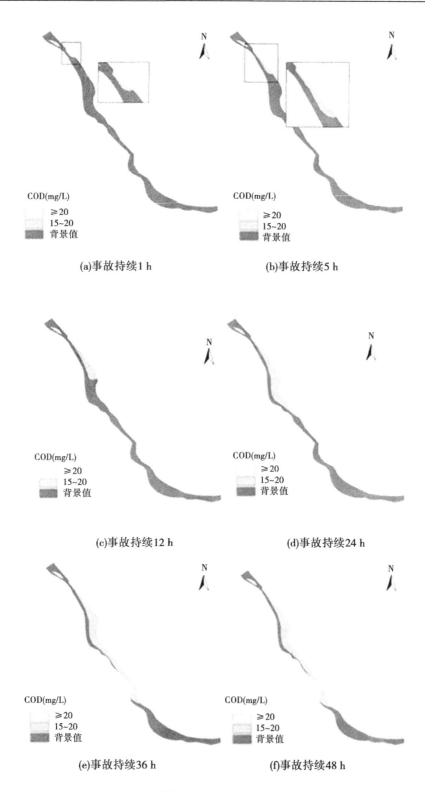

(a)事故持续1 h

(b)事故持续5 h

(c)事故持续12 h

(d)事故持续24 h

(e)事故持续36 h

(f)事故持续48 h

图 3-7　事故情况下各时段 COD 扩散情况

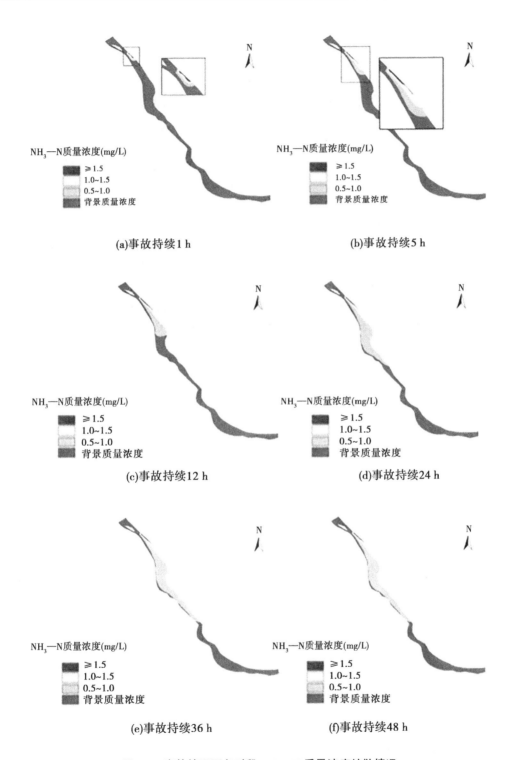

(a)事故持续1 h

(b)事故持续5 h

(c)事故持续12 h

(d)事故持续24 h

(e)事故持续36 h

(f)事故持续48 h

图3-8 事故情况下各时段 $NH_3$—N 质量浓度扩散情况

# 3.5 QUAL 模型

QUAL 模型系列中的最初完整模型是美国德克萨斯州水利发展部于 1971 年开发完成的 QUAL-Ⅰ模型,而 QUAL-Ⅰ模型的最早雏形则是 Masch 及其同事在 1970 年提出的。

QUAL-Ⅰ模型应用较成功。在该模型的基础上,1972 年美国水资源工程公司和美国国家环境保护局(USEPA)合作开发完成了 QUAL-Ⅱ模型的第 1 个版本。1976 年 3 月,SEMCOG(Southeast Michigan Council of Governments)和美国水资源工程公司合作对此模型做了进一步的修改,并将当时各版本的所有优秀特性都合并到了 QUAL-Ⅱ模型的新版本中。

自 1987 年以来,我国学者应用 QUAL-Ⅱ模型解决了大量河流水质规划、水环境容量计算等问题,并结合国内的实际情况,对该模型进行了改进。1982 年,美国环保局推出了 QUAL2E(简称 Q2E)模型。QUAL2E 的 3.0 版是在美国塔夫斯大学(Tufts University)土木工程系和美国环保局水质模拟中心(Center for Water Quality Modeling,简写为 CWQM)环境研究实验室的合作协议支持下开发的。该版本中包括了对以前版本(QUAL2E 2.2 版,Brown 和 Barnwell1)的修改和对定常仿真输出的不确定分析(UNCAS)的扩充能力。该版本的 QUAL2E 和与它成套的不确定性分析程序(QUAL2E-UNCAS)用来取代所有以前版本的 QUAL2E 和 QUAL-Ⅱ模型。美国环保局自 1987 年开始对 QUAL2E 模型进行修改。经过多次修订和增强功能,美国环保局于 2003 年推出了 QUAL2K 模型新版本。

## 3.5.1 QUAL-Ⅱ原理

QUAL-Ⅱ假定存在主流输送机制,即假定平流与扩散都沿着河流的主流方向,而在河流的横向与垂向上水质组分是完全均匀混合的。QUAL-Ⅱ模型的基本方程是一维平流-扩散物质迁移方程,该方程考虑了平流扩散、稀释、水质组分间的相互作用以及组分的外部源和汇对组分浓度的影响。对于任意一种水质组分,有

$$\frac{\partial C}{\partial t} = \frac{\partial \left( A_x D_L \frac{\partial C}{\partial x} \right)}{A_x \partial x} - \frac{\partial A_x u C}{A_x \partial x} + \frac{\mathrm{d}C}{\mathrm{d}t} + \frac{s}{V} \qquad (3\text{-}47)$$

式中,$C$ 为组分浓度,mol/m³;$x$ 为距离,m;$t$ 为时间,s;$A_x$ 为距离 $x$ 处的河流断面面积,m²;$D_L$ 为纵向弥散系数,m²/s;$u$ 为平均流速,m/s;$s$ 为组分的外部源和汇,mol/m³。

方程右边的 4 项分别代表扩散、平流、组分反应、组分的外部源和汇。

## 3.5.2 QUAL-Ⅱ各参数之间的相互关系

在图 3-9 中,表明 QUAL-Ⅱ模型中各个水质变量之间的相互影响关系,下面对该图中的各种相互作用做简要说明。图中的每一条标有数字的连线表示以下各种过程。

## 3.5.3 QUAL-Ⅱ应用步骤

### 3.5.3.1 河流的现场勘测和调查应用

QUAL-Ⅱ模型的第一步是通过现场勘测和调查获取河流概念化所需的信息,包括河流的空间分布信息、河流水文资料、水质监测资料、污染源情况和流域气象资料。

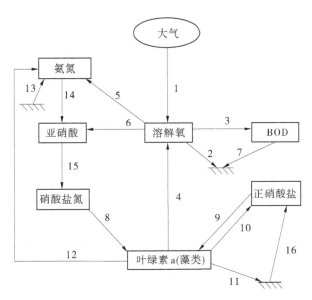

1—复氧作用;2—底泥耗氧作用;3—BOD 耗氧作用;4—光合作用产氧;5—氨氮氧化耗氧;
6—亚硝酸盐氮氧化物耗氧;7—BOD 的沉淀;8—浮游植物对硝酸盐氮的吸收;9—浮游植物对磷的吸收;
10—浮游植物呼吸产生磷;11—浮游植物的死亡与沉淀;12—浮游植物呼吸产生氨氮;
13—底泥释放氨氮;14—氨氮转化为亚硝酸盐氮;15—亚硝酸盐氮转化为硝酸盐氮;16 —底泥释放磷

**图 3-9　QUAL-Ⅱ模型水质变量之间相互作用关系**

### 3.5.3.2　单元和河段的划分

QUAL-Ⅱ按照河段来组织数据,以单元作为最小的计算单位,河段和单元的划分应根据模拟河流的实际情况来进行。QUAL-Ⅱ要求同一河段具有相同的水力和水质参数,根据现场勘测和调查以及现有的监测资料,将具有相同或相似特性的河道划分为同一河段。计算单元是 QUAL-Ⅱ进行水质模拟的最小单位,QUAL-Ⅱ要求各个河段上的计算单元是等长的,每个河段由整数个计算单元构成。计算单元的长度决定了水质模型的计算精度,单元长度越短则计算精度越高,但相应的计算机性能增加,单元长度太长则不能保证计算精度,应结合计算精度要求和计算机性能来确定单元长度。划分河段和单元之后根据现场勘测和调查资料为每个单元按 QUAL-Ⅱ的单元类型定义指定其单元类型,通过指定单元类型反映出支流、污染源、取水口及水工建筑物的空间分布状况。

### 3.5.3.3　模型参数的率定

模型参数的确定是建模工作的核心内容,可靠的参数是模拟成败的关键。因此,在确定模型结构之后,还要对模型中的未知参数做适当估算,求得与实测资料最佳拟合的模型参数。参数的率定就是将参数初值带入模型,计算与现有实测资料相对应的各种水质变量,并与实测资料相对照,反复调整试算,使计算值与实测值相符,并得到一组一致性的模型参数。QUAL-Ⅱ的模型参数按河段来组织,主要包括水力参数和水质参数两类。

1. 水力参数

QUAL-Ⅱ假定河流的水力特征是稳态的,即 $\frac{\partial Q}{\partial t}=0$,每段河流的水力特征都符合以下形式：

$$u = aQ^b \quad A_x = cQ^d \tag{3-48}$$

式中：$Q$ 为流量，$m^3/s$；$u$ 为河流平均流速；$a$、$b$、$c$、$d$ 均为经验系数，根据河段的水文资料确定 $a$、$b$、$c$、$d$ 的取值来表征河段的水力特性；$A_x$ 为距离 $x$ 处的河流断面面积。

纵向弥散系数 $D_L$ 是另一个重要的水力参数，$D_L$ 可以通过试验模拟、示踪剂法或经验公式来获得。QUAL-Ⅱ给出了纵向弥散系数的计算公式

$$D_L = 3.82 Knud^{5/6} \tag{3-49}$$

式中：$K$ 为纵向弥散常数，$m^2/s$；$n$ 为 Manning 粗糙系数；$u$ 为平均流速，$m/s$；$d$ 为平均水深，$m$。

2. 水质参数

模型所需的水质参数因所选择的模拟项目不同而异，常用的包括 BOD 降解常数 $K_1$、复氧常数 $K_2$、BOD 沉降常数 $K_3$、底泥耗氧常数 $K_4$ 等。水质参数可以通过实测法和经验公式法取得。QUAL-Ⅱ提供了计算相关水质参数的经验公式，可以根据实际情况选用，水质参数也可以通过监测资料反算来取得。由于这些参数具有随机性，所以通常要求用于估算参数的监测资料不得少于参数个数的 5 倍，将每组资料计算出平均值供计算使用。

### 3.5.3.4 模型的检验

模型的检验是将一组与率定模型无关的污染负荷、水文数据与模型的计算结果相对照，检验模型的计算结果与现场实测数据是否相符，以确定模型的可靠性和适用性。通过检验，与实测数据相符较好的模型即可用于实际工作，进行河流水质的模拟。

## 3.5.4 QUAL-Ⅱ源漏项

QUAL-Ⅱ模型里各水质变量迁移方程具有相同的形式，只是源漏项不同，下面逐一给出每个水质变量的源漏项。

### 3.5.4.1 叶绿素 a（浮游植物或藻类）

叶绿素 a 的浓度与藻类生长量的浓度成正比，通常可用简单的正比例关系将藻类生物量转换为叶绿素 a 的量，如下式：

$$C_{ca} = a_0 C_A \tag{3-50}$$

式中：$C_{ca}$ 为叶绿素 a 的浓度；$a_0$ 为转换系数；$C_A$ 为藻类生物量的浓度。

描述藻类（叶绿素 a）生长的微分方程，可由下面的关系得到：

$$S_A = \mu C_A - \rho_A C_A - \frac{\sigma_1}{H} C_A \tag{3-51}$$

式中：$S_A$ 为藻类的源漏项；$\mu$ 为藻类比生长率，随温度变化，下面将给出具体的计算公式；$\rho_A$ 为藻类呼吸速率常数，随温度变化；$\sigma_1$ 为藻类沉淀速率常数；$H$ 为平均水深；其他符号意义同前。

藻类的比生长率与水体的营养物质浓度和光照有关，可写成如下形式：

$$\mu = \mu_{max}(T)\gamma(I_s, I, \eta)\prod_{i=1}^{n}\left(\frac{N_i}{K_{Ni} + N_i}\right) \tag{3-52}$$

式中：$\mu_{max}$ 为最大比生长率，它与温度有关；$\gamma$ 为光照的减弱系数，它表示实际的入射光强

度 $I$、藻类生长最佳的饱和光照强度 $I_s$ 和消光系数 $\eta$ 综合作用下,使 $\mu_{max}$ 减少的比例;$N_i$ 为供藻类生长的第 $i$ 种营养物浓度;$K_{Ni}$ 为相当于描述细菌生长的莫诺特方程里的半速常数。

#### 3.5.4.2 氮的循环

在 QUAL-Ⅱ 模型里考虑了三种形态的氮:氨氮($C_{N1}$)、亚硝酸盐氮($C_{N2}$)和硝酸盐氮($C_{N3}$)。$C_{N1}$、$C_{N2}$ 和 $C_{N3}$ 都以氮的量计,关于它们的反应项分述如下。

1. 氨氮

$$S_{N1} = a_1 \rho_A C_A - K_{N1} C_{N1} + \frac{\sigma_3}{A} \tag{3-53}$$

式中:$S_{N1}$ 为氨氮的源漏项;$a_1$ 为藻类生物量中氨氮的比例;$\sigma_3$ 为水底生物的氨氮释放速率;$A$ 为平均横截面面积;$K_{N1}$ 为氨氮氧化速率常数;其他符号意义同前。

2. 亚硝酸盐氮

$$S_{N2} = K_{N1} C_{N1} - K_{N2} C_{N2} \tag{3-54}$$

式中:$S_{N2}$ 为亚硝酸盐氮的源漏项;$K_{N2}$ 为亚硝酸盐氮氧化的速率常数;其他符号意义同前。

3. 硝酸盐氮

$$S_{N3} = K_{N2} C_{N2} - a_1 \mu C_A \tag{3-55}$$

式中:$S_{N3}$ 为硝酸盐氮的源漏项;其他符号意义同前。

#### 3.5.4.3 磷循环

在 QUAL-Ⅱ 模型里关于磷循环的计算不像氮循环过程那样复杂,模型中只考虑了溶解性磷和藻类的相互关系,以及底泥释放磷的项,计算方程如下:

$$S_P = a_2 \rho_A C_A - a_2 \mu C_A - \frac{\sigma_2}{A} \tag{3-56}$$

式中:$S_P$ 为磷酸盐的源漏项;$a_2$ 为在藻类生物量中磷所占的比例;$\sigma_2$ 为底泥释放磷的速率;其他符号意义同前。

#### 3.5.4.4 BOD

BOD 的变化速率按一级反应来考虑,可得到如下的微分方程:

$$S_L = - K_1 L - K_3 L \tag{3-57}$$

式中:$S_L$ 为 BOD 的源漏项;$K_1$ 为 BOD 的降解常数,与温度有关;$K_3$ 为由于沉淀作用引起的 BOD 沉降常数;其他符号意义同前。

#### 3.5.4.5 溶解氧

在 QUAL-Ⅱ 模型中描述溶解氧变化速率的微分方程形式如下:

$$S_0 = K_2 (C_S - C) + (a_3 \mu - a_4 \rho_A) C_A - K_1 L - \frac{K_4}{A} - a_5 K_{N1} C_{N1} - a_6 K_{N2} C_{N2} \tag{3-58}$$

式中:$S_0$ 为溶解氧的源漏项;$C$ 为溶解氧浓度;$C_S$ 为饱和溶解氧浓度;$a_3$ 为单位藻类的光合作用产氧率;$a_4$ 为单位藻类的呼吸作用耗氧率;$a_5$ 为单位氨氮氧化时的耗氧率;$a_6$ 为单位亚硝酸盐氮氧化时的耗氧率;$K_2$ 为复氧常数;$K_4$ 为底泥耗氧常数;其他符号意义同前。

#### 3.5.4.6 大肠杆菌

大肠杆菌在水体内的死亡速率,可用如下方程表示:

$$S_E = - K_5 C_E \tag{3-59}$$

式中:$S_E$ 为大肠杆菌的源漏项;$C_E$ 为大肠杆菌浓度;$K_5$ 为大肠杆菌死亡速率常数。

### 3.5.4.7　任意可降解物质

$$S_R = - K_6 C_R \tag{3-60}$$

式中:$S_R$ 为任意可降解物质的源漏项;$C_R$ 为可降解物质浓度;$K_6$ 为该物质的降解速率常数。

当 $K_6$ 等于零时,就得到有关不可降解物质的方程。

### 3.5.4.8　对与温度有关的参数的修正

凡随温度而变化的各参数均按下式修正:

$$X_T = X_T^{(20)} \theta^{T-20} \tag{3-61}$$

式中:$X_T$ 为在实际温度 $T$ 下的参数值;$X_T^{(20)}$ 为 20 ℃时该参数的值;$\theta$ 为经验常数,对于不同的参数取不同的值,如对于 $K_2$ 取 $\theta = 1.015\,9$,对于其他参数取 $\theta = 1.047$。

## 3.5.5　QUAL 特点

### 3.5.5.1　QUAL-Ⅱ特点

QUAL-Ⅱ是一个一维水质模型,适用于模拟混合良好的枝状河流。QUAL-Ⅱ可以同时模拟如下任意组合的 15 种水质组分:BOD、DO、温度、叶绿素 a、有机氮、氨氮、亚硝酸氮、硝氮、有机磷、溶解性磷、大肠杆菌、任意一种非守恒性物质和三种守恒性物质。QUAL-Ⅱ允许河流沿程有多个污染源、取水口和支流汇入,还可以模拟河道中水中建筑物对河流水质的影响。该模型假设:在河流里物质的主要迁移方式是随流和弥散,而且认为这种迁移发生在河流或水道的纵轴方向上。在水力学方面,QUAL-Ⅱ只限于描述流量不随时间变化的水质情况;在其他方面,QUAL-Ⅱ既可作为稳态模型也可作为动态模型。QUAL-Ⅱ可用于水质规划和研究污染负荷在数量、质量和位置方面的变化对河流水质的影响。该模型能够研究由于藻类生长和呼吸过程引起的溶解氧日变化,还能用于研究污染物的瞬时排放对水质的影响。

### 3.5.5.2　QUAL2K 特点

QUAL2K 是一个综合性、多样化的河流水质模型,其水质基本方程是一维平流-弥散物质输送和反应方程,该方程考虑了平流弥散、稀释、水质组分自身反应、水质组分间的相互作用以及组分的外部源和汇对组分浓度的影响。QUAL2K 是在 QUAL2E 的基础上改进而成的,两者的共同之处是:一维,水体在垂向和横向都是完全混合的;定常,模拟的是不均匀定常流场和浓度场;日间水质动力学,日间热收支和温度在日间时间轴上用一个气象学方程模拟,所有水质变量在日间时间轴上模拟;热量和物质输入;模拟点源和非点源负荷和去除。

### 3.5.5.3　较 QUAL2E 而言,QUAL2K 的不同之处

(1)软件环境和界面。QUAL2K 在 Microsoft Windows 环境下实现,所用的编程语言是 Visual Basic for Applications(VBA),用户图形界面则用 Excel 实现,可从美国环保局的网站获得该模型的可执行程序、文档及源代码。

(2)模型分割。QUAL2E 将系统分割成几个等距河段,而 QUAL2K 则将系统分割成几个不等距河段。另外,在 QUAL2K 中,多个污水负荷和去除可以同时输入到任何一个

河段中。

（3）碳化 BOD(CBOD)分类。QUAL2K 使用两种碳化 BOD 代表有机碳。根据氧化速率的快慢把碳化 BOD 分为慢速 CBOD 和快速 CBOD。另外，在 QUAL2K 中，对非活性有机物颗粒(碎屑)也进行了模拟，这种碎屑由固定化学计量的碳、氮和磷颗粒组成。

（4）缺氧。QUAL2K 通过在低氧条件下将氧化反应减少为零来调节缺氧状态。另外，在低氧条件下，反硝化反应很明确地模拟为一级反应。

（5）沉积物–水体之间的交互作用。在 QUAL2E 中，溶解氧和营养物在沉积物–水体之间的流量只是做了一些文字性的描述，而在 QUAL2K 中，则是在内部做了模拟，即氧(SOD)和营养物流量可用一个方程模拟，该方程由有机沉淀颗粒、沉积物内部反应及上层水体中可溶解物质的浓度构成。

（6）底栖藻类。QUAL2K 模拟了底栖藻类。

（7）光线衰减。由藻类、碎屑和无机颗粒方程计算。

（8）pH 值。对碱度和无机碳都进行了模拟，在它们的基础上模拟河流 pH 值。

（9）病原体。对一种普通病原体进行了模拟。病原体的去除由温度、光线和沉积方程决定。

（10）不仅适用于完全混合的树枝状河系，而且允许多个排污口、取水口的存在以及支流汇入和流出。

（11）对藻类–营养物质–光 3 者之间的相互作用进行了矫正。

（12）在模拟过程对输入和输出等程序有了进一步改进。

（13）计算功能的扩展。

（14）新反应因子的增加，如藻类 BOD、反硝化作用和固着植物引起的 DO 变化。

## 3.5.6  QUAL-Ⅱ模型的应用

### 3.5.6.1  Sancho 水库

Sancho 水库位于西班牙西南的 Odiel 流域，该水库面积为 427 hm²，最大深度为 40 m。这个水库是完全环流式的，以全流量的方式持续 2 个月。在冬季，整个水层混合，沉积物中的溶解氧被消耗；然而，在每年剩下的时间，由于溶解性有机物和化学需氧量的消耗导致水体分层和缺氧。Sancho 水库主要的支流是 Meca，已经被含有高浓度的微量金属、铁和 pH 值为 2.6 的污水严重污染，大部分洪水出现在冬季，大量的微粒物质被洪水从河床上冲刷下来，运输到水库中。水库建于 1962 年，为造纸厂的制冷系统提供冷水。在 1999年，由于水处理的停止使萨希斯煤矿的关闭，导致水流的 pH 值大约从 5 变到酸性甚至更强。目前 Sancho 水库的 pH 值大约为 3.5，使营养物质的输入量极低，导致 Odiel 流域几乎没有农业和工业活动。然而，直到最近，附近一个大约 1 000 名居民的村庄把废水排入到水库，尽管水呈酸性，但生物活性似乎又重新出现在水库中，像沉积物中总有机碳(TOC)的含量高达 12%，并且 TOC/N 的摩尔比从 9～13 不等，这些都是藻类所特有的特征。

1. 采样和测量

采样和测量这项工作由四次组成，两次在冬季进行(2009 年 1 月和 2010 年 1 月)，两次在夏季和秋季进行(2009 年 9 月和 2010 年 6 月)。在水域中，使用 vertical Van Dorn 方法,在垂直方向上布置 13 个点,每间隔 1 m 进行一次水样采集,采样体积为 2 L,用于分析主要元素和次要元素。在 2013 年和 2014 年,营养物质(铵盐、磷酸、硝酸)和叶绿素 a 的测量在现场进行。在每一个采样点,不同的物理化学参数包括:温度(T)、溶解氧(DO)、电导率(EC)、pH 值和潜在的氧化还原电位(ORP),这些参数通过巴西 Hydro Met RieK ll-Q 探测器测定(精度:DO 0.5%,EC 0.5%,pH 值 0.1,ORP±2 mV)。另外,在 2009 年和 2010 年每隔一个月进行一次物理化学参数的测定。

2. 水样分析

水样在分析前首先通过 0.2 μm 的尼龙过滤器过滤,然后用 pH 值低于 2 的 20% 的硝酸酸化,最后在 4 ℃ 的条件下冷藏。用电感耦合等离子体原子发射光谱法(ICP-AES)来测定铁的浓度,检出限为 0.2 mg/L。碱度是用酸碱滴定的方法在现场测试(检出限为 0.1 mmol H+/L,分析误差为 0.1 mmol H+/L)。

水样中的无机营养物质通过(0.7 ± 0.22) μm 的玻璃纤维过滤器过滤到聚乙烯瓶(100 mL)中,然后储存在 20 ℃ 黑暗的环境中,直到实验室分析。铵(NH$_4^+$)根据 Bower and Hansen(1980)来分析,磷酸盐(PO$_3^{-4}$)根据 Grasshoff 等(1999)来分析,硝酸盐和亚硝酸盐主要由 Robledo 等(2014)方法测定,铵的检出限是 0.9 μmol、磷酸盐的检出限是 0.3 μmol、硝酸盐的检出限是 0.4 μmol、亚硝酸盐的检出限是 0.5 μmol。

### 3.5.6.2　模型的应用

1. 模型描述

QUAL-Ⅱ是一个一维模型(纵向垂直)横向平均水动力的水质模型,使用方法是提供数值方案,其基本方程是一维平流-扩散物质迁移方程。该模型假设横向是均质的,在纵轴上假设流动和迁移的现象,常规深度测量法用 Navier-Stokes 方程计算从横向上综合的浓度。该模型特别适合相对狭长的水体来展示长度和垂直梯度,通过对横向均一浓度的考虑,该模型能准确地应用于 Sancho 水库。QUAL-Ⅱ模型已经成功应用于分层供水系统,包括湖泊、水库和河口。水质算法是模块化,21 个状态变量包括温度、盐度、溶解氧、藻类、总磷、铵等。超过 60 种派生变量包括 pH 值、总有机碳(TOC)、溶解性有机碳(DOC)、总有机氮、溶解性有机磷,可以计算出内部状态变量和输出测量数据进行比较。然而,在这个模型中,一般成分和状态变量相互交错,这就限制了水层中物种氧化的减少。QUAL-Ⅱ模型在 Cole and Wells 中是一个综合性描述。

2. 模拟建立

Sancho 水库根据河道地貌建立一个分支系统。水库的示意图由从 70 m 到 490 m 不等的 12 个纵向段组成,每一段都有一个 1~2 m 厚的垂直离散层,能达到 25 m 甚至更深的领域。这一厚度层分布是根据变温层形成的,即通过更多的变化来形成更多的层次。然而,每米网格并没有改变模拟的结果,最大的时间是 3 600 s,应用与模型计算平均时间是 1 278 s 的模型计算。模型的状态变量包括溶解氧、盐度、藻类生物量、磷酸盐、铵、硝酸盐、总铁、不稳定的溶解性有机物(LDOM),难降解的溶解性有机物(RDOM)、无机碳和碱度,派生出来的成分包括溶解性有机碳、pH 值和叶绿素 a。模型模拟输入的数据包括形态学数据、初始条件和边界条件,模型中形态学信息的介绍从 2005 年形成的深度测量法调查到网格的形成。

1)模型中的初始条件

(1)2009 年 4 月 15 日采样点的温度、盐度和溶解氧作为初始值;

(2)从 19~22 m 的深度,藻类生物量固定在 1.0 mg C/L,至于水层是在水库酸性条件下形成的;

(3)水体中磷酸盐和硝酸盐的浓度范围是 0.01~0.2 mg/L,分别对应于水层中模拟的初始条件的价值估算;

(4)2013 年 10 月 8 日采样点铵的浓度作为初始值;

(5)在水体中,根据测量,总铁的浓度是 0.02 mg/L 和 0.2 mg/L,最接近沉积物;

(6)2013 年 10 月 8 日采样点总无机碳(TIC)的浓度作为初始值,根据总无机碳(TIC)的含量计算碱度的值,并假定所有的碱度由 $CO_2$ 表示,这是唯一一个降低 pH 值的碳酸盐系统,因此不用假设碱度;

(7)不稳定的溶解性有机物(LDOM)和难降解的溶解性有机物(RDOM)在零的基础上获得采样值。

2)模型中的边界条件

(1)Sancho 水库的气象条件(空气温度、露点温度、风速、风向和云量百分比)从西班牙气象学调查获得。

(2)Meca 是水库唯一的一条支流,但受到 AMD(超微半导体公司)的严重污染,而且没有其他重要的支流存在于系统中。河流量数据由水文模型获得,由 SWAT 执行,并由 QUAL-Ⅱ输出耦合数据。关于 SWAT 模型需要的数据在 Galván 文章中找到,文章列于本章参考文献中。

(3)Sancho 水库为一个造纸厂的冷水系统提供冷水,它控制和管理水库大坝的输出,两个不同的关口被放置在大坝溢流道 25~30 m 的深度,为造纸厂提供水释放的信息。

3)流入水的质量

(1)Sancho 水库中,温度是由 CTD-DIVER 仪器连续获得的参数。

(2)盐度电导率由 CTD-DIVER 仪器连续获得。

(3)溶解氧是水、空气平衡中计算水温度和离子强度的函数。

(4)总铁与盐度有一定的相关性,关于相关性的细节可以在 Galván 找到。

(5)在所有的实地测量中,磷酸盐、铵和硝酸盐的浓度都低于检出限,所以它们被引入的常量是 0。

(6)从 Meca 河流的总有机碳(TOC)估计不稳定的溶解性有机物(LDOM)和难降解的溶解性有机物(RDOM)的含量,初级生产的 pH 值不应该接近 2.6。洪水期间不稳定的溶解性有机物(LDOM)的浓度几乎为 0,难降解的溶解性有机物(RDOM)的浓度为 5.5 mg/L。

(7)因为 Meca 河流的 pH 值比较低,无机碳和碱度都检测不出来,所以总无机碳(IC)和碱度浓度设置为 0。

(8)由于河流高酸度和缺乏营养物质,导致藻类生物量被认为是零输入于水库水域,所以 Meca 河流没有藻类生物量的检测。

3. 沉淀物分离

目前,QUAL-Ⅱ有零维和一维两种功能来描写营养物质和溶解氧对沉淀物的影响。零维不依赖于沉淀物浓度,是因为在水库中沉淀物的需氧量可以从之前成岩反应的活动中迁移到该模型。在这个选项中,用户必须在每个纵向段指出不同的沉积物需氧率。这些沉积物需氧率基于的氧需要有机物、Fe(Ⅱ)、$H_2S$ 和 $NH_3$ 在沉积水中氧化得到。成岩作用模型认为是水库中两个不同区域深度:某些区域水体的深度比跃氧层浅,属于缺氧条件;某些深水区域跃氧层在每个分层段发生,导致深水层缺氧。

工作报告显示,有跃氧层和没有跃氧层氧气的消耗量分别为 639 μmol $O_2$/(cm$^2$·年)和 153 μmol $O_2$/(cm$^2$·年)。第一区域沉积物需氧率为 0.56 g $O_2$/(m$^2$·d)(对应 7~12段),第二区域沉积物需氧率为 0.13 g $O_2$/(m$^2$·d)(对应 1~6 段)。然而,沉淀物分离不能完全描述实际的成岩过程,沉淀物分离和沉淀物需氧率为定值的假设是不现实的。地中海气候尤其如此,冬天短暂而紧张的洪水冲刷着之前储存在河底的大量的氧化铁。这些氧化铁储存于水库的沉积物中,由于铁被氧化为二价铁释放于水体中增加了沉淀物需氧率。为了解决这个问题,最近把沉淀物成岩模型与 QUAL-Ⅱ 模型相结合,允许考虑到动态底栖生物沉降物需氧量以及铵的释放、硝酸盐、磷、溶解性二氧化硅和甲烷。

在缺氧条件下,沉积物中铁的释放率为 QUAL-Ⅱ 沉积物中需氧量的一小部分。早期成岩作用模型由托雷斯发明。在缺氧条件下,沉积物中铁的释放率 0.16 g Fe(Ⅱ)/(m$^2$·d)。考虑到这个值,需要 0.023 g $O_2$ 把 Fe(Ⅱ)氧化,也就是说,需要 23%的 0.1 g $O_2$/(m$^2$·d)。

### 3.5.6.3　结果和讨论

1. 模型校准

2009 年 4 月到 2010 年 6 月的数据用于模型校准。QUAL-Ⅱ 的水动力模块校准使用每日水面高程及每月的温度和盐度。校准模型包括以下参数:水平涡流黏度、水平涡流扩散率、谢才系数、挡风系数、水表面吸收的太阳辐射比例、纯水的消光系数、底部交换热系数及水的系数。所有校准参数都是 Cole and Wells 的默认值。

2. 水动力模型

1)水位

水面高度的校准使用日常流入、流出和气象资料。日常流入具有不确定性,因为它不能在现场直接测量,而是由水文模型通过代码获得。然后调整预测水位,分布式流入通过质量平衡被添加到模型中。这个实用程序通过一个分布式支流添加或移除,把预测和观测水位资料相匹配。使用的温度和溶解氧是当时的空气温度和氧饱和度。盐度同样用于输入文件,但手动调整以适应模型的结果。

2)温度和盐度

温度和盐度的校准在第一段的第 1 点。第二段和第三段分别从时间和空间分布预测和观测数据。在模型中,水库每一点的研究温度是精确的,然而盐度显示相对薄弱的精度。这可能是当地春季降雨量不是气象输入文件中记录的,这会导致高矿化度的水输入,沉淀在河床的盐在水体变温层溶解。这场雨也可以解释地表水高程的预测值和观测值存在的分歧。

3)水力停留时间

地中海气候引起的风暴完整填充水库大约需要 10 d。冬天河水比水库水冷,新进的水位于河流底部。然而,在早春河水温度较高,位于水库的表面。最后,在夏天的时候,表层水更新,逐步进入水的底部。

4) 溶解氧

溶解氧是评估水生植物健康的一个重要的参数。由于沉积物需氧量、有机物分解和藻类的呼吸作用导致深层湖水缺氧。缺氧促进沉积物中金属和营养成分的释放,因此降低了水库的水质。

3. 水质模型

文献中,所有校准参数范围见表3-4,除了海藻光饱和度,藻类的光饱和度、藻类生长速率和藻类呼吸校准从深水层氧浓度的峰值获取。没有条件能更好地限制这些参数,它们被称作校准参数。然而,藻类的生长被限制可能是由于可用性营养物质的减少。沉积物磷的释放速率也用作校准参数。

表 3-4  标准水质参数的范围、最大值和最小值

| 参数 | | Sancho 水库 | Cole and Wells | Min | Max |
|---|---|---|---|---|---|
| 藻类 | 藻类生产速率(1/d) | 0.5 | 2.0 | 0.2(0.61) | 3(0.96) |
| | 藻类避光呼吸速率(1/d) | 0.04 | 0.04 | 0.005 | 0.02 |
| | 藻类死亡率(1/d) | 0.053 | 0.1 | 0 | 0.1 |
| | 藻类沉降速率(m/d) | 0.01 | 0.01 | 0 | 4.0 |
| | 磷限制藻类生产的半饱和率(mg/L) | 0.003 | 0.003 | 0.000 5 | 0.08 |
| | 氮限制藻类生产的半饱和率(mg/L) | 0.014 | 0.014 | 0.001 | 0.4 |
| | 藻类饱和度($W/m^2$) | 10 | 100 | 19 | 170 |
| | 低温藻类生长(℃) | 5 | 5 | 5 | 10 |
| | 低温最大的藻类生长(℃) | 15 | 15 | 15 | 30 |
| | 高温藻类生长(℃) | 25 | 25 | 20 | 40 |
| | 高温最大的藻类生长(℃) | 30 | 30 | 24 | 50 |
| | 藻类生物量和叶绿素 a 的比 | 0.07 | 0.05 | — | — |
| | 磷 | 0.005 | 0.005 | — | — |
| | 氮 | 0.08 | 0.08 | — | — |
| | 碳 | 0.45 | 0.45 | — | — |
| | 硅 | 0 | 0 | — | — |
| 有机物 | 不稳定 DOM 的衰减率(1/d) | 0.1 | 0.1 | 0.01 | 0.64 |
| | 稳定 DOM 的衰减率(1/d) | 0.001 | 0.001 | 0.000 1 | 0.006 4 |
| | 不稳定 POM 的衰减率(1/d) | 0.08 | 0.08 | 0.001 | 0.12 |
| | POM 的沉降速率(1/d) | 0.1 | 0.1 | 0.02 | 2 |
| 磷 | 沉降物中磷的释放率 | 0.001 | 0.001 | 0.001 | 0.03 |
| 铵 | 沉降物中铵的释放率 | 0.012 | 0.001 | 0.001 | 0.4 |
| | 铵的衰减率(1/d) | 0.001 | 0.12 | 0.001 | 1.3 |
| 硝酸盐 | 硝酸盐的衰减率(1/d) | 0.03 | 0.03 | 0.03 | 0.15 |
| 铁 | 沉降物中铁的释放率 | 1.6 | 0.5 | — | — |

图 3-10 比较了 Sancho 水库预测和观察到溶解氧的浓度值。总的来说,在水体中,预测的溶解氧的浓度正确地反映了瞬时氧的变化量,捕捉了下层损耗和金属离子氧峰值。然而,模型未能预测 2009 年 9 月 10 日的状况,即预测峰值的观测数据不存在。这可能是由于藻类生长中过量的限制因素,这将是接下来的部分研究工作。然而,在不同的季节,观察模型其他氧峰值,垂直混合引起的流通量也复制了模型。

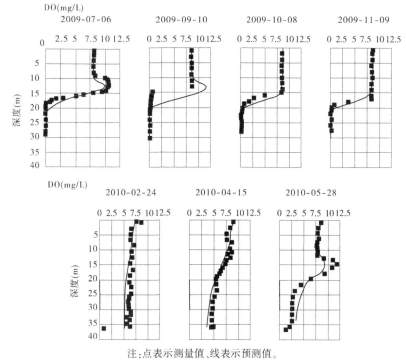

注:点表示测量值、线表示预测值。

图 3-10　Sancho 水库在不同的日期溶解氧分布点的测量值和预测值

在水体中,溶解氧通过引入 Fe(Ⅱ)氧化剂获得,如果铁的氧化反应在模型中发生,LDOM 当量浓度就能在进水中获得溶解氧。如果 Fe(Ⅱ)的氧化反应在水体中不予考虑,图 3-11 显示了溶解氧获得情况。第一个概要文件(2009-07-06~2009-11-09)没有显示出从配置文件获取 Fe(Ⅱ)的氧化反应的差异。这是由于当水体中没有发生垂直混合时,初始条件下分层氧浓度的强烈影响。然而,在冬天整个事件周转之后,可以观察到两个模拟之间的显著差异。如果没有考虑 Fe(Ⅱ)的氧化反应,在深水层会发生缺氧现象。这是由于低氧条件下发生有机质氧化,然而在这样的酸性条件,初级反应是有限的。因此,在水体中,铁的氧化反应可能的主要原因是深水层缺氧条件产生的。关于有机物(如浮游植物、浮游动物、藻类、溶解和颗粒有机物、氮和磷)更多的数据应收集验证模型。

图 3-12 比较了铁浓度的预测与观测数据。在分层条件下,模型准确模拟了观测数据。然而,在均匀的条件下(混合季节),该模型完全高估了观测数据因为在模型中 Fe(Ⅱ)的氧化反应是不允许的。

在过去,Sancho 水库被用来处理附近一个小村庄(大约 1 000 名居民)的废水。这代表一个输入的营养物质仍在回收的水库泥沙之中,反之亦然。因此,河中营养物质的输入

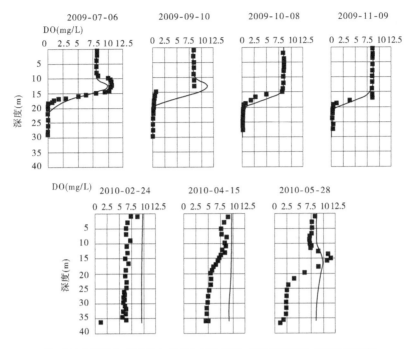

注:在这个模拟中,不允许 $Fe^{2+}$ 发生氧化反应,点表示测量值、线表示预测值。

图 3-11 Sancho 水库在不同的日期溶解氧分布点

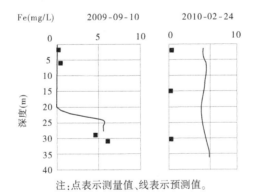

注:点表示测量值、线表示预测值。

图 3-12 总铁深度分布分层条件(左边)和均质条件(右边)

设置为 0(测量),在水体底部,营养物质从泥沙中释放的速率被用作校准参数匹配的测量值和预测值。

水体中没有营养分析是从模拟周期可以看到的。因此,把近期营养物测量数据(2013~2014 年)用于比较,校准后,预测值也重复原有营养物趋势,见图 3-13。磷酸盐通常是藻类生长的限制因素,总是高估了模型中的混合周期。二氧化碳也限制藻类的生长,因此在 Sancho 水库中,二氧化碳也被认为是一个重要的限制绿藻生长的因素。

图 3-13 显示了营养物质的预测值,如果认为在水库中没有回收营养物质,并且 $PO_4^{3-}$ 和 $NH_4^+$ 从沉积物中的释放率设置为零,结果表明,这对磷酸和叶绿素 a 没有影响,与匹配

的铵和硝酸盐的测量值略有偏差。P 和 $NH_4^+$ 的释放率也都乘以 10。结果显示,硝酸盐和铵盐的预测值更高,但磷和叶绿素 a 浓度没有差异。可见,这些营养物质在模型中对藻类的生长没有限制因素。然而,最初的水体浓度对预测有很强的影响。

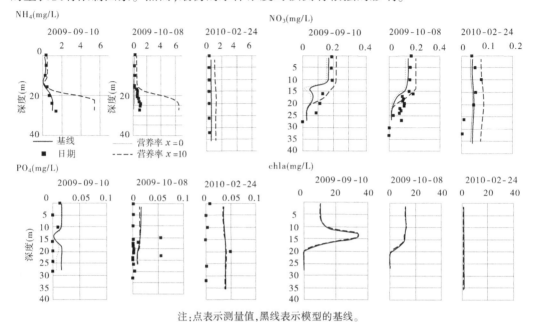

注:点表示测量值,黑线表示模型的基线。

**图 3-13　铵、硝酸盐、磷酸盐和叶绿素 a 深度分布**

然而,无机碳似乎是藻类生长的限制因素。无机碳浓度增加时,藻类生物量也增加,结果见图 3-14。没有现场数据比较,但趋势明显表现出无机碳浓度和藻类生物量浓度之间的强烈关系,需要更多的研究和数据来明确表明限制的因素。

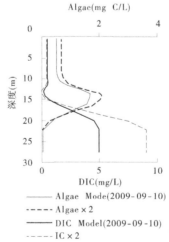

**图 3-14　藻类和溶解无机碳(DIC)浓度与深度关系**

在校准过程中,因为没有数据显示藻类生物量和叶绿素 a 之间的比率,叶绿素 a 就没有试验的方法。因此,Cole and Wells 的默认值被用来获得叶绿素 a 的浓度分布曲线,见

图 3-15。模拟周期中没有叶绿素 a 的浓度数据,因此 2013 年进行的抽样数据用来和预测结果进行比较,预测值明显高估了分层条件下变温层的浓度。分层条件下观察的峰值是重现的,但是在 10 m 以上高度观察的结果。这一定用限制营养和/或光线的可用性来解释。正如之前所讨论的,在营养物质灵敏度测试中,似乎只有总无机碳限制藻类的生长。因此,光可能是另一个影响预测值峰值位移的因素。灵敏度分析并验证了这一假设。当然,通过减少藻类光饱和度,叶绿素 a 的峰值更接近实际值。然而,溶解氧的适用性变得更差,见图 3-15。

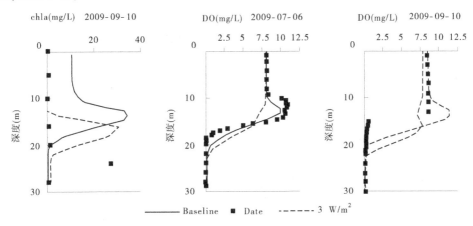

图 3-15 Sancho 水库叶绿素 a 和溶解氧的深度分布

### 3.5.6.4 模型限制的影响

1. 铁

在之前的显示中,铁不能直接引入,该模型不允许铁作为状态变量与氧气相互作用,这限制了铁的氧化反应。这不仅限制影响铁浓度的预测值也限制了氧跃层的形成。氧浓度和氧跃层的形成是常用的评估和预测水体质量的关键参数。这是 AMD 水库用 QUAL-Ⅱ 处理污水的强大限制。同样,模型限制了水体中金属的正确引入,如铝、铅、铜、镉以及相关的元素,如硫酸等。

2. pH 值(碳酸盐系统)

在 QUAL-Ⅱ 中,pH 值计算基于碳酸盐系统,因此预测和观察数据显示,当初级条件发生时 pH 值增加。铁的氧化反应和化学沉淀向水中释放离子:

$$8Fe^{2+} + SO_4^{2-} + 2O_2 + (10 + n)H_2O = Fe_8O_8(OH)_6SO_4 \cdot nH_2O + 14H^+ \quad (3-62)$$

离子如此高的增加是不计入 pH 值计算的,故预测的 pH 值总是高估 2~3 单位。此外,如铝或金属硫化物的沉淀反应应结合并应用到模型中,充分描述 pH 值计算。

3. 结论

模型能够再现水位、温度、盐度、溶解氧、氨、硝酸盐和磷,但叶绿素 a 浓度不准确。Fe(Ⅱ)浓度在混合周期没有很好地再现,该模型并不允许氧化此类物质。溶解氧的再现是通过人为地引入 Fe(Ⅱ)的氧化反应来消耗氧气的。否则,溶解氧不被消耗,氧跃层不能形成。这反应了 Fe(Ⅱ)的氧化反应参与了氧跃层的形成,否则不会发生,有机物氧化的需氧量是不够消耗这些相当数量的氧气的。

两个不同的补救方案模拟:①一个 AMD 处理厂河流入口处安装除铁装置;②造纸厂不同深度提取。

如果一个污水处理装置安装在 Meca 河流上,停止铁向水库的投入,水质将会显著提高。因此,没有氧跃层,深水层也不会发生缺氧条件。这将防止铁和其他金属污染物从沉积物中释放。此外,该模型仅仅可以预测两年,水库的水质可以进行类似的处理。改变的实际取水深度,距离底部 3 m 以上,也将提高水质,减少水库的缺氧区。相比之下,变温层会增加缺氧区的数量。

# 3.6　WASP 模型

WASP 是美国环境保护局提出的水质模型系统,能够用于不同环境污染决策系统中分析和预测由于自然和人为污染造成的各种水质状况,可以模拟水文动力学、河流一维不稳定流、湖泊和河口三维不稳定流、常规污染物(包括溶解氧、生物耗氧量、营养物质以及海藻污染)和有毒污染物(包括有机化学物质、金属和沉积物)在水中的迁移和转化规律,被称为万能水质模型。

WASP 模型最原始的版本是于 1983 年发布的,它综合了以前其他许多模型所用的概念,之后 WASP 模型又经过几次修订,逐步成为 USEPA 开发成熟的模型之一。WASP5 及其以前的版本都为 DOS 程序,而 WASP6 则发展为 Windows 下的程序,但是只能在 Windows98 操作系统下使用,随着 Windows98 操作系统被 Windows2000 和 WindowsXP 取代,WASP6 的不适应性就显现了出来。于是,能够在 Windows2000 和 XP 系统下运行的 WASP7 版本于 2005 年孕育而生了。WASP6 和 WASP7 都具有可视化的操作界面,运行速度是以前的 DOS 版本的 10 倍以上。它们的主要特点是:基于 Windows 开发友好用户界面;能够转化生成 WASP 可识别的处理数据格式;具有高效的富营养化和有机污染物的处理模块;计算结果与实测的结果可直接进行曲线比较。但是由于它们的源码不公开,给模型的二次开发带来了很大限制。

## 3.6.1　WASP 组成

### 3.6.1.1　WASP 的组成

WASP 由两个独立的计算机程序 DYNHYD 和 WASP 组成,两个程序可连接运行,也可以分开执行。WASP 也可与其他水动力程序如 RIVMOD(一维)、SED3D(三维)相连运行,如果有已知水力参数,还可单独运行。WASP 是水质分析模拟程序,是一个动态模型模拟体系,它基于质量守恒原理,待研究的水质组分在水体中以某种形态存在,WASP 在时空上追踪某种水质组分的变化。它由两个子程序组成,即有毒化学物模型 TOXI 和富营养化模型 EUTRO,分别模拟两类典型的水质问题:传统污染物的迁移转化规律(DO、BOD 和富营养化);有毒物质迁移转化规律(有机化学物、金属、沉积物等)。TOXI 是有机化合物和重金属在各类水体中迁移积累的动态模型,采用了 EXAMS 的动力学结构,结合 WASP 迁移结构和简单的沉积平衡机制,它可以预测溶解态和吸附态化学物在河流中的变化情况。EUTRO 采用了 POTOMAC 富营养化模型的动力学,结合 WASP 迁移结构,该模型可预测 DO、COD、BOD、富营养化、碳、叶绿素 a、氨、硝酸盐、有机氮、正磷酸盐等物质在河流中的变化情况。

　　WASP 模型的使用方法首先是河网模型概化，然后按照如下 4 个主要步骤进行：水动力研究、质量传输研究、水质转化研究和环境毒理学研究。第一步，水动力研究要应用水动力模型程序 DYNHYD；第二步，研究水流中物质的传输，要靠示踪剂研究和水质模型程序 WASP 的 TOXI 模块校验来完成；第三步，研究水流和底质中的物质转化，要依靠实验室研究、现场观察和试验、参数估计、模型研究相结合来完成，其模型计算结果要验证；第四步，研究污染物怎样影响环境。

### 3.6.1.2　DYNHYD 模型

　　DYNHYD 适用于一维的水动力模拟，它描述在浅水系统中长波的传播。适用条件是：假定流动是一维的；Coriolis 和其他加速度相对于流动方向可忽略；渠道水深可变动而水面宽度认为基本不变；波长远大于水深；底坡适度。DYNHYD 程序以运动方程和连续方程为基础。前者可预测水体流速和流量；后者可预测水位和河道体积。

　　1. 运动方程

$$\frac{\partial u}{\partial t} = -U\frac{\partial u}{\partial x} + a_{g,\lambda} + a_f + a_{w,\lambda} \tag{3-63}$$

式中：$\frac{\partial u}{\partial t}$ 为时变加速度，m/s$^2$；$\frac{\partial u}{\partial x}$ 为位变加速度，m/s$^2$；$a_{g,\lambda}$ 为沿渠道方向重力加速度，m/s$^2$；$a_f$ 为阻力加速度，m/s$^2$；$a_{w,\lambda}$ 为沿渠道方向风加速度，m/s$^2$；$\lambda$ 为渠道方向；$t$ 为时间，s；$u$ 为沿渠道的流速，m/s；$x$ 为沿渠道的距离，m。

　　2. 连续性方程

$$\frac{\partial H}{\partial t} = -\frac{1}{B}\frac{\partial Q}{\partial x} \tag{3-64}$$

## 3.6.2　WASP 原理

### 3.6.2.1　基本方程

　　WASP 水质模块的基本方程是一个平移-扩散质量迁移方程，它能描述任一水质指标的时间与空间变化。在方程里除平移和扩散项外，还包括由生物、化学和物理作用引起的源漏项。对于任一无限小的水体，水质指标 $C$ 的质量平衡式为

$$\frac{\partial C}{\partial t} = -\frac{\partial}{\partial x}(u_x C) - \frac{\partial}{\partial y}(u_y C) - \frac{\partial}{\partial z}(u_z C) + \frac{\partial}{\partial x}\left(E_x \frac{\partial C}{\partial x}\right) +$$
$$\frac{\partial}{\partial y}\left(E_y \frac{\partial C}{\partial y}\right) + \frac{\partial}{\partial z}\left(E_z \frac{\partial C}{\partial z}\right) + S_L + S_B + S_K \tag{3-65}$$

式中：$u_x, u_y, u_z$ 分别为河流纵向、横向、垂向流速，m/s；$C$ 为水质指标浓度，mg/L；$E_x, E_y, E_z$ 分别为河流纵向、横向、垂向扩散系数，m$^2$/s；$S_L$ 为点源和非点源负荷，正为源、负为漏，g/(m$^3$·d)；$S_B$ 为边界负荷，包括上游、下游、底部和大气环境，g/(m$^3$·d)；$S_K$ 为动力转换项，g/(m$^3$·d)。

#### 3.6.2.2　EUTRO 模块

EUTRO 模拟了 8 个常规水质指标,即 $NH_3(C_1)$、$NO_3(C_2)$、$OP_4(C_3)$、PHYT(浮游植物 $C_4$)、CBOD(碳生化需氧量,$C_5$)、DO(溶解氧,$C_6$)、ON(有机氮,$C_7$)、OP(有机磷,$C_8$);这 8 个指标分为 4 个相互作用子系统,即浮游植物动力学子系统、磷循环子系统、氮循环子系统和 DO 平衡子系统。这 4 个系统之间的相互转换关系见图 3-16。

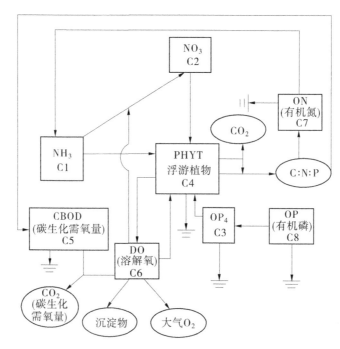

图 3-16　EUTRO 变量之间的相互转化关系

在 EUTRO 模块中,充分考虑了各系统间的相互转化关系,即 SK 项反映了这 4 个系统 8 个指标之间的相互转化和影响。而这些指标除相互影响外,还会受到光照、温度等的影响。

#### 3.6.2.3　TOXI 模块

TOXI 模块模拟有毒物质的污染,可考虑 1~3 种化学物质和 1~3 种颗粒物质,包括有机化合物、金属和泥沙等。对于某一污染物质可分别计算出其在水体中溶解态和颗粒态的浓度、在底泥孔隙水和固态底泥中的浓度。但是,污染物质在河流中的迁移转化机制却要比常规指标复杂得多,它受到水体流动因素、气象因素以及物质本身的一系列物理化学性质等的影响。因此,TOXI 模块所考虑的动力过程也更为复杂,其中包括了转化、吸附和挥发等。转化过程包括生物降解、水解(酸性水解、中性水解、碱性水解)、光解、氧化反应及其他化学反应等。吸附作用是一个可逆的平衡过程,包括 DOC 吸附、固体吸附。挥发过程与气象条件等有关。

### 3.6.3　WASP 特点

(1)界面友好。WASP 用户界面友好,使用方便,便于学习和应用。

(2)系统开放。WASP 由两个独立而又能相互连接的软件 DYNHYD 和 WASP 组成。

WASP 既可和 DYNHYD 相连接运行,也可和其他水动力计算程序如 RIVMOD、SED3D 等相连接运行。用户也可直接输入水力参数,使水质程序 WASP 单独运行。

(3)内容全面。WASP 可以用来分析多种水域,如池塘、溪流、湖泊、水库、河流、河口和海岸等不同的水质问题。能模拟两种主要的水质问题:传统污染(包括 DO、COD、富营养化);有毒的污染(包括有机的化学药品、金属和沉淀物),分别描述常规水质污染和有毒化学物污染。WASP 能模拟示踪剂、底质、溶解氧、水体富营养化、简单有毒物质和有机化学物的传输、转化过程,能模拟 $NH_3$、$NO_3$、$OP_4$、PHYT、CBOD、DO、ON 和 OP,能同时模拟多种溶解状和颗粒状物质,能模拟表层水、下层水、上层泥床、下层泥床等各类水体,能模拟河流、湖泊、水库、河口、池塘等一、二、三维水体及水系。在时间和空间尺度上可以变化很大,既可做稳态模拟,也可做动态模拟。

(4)使用限制。由于水动力模型 DYNHYD 采用显式差分格式求解,考虑稳定性和精度,其时间步长、空间网络不能取得过大,对于定性分析,流速低的河流不一定适用;而且水动力模型 DYNHYD 只适用于一维的水动力模拟,在使用方面有很大限制;TOXI 模块要求化学物浓度应该是痕量水平。另外,由于 WASP 的界面全英文,这不仅要求使用者有较深的水动力水质模型专业基础,又要有较高的专业英语水平。给非英语国家的相关人员使用带来了一定的障碍。

### 3.6.4 常见水质指标计算

#### 3.6.4.1 藻类生长动力学方程

在模型运算中,$C_4$(见图 3-16)为浮游植物碳浓度,利用参数 $\alpha_{cchla}$(浮游植物碳与叶绿素的比,mg/mg)进行两者之间的转化。

$$\frac{\partial C_4}{\partial t} = G_{P1}C_4 - D_{P1}C_4 - \frac{V_{S4}}{D}C_4 \tag{3-66}$$

式中:$G_{P1}$ 为浮游植物的生长速率,1/d;$D_{P1}$ 为浮游植物的死亡速率,1/d;$V_{S4}$ 为浮游植物的沉降速率,m/d;$D$ 为单位格水深,m。

1. 藻类生长

$$G_{P1} = K_{1c}\theta_{1c}^{T-20}X_{RI}X_{RN} \tag{3-67}$$

式中:$K_{1c}$ 为 20 ℃条件下浮游植物的饱和生长率,1/d;$\theta_{1c}$ 为 $K_{1c}$ 的温度调节系数;$T$ 为水温,℃;$X_{RI}$ 为光照限制因子(EUTRO 模型集成了两种光照限制因子的计算方法:Di Toro 公式和 Smith 公式);$X_{RN}$ 为营养限制因子。

$$X_{RN} = \min\left(\frac{C_1 + C_2}{K_{MNG1} + C_1 + C_2}, \frac{C_3}{K_{MPG1} + C_3}\right) \tag{3-68}$$

式中:$K_{MNG1}$ 为浮游植物的内源呼吸速率,1/d;$K_{MPG1}$ 为浮游植物生长的磷半饱和常数,mg/L。

2. 藻类的死亡与呼吸

$$D_{P1} = K_{1R}\theta_{1R}^{T-20} + K_{1D} + K_{1G}Z(t) \tag{3-69}$$

式中:$K_{1R}$ 为 20 ℃条件下浮游植物生长的内源呼吸速率,1/d;$\theta_{1R}$ 为 $K_{1R}$ 的温度条件系数;$K_{1D}$ 为浮游植物非捕食死亡速率,1/d;$K_{1G}$ 为单位浮游动物量对浮游植物的捕食率,L/(mg·d);$Z(t)$ 为食草浮游动物浓度,mg/L。

#### 3.6.4.2 氮循环

1. 氨氮(NH₃)

$$\frac{\partial C_1}{\partial t} = D_{P1}\alpha_{NC}(1 - f_{ON})C_4 + K_{71}\theta_{71}^{T-20}\frac{C_4}{K_{NIT} + C_4}C_7 -$$

$$G_{P1}\alpha_{NC}P_{NH_3}C_4 - K_{12}\theta_{12}^{T-20}\frac{C_6}{K_{NIT} + C_6}C_1 \tag{3-70}$$

式中:$\alpha_{NC}$ 为浮游植物的碳氮比,mg/mg;$f_{ON}$ 为浮游植物氮死亡和呼吸转为有机氮的比例;$K_{71}$ 为溶解有机氮的矿化速度,1/d;$\theta_{71}$ 为 $K_{71}$ 的温度系数;$P_{NH_3}$ 为氨氮选择系数;$K_{12}$ 为 20℃条件下的硝化速率系数,1/d;$\theta_{12}$ 为 $K_{12}$ 的温度常数;$K_{NIT}$ 为硝化的氧限制半饱和系数,mg/L。

2. 硝酸盐氮(NO₃)

$$\frac{\partial C_2}{\partial t} = K_{12}\theta_{12}^{T-20}\frac{C_6}{K_{NIT} + C_6}C - G_{P1}\alpha_{NC}(1 - P_{NH_3})C_4 - K_{20}\theta_{20}^{T-20}\frac{K_{NO_3}}{K_{NO_3} + C_6}C_2 \tag{3-71}$$

氨氮选择系数:

$$P_{NH_3} = C_1\left[\frac{C_2}{(K_{mN} + C_1)(K_{mN} + C_2)}\right] + C_1\left[\frac{K_{mN}}{(K_{mN} + C_1)(K_{mN} + C_2)}\right] \tag{3-72}$$

式中:$K_{20}$ 为 20℃条件下的反硝化速率系数,1/d;$\theta_{20}$ 为 $K_{20}$ 的温度系数;$K_{NO_3}$ 为硝化的氧限制半饱和系数,mg/L;$K_{mN}$ 为氨氮选择半饱和系数。

3. 有机氮(ON)

$$\frac{\partial C_7}{\partial t} = D_{P1}\alpha_{NC}f_{ON}C_4 - K_{71}\theta_{71}^{T-20}\frac{C_4}{K_{mPC} + C_4}C_7 - \frac{V_{S3}(1 - f_{D7})}{D}C_7 \tag{3-73}$$

式中:$V_{S3}$ 为有机物的沉降速度,m/d;$K_{mPC}$ 为浮游植物的半饱和常数,mg/L;$f_{D7}$ 为溶解有机氮的比例。

#### 3.6.4.3 磷循环

1. 无机磷(PO₄)

$$\frac{\partial C_3}{\partial t} = D_{P1}\alpha_{PC}(1 - f_{OP})C_4 + K_{83}\theta_{83}^{T-20}\frac{C_4}{K_{mPC} + C_4}C_8 - G_{P1}\alpha_{PC}C_4 \tag{3-74}$$

式中:$\alpha_{PC}$ 为浮游植物的磷氮比,mg/mg;$f_{OP}$ 为浮游植物磷死亡和呼吸转为有机磷的比例;$K_{83}$ 为溶解有机磷的矿化速度,1/d;$\theta_{83}$ 为 $K_{83}$ 的温度系数。

2. 有机磷(OP)

$$\frac{\partial C_8}{\partial t} = D_{P1}\alpha_{PC}f_{OP}C_4 + K_{83}\theta_{83}^{T-20}\frac{C_4}{K_{mPC} + C_4}C_8 - \frac{v_{S3}(1 - f_{D8})}{D}C_8 \tag{3-75}$$

式中:$f_{D8}$ 为溶解有机磷的比例。

#### 3.6.4.4 溶解氧平衡

1. 碳生化需氧量(CBOD)

$$\frac{\partial C_5}{\partial t} = \alpha_{OC}K_{1D}C_4 - K_D\theta_D^{T-20}\frac{C_6}{K_{BOD} + C_6}C_5 - \frac{V_{S3}(1 - f_{D5})}{D}C_5 -$$

$$2.9K_{20}\theta_{20}^{T-20}\frac{K_{NO_3}}{K_{NO_3}+C_6}C_2 \tag{3-76}$$

式中：$\alpha_{OC}$ 为浮游植物的氧碳比,mg/mg;$K_D$ 为 20 ℃条件下的 CBOD 的降解速率,1/d;$\theta_D$ 为水体 CBOD 降解的温度系数;$K_{BOD}$ 为降解的氧限制半饱和常数;$f_{D5}$ 为溶解 CBOD 的比例。

2. 溶解氧

$$\frac{\partial C_6}{\partial t}=K_2(C_s-C_6)-K_D\theta_D^{T-20}\frac{C_6}{K_{BOD}+C_6}C_5-\frac{64}{14}K_{12}\theta_{12}^{T-20}\frac{C_6}{K_{NIT}+C_6}C_1-$$

$$\frac{SOD}{D}\theta_{SOD}^{T-20}+G_{P1}\left[\frac{32}{12}+4\times(1-P_{NH_3})\right]C_4-\frac{32}{12}K_{1R}\theta_{1R}^{T-20}C_4 \tag{3-77}$$

式中：$K_2$ 为 20 ℃条件下水体的复氧速度常数,1/d;$C_s$ 为饱和溶解氧浓度;$SOD$ 为底泥耗氧量,g/(m²·d);$\theta_{SOD}$ 为底泥耗氧量的温度系数。

## 3.6.5 WASP 的操作

### 3.6.5.1 用户设定

WASP 内设置一些选项,第一个选项是是否显示一个浓缩版的工具栏或完整的工具栏,此选项仅用于调试目的。最后一个选项允许用户指定的模型运行时仍然可见是否运行的模型(见图 3-17)。

图 3-17 用户设定

　　项目文件允许用户在一个指定的地方使用所有给定的输入/输出文件。用户可以通过选择新项目创建一个项目菜单(见图 3-18)。

图 3-18　项目菜单

　　有三种类型的文件可以添加到项目菜单:①WIF-WASP 的输入文件;②DB-包含观测数据的数据库文件;③SHP-ArcInfo/ARCView 的模型文件。一旦一个项目被创建,用户可以根据自己的需要修改(见图 3-19)。

### 3.6.5.2　WASP 的模型因数

　　WASP 的模型因数(见图 3-20)。

　　用户提供了部分特定的信息,这对用户对输入的水体信息有很好的理解(见图 3-21)。

　　因为 WASP 是一个动态模型,用户必须为每个变量在每个段指定初始条件。初始条件包括成分浓度、稳定的模拟、流量和载荷保持不变、稳态浓度所需的值、用户可以指定初始浓度近似为期望所需的浓度。动态模拟反映初始浓度测量值是模拟的开始(见图 3-22)。

　　分散-输入系统是一个复杂的系统,包含四个部分。在分散系统,用户选择两个交换字段。模拟地表水毒物和固体分散,用户选择水体分散在预处理器。模拟在交换床交换溶解毒物,用户也应该选择孔隙水扩散的预处理器(见图 3-23)。

### 3.6.5.3　运行网格

　　运行网格(见图 3-24)。

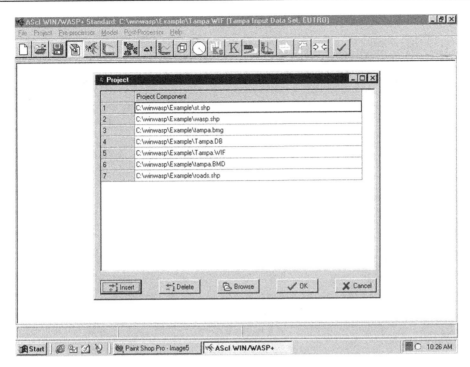

图 3-19 项目文件

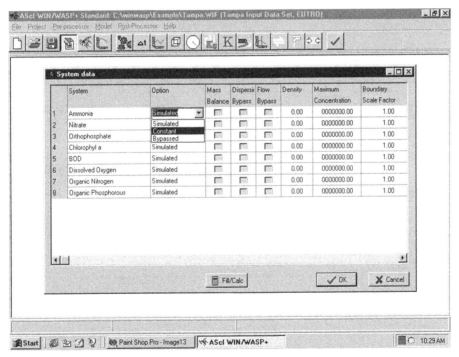

图 3-20 WASP 的模型因数

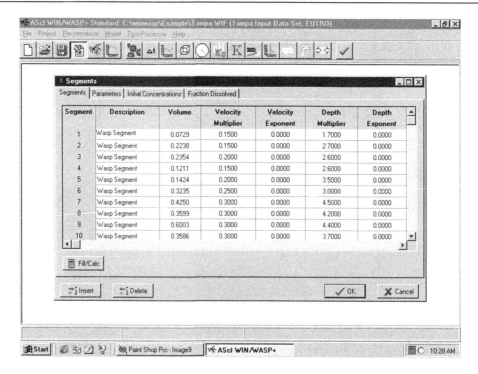

图 3-21 分组定义

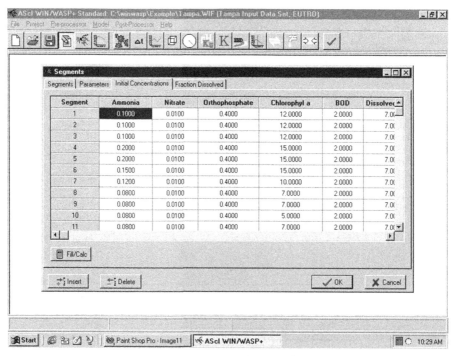

图 3-22 初始浓度

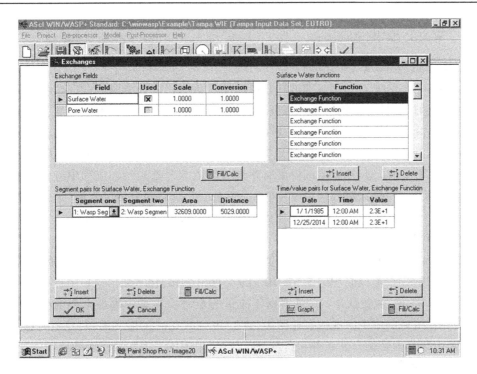

图 3-23 输入表单

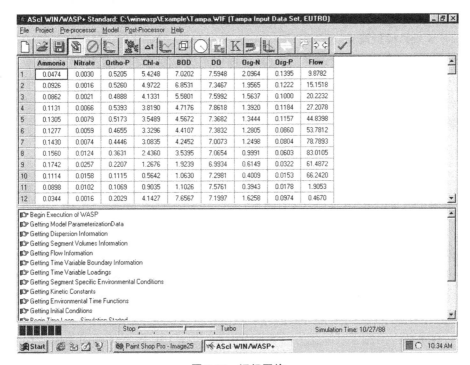

图 3-24 运行网格

### 3.6.6　WASP 模型的应用

20 世纪 80 年代 WASP 模型提出以来,已在国内外得到了广泛应用。在国外,Thomann 和 Fitzpatrick 对美国东部波托马可河的富营养化进行模拟;Ambrose 对美国东部特拉华港口的挥发性有机物污染进行模拟;JRB 对美国卡罗莱纳州的重金属污染进行模拟。在国内,逄勇等曾进行了太湖藻类的动态模拟研究,探讨了太湖藻类的动态变化机制,对治理太湖藻类"水华"有一定的现实意义;廖振良等对 WASP 模型进行了二次开发,建立了苏州河水质模型,并运用该模型对苏州河环境综合整治一期工程中有关工程和方案进行了模拟计算;杨家宽等运用 WASP6 预测南水北调后襄樊段的水质,最终的运行结果令人都较为满意,表明 WASP 的水质模拟能够较好地模拟各种水质过程。

#### 3.6.6.1　研究区域

松花江流域是中国七大流域之一,位于我国东北北部。它起源于大兴安岭的北部,自北向南流入三岔河,流域面积约 $5.57×10^{10}$ km²,见图 3-25,佳木斯市出口附近的年平均流量约 $6.32×10^{10}$ m³,流量从 7～10 月占据年流量的 60%。它是中国最重要的商品粮生产基地,松花江流域的中下游区域农业密集,有 $1.39×10^{10}$ km² 的灌溉面积,盆地的总人口约 7 040 万,由于其独特的自然条件和资源,所以它对中国的发展起着重要的作用。近年来,随着社会经济的快速发展,人口越来越多,环境污染在松花江流域变得更加突出。与此同时,经济发展与环境保护之间的矛盾更为明显,这就增加了进一步提高松花江流域水环境质量的困难和压力。

#### 3.6.6.2　WASP 模型建立

WASP 是由 USEPA 开发的评估模型,可以用来模拟地表水质量。WASP 的富营养化模块是用来模拟像 COD 和 $NH_4^+$—N 这样的水质指标的。污染物浓度的分散受平推流的迁移和弥散的影响,也受污染物的衰减和其他转换过程的影响。基于质量守恒原理,一维水质迁移的基本方程如下:

$$\frac{\partial C}{\partial t} = -\frac{\partial}{\partial x}(u_x C) + \frac{\partial}{\partial x}\left(E_x \frac{\partial C}{\partial x}\right) + S_L + S_B + S_K \tag{3-78}$$

式中:$u_x$ 为河流纵向流速,m/s;$C$ 为水质指标浓度,mg/L;$E_x$ 为河流纵向扩散系数,m²/s;$S_L$ 为点源和非点源负荷,正为源、负为漏,g/(m³·d);$S_B$ 为边界负荷,包括上游、下游、底部和大气环境,g/(m³·d);$S_K$ 为动力转换项,g/(m³·d)。

通过把污染物的传输参数、污染负荷的边界和水质相关参数输入 WASP 模型,可以解决通过欧拉有限差分格式的分散方法。水环境质量的模拟和分析的控制单元在哈尔滨松花江流域部分运行,总长度 66 km。在雨季,河水宽 200～400 m,深 1～4.7 m;在旱季,河水宽 50～100 m,深 0.2～0.25 m。河流的宽度和水深较小,因此垂直和水平的影响可以被忽略。在本节中河流可以简化为一维水力模型,故 WASP 模型可以用来模拟和分析哈尔滨部分的水环境。

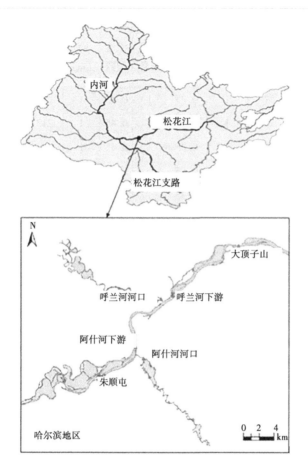

图 3-25   松花江流域

### 3.6.6.3   河网的概括和模型参数的校准

WASP 模型的 EUTRO 模块选择模拟的污染物包括 COD 和 $NH_4^+$—N。WASP 模型输入普遍单元数据,包括长度、宽度、深度、体积、水层的类别、坡度、粗糙度等。每个控制单元的部分参数见表 3-5。每个参数的最大和可能的变化范围是由目前的研究所决定的,试差法被用来校准模拟的水质参数。物理化学参数的校准结果显示,该模型可以模拟一些关键水质指标,如表 3-6 所示。

### 3.6.6.4   总污染物负荷分布

2013 年作为基准年,其污染负荷和边界浓度保持不变,WASP 模型用来预测水质各功能区分别于 2016 年和 2020 年。根据模拟预测,在 2016 年和 2020 年,哈尔滨部分 COD 排放量分别为 288 400 t 和 262 800 t,而 $NH_4^+$—N 排放量分别为 21 500 t 和 20 100 t。概括后,在 2016 年和 2020 年,大量的 COD 排放量分别为 259 560 t 和 236 520 t,而 $NH_4^+$—N 的排放量分别为 19 350 t 和 18 090 t,如表 3-7 所示。

表 3-5　河网概括

| 地址 | 分段 | 繁殖速率 | 指数速率 | 深度乘数 | 深度指数 | 水深（m） | 长度（km） | 宽度（m） | 坡度 | 底部粗糙度（μm） |
|---|---|---|---|---|---|---|---|---|---|---|
| S1 | 朱顺屯—阿什河下游 | 1 | 0.35 | 1 | 0.45 | 1 | 26 | 465.5 | 0.002 | 0.035 |
| S2 | 阿什河 | 1 | 0.35 | 1 | 0.45 | 1 | 213 | 564.0 | 0.002 | 0.035 |
| S3 | 阿什河下游—呼兰河下游 | 1 | 0.35 | 1 | 0.45 | 1 | 7.4 | 600.0 | 0.002 | 0.035 |
| S4 | 呼兰河 | 1 | 0.35 | 1 | 0.45 | 1 | 523 | 192.8 | 0.002 | 0.035 |
| S5 | 呼兰河—大钉子山 | 1 | 0.35 | 1 | 0.45 | 1 | 22 | 370.3 | 0.002 | 0.035 |

表 3-6　WASP 模型的关键参数

| 参数 | 物理意义 | 参数值 | 参数范围 |
|---|---|---|---|
| $K_{12}$ | 硝化速率系数 20 ℃（1/d） | 0.087 | 0.05~0.35 |
| $K_{20}$ | 反硝化速率系数 20 ℃（1/d） | 0.05 | 0.01~0.20 |
| $K_{NT}$ | 硝化温度系数 | 0.973 | 0~1.07 |
| $K_{NO3}$ | 硝化的氧限制半饱和系数（mg/L） | 0.3 | 0~2.0 |
| $T_{min}$ | 硝化反应的最低温度 | 2.0 | 0~20 |
| $K_{DC}$ | COD 衰减系数（1/d） | 0.03 | 0.01~0.10 |
| $K_2$ | 复氧速率系数（1/d） | 0.15 | 0.10~0.20 |
| $K_{71}$ | 溶解有机氮的矿化速率（1/d） | 0.03 | 0.01~0.10 |
| $K_{1T}$ | COD 衰减温度修正系数 | 1.065 | 0~1.07 |
| $K_{COD}$ | 反硝化半饱和需氧量 | 0.35 | 0~0.5 |
| $\alpha_{OC}$ | 浮游植物的氧碳比 | 2.67 | 0~2.67 |
| $r$ | 复氧温度修正系数 | 0.94 | 0~1.03 |
| $R$ | COD 衰减速率系数（1/d） | 0.73 | 0~1.0 |
| $R_r$ | 温度比例因子 | 0.56 | 0~1.0 |

### 3.6.6.5　模拟结果与分析

通过阿什河和呼兰河模拟排放 COD 和 $NH_4^+$—N 结果分析测量值和模拟值之间的差异，在阿什河部分，COD 和 $NH_4^+$—N 测量和模拟的最大差异分别为 9.6% 和 10.0%；在呼兰河部分，COD 和 $NH_4^+$—N 测量和模拟之间的最大差异分别是 8.3% 和 11.4%。因为这些都是在允许的范围内（不超过 15%），因此模拟参数是合理的。

根据黑龙江省关于水环境质量报告（2014 年），水质低于 V 类的月份占全年的 58.3%，而在 2013 年哈尔滨Ⅳ类到 V 类水质占全年的 41.7%。加入松花江的主流之前，

表 3-7　不同地区河流污染负荷

| 地址 | 分段 | 2016年 COD(t/年) | COD(kg/d) | 2020年 COD(t/年) | COD(kg/d) | 2016年 NH₄⁺—N(t/年) | NH₄⁺—N(kg/d) | 2020年 NH₄⁺—N(t/年) | NH₄⁺—N(kg/d) |
|---|---|---|---|---|---|---|---|---|---|
| S1 | 朱顺屯—阿什河下游 | 8 527.37 | 23 362.66 | 7 770.43 | 21 288.86 | 635.71 | 1 741.67 | 594.31 | 1 628.26 |
| S2 | 阿什河 | 69 858.83 | 191 394.06 | 63 657.77 | 174 404.85 | 5 207.92 | 14 268.28 | 4 868.80 | 13 339.18 |
| S3 | 阿什河下游—呼兰河下游 | 2 427.02 | 6 649.37 | 2 211.58 | 6 059.14 | 180.93 | 495.71 | 169.15 | 463.43 |
| S4 | 呼兰河 | 171 531.31 | 469 948.80 | 156 305.23 | 428 233.51 | 12 787.53 | 35 034.32 | 11 954.85 | 32 753.02 |
| S5 | 呼兰河—大钉子山 | 7 215.47 | 19 768.40 | 6 574.98 | 18 013.65 | 537.91 | 1 473.72 | 502.88 | 1 377.76 |
| | 合计 | | 711 123.29 | | 648 000.01 | | 53 013.70 | | 49 561.65 |

阿什河部分主要的水质属于Ⅴ类或低于Ⅴ类。因此,在哈尔滨松花江流域,阿什河部分是污染控制的关键区域。WASP模型的模拟结果:水质低于Ⅴ类的月份比例下降到46.5%,而水质为Ⅳ类到Ⅴ类的月份比例增加到53.5%;与2013年相比,今年水质低于Ⅴ类的月份比例下降到46.5%,而在2016年水质为Ⅳ类到Ⅴ类的月份比例增加了11.8%。可以看出阿什河河段的水环境质量在2016年与2013年相比显著提高。2020年,水质低于Ⅴ类的月份比例下降到29.5%,与2016年相比减少17%,而Ⅳ类增加到70.5%。相比之下,在2016年,Ⅴ类水质的月份比例在2020年增加了17%。"十三五"规划期间,阿什河日益加强污染控制,阿什河流域的水质有望进一步提高。

### 3.6.7　WASP模型的发展前景

在短短的20年间,WASP模型取得了飞速的发展,所建立的各类模型从总体上能较好地适用于各自的研究对象。WASP模型的最大特点是它的灵活性,能与其他模型很好地耦合,进行二次开发,使水质模拟达到更加完善的效果。

#### 3.6.7.1　WASP模型与EFDC(Environmental fluid dynamics code)模型耦合

由于WASP模型子模块的独立性,它可以与其他模型相结合使用,目前较为广泛使用的是与环境流体动态模型EFDC相耦合进行水质模拟。EFDC是一个地表水模拟系统,其优点十分明显,表现为:①具有极强的问题适应能力;②所采用的数值方法和系统开发方法代表了目前国际上水环境模拟系统开发、研究的主流方向;③其中所包括的多种水动力过程;④模型本身还提供多种模拟计算方案。王建平等耦合WASP模型和EFDC模型开发了三维生态动力学模型来进行密云水库水质模拟,取得了令人满意的结果。

#### 3.6.7.2　基于地理信息系统(GIS)的二次开发

水质模型是一种数学模型,它在数值计算、参数率定上具有长处,但在数据管理和维护、模拟结果表现及空间分析上能力有限,为了提高水质模型的预测、模拟能力及易用性,出现了水质模型与地理信息系统(GIS)技术集成的趋势。将GIS与WASP模型集成进行研究是目前和今后一段时间内主要的研究方向之一,这项研究已在许多实际工程中得到了广泛地应用,并取得了良好的成效。马蔚纯等基于GIS平台运用WASP模型对上海市苏州河进行水质模拟;贾海峰等应用GIS与地表水质模型WASP5的集成对密云水库的水质进行模拟研究,结果令人满意。

水质模型与GIS耦合的优越性表现在以下几方面:①利用数字化以及GIS将研究区域数字化,并进行概化以及网格化,使得模型的前期工作大大减少,人为误差减小,精度提高。②利用GIS的栅格矢量化功能可以生成高质量的填充颜色的浓度分布图。③GIS的空间数据处理功能可以进行实时浓度、时间和空间的平均浓度的计算并显示、输出,查询模块可以对结果进行访问和查询。这样为决策部门进行区域污染监控、管理提供有效方便的科学手段。④利用可视化开发语言开发的系统使得模型的结果更直观、明确。⑤结合计算机技术实现了数据信息集中管理和共享,基于地理信息系统的WASP水质模拟将是一个具有广阔前景的发展方向。

# 3.7　MIKE 模型

## 3.7.1　MIKE11

### 3.7.1.1　MIKE11 简介

　　MIKE11 降雨径流模型(RR)模拟流域内的降雨径流过程,见图 3-26。这一降雨径流模块可以单独使用,也可以用于计算一个或多个产流区,产生的径流作为旁侧入流进入到 MIKE11 水动力(HD)模型的河网中。采用这种方法,可以在同一模型框架内处理单个或众多汇流区和复杂河网的大型流域。降雨径流模型所需的输入数据包括气象数据和流量数据(用于模型率定和验证)、流域参数和初始条件。基本的气象数据有降雨时间序列、潜蒸发时间序列,如果要模拟积雪和融雪,则还需要温度和太阳辐射时间序列。模型计算结果信息包括各汇水区的地表径流时间序列(可细化为坡面流、壤中流和基流)以及其他水文循环单元中的信息,如土壤含水量和地下水补给。

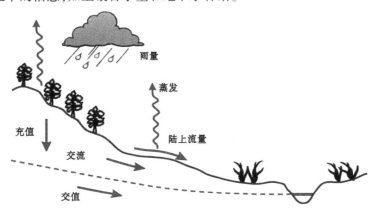

图 3-26　MIKE11 降雨径流模型(RR)模拟流域内的降雨径流过程

　　从 20 世纪 60 年代起,MIKE11(RR)已广泛应用到世界各地不同气象水文条件的流域,是一个经过大量工程实践验证的模型工具。

### 3.7.1.2　MIKE11 结构

　　MIKE11(RR)通过连续计算四个不同且相互影响的储水层的含水量来模拟产汇流过程,这几个储水层代表了流域内不同的物理单元。这些储水层是:①积雪储水层;②地表储水层;③土壤或植物根区储水层;④地下水储水层。另外,MIKE11(RR)还允许模拟人工干预措施,如灌溉和抽取地下水。MIKE11(RR)模型结构见图 3-27。

### 3.7.1.3　MIKE11 率定

　　在率定过程中,需要不断调整各子流域的参数值,直到计算的径流(坡面流、壤中流和基流之和)与流域出口实测的流量拟合较好为止。表 3-8 列出了 MIKE11(RR)模型主要率定参数。

　　在模型率定过程中,通常需要考虑下列几项:①平均模拟径流量与实测径流量拟合较好(总水量平衡);②过程线的形状大致吻合;③流量峰值吻合,主要是时间、流量大小以

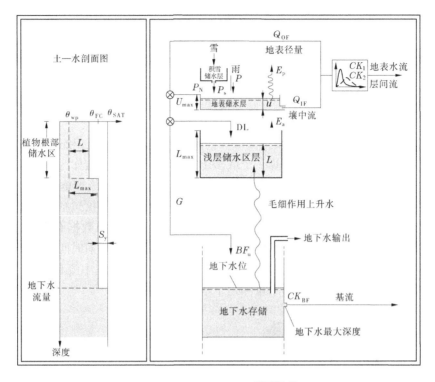

**图 3-27 MIKE11(RR)模型结构**

及水量的吻合;④基流吻合。在率定过程中以上四项都要考虑。如果它们是同等重要的,那么就需要想办法均衡它们。如果某一项相对更重要,那么这一项需优先考虑。

**表 3-8 MIKE11(RR)模型主要率定参数**

| 参数 | 描述 | 影响 | 一般取值范围 |
|---|---|---|---|
| $U_{max}$ | 地表储水层最大含水量 | 坡面流、入渗、蒸散发和壤中流。控制总水量平衡计算 | 10~25 mm |
| $L_{max}$ | 土壤层/根区最大含水量 | 坡面流、入渗、蒸散发和基流。控制总水量平衡计算 | 50~250 mm<br>$L_{max} \approx 0.1 U_{max}$ |
| $CQOF$ | 坡面流系数 | 坡面流量和入渗量。控制峰值流量 | 0~1 |
| $CKIF$ | 壤中流排水常数 | 由地表储水层排泄出的壤中流。控制峰值产生的时间相位 | 500~1 000 h |
| TOF | 坡面流临界值 | 产生坡面流所需的最低土壤含水量 | 0~1 |
| $TIF$ | 壤中流临界值 | 产生壤中流所需的最低土壤含水量 | 0~1 |
| $TG$ | 地下水补给临界值 | 产生地下水补给所需的最低土壤含水量 | 0~1 |
| $CK_{12}$ | 坡面流和壤中流时间常数 | 沿流域坡度和河网来演算坡面流 | 3~48 h |
| $CK_{BF}$ | 基流时间常量 | 演算地下水补给。控制基流过程线形状 | 500~5 000 h |

MIKE11(RR)带有一个自动率定程序,它可以自动率定 9 个最重要的模型参数。自动率定工具基于同时使 4 个不同率定目标达到最佳,这 4 项是总水量平衡、过程线总体形状、高流量和低流量。对于有 9 个率定参数的模型率定,最大模型迭代次数通常在 1 000~2 000 次就可以保证一个有效的率定,率定过程通常可以在 30 ~ 60 CPU 秒内完成。MIKE11(RR)是概念性、集总型模型,所有参数都有一定的物理概念,但由于参数值反映的是各子流域的平均条件,无法通过实测获得,因此必须进行率定。MIKE11(RR)的率定通常需要 3~5 年长序列的水文、气象观测资料。

### 3.7.1.4 MIKE11 水动力计算模型

MIKE11(HD)主要用于洪水预报及水库联合调度、河渠灌溉系统的设计调度,以及河口风暴潮的研究,是目前世界上应用最为广泛的商业软件,具有计算稳定、精度高、可靠性强等特点,能方便灵活地完成复杂河网水流、模拟闸门、水泵等各类水工建筑物的运营调度,尤其适合应用于水工建筑物众多、控制调度复杂的情况。

MIKE11 水动力计算模型是基于垂向积分的物质和动量守恒方程,即一维非恒定流 Saint-Venant 方程组来模拟河流或河口的水流状态。

$$\frac{\partial A}{\partial t} + \frac{\partial Q}{\partial x} = q \tag{3-79}$$

$$\frac{\partial Q}{\partial t} + \frac{\partial a \frac{Q^2}{A}}{\partial x} g + gA \frac{\partial h}{\partial x} + \frac{gn^2 Q^2}{AR^{4/3}} = q \tag{3-80}$$

式中:$x$、$t$ 分别为计算点空间和时间的坐标;$A$ 为过水断面面积;$Q$ 为过流流量;$h$ 为水位;$q$ 为旁侧入流流量;$R$ 为水力半径;$a$ 为动量校正系数;$g$ 为重力加速度。

方程组利用 Abbott-Ionescu 六点隐式有限差分格式求解,如图 3-28 所示。该格式在每一个网格点不同时计算水位和流量,而是按顺序交替计算水位或流量,分别称为 $h$ 点和 $Q$ 点。Abbott-Ionescu 格式具有稳定性好、计算精度高的特点。离散后的线形方程组用追赶法求解。

1. 连续性方程求解

对每一 $h$ 点求解连续性方程,$h$ 点处过流宽度 $b_s$ 可以描述为:

$$\frac{\partial A}{\partial t} = b_s \frac{\partial h}{\partial t} \tag{3-81}$$

则连续性方程可以写为

$$\frac{\partial Q}{\partial x} + b_s \frac{\partial h}{\partial t} = q \tag{3-82}$$

这里空间步长上,只有对 $Q$ 求导,如图 3-29 所示,则在时间步长 $n + 1/2$ 时,空间步长对 $Q$ 的导数为

$$\frac{\partial Q}{\partial x} \approx \frac{\frac{Q_{j+1}^{n+1} + Q_{j+1}^{n}}{2} - \frac{Q_{j-1}^{n+1} + Q_{j-1}^{n}}{2}}{2\Delta x_j} \tag{3-83}$$

$$\frac{\partial h}{\partial t} \approx \frac{h_j^{n+1} - h_j^{n}}{\Delta t} \tag{3-84}$$

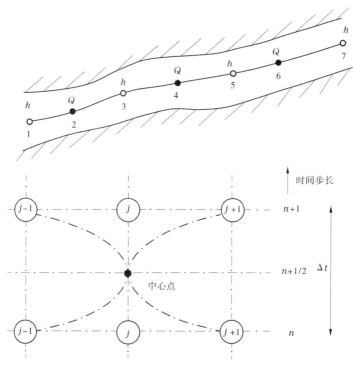

图 3-28 Abbott-Ionescu 格式水位点、流量点交替布置图

而 $b_s$ 又可以写为

$$b_s \approx \frac{A_{o,j} - A_{o,j+1}}{\Delta 2x_j} \tag{3-85}$$

式中：$A_{o,j}$ 为计算点 $j-1$ 和 $j$ 之间的面积；$A_{o,j+1}$ 为计算点 $j$ 和 $j+1$ 之间的面积；$\Delta 2x_j$ 为计算点 $j-1$ 和 $j+1$ 之间的空间步长。

将式(3-81)~式(3-85)代入连续性方程得出：

$$\alpha_j Q_{j-1}^{n+1} + \beta_j h_j^{n+1} + \gamma_j Q_{j+1}^{n+1} = \delta_j \tag{3-86}$$

式中 $\alpha,\beta,\gamma$ 是 $b$ 和 $\delta$ 的函数，并随 $n$ 时刻 $Q$ 和 $h$ 及 $n+1/2$ 时刻 $Q$ 的大小而变化。

2. 动量方程的求解

对每一个 $Q$ 点求解动量方程，如图 3-30 所示。

通过数值变换，动量方程可以写为

$$\alpha_j h_{j-1}^{n+1} + \beta_j Q_j^{n+1} + \gamma_j h_{j+1}^{n+1} = \delta_j \tag{3-87}$$

### 3.7.1.5 MIKE11 模型操作

1. 建立 MIKE11 模型所需信息

(1)流域描述：河网形状，可以是 GIS 数值地图或流域纸图；水工建筑物和水文测站的位置。

(2)河道和滩区地形：河床断面，间距视研究目标有所不同，但原则上应能反映沿程。

(3)断面的变化：有滩区地形资料(有时有滩区的水位—蓄水量关系曲线也行)，则可模拟滩区行洪。

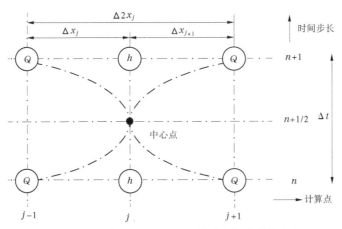

图 3-29　6 点 Abbott-Ionescu 格式求解连续性方程

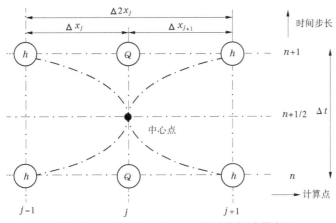

图 3-30　6 点 Abbott-Ionescu 格式求解动量方程

（4）模型边界处水文测量数据：边界最好设在有实测水文测量数据处，如果没有就必须估算边界条件。

（5）实测水文数据（用于率定验证）：率定验证的数据越多，模型就越可靠，但工作量也会越大。

（6）水工建筑物设计参数及调度运行规则。

2. MIKE11（HD）结构

MIKE11（HD）包含以下数据文件：①河网文件（. nwk11）；②断面文件（. xns11）；③边界文件（. bnd11）；④参数文件（. hd11）；⑤时间序列文件（. dfs0）；⑥模拟文件（. sim11）。MIKE11（HD）的模型结构见图 3-31。

3. 河网文件生成（. nwk11）

河网文件是 MIKE11 所有文件中最复杂的一个文件。河网文件建立方法介绍如下。

1）底图准备

扫描纸图，生成. bmp 文件，作为河网文件底图。确定地图的左下角和右上角坐标，左下角坐标可设定为（0,0）。

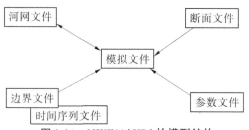

图 3-31　MIKE11(HD)的模型结构

2)引入河网底图

打开 MIKE ZERO,File→New→MIKE11→River Network(见图 3-32)→OK,弹出一个新窗口(见图 3-33)→输入河网模型区域的范围(左下角和右上角坐标)→输入刚才记下的背景图左下角和右上角坐标→OK,出现河网文件视图(模拟区域暂时空白)→河网文件菜单 Layers→Add/Remove...→点击添加项目键 🔲 →点击浏览按钮 ...,引入刚才生成的 bmp 底图→回到河网文件视图,Layers→Properties...→修正图像坐标 Image Coordinates 修正至底图坐标)。至此底图引入工作完成,河网文件的图像视窗中应显示底图。

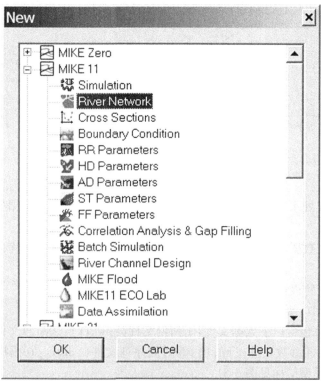

图 3-32　"New"窗口(一)

3)输入各河段信息

使用河网文件编辑器内的工具条(见图 3-34)定义各河段。

以下是定义河段信息的步骤。注意:MIKE11 目前暂时还不能使用恢复键,所以在操作过程中请随时保存,一旦操作失误,只能删除重做或不保存退出,重新进入河网文件编

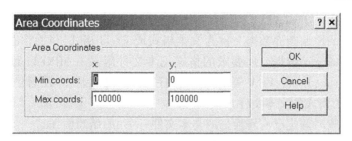

图 3-33　"Area coordinates"窗口

图 3-34　河网文件编辑器内的工具条

辑器。

（1）在背景图上绘制某条河段。

（2）打开河网文件编辑器的表格视窗（View→Tabular View...）。

（3）在左侧列表区展开 Network，选 Branch。在右侧的河段信息内容中可以发现刚才所绘制河段的信息，MIKE11 已自动为该河段命名，并确定了其长度。将该河段名改为实际名称。河段长度一般不会与实际长度一致，将在以下步骤（4）中修改。

（4）在左侧列表区选 Points。在右侧的河段点信息内容中可以发现刚才在绘制河段过程中每次点击点的坐标位置（MIKE11 已自动测出），您会发现河段名已经是实际名称。注意：这些点并不是模型的计算点，与计算没有任何关系。里程类型 Chainage Tpye 列上，应将该河段的起始点从 System Defined 改为 User Defined，将接下来一列里相应行的里程数 Chainage 改为 0（程序缺省值为 0）；将该河段的结束点也从系统定义 System Defined 改为用户定义 User Defined，将接下来一列里相应行的里程数改为实际的河段长度。这样便将程序测出的河段长度改成了实际长度。任何河段的起始里程可以是任意数值：正、零或负数，整数或小数。选值的原则是与当地水利部门采用的桩号值一致，这样将来讨论问题时会比较方便，否则就取 0。必须要满足的是：河段长度＝结束点里程数－起始点里程数。

（5）重复以上步骤（1）～（4），完成所有河段信息的输入。

（6）在河网文件编辑器的图像视窗内用工具按钮连接各河段。注意：有多条河段相连时必须所有河段同时连向某条河段。但连接方向（谁连向谁）对计算结果没有任何影响。

（7）在河网文件编辑器的表格视窗内 Network→Branch，在右侧的河段信息总览表第二列是地形标识 Topo ID 信息。这是河网文件编辑器将来从断面文件编辑器内读取与该河段相对应的断面数据信息、参与模型计算的唯一信息通信通道，一定要与断面文件编辑器内相应的 Topo ID 一致。Topo ID 可以是数值，也可以是文字符，一般用断面测量年份，如 Topo2002，这样便于提醒自己目前模型采用的断面数据来自哪年实测数据，或用 Artificial，表明该断面数据并不是真实数据。参见有关断面文件编辑器内容。

（8）在河网文件编辑器的图像视窗内 Settings→Network... 或 Font... 你可以对图像的外观做随意修改，选择想显示的信息。

（9）至此河网基本信息输入完毕。

4.断面文件生成(.xns11)

一般收集到的原始断面数据文件为文本格式或 Excel 格式,里面保存了各个断面起始距与河床高程的 $x,z$ 数据。所要求的格式见本文件附录一 MIKE11 断面输入格式说明,用 Fortran、Basic、Excel VBA 等自编小程序,很容易将原始数据格式转换成符合 MIKE11 输入要求格式的文本文件。

开始以下步骤时假定已有转换好的文本文件——"原始断面.txt"。

(1)打开断面文件编辑器。MIKE11→New→Cross Sections(见图 3-35);

(2)在断面文件编辑器中引入断面数据。方法有两种:

第一:单个断面的输入。在列表视窗区内点击鼠标右键(见图 3-36),在弹出菜单中选 Insert...,插入一个断面,在表格视窗内输入断面 $X$-$Z$(横向距离-高程)数据(也可直接从 Excel 表格复制过来)。在窗口下方按 Update Markers 键更新标记(也可左击标记修改),完成该断面的输入。

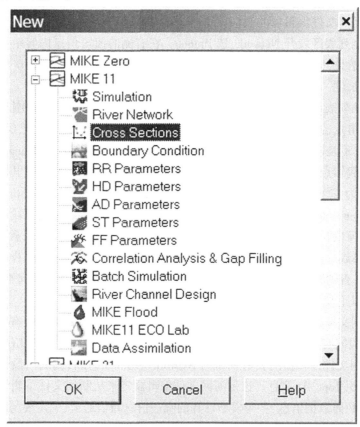

图 3-35　"New"窗口(二)

第二:所有断面一并输入。假定已准备好相应的文本文件,用于断面输入。File→Import→Import Raw Data & Recompute,找到文本文件保存路径→OK,引入成功后在断面文件编辑器视窗左侧出现断面列表,右侧图像视窗显示一个或多个断面形状。在右侧的图像视窗区检查输入的断面是否合理。继续下个断面的输入。

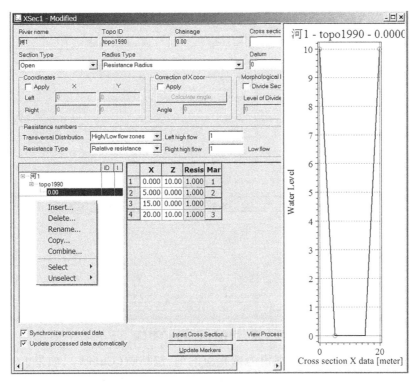

图 3-36  列表视窗区窗口

在图像视窗内查看各个断面形状,从直观上判断断面数据是否合理。

保存文件,断面文件生成完毕。

5. 时间序列文件生成(.dfs0)

MIKE11 可调用的时间序列文件有特定的格式,带后缀 dfs0。生成方法如下(以吉林站水位流量时间序列文件为例):

(1)观察 Excel 原始数据内容:水位数据起始于 1985 年 1 月 1 日 8:00,结束于 1998 年 12 月 31 日,时间间隔为 1 d,共 5 113 个数据。

(2)MIKE11→New→MIKE Zero→Time Series→Blank Timeseries→OK,弹出如图 3-37 所示的 dfs0 文件窗口。

(3)时间轴类型 Axis Type 选等时间间隔(Equidistant Calendar Axis)。

(4)开始时间输入 1985 年 1 月 1 日 8:00:00。

(5)时间步长输入 1 d。

(6)时间步数输入 5 113 d。

(7)在 Item Information 区内 Name 栏输入吉林水位(可以用中文名称),类型选 Water Level,单位为 m(缺省值)。

(8)按 Append,可新添行,可同时输入吉林站的流量时间序列,按右上角 OK 按钮。

(9)在出现的时间序列文件视窗内检查最后一列的时间是否为 1998 年 12 月 31 日 8:00:00。如果不是,在左侧图像视窗内鼠标右击,选择 properties...,回到刚才窗口进行修改。如果是,在打开的 Excel 文件内选择该站的水位流量数据,复制(Ctrl+C)后回到时

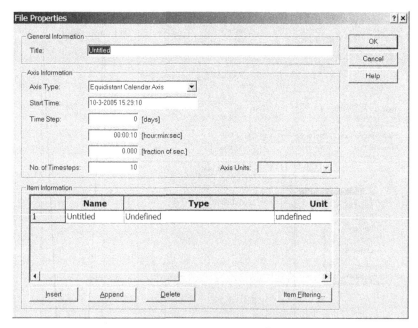

图 3-37 "File properties"窗口

间序列文件视窗,在右侧的表格视窗内选相应的列,按粘贴(Ctrl+V),如果 Excel 内各站的排列顺序与 dfs0 的一样,可以一次性同时复制和粘贴所有数据。保存文件,完成 dfs0 时间序列文件制作。记住文件制作过程中要随时保存。对于有同样时间轴的数据,即使是不同数据类型(如水位、流量、浓度)也都可以放在同一个时间序列文件内。

6.边界文件生成(.bnd11)

所有外部边界条件和内部边界条件都在边界文件编辑器里设置。所谓外部边界,就是模型中那些不与其他河段相连的河段端点(自由端点)物质流出此处,即意味着流出模型区域,流入也必然是从模型外部流入,这些地方必须给定某种水文条件(如流量、水位),否则模型无法计算。所谓内部边界,是指从模型内部河段某点或某段河长流入或流出模拟河段的地方,典型的例子包括降雨径流的入流、工厂排水、自来水厂取水,内部边界条件应根据实际情况设定,是否设定这些边界条件通常不会影响模型的运行,但显然会影响到模拟结果的可靠性。所有 dfs0 文件完成后,可在边界文件编辑器里输入边界条件:MIKE11→New→MIKE11→Boundary Condition→OK,出现边界文件窗口。

辉发河是松花江上游最大的支流。其径流量占丰满水库入库总量的 26%,水量随季节变化极大,汛枯可相差超过 1 000 倍。因此,以输入辉发河上游五道沟站的流量边界条件为例:

(1)在边界描述 Boundary Description 栏选 Open;边界类型 Boundary Type 栏选 Inflow;河段选 Huifa River;填入正确的里程数(与河网文件匹配)。

(2)视窗中间区的边界计算内容只选 Include HD Calculation。

(3)在接下来的水文边界信息区内 TS 类型选 TS File,按 ⬚ 找到存放刚才生成的时间序列文件的路径,并选择正确的项目。右侧的 Edit. 是用于打开对应的时间序列文件,而最后一栏的 TS Info 是显示刚才选中了 dfs0 文件中的哪一项。

(4)光标返回到最上面区域,按 TAB 键,添加所有其他边界条件。

7. 参数文件生成(. hd11)

参数文件主要是定义模拟的初始条件和河床糙率。里面尽管有许多菜单,大部分内容不必去接触。

1)设定初始条件

MIKE11→New→HD Parameters→OK,弹出参数文件窗口,如图 3-38 所示。进入初始条件 Initial 菜单,添加初始水位和流量。初始条件设定的一个很重要目的是让模型平稳启动,所以原则上初始水位和流量的设定应尽可能与模拟开始时刻的实际河网水动力条件一致。实践中,初始流量往往可以给个接近于 0 的值,而初始水位的设定必须不能高于或低于河床,否则可能导致模型不能顺利起算。山区性河道往往坡降很大,初始水位有时很难设定,往往须用其他方法解决这一问题。

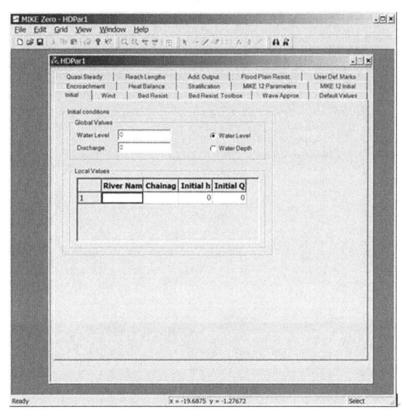

图 3-38　参数文件窗口

2)设定河床糙率

进入河床糙率 Bed Resist 菜单,设定河床糙率。河床糙率是率定参数,应根据对模拟河道的认识及模型计算结果确定。通常可以从 $n = 0.03$ 开始率定。糙率值设定窗口参见图 3-39。

8. 模拟文件生成(. sim11)

模拟文件编辑器的作用是集成以上所生成的所有文件的信息,让它们成为一个整体;

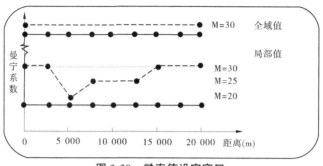

图 3-39 糙率值设定窗口

同时定义模拟时间步长、结果输出文件名等。

1) 打开模拟文件编辑器

MIKE11→New→MIKE11→Simulation→OK, 弹出模拟文件窗口, 如图 3-40 所示。

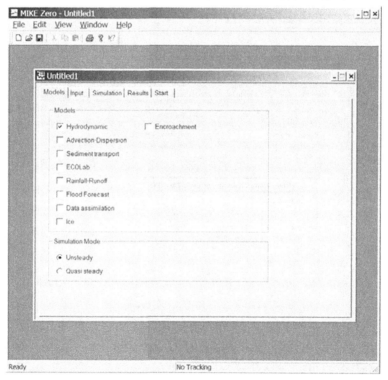

图 3-40 模拟文件窗口

2) 选择模型类型

只选择 HD 模块。

3) 进入输入 Input 菜单

高亮框表示对 HD 模拟需要这些文件。按⊡按钮引入刚才生成的所有文件: 河网文件、断面文件、边界文件、HD 参数文件。可以随时点击 ⌗Edit⌗ 编辑这些文件。如果从这里打开刚才做好的河网文件, 可以发现许多刚才被禁用的功能键都已经被激活。这是因为通过模拟文件编辑器已经把所有文件链接起来,可以通过河网文件访问其他文件了,如断面文件、边界文件和参数文件。

4)进入模拟 simulation 菜单

时间步长的确定经常要通过反复试算调整,与河床地形和边界条件密切相关,并且原则上要满足克朗数(Courant Number)小于 10。对于如山区河流等初始条件不易合理设定的情形,缩小时间步长是一个行之有效的方法。对于模拟时段内短时间有大量流量进出,而其他时期比较平稳的情形,选择可变时间步长比较合适,可大大缩短计算耗时。

接下来选择初始条件设定 Initial Conditions。在 HD 参数文件里已设定初始条件。如果现在在此选择参数文件 Parameter File,那么刚才的设置有效;如果现在选择稳态启动 Steady State,那么 MIKE11 就会关闭参数文件内有关初始条件的设定,而根据边界点上给出的水位、流量数据(从边界文件中调用),利用稳态假设计算各计算节点上的初始水位流量;如果选择 Steady + Parameter(稳态 + 参数),那么在参数文件中做过特别设定的河段节点上模型用这些设定值作为初始条件,其他点用稳态假定计算,如同选择了稳态方法;如果选择了热启动 Hotstart,那意味着要用以前的模拟结果作为当前模拟的初始条件。此处还是用山区河流为例,其初始条件可能比较难设,但模型一旦运行一段时间后很可能就会比较稳定,即可以增加时间步长。用热启动就能解决这一矛盾:先用非常小的时间步长计算(如 0.1 s),当计算稳定后(如计算 1 d)停止计算;重新计算模型,用大时间步长(如 10 min),用热启动模式,将刚才模拟结束时刻的计算结果作为当前模拟的初始条件。

5)定义输出结果文件名和保存频率

假定计算时间步长为 10 min,但不需要这么密的计算值,比如说 1 d 一个结果数据已经足够,那么可以定义保存频率为 144,即计算 144 个时间步保存一次结果[144×10 = 1 440(min)= 1 d]。这样可以减小结果文件大小。

6)准备计算

进入 Start 菜单,准备开始计算。如果验证状态 Validation Status 框内都是绿灯,那么就可以按 Start 键开始计算了;如果有红灯,那么在下面的验证信息 Validation Message 框内就会出现相应的出错信息,提醒修改。当然这只是初步检查,只能检出一些明显的模型设置错误。

7)模型运行

如果出现运行进度框(见图 3-41),那么表明模型设置成功,正在运行。有时会出现警告信息(Warning Message),这是 MIKE11 认为模型设置可能存在一些小问题,但这些问题还不至于影响模型的运行,因此提醒去检查一下。若认为没有问题就可以要求 MIKE11 继续运行下去。是否要给出警告信息可在位于 MIKE11 安装目录中的 MIKE.ini 文件中设置。

### 3.7.1.6  MIKE11 模型的应用

1.研究区域

无锡是我国经济最发达的城市之一,位于华东地区长江三角洲太湖北岸,无锡工业发达、人口密度高、平均人口密度约为全国平均水平的 10 倍,尽管无锡平均年降水量 1 048 mm,水资源量 17 亿 $m^3$,但人均水资源低于全国平均水平的 1/6。在过去的 20 年

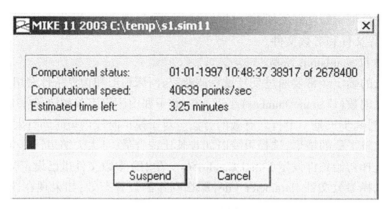

图 3-41　运行进度框

里,因为工业化和城市化的快速发展,无锡的供水已经被严重污染。2007 年 6 月,由于太湖绿藻的大量繁殖,引发了无锡严重的区域供水危机。

同时,无锡受到周期性的、不连续的洪水淹没,这是由于特定的地理位置和当地的气候特点造成的:高度复杂的河网密集,即 3 ~ 4 km/km²;低洼的地势,无数双流式河网的存在限制排水能力和自然净化能力;5 ~ 9 月,平均年降水量为 674. 70 mm,占年降水量的 64. 38%。无锡政府推出了大规模的防洪工程,建了 700 多个大小不同的闸门控制洪水。

在这项研究中,选择了无锡 16 个主要内部河流,即北京—杭州大运河、王玉河、新沟河、北新塘河、西城运河、北渠唐河、之虎岗河、漓江、大西港河、泊渡塘河、九黎河、西北运河、梁西河、曹王京河、羊河和古运河,总计 291. 34 km。无锡的水质标准按照《地表水环境质量标准》(GB 3838—2002),王玉河、北新塘河、之虎岗河、漓江、大西港河、泊渡塘河、九黎河、西北运河、梁西河、曹王京河的水质必须满足我国的Ⅲ类水质标准(COD ≤ 20 mg/L;NH₃—N ≤ 1.0 mg/L);京杭大运河、西城运河、新沟河、北新塘河、羊河和古运河的水质必须符合Ⅳ类水质标准(COD ≤ 30 mg/L;$NH_4^+$—N ≤ 1.5 mg/L)。

2. 闸门操作

无锡是中国洪灾区的一个典型例子。根据历史记载,从 1983 ~ 2006 年 13 场大洪水灾害发生在无锡。2004 年,无锡推出了一个新的防洪工程,并且在 2008 年底竣工,该工程保护面积 136 km²,总排水设计流量 415 m³/s。防洪工程包括七防洪站 14 闸门,即烟袋港站、仙里桥站、将建站、黎民桥站、北新溏站、九黎河站和泊渡港站。河网自然保护的洪水管理主要是维护适当的水文情势,特别是在特定的时期水位控制。在无锡,郊区众多支流是作为后备水库,这些支流在雨季之前,必须保持一定的水位以下为洪水预留空间。

以下关键参数应用于闸门操作:①北京—杭州大运河水位。运河位于无锡的上游,是整个太湖流域最重要的防洪控制,也代表无锡河网的特点。②古运河、泊渡塘河、九黎河和北新溏河水位,这些河流位于无锡的中下游,它们的水位是衡量无锡防洪系统安全水平的重要指标。③支流水位。这是监管,确保存储洪水。

无锡的汛期每年从 5 月持续到 9 月,汛期前从 1 月到 4 月,汛期后从 10 月持续到 12 月。无锡的目标防洪水位如图 3-42 所示。在大洪水之前的季节警告等级定义为 3. 2 m,汛期警告级别上升为 3. 6 m。汛期过后,操作考虑了降雨量的预测以确保一个完整的水位。然而,为了防止洪水,水位从今年 10 月到翌年 4 月必须保持在 3.2~3.6 m。这些闸门操作控制上游河流水位,是洪水管理的主要机制。洪水控制系统成功地抵制了 2010 年 7 月大洪水,证明其在无锡的防洪功能是至关重要的。

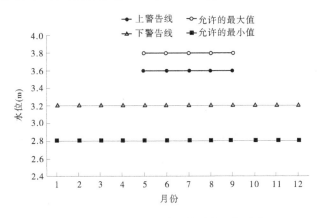

图 3-42　无锡河网防洪的时变目标水位

3. 数据来源

COD 和 $NH_4^+$—N 被认为是研究区域的两个污染物,它们两个是无锡水质中主要的污染指标以及在中国水环境质量标准的主要环境参数。2010 年,我们收集了 15 个污染源污染排放数据,24 个水质监测站点也为模型收集水质监测数据。水质监测站点 3、11、16、19 是四个主要的水文检测点。水文数据(水位和河流流量)也是水动力模型所需要的,2010 年 1~6 月观测数据应用于水动力参数校准,7~12 月观测数据应用于水动力参数验证。

4. 方法

研究河流水动力变化最有效的方法是在大量的观测数据的基础上操纵数据模型,基于河流的流量和水质对闸门影响的估计,MIKE11 一维模型软件成立。

模型中闸门操作:MIKE11 水动力模型设置防洪项目包括无锡的 16 个主要内部河流,上游排放边界为北京—杭州大运河、西北运河和百渠港河,这些河流流量测量数据是可用的,下游排放边界为西城运河和王玉河,这条河网计划 26 个分支。七个防洪站点被放置在六河分支网上,14 个闸门已经包含在模型的控制结构中。在 MIKE11 模型中,共有 354 个横截面位于河的 26 个分支网,包括 98 个横截面用于防洪工程,2004 年测量横截面和纵向河床剖面用于防洪工程。

MIKE11 中指定的 14 个闸门作为控制结构。实现控制结构和控制策略,确定结构的操作是基于控制点的标准(如上游水位、下游水位和本年度时间),控制策略是根据不同控制依次列表。因此,用户可以定义哪些逻辑被评为第一、第二、第三等。如果控制点满足指定战略的所有条件,那战略目标点就可以执行。在当前的设置中,这些主要河流的控制点控制水位,目标点决定打开/关闭闸门,闸门操作过程如下所示:

如果 $3.6<WBH<3.8$,$3.6<WABJB<3.8$,$QBH$ 逐日增加,所有闸门关闭;如果 $WBH=3.6$,$WABJB=3.6$,$QBH$ 逐日增加,至少一个闸门关闭;如果 $WBH=3.6$,$WABJB=3.6$,$QBH$ 逐

日增加,QTB 逐日增加,至少一个闸门关闭;如果 3.2 < WBH < 3.6,3.2<WABJB<3.6,QBH 逐日减少,至少一个闸门打开;如果 3.2<WBH<3.6,3.2<WABJB<3.6,QBH 逐日减少,QTB 逐日减少,至少一个闸门打开;如果 2.8<WBH<3.2,2.8<WABJB < 3.2,QBH 逐日减少,所有闸门打开。其中,WBH 是北京—杭州大运河水位,WABJB 是古运河、泊渡塘河、九黎河和北新塘水位,QBH 是北京—杭州大运河的排放量,QTB 是其他支流的排放量。

5. 模型校准和验证

稳定、持续的计算时间设置为365 d,以减少初始模型领域的偏差。在校准过程中,19个站点的相对误差小于0.30,占监测站点的79.17%。同样,在验证过程中,17个站点的相对误差小于0.30,占监测站点的70.83%。

在水质模拟、相对误差小于0.30的16个站点,占所有检测站点的66.67%。NH₄⁺—N模拟,平均相对误差为0.11,15个站点的相对误差低于0.30。在几个关键的站点,模拟结果的统计分析如表3-8所示,以模拟过程的观测值和模拟值的3号(太湖的主要污染源之一)、19号(北京—杭州大运河的上游)的河段水质监测为例,结果如图3-43所示。

水动力要素和污染物浓度的模拟结果与实际观测值之间的相对误差值表明该模型可以进行进一步建模工作,见表3-9。北京—杭州大运河的曼宁系数在0.028和0.033之间的校准。之虎岗河、王玉河和其他分支河流系数分别是0.027~0.031、0.029~0.035、0.025~0.030,全球弥散系数15 m²/s。所有模型参数不管有或没有闸门都是相同的,除了污染物降解系数。有闸门的情况下,COD 和 NH₄⁺—N 的降解系数分别为0.12 d⁻¹ 和0.04 d⁻¹,相反,COD 和 NH₄⁺—N 的降解系数分别为0.18 d⁻¹ 和0.09 d⁻¹。

6. 结果

1)水位

无锡河网的自然属性已被改变,自从闸门建设以来,图3-44(a)~(d)说明了5~8号水质监测站点有或没有闸门的水位变化。在没有闸门的条件下,5~8号水质监测站点最高水位分别为3.63 m、3.77 m、3.47 m 和3.63 m,最低水位分别为3.22 m、2.93 m、2.94 m 和3.22 m。

在有闸门的条件下,5号水质监测站点的水位下降了0.20 m或最高水位的5.85%,并下降了0.02 m或最低水位的0.58%,见图3-44(a)。类似于5号水质监测站点,6号水质监测站点水位下降了0.42 m或最高水位的12.54%,并下降了0.11 m或最低水位的3.84%,见图3-44(b)。7号水质监测站点水位下降了0.12 m或最高水位的3.43%,然而最低水位上升了0.20 m或最高水位的6.79%,见图3-44(c)。8号水质监测站点水位下降到3.56 m或最高水位下降了2.12%,且下降了0.01 m或最低水位的0.31%,见图3-44(d)。从图3-45可以看出,在5~9月期间,调节闸门显然降低了水位的峰值(没有闸门调节,5号、6号、8号水质监测站点的水位峰值将会超过3.60 m),结果符合这些闸门的功能,以通过降低水位防止洪水。正如人们预期的那样,闸门调节有效地减少了洪水。

2)河道流量

图3-44(e)~(h)介绍了5~8号水质监测站点在有闸门或没有闸门的情况下河道流量的变化。7月,没有闸门的条件下,5号水质监测站点的最大流量为33.10 m³/s,8号水质监测站点为48.70 m³/s。6号水质监测站点最大流量(39.30 m³/s)和7号水质监测站

点最大流量(38.50 m³/s)出现在 8 月。在这四个水质监测站点,最小值记录在 3 月、4 月、2 月和 12 月,分别为 25.40 m³/s、22.10 m³/s、25.40 m³/s 和 10.70 m³/s。

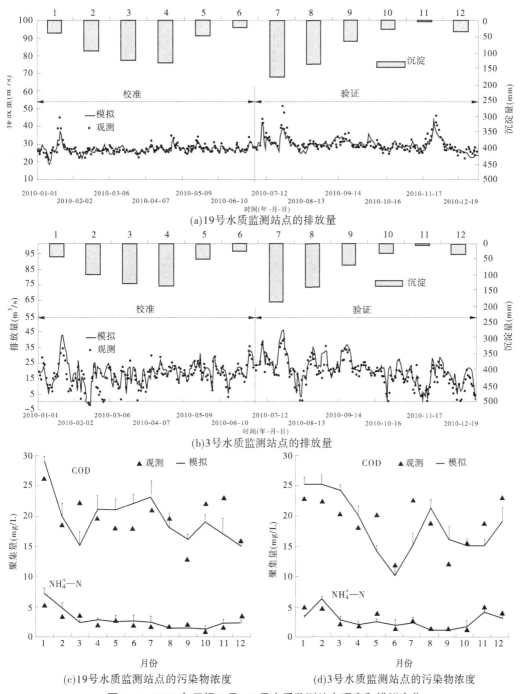

(a)19号水质监测站点的排放量

(b)3号水质监测站点的排放量

(c)19号水质监测站点的污染物浓度

(d)3号水质监测站点的污染物浓度

图 3-43　2010 年无锡 3 号、19 号水质监测站点观察和模拟变化

表 3-9　几个关键闸门模拟结果的统计分析

| 水质监测站点 | 水动力 | | 水质 | |
|---|---|---|---|---|
| | 校准相对误差 | 验证相对误差 | COD 相对误差 | $NH_4^+—N$ 相对误差 |
| 5 | 0.27 | 0.13 | 0.11 | 0.18 |
| 6 | 0.19 | 0.21 | 0.25 | 0.24 |
| 7 | 0.15 | 0.03 | 0.33 | 0.26 |
| 8 | 0.21 | 0.15 | 0.04 | 0.13 |
| 12 | 0.28 | 0.32 | 0.27 | 0.06 |
| 16 | 0.31 | 0.23 | 0.18 | 0.37 |
| 21 | 0.05 | 0.21 | 0.19 | 0.12 |

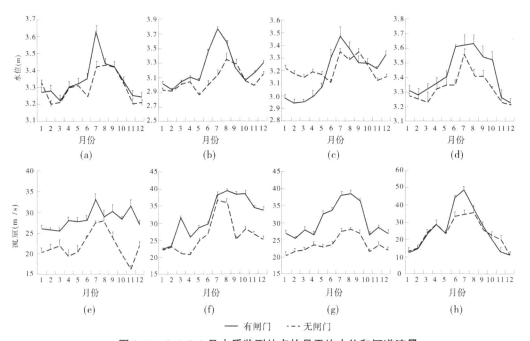

图 3-44　5、6、7、8 号水质监测站点的月平均水位和河道流量

有闸门的情况下,6 号水质监测站点的最大流量为 36.80 m³/s,发生在 7 月,见图 3-44(f)。其他 3 个水质监测站点,最大值发生在 8 月,分别为 28.00 m³/s、28.00 m³/s 和 35.70 m³/s。4 个水质监测站点的最小值出现在 11 月、4 月、1 月和 12 月,分别为 16.20 m³/s、20.70 m³/s、20.30 m³/s 和 10.70 m³/s。5、6、7 号水质监测站点排放量的最大值下降到 5.10 m³/s、2.50 m³/s 和 10.50 m³/s,最小值下降到 9.20 m³/s、1.40 m³/s 和 5.10 m³/s,见图 3-44(e)、(f)、(g)。8 号水质监测站点排放量的最大值减少到 13.00 m³/s,最小值基本持平,见图 3-44(h)。基于上述数据,5~9 月 4 个水质监测站点河道流量有明显的变化,由于闸门的调节,河道流量都有所降低。这也说明了在雨季闸门调节对于防洪有着积极的作用。同时,闸门调节对 5~7 号水质监测站点比 8 号水质监测站点有一个更

大的影响。

3）污染物浓度

与积极的防洪影响相比，闸门调节对水质有着相反的影响。与没有闸门的平均值相比，5、6、7、8、12、16、21 号水质监测站点 COD 浓度表现出显著的增长，见图 3-45(a)~(d)，增量为 4.00~14.00 mg/L。7 个水质监测站点 $NH_4^+$—N 浓度的变化与 COD 浓度呈现类似的趋势，除了 3 月都增加了，增量为 0.05~0.75 mg/L，见图 3-45(e)~(h)。闸门调节对 $NH_4^+$—N 比 COD 浓度有较强的影响。

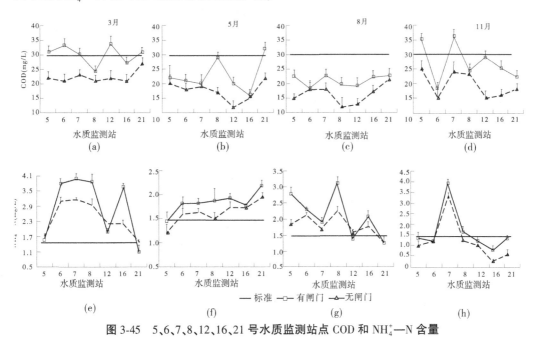

图 3-45　5、6、7、8、12、16、21 号水质监测站点 COD 和 $NH_4^+$—N 含量

如图 3-45 所示，在闸门调节的作用下水质受到严重污染，尤其是对 $NH_4^+$—N。7 个水质监测站点在没有闸门调节的情况下，COD 浓度达到水质标准（COD ≤ 30 mg/L），然而有闸门调节的情况下，除了 8 月 COD 浓度超出水质标准。$NH_4^+$—N 浓度在 7 个水质监测站点都违反了水质质量目标（$NH_4^+$—N ≤ 1.5 mg/L），见图 3-45(e)~(h)。结果直接暗示，在无锡，$NH_4^+$—N 是未来几十年一个主要的控制污染物目标。$NH_4^+$—N 的排放控制将是一个重要的任务，可能需要巨大的成本和大量的政府支持。

7. 结论

闸门如何影响地表水过程和周围的环境已经引起了全球的关注。然而，研究集中在多个闸门操作，从未进行过影响评估。在这项研究中，建立了基于 MIKE11 的一维模型评估多个闸门操作对河道水流和水质的影响。水位、河流流量以及污染物浓度的校准和验证显示，闸门调节的影响适用于研究的模型。结果表明，在雨季，闸门调节降低了水位，减少了河流流量，这个结果符合这些闸门的功能，即对洪水的控制。另外，对污染物控制有相反的影响，由于闸门调节，COD 和 $NH_4^+$—N 的浓度显著提升。此外，闸门调节可能导致太湖水质恶化。所有的结果可以作为一个科学的、可持续的河流管理和水质改善的基础，这也是一个有效的制约管理的理想起点。这项研究也能作为一个有用的工具,使研究者进一步优化闸门项目和闸门研究。

本书分析了两个污染物(COD 和 $NH_4^+$—N)在两种不同的情况下的浓度,其他污染物没有作为研究对象。由于缺少历史数据,模型校准和验证仅限于这些参数。金属毒性和有机化合物具有类似的性能,因此进一步分析是必要的。此外,其他问题,如优化闸门操作和建造更多的闸门,是非常重要和有用的。未来的研究中,对于这些问题,应该监控和研究,由于有限的时间和数据,一些因素没有在我们的研究范围中,如用水、土地使用和主要饮用水供应来源。在未来,应该进行不确定性分析,因为闸门操作可以产生不同程度的不确定性。

### 3.7.2　MIKE21

#### 3.7.2.1　MIKE21 模型简介

丹麦水力研究所(Danish Hydraulic Lnstitute,简称 DHI 公司)是丹麦一家私营研究和技术咨询机构,成立于 1964 年,MIKE21 是该公司开发的系列水动力学软件(DHISoftware)之一,属于平面二维自由表面流模型。丹麦水力研究所不断采用 MIKE2l 作为研究手段,在应用中发展和改进该软件。20 多年来,MIKE21 在世界范围内大量工程应用经验的基础上持续发展起来,在平面二维自由表面数值模拟方面具有强大的功能。

(1)用户界面友好,属于集成的 Windows 图形界面。

(2)具有强大的前、后处理功能。在前处理方面,能根据地形资料进行网格的划分;在后处理方面具有强大的分析功能,如流场动态演示及动画制作、计算断面流量、实测与计算过程的验证、不同方案的比较等。

(3)可以进行热启动,当用户因各种原因需暂时中断 MIKE21 模型时,只要在上次计算时设置了热启动文件,再次开始计算时将热启动文件调入便可继续计算,极大地方便了计算时间有限制的用户。

(4)能进行干、湿节点和干、湿单元的设置,能较方便地进行滩地水流的模拟。

(5)具有功能强大的卡片设置功能,可以进行多种控制性结构的设置,如桥墩、堰、闸、涵洞等。

(6)可以定义多种类型的水边界条件,如流量、水位或流速等。

(7)可广泛地应用于二维水力学现象的研究,潮汐、水流、风暴潮、传热、盐流、水质、波浪素动、湖震、防波堤布置、船运、泥沙侵蚀、输移和沉积等,被推荐为河流、湖泊、河口和海岸水流的二维仿真模拟工具。

MIKE21 计算参数包括两类:①数值参数,主要是方程组迭代求解时的有关参数,如迭代次数及迭代计算精度;②物理参数,主要有床面阻力系数、动边界计算参数以及涡动黏性系数等。

#### 3.7.2.2　MIKE21 控制过程及离散格式

MIKE21 软件中的水动力学模块(HD 模块)是 MIKE21 软件最核心的基础模块,可以模拟由于各种作用力的作用而产生的水位及水流变化。可用于任何忽略分层的二维自由表面流的模拟,该模块为泥沙传输和环境模拟提供了水动力学的计算基础。

1. 控制方程

对于水平尺度远大于垂直尺度的情况,水深、流速等水力参数沿垂直方向的变化较水平方向的变化要小得多,从而可将三维流动的控制方程沿水深积分,并取水深平均,得到沿水深平均的二维浅水流动质量和动量守恒控制方程组。

连续性方程:

$$\frac{\partial \zeta}{\partial t} + \frac{\partial p}{\partial x} + \frac{\partial q}{\partial y} = \frac{\partial h}{\partial t} \tag{3-88}$$

方向动量方程:

$$\frac{\partial p}{\partial t} + \frac{\partial}{\partial x}\left(\frac{p^2}{H}\right) + \frac{\partial}{\partial y}\left(\frac{pq}{H}\right) + gh\frac{\partial \zeta}{\partial x} + \frac{gp\sqrt{p^2+q^2}}{C^2 H^2} - \frac{1}{\rho}\left[\frac{\partial}{\partial x}(H\tau_{xx}) + \right.$$

$$\left. \frac{\partial}{\partial y}(H\tau_{xy})\right] - fq - f_w |W| W_x = 0 \tag{3-89}$$

方向动量方程:

$$\frac{\partial q}{\partial t} + \frac{\partial}{\partial y}\left(\frac{q^2}{H}\right) + \frac{\partial}{\partial x}\left(\frac{pq}{H}\right) + gh\frac{\partial \zeta}{\partial y} + \frac{gp\sqrt{p^2+q^2}}{C^2 H^2} - $$

$$\frac{1}{\rho}\left[\frac{\partial}{\partial y}(H\tau_{yy}) + \frac{\partial}{\partial x}(H\tau_{xy})\right] - fq - f_w |W| W_y = 0 \tag{3-90}$$

式中:$H$ 为水深;$\zeta$ 为水位;$h$ 为水深;$H = h + \zeta$;$p$、$q$ 分别为 $x$、$y$ 方向上的流通通量;$C$ 为谢才系数;$g$ 为重力加速度;$f$ 为科氏力系数;$p$ 为大气压强;$\rho$ 为水的密度;$W_x$、$W_y$、$W$ 为风速及在 $x$、$y$ 方向上的分量以及风阻力系数;$\tau_{xx}$、$\tau_{xy}$、$\tau_{yy}$ 为有效剪切力分量。

2. 离散格式

采用隐式交替方向(ADI)技术对潮流模型质量和动量方程进行离散,所得的矩阵方程用追赶法求解,各微分项和重要的系数均采用中心差分格式,防止离散过程中可能发生的质量和动量失真及能量失真,Taylor 级数展开的截断误差达到二阶至三阶精度。

### 3.7.2.3 MIKE21 定解条件及参数处理

1. 定解条件

定解条件包括初始条件及边界条件,模型计算的初始条件有 3 种形式:①恒定初始值:全模拟区域从静止状态开始,即当 $t = 0$ 时,取流速和水位为某一定值 $u = v = \text{const}$,$\zeta = \text{const}$。②对模拟区域内各网格点或区域指定不同初始水位和流速。③热启动方式,利用之前计算结果作为本次计算的初始条件。该方法利用已获得的比较合理的模拟区域水动力状况作为初始条件,使得后续计算能较快达到稳定,提高计算效率。边界条件包括自由表面边界条件、底床边界条件、固壁边界、开边界和动边界。

2. 参数处理

床面阻力系数反映了水流和床面相互作用过程中床面边界粗糙程度、床面形态等因素对水流阻力的综合影响,影响到水力要素的计算精度。MIKE21 模型采用实测资料反求的方法获得;紊动黏性系数对岸线变化急剧,有回流产生的岸段很重要,MIKE21 模型既可以采用紊流模型也可以采用经验公式确定该参数。对于动边界,MIKE21 采用冻结法处理,通过定义临界水深来确定干湿单元;MIKE21 采用附加阻力法处理桥墩概化问题,此外 MIKE21 还可以考虑源汇项、波浪辐射应力、风场等。

### 3.7.2.4　MIKE21 模型操作

1. MIKE21 水质模型所需的数据资料

(1)基本模型参数:模型网格大小和范围;时间步长和模拟时间;输出项类型和频率;

(2)地形和 HD 条件;

(3)耦合的 AD 模型:扩散系数的率定;

(4)初始值:各参数的浓度值;

(5)边界条件:各参数的浓度值;

(6)污染源:坐标位置、水动力条件及各参数的浓度值;

(7)各生物过程速率值:参考率定值、经验值或监测值等。

在 MIKE21 模型中添加 ECO Lab 模块。

第一步:引入水质模块:MIKE21→Flow Model→Basic Parameters→Module Selection→Hydrodynamic and ECO Lab,出现 ECO Lab Parameters,参见图 3-46。

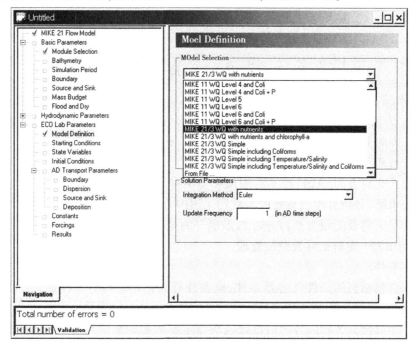

图 3-46　ECO Lab Parameters

第二步:在 Model Definition 里选择适当的内置水质模块或自定义模块。水质模拟时间步长通常先以 0.5 h 进行计算。

第三步:在 ECO Lab 模块中分别对需模拟的状态变量、边界水质条件、扩散系数、污染源浓度、ECO Lab 模块各参数、作用力和输出项进行设定。

2. 仅用 AD 进行水质模拟

AD 模拟物质在水体中的对流和扩散过程,可以设定一个恒定的衰减常数模拟非保守物质,满足一级反应方程式

$$\frac{\mathrm{d}C}{\mathrm{d}t} = -KC \tag{3-91}$$

可以把 MIKE21(AD)作为简单的水质模型,其衰减系数仅是简单的一级衰减反应系数。真正的水质模型和生态模型是 ECO Lab。

使用 AD 进行水质模拟包括以下几个方面:

(1)组分定义:Decaying、conservative、Heat dissipating 和 Heat Exchange。

(2)初始浓度值设定:常数或 dfs2 文件;初始条件对模型的结果影响较小,一般能在较短的模拟时间段内趋于稳定。一般初始值取模拟起始时间水质指标的监测平均值。若使用热启动文件进行 AD 计算,则初始值不再参与计算。

(3)边界浓度值的设定:常数、dfs0 文件或 dfs1 文件。

(4)衰减系数的设定:常数或 dfs0 文件(考虑随时间步长的改变)。

(5)扩散系数的设定:扩散系数为率定参数,是进行水质模拟相当重要的一个基础参数,一般可以利用保守物质,如盐度或示踪剂进行率定。在 MIKE21 中,网格间距大的地形其扩散系数要比网格间距小的地形的扩散系数大,而且 X 和 Y 方向的取值可以不同。

3. ECO Lab 与 AD 耦合进行水质模拟

(1)进行 MIKE21 的深度水质模拟,必须使用 ECO Lab 模块,此时 AD 模块会耦合在 ECO Lab 模块中。对水质模拟起关键作用的是水质组分和扩散系数的设定。

(2)在 ECO Lab 模块中详细描述了各状态变量的物理、生化过程。水质模块包括对状态变量初始浓度值、边界条件、扩散系数、源汇、ECO Lab 模板参数、作用力以及输出结果类型等的设定。

(3)ECO Lab 根据模拟水质过程从简单到复杂可分为许多级。每级模块都分别定义了需模拟的组分及其排列顺序。

(4)DHI 自定义的主要水质模块见图 3-47。

若对标准 DHI 模块以外的水质组分进行模拟,必须在 ECO Lab 里预先定义该状态变量以及相关的物理、生化过程,再将用户自定义的模块导入 MIKE21 模型。

### 3.7.2.5 MIKE21 模型的应用

1. 研究区域

陡河水库位于河北省唐山市东北部,是一个典型的浅层水库。它于 1956 年建成投产,是一个大型水利枢纽工程,总设计容量为 51.2 亿 m³,主要用于防洪,也满足市区工业、生活用水和下游工农业生产用水的需求。

由于历史原因,在水库附近有一个火电厂,工厂使用水库作为冷却池,平均年循环水容量 1 140 万 m³(2001~2007 年统计)。循环水温度上升 5~9 ℃,当循环冷却水返回到水库时,水库的水温明显上升。所以,陡河水库的富营养化水平不仅与丰富营养、水流条件、光照和温度密切相关,也与热排放有关。水温上升加剧生物残渣分解和加速有机氮、磷的分解,所以无机盐浓度上升,有更多的营养物质促进藻类的生长和繁殖。

近年来,随着周边经济的发展,非营养输入逐渐增加。所有这些因素导致了水库严重的富营养化问题。2007~2009 年,小规模水华连续发生三年,这对水环境有不利的影响,同时对饮用水安全也有很大威胁。根据研究区域 2008 年和 2009 年的水质监测数据,TN

EutrophicationModel1.ecolab
EutrophicationModel1SedimentBenthicVegetation.ecolab
EutrophicationModel2.ecolab
ME.ecolab
WQlevel1.ecolab
WQlevel1Coli.ecolab
WQlevel2.ecolab
WQlevel3.ecolab
WQlevel4.ecolab
WQlevel4Coli.ecolab
WQlevel4ColiPhos.ecolab
WQlevel5.ecolab
WQlevel6.ecolab
WQlevel6Coli.ecolab
WQlevel6ColiPhos.ecolab
WQnutrients.ecolab
WQnutrientsChl.ecolab
WQsimple.ecolab
WQsimpleColi.ecolab
WQsimpleTandS.ecolab
WQsimpleTandSCOLI.ecolab

**图 3-47 DHI 自定义的主要水质模块**

和 TP 的浓度范围分别是 0.46~3.93 mg/L 和 0.01~0.07 mg/L,TN/TP 比率是 37~271。基于中国水库富营养化评价分类标准,研究区域富营养化属于轻富营养化或富营养化,然而磷是限制因素。

2. MIKE21 模型

1）模型描述

研究区域为浅层水库,平均深度为 3 m,且没有明显的分层现象,所以 MIKE21 模型水动力模块[MIKE21(HD)]用来构造一个二维水动力数值模型,主要集中在单层流体的流量和水位的模拟。MIKE21 使用控制方程、质量守恒和动量垂直模拟来形容流量和水位的变化。

连续性方程:

$$\frac{\partial \zeta}{\partial t} + \frac{\partial p}{\partial x} + \frac{\partial q}{\partial y} = \frac{\partial h}{\partial t}$$

方向动量方程:

$$\frac{\partial p}{\partial t} + \frac{\partial}{\partial x}\left(\frac{p^2}{H}\right) + \frac{\partial}{\partial y}\left(\frac{pq}{H}\right) + gh\frac{\partial \zeta}{\partial x} + \frac{gp\sqrt{p^2+q^2}}{C^2 H^2} - \frac{1}{\rho}\left[\frac{\partial}{\partial x}(H\tau_{xx}) + \frac{\partial}{\partial y}(H\tau_{xy})\right] -$$

$$fq - f_w|W|W_x = 0$$

方向动量方程:

$$\frac{\partial q}{\partial t} + \frac{\partial}{\partial y}\left(\frac{q^2}{H}\right) + \frac{\partial}{\partial x}\left(\frac{pq}{H}\right) + gh\frac{\partial \zeta}{\partial y} + \frac{gp\sqrt{p^2+q^2}}{C^2H^2} - \frac{1}{\rho}\left[\frac{\partial}{\partial y}(H\tau_{yy}) + \frac{\partial}{\partial x}(H\tau_{xy})\right] -$$

$$fq - f_w|W|W_y = 0$$

式中符号意义同前。

2) 模型深度测量法

水库 1:10 000 地形图(图片格式)作为数据来源。$xyz$ 坐标通过量化和基于软件 MapInfo 和 ArcGIS 的光栅化获得。陡河水库用网格生成程序计算网格,那么地形图是通过地形插值。为了提高模拟的准确性,三角网格用作计算网格,网格密度增加在温水排放点附近。最后,该地区分为 2 422 个网格。

3) 边界和边界条件

根据水库的外围条件确定模型边界、源项和水槽,有三个边界(东部、西部和南部边界)、两个水槽项目(进水口 1 和 2)和一个点声源项(温水排放点)。测量流量数据作为边界条件,而历史流量数据作为进水口的输入条件和温水排放点,水温和水质输入都从历史监测资料中获得。每天的气象数据如温度、风速和相对湿度都来自中国气象数据共享服务体系,该模型没有考虑蒸发带来的影响。

4) 模型的校准与验证

2008 年 6 月 1 日到 10 月 31 日水库的水位、水温、TN 和 TP 测量数据用于模型的校准。2009 年 6 月 1 日到 10 月 31 日检测数据用作模型验证,水库中心作为验证点。

一些模型参数的校准如表 3-10 所示,平方相关系数($R^2$)和 Nash-Sutcliffe 效率系数($E_{NS}$)用来评估模型的准确性。Nash-Sutcliffe 效率系数的计算公式如下:

$$E_{NS} = 1 - \frac{\sum_{i=1}^{n}(Y_i - Y_{si})^2}{\sum_{i=1}^{n}(Y_i - \overline{Y})^2} \tag{3-92}$$

式中:$Y$ 指观测值;$Y_s$ 指预测值;$n$ 是模拟的数量。

表 3-10　校准参数值

| 参数 | 变化范围 | 校准结果 |
|---|---|---|
| 阻力 | 0.03~0.05 | 0.04 |
| Smagorinsky 系数 | 0.1~0.5 | 0.3 |
| 风力系数 | 0.1~1.0 | 0.5 |
| 道尔顿定律系数 | 0.1~1.0 | 0.5 |
| 曼宁系数 | 27~31 | 28.5 |
| 风摩擦力 | 0.001 0~0.001 5 | 0.001 3 |

$R^2$ 在 0~1,较高的值代表了一个好的模拟结果。$E_{NS}$ 在 $-\infty$ ~1 之间,较低的值代表

差的模拟结果。

3. 综合营养指数

为了全面了解陡河水库的水质和富营养化水平,用综合营养状态指数来评估水库富营养化水平。

综合营养指数($TLI$)给出:

$$TLI\left(\sum\right) = \sum_{j=1}^{m} W_j \cdot TLI(j) \tag{3-93}$$

式中:$TLI$ 为综合营养指数;$TLI(j)$ 为单一富营养化指数;$W_j$ 为单一富营养化指数的相对权重。

叶绿素 a 作为常规参数,相对权重参数为

$$W_j = \frac{r_{ij}^2}{\sum\limits_{j=1}^{m} r_{ij}^2} \tag{3-94}$$

式中:$r_{ij}$ 为相关系数参数;$j$ 为常规参数;$m$ 为参数的总数。

在我国的河流和水库,叶绿素 a 与其他参数的相关系数呈现如表 3-11 所示。

表 3-11　叶绿素 a 与其他参数的相关系数

| 参数 | 叶绿素 a(Chla) | TP | TN | SD | $COD_{Mn}$ |
|---|---|---|---|---|---|
| $r_{ij}$ | 1 | 0.84 | 0.82 | -0.83 | 0.83 |
| $r_{ij}^2$ | 1 | 0.705 6 | 0.672 4 | 0.688 9 | 0.688 9 |

每个富营养化指数的计算公式是:

$$\left.\begin{aligned}
TLI(\text{Chla}) &= 10 \times (2.5 + 1.086\ln\text{Chla}) \\
TLI(\text{TP}) &= 10 \times (9.436 + 1.624\ln\text{TP}) \\
TLI(\text{TN}) &= 10 \times (5.453 + 1.694\ln\text{TN}) \\
TLI(\text{SD}) &= 10 \times (5.118 - 1.94\ln\text{SD}) \\
TLI(\text{COD}_{Mn}) &= 10 \times (0.109 + 2.661\ln\text{COD}_{Mn})
\end{aligned}\right\} \tag{3-95}$$

富营养化水平采用一系列连续的 0~100 数字分级:

贫富营养化　　　　　　　　　　($TLI$)<30

中富营养化　　　　　　　　　30<($TLI$)<50

富营养化　　　　　　　　　　　($TLI$)>50

轻度富营养化　　　　　　　　50<($TLI$)<60

中度富营养化　　　　　　　　60<($TLI$)<70

重度富营养化　　　　　　　　　($TLI$)>70

通过获得的数据和模型的特点结合,富营养化评价指标基于相关性的原则、可操作性、简单性和科学性选择叶绿素 a(Chla)、TP 和 TN 作为参数,选择三个监视点(进水口1、水库中心和温水排放地点)进行分析。

4. 结果

6~10 月监测点富营养化状态和水质见表 3-12。

从表 3-12 中可以看出,在正常年份,三个监测点温水排放点 TN 浓度最高,而 TP 和叶绿素 a(Chla)浓度最低,温水排放点的 TN/TP 比率远远高于其他监测点。另外,温水排放点水温比水库中心高将近 5 ℃。研究显示,在春天陡河水库的水温范围为 18.1~28.2 ℃,接近夏季华北地区水的温度。在夏天,水温度范围为 28.2~38.8 ℃,这些远高于北方其他水体温度,这主要是由于温水流量增加提升了陡河水库平均水温。

表 3-12 6~10 月监测点富营养化状态和水质

| 月份 | 监测点 | Chla (mg/m³) | TN (mg/L) | TP (mg/L) | T (℃) | TN/TP | TLI | 富营养化类型 |
|---|---|---|---|---|---|---|---|---|
| 6 月 | 进水口 1 | 20.02 | 2.62 | 0.034 | 29.00 | 77.06 | 49.55 | 中富营养化 |
| | 水库中心 | 19.9 | 2.21 | 0.034 | 27.50 | 65.00 | 49.28 | 中富营养化 |
| | 温水排放点 | 16.16 | 3.45 | 0.011 | 34.06 | 313.64 | 46.94 | 中富营养化 |
| 7 月 | 进水口 1 | 22.79 | 2.21 | 0.043 | 33.10 | 51.40 | 50.11 | 轻度富营化 |
| | 水库中心 | 21.12 | 1.93 | 0.041 | 31.14 | 47.07 | 49.63 | 中富营养化 |
| | 温水排放点 | 17.55 | 2.86 | 0.019 | 36.75 | 150.53 | 48.07 | 中富营养化 |
| 8 月 | 进水口 1 | 22.98 | 2.17 | 0.046 | 33.25 | 47.17 | 50.26 | 轻度富营养化 |
| | 水库中心 | 21.59 | 1.9 | 0.046 | 31.42 | 41.30 | 49.91 | 中富营养化 |
| | 温水排放点 | 17.41 | 2.75 | 0.021 | 36.79 | 130.95 | 48.22 | 中富营养化 |
| 9 月 | 进水口 1 | 23.66 | 2.21 | 0.047 | 29.01 | 47.02 | 50.40 | 轻度富营养化 |
| | 水库中心 | 22.29 | 1.92 | 0.049 | 26.78 | 39.18 | 50.14 | 轻度富营养化 |
| | 温水排放点 | 18.22 | 2.7 | 0.026 | 31.92 | 103.85 | 48.78 | 中富营养化 |
| 10 月 | 进水口 1 | 23.18 | 2.32 | 0.042 | 20.57 | 55.24 | 50.27 | 轻度富营养化 |
| | 水库中心 | 22.07 | 2.12 | 0.043 | 18.89 | 49.30 | 49.98 | 中富营养化 |
| | 温水排放点 | 19.53 | 2.59 | 0.028 | 23.24 | 92.50 | 49.04 | 中富营养化 |

5. 结论

本研究采用 MIKE21 模型来构造一个二维陡河水库的富营养化模型,主要研究结论如下:

(1)温水从发电厂排放到水库是水温上升的主要原因。温水排放导致长期、持续的热量,对富营养化的影响是不能忽略的。

(2)6~10 月富营养化水平的分析结果表明,进水口 1 富营养化程度最高,三个监测水域的水体进水口水华爆发的风险最大。

(3)室外温度的变化或水库容量对富营养化趋势几乎没有影响,而增加外源负载会迅速提升陡河水库的富营养化。

(4)上升的水温可以在某种程度上促进藻类生长和繁殖,但水温过高会限制藻类增长。同样,有一个适宜藻类生长的 TN/TP 比率范围,这两个因素导致叶绿素 a( Chla)浓度在温水排放点比其他两个监测领域低。

### 3.7.3　MIKESHE

#### 3.7.3.1　MIKESHE 模型介绍

1986 年 MIKESHE 模型是由丹麦水利研究所( DHI)、英国水文研究所( Institute of Hydrology)和法国 SOGREAH 咨询公司联合研制,在 Freeze 等的探索性工作基础上发展而来的,是知名度最大、应用最广泛的分布式水文模型之一,它能够模拟水文循环的所有重要过程。模型将研究流域分成若干方格或矩形格,这些网格是模型最基本的计算单元,网格之间在进行模拟时通过不同的水分物理方程建立联系,采用有限元的方法解决地表水、地下水运动的数学模拟问题。

#### 3.7.3.2　MIKESHE 基本架构和原理

由于流域下垫面和气候因素具有时空异质性,为了提高模拟的精度,MIKESHE 通常将研究流域离散成若干网格,应用数值分析的方法建立相邻网格单元之间的时空关系,它在平面上把流域划分成许多正方形网格,这样便于处理模型参数、数据输入以及水文响应的空间分布性;在垂直面上,则划分成几个水平层,以便处理不同层次的土壤水运动问题。网格划分视流域面积大小、下垫面的状况以及要求模拟的精度而定。在 MIKESHE 模型中一个流域沿水平方向被划分成一系列的相互联系单元,各自具有不同的物理参数,而在垂直方向又被划分成若干层,包括冠层、不饱和层和饱和层。它所反映的流域水文过程主要包括降水( 含降雨和降雪)、蒸散发、含植物冠层截留、地表汇流、河道汇流、非饱和壤中流和饱和地下径流等过程,每一个子过程分别进行计算建模。

在 MIKESHE 模型软件开发过程中,依照 DHI 强大的模块化设计思想,将每一个子过程分别设计成一个软件模块,每一模块仅执行一个子过程的计算,现在的软件版本通常具有一个以上的计算模型或方法,图 3-48 为 MIKESHE 模型结构示意图。

这样的组件式结构,不仅符合现代的软件结构化设计的思想,而且应用灵活:子模块可单独使用,也可根据需要进行耦合或者叠加。

#### 3.7.3.3　MIKESHE 的操作

1. MIKESHE 用户界面

MIKESHE 用户界面可根据需求归纳为以下几方面:

( 1)开发一个促进符合逻辑、直观的工作流程形成的图形用户界面,包括依据简明和逻辑的选择的动态导览树;在运行时转化为数学模型的概念模型法;面向对象的“思维”( 包含附加属性的地理对象);完整的、上下文相关的在线帮助;定制输入/输出单元以支持本地需要。

( 2)强化率定和结果分析过程,包括默认 HTML 格式输出( 率定水文过程线,拟合优度,水量平衡等);用户自定义 HTML 格式输出;结果浏览器集成了 1D、2D 和 3D 数据进行查看和动画模拟;水量平衡,自动率定以及参数估计工具。

( 3)开发一个灵活的、非结构的图形用户界面适用于不同的模拟方法,包括灵活的数据格式( 网格数据,. shp 文件等)便于向新数据格式的更新;灵活的时间序列模块可对时

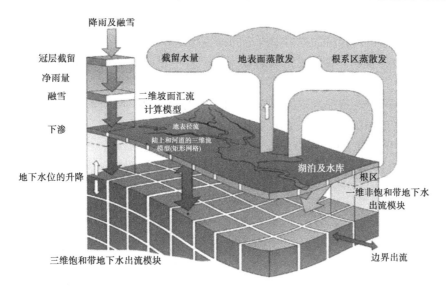

图 3-48 MIKESHE 模型结构示意图

变数据进行操作;灵活的引擎结构便于向新数值引擎的更新;最终形成的图形用户界面可以应对想象得到的最为复杂的应用,并保持操作的简便性。

MIKESHE 用户界面的示意图如图 3-49 所示。

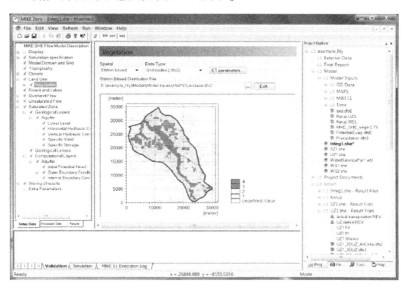

图 3-49 MIKESHE 用户界面的示意图

除 MIKEZero 工程浏览器外,MIKESHE 文档还包括以下四部分:①顶部——工具栏和下拉菜单;②左侧——动态数据树和标签控制;③右侧——自动关联对话框区域;④底部——验证区域和鼠标选中区域。

(1)工具条:包含众多 MIKESHE 操作功能的快捷图标,也可通过菜单连接。工具条内容会随着当前使用的工具性质而发生改变。

(2)数据树:展示了运行当前定义的模型时所需要的数据内容。如果添加或删减水文过程,或是修改数值引擎,数据树的结构内容也会改变。

（3）对话框区域:内容由数据树中所选的标签决定。

（4）验证区域:显示了缺少或无效的数据项。其中显示的任何错误信息都与发生错误的对话框链接。

（5）鼠标选中区域:展示含空间信息的对话框中鼠标停留处的坐标位置和数值信息。

2. 步骤 1:启动 MIKESHE

从程序菜单中选择 MIKEZero。

程序菜单的内容取决于安装的操作系统和设置。图 3-50 显示来自 Microsoft Windows7 操作系统。

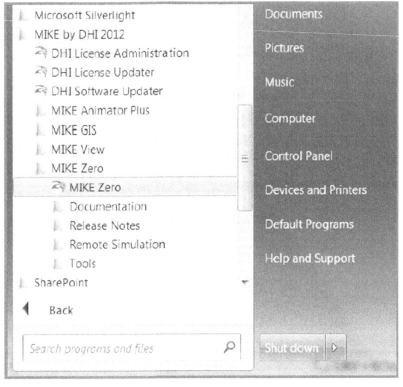

**图 3-50　安装 MIKE 软件后的 Microsoft Windows7 操作系统菜单栏图示**

MIKESHE 是 MIKEZero 模拟工具系列的其中一种,MIKEZero 是一个可对众多 MIKE by DHI 软件产品的数据文件及工程进行管理和操作的 DHI 通用用户界面。因此,当打开 MIKESHE 时,实际已经打开了 MIKEZero。MIKEZero 将会作为 MIKESHE 或其他 MIKEZero 系列软件运行的平台。

菜单中还需要注意以下几点:DHI License Administration icon 是打开管理软件许可的工具;DHI Software Updater 这一工具通常在后台运行,查找最新的服务升级包;MIKE View 用于查看及评价 MIKE11 结果的工具;Documentation 链接到所有文献资料存储的目录;在 Release notes 可以找到已加载的服务包的最新信息;Image Rectifier 用于工具校正图像投影到地图坐标;Launch Sim Engine 是在不打开用户界面的情况下运行 MIKESHE

或 MIKEZero；MIKE to Google Earth 用于将计算结果投影到 Google Earth 中。

3. 步骤2：MIKEZero 工程

MIKEZero 不仅包括了众多的 MIKE 软件，同时还是一个项目管理界面，包括各种协助模拟软件的工具。

MIKEZero 工程窗口。MIKEZero 启动页面包括两部分：

（1）The Project Overview table 罗列了最近打开过的项目，包括它们创建和最近一次修改的日期。

（2）The Project Explorer 包括了所有和该项目相关的文件目录。

MIKEZero 启动页面（见图 3-51）的设置是为了便于对项目的管理。

图 3-51　MIKEZero 启动页面

加载 MIKEZero 实例。点击 Install Examples... 按钮，选择所有的 MIKESHE 实例文件，此操作将从 Program Files 目录复制所有的实例文件到 My Documents/MIKEZero Projects 目录下。为了防止对实例文件造成破坏，Program Files 目录下的都是只读文件。如果不小心破坏了文件，那么只要重新加载实例即可。

实例文件（见图 3-52）默认存放在 My Documents 目录下，建议实际操作时保存到空间足够的磁盘，以保证后续建模练习的顺利进行。

打开 MIKESHE Examples project（见图 3-53）。点击 Open Project 按钮。

文件浏览器中，在 Documents/MIKEZero Projects/MIKE‒SHE 文件夹下找到 MIKE Examples.mzp 文件。选择此文件，点击 Open 打开。

一个 MIKEZero 工程中不仅包含所有模拟文件，即所有的输入文件和输出文件，还包括原始数据文件、报告、电子表格、绘图等。对于任何工程而言，保持对所有文件的总览已经是一个挑战，更不用说定期备份和保存这些文档。因为当从模型率定和验证阶段进入方案分析和报告撰写阶段，会发现与模型相关的文本文件数量变得非常庞大。

每个工程的核心是一个后缀为.mzp 的文件，它包含了所有引用的文件信息。这些文件存储的位置与 projectname.mzp 文件相同。

可以通过 New Project 按钮或者下拉菜单 File/New 新建一个工程。如果打开 File/

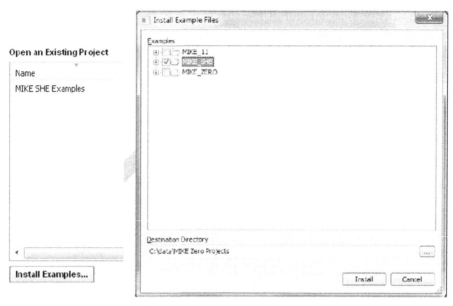

图 3-52　导入 MIKESHE 实例窗口

New 下拉菜单,那么还需要从以下选项选择新建工程的途径:

(1)A template——等同于使用 New Project 按钮。

(2)A directory——目录下的所有文件将被添加到新的工程中。

(3)A setup file——设置文件(如. she 文件)中所有引用的文件都将被添加到新的工程中。

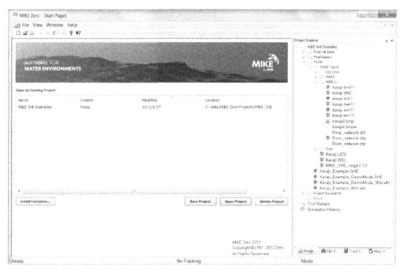

图 3-53　打开 MIKESHE Examples Project 界面

(4)Project,File 以及 Tool Explorers(图 3-54)。

各种浏览器中包含了众多有用的功能:

(1)Project Explorer 有序地列出工程中包含的所有文件。鼠标右键菜单的内容取决于点击选中的文件类型。除对文件的添加、删除和存档外,可以通过 MIKEZero 编辑器打

图 3-54　Project,File 以及 Tool Explorers 界面

开并查看文件。

（2）File Explorer 工程中引用的所有文件类型的概览。帮助您快速找到所需类型的文件。

（3）Tool Explorer-MIKEZero 中的工具列表。可以自定义工具列表并储存,在需要的时候更易使用。

### 3.7.3.4　MIKESHE 功能特点和适用范围

MIKESHE 模型功能上体现三维空间特性,包括了陆地全部的水循环过程,同时对地下水资源和地下水环境问题分析、规划和管理是它的一大特色。它的具体应用范围包括了流域或局部区域不饱和、饱和带(二维、三维)地下水资源计算,优化调度和规划,地表水、地下水的联合计算和调度,供水井井网优化,湿地的保护、恢复和生态保护,氮、磷等常规污染组分、重金属、有害放射性物质迁移,酸性水渗流等复杂问题的模拟、追踪和预报,地下水运动过程中的地球化学反应、生物化学反应的模拟分析,污染含水层水体功能的恢复与治理,农作物生长对水分和污染物质在非饱和带运移的影响等综合研究,而且可实现与 DHI 系列其他软件的联合运用,拓展性更好,应用范围非常广泛;流域管理、环境影响评估、洪泛区研究、湿地的管理和修复、地表水和地下水的相互影响、地下水和地表水的连续使用、分析气候和土地利用对含水层的影响、使用动态补给和地表水边界进行含水层脆弱性测绘、使用数据收集整理系统 DAISY,对农业活动的影响进行研究,包括灌溉、排水以及养分和农药的管理等。

对比其他分布式水文模型和软件,MIKESHE 具有鲜明的特点和优势,具体表现为:

（1）高度灵活性:包括简单和高级过程描述,充分提高计算效率;灵活的模块结构,只需模拟必要的过程;轻松链接区域性和局部性的模型。

（2）MIKESHE 通用性:可链接 ArcView 进行 GIS 高级应用;包括可代替过程描述,用于不同应用;包含一个与 MODFLOW 和 MODFLOW-HMS 的接口。

（3）简单操作性:MIKESHE 带有一个新的先进的用户界面,可以进行链接原始数据而不是输入数据;包含一个动态数据树,可以精确浏览所有数据;带有自动的数据和模型验证程序;支持复杂输出,包括动画演示。

### 3.7.3.5　MIKESHE 主要问题及挑战

MIKESHE 的理论研究已经成熟并还在逐步完善,模型功能非常强大,软件开发非常成熟,但是限于资料和计算精度的要求很高,在实际的应用中也遇到了很多的问题,主要集中在现有的测量技术以及资料的完备程度与模型软件的需求之间的巨大差距,在今后的发展和实践中还需要进一步改进。

MIKESHE 模型在今后的发展过程中可能遇到的问题和挑战,作者认为主要表现在以下方面:

（1）高精度、易获取的流域物理特性数据方面的挑战。现有的水文气象数据在模拟大尺度的土-植-气系统行为时,单元的尺寸是十千米级或百千米级,这些数据的精度基本上能满足普通模型的计算和参数求取要求。但是,针对 MIKESHE,现有的一些流域物理特性数据只能用来作为研究,用于实际工作的效果则会受到很大的影响。而这些数据加工的成本较高,大面积的、高分辨率的流域物理特性数据的加工周期长,在一些经济尚不十分发达的国家,包括我国,要获取高分辨率的流域物理特性数据就有一定难度,再加上这些高分辨率的流域物理特性数据暂时还没有向社会公开发布,使得从事这方面应用研究及运行管理的人员及单位要获取这些即使已经存在的数据也有较大的难度,这就严重影响了 MIKESHE 应用于实际的进程。

（2）模型参数确定方面的难题。MIKESHE 的本质,是要根据流域的物理特性数据,从物理意义上直接确定各个单元的模型参数,而不是像集总式模型那样,根据实测历史径流过程来率定模型参数。但是,如何根据流域物理特性数据来直接确定模型参数,目前仍然是水文工作者所面临的最大的挑战。参数确定的方法只有从事此方面研究的、具有此领域较深知识的研究人员才能开展此方面的工作,而一般人员不能胜任这方面的工作,从而限制了模型的应用,也降低了应用人员应用此方法的积极性。

此方面所面临的挑战,一方面需要研究人员不断努力,提出一些更加简便易行的,可快速进行模型及预报构建的方法,从而减少研制周期及费用;另一方面可以通过提高应用人员对模型的认识和掌握相应的专业知识,从而提高应用人员的应用积极性。

（3）要求更高效的模型算法。由于将流域分成细小的单元,当研究的流域较大或流域划分得较细时,整个流域分成的单元数较多,可多至几万个,甚至几十万个单元,从而使得模型要处理的数据为海量数据,对计算机的处理能力要求较高。另外,在水利工作中往往要求计算能在瞬间完成,即秒级或分钟级,这就对模型的算法效益提出了较高的要求,而 MIKESHE 中很多都是模块,都是应用数值解法,不仅存在解法的收敛性问题,更主要的是计算工作量非常大,这是目前 MIKESHE 模型在实际工作中所面临的另一项严峻的挑战。

### 3.7.3.6　MIKESHE 国内研究、实践及发展对策

国内的研究相对晚于国外澳洲和欧洲,但是近期也有比较典型的成果发表出来。比如 2006 年,周佳等在研究节水农业背景条件时分析提出 MIKESHE 模型为研究人类活动

对于流域的产流、产沙及水质等影响问题提供了理想化的工具,但对资料的完整性和详备度要求较高,不适合基础资料较差的地区;2007年,刘金涛等对模型在流域水资源开发利用的应用进行了研究,认为其对资料要求较高,模型的建立和应用主要限于小尺度的流域;2008年,张志强等应用MIKESHE进行了土地利用和覆盖与气候变化的研究;2009年,王盛萍等以MIKESHE模型为工具,以位于西北黄土高原甘肃省天水市吕二沟流域的实测降水-径流为输入对模型进行校正后,采用多尺度检验的方法探讨分析了单元格及步长变化的水文影响,结果表明,单元格变化对峰值及模拟径流总量有影响;2009年,黄粤等以开都河流域土地覆被和气候变化为主线,模拟径流量变化过程,探讨MIKESHE模型在大尺度缺少资料地区水文日过程模拟中的适用性;2010年,王盛萍等又采用MIKESHE与修正的土壤侵蚀模型MUSLE耦合,对黄土高原典型小流域侵蚀产沙进行了空间分布模拟与评价。沟道重力侵蚀是影响MIKESHE与MUSLE耦合模拟流域出口侵蚀产沙总量精度的重要因素之一等。

在对MIKESHE进行了简单介绍,分析其在实际应用中遇到的问题和挑战后,可以进一步明确模型下一步的改进和展望,这些或许是所有分布式水文模型都将注意的问题。

(1)模型的物理代表意义进一步明确。虽然MIKESHE在代表流域物理意义方面有明显的优势,但是水文模型始终是现实自然系统的仿真,存在不同程度的误差,比如线性规律简化非线性系统带来的问题等亟待解决。

(2)软件设计和开发工作的改进。MIKESHE软件整个安装过程较为复杂,良好使用对计算机性能的要求较高,如何解决模型和现有计算机操作系统的优良整合以及软件的优化设计也非常重要。

(3)模型计算速度进一步优化,提高模型时效性。在进行的很多工作中,要求对水资源管理的决策是快速的、实时的,尤其在洪水预报和预警的工作中,预报时间的准确性关系到人民生命和财产的安全。

(4)建立变尺度水文观测数据的多尺度校正检验方法,是今后应用基于物理过程分布式参数流域水文模型中重要的研究课题。

(5)提高数据共享程度和提高数据质量。MIKESHE本身对数据质量的要求比较严格,在资料不能保证的情况之下,模型得出的结果是不能用于指导实际工作的。而现在拥有的数据质量普遍不高,而且共享渠道基本上关闭,很难获得最近的信息和数据。

(6)多模型的耦合将是一大热点。各种分布式水文模型往往是在针对不同的问题和研究区域而开发出来的,只在某一方面或是几方面具有明显的优势,需要和其他模型进行对接和耦合,以便达到更好的效果,MIKESHE也是如此。

(7)3S技术的融合和现代勘测技术的支持为分布式水文模型的发展提供了有力的帮助。数据的获取和处理一直是MIKESHE需要解决的一大难题,现代高新技术的出现为数据获取和处理提供了有力工具,提高了数据获取及处理的速度和精度。

### 3.7.3.7  MIKESHE模型的应用

1. 研究区域

Argesel河流域是一个中等大小(242 km²)、细长的形状,流域流经三个不同的变形结构单位,影响了流域演变和变形指标的特点,它当前的形状是动态的,平均海拔 720 m,平均坡度为 2%,Argesel 河的长度为 80 km,曲折系数为 1.3。

　　监测水气象数据,未来发生什么,选择可能的替代品,水气象数据的集合,如降雨量、温度、流量,对模拟自然现象至关重要。在罗马尼西亚气象站每隔 1 h 观测气象数据。

　　Argesel 河流域的年平均气温在一定范围内变化:在北边海拔超过 2 000 m 时为 5.5 ℃,海拔是 700 m 时为 8 ℃;在南边海拔为 300 m 时温度为 10.3 ℃。年平均降雨量为 830 mm,38% 发生在夏季,24% 发生在秋季,春季和秋季各占 21% 和 17%。监测点为三个水文站点,Namaesti 的年平均流量为 0.55 $m^3/s$;Vulturesti 的年平均流量为 0.98 $m^3/s$;Mioveni 的年平均流量为 1.82 $m^3/s$。流域的土壤由三个类型组成:始成土、黑土和淋溶土。主要土壤类型是肥沃的,覆盖大约 70% 的流域,27% 是沙地,其余 3% 是混合结构,土壤属性数据由布加勒斯特 INCDPAPMICPA 提供。

　　2. MIKESHE 模型

　　MIKESHE 是一个派生的系统,是确定的、全分布的、基于实物的水文和水质模型系统。

　　先前的研究已经表明,MIKESHE 模拟系统在许多流域研究非常有效,因而被广泛使用,传统流域模型不能代表整个水循环系统。MIKESHE 水文的灵活性是在不同的时间尺度集成各种水文过程。

　　MIKESHE 模型包括有限差分和质量及和能量平衡的理论偏微分方程的解决方案,除了经验关系的验证,该模型涵盖了流域范围内整个水文系统。MIKESHE 模拟系统包括模块结构设计,水的运动(WM)模块是整个模拟系统的基本模块。由水文模拟子组件描述蒸散过程、陆路和通道流、饱和流、不饱和流和通道/表面含水层交流。

　　降雨截留通过使用修正过的 Rutter 模型来模拟,蒸发量通过 Kristensen-Jensen 方法进行模拟,该方法基于的是每种植物的叶面积指数、根深和潜在蒸发量。非饱和地带的水流运动通过一维 Richards 方程进行模拟;三维 Boussinesqequation 用于地下水模拟;河道径流使用一维全动态波近似 Saint Venant 方程进行模拟;相应的,二位扩散波用于地表径流模拟。

　　最初用于河道径流模拟的 MIKESHE 模型并不支持液压结构,比如涵洞和堰,这就给河流模拟造成了麻烦,尤其在欧洲,水域活动经常受到人类活动影响。

　　3. 模型建立

　　在本研究中,模拟了流域的水文循环,包括蒸发、饱和和不饱和流动、地表流动和河道流动。模型包括地形的空间数据、排水、土壤和土地覆盖、沉淀的即时数据和参考蒸发量。

　　对于饱和流模拟使用三维有限差分法。需要输入的数据包括土壤的地理特征,如饱和流域的水平和垂直透水率/单位产率和比容量。水平和垂直导水率值用于主题矫正,单位产量和比容量保持默认值,因为没有其他可用值。

　　排水深度可以影响排放,水埋深初始值设定为 1.5 m。通过延迟表面流到河道的时间,排水时间常数会影响排放,使用值为 $3×10^{-6} ~ 5×10^{-6}$ 1/s。

对于非饱和流,使用 Richards 方程,因为比简化的重力流更精确,对土壤性质来说更合适,比用于两层水平衡效果要好。Richards 方程是基于 Darcy 法则和连续方程,使用 van Genuchten 土壤参数,比如饱和水含量、残余水含量、田间持水量的压力水头、枯萎点水头,以及三个经验常数 $\alpha\left[\mathrm{cm}^{-1}\right]$、$n$[无量纲]和形状因素 $l$[无量纲],见图 3-55。

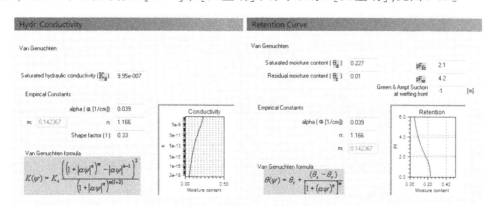

**图 3-55   使用 van Genuchten 公式的渗透系数和保留曲线例子**

地表水流通过近似 Saint Venant 方程扩散波来模拟。需要输入的数据包括曼宁常数、滞洪储存和表面初始水深。曼宁常数值使用空间分布值,取值区间 4~20。更高的值会导致地表水流更快地流入河道。滞洪储存参数会影响地表水,较大值会减少地表水流流到河道的时间,这个参数用于矫正。

蒸发量的计算使用气象和植被数据来预测总蒸发量和净降水量,包括:遮盖物对降水的截留;从遮盖物上排入土壤表面,遮盖物表面的蒸发量;土壤表面的蒸发量;根部的载水量和蒸发量。根部蒸发量基于的是非饱和根部区域的水分含量。用于计算实际蒸发量的参数基于的是叶面积指数、根深、遮盖物截留系数、蒸发表面深度和滞洪储存。

对于河道流,使用水力 MIKE11 模型来模拟 Argesel 河。河道网络包括一个 60 km 的单支流。河支流截面的数据来源于实地调查。一个恒定流的边界条件应用于河流上游开放端,水的水位流量关系用于下游段的边界条件。MIKE11 模型中的分支被指定为耦合流域,所以水可以用临近的 MIKESHE 网格区域交换。

在本书中,地表流和非饱和流的最大允许时间步骤被设置为 1 h,饱和流被设置为 2 h,河道流为 10 min。

4. 模型的校准与验证

Refsgaard 和 Storm 表明,一个分布式水文模型校准的参数的个数受到调整,MIKESHE 受到影响尽可能小。

模型的耦合性质要求 MIKESHE 和 MIKE11 都同时校准,因为在一个模型中修改校准参数可能会影响其他的结果。校准使用两个事件 1/8/1997~12/8/1997 和 21/3/2007~26/3/2007。另两个验证模型被用于 16/8/2005~24/8/2005 和 19/10/2009~24/10/2009。表 3-13 中所示的是最终校准参数值。

表 3-13　最终校准参数值

| 模型 | 参数 | 校准值 |
|---|---|---|
| MIKESHE | 排水时间常数(1/s) | $6\times10^{-6}$ |
| | 泄洪蓄水(mm) | 25 |
| | 水平渗透系数(m/s) | $4.5\times10^{-6}$ |
| | 垂直渗透系数(m/s) | $3\times10^{-7}$ |
| MIKE11 | 曼宁流量系数($s/m^{1/3}$) | 0.025 |
| | 泄漏系数(1/s) | $1\times10^{-4}$ |

5. 结果

校准和验证的目的是比较模拟和观测流域出口的水位,流出水位计的潜力代表流域的水文响应的综合效果。

校准结果表明,地面泄洪蓄水是一个影响河道流量的关键校准参数。泄洪蓄水参数值较高,显示地面和地下储存量的增加,而在河里洪峰流量降低。随后,较低的值有一个相反的效果。MIKESHE 模拟的数据的可用性在一定程度上能解决遇到的问题,通过使用间接的方法估算水力特性。统计模型根据土壤其他特性估算土壤水分保持曲线和不饱和渗透率的关系,如 van Genuchten 公式是非常有用的方法,可以直接测量、方便、低成本。

垂直的饱和导水率影响表现地表径流的快速下降使电导率递增。高值导致累积渗透到土壤表面(减少径流或地表径流)和增加的水位;较低的值相反的增加地面水流,同时减少对含水层的渗透。饱和区的水平饱和导水率显著地影响基本径流以及峰值流量。

MIKESHE 模型的水文模拟是合理,根据比较测量和模拟河道流量之间的关系进行校准。模型的结构参数如网格大小显著影响模拟时间和模拟流出水位,时间步长参数对河道流量有一个适度的影响。

水文影响代表复杂的水文系统排水,采用分布式模型评估整个流域的水文变化对水资源的开发和管理有重要影响。如 MIKESHE 模型需要时间和空间尺度上的详细信息,并采用设定好的程序来模型 Argesel 流域。

# 参考文献

[1] L Galván, M Olías, RFD Villarán, et al. Application of the SWAT model to an AMD-affected river (Meca River, SW Spain). Estimation of transported pollutant load[J]. Journal of Hydrology, 2009, 377(3-4):445-454.

[2] Torres E, Galván L, Cánovas C R, et al. Oxycline formation induced by Fe(Ⅱ) oxidation in a water reservoir affected by acid mine drainage modeled using a 2D hydrodynamic and water quality model——CE-QUAL-W2[J]. Science of the Total Environment, 2016, 562: 1.

[3] Feng L, Sun X, Zhu X. Impact of floodgates operation on water environment using one-dimensional modelling system in river network of Wuxi city, China[J]. Ecological Engineering, 2016, 91: 173-182.

［4］ Sandu M A, Virsta A. Applicability of MIKE SHE to Simulate Hydrology in Argesel River Catchment ［J］. Agriculture & Agricultural Science Procedia, 2015, 6: 517-524.

［5］ Xu M J, Yu L, Zhao Y W, et al. The Simulation of Shallow Reservoir Eutrophication Based on MIKE21: A Case Study of Douhe Reservoir in North China［J］. Procedia Environmental Sciences, 2012, 13(10): 1975-1988.

［6］ Yu S, He L, Lu H. An environmental fairness based optimisation model for the decision-support of joint control over the water quantity and quality of a river basin［J］. Journal of Hydrology, 2016, 535: 366-376.

［7］ 常建中. 一维水质模型对河流污染物扩散的简单模拟［J］. 河南水利与南水北调, 2009(9): 33-35.

［8］ 陈美丹, 姚琪, 徐爱兰, 等. WASP 水质模型及其研究进展［J］. 水利科技与经济, 2006, 12(7): 420-422.

［9］ 董哲仁. 河流生态修复［M］. 北京:中国水利水电出版社, 2013.

［10］ 冯民权, 郑邦民, 周孝德, 等. 水环境模拟与预测［M］. 北京:科学出版社, 2009.

［11］ 蒋忠锦, 王继徽. 天然河流一维水质模型的研究与改进［J］. 湖南大学学报, 1997, 24(6): 90-94.

［12］ 李广梁, 滕洪辉. WASP 水质模型功能及应用［J］. 广州化工, 2014(12): 36-38.

［13］ 马莉, 桂和荣, 曹彭强, 等. 河流污染二维水质模型研究及 RMA₄ 模型概述［J］. 安徽大学学报, 2011, 35(1): 102-108.

［14］ 彭琴, 牟新利, 张丽莹. 二维水质模型及应用研究进展［J］. 化学工程与装备, 2010(3): 123-124.

［15］ 任照阳, 邓春光. 二维水质模型在污染带长度计算中的应用［J］. 安徽农业科学, 2007, 35(7): 1984-1985.

［16］ 万增友. MIKESHE 模型国内应用现状及其关键问题研究［J］. 科协论坛, 2011(5): 99-101.

［17］ 许婷. 丹麦 MIKE21 模型概述及应用实例［J］. 水利科技与经济, 2010, 16(8): 867-869.

［18］ 杨春平, 曾光明. 有限单元法在复杂河段二维水质模型计算中的应用［J］. 环境科学与技术, 1995(3): 1-5.

［19］ 杨传智. 垂向一维水质模型及在龙滩水库的应用［J］. 水资源保护, 1991(3): 26-34.

［20］ 周华. 河流综合水质模型 QUAL2K 应用研究［J］. 中国水利水电科学研究院学报, 2010, 8(1): 71-75.

［21］ 朱伟, 夏霆, 姜谋余. 城市河流水环境综合评价方法探讨［J］. 水科学进展, 2007, 18(5): 736-744.

［22］ 庄巍, 逄勇, 吕俊. 河流二维水质模型与地理信息系统的集成研究［J］. 水利学报, 2007(s1): 90-94.

# 4　河口水环境模型

## 4.1　河口水环境概述

河口是大河的末端,是淡水和海水交汇的水域。河口是一个复杂而又特殊的自然综合体,它是海岸的组成部分,但又不形成海岸,河口是河流的尾闾,但又不限于陆地约束的范围,它对流域的自然变化和人为作用响应最敏感,而且是与近岸海域环境变化密切相关的地区。河口环境因子变化剧烈,生态系统的结构有明显的脆弱性和敏感性。河口地区是自然界生态环境中特别敏感的区域。河口所处的特定位置,使其在陆域与海域的生态平衡上占有重要的地位。河口生态环境是一个复杂的系统性整体,受到人为因素和自然因素的各个因子以不同的方式和程度相互作用和影响。

河口以其丰富的自然资源和有利的环境条件逐步发展为人口密集、经济发达的区域。但近年来,对河口开发力度加大,而相应的环保投入不足,加之现行管理水平低下,导致河口资源破坏,生态环境问题日益突出。目前,河口已经成为我国近岸海域污染最严重的地区之一,河口水生态环境日益恶化。具体表现如下:

(1)河口淡水资源减少,污染加剧。河流上游人类的生产及生活活动对淡水量的截留,使得流入河口水域的淡水量减少,削减了河口维持生态平衡的物质来源。河口污染是中国河口面临的最严重的威胁之一。目前,河口实际上已成为工业污水、生活污水和农用废水的承泄区。我国河口已普遍受到总氮、总磷等营养物质的点源污染和面源污染,富营养化程度严重。城市的工业和生活污水在河口的直接排放是使河口遭受污染的主要原因。在河口地区,大量有机物的聚集使水域富营养化程度增加,其中氮和磷的成分更多。

(2)入海水量减少,海岸蚀退,咸潮频发。随着入海水量的减少,海岸地带在风浪、沿岸海流、潮汐等作用影响下,岸线逐渐蚀退。当流入大海的淡水河流量不足时,会形成海水倒灌,咸淡水混合造成上游河道水体变咸,这样就形成了咸潮。咸潮一般发生于冬季或干旱的季节,即每年10月到翌年3月之间出现在河流和海洋的交汇处。

(3)河口生境退化,生物多样性急剧下降。自然过程和人类对河口的开发利用是改变河口的两大因素。入海河流挟带着丰富的有机物和营养元素,为河口区生物提供了食物来源。河口区泥沙沉积,形成三角洲或水下淤泥底质,为许多生物提供了良好的栖息环境。但是,由于人为的不合理开发利用,进入河口的水、沙量减少,相应也减少了河口附近动植物所需的重要资源,必然会影响河口特有植物资源和水生生物资源的丰富程度。同时,自然界的灾变事件,如咫风、洪水、干旱等对河口环境的改变也有着深远的影响,河口区生物多样性随着河口的衰亡而急剧下降。

(4)河口渔场的衰退。咸淡水交汇的河口存在大量的浮游生物,是鱼类索饵和产卵的重要场所。河口水质的污染和水产资源的破坏使河口渔场逐渐衰退。

# 4.2 一维水质模型

目前,控制水环境污染的方法有很多,水质的模拟和预测已成为对水环境进行污染治理、防治和开展水环境规划管理的重要方法。实践工作中,人们往往通过构建数学模型来对水质进行模拟、研究和分析其迁移、转化规律。这种研究方法是根据实际监测资料所提供的信息,通过逻辑推理、数理分析建立起能够代替真实系统的模型,然后采用这种数学模型进行水质变化规律的研究。水质模型是根据物质守恒原理用数学的语言和方法描述参加水循环的水体中水质组分所发生的物理、化学、生物化学和生态学诸方面的变化、内在规律和相互关系的数学模型,是水环境污染治理、规划决策分析的重要工具。水质模型是污染物在水环境中变化规律及其影响因素之间相互关系的数学描述,它可用于水体水质的预测、研究水体的污染与自净以及排污的控制等。第一个水质模型是 1925 年由美国的两位工程师斯特里特(Streeter)和菲尔普斯(Phelps)在对俄亥俄河污染源及其对生活污水影响的研究中建立起来的,是一个简单的平衡模型,该模型提供了水中有机物氧化作用与复氧作用的关系式。水质模型随后经过了 90 多年的发展,其发展过程根据不同的学者,有不同的划分方法。谢新宇等将水质模型的发展过程分为四个阶段(见表 4-1),李光炽等将水质模型发展历程归纳为三个发展阶段(见表 4-2)。

表 4-1 水质模型的发展历程(一)

| 阶段 | 内容 |
| --- | --- |
| 1925~1965 年 | 开发了适合于河流、河口等地区的一维水质模型,该模型是较为简单的 BOD-DO 的双线性系统的耦合模型,即 S-P 方程 |
| 1965~1970 年 | 随着计算机软件、硬件的更新换代和 BOD 耗氧过程的研究深入,继续研究 S-P 模型的多维参数估值问题,一维、二维海湾和湖泊的水质模拟,水质模型也发展为六个线性系统(生化需氧量 BOD、溶解氧 DO、有机氮、氨氮、亚硝态氮、硝态氮) |
| 1970~1975 年 | 由线性系统发展到非线性系统,包括 N、P 等营养物质在自然界的循环机制、浮游生物系统、营养物质、阳光、温度与生物生长的作用关系式。发展出可用于一维、二维的水质模型(可用于河流、河口、湖泊、水库)的数值解法 |
| 1975 年至今 | 发展了多种相互作用系统:水体中污染物质与底泥等底质中的污染物质相互交互系统,水中悬浮物质吸附和释放 BOD 等水相与固相的交互系统,水生生态系统中的生物与水中有毒物质的交互系统。空间维数发展到三维,应用范围由河流、水库、湖泊等单一水体向流域性综合水域发展 |

表 4-2　水质模型的发展历程(二)

| 阶段 | 内容 |
| --- | --- |
| 20 世纪 20 年代中期到 70 年代初期 | 该阶段是水质模型发展的初级阶段。此阶段主要是对于氧平衡模型的研究,开发并发展了比较简单的生化需氧量(BOD)和溶解氧(DO)的耦合模型,也是一个简单的氧平衡模型,可用于河流等区域的一维稳态水质模拟 |
| 20 世纪 70 年代初期到 80 年代中期 | 该阶段属于水质模型的迅速发展阶段。此阶段出现了对多维模拟、多介质模拟、动态模拟等的多种模型研究,继续研究 S-P 模型的多维参数估值问题,由线性系统研究发展到了相互作用的非线性系统水质模型,涉及生物生长率与阳光、营养物质等因素之间的关系,并开发出了一维、二维水质模型的数值解法 |
| 20 世纪 80 年代中期以后 | 该阶段属于水质模型的广泛应用阶段,相比于上个阶段水质模型的发展状况,模型的精确度和可靠性都有很大的提升,水质模型的空间维度也由一维、二维发展到三维。该阶段水质模型的复杂性大大提高,水中重金属污染物、有毒有机物在水体中的迁移、转化和生物体内的积累机制在深入研究,但实际模拟还有些难度。对于地表水质模型还综合考虑到大气、地下水等对地表水质的影响,开发出来了综合水质模型。将地理信息系统技术、计算机技术、BP 技术等与水质模型相结合,增强水质模型的功能和应用范围 |

地表水质模型根据不同的角度可以分为不同的类型:

(1)从使用管理的角度,水质模型可分为河流模型,河口模型,湖泊、水分模型,海湾模型等。一般河流、河口的模型相对于湖泊、海洋模型较为成熟。

(2)从水质组分,分为单组分模型,如化学需氧量模型、生化需氧量模型、氨氮模型、营养物质模型、重金属模型等;多组分模型,如水生生态模型;耦合组分模型,如 BOD-DO 耦合模型。其中,生化需氧量(BOD)和溶解氧(DO)的耦合水质模型由于是最早的水质模型,发展时间较长,因此是一种比较成熟的模型;各单组分综合起来的相互作用的非线性系统,这种综合模型比较复杂,考虑的因素也较多,因此使用起来需要大量的数据,比较难于使用。

(3)从空间维数分类。人们对河口水质模型进行分类时,通常是以河口水质模型所研究的空间维数以及研究的时间尺度作为分类标准的。可分为:零维模型,是将研究水体看作是一个完全混合反应容器,进入水体中的污染物质,会立刻在纵向、横向、垂向方向上完全混合,主要用于湖泊和水库模拟;一维模型,一维河口水质模型通常值考虑污染物浓度沿河口方向的变化,其模型方程与一维水质模型的对流扩散方程类似;二维模型,二维河口水质模型又分为平面二维模型和竖向二维模型,平面二维模型考虑到污染物浓度沿纵向和横向的变化,竖向二维模型考虑的是污染物浓度沿纵向和垂向的变化;三维模型,考虑污染物的横向、纵向、垂向的三维变化,适用于河口、海湾和感潮河段等较为复杂的区域。

虽然真实世界都是三维结构,但三维模型较为复杂,实际应用上往往采用一维、二维或零维的水质模型就可以满足模拟精度要求。一般情况下,对一条中小河里的较长河段,其长度要远远大于宽度和深度,因此横向和竖向的污染物浓度变化梯度可以忽略,可以使用一维水质模型(只考虑到污染物浓度的纵向分布)来模拟河水的水质。

### 4.2.1　模型概述

河流水质的特点是,上游处的每一个污水排放口所排放出的污染物会随河流的方向向下游迁移、扩散,因此会对下游每一个断面的水质产生一个增量;而下游排污口排放的污染物在通常的条件下,不会逆水流方向向上游扩散进而对上游水质产生影响,所以一般认为下游排放口排放的污染物不会对上游产生影响。在河流中,在污染物以面源方式进行排放的情况下,或者在污染带下游的均匀混合段进行水资源保护和水污染控制定量计算经常要采用一维水质模型。一维水质模型是水质模型中相对简单的一种,适用于河水流速较小的小型河道,岸边排放的污染物能在较短的时间内到达对岸,且能与河水均匀混合。

### 4.2.2　一维水质模型原理

一维均匀河水质模型基本方程通式如下：

$$\frac{\partial C}{\partial t} + u\frac{\partial C}{\partial x} = -KC \tag{4-1}$$

方程的解为

$$C = \frac{Q_p C_p + Q_E C_E}{Q_p + Q_E}\exp\left[\frac{-Kx}{86\,400u}\right] \tag{4-2}$$

式中: $C$ 为排污口下游污染物浓度,mg/L; $x$ 为输移距离,m; $u$ 为河流平均流速,m/s; $K$ 为污染物综合衰减系数,1/d; $Q_p$、$C_p$ 为上游来水设计水量与水质浓度,m³/s、mg/L; $Q_E$、$C_E$ 为排污口废水排放量与污染物排放浓度,m³/s、mg/L。

单组分一维河流水质模型基本方程组构成如下：

水流连续方程

$$B = \frac{\partial Z}{\partial t} + \frac{\partial Q}{\partial x} = q \tag{4-3}$$

水流运动方程

$$\frac{\partial Q}{\partial t} + \frac{\partial}{\partial x}(\beta\frac{Q^2}{A}) + gA(\frac{\partial Z}{\partial x} + J_f) + u_t q = 0 \tag{4-4}$$

式中: $Z$ 为断面水平位; $Q$、$A$、$B$ 分别为断面流量、过水面积、水面宽度; $x$、$t$ 为距离和时间; $q$ 为旁侧入流,负值表示流出; $\beta$ 为动量校正系数; $g$ 为重力加速度; $J_f$ 为摩阻坡降,采用曼宁公式计算, $J_f = g/C^2 Z$; $u_t$ 为单位流程上的侧向出流流速在主流方向的分量。

水质变化方程

$$\frac{\partial(AC)}{\partial t} + \frac{\partial(QC)}{Qx} - \frac{\partial}{\partial x}(AE_m\frac{\partial C}{\partial x}) + AK_1 C = S_m \tag{4-5}$$

式中: $C$ 为污染物浓度; $A$ 为河道断面面积; $Q$ 为河道断面流量; $E_m$ 为河段混合扩散系数; $K_1$ 为污染物降解速率常数; $S_m$ 为源、汇项; $x$、$t$ 分别为距离、时间。

### 4.2.3　一维水质模型的应用与案例分析

早在1925年,美国的 Streeter 和 Phelps 在关于美国俄亥俄河的天然净化过程的研究中,建立了世界上第一个河流的一维水质模型,这个水质模型至今仍然具有实际意义。90多年来,国内外在水环境保护和水污染控制工作中,对该水质模型的研究和应用取得了很大的发展。在 Streeter 和 Phelps 研究成果的基础上,经过后人不断的改善和完善,现在已经发展起各式各样的、适应于不同情况的(河流、海湾、河口、水库、湖泊和地下水等)、较完善的水质模型。

### 4.2.3.1　一维水质模型的应用

刘志武等选取 2007 年 9 月 25 日至 10 月 3 日的三峡水库蓄水资料建立基于一维非恒定流的水动力学模型,模拟库区河道水流演进过程,预测三峡坝前的水位、流量过程,并与实测水位比较。结果表明,该模型具有较好的精度,能够为实际蓄水调度提供参考。金新芽等针对河口地区潮流特点,建立了潮流量推算一维水动力数学模型。将 Saint-Venant 方程组进行求解,并根据涨、落潮流的水动力特性,分别进行涨、落潮糙率率定,准确计算出逐时段河道各断面的水位和流量。应用该模型对宁波三江口地区的潮流量进行推算,结果表明,计算的潮流量与该地区实测的潮流量吻合得较好。荆海晓等基于描述明渠非恒定流的 Saint-Venant 方程,采用 Preissmann 四点偏心隐格式及河网三级联解法建立了河网一维水动力模型;利用一维对流扩散方程建立了河网一维水质模型;讨论了河网中闸坝、堰等水利设施的处理方法和河道断面概化等问题;对所建立的模型进行了验证,结果表明所建模型切实可靠,可以用于复杂一维河网水动力及污染物输移扩散的模拟和预测。对于湖泊、水库及河口等开阔水域,基于二维浅水方程和二维对流扩散方程,利用坐标变换法建立了一般曲线坐标系下的二维河网水动力及水质模型,解决了由于复杂边界条件处理不当带来的模型误差;通过解析解对二维模型进行了验证,结果表明所建立的二维模型基本能反映二维水域水流运动及污染物输移扩散规律,可以进一步应用于实际的二维水域的模拟。在所建立的一、二维模型的基础上利用重叠投影法进行了一、二维模型的耦合求解,解决了河网中水库、湖泊等局部开阔水域的二维计算问题,并对模型进行了验证。将所建立的一维水动力模型应用于北运河流域,对北运河北关闸至土门楼段、榆林庄至土门楼段进行了水动力模拟预测,并与实测数据进行了比较分析,进一步验证了模型的可靠性。朱茂森等根据辽河流域的特点,将基于水动力和水质模型原理的 MIKE11 软件应用于辽河上游水域排放限值制定的整体技术路线中,模拟污染物在水体中迁移扩散和衰减的过程。通过对辽河上游福德店到通江口段河流的模拟,验证了用 MIKE11 软件建立辽河流域水动力模型的可行性,进而在水动力模型的基础上建立河流一维水质模型。结果表明:MIKE11 软件用于模拟污染物在水体中迁移扩散和衰减的过程是可行的,有节约人力物力、计算准确、便于操作和结果可视化等优点。柏菊等通过对淮北市水功能区基本情况的分析,利用一维水质模型的概化,分析了模型参数的确定方法,建立了河流纳污能力模型,定量计算出水功能区纳污能力。

### 4.2.3.2　一维水质模型案例分析

以位于白山市某造纸项目环境影响报告为例,采用 S-P 模型和完全混合模型对其中的地表水环境进行预测。该项目,受纳水体为浑江,有资料显示浑江水系符合《地表水环境质量标准》(GB 3838——2002)中Ⅲ类标准,河流为中等规模。水流恒定流动,突发性水文状况罕见,有利于污染物的迁移转化,根据白山市环境监测站近年对浑江的例行监测,其结果见表4-3。

表4-3 2003~2005年浑江水质监测结果平均值 （单位:mg/L）

| 监测项目 | 河口断面 | 七道江断面 | 西村断面 | 浑江干流 |
|---|---|---|---|---|
| pH 值 | 7.38 | 7.3 | 7.28 | 7.32 |
| SS | 5.43 | 31.2 | 26.7 | 21.3 |
| 溶解氧 | 6.8 | 4.95 | 5.03 | 5.57 |
| COD | 3.27 | 16.76 | 12.72 | 9.26 |
| BODs | 1.67 | 9.01 | 6.71 | 5.82 |
| 氨氮 | 0.691 | 1.521 | 1.456 | 1.23 |
| 挥发酚 | 0.001 | 0.016 | 0.018 | 0.011 |
| 石油类 | 0.002 | 0.035 | 0.023 | 0.018 |

1. S-P 模型

S-P 预测模式如下:

$$C = C_0 \exp\left\{ -K_i \frac{x}{86\,400u} \right\} \tag{4-6}$$

$$C_0 = (C_h Q_h + C_p Q_p)/Q_p + Q_h \tag{4-7}$$

式中:$C$ 为预测断面污染物浓度,mg/L;$C_h$ 为污水排放口上游污染物浓度,mg/L;$C_p$ 为废水中污染物排放浓度,mg/L;$x$ 为预测河段长度,m;$u$ 为河流平均流速,m/s;$Q_h$ 为河流流量,m³/s;$Q_p$ 为废水排放量,m³/s;$K_i$ 为污染物衰减系数,1/d。

预测过程:根据项目工艺特点,废水排放特征和浑江水质实际情况（见表4-3）,选COD作为预测因子。为了反映拟建项目建成后排水对浑江水质的影响,地表水现状监测选择在枯水期,故地表水预测时段也为枯水期,预测时按正常排放和事故排放两种情况进行,已知拟建项目废水预测源强见表4-4。

表4-4 拟建项目废水预测源强

| 废水名称 | 排放工况 | 废水排放量(m³/s) | 污染物源强(10 000 mg/s) | | |
|---|---|---|---|---|---|
| | | | 现有 | 拟建 | 变化量 |
| 外排废水 | 正常 | 0.094 | 6.8 | 3.1 | -3.7 |
| | 事故 | | 6.8 | 12 | 5.2 |

预测结果经计算,拟建项目废水影响预测结果详见表4-5。

表4-5 拟建项目废水影响预测结果 （单位:mg/L）

| 污染物 | 废水排放情况 | 现状监测值 | 预测值 | 河流水质变化量 | 贡献率(%) |
|---|---|---|---|---|---|
| 化学需氧量 | 正常排放 | 12.72 | 10.11 | -2.61 | -20.53 |
| | 事故排放 | | 17.98 | 5.26 | 29.3 |

由表4-5可见,拟建项目正常排放对河流现有水质污染贡献减轻,贡献率为-20.53%;

在事故排放对河流现有水质中的 COD 增加值为 5.26 mg/L,贡献率为 29.3%。因此,正常排放时,使河流现有污染物浓度有所削减,事故排放时影响较大。

### 2. 完全混合模型

一股废水排入河流后能与河水迅速完全混合,则混合后的污染物浓度($P_0$)为

$$P_0 = \frac{QP_1 + qP_2}{Q + q} \tag{4-8}$$

式中:$Q$ 为河流的流量,$m^3/s$;$P_1$ 为排污口上游河流中污染物浓度,mg/L;$q$ 为排入河流的废水流量,$m^3/s$;$P_2$ 为废水中的污染物浓度,mg/L。

预测结果:经计算,预测结果见表 4-6。

**表 4-6　水质预测结果**　　　　　　　　　　　　　　　　（单位:mg/L）

| 污染物 | 废水排放情况 | 现状监测值 | 预测值 | 河流水质变化量 | 贡献率(%) |
|--------|------------|----------|-------|--------------|----------|
| 化学需氧量 | 正常排放 | 12.72 | 10.41 | -2.31 | -18.16 |
|  | 事故排放 |  | 18.51 | 5.79 | 31.28 |

预测结果比较:通过比较表 4-5 和表 4-6 可知,完全混合模型的预测值均比 S-P 模型的预测值偏大,这就说明 S-P 模型更贴近现状监测值 12.72 mg/L,预测结果较完全混合模型准确,在一定程度上减小了因模型选择不恰当而带来的误差,从而保护了受纳水体。

# 4.3　二维水质模型

## 4.3.1　二维水质模型概况

对于污染物在河口区的混合过程段,可以采用二维动态混合衰减模式预测水质。其基本方程如下:

$$\frac{\partial C}{\partial t} + u_x \frac{\partial C}{\partial x} = M_x \frac{\partial^2 C}{\partial x^2} + M_y \frac{\partial^2 C}{\partial y^2} - K_1 C \tag{4-9}$$

由于河口条件的复杂性,难以求得式(4-9)的解析解,实际研究过程中多采用有限差分等数值法,式(4-9)的显式差分格式为

$$+ M_y \frac{C_{i,j+1}^{(l)} - 2C_{i,j}^{(l)} + C_{i,j-1}^{(l)}}{\Delta y^2} - K_1 C_{i,j}^{(l)} \tag{4-10}$$

整理得

$$+ \left( \frac{M_x \Delta t}{\Delta x^2} - \frac{u_{i,j}^{(l)} \Delta t}{2\Delta x} \right) C_{i+1,j}^{(l)} + \frac{M_y \Delta t}{\Delta y^2} (C_{i,j-1}^{(l)} + C_{i,j+1}^{(l)}) \tag{4-11}$$

显式差分法的稳定条件为

$$\frac{2\Delta t M_x (\Delta x^2 + \Delta y^2) + K_1 \Delta t}{\Delta x^2 \Delta y^2} < 1 \tag{4-12}$$

式(4-9)的隐式梯形差分格式为

$$+ \left( \frac{u_{i,j}^{(l)}\Delta t}{4\Delta x} + \frac{M_x \Delta t}{2\Delta x^2} \right) C_{i-1,j}^{(l+1)} + \frac{M_x \Delta t}{2\Delta y^2} \left[ C_{i,j-1}^{(l+1)} + C_{i,j+1}^{(l+1)} \right] \tag{4-13}$$

式(4-10)~式(4-12)中:上标 $l$ 为时间序列号; $\Delta x$ , $\Delta y$ 分别为 $x$ , $y$ 方向上的步长; $M_x$ , $M_y$ 分别为纵向、横向混合系数。

初值 $C_{0,j}^{(l)}$ 可由下式计算:

$$\left. \begin{aligned} C_{0,j}^{(l)} &= ( C_p Q_p + C_h Q_h )/( Q_p + Q_h ) \\ C_{i,j}^o &= C_h \end{aligned} \right\} \tag{4-14}$$

式中: $C_h$ 为河流上游污染物浓度,mg/L; $C_p$ 为污染物排放浓度,mg/L; $Q_h$ 为河流流量,m³/s; $Q_p$ 为废水排放量,m³/s。

边界条件为

$$C_{i,0}^{(l)} = C_{i,2}^{(l)} , \quad C_{i,N+1}^{(l)} = C_{i,N-1}^{(l)} , \quad C_{M+1}^{(l)} = C_{M,J}^{(l)} \tag{4-15}$$

## 4.3.2　使用二维水质模型对淮河中游河段的研究

### 4.3.2.1　背景介绍

淮河中游地处安徽段,地势低平,地面高程大部分位于干支流洪水位之下。气候为暖温带季风气候,极易发生洪涝灾害。洪涝灾害伴随水体污染,尤其是淮河中游蚌埠闸以上的河段和颍河为普遍关注的焦点,淮河流域历史上发生的水污染事故均在这一区域。本书以淮河中游蚌埠闸以上颍河口至田家庵河段为研究对象,运用 MS(地表水模拟系统)中的 RMA4(二维水质模块)研究了淮河中游典型污染年份 2004 年洪水期的污染指标氨氮( $NH_3$ —N)和 $COD_{Mn}$ 的动态扩散过程,并对目标河段内一分汊河道进行了分污量的计算,对淮河中游河道水质预警预报和水资源环境保护提供一定的参考。

### 4.3.2.2　模型的初始条件和边界条件

水质模拟的初始值为该河段污染物的背景浓度。由于在模拟之前污染负荷早已存在,因此按照实际监测资料先假定一初始场,再通过反复计算最终形成满意的初始场。对于边界条件的设置,闭边界 $\Gamma_2$ (河岸边界)上,固壁边界法向浓度为零。开边界 $\Gamma_1$ 满足 $C(x,y,t) = f(x,y)$ 或 $C(x,y,t)\Gamma_1 = C_0$ 。其中, $f(x,y)$ 为边界水质浓度,随时间变化; $C_0$ 为边界上浓度实测值。

### 4.3.2.3　参数的确定

建模所需要的参数主要有水动力学参数糙率、污染物降解系数和扩散系数等。糙率反映河道阻力对水流的作用。糙率的选取根据河流形态查表并参照该河段已有的成果率定河道主槽 $n = 0.025$ ,河道滩地糙率 $n = 0.035$ 。淮河流域氨氮和 $COD_{Mn}$ 降解系数的推求采用《中国水功能区划(试行)》中的公式 $K = U/X \ln( C_上/C_下)$ ,其中: $U$ 为断面平均流速,m/s; $X$ 为河段长度,m; $C_上$ 为河段上断面污染物浓度,mg/L; $C_下$ 为河段下断面污染物浓度,mg/L。《淮河流域纳污能力及限量排污总量意见》采用淮河流域 50 个河段的降解系数 $K$ 值实测结果,通过分析得到降解系数和 $U$ 值的线性关系,即 $K_{NH_3-N} = 0.061 + 0.551U$ ; $K_{COD} = 0.050 + 0.68U$ ,其中, $K$ 为综合降解系数,1/d,以 $K$ 值与 $U$ 的线性关系为基础,结合各个河段的平均流速,淮河干流综合降解系数的评定范围 $K_{NH_3-N} = 0.13 \sim 0.26$ ; $K_{COD} =$

0.13~0.28。根据《河流水质水量综合评价方法研究》中对淮河中游河段试验断面的计算,结合淮河干流综合降解系数的评定范围,最终确定 $K_{NH_3-N}=0.139/d$,$K_{COD}=0.135/d$。

扩散系数的确定依据前人对天然河道所做的大量试验研究以及淮河干流先后开展的大量数值模拟由图 4-1 可以看出:水质曲线总体呈现下降趋势,大体分为两个阶段:第一阶段,降雨在汇集入河过程中,将闸坝河道内储存的污水冲刷入河,增加了河水的污染负荷。在汛初期污染指标浓度有所上升,水质较差。第二阶段,流量逐渐稳定,一定水力下可冲刷的积存污染基本解决,降雨汇入起到稀释作用,水质逐渐转好。由图 4-1 可以看出:模拟值和实测值总体变化趋势一致,但局部数据存在一定的误差。其原因可能是监测的时间段为洪水期,而且洪水来临前上游计算,经比选,最终确定目标河段相应污染指标的纵向弥散系数为 20 m²/s、横向扩散系数为 20 m²/s。

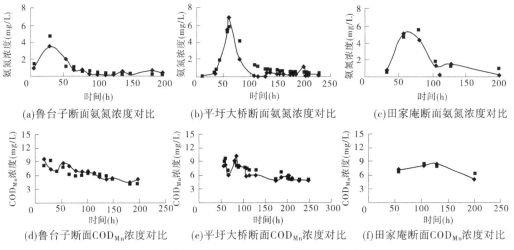

图 4-1　各断面模拟浓度和实测浓度对比

#### 4.3.2.4　模型的验证

2004 年 7 月,淮河流域出现了一次洪水过程。支流颍河开闸泄洪,闸上关蓄的高浓度受污染水大量排入淮河干流,使得淮河中游颍河以下凤台至淮南段水质产生剧烈变化,本书以典型污染年 2004 年 7 月 18 日 0:00 至 2004 年 7 月 28 日 6:00 为模拟时段,考察区段内典型断面鲁台子断面、平圩大桥断面和田家庵断面的氨氮(NH₃—N)和 CODₘₙ 的变化过程,对模型进行验证,其验证结果见图 4-1。其中鲁台子断面、平圩大桥断面、田家庵断面、姚家湾排污口、颍河排污口为动态水质水量监测数据。其他排污口水质水量数据根据 2002~2004 年污染物入河情况进行统计计算,研究中作为衡量处理。各闸开启泄洪,污染物浓度变化曲线幅度较大,而污染物的监测频率较低,试验数据的缺失是导致误差产生的一个主要因素。此外,水质分析测试中的试验误差以及降解系数的估算也会产生误差。

#### 4.3.2.5　分汊河道污染分布特征

为考察分汊型河道动态排污下各汊口和交汇口处污染物浓度分布,研究中以污染指标氨氮(NH₃—N)为例,选取 6 个特征点,分汊口处取点 1、点 2,分别位于南汊和北汊。南汉分支处选取点 3、点 4,分别位于南汉分出的二级支汉处和二道河入口附近。交汇口处选取点 5、点 6。其中 6 个特征点均位于河道中部,如图 4-2 所示。

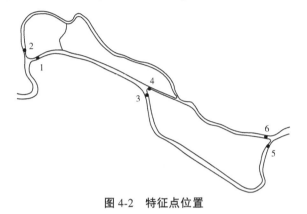

图 4-2 特征点位置

6 个特征点的氨氮(NH₃—N)浓度随模拟分布如图 4-3 所示。可以看出二道河分汉口点 3、点 4 处氨氮(NH₃—N)浓度过程线几乎完全重合;分汉口点 1、点 2,交汇口点 5、点 6 氨氮(NH₃—N)浓度过程线基本重合,整体来看表现为分污均衡,但局部也存在一定的差异性。为体现其差异性,研究中选取 2004 年 7 月 19 日 5:00 模拟 29 h、2004 年 7 月 20 日 17:00 模拟 65 h、2004 年 7 月 22 日 19:00 模拟 117 h 三个特征时刻对 6 个特征点所在断面的污染物分布状态进行模拟,模拟结果如图 4-4 所示。

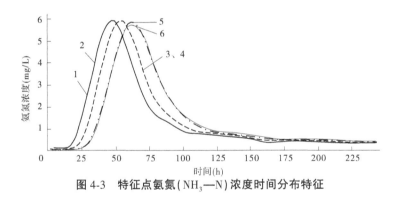

图 4-3 特征点氨氮(NH₃—N)浓度时间分布特征

由图 4-3、图 4-4 可以看出:凤台大桥以下分汉河型,分汉口 1、2 特征点处,污染指标 NH₃—N 浓度以污峰(约模拟 48 h)为界,两侧浓度分布表现为:在污峰到来前,南汉分汉口处分污量较大;污峰过后北汉分汉口处分污量较大;稳定后,南北汉分污相对均衡。二级支汉 3、4 特征点处,污染物 NH₃—N 浓度随时间变化曲线基本重合,分污量相对均衡。南北汉交汇口 5、6 特征点处,污染物 NH₃—N 浓度呈现出交替变化的状态,分污规律不显著。

### 4.3.2.6 结论

本书基于 SMS-RMA4 建立淮河中游颍河口至田家庵河段二维水质模型。以典型污染年 2004 年为例,模拟了目标河段丰水期污染指标氨氮(NH₃—N)和 COD_{Mn} 浓度的动态分布过程,模型验证结果较好。此外,对该河段内一分汉河道(凤台大桥—平圩大桥)进

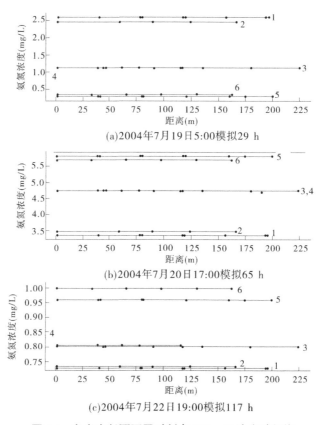

(a)2004年7月19日5:00模拟29 h

(b)2004年7月20日17:00模拟65 h

(c)2004年7月22日19:00模拟117 h

**图 4-4　各考察断面不同时刻点 NH₃—N 浓度过程线**

行了汉口处和交汇口处的分污量计算,得出分汊河道汉口处和交汇口处的分污规律,其研究成果对淮河中游颖河口至田家庵河段水质预警预报和水资源环境保护具有一定的参考意义。

# 4.4　三维生态水质模型

## 4.4.1　三维水质模型概况

氮和磷是生态系统的主要生源元素,在海洋中生态的变化主演表现为氮和磷在各种形态间的循环。在许多河口水域,既存在氮元素限制浮游植物生长的区域,又存在磷元素限制的区域,而氮和磷元素各自的限制区域在不同季节又有所变化。鉴于上述考虑,模型将考虑氮和磷两种元素的生物化学循环,且每个元素均采用五个变量来描述其形态变化,见图 4-5 和表 4-7 所述。直接卷入富营养问题的溶解无机态氮、磷和浮游植物的含量是人们关心的重点,需要用现场观察数据对它们做必要的校验。浮游动物的量通常没有很好的观测数据,碎屑和底栖营养物质的量也是如此,因此这些变量只是作为非给定物质库(氮和磷)而进行粗略模拟。为了使问题得到简化,在浮游植物和浮游动物中氮和磷的物质的量比被取为经典的 Redfield 常数(16∶1)。此外,模型还模拟溶解氧含量,所考虑的产氧和耗氧过程与营养物质的量及其变化过程相关。

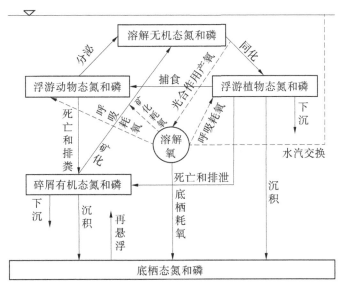

（实线为营养物质过程，虚线为溶解氧过程）

**图 4-5 模型所考虑的生化过程示意图**

底栖态营养物质（NBEN 和 PBEN）是二维变量，而其他预报参量均为三维变量，所有三维变量的循环可分成两个过程来描述，即水动力平流-扩散过程和生化反应形成的内部转变及颗粒沉降过程，其具体表达形式如下：

（1）水动力平流-扩散过程。

$$\frac{\partial C_i}{\partial t} = -\frac{\partial u C_i}{\partial x} - \frac{\partial v C_i}{\partial y} - \frac{\partial w C_i}{\partial z} + \frac{\partial}{\partial x}\left(K_h \frac{\partial C_i}{\partial x}\right) + \frac{\partial}{\partial y}\left(K_h \frac{\partial C_i}{\partial y}\right) + \frac{\partial}{\partial z}\left(K_v \frac{\partial C_i}{\partial z}\right) \quad (4\text{-}16)$$

式中：$C_i$ 为物质的浓度；$t$ 为时间；$u$，$v$ 和 $w$ 分别为对应于 $x$，$y$ 和 $z$ 坐标轴的速度分量；$K_h$ 和 $K_v$ 为水平涡动扩散系数和垂直涡动扩散系数。

**表 4-7 模型变量的定义**

| 符号 | 定义 | 单位 |
|---|---|---|
| NMIN | 溶解无机态氮 | $\mu mol/dm^3$ |
| NPHY | 浮游植物态氮 | $\mu mol/dm^3$ |
| NZOO | 浮游动物态氮 | $\mu mol/dm^3$ |
| NDET | 碎屑有机态氮 | $\mu mol/dm^3$ |
| NBEN | 底栖态氮 | $mmol/dm^2$ |
| PMIN | 溶解无机态磷 | $\mu mol/dm^3$ |
| PPHY | 浮游植物态磷 | $\mu mol/dm^3$ |
| PZOO | 浮游动物态磷 | $\mu mol/dm^3$ |
| PDET | 碎屑有机态磷 | $\mu mol/dm^3$ |
| PBEN | 底栖态磷 | $mmol/dm^2$ |
| DO | 溶解氧 | $mg/dm^3$ |

（2）生物反应形成的内部转变及颗粒沉降过程。

$$\frac{\partial NMIN}{\partial t} = -PHY_{\text{grow}} \cdot NPHY + N_{\text{re min}} \cdot NDET + ZOO_{\text{excr}} \cdot NZOO \qquad (4\text{-}17)$$

$$\frac{\partial NPHY}{\partial t} = (PHY_{\text{grow}} - PHY_{\text{exu}} - PHY_{\text{mort}} - PHY_{\text{se dim}}) \cdot NPHY +$$

$$\frac{\partial (w_{PHY} \cdot NPHY)}{\partial z} - ZOO_{\text{graze}} \cdot NZOO \qquad (4\text{-}18)$$

$$\frac{\partial NZOO}{\partial t} = (ZOO_{\text{gaze}} - ZOO_{\text{excr}} - ZOO_{\text{egest}} - ZOO_{\text{mort}}) \cdot NZOO \qquad (4\text{-}19)$$

$$\frac{\partial NDET}{\partial t} = (PHY_{\text{exu}} + PHY_{\text{mort}}) \cdot NPHY + (ZOO_{\text{egest}} + ZOO_{\text{mort}}) \cdot NZOO +$$

$$N_{\text{resusp}} \cdot \frac{NBEN}{h_{\text{b}}} - (DET_{\text{se dim}} + N_{\text{re min}}) \cdot NDET + \frac{\partial (w_{\text{om}} \cdot NDET)}{\partial z} \qquad (4\text{-}20)$$

$$\frac{\partial PMIN}{\partial t} = -PHY_{\text{grow}} \cdot PPHY + P_{\text{re min}} \cdot PDET + ZOO_{\text{excr}} \cdot PZOO \qquad (4\text{-}21)$$

$$\frac{\partial PPHY}{\partial t} = \frac{\partial NPHY}{\partial t} \cdot \frac{1}{r\frac{N}{P}} \qquad (4\text{-}22)$$

$$\frac{\partial PDET}{\partial t} = (PHY_{\text{exu}} + PHY_{\text{mort}}) \cdot PPHY + (ZOO_{\text{egest}} + ZOO_{\text{mort}}) \cdot PZOO +$$

$$P_{\text{resusp}} \cdot \frac{PBEN}{h_{\text{b}}} - (DET_{\text{se dim}} + P_{\text{re min}}) \cdot PDET + \frac{\partial (w_{\text{om}} \cdot PDET)}{\partial z} \qquad (4\text{-}23)$$

$$\frac{\partial DO}{\partial t} = O_{\text{photos}} - O_{\text{re min}} - O_{\text{benthos}} - O_{\text{respphy}} - O_{\text{respzoo}} + O_{\text{air}} \qquad (4\text{-}24)$$

式中：$h_{\text{b}}$ 为模型中底层水体的厚度，m。模型包含的内部转变和颗粒物沉降过程的数学表达式详细地列于表 4-8，过程所用参数的定义归纳于表 4-9。

表 4-8　模型包含的内部过程

| 符号 | 定义 | 公式 |
|---|---|---|
| $PHY_{\text{grow}}$ | 浮游植物生长速率 | $u_{\text{max}} \cdot f_I(I) \cdot f_T(T) \cdot f_N(N)$ |
| $f_T(T)$ | 温度效应 | $e^{K_T \cdot (T-20)}$ |
| $f_I(I)$ | 浮游植物的光效应 | $\frac{I}{I_{\text{opt}}} \cdot e^{1-\frac{I}{I_{\text{opt}}}}$ |
| $I(z,t)$ | 在深度 $z$ 处及时间为 $t$ 时的光强度 | $I_{\text{surf}}(t) \cdot e^{-\int_z^0 K_e \text{d}z}$ |
| $k_e$ | 光的衰减系数 | $k'_e + 0.0088(r_{\text{chlo}}/N \cdot NPHY) + 0.054(r_{\text{chlo}}/N \cdot NPHY)^{2/3}$ |

续表 4-8

| 符号 | 定义 | 公式 |
|---|---|---|
| $k'_e$ | 光衰减系数中非叶绿素导致的部分 | $k_{ew}+0.052SSC+0.0174(r_{detN/N} \cdot NDET+r_{detP/P} \cdot PDET$ |
| $f_N(N)$ | 浮游植物的营养盐限制效应 | $\min\left(\dfrac{NMIN}{NMIN+k_N}, \dfrac{PMIN}{PMIN+k_P}\right)$ |
| $PHY_{mort}$ | 浮游植物的死亡率 | $mphy \cdot f_T(T)$ |
| $PHY_{exu}$ | 浮游植物的排泄率 | $(1-assphy)PHY_{grow}$ |
| $PHY_{se\,dim}$ | 浮游植物与底床剪切应力($r$)相关的沉积率 | $\begin{cases} W_{PHY}(1.0-\tau/\tau_d)/h_b & (\tau>\tau_d) \\ 0 & (\tau\leqslant\tau_d) \end{cases}$ |
| $ZOO_{graze}$ | 浮游动物的捕食率 | $r_{max} \cdot f_T(T)\left[1-e^{-K_z \cdot \max(0,NPHY-PHY_0)}\right]$ |
| $ZOO_{egest}$ | 浮游动物的排粪率 | $(1-asszoo) \cdot ZOO_{graze}$ |
| $ZOO_{excr}$ | 浮游动物的分泌率 | $excrzoo \cdot f_T(T)$ |
| $ZOO_{mort}$ | 浮游动物的死亡率 | $mzoo \cdot f_T(T)$ |
| $N_{re\,min}$ | 有机氮的矿化率 | $minit \cdot f_T(T) \cdot f_{DO}(DO)$ |
| $DET_{se\,dim}$ | 有机碎屑与底床剪切应力($r$)相关的沉积率 | $\begin{cases} W_{om}(1.0-\tau/\tau_e) & (\tau>\tau_e) \\ 0 & (\tau\leqslant\tau_e) \end{cases}$ |
| $N_{resusp}$ | 底栖态氮与底床剪切应力($r$)相关的再悬浮率 | $\begin{cases} N_{resus}(\tau/\tau_e-1.0) & (\tau>\tau_e) \\ 0 & (\tau\leqslant\tau_e) \end{cases}$ |
| $P_{resusp}$ | 底栖态磷与底床剪切应力($r$)相关的再悬浮率 | $\begin{cases} P_{resus}f_T(T)(\tau/\tau_e-1.0) & (\tau>\tau_e) \\ 0 & (\tau\leqslant\tau_e) \end{cases}$ |
| $P_{re\,min}$ | 有机磷的矿化率 | $minpho \cdot f_T(T) \cdot f_{DO}(DO)$ |
| $O_{photos}$ | 光合作用产氧率 | $rps \cdot PHY_{grow} \cdot NPHY \cdot qps$ |
| $O_{re\,min}$ | 矿化过程耗氧率 | $R_{min} \cdot N_{re\,min} \cdot NDET$ |
| $O_{benthos}$ | 底部需氧耗氧率 | $O_{ben} \cdot f_b(NBEN) \cdot f_T(T) \cdot f_{DO}(DO)/h_b$ |
| $O_{respphy}$ | 浮游植物呼吸耗氧率 | $(respb+respst) \cdot rps \cdot NPHY$ |
| $respst$ | 应力呼吸率 | $[1-f_I(I)] \cdot respst_{max}$ |
| $O_{respzoo}$ | 浮游动物呼吸耗氧率 | $respzoo \cdot NZOO$ |
| $O_{air}$ | 充气率 | $K_a(DO_{sat}-DO)$ |

表 4-9　过程所用参数的定义

| 参数及单位 | 定义 |
|---|---|
| 浮游植物 | |
| $u_{max}(\mathrm{d}^{-1})$ | 在 20 ℃时最大的浮游植物生长速率 |
| $k_N(\mu\mathrm{mol/dm}^3)$ | 氮限制的半饱和常数 |
| $k_P(\mu\mathrm{mol/dm}^3)$ | 磷限制的半饱和常数 |
| $I_{opt}(\mathrm{W/m}^2)$ | 优化的光强度 |
| $k_{ew}(\mathrm{m}^{-1})$ | 光衰减速度中由水质点和水色导致的部分 |
| $k_T(℃^{-1})$ | 温度效应系数 |
| $mphy(\mathrm{d}^{-1})$ | 在 20 ℃时浮游植物的死亡率 |
| $assphy$ | 浮游植物的同化比例 |
| $w_{phy}(\mathrm{m/d})$ | 浮游植物的沉降速度 |
| 浮游动物 | |
| $r_{max}(\mathrm{d}^{-1})$ | 在 20 ℃时最大的浮游动物生长速率 |
| $k_z(\mu\mathrm{mol/dm}^3)$ | Ivlev 常数 |
| $PHY_0(\mu\mathrm{mol/dm}^3)$ | Ivlev 捕食临界值 |
| $asszoo$ | 浮游动物的同化比例 |
| $excrzoo(\mathrm{d}^{-1})$ | 在 20 ℃时浮游动物分泌率 |
| $mzoo(\mathrm{d}^{-1})$ | 在 20 ℃时浮游动物死亡率 |
| 磷 | |
| $\min phos(\mathrm{d}^{-1})$ | 在 20 ℃时有机磷的矿化率 |
| $P_{resus}(\mathrm{d}^{-1})$ | 磷的再悬浮比例 |
| 氮 | |
| $\min nit(\mathrm{d}^{-1})$ | 在 20 ℃时有机氮的矿化率 |
| $w_{om}(\mathrm{m/d})$ | 有机物的沉降速度 |
| $N_{resus}(\mathrm{d}^{-1})$ | 氮的再悬浮比例 |
| $k_{DO}(\mathrm{mg/dm}^3)$ | 氧限制的半饱和常数 |
| 溶解氧 | |
| $rps(\mathrm{mg/\mu mol})$ | 产氧量与参与光合作用的氮量之比 |
| $r_{min}(\mathrm{mg/\mu mol})$ | 耗氧量与参与矿化过程的氮量之比 |
| $qps$ | 光合作用效率 |
| $oben[\mathrm{g/(m}^2\cdot\mathrm{d})]$ | 底部需氧速率 |
| $respb(\mathrm{d}^{-1})$ | 浮游植物基础呼吸率 |
| $respzoo[\mathrm{mg/(d\cdot\mu mol)}]$ | 浮游动物呼吸率 |
| 其他 | |
| $r_{N/P}(\mathrm{mol/mol})$ | 在浮游植物和浮游动物中氮、磷的摩尔比 |
| $r_{chla/N}(\mu\mathrm{g/mol})$ | 叶绿素 a 与氮之比 |
| $respst_{max}(\mathrm{d}^{-1})$ | 最大的浮游植物应力呼吸率 |
| $r_{detN/N}(\mathrm{mg/\mu mol})$ | 含氮碎屑与氮之比 |
| $r_{detP/P}(\mathrm{mg/\mu mol})$ | 含磷碎屑与磷之比 |
| $\tau_D(\mathrm{N/m}^2)$ | 沉积临界剪切应力 |
| $\tau_E(\mathrm{N/m}^2)$ | 冲刷临界剪切应力 |

在实际河口的底部可以分成有氧和无氧两个部分,其间发生着诸如有机质分解之类的复杂反应。而在本模式中,底栖态营养物质只作为总的沉积氮、磷元素库进行计算,并不考虑任何生物和化学变化过程。底栖态氮、磷元素库和悬浮库之间的交换则通过沉积和再悬浮过程来完成,相应的表达式为

$$\frac{\mathrm{d}NBEN}{\mathrm{d}t} = DET_{\mathrm{se\ dim}} \cdot NDET \cdot h_{\mathrm{b}} + PHY_{\mathrm{se\ dim}} \cdot NPHY \cdot h_{\mathrm{b}} - N_{\mathrm{resusp}} \cdot NBEN \quad (4\text{-}25)$$

$$\frac{\mathrm{d}PBEN}{\mathrm{d}t} = DET_{\mathrm{se\ dim}} \cdot PDET \cdot h_{\mathrm{b}} + PHY_{\mathrm{se\ dim}} \cdot PPHY \cdot h_{\mathrm{b}} - N_{\mathrm{resusp}} \cdot PBEN \quad (4\text{-}26)$$

## 4.4.2　三维水质模型评价我国胶州湾氮、磷的环境容量

### 4.4.2.1　方法背景

当氮和磷排放到海中时,它们以各种方式输送和转化,然后在不同的环境阶段之间重新分配。因此,物理海洋环境必须充分再现以模拟其生物地球化学特征。为了模拟海洋养分的运输和循环的演变,3D 水质模型结合水动力模型是理想的实验模型。这个模型的基本原理涉及质量守恒、动量和状态的流体动力学方程,以及平流扩散反应描述每个分量的空间和时间分布的方程。计算的温度和扩散分布被用作水质子模块中的强迫函数,然后通过将营养物和叶绿素的预测浓度与相应的现场数据集相比较来校准 3D 水质模型。

该方法有两个基本假设:①浮游植物(PPT)被认为是一个生物区系,在物种、大小和生长期方面没有区别;②通过 PPT 吸收/排出溶解的无机氮(DIN)和磷酸盐($PO_4$—P)的氮/磷比率符合 Redfield 常数(16:1),并且不区分铵—氮、亚硝酸盐—氮和硝酸盐—氮。

### 4.4.2.2　水质模型

水质模型根据沿海地区氮和磷的营养成分循环和动力学评价环境容量。这个模型已经成功应用于胶州湾附近的中上层生态系统。图 4-5 显示了水质因素之间的物质循环、初级生产者和消费者,以及影响这种水质模型的中上层生态系统的各种力量。模型分为以下几个部分:DIN、$PO_4$—P、PPT、浮游动物(ZPT)、碎屑(DPT)、溶解有机氮(DON)、溶解有机磷(DOP)。以氮摩尔数单位表示 DIN 和 DON 的状态变量,以磷摩尔数单位 PPT、ZPT 和 DPT 表示质量单位的 $PO_4$—P 和 DOP,以及以氮摩尔数单位表示通量。底层环境与沉积物相关(如底栖通量),并且被认为是环境的变量。

水质模型检验五个模块:PPT、ZPT、DIN、DON 和 DPT。PPT 生长取决于温度、光合有效辐照度和营养可用性。PPT 是单一成分,温度效应指数为高温的抑制作用被忽略时的指标。使用 Steele 函数描述光控制的光合作用。养分限制与低营养物浓度成线性比例水平,并在高营养水平下达到恒定值,如 Michaelis-Menten 方程。

PPT 通过呼吸和渗出、死亡和沉积等途径丧失。所有这些程序对生态系统的影响不同。呼吸与生长率正相关,而渗出与 PPT 生物量有确定的比例关系。为了方便,PPT 代谢(包括呼吸和渗出)被认为是取决于光照、温度和营养物可用性的单一过程。在这些因素中,光辐照是决定性的。同样,PPT 死亡率是温度的函数。最后两个过程通常与出口生产有关,直接通过深层沉积物层或间接朝向高营养水平和排泄粪便颗粒。

在 ZPT 放牧中,改良了 Michaelis-Menten 制剂。此外,过度放牧的阈值保持不变。吸

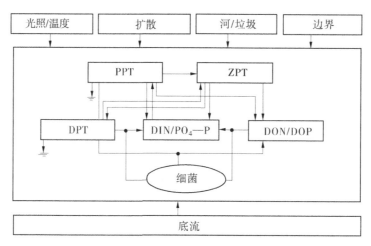

图 4-6　水质模型的示意图

收食物的恒定部分被同化,并且未被同化的部分作为粪便排泄。排泄物含有 DIN 和 DON,它们受 ZPT 生物量和尺寸的影响。然而,为了方便,考虑单独的 ZPT 生物量,这个变量也被认为是温度的函数。

在模型中,DIN 和 $PO_4$—P 是藻类的主要无机营养物。因此,PPT 对营养物的摄取与藻类生长直接相关。PPT 推测根据 Michaelis-Menten 依赖性同化营养素,并且不考虑奢侈品消费。基于电阻定律,吸收常数半饱和氮和磷浓度是有限的。因此,它们决定了藻类生长速率。

氮和磷的存量可以在整个水柱和沉积物中再生。用强制术来描述基于原位试验的沉淀物中的再矿化,这种简单的温度用于描述水柱中有机营养物质和 DPT 的再矿化循环,而不详细说明不同的化学步骤和微生物种类。

#### 4.4.2.3　定量评估

数值模型用于环境和生态管理。因此,模型模拟/预测必须基于现实,模型模拟/预测的不确定性必须量化。这些考虑与估计最适合数据与模型的难易度有关。除了评估技术,许多简单的、量化的指标可以评估模型技能,包括与模型和观测数据的预测相关的相对标准偏差($RSD$)和 Pearson 相关性($R$)。使用几个度量同时彻底底评估技能,可以捕获模型的不同方面性能。

相似性指数是可以评估模型技能的定量度量,如 Millie 等和 Kirkpatrick 等。建模模式类似于吸收光谱并在空间分布各种量级。通过计算由观察值和模拟/预测组成的向量之间的角度,产生模型的相似性指数($SI$)如下:

$$SI = 1 - \frac{2 \times \arccos\left[\dfrac{\sum\limits_{i=1}^{n}(c_i^0 \cdot c_i^p)}{\sqrt{\sum\limits_{i=1}^{n}(c_i^0)^2 \times \sum\limits_{i=1}^{n}(c_i^p)^2}}\right]}{\pi} \tag{4-27}$$

式中:$n$ 为观测的数量,$c_i^o$ 和 $c_i^p$ 分别为对应于第 $i$ 个的观测数据和模拟数据。

$SI$ 从 1 变为 0;前者表示相同的建模,而后者表示较差的建模。

将 3D 模型的模拟结果与关于营养物和叶绿素 a 表面分布的观测数据进行比较。这些数据在春季、夏季和秋季收集(见表 4-10)。模拟的 DIN 模式的值与观测值相当匹配,其表面共享相似的空间分布趋势和幅度($RSD = 29\% \pm 11\%$,$R = 0.65 \pm 0.25$,$SI = 0.74 \pm 0.11$)。然而,模拟的 $PO_4$—P 和叶绿素 a 值与观察值不同($RSD = 57\% \pm 17\%$,$R = 0.30 \pm 0.22$,$SI = 0.54 \pm 0.09$)。因此,尽管可以接受环境能力评价,但必须改进模型。

表 4-10　2003 年胶州湾春季、夏季和秋季收集的数据

| 可变季节 | DIN | | | $PO_4$—P | | | Chla | | |
|---|---|---|---|---|---|---|---|---|---|
| | 春 | 夏 | 秋 | 春 | 夏 | 秋 | 春 | 夏 | 秋 |
| $RSD(\%)$ | 20 | 26 | 42 | 43 | 79 | 33 | 68 | 59 | 62 |
| $R$ | 0.88 | 0.68 | 0.32 | 0.32 | 0.23 | 0.28 | 0.03 | 0.26 | 0.7 |
| $SI$ | 0.84 | 0.74 | 0.59 | 0.59 | 0.59 | 0.55 | 0.49 | 0.46 | 0.68 |

#### 4.4.2.4　在环境容量评估中的应用

关于污染物海湾环境容量的评估,关键程序是物理、化学和生物过程的自我净化,以及建立水质与污染源的响应之间的数量关系。根据环境容量的概念,这一能力可以计算为目标沿海地区在给定标准和时间段内的最大污染物量。这个过程包括海洋系统污染物的自净化和输出。一旦校准和验证,该模型重新配置,以模拟污染物浓度场进行环境容量评估。然后这个容量通过对污染物浓度的等级进行积分来计算在时间和空间上使用所提出的 3D 水质模型。当胶州湾二级海水质量作为控制标准时,DIN 和 $PO_4$—P 的海洋环境容量分别为 $1.63 \times 10^9$ μmol/年和 $6.5 \times 10^7$ μmol/年,分别比总溶解氮和总溶解磷的负载大 2 倍;而且胶州湾污染物总负荷控制管理总量也需要估算污染源的最大分配负荷。因此,使用拟议的 3D 水质模型,模拟污染源的响应领域,以最大化总分配负荷。为了减少污染物负荷,满足水质标准,必须在研究区域建立总污染物负荷控制计划。

#### 4.4.2.5　结论

在这项研究中,提出了一个 3D 水质模型描述半封闭的沿海远洋生态系统的营养物质运输和转型。该模型分为七个部分(DIN、$PO_4$—P、DON、DOP、PPT、ZPT 和 DPT)。之后,模型根据季节性(春季、夏季和秋季)观测对胶州湾进行校准,结果表明该模型可以有效地模拟相关营养分布。该模型是可接受的,但定量评估($RSD$、$R$ 和 $SI$)不能令人满意,因此必须进一步增强。根据蒙特卡罗分析检查 DIN 和 $PO_4$—P 预测对参数变化的灵敏度。这些分析对胶州湾以及我国其他沿海水域养分循环控制机制的调查是必要的。

# 4.5　Delft3D 模型

Delft3D 是由荷兰 Delft 大学 Hydraulics 开发的一套功能强大的软件包,能够模拟二维和三维的水流、波浪、水质、生态、泥沙输移及床底地貌,以及各个过程之间的相互作用。其核心模块为水动力模块(flow),另包括波浪模块(wave)、水质模块(waq)、颗粒跟踪模

块(part)、生态模块(eco)、泥沙输移模块(sed)和床底地貌模块(mor)等 6 大模块。Delft3D 软件的工作思路是:先利用网格生成工具(rgfgrid)、地形编辑工具(quickin)生成网格和网格节点上的水深文件,再通过相应的模块来计算相应的水流问题,最后根据计算结果利用后处理工具(gpp 和 quickplot)处理得到的数据。该软件在国内外得到了广泛的应用,并在研究地形演变、咸潮上溯、环境评估、航道整治、洪水演进等方面获得了诸多令人满意的成果。

## 4.5.1　模型概述

Delft3D 是目前最为先进的完全的三维水动力-水质模型系统。该系统能非常精确地进行大尺度的水流(flow)、水动力(hydrodynamics)、波浪(waves)、泥沙(morphology)、水质(waq)和生态(eco)的计算。Delft3D 采用 Delft 计算格式,快速而稳定,完全保证质量、动量和能量守恒。Delft3D 软件具有高度的可视化性。其优势如下:

(1)Delft3D 在水动力以及水质仿真方面具有非常强大的功能,不仅计算精度高、操作简单,而且稳定性好。同时,由于其简单且贴合实际的网格处理技术,使其在水环境模拟方面具有很高的优势。Delft3D 的用户界面清晰易懂,易于学习。其操作手册系统完整,并为用户提供了理论说明和在线帮助,非常全面、详细、方便。所做的模拟结果精确度高,可进行各种水环境仿真工作。软件的前、后处理功能强大,支持各种格式的图形、图像的输入输出,结果表达美观直接。

(2)Delft3D 软件提供的水动力-水质耦合模型可以很好地模拟河流的流场以及浓度场在时空上的分布特征。水动力模型可在一定初始条件和边界条件下模拟河流的水位、流量、流速等各项流场特征。水质模型则可以较好地仿真水体中各种污染物质的运移变化特征。

Delft3D 软件的主要特征是:所有子模块都具有高度的整合性和操作性;能直接应用最新过程知识;采用最为友好的图形用户界面(GUI)。它的总体思想是先生成网格和网格节点上的水深文件,再通过相应的模块来计算相应的水流问题,最后根据计算结果处理得到的数据。在 Delft3D 的程序包中包括三维的水流计算、波浪、水质、生态、泥沙输送和地形演变等模块,每个模块都是单独的程序,有自己单独的菜单和运行对话框。

该模型在三维模拟过程中,垂向网格采用 $\sigma$ 坐标离散,可以保证整个计算场的垂面层数保持不变,从而大大提高计算效率。此外,该模型采用曲线网格离散格式,可以与边界拟合得更好。为方便特殊边界及大尺度模拟,该模型还提供了球坐标系。网格必须满足下列标准:曲线网格尽可能地与模拟区域的陆地—水边界相贴近;必须是正交的,则网格线必须相互垂直;网格的间隔在计算区域内必须非常平滑,以减小在有限差分计算中的误差。所以,网格的生成是模拟结果准确与否的关键。

## 4.5.2　Delft3D 模型原理

### 4.5.2.1　坐标系统

Delft3D-FLOW 在水平方向提供了三种坐标系统:笛卡儿直角坐标系($x,y$)、正交曲线坐标系($\zeta,\eta$)、球面坐标系($\lambda,\Phi$)。

河流边界、河口海岸都是曲线状的,矩形网格不能平滑地把它们描述出来。不规则边界在离散时可能会出现明显的误差,为了减小这种误差,可以采用贴体的正交曲线坐标系统。

球面坐标系则是正交曲线坐标系的一种特殊形式。Delft3D-FLOW 中的方程都建立在正交曲线坐标系统中。

$$\zeta = \lambda \tag{4-28}$$

$$\eta = \Phi \tag{4-29}$$

式中:$\lambda$ 为经度;$\Phi$ 为纬度。

在垂直方向中,Delft3D-FLOW 提供了两种不同的坐标系:$\sigma$ 坐标系和笛卡儿 $Z$ 坐标系。

1. $\sigma$ 坐标系

在整个水平计算式里面,分层数是固定的,不考虑水深的影响。层厚值的选取一般是不固定的,也就意味着需要在靠近表面(特别是有风成流、与大气进行热交换时)和床面(泥沙输运)的区域里划分得更细一些。$\sigma$ 坐标能够很好地适应底面和自由移动表面的边界,人们因此获得了一种平滑地描述地形的途径。

$\sigma$ 坐标系的定义:

$$H = d + \xi \tag{4-30}$$

式中:$\xi$ 为自参考平面起算的自由高程;$d$ 为参考平面以下的水深;$H$ 为总水深。

底面处 $\sigma = -1$,自由表面处 $\sigma = 0$。

2. 笛卡儿坐标系($Z$ 型网格 $Z$-grid)

在海岸、河口及湖边,分层流会出现在陡峭的底面地形附近。虽然 $\sigma$ 垂直方向是适合边界的,但它在密度跃层附近没有足够高的解析度。$Z$ 坐标系统划定的水平坐标线与陡坡底面的密度平行(等密度线)。$Z$ 坐标系统在竖向与底面边界是不一致的,底面边界和自由水面的坐标线通常是不会平行的,而是呈楼梯状。

### 4.5.2.2　控制方程

自然条件下,河道中的水体都是三维的,即水流要素在顺水流向变化的同时沿河宽方向和水深方向变化。为了将复杂的三维水流运动简单化,常采取将水流要素在水深方向进行积分处理后再取平均值的手段,从而简化为二维流动问题,这是河流数值模拟中常用的一种简化方法。根据布辛涅斯克假定、静水压假定,平面二维水动力数值模拟的连续性方程和动量方程如下。

1. 沿水深平均的连续性方程

$$\frac{\partial \zeta}{\partial t} + \frac{1}{\sqrt{G_{\xi\xi}}\sqrt{G_{\eta\eta}}} + \left[ \frac{\partial(d+\zeta)u\sqrt{G_{\eta\eta}}}{\partial \xi} + \frac{\partial(d+\zeta)v\sqrt{G_{\xi\xi}}}{\partial \eta} \right] = Q \tag{4-31}$$

式中:$\sqrt{G_{\xi\xi}}$、$u$ 为 $\xi$ 上的坐标转换系数和平均速度;$\sqrt{G_{\eta\eta}}$、$v$ 为 $\eta$ 上的坐标转换系数和平均速度;$Q$ 为单位面积的水量变化值。

2. 沿水深平均的动量方程

(1)$\xi$ 方向上的动量方程:

$$\frac{\partial u}{\partial t} + \frac{u}{\sqrt{G_{\xi\xi}}}\frac{\partial u}{\partial \xi} + \frac{u}{\sqrt{G_{\eta\eta}}}\frac{\partial u}{\partial \eta} + \frac{w}{d+\zeta}\frac{\partial u}{\partial \sigma} + \frac{uv}{\sqrt{G_{\xi\xi}}\sqrt{G_{\eta\eta}}}\frac{\partial\sqrt{G_{\eta\eta}}}{\partial \eta} - \frac{vv}{\sqrt{G_{\xi\xi}}\sqrt{G_{\eta\eta}}}\frac{\partial\sqrt{G_{\eta\eta}}}{\partial \eta} - fv$$

$$= -\frac{1}{\rho_0\sqrt{G_{\xi\xi}}}P_\zeta + F_\zeta + \frac{1}{(d+\zeta)^2}\frac{\partial}{\partial\sigma}\left(v_v\frac{\partial u}{\partial\sigma}\right) + M_\zeta \tag{4-32}$$

（2）$\eta$ 方向上的动量方程：

$$\frac{\partial v}{\partial t} + \frac{u}{\sqrt{G_{\xi\xi}}}\frac{\partial v}{\partial \xi} + \frac{v}{\sqrt{G_{\eta\eta}}}\frac{\partial v}{\partial \eta} + \frac{w}{d+\zeta}\frac{\partial v}{\partial \sigma} + \frac{uv}{\sqrt{G_{\xi\xi}}\sqrt{G_{\eta\eta}}}\frac{\partial\sqrt{G_{\eta\eta}}}{\partial \eta} - \frac{uu}{\sqrt{G_{\xi\xi}}\sqrt{G_{\eta\eta}}}\frac{\partial\sqrt{G_{\eta\eta}}}{\partial \eta} - fu$$

$$= -\frac{1}{\rho_0\sqrt{G_{\xi\xi}}}P_\eta + F_\eta + \frac{1}{(d+\zeta)^2}\frac{\partial}{\partial\sigma}\left(v_v\frac{\partial v}{\partial\sigma}\right) + M_\eta \tag{4-33}$$

式中：$u$、$v$、$w$ 分别为 $\xi$、$\eta$、$\sigma$ 方向上的速度值；$F_\xi$、$M_\xi$、$P_\xi$ 为 $\xi$ 方向上的紊动动量通量、动量的汇合、水压梯度；$F_\eta$、$M_\eta$、$P_\eta$ 为 $\eta$ 方向上的紊动动量通量、动量的汇合、水压梯度；$\rho_0$ 为水体密度；$f$ 为科式力系数；$v_v$ 为垂向紊动系数。

### 4.5.3　理论基础

　　Delft3D 模型的水动力模块数值模拟的理论建立在 Navier-Stokes 方程的基础之上，其求解的基本思路是：根据浅水特性和 Boussinesq 假定，求解不可压缩流体的 Navier-Stokes 方程，垂向动量方程在不计垂向加速度的情况下变成流体静压方程，三维模型中的垂向流速可以从连续方程推导。方程求解的数值方法基于有限差分法、交替方向法（ADI, Alternating Direction Implicit）。

　　Delft3D 模型是目前最为先进的完全的三维水动力-水质模型系统。该系统能非常精确地进行大尺度的水流、水动力、波浪、泥沙、水质和生态的计算。Delft3D 模型采用 Delft 计算格式，快速而稳定，完全保证质量守恒、动量守恒和能量守恒。

　　动量守恒、能量守恒和质量守恒是水动力模型的基本规律，但是在实际计算当中，应用这些守恒方程计算大时间尺度和空间尺度的水体的数值解依然存在很多困难，所以简化方程是比较实际的一种做法。目前，在地表水模型中应用广泛的近似条件有：布辛涅斯克假定、静水压假定。在应用这些假定时，也要注意它们的使用性。

　　目前，河流、河口、湖泊和近海等水体的研究都有浅水适用的特点。所谓浅水特性，是指水平运动尺度 $L$ 远大于垂向运动尺度 $H$：$H/L \ll 1$，浅水特性对于大多数河流、河口、湖泊和近海都是合理的。当 $H/L < 0.05$ 时，通常就可以采用浅水近似。布辛涅斯克假定、静水压假定、准 3D 假定分别反映了浅水近似的不同方面：①在进行地表水的模拟过程中，通常假定流体是不可压缩的，即密度不随压力变化。布辛涅斯克假定中，密度与压力无关，除浮力项和重力项，水体的密度变化可以忽略，而浮力仅受密度变化的影响。这个假定对于大部分水体都是适用的，水流被视为不可压缩的水体。②大部分水体符合浅水特性，这可以推导出水动力学中常用的静水压强假定。静水压强认为垂向压力梯度与浮力相平衡，则垂向加速度是可以忽略的项。静水压强反映了垂向压力梯度和垂向密度分布的关系，大多数二维和三维水动力模型都采用这一假定。

## 4.5.4 Delft3D 模型操作

### 4.5.4.1 开始 Delft3D

(1)在 MS Windows 平台上:在程序菜单中选择 Delft3D,或单击桌面上的 Delft3D 图标。

(2)在 Linux 机器上:在命令行中键入 Delft3D-menu。

接下来,显示 Delft3D 的标题窗口(见图 4-7)。

**图 4-7　Delft3D 的标题窗口**

一段时间后 Delft3D-menu 的主窗口出现,见图 4-8。显示了几个菜单选项,在图 4-8 中,所有选项都很敏感。

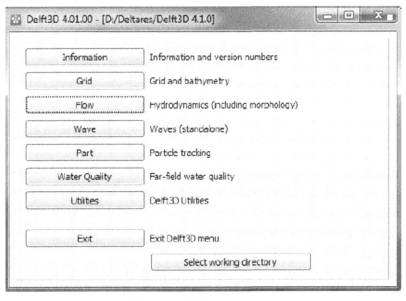

**图 4-8　主窗口 Delft3D-menu**

(3)现在,只专注于退出 Delft3D-menu,因此点击退出按钮。

该窗口关闭后将返回到 Windows 桌面屏幕中的 PC 或 Linux 工作站的命令行。

备注:在本章和以下章节中,将展示几个窗口,以说明 Delft3D－menu 和 Delft3D－FLOW 的演示。PC 平台显示这些窗口。对于 Linux 工作站,Windows 的内容是一样的,但颜色可能不一样。在 PC 平台上,可以使用显示属性设置首选颜色。

#### 4.5.4.2 进入 Delft3D-FLOW

如上所述继续重新启动菜单程序。

点击"流程"按钮。

接下来,显示 Hydrodynamics 的选择窗口,用于准备流量输入(MDF-)文件或波形输入(MDW-,)文件,以执行前台的计算(包括在线 WAVE 或在线耦合),以检查报告文件执行和可视化的结果,见图 4-9。

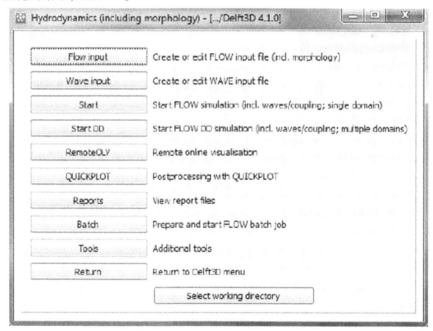

图 4-9　流体力学选择窗口

在继续选择此流体力学(包括形态学)窗口之前,必须选择要准备场景的目录并执行计算:

(1)单击选择"工作目录"按钮。

接下来,显示选择工作目录窗口,如图 4-10 所示(当前的目录可能会有所不同,具体取决于 Delft3D 安装的位置)。

(2)浏览并打开 Delft3D 主目录的<Tutorial>子目录。

(3)打开<flow>目录。

(4)输入<friesian_tidal_inlet>子目录并单击确定关闭选择工作目录窗口,如图 4-11 所示。

接下来,重新显示流体动力学(包括形态学)窗口,但现在更改的当前工作目录显示在标题栏中(如果名称不太长),请参见图 4-12。备注:如果您要启动尚未存在目录的新

图 4-10　选择工作目录窗口

图 4-11　选择工作目录窗口将工作目录设置为<flow\friesian_tidal_inlet>

项目,则可以在"选择工作目录"窗口中选择创建新文件夹。在主要流体动力学(包括形态学)菜单中(见图 4-9),可以定义、执行和可视化场景。在导览 Delft3D-FLOW 中,限制自己检查 FLOW 图形用户界面(GUI)的一些窗口。

图 4-12　由于其长度,当前工作目录未显示在标题栏中

因此,点击流量输入。FLOW-GUI 被加载,主输入画面打开,见图 4-13。这个 FLOW-GUI 的目的是创建 Delft3D-FLOW 的输入文件,也称为"主定义流"文件(MDF 文件),其中包含执行流程仿真的所有信息。

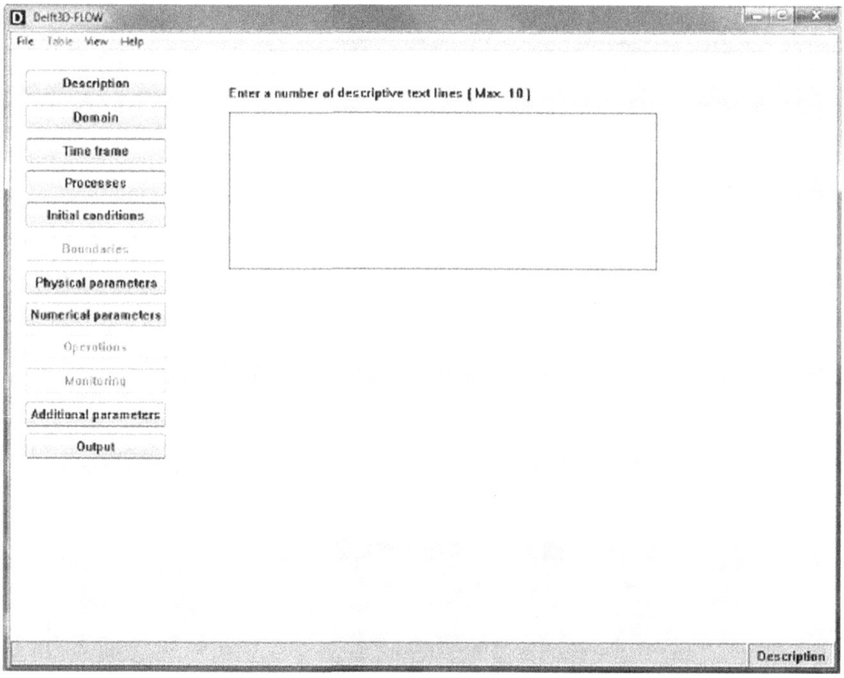

图 4-13　FLOW 图形用户界面的主窗口

### 4.5.4.3　探索一些菜单选项

FLOW-GUI 的菜单栏显示四个选项(见图 4-14):
①文件:选择并打开 MDF 文件,保存 MDF 文件,以不同

File　Table　View　Help

图 4-14　FLOW-GUI 的菜单栏

的名称保存 MDF 文件,保存属性文件或退出 FLOW-GUI。②表:通过添加或删除行或值来更改面向表的数据的工具。③视图:可视化区域或属性文件列表。④关于:关于信息。

每个选项提供一个或多个选择。例如,单击文件启用选择:①新功能:清理内部数据结构,并从新的场景开始。②打开:打开现有的 MDF 文件。③保存 MDF:将 MDF 数据保存在其当前名称下。④保存 MDF 为:以新名称保存 MDF 数据。⑤全部保存:将所有属性数据保存在当前属性文件 + MDF 文件中。⑥另存为:将所有属性数据保存在新名称 + MDF 文件下。⑦退出:退出 FLOW-GUI 并返回到流体动力学(包括形态学)窗口。

定义流体动力场景的输入参数被分组为数据组。这些数据组由主窗口左侧的大灰色按钮表示。启动 FLOW-GUI 后,将显示图 4-13,并显示数据组描述。数据组右侧的区域称为画布区域。该画布区域将动态填充输入字段、表格或列表框,以定义模拟所需的各种输入数据。在图 4-13 中,描述文本框显示在画布区域中。

点击数据组,看看会发生什么。例如,单击域按钮,然后单击子数据组网格参数,将导致如图 4-15 所示的窗口。

鼓励探索各种数据组和子窗口,以获得数据组所组成的项目的第一印象。虽然几个输入项是相关的,但在定义输入数据时没有固定或规定的顺序。有时可能会收到一条警告或错误消息,表示某些数据未被保存或与以前定义的数据不一致;在此介绍中,可以忽略这些消息,如果需要,请按"忽略"按钮。不会损害现有的输入文件,因为不会保存此练

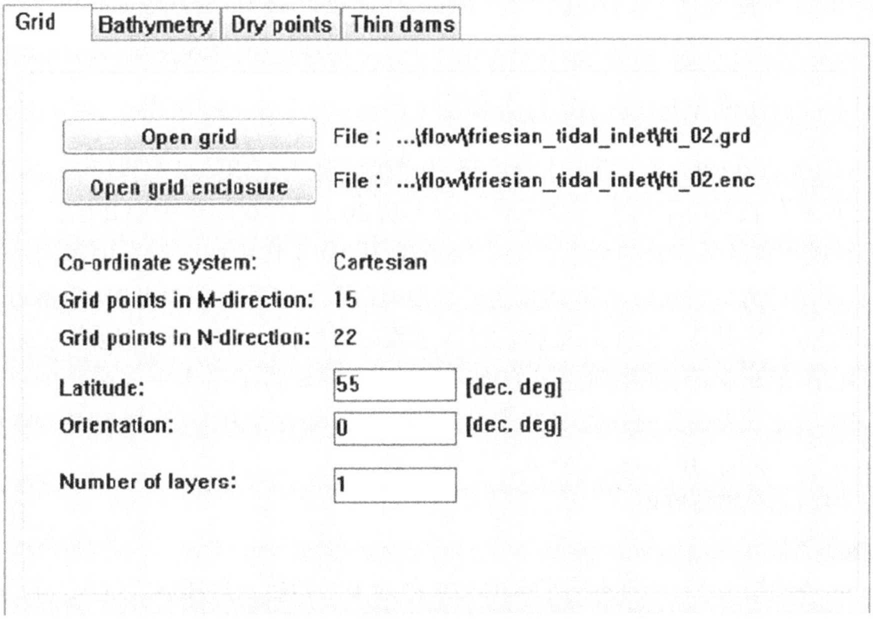

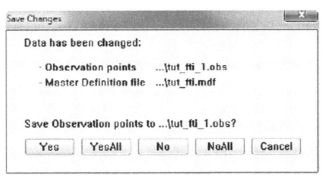

**图 4-15    数据组域选择和输入字段**

习的输入数据。

#### 4.5.4.4    退出 FLOW-GUI

要退出 FLOW-GUI:从文件菜单中,选择退出。如果您对任何输入字段进行了任何更改,并且尚未显式保存属性数据和/或 MDF 数据,则显示图 4-16。在这种情况下,只保存 MDF 数据;如果将数据更改为必须保存到所谓的属性文件中,那么将保存未保存的属性文件。

**图 4-16    保存更改窗口**

选择显示的选项之一:①是:保存第一个未保存的数据项,如果尚未定义,请求文件名,然后继续下一个未保存的数据项。②是全部:保存所有未保存的数据项,如果尚未定义,请求文件名。③否:不保存第一个未保存的数据项,继续下一个未保存的数据。④否全部:退出而不保存任何未保存的数据项。⑤取消:中止此退出操作并返回到 FLOW-GUI。

忽略任何未保存的数据并退出:点击"NoAll"后将回到 Delft3D-menu 程序的流体动力学(包括形态学)窗口,如图 4-9 所示。

忽略所有其他选项,只需:①点击"Return"按钮返回 Delft3D - menu 的主窗口,如图 4-8 所示。②点击"退出"按钮。窗口关闭,控件返回到桌面或命令行。

## 4.5.5　Delft3D 模型应用情况与案例分析

Delft3D 系统在国际上应用得十分广泛,如荷兰、波兰、德国、澳大利亚、美国等,尤其是美国已经有很长的应用历史。中国香港地区从 20 世纪 70 年代中期开始使用 Delft3D 系统,已经成为香港环境署的标准产品。Delft3D 从 80 年代中期开始在中国内地也有越来越多的应用,如长江口、杭州湾、渤海湾、滇池、辽河、三江平原。Delft3D 模型可以对水动力、波浪和泥沙、盐度、热量、污染物输移等过程进行模拟,从而在研究地形演变、咸潮上溯、环境评估、航道整治、洪水演进等方面应用广泛,并获得了诸多令人满意的成果。此外,Delft3D 已经成为很多国际著名的水、环境咨询公司的有力工具,如 DHV、Witteven + boss、Royal Haskoning、Halcrow 等公司。

### 4.5.5.1　Delft3D 模型应用

#### 1. 地形演变

Storms 等使用 Delft3D 对不同水深的受水盆地中的初始三角洲形成过程进行了模拟。通过 Online 方法在相同的时间步长下同时更新水流、泥沙输移和水深,而不考虑水流和地形间的时间尺度差异。使用形态因子 $n$ 加速水深的变化,模拟单位时间可以使地形演变 $n$ 倍时间。Online 方法将短期过程耦合在水流时间步长水平上,这使得短期过程可以包含水流、泥沙和地形间的各种相互作用,并避免储存各过程间的大量数据。网格尺寸 50 m×50 m,研究区域 10 km×10 km,时间步长 1 min,形态因子取为 50,模拟试验设两组,分别为浅水盆地和深水盆地,其他条件一致。虽然模拟结果不能直接与真实的三角洲相比,但模拟的形态、地层情况及其演变规律均与一些湾头三角洲相似。在浅水盆地中,三角洲类似于 Wax 三角洲以深槽和浅滩结合的复杂形式发育。而在深水盆地中,三角洲以类似于 Mississippi 三角洲鸟足状的形式发育。模拟中观察到了三角洲演变的主要机制,包括新月沙坝和拦门沙的发育、深槽分支及废弃填实、浅滩形成和粒径分离等。从形态和地层方面来解释模拟结果,Delft3D - Online 模型给长期过程(地质学和沉积学)和短期过程(水利工程)的混合理解提供了桥梁。但基于过程的模型需要设置很多变量,且可借用的经验较少,利用其解释现象和实际应用时一定要十分注意。最好要有一个缜密的敏感性分析,来理解模型行为和被模拟对象的行为。Walstra 等将模拟结果与实测数据相对比,来检验和提高预测季节时间尺度下近岸地形演变的能力。

#### 2. 盐度模拟

Kuang 等使用 Delft3D 模型来模拟长江河口的咸潮上溯问题,并预测在不同的上游流量下青草沙水库的盐度变化。在研究区域内划分了 277 × 152 个网格,最小网格长度为 70 m。对两个观测点的水位、潮流速度大小和方向以及盐度进行校核,模拟结果与观测数据间有较好的一致性。为了研究三峡工程和南水北调工程的不同联合运行方式对青草沙水库取水口盐度的影响,选取了 10 个不同的上游径流量。利用模型计算不同上游径流量下青草沙水库取水口上游闸门处的盐度随时间变化情况。通过计算可得青草沙水库的平均盐度低于 0.7 ppt。考虑到大潮的影响,将大同观测站处的警戒流量设为 9 000 m³/s,以防止水库取水口受咸潮上溯的影响。

**3. 环境评估**

Hok-shing 建立中国香港地区近海区域模型,以确定开垦工程的共同作用是否会对海洋环境造成威胁。考虑了海岸线轮廓和海底地形、当地污染源和临海区域的本底污染这三个主要影响因素,对 1987 年、1992 年、1997 年、2002 年、2007 年和 2012 这六个年份的水质情况进行了模拟。结果显示,开垦工程导致主要海峡的涨落潮重新分配,但对水质仅有相对局限性的影响。中国香港港口系统在马湾、维多利亚港、南丫岛和长洲间的 total flushing 在很大程度上将保持不变。通过敏感性分析,模型还将污染负荷确定为影响水质的主要因素。

**4. 热量输移**

Kinfu 等利用 Delft3D-FLOW 模型建立了一个三维水动力及热输移计算模型,对一电厂扩建可能造成的热循环影响进行了研究。网格数在沿岸方向为 165 个、离岸方向为 45 个。垂向上分 10 层,每层厚度百分比分别为 5%、7.5%、12%、18%、24%、12%、8.5%、6.5%、4% 和 2.5%,时间步长取为 15 s。在 FLOW 模块的"In-Out"选项中将电厂的冷却水入口和温排放出口分别设为源和汇。首先根据流速、水位和温度等实测资料对模型进行了校核,然后预测了已建与拟建取水口处的温升及由于冷却水排放形成的热羽流的范围。根据模拟结果可知,在流速较低情况下,拟建冷却水入口的进口处温度低于 0.3 ℃,满足冷却水入口与温排放出口间的热循环要求。

**5. 航道整治**

Cañizares 等使用 Delft3D 系统建立了一个水动力和地形模型来检验可行性研究中水流整治工程的有效性。原方案拟设了若干丁坝来冲刷航道并维持可通航的港口航道。正交曲线网格向河口上游延伸 20 km,平行与垂直河流向的网格精度分别大约为 100 m 和 30 m。使用 σ 坐标定义垂向上的网格,其底部是一个自由表面。垂向上一共分为 7 层。这套网格可以精确模拟主航道的水动力和由丁坝产生的地形改变,并使得长期地形模拟所需的时间在可接受范围内,但不能精确模拟结构末端的水流形式,因此需要分析性地计算末端位置的冲刷。将地形倍增因子设为 365,这代表着水动力模拟一天则地形变化一年。从结果中来看,原方案不能建设一个深 40 m、宽 50 m 的通航航道来满足从河口到港口末端的连续通航要求。根据模拟结果提出的替代方案对原方案进行了修改,并增设了 3 个新的短丁坝。利用模型进一步预测了按优化方案建设的航道在建成后 4 年内逐年的航道宽度演变过程。从河口到上游的 12 km 间,沿着受丁坝影响的区域形成了连续的宽度大于 150 m 深的航道。但数据的有效性和模型中的简化会给模拟结果和地形模型的校核带来一定影响。模型没有模拟弯道处的侵蚀,这对长期演变有一定影响;模型没有考虑漫滩,它在大流量期间会被淹没;模拟没有考虑航道的定期疏浚;水深数据没有覆盖整个河流断面。

**6. 洪水演进**

赵明登等采用平面二维数学模型,利用 Delft3D 对渭河下游及洪泛区的洪水演进进行数值模拟,并进一步对计算成果进行分析和可视化洪水演进过程,为防洪减灾的调度和决策提供参考依据。网格数为 209×204,网格间距为 50~60 m,其中溃口部分及河道堤防部分做了局部加密处理。在洪水演算中,溃口宽度分别选取 54 m、90 m、150 m 和 200 m 等 4 种计算工况。在演算中溃堤时间点分别选取洪水演进 24 h(峰前)、36 h(洪峰)、48 h(峰后)3 个时间点。首先计算没有溃堤时河道内的洪水演进过程,并存储记录 24 h、36 h、48 h 相应数据,作为下一步溃堤后计算的初始条件。为分析洪水演进的情况,分别在河道进出口、中间、溃口及洪泛区内部设置了若干观测点。在洪泛区内部,平行河道堤防线,布置了三条观测断面,用以观测洪水在洪泛区内部的传播过程。最后利用 Delft3D 中的 quickplot 模块对计算结果进行可视化处理,直观、清晰地显示出洪水演进过程。

#### 4.5.5.2 Delft3D 模型案例分析

以鄱阳湖为例验证 Delft3D 模型在鄱阳湖区域内水动力模拟的研究与应用。鄱阳湖属中亚热带湿润季风气候,气候温和,雨量丰沛,光照充足,无霜期较长,四季分明。冬季寒冷少雨,气温低;春季进入春雨期,6 月中下旬进入梅雨期,这段时间冷暖气流交错,潮湿多雨。夏、秋季为太平洋副热带高压控制,晴热干少雨。由于受气候和地形等因素的影响,鄱阳湖是具有高复杂性水动力结构的湖泊,吞吐型、季节性、高水湖相、低水河相的水动力特征,使鄱阳湖的水动力模拟难度比较大,为了有利于鄱阳湖的水动力模拟的建模,将鄱阳湖的水动力特征分为枯水期和丰水期两种类型来考虑。根据丰水期和枯水期不同的水位、湖流及出入口特征,对鄱阳湖的水动力特征做简单的介绍。主要数据的来源分为两部分,包括遥感影像数据和水文气象数据。其中,遥感影像数据资料取自 1989 年 7 月 15 日(丰水期)和 1999 年 12 月 10 日(枯水期)的遥感影像,用于鄱阳湖丰水期和枯水期的边界和入(出)湖口位置的确定。水文数据是从江西省水文部门获得的实时数据。经过处理后的数据输入到 Delft3D-FLOW 模型中进行计算、模拟和验证。模型模拟了鄱阳湖 1989 年 7 月 15 日的水位和流场,模拟的基本输入为 15 日和 16 日鄱阳湖五河六口的流量,其值如表 4-11 所示。

表 4-11　1989 年 7 月 15、16 日入湖各站的流量

| 站名 | | 集水面积 (km²) | 流量(m³/s) | |
|---|---|---|---|---|
| | | | 15 日 | 16 日 |
| 赣江 | 外洲 | 80 948 | 1 630 | 1 640 |
| 抚河 | 李家渡 | 15 811 | 288 | 270 |
| 信江 | 梅港 | 15 811 | 373 | 356 |
| 饶河 | 渡峰坑 | 5 013 | 161 | 138 |
| 修河 | 虎山 | 6 374 | 173 | 157 |
| | 万家埠 | 3 548 | 74 | 62 |
| | 虹津 | 9 914 | 494 | 470 |
| 入江河道 | 湖口 | 162 225 | -25 | -2.19 |

模拟的边界条件为所有出入鄱阳湖的河道水流,在陆地闭边界上,法向流速、水位变幅和初始流速均为零,模拟的时间步长为 5 min。从模拟结果可以看出:1989 年 7 月 15 日、16 日刚好出现了长江水倒灌,出现了倒灌的湖流形态;水位变幅比较小、较稳定;模拟

结果流场如图 4-17、图 4-18 所示。水位表如表 4-12 所示。

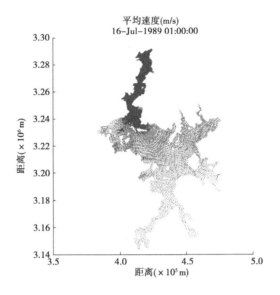

图 4-17  丰水期鄱阳湖流场(矢量场)

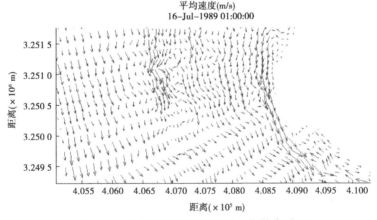

图 4-18  倒灌型鄱阳湖流场局部(老爷庙附近)

　　通过模拟,得到了鄱阳湖流场的时空变化情况,尤其是倒灌情形下的鄱阳湖与长江来水之间的水情关系,与实测的水文数据相比,误差比较小,准确性较高。因此,该模型可以有效地模拟鄱阳湖在不同条件下的水动力特征,进而分析鄱阳湖在丰水期和枯水期的流场结构变化规律以及与五河来水、长江的水情关系。该模型的输入参数中增加水温、气温和悬浮物等变量,即可以模拟这些参数的时空分布,可以与其他模型(如水质模型)耦合,模拟水质要素的时空变化,为鄱阳湖的富营养化评估和预警研究及其他的研究和决策支持提供必要的科学信息。

表4-12　1989年7月15日、16日水位站的模拟水位、实际水位及误差水位对比

| 站名 | 15日<br>实际水位 | 15日<br>模拟水位 | 15日<br>相对误差 | 16日<br>实际水位 | 16日<br>模拟水位 | 16日<br>相对误差 |
|---|---|---|---|---|---|---|
| 湖口 | 19.40 | 19.38 | 0.001 | 19.47 | 19.34 | 0.007 |
| 星子 | 19.31 | 19.18 | 0.003 | 19.46 | 19.34 | 0.006 |
| 都昌 | 19.16 | 19.2 | 0.002 | 19.24 | 19.26 | 0.001 |
| 吴城(赣) | 19.72 | 19.54 | 0.009 | 19.84 | 19.63 | 0.009 |
| 棠荫 | 19.3 | 19.21 | 0.002 | 19.39 | 19.32 | 0.004 |
| 康山 | 19.19 | 19.18 | 0.001 | 19.28 | 19.22 | 0.003 |

# 参考文献

[1] Geleynse N, Storms J E A, Walstra D J R, et al. Controls on river delta formation: insights from numerical modelling[J]. Earth & Planetary Science Letters, 2011, 302(1-2): 217-226.

[2] Hok-Shing L. The Application of Numerical Modelling in Managing Our Water Environment[J]. Refsgaard J C, Sørensen H R, Mucha I, et al. An Integrated Model for the Danubian Lowland-Methodology and Applications[J]. Water Resources Management, 1998, 12(6):433-465.

[3] Streeter H W, Phelps E D. A study of the pollution and natural purification of the Ohio River. Ⅲ. Factors concerned in the phenomena of oxidation and reaeration[J]. 1925.

[4] 柏菊, 王振龙. 基于一维水质模型的淮北市区纳污能力计算[J]. 安徽水利水电职业技术学院学报, 2011, 11(1): 10-12.

[5] 陈维. 长江口北支、北槽冲淤变化及河势演变分析[D]. 上海:上海海洋大学, 2012.

[6] 丁远静. 长江口拟建工程对枯季水动力环境的影响研究[D]. 南京:河海大学, 2007.

[7] 韩进能. 河流一维水质模型在水环境容量计算方面的应用[J]. 环境科学与技术, 1995(4): 43-45.

[8] 何秉宇, 朱建新, 杨繁远. 一维河流水质模拟研究[J]. 干旱环境监测, 1996(2):76-79.

[9] 季杜鑫. 厦门湾三维潮流数值模拟研究[D]. 厦门:厦门大学, 2006.

[10] 焦居仁. 生态修复的要点与思考[J]. 中国水土保持, 2003(2): 1-2.

[11] 蒋忠锦, 王继徽. 天然河流一维水质模型的研究与改进[J]. 湖南大学学报, 1997, 24(6): 90-94.

[12] 金新芽, 邵学强. 一维水动力模型在河口潮流推算中的应用[J]. 海洋学研究, 2006, 24(2): 86-92.

[13] 荆海晓. 河网水动力及水质模型的研究及应用[D]. 天津:天津大学, 2010.

[14] 李雯婷. 长江口排污对上海水源地水质影响的数值分析[D]. 上海:上海海洋大学, 2011.

[15] 廖庚强. 基于Delft3D的柳河水动力与泥沙数值模拟研究[D]. 北京:清华大学, 2013.

[16] 刘百仓, 马军, 黄社华, 等. 水流绕过二维方形障碍物的湍流数值模拟(英文)[J]. 应用基础与工程科学学报, 2008, 16(6):879-890.

[17] 刘志武, 王菁, 许继军. 应用一维水动力学模型预测三峡水库蓄水位[J]. 长江科学院院报, 2011, 28(8): 22-26.

[18] 潘灵芝. 长江口深水航道整治工程对北槽河床冲淤的影响研究[D]. 上海:华东师范大学, 2011.

[19] 任华堂. 水环境数值模型导论[M]. 北京:海洋出版社, 2016.

[20] 万清华. 瓯江河口平面二维水量—水质耦合模型研究及应用[D]. 南京:河海大学,2007.

[21] 夏军强, 周建军. Delft3D 在黄河下游泥沙输移及地貌演变模拟中的应用[Z]. 黄河国际论坛, 2005.

[22] 谢新宇, 闫妍. 水质模型简介及实例应用[J]. 科技信息, 2010(25):31-32.

[23] 于英潭. 基于 GIS 技术的一维水质模型模拟研究[D]. 沈阳:辽宁大学, 2012.

[24] 张文志. 采用一维水质模型计算河流纳污能力中设计条件和参数的影响分析[J]. 人民珠江, 2008, 29(1):19-20.

[25] 赵明登, 张长江, 童汉毅, 等. 渭河下游河道及洪泛区洪水演进的数值仿真(Ⅱ)——成果分析及可视化[J]. 武汉大学学报:工学版, 2003, 36(5):14-17.

[26] 周新明. 一维河流水质模型在应急监测中的应用分析[J]. 绿色科技, 2011(6):10-11.

[27] 朱茂森. 基于 MIKE11 的辽河流域一维水质模型[J]. 水资源保护, 2013, 29(3):6-9.

[28] 左长清. 实施生态修复几个问题的探讨[J]. 水土保持研究, 2002, 9(4):4-5.

---

# 5　湖库水环境模型

## 5.1　湖库水环境概述

### 5.1.1　湖库水环境特征

我国的湖泊和水库众多,据初步统计,目前约有大小湖泊 24 880 个,总面积 $8.34×10^4$ $km^2$,约占国土总面积的 0.8%,总蓄水量 $7×10^{11}$ $m^3$;水库 83 219 座,总库容为 $4.3×10^{11}$ $m^3$。这些湖库在防洪、灌溉、养殖、航运、发电、生活用水和观光游览等国民经济活动中,占有十分重要的地位。但随着经济的迅速发展和人口数量的增加,排入湖库内的污染物质不断增多,湖库的环境问题也日益突出。

湖泊是自然综合体,是由湖盆、湖水、水体中所含物质(矿物质、溶解质、有机质)及水生生物等所共同组成的矛盾统一体,也就是说湖泊应由三部分组成,即湖盆、湖水、水体物质和水生生物。水体物质和水生生物湖泊是地球表层系统各圈层相互作用的联结点,是陆地水圈的重要组成部分,与生物圈、大气圈、岩石圈等关系密切。

2017 年数据调查结果显示,中国境内(包括香港、澳门和台湾)共有 $1.0$ $km^2$ 以上的自然湖泊 2 693 个,总面积 81 414.6 $km^2$,约占全国国土面积的 0.9%,分别分布在除海南、福建、广西、重庆、香港、澳门外的 28 个省(自治区、直辖市);其中大于 1 000 $km^2$ 的特大型湖泊有 10 个(平均 2 271.2 $km^2$/个),分别为色林错、纳木错、青海湖、博斯腾湖、兴凯湖、鄱阳湖、洞庭湖、太湖、洪泽湖、呼伦湖;面积在 $1.0\sim10.0$ $km^2$、$10.0\sim50.0$ $km^2$、$50.0\sim100.0$ $km^2$、$100.0\sim500.0$ $km^2$ 和 $500.0\sim1\ 000.0$ $km^2$ 的湖泊分别有 2 000 个(平均 3.2 $km^2$/个)、456 个(平均 22.6 $km^2$/个)、101 个(平均 71.7 $km^2$/个)、109 个(平均 210.9 $km^2$/个)和 17 个(平均 694.6 $km^2$/个);湖泊的数量和面积并非成正比。拥有湖泊数量最多的 3 个省份是西藏自治区、内蒙古自治区和黑龙江省,分别为 833 个、395 个和 243 个,分布约占全国湖泊总数量的 30.9%、14.7% 和 9.0%。拥有湖泊面积最大的 3 个省份是西藏自治区、青海省和江苏省,分别为 28 616.9 $km^2$、13 214.9 $km^2$ 和 6 372.9 $km^2$,分布约占全国的 35.1%、16.2% 和 7.8%。湖泊拥有率(湖泊总面积/本省国土面积×100%)最高的 3 个省份分别是江苏省(6.4%)、安徽省(2.6%)和江西省(2.4%)。全国最大的 3 个湖泊分别是青海湖、鄱阳湖和洞庭湖,太湖和呼伦湖分列第 4 位和第 5 位,其中青海湖和呼伦湖属于咸水湖,其他 3 个属于淡水湖。最大的咸水湖是青海湖,最大的淡水湖是鄱阳湖。拥有湖泊数量和面积最多的湖区是青藏高原湖区,共 1 055 个,合计面积 41 831.7 $km^2$,分别占全国湖泊总数量和总面积的 39.2% 和 51.4%。拥有湖泊数量最多的 3 个一级流域是西北诸河流域(1 072 个)、长江流域(648 个)和松花江流域(504 个),分别占全国湖泊总数量的 39.8%、24.1% 和 18.7%。

　　水库是在河道、山谷、低洼地及地下透水层修建的挡水坝、堤堰或隔水墙,形成蓄集水量的人工湖,是调蓄洪水的主要工程措施之一。水库的主要作用是防洪、发电、灌溉、供水、养殖、旅游等。根据水库所在地区的地貌、库床及水面的形态,可将水库分为四类:

　　(1)平原湖泊型水库。在平原、高原台地或低洼区修建的水库,形状与生态环境都类似于浅水湖泊。形态特征:水面开阔,岸线较平直,库湾少,底部平坦,岸线斜缓,水深一般在 10 m 以内,通常无温跃层,渔业性能优良。例如,山东省的峡山水库、河南省的宿鸭湖水库。

　　(2)山谷河流水库。建造在山谷河流间的水库。形态特征:库岸陡峭,水面呈狭长形,水体较深但不同部位差异极大,一般水深 20~30 m,最大水深可达 30~90 m,上下游落差大,夏季常出现温跃层。例如,重庆市的长寿湖水库、浙江省的新安江水库等。

　　(3)丘陵湖泊型水库。在丘陵地区河流上建造的水库。形态特征:介于以上两种水库之间,库岸线较复杂,水面分支很多,库湾多,库床较复杂,渔业性能良好。例如,浙江省的青山水库、陕西省的南沙河水库等。

　　(4)山塘型水库。在小溪或洼地上建造的微型水库,主要用于农田灌溉,水位变动很大。例如,江苏省溧阳市山区塘马水库、江苏常州市宋前水库、句容的白马水库,安徽广德县和郎溪县这种类型的水库较多,用于灌溉农田。

　　湖泊是最重要的淡水资源之一,是一种易为人们直接利用的自然资源。湖泊不仅具有调蓄洪涝、引水灌溉、饮用水源地、交通运输、发电、水产养殖和景观旅游的功能,还具有调节区域气候、记录区域环境变化、维持区域生态系统平衡和繁衍生物多样性的特殊功能。对人类而言,湖泊是重要的自然资源,具有提供工业和饮用水源、沟通航运、发展灌溉及渔业、促进旅游观光等诸多功能。自 20 世纪 50 年代以来,我国湖泊在自然和人为活动双重胁迫的共同作用下,其功能发生了剧烈的变化。湖泊大面积萎缩乃至消失,贮水量相应骤减,湖泊水质不断恶化,湖泊生态系统严重退化,给区域经济和社会可持续发展带来严重威胁。

　　与河流及河口相比,湖库具有以下特征:相对缓慢的流速;相对较低的入流量和出流量;垂向分层;作为来自点源和非点源的营养物质、沉积物、有毒物质以及其他物质的汇。湖库和河流最主要的区别是水流的流速不同,湖库中水流的速度比河流小很多。因此,在河流中,水平平流项比混合项大很多,但是在湖泊中,水平平流项与混合项量级相当甚至更小。河流的快速流动性形成了在垂直和横向均匀混合的廓线和向下游的快速运输,但在湖泊中相对较深、流速较慢的水则会有垂向分层和横向变化。湖泊区别于河口的另一个特点是没有与海洋的交换,并且不受潮汐的影响。

　　由于相对较大的流速,河流(特别是浅且窄的河流)通常被看作是一维的。相比之下,受湖泊形状、垂向分层、水动力、气象条件的影响,湖泊有更为复杂的环流形式和混合过程。湖泊和水库宜于季节性及年际性蓄水。水体长时间的停留使得湖库及沉积床的内部化学生物过程显著,但是这些过程在流速较快的河流中可以忽略。

## 5.1.2　湖库水环境问题及产生原因

　　湖库的水质污染是困扰我国经济持续发展的主要环境问题之一。在收集近 10 多年的水质监测资料的基础上,对我国131个主要湖泊及50个大型水库的水质和富营养化污染状况做出了现状评价,其结果见表5-1。

表5-1　我国主要湖库水质类别评价结果统计

| 项目 | Ⅱ类 | Ⅲ类 | Ⅳ类 | Ⅴ类 | 超Ⅴ类 |
|---|---|---|---|---|---|
| 湖泊数量(个) | 42 | 27 | 18 | 16 | 28 |
| 占调查数量的百分比(%) | 32.1 | 20.6 | 13.7 | 12.2 | 21.4 |
| 湖泊面积(km²) | 12 442.3 | 4 924.9 | 3 069.2 | 8 029.2 | 4 564.9 |
| 占调查面积的百分比(%) | 37.7 | 14.9 | 9.3 | 24.3 | 13.8 |
| 水库数量(个) | 33 | 9 | 2 | 6 | 0 |
| 占调查数量的百分比(%) | 66.0 | 18.0 | 4.0 | 12.0 | 0 |
| 水库库容(亿 m³) | 652.44 | 52.23 | 59.22 | 7.41 | 0 |
| 占调查库容的百分比(%) | 84.6 | 6.8 | 7.6 | 1.0 | 0 |

评价结果表明:①湖库的水质污染比较严重。131个主要湖泊中,受到不同程度污染的湖泊有89个,占调查湖泊数量的67.9%,占调查湖泊面积的62.3%。其中,严重污染的湖泊(超Ⅴ类水)有28个,占调查湖泊数量的21.4%,水库污染的程度稍好于湖泊。但受到不同程度污染的水库数量占到调查水库数量的34.0%。②湖库污染物的种类较多,主要有 COD、TP、$NH_4^+$—N、酚、汞和 pH 值等,其中超Ⅴ类水质的主要污染物为 COD、$NH_4^+$—N 等。③小型湖库的污染较大型湖库严重。例如,潘阳湖、洞庭湖、新安江、丹江口等湖库的水质均为Ⅱ～Ⅲ类。而一些中小型湖库的水质大都为Ⅳ～Ⅴ类。④城郊湖库和东北地区湖库有机物污染较为突出。

### 5.1.2.1　富营养化问题严重

由于排入湖库的氮、磷等营养物质在不断增加,湖库水质富营养化的进程大大加快。据1989～1993年我国131个主要湖泊和39个水库的调查资料,按《湖泊富营养化调查规范》所推荐的评价方法进行评价,主要湖库营养状况的评价结果见表5-2。

评价结果表明:①湖库的富营养化状况十分严重。131个主要湖泊中,达富营养化程度的湖泊有67个,占调查湖泊总数的51.2%;达富营养化程度的水库有12座,占调查水库总数的30.8%。②城郊湖库富营养化的程度较高,如杭州西湖、武汉东湖、南京玄武湖、济南大明湖等城市湖泊和石河子市的蘑菇水库、北京市的官厅水库等均已达富营养化程度。③大型淡水湖泊的富营养化问题令人十分堪忧。五大淡水湖的太湖、洪泽湖、巢湖等均已达富营养化程度;鄱阳湖、洞庭湖目前虽然维持在中营养水平,但湖水磷、氮的含量偏高,处于向富营养的过渡阶段。而这些大型湖泊富营养化带来的危害十分严重,治理的难度亦大。

表 5-2　我国主要湖库营养状况的评价结果统计

| 项目 | 贫营养 | 中营养 | 富营养 |
|---|---|---|---|
| 湖泊数量(座) | 9 | 55 | 67 |
| 占调查数量的百分比(%) | 6.9 | 41.9 | 51.2 |
| 湖泊面积(km²) | 5 477.8 | 16 525.7 | 11 029.9 |
| 占调查面积的百分比(%) | 16.6 | 50.0 | 33.4 |
| 水库数量(座) | 10 | 17 | 12 |
| 占调查数量的百分比(%) | 25.6 | 43.6 | 30.8 |
| 水库库容(亿 m³) | 37.36 | 546.10 | 73.94 |
| 占调查库容的百分比(%) | 5.7 | 83.1 | 11.2 |

#### 5.1.2.2 湖泊面积锐减,生态系统退化

在我国西部干旱区,湖泊通常是出山河流的尾闾湖,山地形成产流区,山前绿洲形成耗水区,处于尾闾低洼盆地的湖泊水位变化敏感地反映着湖泊来水量的变化状况。由于气候变暖和人类活动的加剧,尾闾湖泊近几十年来普遍萎缩,部分干涸,导致区域生态严重恶化。处于新疆北部的艾比湖在 20 世纪 40 年代,湖面面积为 1 200 km²,贮水量 $3.0 \times 10^9$ m³。到 1950 年,湖泊面积尚有 1 070 km²。到了 20 世纪 80 年代,面积急剧缩小到 500 km²,贮水量也相应减少到 $7.0 \times 10^8$ m³。内蒙古自治区的居延海是西北干旱、半干旱地区的又一著名湖泊,其水源补给主要仰赖祁连山区的降水和冰雪融水,该湖历史上最盛时面积曾达 2 600 km²。1958 年,西居延海面积 267.0 km²,平均水深 2.0 m,蓄水量 $5.34 \times 10^8$ m³;东居延海面积 35.0 km²,平均水深 2.0 m,蓄水量 $7.0 \times 10^7$ m³。1961 年秋,因河流断流无水补给,西居延海干涸,湖床龟裂成盐碱壳。

在人烟稀少的青藏高原,湖泊也普遍萎缩,湖泊水位下降,湖水咸化。我国最大的湖泊即青海湖,其水位从 1956 年的 3 196.94 m 变为 1988 年的 3 193.55 m,共下降了 3.39 m,湖泊面积减少了 301.6 km²。东部平原湖区的长江中游地区,湖泊面积由 20 世纪 50 年代初期的 17 198 km² 减少到目前的不足 6 600 km²,2/3 以上的湖泊面积消亡。

在长江中下游地区的湖泊基本都是浅水湖泊,加上适宜的气候条件,湖泊生产力高,在 20 世纪 70~80 年代,开发并逐渐普及应用围网养殖技术,为解决当时的食物短缺、改变人们的食物结构起到了很好的作用。但随着湖泊围网养殖泛滥,面积不断扩大,许多湖泊的围网养殖已远远超出湖泊本身所能容纳的能力,湖泊水生态系统被破坏,人工大量投放饵料又加速了湖泊的富营养化过程。

在 20 世纪 60 年代以前,我国长江中下游地区大多数湖泊的湖湾区和沿岸的浅水湖区,都生长有数量较多的沉水植物、浮水植物和挺水植物,形成结构较为稳定的水生植被群落。湖体内其他水生动物、底栖生物的种类繁多,生物量亦大,生物资源十分丰富。湖泊水体中溶解氧十分丰富,水色明亮,水质清澈,呈现出良性循环的相对稳定的生态体系。

进入 80 年代以后,由于湖区工业发展和城镇人口数量增加,大量耗氧物质、营养物质和有毒物质排入湖体,使水体富营养化,湖水的自净能力下降,导致湖体内溶解氧不断下降,透明度降低,水色发暗,原有的水生植被群落因缺氧和得不到光照而成片死亡,水体中其他水生动物、底栖生物的种类也随之减少,生物量降低,取而代之的是浮游植物(藻类),最终形成以藻类为主体的富营养型的生态体系。以太湖研究为例,近 30 年来在人类活动强烈影响下,湖泊生态系统稳定有序的物质—能量循环过程被破坏,突出表现在湖泊生态系统生物多样性的丧失(见表 5-3)。

表 5-3　80 年代后期以来太湖湖泊生物多样性问题

| 生物多样性问题 | 实例 | 原因 |
|---|---|---|
| 藻类种群减少、数量上升,夏季适宜条件下藻类爆发性增长,形成水华,影响浮游/底栖动物的生存 | 1987~1993 年藻类由 97 种降至 86 种;藻类数量由 80 年代的每升百万个增至 90 年代的每升千万个,水华爆发时局部水域更高达 10 亿个 | 水体富营养化和适宜水文气象条件 |
| 浮游动物种类减少,耐污种类增加,鱼类食料减少 | 1987~1993 年夏季调查的浮游动物种类由 79 种减少到 43 种,数量由 2 663 个/L 减少到 455 个/L。60 年代未见耐污种浮游动物,近 30 多年来呈上升趋势 | 封湖鱼类大量捕食浮游动物和湖泊污染 |
| 底栖动物种类减少,耐污种类增加,生物量减少 | 1987 年夏调查底栖动物有 59 种,1992~1993 年共采集 40 种,和 1987 年相比,其中,环节动物与节肢动物分别减少 25% 和 40%。1991 年与 1987 年相比,生物量由 98.6 $g/m^2$ 降至 50.4 $g/m^2$,局部湖区出现耐污种 | 污染加重和人为的过量捕获 |
| 鱼类生物量降低,经济鱼类——银鱼捕捞量显著下降 | 50 年代至 1989 年渔业产量呈上升趋势,之后产量下降。80 年代以来的渔业产量增加主要靠围网养鱼增加;围网以外的湖区鱼类生物量降低幅度较大,银鱼的产量 1986 年为 2 158 t,1994 年和 1995 年银鱼产量分别为 1 118 t 和 700 t | 污染、围网外食饵减少和过量捕获 |
| 水生植被退化,种群减少,优势种更替 | 1981 年调查水生植物有 66 种,90 年代初仅剩 17 种。沉水植物优势种由马来眼子菜演替为苦草 | 湖滨围垦、过量采捞养鱼和水质污染 |

### 5.1.2.3　流域水土流失加剧,湖泊淤塞严重

我国东部平原和云贵高原等地区的淡水湖泊普遍存在着泥沙淤积的问题,其中以长江中游地区湖泊的泥沙淤积问题较为突出。例如,洞庭湖据多年平均入出湖沙量平衡资料计算,年入湖沙量达 $1.29 \times 10^8$ $m^3$,年出湖沙量仅为 $3.4 \times 10^7$ $m^3$,湖盆年淤积量

$9.5 \times 10^7$ m³,年淤积速率达 3.7 cm/年。目前,洞庭湖湖盆因泥沙淤积已高出江汉平原地面 5.0~7.0 m。

#### 5.1.2.4 底泥污染严重

湖泊底泥是营养盐、重金属、有机物等污染源的主要蓄积场所,是湖泊水体污染物的主要内源。底泥—水界面是各类污染物进行固、液两项交换和反应的主要场所。多项研究表明,重金属、有机物、氮磷污染物等在底泥—水界面进行着一系列的迁移转化过程,如吸附—解析、沉淀—溶解、氧化—还原、分配—溶解、络合—解络作用等,在底泥中上述污染物又会发生生物降解、生物富集、金属甲基化或乙基化等。湖泊,尤其对于浅水湖泊,在条件(如溶解氧、pH 值、氧化还原点位、温度、生物及水体的扰动等)适宜时,底泥中的污染物质(如氮、磷、重金属、有机物等)可能会重新释放到水体中造成水体二次污染,对水生态系统构成长期威胁。近年来,工业经济的快速发展所引起的底泥污染问题不断凸显,严重影响了湖泊功能的正常发挥,进而影响水生植物及人类的生存活动。

对于重点控制的太湖,太湖沉积物中的氮磷污染现象比较普遍。太湖流域湖泊的底泥污染主要是湖泊底泥中的有机污染与重金属污染。湖泊有机污染物有两个来源,即外源的工业废水和废渣、湖区居民生活污水和流水侵蚀带入湖泊的土壤营养元素与内源的死亡后沉积在湖底的湖泊生物;重金属污染则主要与冶金、金属加工工业的废水排放有关。据太湖、阳澄湖湖泊底质污染的研究结果,湖泊底质的重金属污染在城市附近的湖泊污染严重,大型湖泊的重金属污染主要限于与工业污染源相通的水道入湖地带,如太湖重金属污染在北太湖最为严重。

太湖流域湖泊底质营养物质含量的空间分布表明,城镇工业污水与生活污水的排放是造成底质有机污染的重要因素。太湖表层沉积物有机质、总氮、总磷在无锡市附近的梅梁湾、五里湖一带出现最高值,而该区域是无锡市城市生活排污的主要区域。湖泊的内生有机污染近年来在太湖流域比较突出,如东太湖虽然在围网养殖过程中大量地利用了水生植物,但每年仍然有 $7.84 \times 10^4$ t 的植物残体沉积在湖中,加剧了湖泊生物淤积,同时夏季植物残体腐烂常导致水体恶化和严重缺氧。滆湖 20 世纪 80 年代后期围网养殖发展迅速,1989 年滆湖围网渔业用草约 $1.5 \times 10^5$ t,而全年的水草产量高达 $9.72 \times 10^7$ t,水草渔业利用潜力巨大,每年有大量的水草死亡后腐烂在湖泊沉积物表层,造成湖泊底质有机污染加重。

#### 5.1.2.5 湖库污染严重

1. 进入湖库的污染物数量不断上升

(1)随着工业的迅速发展,污染企业增长过快,产业结构布局不够合理,致使部分湖库流域内的小造纸、小化工、小酿造、小印染等污染行业超常发展,排污量急剧增加。

(2)城市化的发展,伴随着大量人口集聚,导致生活污水大量排放,增加了湖库的污染物负荷。

(3)随着湖区经济的迅速发展、劳动力价格上升,一些经济发达地区的农户大多放弃了原有的施用农家肥习惯,采用大量施用化肥的办法来提高产量,从而造成肥料大量流失。目前,我国人均含磷洗衣粉的用量已从 80 年代初的 0.3 kg/(人·年)增至 2.0 kg/(人·年)左右。据有关方面初步测算,有的湖泊含磷洗衣粉带入的磷量已占入湖总量的 20%左右。随着人工养殖业的发展,投饵带入湖库中氮、磷量不断增加,这些都导致了湖库水质污染和富营养化的进程大大加快。

2. 水污染治理严重滞后于经济的发展

自 20 世纪 80 年代以来,我国经济发展较快,而环境保护的投入严重不足。发达国家环保投入的费用占到国民经济总产值的 1.5%~3.0%,而我国在 80 年代以前的环保投入不足 0.1%,1997 年度统计亦仅为 0.7%左右,致使污水处理率低,排入湖库的污染物数量大。

3. 湖区生态平衡被破坏

由于围湖造田、人工养殖、拖网捕捞、机械吸螺等人为活动的影响,部分湖库原有的水生植被被破坏,底栖动物的数量锐减,极大地降低了湖体对污染物的净化能力,水质污染和富营养化加重。

## 5.1.3 湖库水环境模型分类及转换

### 5.1.3.1 按湖库的形状与性质分类

根据湖库的形状与性质,其水环境模型可分为完全混合型和非均匀混合型。

1. 完全混合型

对于面积小、封闭性强、四周污染源多的小湖或湖湾,污染物入湖后,在湖流和风浪作用下,与湖水混合均匀,湖泊各处污染源浓度均一。对完全混合型的湖泊,根据物质平衡原理,即某时段任何污染物含量的变化等于该时段流入总量减去流出总量,再减去元素降解或沉淀等所损失的量,建立数学方程如下:

$$\frac{\Delta M}{\Delta t} = \rho - \rho' - KM \tag{5-1}$$

对难降解的污染物为

$$\frac{\Delta M}{\Delta t} = \rho - \rho' \tag{5-2}$$

$$\Delta M = M_t - M_0 \tag{5-3}$$

式中:$M_t$ 为时段末湖泊内污染物总量;$M_0$ 为时段初湖泊内污染物总量;$M$ 为时段内湖泊平均污染物总量;$\rho$、$\rho'$ 为时段内平均流入、流出湖泊污染物总量速率;$\Delta t$ 为计算时段;$K$ 为污染物衰减率。

Vollenweider 模型假定湖泊属于完全混合型,且富营养化状态只与营养物负荷有关,入湖与出湖水量相等,根据物质平衡原理,某时段任何水质含量的变化等于该时段入湖含量减去出湖含量,以及该水质元素降解或沉淀所损失的量,从而可得出

$$\frac{dC}{dt} = \frac{W}{V} - \frac{QC}{V} - KC \tag{5-4}$$

式中:$C$ 为湖泊中营养物质(磷)的浓度,mg/L;$W$ 为总磷的入湖量,g/d;$V$ 为湖水的体积,m³;$Q$ 为出湖流量,m³/d;$K$ 为湖中磷的沉降系数,1/d;$t$ 为时间,d。

2. 非均匀混合型

水域宽阔的大湖,由于湖流、风浪等因素较为复杂,湖水对入湖污染物的稀释净化也比较复杂。从受污染的区域来看,往往局限于河流入湖口和岸边点污染源的排放口附近,因而湖岸线周围和湖中心区域会出现两种完全不同的水质状况。所以,在计算非均匀混

合湖泊污染物时,就应该按其实际情况分别予以处理。

下面介绍一种非均匀混合型的水质模型,即湖泊扩散的水质模型。对难降解污染物,当排污稳定,且边界条件为 $r = r_0$ 时,$C = C_0$,则得

$$C = C_0 - \frac{1}{\alpha - 1}(r^{1-\alpha} - r_0^{1-\alpha}) \tag{5-5}$$

$$\alpha = 1 - \frac{q}{DH\phi} \tag{5-6}$$

式中:$r$ 为距排污口距离;$q$ 为入湖污水量;$C$ 为 $r$ 处污染物浓度;$H$ 为污染物扩散区平均湖水深;$\phi$ 为污染物在湖水中的扩散角,如排污口在平直的湖岸,$\phi = 180°$;$C_0$ 为距排污口为 $r_0$ 处污染物浓度;$D$ 为湖水紊动扩散系数(因湖泊中风浪的影响)。

### 5.1.3.2 按湖库模型的研究对象分类

根据湖库模型的研究对象不同,其水环境模型可分为营养盐模型(P 模型)、浮游植物生态模型、生态动力学模型、人工神经网络模型。

1. 营养盐模型(P 模型)

20 世纪 70 年代,湖泊学家们开始通过建立简单的磷负荷模型,评价、预测湖泊水体的营养状态。因为引起富营养化的物质主要是碳、氮、磷,而在正常条件下,淡水环境中存在的碳、氮、磷的比率为 106∶16∶1,根据 Liebig 的最小生长定律可以认为氮、磷是富营养化形成的限制物质,其中磷是绝大多数湖泊和水库富营养化形成最关键的限制物质。这类模型的典型代表是加拿大湖泊专家 Vollenweider 提出的 Vollenweider 模型。随后Dillon,Larsen,Mereier 等又对 Vollenweider 模型进行了一些修正,产生了 Dinon 模型及Larsen-Mercier 模型等。

Vollenweider 模型假定,湖泊中随时间而变化的总磷浓度值等于单位容积内输入的磷减去输出的磷及其在湖内沉积的磷,即

$$H\frac{dP(t)}{dt} = L_s(t) - v_s P(t)q_s P(t) \tag{5-7}$$

式中:$H$ 为湖泊平均水深,$H$ = 体积/表面积,m;$P(t)$ 为 $t$ 时刻实际水体中磷的质量浓度,mg/m³;$L_s$ 为单位面积输入湖泊的总磷负荷,mg/(m² · 年);$v_s$ 为沉降速度,m/年;$q_s$ 为单位表面积的出流量,m/年。

Vollenweider 模型假定水体混合均匀、稳定、限制性营养物质唯一,所以数学式简单,所需数据少,使用方便。尤其适合对湖泊及水库的营养物总量变化进行长时段预测或总体营养状况进行初期评价。但是,由于早期的磷模型相对简单,不可避免地存在很多不足:①模型只能求解总磷的平均浓度分布,不能模拟各态磷在水体中的循环;②模型假定水体均匀混合,无法反映大型湖泊污水入湖后,总磷浓度分布的时空差异;③模拟没有考虑底层沉淀物与水体的磷交换过程等。

近年来,营养盐模型得到了很大的发展,在很大程度上克服了早期磷模型的缺陷:从考查单一的总磷浓度发展到模拟水体中整个磷系统(包括颗粒磷 DP、溶解的无机磷 DIP和浮游生物中的磷 PP)的循环;从简单的水体完全混合模型发展到多层模型;从单纯考虑水体本身的营养盐循环发展到考虑底泥和水体界面的营养盐交换过程等。

　　单一营养物质模型在北美和加拿大的湖泊以及世界上其他国家和地区得到广泛应用。1979 年以来,我国也将其用到湖泊、水库富营养化的研究中。陈永灿建立了密云水库总磷、总氮、BOD、COD 完全混合系统水质模型,并根据 10 年的实测资料分别确定了总磷、总氮的沉降速度 $S$ 和 BOD、COD 的综合沉降系数 $K$。由建立的水质模型对密云水库在不同污染负荷下 2005 年时水质及富营养状况进行了预测。基于 Vollenweider 模型思路,陈云波分析了滇池水动力特性,将完全均匀混合质量平衡水质模型应用于滇池水质有机污染浓度,预测给出了 2000 年和 2010 年各种水文情景下的水量预测、入湖污染物负荷预测及相应的 $COD_{Mn}$ 浓度预测值。

　　2. 浮游植物生态模型

　　浮游植物大量繁殖是水体富营养化的主要表现形式,而它要靠吸收和利用水中营养盐而生长。因此,直接模拟浮游植物的繁殖和营养盐之间的关系,对于预测水体的富营养化具有重要意义。目前,浮游植物与营养盐相关模型主要有 3 种:一是藻类生物量与磷负荷量之间的相关经验模型;二是使用限制因子假定来模拟浮游植物生长的模型;三是根据光合作用的相关因素来估算浮游植物初级生产力的模型。

　　1) 藻类生物量与磷负荷量之间的相关经验模型

　　20 世纪 70 年代世界各地开展了大规模的湖富营养化调查,如北美五大湖区、欧洲的 Balanton 湖、日本的琵琶湖及我国的太湖、滇池等,积累了大量湖泊富营养化基础资料,包括湖泊年平均的总磷浓度、叶绿素浓度等。在分析资料的基础上建立了一系列藻类生物量与营养物质负荷量之间的相关经验模型,比较典型的有:

　　Bartsch 和 GaKatatter:

$$lgChla = 0.807\ 1lgP - 0.194 \tag{5-8}$$

　　Rast 和 Lee:

$$lgChla = 0.76lgP - 0.259 \tag{5-9}$$

$$lgH_t = -0.437lgChla + 0.803 \tag{5-10}$$

　　Dillon 和 rigler:

$$lgChla = 1.449lgP_i - 1.136 \tag{5-11}$$

式中:Chla 为叶绿素 a 的浓度;$P$ 为总磷浓度;$P_i$ 为夏季总磷浓度;$H_t$ 为水体透明度。这类经验模型简单直观,使用方便,但是它们都有混合均匀、稳态、限制营养物质唯一的假定,提供的信息量少,而且不能反映藻类生长的机制。

　　2) 使用限制因子假定来模拟浮游植物生长的模型

　　在浮游植物动态模拟中,Monod 方程和 Droop 方程是两个基本的动力学方程,它们将营养盐可利用性与微型生物生长直接联系起来。Monod 方程表达了稳态状况、营养盐限制条件下藻类生长速率与细胞外部营养盐之间的关系,其中定义了半饱和常数 $K_s$。Monod 方程如下:

$$\mu = \mu'\left\{\frac{[R]}{K_s + [R]}\right\} \tag{5-12}$$

式中:$K_s$ 为半饱和常数,即当藻类生长速度达到最大生长速率一半时的浓度;$\mu$ 为藻类实际生长率;$\mu'$ 为藻类最大生长率;$R$ 为营养盐浓度。

在实际环境中,浮游植物的生长可能受到不只一种元素的限制。已有学者证实浮游植物群落处于一种非平衡状态,即在同一限制性营养物质浓度水平下,浮游植物中并不是所有藻类种群都表现出对这种营养物质的缺乏。Monod 方程表达的是在稳态条件下一种限制性营养元素与浮游植物生长的关系。

3) 根据光合作用的相关因素来估算浮游植物初级生产力的模型

浮游植物的初级生产力是湖泊营养状况的主要评价指标,它的光合作用速率与细胞本身的内环境及环境因子(如光强、营养盐、温度等)有关。Chen 等考虑了 4 种外界因子:氮、磷、太阳辐射和温度,利用 M-M 方程建立了浮游植物生长与环境因子的模型。Smith 建立了生物、光学模式(Bio-Opticalmodel),用水体的光照分布来计算水体初级生产力。国外有些学者通过不断测定水体中溶解氧的含量来估算水体的初级净生产力。虽然相对于单一营养物质模型有了很大改善,但目前浮游植物生态模型还需进一步完善。特别是对于一些空间上跨度很大的湖泊,通过把多级浮游植物、养分负荷模型与水动力学模型整合在一起才能有效地预测养分负荷的改变对浮游植物组成及其优势种的影响。

应用方面,在我国,阮景荣等建立武汉东湖的磷-浮游植物动态模型浮游植物动态模型,该模型按照 1 年的时间标度描述东湖藻类的生长和磷循环,其状态变量包括浮游植物磷、藻类生物量、正磷酸盐、碎屑磷和沉积物磷,校正和检验结果表明,模型对于系统给定状态的描述是令人满意的,并且对于系统的强制函数给予了合理的响应。鱼京善等(2004)通过对北京动物园水体的水质监测,从生态学角度探讨各环境因子对水华过程的影响。同时,通过建立浮游植物生态模型,模拟了浮游植物的生物量变化,模拟结果和实测数据基本符合。

3. 生态动力学模型

生态动力学模型是以水动力学为理论依据,以对流-扩散方程为基础建立的模型。扩散方程为基础建立的模型,同时在生态系统水平上,对生态系统进行结构分析,研究生态系统内子系统间相互作用过程,综合考虑系统外部环境驱动变量,建立微分方程组,运用数值求解方法来研究生态系统状态变量变化。生态动力学模型的研究始于 Chen Ditoro 开发的简单水质动力模型,而由 Jergensen 提出的 Glums 生态-动力学模型,为以后的模型研究打下了坚实的基础。被称为生物-地球化学富营养化模型的 Glums 小模型是作为联合湖泊研究计划的一部分,由 Jergensen 于 1976 年首次提出并在丹麦的 Glums 湖应用。此模型共 17 个状态变量,包括整个食物链,同时考虑了硅藻细胞内的养分,这对于富营养化的浅水湖泊来说非常有必要。氮、磷、碳循环是独立的,因此该模型的参数很多,甚至 Glums 模型还考虑了水和沉积物之间的营养交换,并且区分了交换性和非交换性营养元素。对于浅水湖泊来说,估算出沉积物中营养物质的数量也是十分重要的。Glums 模型应用于 25 项研究实践证实它具有现实意义。此后,这一模型作为一系列模型研究的原型得到发展。

与前几种生态模型相比较,生态动力学模型能够从对湖泊富营养化发生机制的描述出发,对富营养发展趋势进行预测,它弥补了前两种模型从单一因子(浮游植物或者营养盐)模拟整个水体富营养化过程的缺陷,更加全面地反映了水生生态系统的动态发展进程,更准确地模拟水体的富营养化,成为富营养化模型研究的主流。典型的生态动力学模型的模拟对象包括浮游植物的生长与死亡、营养盐的循环过程、DO 的动力过程。它的主要特点是:①较精细地考虑营养物的时、空变化;②详细地描述了湖泊中生物的和化学的变化过程;③可能考虑除磷以外的更多种因素,如碳、氮、硅、硫、氧、氢、光照等的影响。

虽然目前已创建了一大批三维动态模型,应用很广泛,但它们仍存在许多需要完善之处:①它们缺乏真正生态系统所具有的适应性和灵活性,当使用此模型来研究其他的生态系统时,必须根据此生态系统对该模型的结构和参数进行改进;②目前的模型是建立在湖泊生态系统现有生态结构基础之上的,但由于环境污染,人类活动对生态系统的结构产生一定的冲击作用,这就限制了这些模型预测的准确性;③当这些模型使用于一项新的研究时,必须进行参数测定,取样频率和取样时间对参数值测定有较大的影响,模型校正的数据必须符合实际,并且取样频率要能反映生态系统的动态变化过程;④对生态规律和生态知识的了解程度也限制了模型的适用性;⑤缺乏统一详细的湖泊水化学方面的数据,这给湖泊模型的校正、验证造成很大困难,使创建的湖泊富营养化生态-动力学模型适用性不高。

丁玲等于1999年进行了模拟水动力条件下的太湖藻类动态试验,并应用国外先进的PHREEQC软件从生物化学和生态动力学角度建立了藻类生态动力学模型。模型不仅考虑了氮循环及磷循环,还考虑了水动力条件引起的内源释放问题,根据2003年4月26~30日在河海大学环形水槽所做的底泥释放试验结果,建立了水流和各形态氮磷营养盐释放的定量化关系。模拟结果显示,计算值能较好地拟合试验测量值,表明模型能较好地反映在水动力条件下太湖藻类动态变化的内部机制,在太湖藻类预测及藻类水华爆发预警系统中有良好的应用前景。

刘玉生等在研究了滇池碳、氮、磷时空分布,藻类动力学、浮游植物动力学及沉积与营养释放的基础上,建立了生态动力学模型,并与箱模型耦合,建立了生态动力学模型,模拟了总磷、总氮和化学需氧量的水环境容量和削减量,所得结果较好地与实际相符合,为滇池的水污染控制打下了基础。

4. 人工神经网络模型

人工神经网络是基于模仿大脑神经网络结构和功能而建立的一种信息处理系统,是一个高度复杂的非线性动力学系统。网络由大量简单的基本元件——神经元相互联结而成,工作方式为模拟人的大脑神经处理信息的方式,进行信息并行处理和非线性转移,能够进行复杂的逻辑操作和非线性关系实现。除具有一般非线性系统的共性,更主要的优点是具有高维性、神经元之间的广泛互连性、自适应性、自组织性,也正是这些独特的结构特点使其具有高度的并行性、很强的容错能力和学习能力。代表性的人工神经网络模型有多层映射BP网络、RBF网络、双向联想记忆(BAM)、Hopfield模型等。而湖泊的富营养化趋势预测是一个复杂的现象,不仅仅受营养盐水平的影响,还有其他因素如库区的流场特征、气候因素等。当前的研究表明,P、N、COD等营养盐含量,水深、流速、温度等各个因素对水体富营养化趋势的影响机制十分复杂,呈复杂的非线性映射关系。因此,将ANN应用于水质预测,在理论上和应用上都是可行的。

人工神经网络方法是目前最活跃的前沿学科之一,发展迅速,但仍有其不完善之处,主要原因是:①在确定人工神经网络评价模型时,没有使用大量的检验样本和测试样本,多数文献使用了太少的训练样本;②没有给出区分相邻富营养化等级的边界值(分界值);③使用太多的隐层及其节点数;④部分文献输出层采用多个输出单元,富营养化等级的识别比较困难。这些缺陷造成了建立的人工神经网络评价模型泛化能力较差。

为了克服这些缺点,在近几年不断的实践中,我国学者将新的研究方法融入人工网络模型,使其不断改进和完善,并将其应用到湖泊富营养化研究中。邬红娟、郭生练等根据辽宁大伙房水库1980~1997年的水文和湖沼学观测资料,分别建立浮游植物丰度和蓝藻优势度人工神经网络模型。预测结果表明,人工神经网络方法优于传统的统计学模型,可进行水库浮游植物群落动态的预测预报,并具有较高的精度。吴利斌、尚士友等在综合评价体系结构基础上,应用模糊神经网络技术,建立了1个湖泊富营养化综合评价模糊神经网络专家系统。张昆实、万家云等研究了用于湖泊水质富营养化评价的人工神经网络BP模型的结构和学习算法,用训练好的BP网络型对荆州市长湖关嘴段的水质富营养化状态进行了分类评价。任黎、董增川等根据湖泊富营养化程度影响因素多、评价因素与富营养化等级之间关系复杂且是非线性的特点,研制了一个能自动对湖泊富营养化程度做出正确评价的BP人工神经网络模型,并在太湖富营养化评价中得到了应用。

**5. 湖库水环境模型转换**

河流与湖库是两种完全不同的水体。污染物在水体中的演化特性,因水流特征的差异而各不相同。就中、小河流与河流入湖或点污染源排入湖泊的局部水域相比,其相同点是:污染物在各不相同的水流条件下可均匀地混合。不同点是:河流在断面流速分布不均匀的情况下产生纵向分散作用,湖库以水流或排放动量按圆柱体扇形的形式向前扩展,因而横向扩散占优势。在模型结构上,河流以断面平均流速来反映污染物的演化,而湖泊以扩展速度来表达,河流不论其发育程度如何使其弯曲蜿蜒,水污染物总是沿程按线状($X$方向)的形式向前衰减变化,湖泊以扇状的面积向前推进扩展而降解。

为能使河流水质模型转换成湖库模型,除必须把流速和方向坐标做变换外,另假定以下几点:污染物从河流入湖,或点污染源排入湖后的向前扩展降解,可看作为以入湖起始点为中心向四周成辐射状发散的点源降解。于是,可按湖泊扩展的宽度划分成若干等距的辐射线,并把每两辐射线之间所夹的水体看作是一条条逐步向前扩展的小河流。由于各小河流沿水流扩展方向的间距是等同的,在水流自身的对流及外界的风浪等因素综合作用下,污染物充分混合,其演化的特性基本上是一致的。即使各小河流之间水下地形的变化,反映在水深方面的不一致而产生的某些差异,但其差异并不悬殊,可忽略不计。

各小河流的水面宽,由一点向前逐步等距扩展。因此,BOD-DO和四氮的降解与转化仍将以圆柱体扇形的形式向前扩展演化。所以,既有横向扩散为主,又有纵向分散为次的特性,其扩散系数为两者共同影响的结果,故为综合扩散系数。入湖的污染物因水深较浅,在垂向上无明显的浓度梯度,所以能按其演化的递减规律,绘制若干等浓度线。等浓度线所包围的小水体为小河流的单元体,且将两等浓度线的均值作为这一单元水体的代表值。位于两等浓度线的中心,称为单元水体中心值浓度。污染物从一个单元体流向另一个单元体,认为是一个单元水体的中心值浓度向另一个单元体中心值迁移,按一级动力反应进行。

## 5.1.4　湖库水环境模型的发展趋势

湖泊水环境模型是水质模型中的一种,从根本上说,它是随着水质模型的发展而不断发展起来的。综观其研究历史和应用前景,结合水质模型的发展趋势和水环境科学的发展状况,普遍认为湖泊水环境模型研究发展的趋势可以归纳为:

研究范围日益扩大,从最初的只研究水体本身发展到流域,再向流域-大气-湖泊模型以及整个生态和资源模型方向发展。状态变量不断增多,随着人们对水质变化机制的不断深入认识和研究范围的不断扩大,湖泊水质模型研究的状态变量也从最初的几个增加到十几个甚至几十个,这一数字还在不断增加。

模型不确定性的分析力度加强,由于湖库水环境的复杂性,在利用非线性规划方法来建立湖泊水质模型过程中,不可能把所有影响因素都考虑进去,一般只把那些主要因素考虑进去而忽略那些次要因素。因此,不可避免地会给模型的结果产生不确定性。克服这些不确定性对模型预测精度和可靠性负面影响的研究,是今后相当长时期内湖泊水质模型研究的重点。

地理信息系统(GIS)成为湖泊水质模型的平台,随着计算机技术在大规模数据处理方面和数据实时成像技术方面取得巨大的成就,与之紧密相连的地理信息系统(GIS)必将在水环境科学中有广阔的应用前景。利用 GIS 技术,人们不光能处理海量的数据,使得输入输出变得非常容易,还能对水质计算结果进行空间分析,使对复杂模型的理解变得容易,并得到很多有价值的信息,从而辅助决策。

人工神经网络(ANNs)作为模拟的辅助手段,随着科学技术的不断发展,计算机硬件及软件技术的突飞猛进,计算机必将在计算能力、人工智能模拟能力方面取得巨大的进步。因此,以之为基础的人工神经网络(ANNs)在水质模型方面的应用研究必将随着人工智能模拟的进步而取得蓬勃发展,而对此方面的研究会成为环境科学工作者的研究热点。

实时监测被纳入模型系统,这是当今另一个发展最前沿的技术。随着"3S"(RS、GPS及 GIS)技术的发展,以及它们在水质模型研究中的应用,专家们可以做到实时、动态地应用模型分析和解决水环境问题。

# 5.2　湖库温度模型

## 5.2.1　湖库温度模型概况

水利水电工程建设对环境的影响是多方面的,湖库水温分层问题是其中的一个重要问题,它将造成水体中诸多水质参数的变化,如水中的溶解氧会随温度的升高而下降;水温的变化会影响到水生生物的生长和繁殖(如鱼类对水温就有特定的要求,水温超过其适应范围,生长会变慢,甚至死亡);同时,湖库水温对于农业灌溉、工业用水、生活用水以及湖库水的利用(养殖、娱乐)等方面都有重要影响,它也是水库工程建设(规划、设计和施工)中必不可少的一项基本资料。因此,研究湖库水温模型不仅是一个理论问题,而且对于综合利用湖库水资源和改善水质等都具有重大的现实意义。

20 世纪 30 年代,美国为解决湖库富营养化问题,开始对湖库水温进行研究,首先提出计算湖泊及水库的水温数学模型,并一直处于世界领先地位;苏联在水温观测方面做了大量仔细的研究;日本在水库低温水灌溉对水稻产量的影响以及水库分层取水方面进行了很多研究;我国从 20 世纪 50 年代末期开始水库水温观察,60 年代进行过水库水温特性的分析研究工作,70 年代有部分生产单位在水库水温估算方面取得了进展,进入 80 年代以来,有更多的单位开展水库水温研究工作,并且取得了一些研究成果。

对于不同水库,由于水库密度分布所形成的重力作用与库内水流所形成的混合作用的程度不同,垂向分层强弱的差异是很大的,一般由强到弱将垂向分层依次划分为三种类型:稳定分层型、混合型、过渡型。稳定分层型的水库表层温度垂向梯度大,称为温跃层,其温度梯度小,称为滞温层,但到冬季上下层水温没有明显差别,严寒地区甚至出现温度逆转的现象。混合型水库无明显分层,上下水温均匀,垂向温度梯度小,年内水温变化却较大。过渡型水库介于两者之间,春、夏、秋季有分层现象,但不稳定,遇中小洪水时水温分层即消失。水库水温结构的判别方法一般有参数 $\alpha$-$\beta$ 判别法、Norton 密度 Froude 数判别法、水库宽深比判别法、热平衡因子法等。

水库给人类带来了巨大效益的同时,也给环境造成了一定的影响。为了使负面影响尽可能降到最小程度,在建水库前都要进行环境影响评价,预测水库水温的变化规律,预测水库水温的方法包括经验类比法和数学模型方法。

20 世纪 70 年代以来,国内外提出了许多经验性水温估算方法。这种方法是在综合分析国内外水库实测资料的基础上,假定水温沿垂向分布规律,通过估算某一时段的库表、库底水温,得出垂向水温温度分布。经验公式方法有类比法、中国水利水电科学研究院方法、朱伯芳法、东北勘测设计研究院方法等。其中,东北勘测设计研究院张大发、中国水利水电科学研究院朱伯芳提出的方法分别被编入水文计算规范和混凝土拱坝设计规范。1993 年,中南勘测设计院水工建筑物负荷设计规范编制组和水利水电科学研究院结构材料所在朱伯芳提出的方法的基础上,利用数理统计原理进行统计分析,并按最小二乘法原理拟合得出了一套计算公式,即水库水温的统计分析公式。采用类比法时,选用的参证水库应靠近该工程,以保证气象要素、水面与大气等条件相似,并保证水库工程参数、水库结构类型等相似。同时,参证水库还要有较好的水温分布资料。中国水利水电科学研究院方法适用于计算年平均水温垂向分布,最好利用类比水库的表层水温、底层水温及温跃层厚度来计算。朱伯芳公式是依据对国内外多个水库观测资料获得的,而这些水库分布范围较广,因此该公式的适用范围相对较宽。东北勘测设计研究院方法应用相对比较简单,只需知道库表、库底月平均水温就可以计算出各月的垂向水温分布,而且库表和库底水温可由气温-水温相关法或维度-水温相关法推算,该方法适用于库容系数(调节库容/年径流量)$\geqslant 1$ 的水库。中南勘测设计研究院的统计分析公式应用简便,考虑因素全面,但对于不同工程,预测结果不稳定,且无法预测典型分层型水库的逐月平均水温分布。经验公式法具有简单实用的优点,能快速判断和初步分析水库的垂向水温分层结构,可满足某些实际应用的需要,但需知道库表、库底水温以及其他参数等,而通过水温与气温、水温与维度的相关曲线查出的库表和库底水温,精度不高,并且估算结果中没有考虑水库流动、当地气象条件、风力掺混等因素对水温结果的影响,也不能显示短时段内水温的变化,因而其应用受到限制。

数学模型法按照模型所包含的数学变量可分为一维、二维、三维数学模型法。实际水体一般都是三维的,但是在处理某些具体问题时,在不影响精度的情况下,可以在一定假设基础上使用包含两个空间变量的二维模型或只含有一个空间变量的一维模型。

垂向一维温度模型综合考虑了水库入流、出流、风的掺混及水面热交换对水库水温分层结构的影响,其等温层水平假定也得到许多实测资料的验证,在准确率定其计算参数的情况下能得到较好的模拟效果。但一维扩散模型(WRE、MIT 类模型)对水库中的混合过程特别是表层混合描述的不充分。混合层模型对于风力引起的表面水体掺混进行了改进。垂向一维模型忽略了各变量(流速、温度)在纵向上的变化,这对于库区较长、纵向变化明显的水库不合适;根据经验公式计算入库和出库流速分布,再由质量和热量平衡决定垂向上的对流和热交换,这种经验方法忽略了动量在纵向和垂向上的输运变化过程,其流速与实际流速分布差异很大,应用于有大流量出入的水库将引起较大的误差。另外,一维模型的计算结果对垂向扩散系数非常敏感,垂向扩散系数与当地的流速、温度梯度相关,各种经验公式尚不具备一般通用性,流速的差异也将进一步影响垂向扩散系数的准确性。

严格来说,在水库实际流动过程中,特别是在大坝附近区域,由于水电站引发水电以及泄洞泄洪的影响,坝前附近水流具有三维特征。但是,由于天热复杂的地形、计算稳定性的要求,需要合适地规划计算网格,计算工作量大、要求资料多。国内外大量研究表明,一般情况下,应用二维模型可较好地模拟水库流速场和温度场。垂向二维温度模型能较好地模拟湍浮力流在垂向断面上的流动及温度分层在纵向上的形成和发展过程,以及分层水库最重要特征的沿程变化,如纵垂向平面上的回流、斜温层的形成和消失及垂向温度结构等。垂向水温扩散和交换,可根据精度要求采用常数或经验公式计算,也可采用动态模拟。由于计算稳定性好,且模型中需要率定的参数少,对预测有明显温度分层的大型深水库的水温结构及其下泄水温过程具有良好的精度,工程实用性强。

20 世纪 80 年代以来,国内逐步应用和研制了一些二维水库水温模型。陈小红等采用混合有限分析五点格式建立了水库垂向二维温度分布模型。周志军采用 $k—\varepsilon$ 双方程湍流模型计算了一个立面二维流动,实际算一个定常的悬浮泥沙分布问题。江春波等提出了一种预测河道型水库中流速、温度和悬浮污染物质分布的立面二维数学模型,考虑了河道宽度的变化以及汛期自由水面的变化,适合于非定常问题的模拟。四川大学采用宽度平均的立面二维水温模型研究金沙江溪洛渡水电站的水温分布。邓云等进行了紫坪铺水库温度模型研究。

在二维水流、水温水质数学模型计算中,一般先解流速场,然后将解得的流速值代入水温方程中。这样的处理方式使计算大大简化,并能反映水流与水温之间的一些主要的影响;其缺点是没有同时考虑它们之间的彼此交互作用,在水体垂直密度分层明显、产生温差异重流时,非耦合求解得到的流场和温度场与实际情况有很大的差异。有鉴于此,陈小红、邓云等先后将考虑浮力的 $k—\varepsilon$ 双方程模式引入描述水库水流运动中,并将水动力方程与水温水质方程耦合建模,求解水流、水温沿纵向和垂向的变化,合理考虑了水流运动与水温水质分布的相互影响。

## 5.2.2　经验类比法

截至目前,国内提出了许多经验性水温估算模型,最具有代表性的几种经验性公式是:水电部东北勘测设计研究院张大发和中国水利水电科学研究院朱伯芳提出的方法,中南勘测设计院《水工建筑物荷载设计规划》编制组和水利水电科学研究院结构材料所提出的统计分析公式,以及西安理工大学李怀恩提出的幂函数公式。

#### 5.2.2.1　东北勘测设计研究院法

计算公式为

$$T_y = (T_0 - T_b)\,\mathrm{e}^{-\left(\frac{y}{x}\right)^n} + T_b \tag{5-13}$$

其中

$$n = \frac{15}{m^2} + \frac{m^2}{35}, \quad x = \frac{40}{m} + \frac{m^2}{2.37 \times (1 + 0.1m)} \tag{5-14}$$

式中:$T_y$ 为水深 $y$ 处的月平均气温;$T_0$ 为月平均库表水温;$T_b$ 为月平均库底水温;$m$ 为月份。

库底、库表水温可由气温水温相关法或纬度水温相关法推算。

#### 5.2.2.2　朱伯芳法

计算公式为

水温相位差:

$$\varepsilon = d - f\mathrm{e}^{-\gamma y} \tag{5-15}$$

水温年变幅

$$A(y) = A_0 \mathrm{e}^{-\beta y} \tag{5-16}$$

任意深度的年平均水温:

$$T_m(y) = c + (b - c)\mathrm{e}^{-\alpha y} \tag{5-17}$$

任意深度的水温变化:

$$T(y,t) = T_m(y) + A(y)\cos w(t - t_0 - \varepsilon) \tag{5-18}$$

$$c = (T_d - bg)/(1 - g) \tag{5-19}$$

$$g = \mathrm{e}^{-0.04H} \tag{5-20}$$

式中:$T(y,t)$ 为任意深度 $y$,$t$ 月的水温;$T_m(y)$ 为任意深度 $y$ 的年平均水温;$A(y)$ 为任意深度 $y$ 的水温变幅;$\varepsilon$ 为水温相位差;$T_d$ 为库底温度;$b$ 为库表水温;$H$ 为水库深度;$w$ 为水温变化频率,$w = 2\pi/P$,$P$ 为温度变化周期(12 月)。

一般情况下,各项参数的取值 $\alpha = 0.040$,$\beta = 0.018$,$\gamma = 0.085$,$d = 2.15$,$f = 1.30$。库表和库底水温均可由气温确定。只要已知库区多年平均气温及水库水位就可计算各月的垂向水温分布。

#### 5.2.2.3　统计法

利用最小二乘法等数理统计分析方法对朱伯芳公式中的各项参数提出了不同的计算方法。在各项参数中考虑了水库规模、水库运行方式等因素。

$$T_m(y) = c\mathrm{e}^{-\alpha y} \tag{5-21}$$

$$A(y) = A_0 \mathrm{e}^{-\beta y} \tag{5-22}$$

$$\varepsilon = d - fy \tag{5-23}$$

$$c = 7.77 + 0.75T_a \tag{5-24}$$

式中的 $y$ 取 50~60 m;对于库大水深的非多年调节水库取 0.01,库小水浅的水库取 0.005。

$A_0 = 0.778B^* + 2.934, T_a < 10\ ℃, B^* = T_{a7}/2 + \Delta b, T_{a7}$ 为 7 月月平均气温;$T_a \geqslant 10\ ℃,$ $B^* = B, B$ 为年变幅。$\beta$ 对于库大水深的多年调节水库取 0.055,对于库大水深的非多年调节水库取 0.025,库小水浅的水库取 0.012。$d$、$f$ 对于库大水深的多年调节水库取 0.53、0.059,且当水深大于 50~60 m 时,式中的 $y$ 取 50~60 m;对于库大水深的非多年调节水库取 0.53、0.03,库小水浅的水库取 0.53、0.008。

#### 5.2.2.4 李怀恩公式

李怀恩在实际工作中发现,指数衰减公式不能很好地反映分层型水库的垂向水温变化规律,特别是三层式分布(同温层和滞温层水温变化很小,温跃层温度梯度很大),因此提出了幂函数型经验公式:

$$T_z = T_c + A | h_c - z |^{1/B} \text{sign}(h_c - z) \tag{5-25}$$

$$\text{sign}(h_c - z) = \begin{cases} 1, & h_c > z \\ 0, & h_c = z \\ -1, & h_c < z \end{cases} \tag{5-26}$$

式中:$T_z$ 为水面下 $z$ 深处的水温;$T_c$ 为温跃层中心点的温度;$h_c$ 为温跃层中心点的水深;$A$、$B$ 为经验参数,反映水库分层的强弱,分层越强,$A$ 值越大。对于某一水库,当参数 $T_c$、$H_c$、$A$、$B$ 确定后,即可由式(5-26)预测某一时期的垂向水温分布。确定参数,可根据实测资料情况采用不同的方法。

上述经验公式都是在国内外多座水库实测资料的基础上综合出来的,用于水库的水温预测,解决生产中的实际问题。经验法应用非常简便,只需已知各月的库表、库底水温就可以计算出各月的垂向水温分布。库表、库底水温可由气温水温相关法或纬度水温相关法推算。

前三种方法的共同点是先估算出计算时段的库表及库底水温,然后推算出垂向水温分布;不同点主要体现在估算垂向水温分布的公式形式不同,主要有指数函数和余弦函数这两种。而统计法又比东北勘测设计研究院法和朱伯芳法在各项参数中多考虑了水库模型、水库运行方式等因素。李怀恩公式相比前三种经验公式能更好地反映水库典型的三层式分布,而公式中的参数意义更加明确。但经验法是根据实测资料综合统计出来的,反映的是水温变化的统计性规律,而没有从水温的形成过程探讨水温变化的内在规律,在应用上还有一定的局限性:一是对于一些具体问题,如水库形态、入流、出流流量、水库调度方式、泥沙逆重流等对水温分布的影响难以考虑;二是较短时段,如日、月内变化还无法解决;三是有些地区缺少或无水温观测资料,则经验公式就不能很好地反映这些地区的特点。数学模型则可以在一定程度上弥补经验法的不足,要深入研究水温变化规律,数学模型是一种可以借鉴的方法。

### 5.2.3 数学模型法

数学模型法按照模型所包括的数学变量可分为零维、一维、二维、三维数学模型法。

实际水体一般都是三维的,但是在处理某些具体问题时,在不影响结果精度的情况下,可以在一定假设基础上使用包含两个空间变量的二维模型或只含有一个空间变量的一维模型。

### 5.2.3.1　水库垂向一维温度模型

Rapheal 于 1962 年首先建立了把水库划分为若干水平单元体来计算水库滞流温度的概念,为后来许多数值计算模型打下了基础。实践表明,一维温度数值计算模型可以得出有相当精度的成果,因而得到广泛应用。其中,建立较早和有代表性的是 20 世纪 60 年代美国水资源工程公司和麻省理工学院 Markovsky 和 Harleman 的模型。

1. 水库一维温度方程

一维温度模型的基础是水库中的等温面为水平面,只考虑温度沿铅垂方向的变化。设铅垂方向坐标为 $z$(其基准面可以是通过坝前库底的水平面,也可以为任意参考水平面)。若任意高程为 $z$ 的水库面积为 $A(z)$,今以水平面 $A(z)$ 为底面积,取一厚度为 $\Delta z$ 的水平微小单元来做分析。设由于河流进入水库的水流而引起沿水平方向流入微小单元体的流量为 $Q_i = Q_i(z)$,由水库泄流沿水平方向流出单元体的流量为 $Q_0 = Q_0(z)$,由垂直方向对流,经过 $A(z)$ 平均流入的流量为 $Q_v = Q_v(z)$,经过单元体的顶面 $A(z+\Delta z)$,沿垂直方向流出单元体的流量为

$$Q_v + \frac{\partial Q_v}{\partial z}\Delta z \tag{5-27}$$

对微小单元体,先考虑其质量守恒,然后考虑其热量守恒关系。

按照质量守恒,在单位时间内流进单元体水体积和流出单位体水体积应相等,故

$$Q_v + Q_i = Q_0 + \left(Q_v + \frac{\partial Q_v}{\partial z}\Delta z\right) \tag{5-28}$$

或

$$\frac{Q_i}{\Delta z} - \frac{Q_0}{\Delta z} = \frac{\partial Q_v}{\partial z} \tag{5-29}$$

令

$$q_i(z) = \frac{Q_i(z)}{\Delta z} \tag{5-30}$$

$$q_0(z) = \frac{Q_0(z)}{\Delta z} \tag{5-31}$$

则有

$$q_i - q_0 = \frac{\partial Q_v}{\partial z} \tag{5-32}$$

式中:$q_i$ 及 $q_0$ 分别为沿水平方向在单位厚度内流入和流出的流量。

现考虑热量守恒,若不计水库周围边界与水体之间的热交换,单位时间内流入与流出的热量有下列各项,水平方向入流所带进的热量为

$$\rho C_p q_i \Delta z T_i \tag{5-33}$$

式中:$\rho$ 为水的密度;$C_p$ 为水的比热;$T_i$ 为入流水温。

水平方向出流所带出的热量为

$$\rho C_{\mathrm p} q_0 \Delta z T_0 \tag{5-34}$$

由于铅垂方向的对流,通过单元体的底面 $A(z)$ 流入的热量为(假设流速向上为正)

$$\rho C_{\mathrm p} Q_{\mathrm v} T \tag{5-35}$$

由于铅垂方向的对流,通过单元体的顶面 $A(z+\Delta z)$ 流入的热量为

$$\rho C_{\mathrm p} Q_{\mathrm v} T + \frac{\partial}{\partial z}(\rho \rho_{\mathrm p} Q_{\mathrm v} T)\Delta z \tag{5-36}$$

由于温度梯度引起扩散(包括分子扩散和紊乱扩散),通过单元体底面 $A(z)$ 传入单元体的热量为

$$-\rho C_{\mathrm p} A E \frac{\partial T}{\partial z} \tag{5-37}$$

式中: $E$ 为扩散系数; $\frac{\partial T}{\partial z}$ 为温度梯度。

由于温度梯度引起扩散,通过单元体顶面 $A(z+\Delta z)$ 向上扩散而流出的热量为

$$-\rho C_{\mathrm p} A E \frac{\partial T}{\partial z} - \frac{\partial}{\partial z}\left(\rho C_{\mathrm p} A E \frac{\partial T}{\partial z}\right)\Delta z \tag{5-38}$$

由于单元体底面传输来自水面的辐射热流入的热量为

$$A\phi_{\mathrm b} \tag{5-39}$$

式中: $\phi_{\mathrm b}$ 为 $A(z)$ 水平面单位面积上所获得的来自水面的辐射热, $\phi_{\mathrm b}$ 可表达为

$$\phi_{\mathrm b} = -(1-\beta)\phi_0 \exp[-\eta(z_{\mathrm s}-z)] \tag{5-40}$$

式中: $\phi_{\mathrm b} = \phi_0(t)$ 为太阳到达水库水面时单位面积上所获得的净辐射热; $z_{\mathrm s}$ 为水库水面高程; $\beta$ 为水面所吸收的辐射热百分数; $\eta$ 为太阳辐射的吸收系数。

由于单元体顶面传输来自水面的辐射热流出单元体的热量为

$$A\phi_{\mathrm b} + \frac{\partial}{\partial z}(A\phi_{\mathrm b})\Delta z \tag{5-41}$$

综合以上各项,流入单元体热量与流出单元体热量之差应当和单元体在单位时间内由于温度变化而引起热量变化相等,故

$$\rho C_{\mathrm p} A \Delta z \frac{\partial T}{\partial z} = \rho C_{\mathrm p} q_{\mathrm i} \Delta z T_{\mathrm i} - \rho C_{\mathrm p} q_0 \Delta z T + \rho C_{\mathrm p} Q_{\mathrm v} T - \left[\rho C_{\mathrm p} Q_{\mathrm v} T + \frac{\partial}{\partial z}(\rho C_{\mathrm p} Q_{\mathrm v} T)\Delta z - \right.$$
$$\rho C_{\mathrm p} A E \frac{\partial T}{\partial z} - \left[-\rho C_{\mathrm p} A E \frac{\partial T}{\partial z} - \frac{\partial}{\partial z}\left(\rho C_{\mathrm p} A E \frac{\partial T}{\partial z}\right)\Delta z\right] +$$
$$A\phi_{\mathrm b} - \left[A\phi_{\mathrm b} + \frac{\partial}{\partial z}(A\phi_{\mathrm b})\Delta z\right] \tag{5-42}$$

整理后变为

$$\frac{\partial T}{\partial t} + \frac{Q_{\mathrm v}}{A}\frac{\partial T}{\partial z} = \frac{1}{A}\frac{\partial}{\partial z}\left(AE\frac{\partial T}{\partial z}\right) + \frac{q_{\mathrm i}T_{\mathrm i} - q_0 T}{A} + \frac{1}{\rho A C_{\mathrm p}}(1-\beta)\phi_0 \exp[-\eta(z_{\mathrm s}-z)]\left(\frac{\partial A}{\partial z} - \eta A\right)$$
$$\tag{5-43}$$

因为水库分层是从春末夏初开始的,在分层之前由于全断面翻腾,水库出现全同温,

水库温度计算一般从此时开始。初始条件为：当 $t=0$ 时，对任意高程的水平面温度 $T = T_0$，$T_0$ 为计算的起始温度。

2. 边界条件

方程应该满足的两个边界条件是：在水面上（$z=z_s$），吸收的净辐射热和水面向库内扩散的热量相等，即

$$\left(\rho C_p E \frac{\partial T}{\partial z}\right)_{z=z_s} = \rho \phi_0 + \phi_a - \phi_L \tag{5-44}$$

式中：$\rho\phi_0$ 为水面吸收太阳的净辐射热；$\phi_a$ 为水面吸收大气的净辐射热；$\phi_L$ 为水面因蒸发、传导和反射损失的热量。

由于水库底部水温在一年中变化极小，可以认为在任何时刻温度保持初始温度 $T_0$ 不变。根据求解方程的具体方法不同，可选用下面一种，即 $z=z_b$ 时（$z_b$ 为库底高程），对任意时刻

$$T = T_0 \tag{5-45}$$

或

$$\frac{\partial T}{\partial z} = 0 \tag{5-46}$$

或

$$\frac{\partial^2 T}{\partial z^2} = 0 \tag{5-47}$$

3. 水库内部的流动模式和流场

出流的流量及流场分布：对任意高程为 $z$ 的水平面，设水库平均宽度为 $B(z)$，则微小单元的出流量为

$$Q_0 = u_0(z,t) B(z) \Delta z \tag{5-48}$$

或

$$q_0 = u_0(z,t) B(z) \tag{5-49}$$

式中：$u_0(z,t)$ 为 $A(z)$ 平面上的出流流速。

Koh 假定水库泄水口尺寸与水库深度相比很小，泄水口可视为一条水平线汇，且 $\Delta\rho/\rho \ll 1$，在密度与温度为线性关系的情况下，在 $xoz$ 纵剖面上，流速分布为 Gauss 分布。

$$Su_0 = u_{0\max}\exp\left[-\frac{(z-z_0)^2}{2\sigma_0^2}\right] \tag{5-50}$$

式中：$u_{0\max}$ 为 $z=z_0$（泄水口中心高程）处流速；$\sigma_0$ 为出流流速分布的标准差。

若水库中流向泄水口的水层厚度为 $\delta$，假定让 95% 以上流量包含在 $z-\delta/2$ 至 $z+\delta/2$ 的水层内，可求得

$$\sigma_0 = \frac{\delta/2}{1.96} \tag{5-51}$$

入流的流量及流场分布，入流流量可写作：

$$Q_i = u_i(z,t) B(z) \Delta z \tag{5-52}$$

或

$$q_i = u_i(z,t)B(z) \tag{5-53}$$

若入流水温比水库表层水温高,则河水将沿水库表面流入水库,其水层厚度与河水深度相同。若进入的河水温度比水库表层水温低,它将沉入水面之下沿水库底流动,直至水库温度与入流温度相同的某一高程后再转为沿水平方向流动。在下沉过程中,由于紊动卷吸作用而与库底部分水体混合,混合后的水流再沿水平方向流动。若河水温度低,则一直下沉至库底。

Huber 和 Harleman 假定入流的流程亦呈 Gauss 分布。

$$u_i = u_{imax} \exp\left[ -\frac{(z - z_{in})^2}{2\sigma_i^2} \right] \tag{5-54}$$

式中:$u_{imax}$ 为入流的最大流速;$z_{in}$ 为入流密度与水库密度相等处的高程;$\sigma_i$ 为入流流速分布的标准差。

若入流沿水库表面进入,则在整个与河流水深相等的 $d_s$ 层内,入流流速分布均匀。

**4. 垂向对流的流速**

通过水平面 $A(z)$ 沿垂向的流量 $Q_v(z,t)$ 可由下式确定:

$$Q_v(z,t) = Q_i(z,t) - Q_0(z,t) \tag{5-55}$$

$$Q_i(z,t) = \int_{z_b}^{z} B(z)u_i(z,t)\mathrm{d}z \tag{5-56}$$

$$Q_0(z,t) = \int_{z_b}^{z} B(z)u_0(z,t)\mathrm{d}z \tag{5-57}$$

若河流进入水库表层,则

$$Q_i(t) = \int_{z_s - d_s}^{z_s} B(z)u_{imax}\mathrm{d}z \tag{5-58}$$

垂向流速

$$v(z,t) = \frac{Q_v(z,t)}{A(z)} \tag{5-59}$$

**5. 入流温度**

入流在下沉过程中将卷吸部分水库中水体,若被卷吸的流量可表达为

$$Q_m = r_m Q_i \tag{5-60}$$

令被卷吸水体的水温为 $T_m$,则混合水体的入流温度为

$$T'_{in} = \frac{Q_m T_m + Q_i T_{in}}{Q_m + Q_i} = \frac{r_m T_m + T_{in}}{1 + r_m} \tag{5-61}$$

一些现场试验表明,系数 $r_m = 1$。

### 5.2.3.2　水库垂向二维水温模型

**1. 控制方程**

1) 状态方程

由于垂向上的温度差异引起水体的密度差,导致水体在垂向上出现浮力流,改变流场结构,反过来又影响水温、水质的分布。压力、密度和温度之间的关系是复杂的,通常可以用函数来表示,即

$$\rho = f(p, T) \tag{5-62}$$

或者用微分形式来表示,即

$$\mathrm{d}\rho = (\frac{\partial \rho}{\partial T})\mathrm{d}T + (\frac{\partial \rho}{\partial P})\mathrm{d}P \tag{5-63}$$

当流体的温度和压力仅与某参考状态$(\rho_s, p_s, T_s)$略有偏离时,那么流体的状态参量和参考状态参量之间可用下面近似关系式来表示

$$\frac{\rho - \rho_s}{\rho} = \alpha(p - p_s) - \beta(T - T_s) \tag{5-64}$$

式中:注脚 s 表示参考状态物理量,而

$$\alpha = -\frac{\partial \rho}{\partial p} \cdot \frac{1}{\rho_s}, \quad \beta = -\frac{\partial \rho}{\partial T} \cdot \frac{1}{\rho_s} \tag{5-65}$$

对于常态下的水体,压力变化远小于温度变化,可忽略压力变化对密度的影响,密度与水温的关系可表示为

$$\frac{\rho - \rho_s}{\rho_s} = -\beta(T - T_s) = -\beta\Delta T \tag{5-66}$$

式中:$\beta$ 为等压膨胀系数,1/℃;$\rho$ 为密度,kg/m$^3$;$T$ 为温度,℃;$\rho_s$、$T_s$ 分别为参考状态的密度和温度。

对于天然水体,该函数关系可近似为

$$\begin{aligned}
\rho = ( &0.102\,027\,692 \times 10^{-2} + 0.677\,737\,262 \times 10^{-7} \times T - \\
&0.905\,345\,843 \times 10^{-8} \times T^2 + 0.864\,372\,185 \times 10^{-10} \times T^3 - \\
&0.642\,266\,188 \times 10^{-12} \times T^4 + 0.105\,164\,434 \times 10^{-17} \times T^7 - \\
&0.104\,868\,827 \times 10^{-19} \times T^8) \times 9.8 \times 10^5
\end{aligned} \tag{5-67}$$

根据 Boussinesq 假定,在密度变化不大的浮力流问题中,只在重力项中考虑密度的变化,而控制方程的其他项中不考虑浮力作用。

2)水温方程

$$\frac{\partial}{\partial t}(BT) + u\frac{\partial}{\partial x}(BT) + w\frac{\partial}{\partial z}(BT) = \frac{\partial}{\partial x}(\frac{B\lambda_x}{\sigma_T}\frac{\partial T}{\partial x}) + \frac{\partial}{\partial z}(\frac{B\lambda_z}{\sigma T}\frac{\partial T}{\partial z}) + \frac{1}{\rho C_p}\frac{\partial B\psi_z}{\partial z} \tag{5-68}$$

式中:$\sigma_T$ 为温度普朗特数,一般取 0.9;$C_p$ 为水的比热;$\psi_z$ 为穿过 z 平面的太阳辐射通量。

2. 边界条件和初始条件

1)边界条件

水汽界面的热交换是水体的主要来源,也是引起水库温度分层的主要原因。水温水面边界条件反映水面与大气之间的热交换,可表达为

$$\frac{\partial T}{\partial z} = -\frac{\psi_n}{\rho C_p D_z} \tag{5-69}$$

式中:$D_z$ 为热扩散系数,m$^2$/s;$\psi_n$ 为水体净吸收的热量,W/m$^2$,主要包括辐射、蒸发和传导三部分。

2)初始条件

$$T_{(x,t)}\big|_{t=0} = T_0 \tag{5-70}$$

$T_0$ 一般取同温值。

**3. 控制方程的坐标变换**

水深随时空而变化,计算区域属于可变区域,可做几何上的变换,将垂向做收缩变换为规则区域,计算域为$(0,1)$或$(-1,1)$。这样就可以使计算连续跟踪自由表面运动,拟合自由面与河底边界,但方程要做相应变化。

水温方程变化如下:

$$\frac{\partial}{\partial t}(BT) + u\frac{\partial}{\partial x}(BT) + w^*\frac{\partial}{\partial z^*}(BT) = \frac{\partial}{\partial x}\left(\frac{B\lambda_x}{\sigma_T}\frac{\partial T}{\partial x}\right) + \frac{1}{H^2}\frac{\partial}{\partial z^*}\left(\frac{B\lambda_z}{\sigma T}\frac{\partial T}{\partial z^*}\right) + \frac{1}{\rho C_p H}\frac{\partial B\psi_z}{\partial z^*}$$

$$(5\text{-}71)$$

**4. 控制方程的离散化及求解**

采用交替隐式离散方程,对流项采用迎风格式、水动力方程与温度方程耦合求解。计算中先求解动量方程得出 $u,v$,再求解水温方程,求解水温方程分两步完成,在 $x$ 方向用追赶法解方程得出 $T_i,j_{n+1/2}$,再在 $z$ 方向用追赶法解方程得出 $T_i,j_{n+1}$。然后用新的水温方程修正动量方程,直到各方程的误差余量小于允许值。

采用交替隐式离散方程(生化项为温度项),同时对流项采用迎风格式,得差分方程如下:

$$\frac{(BT)_{i,j}^n - (BT)_{i,j}^{n+1/2}}{\frac{\Delta t}{2}} + \frac{1}{\Delta x}\left\{\frac{1-r_1}{2}\left[(uBT)_{i+1,j}^{n+1/2} - (uBT)_{i,j}^{n+1/2}\right] + \right.$$

$$\left.\frac{1+r_1}{2}\left[(uBT)_{i,j}^{n+1/2} - (uBT)_{i-1,j}^{n+1/2}\right]\right\} + \frac{1-r_2}{2\Delta z^*}\left[(w^*BT)_{i,j+1}^n - (w^*BT)_{i,j}^n\right] +$$

$$\frac{1+r_2}{2\Delta z^*}\left[(w^*BT)_{i,j}^n - (w^*BT)_{i,j-1}^n\right]$$

$$= \frac{\lambda_x}{\sigma_T\Delta x}\left[\frac{(B_{i+1,j}^{n+1/2} + B_{i,j}^{n+1/2})(T_{i+1,j}^{n+1/2} + T_{i,j}^{n+1/2})}{2\Delta x} - \frac{(B_{i,j}^{n+1/2} + B_{i-1,j}^{n+1/2})(T_{i,j}^{n+1/2} + T_{i-1,j}^{n+1/2})}{2\Delta x}\right] +$$

$$\frac{\frac{\lambda_z}{H^2\sigma_T}}{\Delta z^*}\left[\frac{(B_{i,j+1}^n + B_{i,j}^n)(T_{i,j+1}^n + T_{i,j}^n)}{2\Delta z^*} - \frac{(B_{i,j}^n + B_{i,j-1}^n)(T_{i,j}^n + T_{i,j-1}^n)}{2\Delta z^*}\right] + s(i,j) +$$

$$\frac{1}{H^2\sigma_T\Delta z^*}\left[\frac{\lambda_{z(j)}(B_{i,j+1}^n + B_{i,j}^n)(T_{i,j+1}^n + T_{i,j}^n)}{2\Delta z^*} - \lambda_{z(j+1)}\frac{(B_{i,j}^n + B_{i,j-1}^n)(T_{i,j}^n + T_{i,j-1}^n)}{2\Delta z^*}\right]$$

$$(5\text{-}72)$$

$$\frac{(BT)_{i,j}^{n+1} - (BT)_{i,j}^{n+\frac{1}{2}}}{\frac{\Delta t}{2}} + \frac{1}{\Delta x}\left\{\frac{1-r_1}{2}\left[(uBT)_{i+1,j}^{n+1/2} - (uBT)_{i,j}^{n+1/2}\right] + \right.$$

$$\left.\frac{1+r_1}{2}\left[(uBT)_{i,j}^{n+1/2} - (uBT)_{i-1,j}^{n+1/2}\right]\right\} + \frac{1-r_2}{2\Delta z^*}\left[(w^*BT)_{i,j+1}^{n+1} - (w^*BT)_{i,j}^{n+1}\right] +$$

$$\frac{1 + r_2}{2\Delta z^*}\left[\,(w^* BT)_{i,j}^{n+1} - (w^* BT)_{i,j-1}^{n+1}\,\right] +$$

$$\frac{(\frac{\lambda_z}{H^2 \sigma_T})}{\Delta z^*}\left[\frac{(B_{i,j+1}^{n+1} + B_{i,j}^{n+1})(T_{i,j+1}^{n+1} + T_{i,j}^{n+1})}{2\Delta z^*} - \frac{(B_{i,j}^{n+1} + B_{i,j-1}^{n+1})(T_{i,j}^{n+1} + T_{i,j-1}^{n+1})}{2\Delta z^*}\right] + s(i,j)$$

$$= \frac{\lambda_x}{\sigma_T \Delta x}\left[\frac{(B_{i+1,j}^{n+1/2} + B_{i,j}^{n+1/2})(T_{i+1,j}^{n+1/2} + T_{i,j}^{n+1/2})}{2\Delta x} - \frac{(B_{i,j}^{n+1/2} + B_{i-1,j}^{n+1/2})(T_{i,j}^{n+1/2} + T_{i-1,j}^{n+1/2})}{2\Delta x}\right] +$$

$$\frac{1}{H^2 \sigma_T \Delta z^*}\left[\lambda_{z(j)}\frac{(B_{i,j+1}^{n+1} + B_{i,j}^{n+1})(T_{i,j+1}^{n+1} + T_{i,j}^{n+1})}{2\Delta z^*} - \lambda_{z(j+1)}\frac{(B_{i,j}^{n+1} + B_{i,j-1}^{n+1})(T_{i,j}^{n} + T_{i,j-1}^{n})}{2\Delta z^*}\right]$$

$$\tag{5-73}$$

其中

$$s(i,j) = \frac{B(1 - \beta_1)\eta\psi_{sn}e^{-\eta H(1-z^*)}}{\rho C_p}, \quad \Delta t = 1\ \text{d} = 86\ 400\ \text{s} \tag{5-74}$$

经整理得两个三对角矩阵

$$A_1 T_{i-1}^{n+\frac{1}{2}} + B_1 T_i^{n+\frac{1}{2}} + C_1 T_{i+1}^{n+\frac{1}{2}} = D_1 \tag{5-75}$$

$$A_2 T_{i-1}^{n+1} + B_2 T_i^{n+1} + C_2 T_{i+1}^{n+1} = D_2 \tag{5-76}$$

其中

$$A_1 = -\frac{(1 + r_1)u_{i-1,j}^{n+1/2}B_{i-1,j}^{n+1/2}}{2\Delta x} - \frac{\lambda_x(B_{i,j}^{n+1/2} + B_{i-1,j}^{n+1/2})}{2\sigma_T(\Delta x)^2} \tag{5-77}$$

$$B_1 = \frac{r_1 u_{i,j}^{n+1/2}B_{i,j}^{n+1/2}}{2\Delta x} + \frac{\lambda_x(B_{i+1,j}^{n+1/2} + 2B_{i,j}^{n+1/2} + B_{i-1,j}^{n+1/2})}{2\sigma_T(\Delta x)^2} + \frac{2B_{i,j}^{n+1/2}}{\Delta t} \tag{5-78}$$

$$C_1 = \frac{(1 - r_1)u_{i+1,j}^{n+1/2}B_{i+1,j}^{n+1/2}}{2\Delta x} - \frac{\lambda_x(B_{i+1,j}^{n+1/2} + B_{i,j}^{n+1/2})}{2\sigma_T(\Delta x)^2} \tag{5-79}$$

$$D_1 = \frac{1 - r_2}{2\Delta z^*}\left[(-w^* BT)_{i,j+1}^{n} + (w^* BT)_{i,j}^{n}\right] - \frac{1 + r_2}{2\Delta z^*}\left[(w^* BT)_{i,j}^{n} - (w^* BT)_{i,j-1}^{n}\right] +$$

$$\frac{\lambda_z}{H^2 \sigma_T \Delta z^*} \times \left[\frac{(B_{i,j+1}^{n} + B_{i,j}^{n})(T_{i,j+1}^{n} - T_{i,j}^{n})}{2\Delta z^*} - \frac{(B_{i,j}^{n} + B_{i,j-1}^{n})(T_{i,j}^{n} - T_{i,j-1}^{n})}{2\Delta z^*}\right] + \frac{2(BT)_{i,j}^{n}}{\Delta t} +$$

$$\frac{1}{H^2 \sigma_T \Delta z^*} \times \left[\frac{\lambda_z(B_{i,j+1}^{n} + B_{i,j}^{n})(T_{i,j+1}^{n} - T_{i,j}^{n})}{2\Delta z^*} - \frac{\lambda_z(B_{i,j}^{n} + B_{i,j-1}^{n})(T_{i,j}^{n} - T_{i,j-1}^{n})}{2\Delta z^*}\right] + s(i,j)$$

$$\tag{5-80}$$

$$A_2 = -\frac{1 + r_2}{2\Delta z^*}(w^* B)_{i,j+1}^{n+1} - \frac{\lambda_z}{H^2 \sigma_T \Delta z^*}\frac{B_{i,j}^{n+1} + B_{i,j-1}^{n+1}}{2\Delta z^*} - \frac{1}{H^2 \sigma_T \Delta z^*}\frac{\lambda_z(B_{i,j+1}^{n+1} + 2B_{i,j}^{n+1} + B_{i,j-1}^{n+1})}{2\Delta z^*}$$

$$\tag{5-81}$$

$$B_2 = \frac{r_2}{\Delta z^*}(w^* B)_{i,j}^{n+1} + \frac{\lambda_z}{H^2 \sigma_T \Delta z}\frac{(B_{i,j+1}^{n+1} + 2B_{i,j}^{n+1} + B_{i,j-1}^{n+1})}{2\Delta z} + \frac{2B_{i,j}^{n}}{\Delta t} + \frac{1}{H^2 \sigma_T \Delta z}\frac{\lambda_z(B_{i,j+1}^{n+1} + 2B_{i,j}^{n+1} + B_{i,j-1}^{n+1})}{2\Delta z}$$

$$\tag{5-82}$$

$$C_2 = \frac{1+r_2}{2\Delta z^*}(w^*B)_{i,j}^{n+1} - \frac{\lambda_z}{H^2\sigma_T\Delta z^*}\frac{B_{i,j+1}^{n+1}+B_{i,j}^{n+1}}{2\Delta z^*} - \frac{1}{H^2\sigma_T\Delta z^*}\frac{\lambda_z(B_{i,j+1}^{n+1}+B_{i,j}^{n+1})}{2\Delta z^*} \quad (5\text{-}83)$$

$$D_2 = \frac{2(BT)_{i,j}^{n+\frac{1}{2}}}{\Delta t} - \left\{\frac{1-r_1}{2\Delta x}\left[(uBT)_{i+1,j}^{n+1/2} - (uBT)_{i,j}^{n+1/2}\right] + \frac{1+r_1}{2\Delta x}\left[(uBT)_{i,j}^{n+1/2} - (uBT)_{i-1,j}^{n+1/2}\right]\right\} +$$

$$\frac{\lambda_x}{\sigma_T\Delta x}\left[\frac{(B_{i+1,j}^{n+1/2}+B_{i,j}^{n+1/2})(T_{i+1,j}^{n+1/2}-T_{i,j}^{n+1/2})}{2\Delta x} - \frac{(B_{i,j}^{n+1/2}+B_{i-1,j}^{n+1/2})(T_{i,j}^{n+1/2}-T_{i-1,j}^{n+1/2})}{2\Delta x}\right] + s(i,j)$$

$$(5\text{-}84)$$

用追赶法进行双向扫描求解,可求得 $T^{n+1}$,然后将水温结果带入水动力学模型,直到误差在允许范围之内。

### 5.2.4　湖库温度模型的应用

#### 5.2.4.1　研究区域

三峡工程坝址位于湖北宜昌三斗坪镇附近,距下游已建成的葛洲坝水利枢纽约 40 km,坝址控制流域面积 $1.0 \times 10^6$ km$^2$。三峡工程是一项规模宏大的多目标水资源开发利用工程,建成后在防洪、发电、航运等方面有着巨大的效益,但同时也带来了各种环境问题。其中,水温分层将对库区及水库下游的生态环境产生巨大的影响。

三峡水库回水长约 670 km,水库水面平均宽约 1 100 m,水库平均水深约 70 m,坝前最大水深 170 m 左右,断面窄深,属典型的峡谷河道型水库。三峡水库总库容 $3.93 \times 10^6$ m$^3$,其中调节库容 $1.65 \times 10^6$ m$^3$,约占坝址年径流量的 3.7%,库水交换十分频繁,为季调节水库。

#### 5.2.4.2　三峡水库垂向一维温度分布预测及结果分析

采用上述一维垂向水温模型对三峡水库中水年的垂向水温分布进行预测,图 5-1 显示了中水年的入库流量及水库调度水位过程线。气象条件则采用多年平均的三斗坪站的资料,入库水温是寸滩站多年平均水温。按照三峡水库调度方案,当出流流量小于发电引水口最大过流能力($2.28\times 10^4$ m$^3$/s)时,出流均用于发电,否则由深孔泄洪。

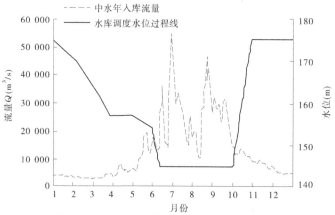

**图 5-1　中水年入库流量水库调度水位过程线**

计算初始时刻为 1 月初,先假定初始时刻全库同温,等于入库水温,为了消除初始假定的误差,在计算至年末后,再以12月底的水温分布作为1月的初始条件进行循环计算,当相邻两次循环的各水位下的水温值误差小于0.02℃时,计算值为最终结果。计算时间步长取4 h。水库处在最高水位(175 m)时,将水库沿垂向划分为78个单元层,网格间距约为2 m。表层单元高度随实际水位发生变化,但不应小于1 m,以保证计算的稳定性。

太阳辐射的表面吸收系数和穿透水体的衰减系数与水体的色度和浊度有关,参考其他文献,分别取0.65和0.5,多次试算显示它们只对水面20 m内的水温有较小的影响,对下泄水温基本没有影响。垂向的紊动扩散系数取$10^{-5}$ m²/s。通常由于风的掺混作用,水表面的紊动较强烈,因此有的研究者将垂向紊动扩散系数定义为水深的指数函数。由于另外单独采用了风掺混模型模拟风对水体的扰动作用,因此垂向的紊动扩散系数采用了单值$10^{-5}$ m²/s。图5-2显示了中水年逐月的水温分布。水库在2月、3月达到全库同温,约等于来流温度10.5℃,4月随着气温及来流水温的升高,水库水温缓慢升高。5月表层水温明显上升迅速至18.6℃,而此时流量较小,对流较弱,紊动扩散尚不能影响到库底。因此,库底出现近60 m厚的低温层,温度约13.5℃,此时在93 m水位处出现有着较大温度梯度的斜温层。进入6月、7月,由于气温的持续上升,且汛期的到来,上层水体垂向对流加剧,水温基本均匀,斜温层逐渐下移,且在6月库表与库底的温差达到9℃。7月、8月持续高温,且出现两次大的洪水过程,泄洪孔的出流更加剧了全库的垂向对流,基本达到全断面混合均匀,水温保持在24~26℃。之后9月到次年1月气温不断下降,入库冷水下潜至库底,因此库底水温下降迅速,库表受气候影响也逐渐降温,水库保持弱分层,直至2月、3月全库水温达到最低。

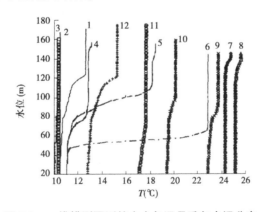

图5-2　一维模型预测的中水年逐月垂向水温分布

### 5.2.4.3　三峡水库垂向二维温度分布预测及结果分析

将库首50 km的区域在175 m正常蓄水位下划分为196×56个矩形单元,网格在主流动方向上尺寸为10~400 m,在水深方向上为2~3 m。预测正常蓄水位下中水年逐月水温分布。采用的气象资料与一维相同,由一维模型预测的中水年逐月垂向水温分布(见图5-3)作为坝前50 km的入流温度,入流速度为断面平均流速。假定初始的2月水库库区水温等于入流水温,以无浮力的稳态流场为初始流场。为了消除初始条件误差的影响,在算完一整年后,从计算得到的一月流场和温度场开始重复计算,直至每一计算单元的某月相邻的两次循环值差值小于0.1℃,则各月最近一次的计算值为最终结果。参

数 $\beta$ 和 $\eta$ 仍然采用 0.65 和 0.5。

图 5-3 显示了库首 50 km 区域内中水年 3 月、6 月、9 月和 12 月的立面二维水温分布。

由图 5-4 中看出库区水温在 3 月最低,约 11.2 ℃,垂向温差不超过 3 ℃。4~6 月为升温期,由于气温和太阳辐射的迅速上升,表面热通量迅速增加,而进入库区的温水在原库区冷水的顶托下上浮,因此上层水体水温增长迅速,6 月水面水温均值已达 22 ℃;由于水体主要在库区上层流动,库底受到的扰动很小,因此靠近底部的水体仍保持低温,低于 12 ℃,在整个垂向断面上出现了很大的温度梯度,形成了明显的水温分层。7~9 月进入汛期,库区保持 145 m 的低水位,洪水通过深孔下泄,加剧了垂向的掺混,水温分层逐渐消失。10 月至次年 1 月水位抬升至 175 m,气温和太阳辐射减弱使表层水温降低,并在重力作用下向下掺混,上层水体水温趋于均匀,同时入库冷水下潜,沿库底进入库区,使库底水温迅速降低,这样在垂向断面上出现了弱分层,温差小于 3 ℃,至 3 月全库区水温达到最低。

图 5-4 显示了二维计算的中水年在距大坝 10 m 的垂向断面的水温分布,其结果与一维计算结果相差不大,在 5 月、6 月存在明显的温度分层,6 月温差最大,约 11 ℃,二维结果显示在整个垂向上都存在较大的温度梯度,而一维结果则存在明显的温度均匀的温水层和低温层,温差集中在约 20 m 厚的斜温层中,结果的差异主要是一维计算流场的简化造成的。同样,一维预测 7 月底部可能存在的斜温层在二维计算中也不存在。其他月份均为弱分层或均温,结果与一维相似,在垂向分布结构上有所差异。

图 5-5 比较了中水年建库后的下泄水温、多年平均的入库水温、建库前的坝址水温及气温的逐月变化过程。结果显示建库前库尾水温、坝址水温及气温变化基本同步,坝址水温较库尾水温略有延迟。建库后水库的滞温现象明显,在 3~6 月下泄水温较天然情况明显降低,平均降低 4.3 ℃,5 月降低最多达 6.5 ℃;9 月至次年 2 月下泄水温较天然情况平均升高 1.7 ℃,12 月升高最多达 3.1 ℃。

由图 5-5 可以看到,在 6 月近入口 10 km 的江段内,二维计算的水温有突变现象,这是因为入口处设定的水温分布为一维计算结果,而一维计算不能给出合理的流速分布,因此采用了无温差的均匀流速作为入口流速,这二者的不匹配引起在二维计算中前 10 km 温度计算结果的突变,6 月流场分布见图 5-6。水库的温度场是温度分层发展与浮力流动相互平衡的结果,一维计算的简化流动与二维计算的浮力流场不同,因此其趋于稳定的温度场不同,这种不同集中体现在前 10 km 计算结果的剧烈变化。因此,这种现象是由于采用了一维计算的水温分布作为入口边界条件的,为了避免一、二维计算连接出现问题,可考虑对全库区进行二维水温模拟。

#### 5.2.4.4　结论

本次研究初步尝试了将一、二维模型应用于三峡水库的水温分层模拟,在三峡全库区采用垂向一维水温模型,并提供库首 50 km 区域入口水温边界,再对近坝区进行立面二维模拟。结果显示该模型能较好地模拟出库首 50 km 区域的二维水温分布及下泄水温过程。但在一、二维计算的过渡区域可能出现水温突变的现象。

三峡水库除在 4~6 月有明显分层外,其他月份基本处于弱分层或均温状态。库区水温在 2 月、3 月最低,且趋于同温,垂向最大温差 2~3 ℃。4~6 月为升温期,上层水体水温增长迅速超过 20 ℃,底部的水体仍保持低温,低于 12℃,形成了明显的水温分层。7~9

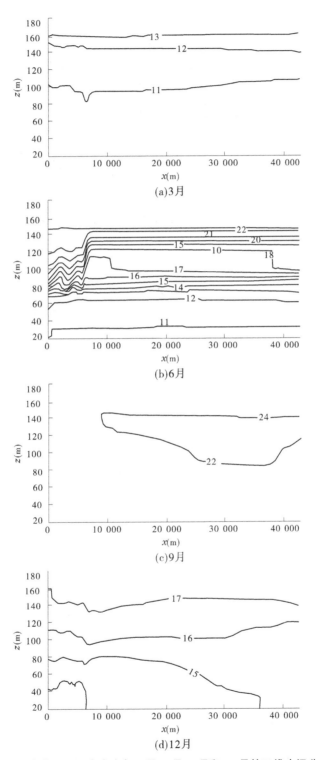

(a)3月

(b)6月

(c)9月

(d)12月

图 5-3　库首 50 km 内中水年 3 月、6 月、9 月和 12 月的二维水温分布

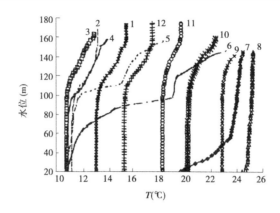

图 5-4　二维模型预测的中水年逐月坝前水温分布

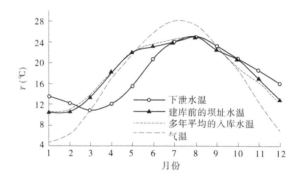

图 5-5　下泄水温、入库水温、建库前坝址水温及气温过程

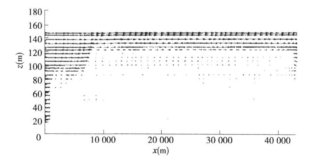

图 5-6　库首 50 km 中水年 6 月的流场

月水温分层逐渐消失,10 月至次年 1 月入库冷水下潜,沿库底进入库区,使库底水温迅速降低,这样在垂向断面上出现了弱分层,温差小于 3 ℃。

　　二维计算的坝前垂向水温分布与一维计算结果相差不大,在 5 月、6 月存在明显的温度分层,6 月温差最大,约 11 ℃。一维预测 7 月底部可能存在的斜温层在二维计算中也不存在。其他月份均为弱分层或均温,结果与一维相似,在垂向分布结构上略有差异;建库后水库的滞温现象明显,在 3～6 月下泄水温较天然情况明显降低,5 月降低最多达 6.5 ℃;9 月至次年 2 月下泄水温较天然情况高,12 月升高最多达 3.1 ℃;一、二维耦合模型在水温研究中的应用尚为首次,由于没有验证资料,耦合模型因采用一维水温计算结果作为二维模型入口边界产生的误差,以及一、二维计算连接中带入的误差尚无法定量分析,将在今后取得实测资料后做进一步的分析和研究。

# 5.3　湖库水质模型

湖泊是最重要的淡水资源之一,是一种易为人们直接利用的自然资源,有史以来就是人类赖以生存、栖息之地,具有举足轻重的生态服务功能,对社会和经济的发展起着不可估量的作用。随着经济的迅速发展以及城市化进程加快,加以湖泊流域一些不合理的开发活动,导致湖泊富营养化、湖泊淤积或萎缩、湖泊生态被破坏和水质恶化,使湖泊流域的社会和经济可持续发展受到制约。如何保护和改善湖泊环境已日趋成为当前世界关注的一个焦点。要保护和改善湖泊环境,首先就必须要强化湖泊水环境管理与规划。水质模型的引入可以为湖泊水环境管理与规划提供有效的技术支持。湖泊水质模型是一种利用数学语言来描述湖泊污染过程中的物理、化学、生物化学及生物生态各方面的内在规律和相互联系的手段。它的成功运用将会为湖泊的综合整治和科学管理提供科学的依据。

## 5.3.1　湖泊水质模型研究进展

湖泊水质模型是在河流水质模型发展的基础上建立起来的。对它的研究始于 20 世纪 60 年代中期。经过了 60 多年的发展历程,湖泊水质模型已经逐渐成熟完善起来,取得了很多成果。在模型结构上从简单的零维模型发展到复杂的水质-水动力学-生态综合模型和生态结构动力学模型,在理论上发展了许多新鲜的理论,如随机理论、灰色理论和模糊理论等,在研究方法上也结合运用了迅猛发展的计算机新技术,如人工神经网络(ANNS)和地理信息系统(GIS)等。这些成果都极大地推动了湖泊水环境管理技术的现代化。

从湖泊水质模型的研究情况来看,一些国家,如美国、加拿大、丹麦、德国、荷兰、澳大利亚等走在了世界湖泊水质模型研究的前沿,特别是美国,在该领域上占据绝对的主导地位。自 1925 年率先推出第一个河流 DO 模型(Streeter-Phelps 模型)以来,美国又相继成功开发了很多有效的水质模型,包括许多先进的湖泊水质模型,如 EFDC、WASP、SMS、CE-QUALW2、CE-QUAL-R1 等,并得到广泛运用。加拿大学者 Eider 于 1975 年提出了第一个预测湖泊水中营养性物质的 Vollenweider 模型,为湖泊水质富营养化问题的研究做出了贡献。

与国外相比,我国水质模型的研究起步较晚,20 世纪 80 年代中期才开始湖泊水动力学数值模拟的研究。不过近 40 多年以来也取得了一些成果,如河海大学开发了河网、水质统一的 Hwqnow 模型。华东师范大学、清华大学、同济大学在这方面也开展了一些工作。上海市对苏州河水系水动力水质模型的研究达到一个前所未有的理论深度。我国的研究主要集中在太湖、滇池、巢湖等污染严重的湖泊。其中,太湖是目前我国在水动力学、水质和生态系统动力学模型方面开展研究相对较多的湖泊,成功应用了很多的模型,如太湖三维动态边界层模型、梅梁湾三维营养盐浓度扩散模型、太湖藻类生长模拟等。

实践证明,湖泊水质模型的建立十分具有研究价值并应用广泛。它可以模拟和预测污染物水环境行为、规划湖泊水质管理、评价湖泊水质、设计湖泊水质监测网络等。EFDC

模型在国外的应用案例中,比较典型和完整的是建立了美国南佛罗里达州 Okeechobee 湖富营养化模型。Okeechobee 湖是一个非常典型的浅水湖泊,而且观测数据非常完整,可以完成整个模型的校准、验证和确认工作。在一系列文献中,Ji 等利用该湖泊的气象、流量和水质等数据,应用 EFDC 模型的水动力模块、泥沙模块、波浪模块和水质模块,充分研究了该湖泊的水动力、风浪、泥沙和水质等过程。

研究结果表明,在水动力方面,水深、流速以及水温吻合良好,水质模拟结果也与实测值一致,各种水质因子的平均相对均方根误差为 35% 左右。EFDC 模型的水质模块在这一案例中得到了很大完善。EFDC 模型的另一个著名应用案例是成功预测了海水入侵对 St. Lucie 河口的生态影响。在这一应用中,涉及盐度模块、水质模块以及重金属模块。EFDC 模型准确预测了流量和侧流入口对河口盐度分布的影响,以及与沉积物有关的铜浓度变化。

在 Apalachicola 海湾,Liu 等利用 EFDC 模型耦合水动力和沉积物模块,研究了暴风引起的沉积物再悬浮及输移。不同于以上关于海湾和大型浅水湖泊的研究,Blackstone 河是典型的中小型河道,在这一流域的研究验证了 EFDC 模型在水库、河道、重金属、泥沙以及一维水动力学等方面的有效性。

近年来,国内逐渐开始直接运用 EFDC 水质模型,而不是单独使用 EFDC 水动力模型。陈异晖等利用 EFDC 模型模拟了滇池水温和总氮、总磷的变化,并得到了较好的结果;李一平等用 EFDC 模型结合超立方拉丁抽样法评估了风遮挡系数、底部粗糙度等因素对太湖水动力的影响,还分析了"引江济太"工程对太湖水龄的影响;华祖林等用 EFDC 模型计算了巢湖生态调水工程对巢湖水质的影响。除了湖泊,EFDC 模型在国内也被用于河口等水体的研究。郑晓琴等基于 EFDC 模型建立了长江口到杭州湾水域的近海三维温盐模型;EFDC 三维模型还曾被用于分析长江武汉段悬浮泥沙输移过程,对长江枯水期和丰水期的悬浮泥沙浓度分布进行了分析。

以下以湖泊水质模型 EFDC 为例。

## 5.3.2　EFDC 模型概述

EFDC 模型是一种免费、开源的水环境数学模型,可以对湖泊、河道和河口等水域进行有效模拟,是美国国家环境保护局推荐的水动力和水质模型之一。加强 EFDC 模型在国内水环境研究领域的应用研究,有利于推进我国水环境数学模型的发展。

### 5.3.2.1　模型发展与主要特点

EFDC 最早是由美国弗吉尼亚海洋科学研究所利用 Fortran77 语言开发的一个水环境开源软件;后由美国国家环境保护局资助,改用 Fortran95 进行再次开发,其稳定性和计算效率等均有大幅度提高。经过改进后的 EFDC 模型已经成为美国国家环境保护局推荐的水动力和水质模型之一,是美国最大日负荷总量(TMDL)等环境保护计划主要使用的水质模型。目前,EFDC 模型有多个版本,其最初版本和美国国家环境保护局版本是完全免费开源的,也有一些版本经过商业开发,其前后处理模块是商业化的,但计算核心仍是开源。无论是商业还是开源版本,EFDC 模型基本都由水动力、水质等多个模块组成,这些模块彼此耦合,可以用于模拟河道、湖泊、水库、海湾、湿地和河口等多种地表水的水动力与水环境要素变化过程。

　　EFDC 模型的网格可以由 EFDC 自动生成,也可以从 Delft3d、Grid95 等程序中导入;在水平上使用二阶精度的有限差分格式,可以自由选择使用隐式或显式格式;在垂向上使用 Sigma 坐标系,对天然水体多变的水下地形和边界拟合良好;在某些 EFDC 版本中,计算边界处可以使用三角形网格进行贴合,以适应更复杂的计算边界。在边界条件的设定方面,EFDC 模型提供了流量、水位、开边界等不同边界设定方式。此外,还提供了与气温、湿度、风速等气象要素相连接的程序接口。根据情况的不同,这些条件可以是常量也可以是随时间变化的时间序列形式,对于后者,EFDC 还提供了自动插值和平滑工具。在时间步长的选择上,根据网格和计算问题的不同,EFDC 模型可以用固定步长进行计算;如果研究人员不能确定合理的时间步长,则可以使用 EFDC 模型提供的动态时间步长功能。这些功能使 EFDC 的计算效率很高,其商业版本还提供了多核并行的功能。

#### 5.3.2.2　模型结构与主要功能

　　EFDC 模型主要包括水动力模块、标量输运模块、水质模块、泥沙模块和毒物模块五部分,结构关系如图 5-7 所示。

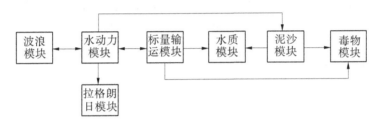

**图 5-7　EFDC 模型结构**

　　水动力模块是 EFDC 模型的基础,主要负责使用基于算子分裂方法的有限差分法求解水深、压力和三个方向的速度。在 EFDC 模型中,求解的水动力控制方程是浅水方程。在水平方向上,使用的笛卡儿坐标也适用于一般的曲线正交网格;在垂向上,引入了静水压强以简化方程计算。此外,EFDC 模型可以考虑风应力、底面切应力、重力和由于密度不均引起的浮力等外力作用。在湍流模型方面,EFDC 模型使用基于 Smagorinsky 理论的二阶 Mellor-Yamada 湍流模型,该湍流模型在世界很多水域均获得成功应用。

　　标量输运模块主要负责求解无生化效应的保守标量,包括水温、盐度、示踪剂及水体水龄共 3 个模块。与水动力模块一样,标量输运模块使用基于算子分裂的有限差分法计算标量输运方程。在示踪剂模块中,研究者可以为示踪剂指定一阶降解系数。水质模块主要负责处理各种水质变量的源和汇。在国内相关研究中,习惯于使用 EFDC 模型计算水动力,再将其结果输入 WASP 等模型计算水质。其实,EFDC 模型带有强大的水质模型,以 C 为基础,涉及 C、N、P、O、Si 等元素构成的 16 种富营养化物质,以及蓝藻、绿藻、硅藻和周生藻类等 4 种藻类,还包括总活性金属,共 21 种物质。更重要的是,EFDC 水质模块已经包含了大气物质的沉降,溶解氧的复氧和消耗,无机氮磷和有机氮磷之间的相互转化、吸附、沉降,以及藻类的新陈代谢、光合作用等。

　　EFDC 中的水质模块还包括了三维的沉积物输运与成岩模型,用户可以根据自身掌握资料的情况简单地制定各种营养盐的常数底泥通量,或者也可以由复杂的成岩模型计算营养盐在底泥与水体之间的交换。泥沙模块将泥沙分为黏性和非黏性两大类,并分别设置了不同的运动和沉降模型。用户可以为两种泥沙自由设置不同数目的泥沙层,并为每一层设置不同的参数。泥沙模块还内置了成岩模块,可以处理底泥中各种物质的变化及其与水体中有关物质的交换,还可以计算底泥中各种物质的吸附和再悬浮等。

毒物模块与泥沙模块类似,内置了很多化学计量学的参数与化学过程,并负责计算各种有毒物质的源和汇;此外,在 EFDC 模型中毒物模块还包括重金属模块,可以用来计算除汞外的各种重金属的分布。波浪模块基于能量平衡方程构建,并留有程序接口,用户可将 SWAN 等外部模型的计算结果导入。拉格朗日粒子模块使用四阶龙格-库塔算法计算粒子轨迹,并可以考虑布朗运动对粒子运动轨迹的影响。值得注意的是,EFDC 模型使用的是耦合算法,因此,各个模块相互耦合比较紧密。例如,计算水质必须同时计算水温,计算毒物必须同时计算泥沙。

### 5.3.3　EFDC 模型原理

EFDC 是由美国维吉尼亚海洋研究所根据多个数学模型集成开发研制的综合模型,被用于模拟水系统一维、二维和三维流场,物质输运(包括温度、盐度和泥沙输运),生态过程及淡水入流等。

#### 5.3.3.1　水动力模型

EFDC 模型垂向上采用 $\sigma$ 坐标变换,能较好地拟合近岸复杂岸线和地形。采用修正的 Mellor-Yamada 2.5 阶湍封闭模式较客观地提供垂向混合系数,避免人为选取造成的误差。其动量方程、连续方程及状态方程如下。

动量方程:

$$\partial_t(m_x m_y Hu) + \partial_x(m_y Huu) + \partial_y(m_x Hvu) + \partial_z(m_x m_y wu) - (mf + v\partial_x m_y - u\partial_y m_x)Hv$$
$$= -m_y H\partial_x(g\xi + P) + m_y(\partial_x h - z\partial_x H)\partial_z P + \partial_z[m_x m_y(A_v/H)\partial_z u] + Q_u \qquad (5\text{-}85)$$

$$\partial_t(m_x m_y Hu) + \partial_x(m_y Huv) + \partial_y(m_x Hvv) + \partial_z(m_x m_y wv) + (mf + v\partial_x m_y - u\partial_y m_x)Hu$$
$$= -m_x H\partial_y(g\xi + P) + m_x(\partial_y h + z\partial_y H)\partial_z P + \partial_z[m_x m_y(A_v/H)\partial_z u] + Q_v \qquad (5\text{-}86)$$

$$\partial_z = -gH(\rho - \rho_0)\rho_0^{-1} = -gHb \qquad (5\text{-}87)$$

连续方程:

$$\partial_t(m\xi) + \partial_x(m_y Hu) + \partial_y(m_x Hv) + \partial_z(mw) = 0 \qquad (5\text{-}88)$$

$$\partial_t(m\xi) + \partial_x\left(m_y H\int_0^1 u\,dz\right) + \partial_y\left(m_x H\int_0^1 v\,dz\right) = 0 \qquad (5\text{-}89)$$

状态方程:

$$\rho = \rho(P, S, T) \qquad (5\text{-}90)$$

其中

$$m = m_x m_y \qquad (5\text{-}91)$$

式中:$m_x$、$m_y$ 分别为度量张量对角元素的平方根;$H$ 为总水深;$u$、$v$、$w$ 分别为边界拟合正交曲线坐标 $x$、$y$、$z$ 方向上的速度分量;$m$ 为度量张量行列式的平方根;$f$ 为科里奥利系数;$g$ 为重力加速度;$\xi$ 为自由水深;$P$ 为压力;$h$ 为相对于湖底的垂向坐标;$A_v$ 为垂向紊动黏滞系数;$Q_u$、$Q_v$ 分别为 $x$、$y$ 方向上的动量源汇项;$\rho$ 为混合密度;$\rho_0$ 为参考密度;$S$ 为盐度;$T$ 为温度。

本书中盐度 $S=0$,并假设水为不可压缩流体,密度 $\rho$ 和水温 $T$ 为常量。

#### 5.3.3.2 水龄

水龄是指某一区域水体被交换所需要的时间,水龄根据示踪剂来计算,该概念类似于水力停留时间,可用于反映计算区任一网格的水体交换快慢。计算公式如下:

$$\partial c(t,x)/\partial t + \nabla[uc(t,x)] - K\nabla c(t,x) = 0 \tag{5-92}$$

$$\partial \alpha(t,x)/\partial t + \nabla[u\alpha(t,x)] - K\nabla c(t,x) = c(t,x) \tag{5-93}$$

式中:$t$ 为时间;$c$ 为示踪剂浓度;$u$ 为时空分布的流速;$K$ 为扩散张量;$\alpha$ 为水龄。

可计算出平均值为

$$\alpha(t,x) = \alpha(t,x)/c(t,x) \tag{5-94}$$

#### 5.3.3.3 污染物颗粒示踪剂模型

利用污染物颗粒示踪剂模型,模拟出污染物在湖体中的运动轨迹,从而分析湖内污染区的迁移扩散规律。三维曲线正交坐标系的质量运输对流扩散方程为

$$\frac{\partial c}{\partial t} + \text{div}(vc) = \frac{\partial}{\partial x}(D_H\frac{\partial c}{\partial x}) + \frac{\partial}{\partial y}(D_H\frac{\partial c}{\partial y}) + \frac{\partial}{\partial z}(D_v\frac{\partial c}{\partial z}) \tag{5-95}$$

式中:$x$、$y$、$z$ 为颗粒的坐标;$v$ 为流体运动的速度,$D_H$、$D_V$ 分别为水平扩散系数和垂直扩散系数。

### 5.3.4 EFDC 模型的操作

#### 5.3.4.1 安装

(1)解压 EFDC-Explorer 压缩文件(EFDC-Explorer.ZIP)到硬盘驱动器的临时目录。为了简化文件清理过程,建议之前解压的临时目录为空。

(2)选择文件,从程序管理器或文件管理器运行 EFDC-Explorer 安装程序(setup.exe);或使用浏览器显示目录文件解压缩到文件夹中的目录,然后双击该文件运行 Setup.exe。

(3)选择安装目录和 EFDC-Explorer。

(4)如果使用一个临时目录,则应该删除解压缩后的文件。如果需要重新安装该程序,建议保留一份.zip 文件的副本。

#### 5.3.4.2 快速启动

当用户运行 EFDC-Explorer 时将出现图 5-8 所示的窗体。窗体基本上分为两部分。上面部分具有预处理程序功能,下面部分具有后处理程序的部分功能。其中 EFDC-Explorer 的主要部分是顶部的工具栏(见图 5-9),为用户提供了访问程序的配置选项和主要模式观看功能。

1. 文件管理

EFDC 目前使用固定的文件名作为输入文件名,所以每次运行/新建项目需要存储在单独的目录中。EFDC-Explorer 在相同的方式下运行。EFDC-Explorer 读取和写入有标准固定文件名的文件/指定的子目录中的文件,图 5-10 所示为主要的文件管理工具栏和

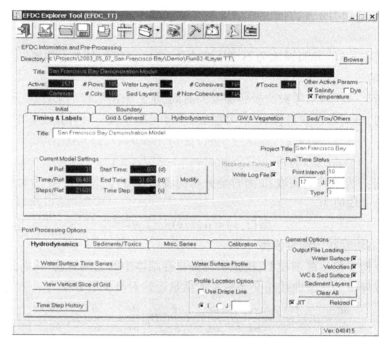

图 5-8　EFDC-Explorer 主要结构

图 5-9　主要工具栏

用于打开和/或保存项目的浏览按钮。

图 5-10　打开项目

　　打开运行。要打开一个现有的项目,单击工具栏按钮或浏览按钮上突出显示的现有项目即可,两种方法都能完成操作。显示"选择目录:打开运行"形式。对于打开操作,EFDC. INP 文件必须存在于目录中。EFDC-Explorer 提供了一个选项用来打开以前保存的档案文件,这些文件的扩展名都是"efdc",如"CedarRiver. efdc"。当选择"开启存档"复选框时,右边的面板只显示选定目录中可用的存档文件。"规模"输入框允许用户在 LX-LY 文件应用的质心单位中应用换算系数。EFDC-Explorer 的默认单位为米。许多应用程序使用千米、UTM 坐标或英里作为基本单位。只要首次加载时在框中输入任何单位对米的转换因子,模型将正确显示。注意:当一个模型加载时像一对彼此堆叠在一起的单元,它很可能是一个 LXLY 单位转换的问题。

　　从 EFDC 发展史来看,不同版本使用不同的 EFDC CELL. INP 格式。EFDC-Explorer 能自动处理文件格式以正确加载 CELL. INP 文件。同样,主要 EFDC. INP 文件和其他输入文件已经改变了 EFDC 的近期发展史。EFDC-Explorer 会试图正确读取大多数的历史输入文件,同时确保最新版本作为标准。重置边界条件的复选框组适用于 EFDC-Explorer 管理的现有项目。如果一个项目的初始负荷或"复位"复选框被选中,EFDC-Explorer 尝试从逻辑上按类型和位置将边界条件单元进行分组。然后 EFDC-Explorer 就会使用这种分组方法管理边界条件。如果用户修改了某种边界条件,并希望得到不同的逻辑分组,则应该选择其中一个选项。

写操作。要保存当前打开的项目(写操作),在工具栏上点击突出显示的磁盘按钮,如图 5-10 所示。"选择目录:写操作"。用户可以通过选择适当的"保存选项"按钮进行文件写入操作。对于完整保存所有输入文件选择"全部写入"选项。如果只改变 EFDC-Explorer 的格式化选项,并希望保存这些修改,可以选择"保存档案"选项。配置文件始终保存在其他选项中。如果用户只有"efdc"文件并希望建立一个文件组,则 EFDC 需要运行该项目,用户必须选择"完全写入"选项来创建所有需要的输入文件。要使用现有的项目创建一个新的项目,根据当前显示的子目录使用"新建"按钮进行创建即可。用户选择"写操作"窗体后所有. INP 文件将被复制到新的目录中,使用径向选项按钮"DS,LLC"或"Tetra Tech"可以选择所需的模式和相应的文件结构。这种方法允许快速格式化不同模型的 EFDC. INP 文件。转换模型时必须小心操作以确保所有参数都有需要的时值。

2. EFDC-Explorer 设置

此工具栏按钮允许用户指定一些安装需要的特定参数,如 EFDC 使用的可执行文件的位置,以及默认精密度等项目的具体设置。图 5-11 显示设置的窗体。精确设置是对输出/显示指定数据类型的精度进行的设置。大多数应用的默认设置已经设好。但对于特殊情况(如水槽研究或其他类型的研究应用),用户有可能需要对默认设置进行调整。这些信息存储在项目特定的 EFDC. DS 文件中。EFDC-Explorer 的默认设置都保存在 EFDCVIEW. INI 文件中,这些文件和 EFDC-Explorer 可执行文件在同一个目录中。许多安装/设置特定的默认 EFDC-Explorer 设置保存在 EFDCVIEW. INI 文件中。这是一个可编辑的 ASCII 文件,但应当谨慎操作,避免文件损坏。该文件的结构遵循 Windows 标准 NI 文件的 I 使用分类和标签。

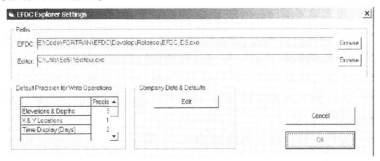

图 5-11  EFDC-Explorer 设置的窗体

EFDC 模型不使用的项目具体设置信息/数据(标签、模块格式等)保存在项目目录的 EFDC. DS 文件中。如果用户需要一整套完整的数据或所有的 ASCII. INP 文件或二进制存档文件,则必须保存 EFDC. DS 文件。在用户将模型发送给其他人使用时同样适用。

### 5.3.4.3 EFDC 文件

所有 EFDC 应用程序的主要控制文件是 EFDC. INP 文件,EFDC. INP 是一个卡组的 ASCII 文件结构,一般具有相同的基本目标,如卡组 8(C8)包含运行时的设置,也包含其他各种参数。此文件几乎包含了所有的计算方案和数据设定。基于每个文件包含的信息类型,EFDC 模型使用固定的文件名(如 DXDY. INP)。文件需要该模型应用程序的变化基于不同和选中的网格选项。例如,如果 ISVEG(C5)>0 则必须提供 VEGE. INP 文件,其中包含用来计算植被基流阻力的植被信息。EFDC-Explorer 能够读取和写入这些相同的文件,而不需要用户记住哪些文件或卡组有什么标志或设置。为了 EFDC-Explorer 能够进行数据的后处理,下列文件必须由 EFDC 生成:

SURFCON. OUT 是必须的,此文件包含水深数据;VELVECH. OUT 是推荐的,此文件包含三维速度场数据;BED-TOP. OUT 始终使用 EFDC-DS 产生,EFDC-TT 的附件,此文件包含水柱结果以及沉积物表面信息;BED-LAY. OUT 始终使用 EFDC-DS 生成,如果沉积物运移货运[ISTRAN(6)或 ISTRAN(7)>0]并且 KB>1,可选择 EFDC-TT,此文件包含每一层的沉积物河床数据,还包括每一层的有毒物质;EFDC-INT. OUT 这是由 EFDC EEXPOUT 子程序生成的可选文件,此文件包含几乎所有的 EFDC 内部系列快照,如果文件存在,EFDC-Explorer 会自动加载这个文件并提供可视化。

### 5.3.4.4 程序操作

启动 EFDC-Explorer 时出现如图 5-8 所示窗体。窗体大体上分为 3 部分。上方为工具栏,提供 EFDC-Explorer 主要功能的快捷操作。其余部分主要分为两部分,上半部分为预处理程序的各项功能,下半部分为后处理程序的一些操作功能。下面将对所有分组的操作和高级用法进行说明。

### 5.3.4.5 预处理操作

在主窗体的预处理程序部分,EFDC-Explorer 为许多常用选项提供一种简洁的用户界面,这些保存在 EFDC. INP 文件中。一些参数和设置可以直接从窗体进行调整,而通常一些具体分组可以从设在主窗体上的按钮进行设置。许多输入框在用户暂停点击输入框时会弹出。此外,很多输入框设有内部范围检查,尽管涵盖了广泛的应用,但这些输入框不依靠任何方式就能实现用户输入的验证。

1. 定时,标签和输出选项

图 5-12 显示了定时标签选项。在此标签中用户还需设置 EFDC-Explorer 中可用的输出选项。该模型运行时,时间步长,包括活动的自动步长,输出选项可以通过点击—修改按钮进行调整。

"程序时间"复选框打开或关闭内部 EFDC 子程序的定时,然后输出到日志文件,并由 EFDC-Explorer 工具栏上的获取运行时间按钮来读取。模型的总运行时间不受此选项的影响。对于当前的 EFDC/EFDC-Explore 版本,这一选项总是打开的。

"运行时间状态"框架(见图 5-13)包含 EFDC 的反馈信息、模型运行时运行时间的审查。用户只需输入所需的 I 和 J 或可以使用鼠标进行设置。使用鼠标设置时,选择"ViewPlan/Cell Map"视图,用鼠标点击所需要的单元,并选择"按所示 IJ 设置"。

图 5-13 显示了模型时间和 EFDC-Explorer 提供的输出选项。EFDC 具有更多的输出

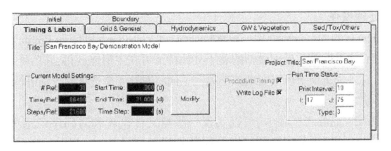

图 5-12　标签:模型名称,定时和输出

选项,但对于 EFDC-Explorer,其中大部分功能已经过时。时间单位由 EFDC-Explorer 设定并在"时间选项"框显示。对于活动的自动步长设置"安全系数"为大于 0 小于 1 的正数。使用者应该知道,EFDC-TT 和 EFDC-DS 使用不同的自动步长程序,所以一种模型设置的安全系数无法在其他模型中使用。一般来说,安全系数应<0.8,但一些运行程序需要安全系数>1,有些需要安全系数<0.3。

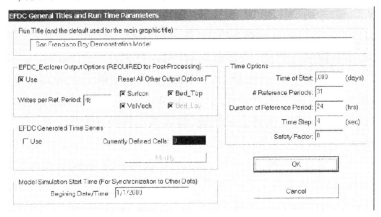

图 5-13　运行时间,输出和标题

"模型模拟开始时间"框用于设置一个真实的阳历日期以链接模型德朱利安日期。当用户使用真正的日期/时间标示文件用于校准图形和统计比较时,这一步是必需的。

2. 网格及整体

图 5-14 显示了网格及整体选项标签。此标签有几种不同类型的输入范围,包括数值解方案在内。

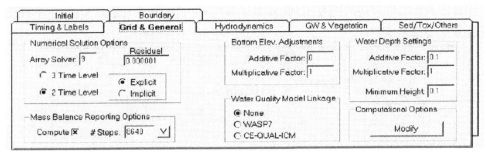

图 5-14　标签:网格,数值解和杂项选项

#### 5.3.4.6 后处理操作

EFDC-Explorer 的大部分后处理可视化特征位于"ViewPlan"和"ViewProfile"功能,这将在后面讲解。然而,这里有关后处理模型的若干其他特征可在主窗体获得,其后处理功能位于主窗体的下半区,有 4 个选项卡可以实现该功能。下面将对这 4 个选项卡分别进行介绍。

1. 水动力学

通过"Hydrodynamics"选项卡,可以实现一些与文件设置和时间序列选项有关的功能(见图 5-15),每一主要选项或特征将在下面分别进行介绍。

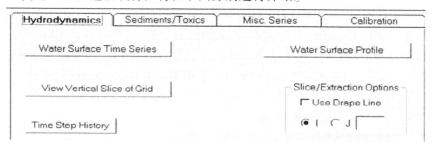

图 5-15　标签:水动力学

在从 EFDC 中获取信息之前,需要首先对"Slice/Extraction Options"进行设置。这里共有 3 个选项,用户可以选择一个 I 值,以便同时取出活动单元 J;也可以选择一个 J 值,同时取出活动单元 I。第三个选项是利用"Drape Lin",它是和 LXLY 数据在同一坐标系中的折线。沿线的这些 I 和 J 值将会被聚集,曲线图也将随之输出。

"Water Surface Time Series"输出按钮可以产生一个表格,在此用户可为 10 个单元选择 I 和 J 或者是一个 X 和 Y 表,这些单元是用来获得水面高程图或水深图的。"View Vertical Slice of Grid"按钮主要是利用"Slice/Extraction Options"窗体中的设置生成剖面图,并显示水体和沉积物的分层(如果 KB > 0)。"time Step History"按钮可提供一个内部时间步长的趋势图,用于 EFDC 评估模拟。这是所有采用动态时间步长进行模拟所必需的。"Water Surface Profile"按钮可利用"Slice/Extraction Options"窗体中的设置生成图形,并显示结果。共包括两条线:一条是水面高程线,另一条是底部高程线。通过快照增量 1,用户可以按下 PgUp 键和 PgDn 键,以此实现沿快照时间的伸缩。较大的增量也是可能的,按下 Shift 键,可实现增量 10;而按下 Ctrl 键,则能够实现增量 100。

2. 沉淀物及有毒物质

实现沉积物后处理功能需要用到"Sediments/Toxics"选项卡(见图 5-16)。下面将分别介绍其主要选项或特征。

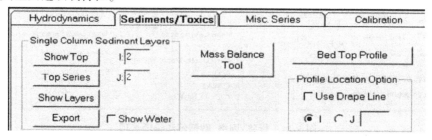

图 5-16　标签:Sediment/Toxics

"Single Column Sediment Layers"窗体中的特征均与单个单元中的具体表象及其随时间的沉积物有关。这些选项可以产生与剖面图类似的单个单元图,不过只是对一个单元而言。用户可以使用 PgUp 键和 PgDn 键适时伸缩调整。

3. 混合系列

"Misc. Series"选项卡可实现通用目的时间序列和图形效用(见图 5-17)。一般情况下,仅可获得一些简单的、有限的效用。随着资料的获得,这一情况实质上已得到改进。

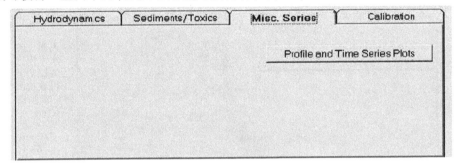

图 5-17　标签:混合系列

4. 率定

图 5-18 表示的是"Calibration"选项卡,它可以实现 EFDC-Explorer 中的一些校核任务。随着资料的获得,深入统计和图解比较将被开发。

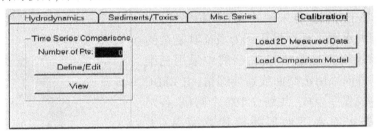

图 5-18　标签:率定

## 5.3.5　EFDC 模型的应用

### 5.3.5.1　研究区域

东深供水工程是为解决深圳、中国香港地区居民生活用水,支持深港经济发展而兴建的大型跨流域调水工程。起点位于东江桥头泵站,经过深圳水库调节向深圳、香港地区供应原水。深圳水库是东深供水工程的终点调节水库,属中型水库,平均换水周期约 7 d,总库容 $4.578 \times 10^7 \, m^3$,正常有效库容为 $3.52 \times 10^7 \, m^3$,正常蓄水位 27.6 m,平均水深 7.0 m,最大水深 17.8 m,水面面积 314 $hm^2$。水库主要补给为东深供水工程,平均入库流量为 $3.76 \times 10^6 \, m^3/d$,占总入库流量的 95% 以上。本流域内降雨贡献率较低,主要支流包括沙湾河、梧桐山河和落马石河(见图 5-19)。为保护深圳水库供水水质,在沙湾河河口建有截污闸坝,污水管道设计流量为 25 $m^3/s$,基本上可将沙湾河上游的污水拦截到污水处理厂,仅在发生强降雨时,超过流量的部分才进入水库。此外,在深圳水库库尾建有生物硝化处理工程,处理能力为 $4.0 \times 10^6 \, m^3/d$,较大程度地解决了来水高氨氮问题。近年来,深圳水库的水体 100% 达到地表水 Ⅲ 类水质标准。

图 5-19　深圳水库示意图

### 5.3.5.2　模型构建

#### 1. 网格生成

EFDC 是基于有限差分求解的数值模拟系统,因此首先要对深圳水库进行网格化。为表征其复杂的几何特征和满足研究目标的需要,研究中采用三维网格。在水平方向采用正交曲线贴体网格,由 EFDC 自带的网格生成程序生成,共划分 197 个网格,各网格的水深根据水库水下地形插值计算而得(见图 5-20)。垂向采用标准 $\sigma$ 坐标系,分为 10 层,各层所占水深比例均为 0.1。

#### 2. 初始条件

研究中模拟时段从 2009 年 1 月 1 日至 2011 年 12 月 31 日。初始水位设为 2009 年 1 月 1 日的观测值,为 28.13 m。3 个方向的初始速度分量均设为 0。初始水质参数设为 2009 年 1 月初深圳水库 4# 监测点实测值,水温为 17 ℃,总磷(TP)、总氮(TN)和氨氮

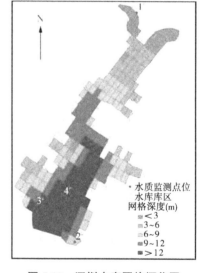

图 5-20　深圳水库网格概化图

(NH₄⁺—N)浓度分别为 0.05 mg/L、1.95 mg/L 和 0.14 mg/L。

#### 3. 边界条件

模型边界条件包括动力边界条件和气象边界条件。动力边界条件为各入库支流、东深供水工程和各取水口水文及水质状况。水文资料采用广东粤港供水有限公司提供的每日水文监测数据,包括水库的库容和水位、东深供水工程及各支流流量、各取水口取水量等;水质数据采用深圳市环境监测中心站每月初常规饮用水监测数据,监测指标包括温

度、溶解氧(DO)、营养盐和叶绿素 a(Chla)等 30 项指标。东江引水氮、磷营养盐负荷分别为 3 515 t/年、120 t/年,分别占总负荷的 95%、83%。气象边界条件包括气压、气温、相对湿度、降雨量、风向风速、云量等逐时数据,来源于深圳市气象局深圳水库自动站 2009年 1 月 1 日至 2011 年 12 月 31 日自动监测逐时数据;研究区没有直接的太阳辐射观测资料,采用气候学计算方法获取。

### 5.3.5.3 模型校正和验证

模型校正和验证是建立水动力和水质模型中至关重要的过程。研究中选择 2009 年作为校正期,2010 年、2011 年作为验证期。模拟时间步长为 15 s,用于校正和验证的变量包括水位、DO、TN、$NH_4^+$—N、TP 和 Chla。

1. 模型校正

分析模型参数的敏感性,选定需要调整的参数,根据参数阈值范围,采用自动方法多次运行模型,使用既定的算法在较少的运行次数条件下找到全局最优解,以此确定参数值。模型校正包括水动力模块和水质模块参数校正,通过不断调整关键参数,使得上述变量模拟值与观测值之间差距最小。首先进行水动力模块校正,包括水位和温度,深圳水库校正期水位和温度模拟值与观测值具有很好的一致性(见图 5-21),说明该模型能够准确反映深圳水库出入流量、降雨、蒸发等水文过程。水位最大绝对误差为 0.65 m,决定系数($R^2$)为 0.987 4;温度最大绝对误差为 2.2 ℃,决定系数($R^2$)为 0.941 3(见图 5-22)。随后用所有站点表层和底层 5 项指标对水质模块进行校正,所有监测点表层和底层各项水质指标模拟值都能够较好地再现观测值的趋势,图 5-22 仅显示了位于库中的 4# 监测点表层各指标模拟值和观测值对比,其中 DO、TP 和 TN 指标的决定系数均大于 0.9,$NH_4^+$—N模拟效果因个别误差导致 $R^2$ 仅有 0.482 7,与模型和监测数据的不确定性有关。通过模型校正后,底部粗糙度取值为 0.02 m,主要水质模块参数见表 5-4。

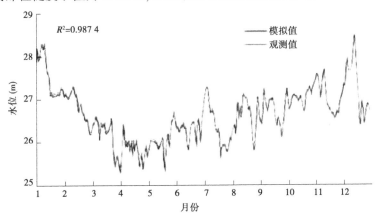

图 5-21　2009 年校正期水位模拟值和观测值对比

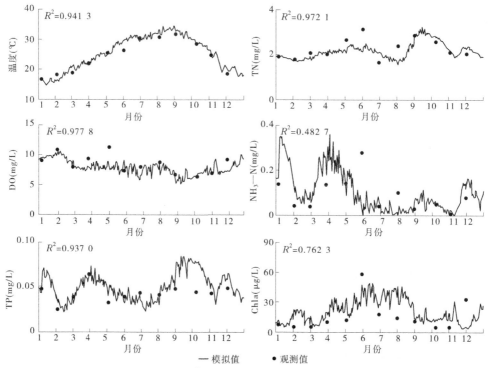

图 5-22　2009 年校正期 4# 监测点表层各项水质指标模拟值和观测值对比

表 5-4　校正模型后主要水质参数取值

| 参数 | 描述 | 取值 | 参考范围 |
|---|---|---|---|
| $PM_c$ | 蓝藻最大生产速率(1/d) | 2.5 | 0.2~9.0 |
| $PM_d$ | 硅藻最大生产速率(1/d) | 2.2 | 0.2~9.0 |
| $BMR_c$ | 蓝藻基础呼吸速率(1/d) | 0.12 | 0.01~0.92 |
| $BMR_d$ | 硅藻基础呼吸速率(1/d) | 0.04 | 0.01~0.92 |
| $PRR_c$ | 蓝藻捕集速率(1/d) | 0.01 | 0.03~0.3 |
| $PRR_d$ | 硅藻捕集速率(1/d) | 0.02 | 0.03~0.3 |
| $WS_c$ | 蓝藻沉降速率(m/d) | 0.2 | 0.001~13.2 |
| $WS_d$ | 硅藻沉降速率(m/d) | 0.2 | 0.001~13.2 |
| $TMR_c$ | 蓝藻生长最适宜温度范围(℃) | 24~30 | N/A |
| $TMR_d$ | 硅藻生长最适宜温度范围(℃) | 15~21 | N/A |
| $KHN_x$ | 藻类氮吸收半饱和常数(mg/L) | 0.012 | 0.006~4.32 |
| $KHP_x$ | 藻类磷吸收半饱和常数(mg/L) | 0.001 | 0.001~1.52 |
| $Ke_b$ | 背景消光系数($m^{-1}$) | 0.3 | 0.25~0.45 |
| $Ke_{Chl}$ | 悬浮叶绿素消光系数(1/mpef$\mu$g/L) | 0.017 | 0.002~0.02 |

续表 5-4

| 参数 | 描述 | 取值 | 参考范围 |
|---|---|---|---|
| $K_{RC}$ | 难溶颗粒有机碳溶解速率(1/d) | 0.001 | 0.001 |
| $K_{LC}$ | 易溶颗粒有机碳溶解速率(1/d) | 0.04 | 0.01~0.63 |
| $K_{DC}$ | 溶解有机碳降解速率(1/d) | 0.04 | 0.01~0.63 |
| $K_{RP}$ | 难溶颗粒有机磷水解速率(1/d) | 0.001 | 0.001 |
| $K_{LP}$ | 易溶颗粒有机磷水解速率(1/d) | 0.04 | 0.01~0.63 |
| $K_{DP}$ | 溶解颗粒有机磷矿化速率(1/d) | 0.04 | 0.01~0.63 |
| $K_{RN}$ | 难溶颗粒有机氮水解速率(1/d) | 0.001 | 0.001 |
| $K_{LN}$ | 易溶颗粒有机氮水解速率(1/d) | 0.03 | 0.01~0.63 |
| $K_{DN}$ | 溶解有机氮矿化速率(1/d) | 0.03 | 0.01~0.63 |
| rNitM | 最大硝化速率[mgN/(L·d)] | 0.06 | 0.001~1.3 |
| WSrp | 难溶颗粒有机质沉降速率(m/d) | 0.8 | 0.02~9.0 |
| WSlp | 易溶颗粒有机质沉降速率(m/d) | 0.8 | 0.02~9.0 |

**2. 模型验证**

为了进一步确定水动力和水质模型的可靠性,在不改动已校正的模型参数情况下,采用 2010~2011 年水文水质观测数据对模型进行验证。对所有站点表层和底层 6 项指标进行对比分析,所有指标都能很好地解释观测值的变化趋势,位于库中的 4# 监测点表层各项指标模拟值和观测值对比表明,水温、DO、TN、TP 依然具有较高的决定系数,2010 年 Chla 浓度模拟值比实测值偏高,$NH_4^+$-N 在 2010 年 3 月和 7 月出现了明显偏差,但总体趋势较好,在 2010 年 1 月、2011 年 1 月和 3 月、4 月因枯水期东江引水浓度较高而形成明显的波峰(见图 5-23)。总体来说,经过校正和验证的模型能够准确地反映深圳水库的水动力和水质变化过程。

**5.3.5.4　结果分析**

模型通过校正和验证后,定量分析一系列措施对水库富营养化的影响,可为水环境管理提供依据。研究中设置了以下 3 个情景:

情景一:对深圳水库所有入库支流进行完全截排;

情景二:通过水库调度,在不超过东深供水工程负荷情况下增大引水流量 50% 并保持当前水质不变;

情景三:东江引水水质改善,氮、磷营养盐浓度削减 50%,引水量不变。

表 5-5 和图 5-24 定量说明了不同情景下深圳水库库中 4# 监测点表层 Chla 浓度与现状模拟值的对比。

其中情景一模拟的 Chla 平均浓度、峰值均与现状模拟值非常接近,说明在目前沙湾

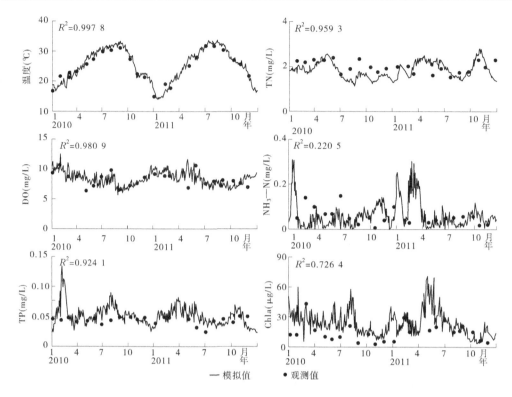

图 5-23　验证期 4#监测点表层各项水质指标模拟值和观测值对比(2010~2011 年)

河旱季污水截排的基础上,即使采用最极端的条件,将深圳水库其他所有入库支流进行完
全截排,也不会对目前营养化状况有明显改善;情景二模拟的 Chla 浓度与现状模拟值相
比,平均浓度下降 29.8%,仅有部分时段峰值浓度有所下降,在短期内东江引水水质未有
明显改善的情况下,可采用水库调度的方式,加快水库水体交换,能够有效改善深圳水库
富营养化状况;情景三模拟的 Chla 浓度整体下降明显,平均浓度下降 29.9%,且对于峰值
改善有明显的效果,峰值浓度下降 46.3%,因此东江引水水质的改善能够更加有效地改
善深圳水库富营养化状况,是防止藻类爆发和水华发生最有效的手段。

表 5-5　不同情景 Chla 浓度模拟结果对比

| 模拟情景 | Chla 平均浓度<br>(μg/L) | 变化幅度 | Chla 峰值浓度<br>(μg/L) | 变化幅度 |
|---|---|---|---|---|
| 对照模拟 | 22.23 | — | 80.39 | — |
| 情景一 | 21.94 | -1.3% | 79.59 | -1.0% |
| 情景二 | 17.12 | -29.8% | 69.05 | -16.4% |
| 情景三 | 17.11 | -29.9% | 54.95 | -46.3% |

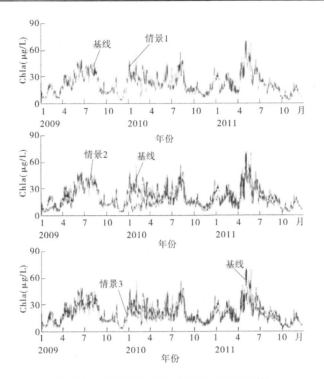

图 5-24 不同情景 Chla 浓度模拟结果对比

# 5.4 湖库富营养化模型

## 5.4.1 湖库富营养化的环境因子

在 20 世纪初期,水体富营养化问题引起了国外部分生态学家、湖泊学家的关注,并开始对其成因进行初步探索,从 20 世纪 70 年代开始进行湖泊生态系统健康研究;我国从 20 世纪 60 年代末开始关注富营养化问题。据统计,全球约有 75% 以上的封闭型水体存在富营养化问题。2007 年太湖蓝藻爆发引发的用水危机,再次警示湖库富营养化问题的严重性与紧迫性。

早期的富营养化机制研究主要是探讨水体中营养盐负荷与浮游藻类生产力的相互作用和关系,这也是揭示湖泊富营养化形成机制的主要途径。目前,我国主要从富营养化主要因素的关系入手研究湖库富营养化问题。关于理化因子和叶绿素 a 的关系,存在着各种各样的观点,大多数学者认为湖库浮游藻类的生长由营养盐、水文气象条件等因素控制。通常磷是藻类增长的最小限制因子;叶绿素 a 含量与一定浓度范围内的总氮、总磷呈正相关关系;湖库富营养化引起藻类爆发,不但与营养物质有关,也与水文、气象、气候条件有关。

### 5.4.1.1 藻类增长限制因子

丹麦著名生态学家 Jorgensen 指出浮游藻类的生长是富营养化的关键过程,着重研究氮、磷负荷与浮游藻类生产力的相互作用和关系,揭示湖泊富营养化形成机制。在适宜的光照、温度、pH 值及营养物质充分的条件下,天然水体中的藻类进行光合作用,合成本身的藻类原生质:$C_{106}H_{263}N_{16}P$,临界的氮磷比按元素计为 16:1,按质量计为 7:1。利贝格最小值定律(Leibig law of the minimum)指出:植物生长取决于外界提供给它的所需养料中数量最少的一种。因此,当氮磷比小于 7:1,氮将限制藻类的增长,否则,磷则可认为是藻类增长的限制因素。在一般情况下,水体中藻类可利用的氮远比可利用的磷多,通常磷是最小限制因子,而氮与浮游植物的生物量没有显著的相关性,这在国际经合组织(OECD)对理化因子和叶绿素 a 动态变化的相互关系的研究中得到证实:水体磷为唯一主导因子的占 80%,氮为主导因子的占 11%,其余 9% 的水体为氮和磷共同起作用。英国国家环境署规定,在静止的水体中,总磷质量浓度达到 0.086 mg/L 即为发生富营养化的临界值,美国 EPA 则建议总磷质量浓度 0.05 mg/L 和正磷酸盐质量浓度 0.025 mg/L 为湖泊和水库磷质量浓度的上限,说明磷在湖库富营养化中的重要地位。

### 5.4.1.2 叶绿素 a 与总氮、总磷浓度的关系

由于叶绿素 a 浓度是表征藻类现存量的重要指标之一,因此研究叶绿素 a 与总氮、总磷浓度的关系,对认识湖泊富营养化的机制具有重要意义。大量的研究表明,总氮、总磷浓度在一定的范围内,叶绿素 a 浓度与总氮、总磷浓度呈正相关。

对我国湖泊、水库的调查发现,叶绿素 a 与总磷和透明度三者的自然对数之间存在线性关系。Osgood 等认为叶绿素 a 和总磷的季或年平均浓度之间具有正相关性,而且这二者的关系在世界范围内的湖泊和水库中具有普遍性,同时在总磷浓度很宽的范围内都存在。陈永根等在对太湖藻类生长进行研究后给出了具体的质量浓度范围,认为总氮质量浓度小于 5.4 mg/L、总磷质量浓度为 0.1~0.31 mg/L 时,叶绿素 a 浓度与总氮、总磷浓度呈正相关,当总氮质量浓度超过 4.5~5.4 mg/L、总磷质量浓度超过 0.27~0.31 mg/L 时,叶绿素 a 浓度与总氮、总磷浓度呈负相关。

杨顶田认为总氮质量浓度小于 4.0 mg/L、总磷质量浓度小于 0.30 mg/L,适宜微囊藻(藻类水华发生的代表藻之一)生长。在藻类水华发生后,由于藻类爆发吸收大量的营养盐,营养盐浓度迅速降低:当总氮质量浓度从 6.0 mg/L 降至 2.5 mg/L 后,叶绿素 a 质量浓度则从 20 μg/L 上升到 60 μg/L。

### 5.4.1.3 水华发生的水文气象条件

湖库富营养化引起藻类爆发,不但与营养物质有关,也与水文、气象、气候条件有关。在营养源满足条件的前提下,水文、气象、气候条件是发生浮游植物爆发的诱导因素,水深不超过 10 m,平均流速小于 0.05 m/s,是适宜的水文条件。Mitrovic 等研究发现水库中的项圈藻爆发的临界流速为 0.05 m/s;Escartin 等的室内试验证明,要破坏藻群结构,水流速度必须达到 0.10 m/s。由此可见,平均流速小于 0.05 m/s,适宜于藻类生长,平均流速超过 0.10 m/s 则不利于藻类生长。若换水周期长、水位低,也有利于水华的发生。

温度对藻类生长的影响比较突出。当环境温度较低时,水体增温会促进藻类的生长;环境温度较高时,则起抑制作用。不同的温度条件适宜不同的藻类生长,如小新月菱形藻、三角褐指藻、铲状菱形藻等藻类适宜生长在 20 ℃ 以下;中肋骨条藻、亚心形扁藻、波吉卵囊藻等藻类适宜生长在 20~25 ℃;湛江等鞭藻、牟氏角毛藻、盐藻等藻类适宜生长在

25~33 ℃;钝顶螺旋藻适宜生长在 30 ℃以上。

光照对藻类生长也有明显影响。光照的影响主要表现在藻类光合作用的速率随着光强变化而变化,以及不同种类的藻类对不同波长、不同强度的光敏感性不同。盐藻、小球藻、微绿球藻等浮游硅藻适宜光照度为 58.5 ~ 195 μmol/(m² · s)。在光照强度为 9.75 ~ 195 μmol/(m² · s)的范围内,小球藻、等鞭金藻、青岛大扁藻、绿色杜氏藻在 9.75 μmol/(m² · s)时生长率和叶绿素 a 浓度均最低。

## 5.4.2 湖库富营养化藻类特征

在研究环境因子间关系的同时,有学者从浮游生物入手研究湖库富营养化程度。由于不同的温度条件适宜不同的藻类生长,以及不同种类的藻类对不同波长、不同强度的光敏感性不同,使得藻类存在季节性分布现象。对应湖库不同的富营养化程度,藻类具有典型污染指示作用,因此水体生物群落的组成可以较好地反映水环境的富营养化程度。群落多样性是反映群落的种类数与丰度的关系,是度量水生生态系统稳定性的一个重要指标,其多样性的大小直接反映水生生态系统的稳定性和水质状况。

### 5.4.2.1 藻类季节分布现象

藻类水华主要是蓝藻类,其代表为微囊藻、鱼腥藻和颤藻属,其次是绿藻和硅藻。通常优势物种会随着季节变化而改变,如山仔水库年内藻类种群的演替规律为冬、春季以硅藻为主,其余季节,尤其是藻类爆发的季节以蓝藻为主,一年内微囊藻为优势种群的时间最长。这种变化是由于不同藻类有不同的繁殖要求:营养盐浓度、光照、温度等。不同的温度条件适宜不同的藻类生长,以及不同种类的藻类对不同波长、不同强度的光敏感性不同,这些条件决定了在变化的环境条件下哪些藻类能占主导地位,使得藻类存在季节性分布现象。

### 5.4.2.2 污染指示种

湖库在不同的营养盐状态下,有其不同的优势物种。因此,水体生物群落的组成可以较好地反映水环境的富营养性程度。日本调查了 211 个湖泊的氮、磷浓度,结果表明,当总氮质量浓度超过 0.39 mg/L、总磷质量浓度超过 0.035 mg/L 时,大部分的湖泊优势物种为蓝藻类。日本在研究了湖泊富营养化和浮游生物优势种的关系之后,总结了从贫营养水体向富营养水体过渡时出现的浮游生物优势种的演替规律:在贫营养湖泊中,硅藻门的小环藻等占据优势;当过渡到富营养化初期,星杆藻等富营养化藻类成为优势种;水体的富营养化程度进一步加剧时,绿藻和蓝藻开始大量生长繁殖。况琪军等总结了不同水质和不同营养型水体的藻类出现的典型污染指示种:

(1)富营养重污型的指示藻类主要是螺旋鞘丝藻、弱细颤藻、坑形席藻、纤细席藻、强氏螺旋藻等。

(2)富营养型主要的指示藻类有粗刺藻、蛋白核小球、普通小球藻、水华鱼腥藻、螺旋鱼腥藻、水华束丝藻、铜锈微囊藻、水华微囊藻等。

(3)中富营养型主要的指示藻类有星杆藻、美壁藻、梅尼小环藻、狭形纤维藻、镰形纤维藻、卵形衣藻、细巧隐球藻、湖泊鞘丝藻、巨颤藻等。

(4)中营养型主要的指示藻类有集星藻、刚毛藻、拟新月藻、胶网藻、膨大桥弯藻等片硅藻。

(5)寡营养型主要的指示藻类有金藻、金颗藻、锥囊藻、黄群藻、丝状黄丝藻、微星鼓藻等。

### 5.4.2.3　群落多样性

群落多样性是反映群落的种类数与丰度的关系,是度量水生生态系统稳定性的一个重要指标。藻类是水生生态系统的第一生产力,其多样性的大小直接反映水生生态系统的稳定性和水质状况。藻类的种类多样性指数越高,其群落结构越复杂,稳定性越大,水质越好;当水体受到污染时,敏感型种类消失,多样性指数减小,群落结构趋于简单,而优势种类的个体数量大幅度增加,稳定性变差,水质下降。通常求取藻类综合指数 $a$ [ $a$ = (蓝藻门+绿球藻目+中心纲硅藻+裸藻)种数/鼓藻目种数],当 $a>3$ 时,表明水体已经处于富营养型。

### 5.4.2.4　藻类生长潜力研究

由于营养物浓度与藻类生物量呈正比关系,水体中氮、磷含量决定着藻类生长的潜在能力。藻类生长潜力的测定是在水样中接种特定藻类(一般接种蓝细菌、绿藻、硅藻),然后置于一定光照和温度条件下培养,使藻类生长达到稳定期,最后用测定藻类细胞数或干重的方法,来决定藻类在某种水体中的增殖量(algal growth protential,AGP),根据 AGP 的大小判断湖库富营养化程度。一般贫营养湖的 AGP 在 1 mg/L 以下,中营养湖的 AGP 为 1~10 mg/L,富营养湖的 AGP 为 5~50 mg/L。

## 5.4.3　湖库富营养化模型存在的问题

近年来,浅水湖泊水动力学模型的发展相对来说比较成熟,湖泊的富营养化模型虽然取得了很大的进步,但是总的来说还相对薄弱,仍然处于不断探索的阶段。虽然目前创建一大批三维动态模型,但它们仍存在许多不足之处:①缺乏真正生态系统所具有的适应性和灵活性。当给出一个模型的一定结构和一套参数(与特定的生态系统相吻合时),这个模型就被"锁定"了。当使用此模型来研究其他的生态系统时,必须根据此生态系统对该模型的结构和参数进行改进:Jørgensen 运用一个中等复杂程度的湖泊富营养化模型对16 个不同类型湖泊进行模拟,结果证实:只要基本模型的改进与所模拟的湖泊生态系统特征相吻合并且模型还考虑了所必需元素的循环,则模拟值与实测值之间的偏差很小。②目前的模型是建立在湖泊生态系统现有生态结构基础之上的,但由于环境污染,人类活动能对生态系统的结构产生一定的冲击作用,这就限制了这些模型预测的准确性。③当这些模型使用于一项新的研究时,必须进行参数测定,取样频率和取样时间对参数值测定有较大的影响,模型校正的数据必须符合实际,并且取样频率要能反映生态系统的动态变化过程。④对生态规律和生态知识的了解程度也限制了模型的适用性,不同营养负荷的湖泊之间的物理、化学和生物变化过程有很大的差异,即使是同一湖泊内不同区域和不同时间内所发生的变化过程也有较大的差异。⑤缺乏统一详细的湖泊水化学方面的数据,这给湖泊模型的校正、验证造成很大困难,使创建的湖泊富营养化生态动力学模型适用性不高。

尽管现行湖泊富营养化模型丰富,但是这类模型都包含了很多生态变量和待定参数,受资料的限制,加上对复杂生态过程的认识不够,如何在现有实测资料的基础上,根据具体模拟对象选择合理实用的富营养化模型也是难点。

### 5.4.4 湖泊富营养化模型的发展趋势

20 世纪 60 年代,富营养化模型得到了很大发展:状态变量由最初的几个发展到几十个;水体维数由一维稳态模型发展到多维动态模型;研究角度由简单的营养盐吸收发展到对生态系统分析模拟;研究对象由单一的藻类生长模拟发展到综合考虑水体的动力学、热力学及生物动态过程;研究方法从确定性分析模型到不确定性的人工网络模型等。而今后的发展趋势则会以生态动力学模型的完善、学科间的相互渗透与交错为主。

#### 5.4.4.1 在模型中引入目标函数建立生态结构动力学

模型生态系统有通过改变生物结构或者物种特征来适应环境变化的能力。在模型中反映这种变化的性质对于科学进行生态系统管理非常重要。但是,目前的大多数模型有特定的结构和一套固定的参数,缺乏真实生态系统的灵活性和适应性。如果对真实生态系统进行实际的模拟,模型必须包含所有的真实物种及其特征,将涉及每个营养阶段的许多状态变量和必须被校正的参数,模型就会变得非常复杂,产生高度不确定性的结果。能说明物种组成和物种性质变化的生态结构动力学模型则可以解决这些问题。

#### 5.4.4.2 地理信息系统(GIS)技术的应用和模型耦合

GIS 是在 20 世纪 60 年代随着计算机技术发展而产生的一门研究空间信息的全新技术。将湖泊富营养化与流域的自然属性和人类活动紧密结合,利用 GIS 系统建立相应数据库和信息平台,建立流域管理决策支持系统,是整治富营养化的重要途径,也是国际富营养化控制的重要动向。因此,将水文模型、营养物输送模型与湖内水动力、营养物循环和藻类生长等模型相耦合,是研究富营养化的必然趋势。

#### 5.4.4.3 湖泊生态模型与基于社会学和心理学的人类系统模型相结合

Janssen 用社会心理学的观点描述人类行为,行为规则建立在 Jager 等提出的消费方法基础上。湖泊动态使用弹性网络研究中的模型,清楚地区分了湖泊磷循环的快动态和慢动态情况。两者结合的综合模型用来研究认知过程对影响湖泊富营养化有什么区别,自然变化引起的不确定性如何影响认知过程以及政策如何影响各因子的行为。这类模型的建立要求对人类行为和生态系统动力学有充分的了解,而这种综合思维对于湖泊生态模型的建立和生态系统的可持续管理具有很好的参考价值。

### 5.4.5 湖库富营养化模型 AQUATOX 的概述

#### 5.4.5.1 载入研究

APS 文件是 AQUATOX 中的基本单元;它包含在模拟中使用的站点数据、加载和参数值;它可以包含来自先前仿真的结果。单击菜单栏中的文件以获取下拉文件菜单,然后单击打开,将得到一个选择的 AQUATOX 学习文件加载。

打开文件后,在 AQUATOX 多窗口界面中打开一个新窗口。可以同时打开许多窗口,并通过单击或使用屏幕顶部的"窗口"菜单在它们之间来回切换(见图 5-25)。

单段 AQUATOX 模拟被指定为 *. APS 文件,而多段 AQUATOX 模拟被指定为

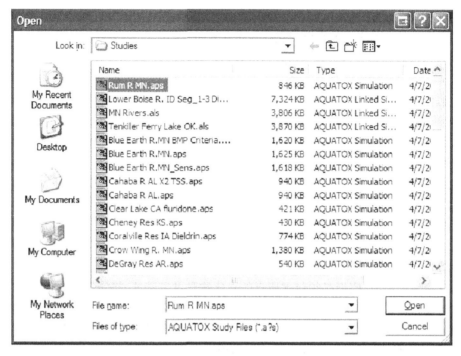

图 5-25　Open

＊. ALS 文件。

### 5.4.5.2　主窗口

　　主窗口包括研究的名称、使用的状态变量列表,以及从其中选择各种操作的按钮。屏幕顶部是一个可编辑的 Toolbar(工具栏)。让鼠标悬停在每个按钮上方以获得描述每个工具栏按钮的功能的"提示"(见图 5-26)。

　　Study Name(研究名称)可以编辑,它加载并显示在屏幕顶部的文件名称是分开的。学习名称在图形输出中用作标题,因此最好使用大写。

　　Status(状态窗口)告诉我们何时进行扰动和控制运行,并警告它们是不完整还是过时。

　　Initial Conds.(初始条件按钮)将在模拟开始时显示一个包含所有状态变量值的屏幕。可以查看初始条件,但不能在此屏幕上编辑它们。

　　Chemical(化学按钮)打开有机有害物质的装载屏幕,如果建模,双击状态和驱动变量列表顶部出现的名为"Dissolved org. Toxicant"的状态变量(如果化学物质包含在模拟中)具有相同的效果。

　　Site(站点)按钮加载站点特征屏幕。

　　Setup(设置)允许用户设置模拟的日期,并指定各种选项,如 control setup(控制设置),不确定性分析和保存生物学速率。

　　Notes(笔记)提供了一个窗口,用于对研究撰写评论。

　　Birds,Mink…(鸟,貂……)链接到化学摄取模型的水鸟或任何其他水生猎物。

　　Food Web 为研究提供了一个可编辑的营养相互作用矩阵。

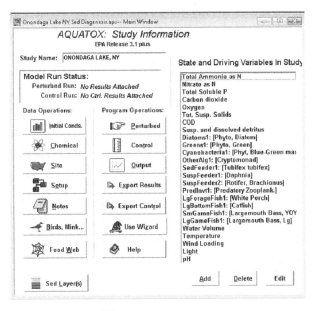

图 5-26 Main Window

Sed Layer(s)(层按钮)为多层沉积物模型或沉积物成岩模型提供参数和初始条件,如果它们包括在模拟中。

Perturbed(扰动)在改变的条件下开始模拟,如用有毒物质。

Control(控制)开始没有应激源的模拟;用户可以使用 Control Setup(控制设置)来指定改变什么和保持常数,或者可以在运行控制和扰动模拟之间改变参数。

Output(输出)将结果作为一系列图表显示。

通过单击 Export Results(导出结果)或 Export Control(导出控制),可以将输出导出为数据库、电子表格或文本文件。

Use Wizard(使用向导按钮)允许使用 AQUATOX 向导编辑当前模拟。

如果从主屏幕中点击 Help(帮助按钮),将在帮助屏幕中跳转到此主题。其他屏幕上的 Help(帮助按钮链)接到帮助文件中的相应主题。

State and Driving Variables In Study(状态和驱动变量在研究中)显示模拟中的状态变量的完整列表。可以使用列表底部的按钮向此列表中添加或删除变量。该列表中的动物、植物和碎屑可以具有多达 20 种与它们相关的有机化学品。

当在链接模式下查看主屏幕时,它表示单个链接段。在这种情况下,有两个附加按钮可用。Stratification(分层)影响链接模式下垂直分层线段的设置。Morphometry(形态测量)允许用户指定每个段的横截面区域的时间序列。

### 5.4.5.3 保存研究

要保存文件,请单击菜单栏上的 File(文件),然后单击 Save(保存)或 Save As(另存为);还将有机会保存更改的文件,然后退出或加载另一个文件。研究文件的大小从 25 kB 到超过 2 MB。如果希望最小化研究,如向其他人传输,可以通过单击 Study(学习)并从菜单栏中选择 Clear Results(清除结果)来清除结果。用 AQUATOX 分发的研究文件已经以这种方式最小化。

#### 5.4.5.4　什么是 APS 文件

APS 文件是加载和保存 AQUATOX 模拟的基本单位。每个 APS 文件包含以下项目：

(1)使用的状态变量和驱动变量及其负荷,"基础参数"和初始条件的列表;

(2)场地特异性和再矿化参数;

(3)模型设置信息;

(4)模拟的边界条件加载;

(5)来自先前已经运行的任何模拟的结果,包括速率;

(6)导入到模拟中用于绘制结果的外部数据;

(7)为该模拟生成的图形库;

(8)不确定性模式或灵敏度模式设置包括所选择的分布和相关信息。

不包括在 APS 文件中的不确定性输出以数据库格式( ∗. db 或 ∗. dbf)和灵敏度输出[以 Excel 格式( ∗. xls)保存]保存。参数库不包括在 APS 文件中,除已经"加载"到模拟中并因此与该模拟相关的那些参数外。

#### 5.4.5.5　简单教程

1. 设置初始条件

以大型植物实例,应该在模拟开始时输入大型植物生物量的值;如果该值保持为 0 并且没有加载,则不会模拟大型植物。初始条件将取决于模拟开始的时间(在安装程序中指定)。在这个例子中,将输入 $0.1~g/m^2$ 的值,这适用于生长季节开始时在温带池塘中的 Myriophyllum。

双击 Macrophyte1 : Myriophyllum 的状态变量列表。输入 0.1,如图 5-27 所示。

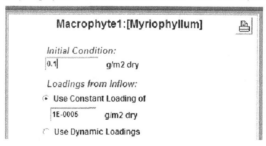

图 5-27　Macrophyte1

从图 5-27 可以看出,AQUATOX 在这个模拟中还自动输入 $10^{-5}$(0. 000 01)的大型植物。通常认为装载只属于化品和自由移动的生物,如浮游生物和鱼。然而,如果群体或群体完全被毒物或不利的环境条件杀死,通常希望进入小的恒定负载以用作"种子"。如果条件变得有利,"种子"将允许生物群恢复或重新种群。这对于遭受冬季死亡的大型植物特别重要。

对于所有生物群,AQUATOX 使用 $1e^{-5}~g/m^2$ 的值作为恒定载荷。如果足够小,它不会影响生物的生长结果;如果足够大,会影响生物的生长结果,要防止其灭绝。

单击"确定"按钮返回主屏幕。

另请参见:初始条件和加载。

下一步,查看参数。

2. 查看参数

在下面的示例中，将检查每个其他库的记录。通过选择 library（编辑状态变量数据）屏幕上的 Load data（加载数据），可以从库中将记录下载到算例中。

首先检查植物的参数屏幕。在主屏幕中，从屏幕顶部的库菜单中选择 Plants（植物）或单击工具栏上的大按钮"P"查看默认的库文件（见图 5-28），然后通过箭头单击屏幕左上角。现在正在移动通过 AQUATOX 提供的参数的数据库。这些参数不一定与已加载的研究文件相关联，但可以加载到模拟中。注意，要查看与给定研究相关的参数，双击状态变量列表中的任何动物或植物，然后单击 Edit Underlying Data（编辑基础数据）按钮。

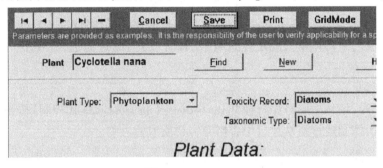

图 5-28  Plant Date

屏幕顶部附近的两个字段需要说明。如果点击植物类型右边的三角形，将会得到一个选择。植物类型的选择是重要的，因为不同类型具有适用于它们的不同的物理或生物过程。例如，浮游植物可能发生下沉，但不会附着在基质表面；相反，周从生物附着于各类基质表面从而活动受限。

不太明显的是毒性记录，再次点击字段右边的箭头将给出几个选择，目的是将生物记录与有限数量的具有用于估计毒性的毒性数据或程序的生物体之一相关联。在这种情况下，如果选择硅藻，模型将利用化学属性屏幕的毒性记录部分中列出的硅藻的毒性数据。

提供给定的参数值以帮助开始，如果有更合适的值，则应该使用它们。与浮游植物无关的那些参数是无活性的并且是灰色的。例如，如果尝试输入静止水中还原值，会发现该字段无法编辑。

接下来将从动物图书馆找到 Chironomid 的记录。点击取消离开植物屏幕，并再次通过图书馆菜单到动物图书馆，或者可以选择工具栏上的动物的"A"（见图 5-29）。再次使用箭头按钮滚动查找 Chironomid 记录，或者可以单击查找按钮并输入"Chironomid"，也可以使用"搜索名称"按钮。

单击动物类型以查看下拉菜单。Chironomids 有水生幼虫，因此选择 Benthic 昆虫；这是重要的，因为出现由 AQUATOX 模拟昆虫作为损失术语，但不适用于其他动物。

单击"营养互动"按钮查看相关的营养相互作用表。营养相互作用表很重要，因为它定义了食物—网络关系和同化效率。在这里看到 Chironomids 主要饲料是不稳定碎屑，它们吸收 70%。另见营养相互作用。

退出营养互动屏幕后，单击右侧的滚动条以查看动物屏幕的其余部分。生物累积数据部分包含与有机毒物的生物累积相关的参数，其中只有一个（脂质部分）在昆虫中是敏

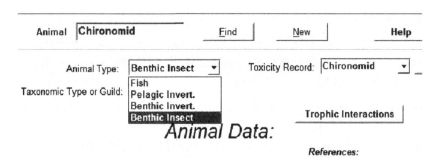

图 5-29　Animal Data

感的。该模型对昆虫寿命不敏感,因为寿命是生长速率的函数,取决于局部环境和季节变化等条件。同样,平均体重只能是各龄期(发育阶段)内的近似值,其在不同生长季节差异较大。

　　3. 运行模拟

　　运行模拟时,请从主屏幕中选择 Perturbed(被干扰)或 Control(控制)按钮。根据所选择的控制设置,控制运行将从运行中省略有害物质或营养物。

## 5.4.6　湖库富营养化 AQUATOX 模型应用

### 5.4.6.1　研究区概况

　　殷村港位于宜兴市北部,是竺山湾的三条主要入太湖河流之一,属市级河道。殷村港常年由西向东流,全长 20.3 km,平均河面宽 45 m,平均水深 3.5 m,最大水深 5.2 m,纬度为 N31°,年平均水温 51.7 ℃,年平均光强 300 Ly/d,年平均径流总量 4.5 亿 m³,河底高程(吴淞基面)0.5 m,河道边坡坡比 1:2.5。研究区域位置见图 5-30。江苏省政府实行"双河长制"的 15 条入湖河道中污染物排放量最大的即为殷村港。随着经济的快速发展,殷村港流域周围人口密度变大,工业、农业和生活污染负荷提高,从而导致该河流污染日益严重。根据现有的调查取样情况来看,河流水质基本为 Ⅴ 类水,个别时段或河段可达劣 Ⅴ 类,面临着严重的富营养化和蓝藻水华暴发的问题,开展殷村港的污染控制研究具有重要的实用价值和意义。目前,对殷村港的研究主要集中在水质现状的分析和定性控制方法描述上,缺乏控制措施下对未来状况可量化结果的预测评估,无法从控制尺度和目标达成上给予决策者可靠的依据。为此,以殷村港为例,借助 AQUATOX 模型软件进行建模,对其水环境进行敏感性分析及控制、非控制模拟,分析了营养盐、温度、流速等因子对殷村港富营养化水平的影响,以期为殷村港富营养化控制和流域生态管理决策提供科学依据。

### 5.4.6.2　材料与方法

　　1. 数据采集

　　从殷村港上游、中游至入湖口共设 12 个采样点,从 2014 年 1~12 月每月 20 日 13:00 在殷村港进行同步水文、水质测验,共采样 12 次,数据彼此独立。现场用 ADCP 流速仪测定流速,HACH pH 计测定 pH 值及 HACH 溶解氧仪测定溶解氧和温度。利用 2.5 L 柱状采水器采集水面下 0.5 m 表层水水样,装于用超纯水清洗并烘干过的 500 mL 聚乙烯集水

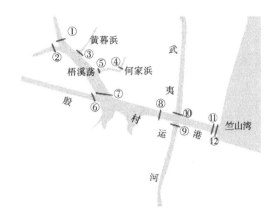

**图 5-30　研究区域及采样点布置**

瓶中运回实验室,并置于冰箱低温 4 ℃保存,浮游藻类用无灰分干重( mg/Ldry) 表示,测定严格按照《湖泊生态系统观测方法》进行,水质指标测定严格按照《水和废水检测分析方法(第四版)》进行。

2. AQUATOX 水生态模型

1)模型解构

AQUATOX 水生态模型利用 Delphi 程序组的 Pascal 语言编写而成,结合 CLEAN、PEST、MACROPHYTE 等模型算法,并利用 FGETS 模型的生态毒理学构造,通过微分方程展现状态变量的浓度变化,适用于湖泊、水库、河流等水生态系统的模拟。AQUATOX 模型基本原理见图 5-31,主要运用温度、氨氮、浮游植物等主要公式。

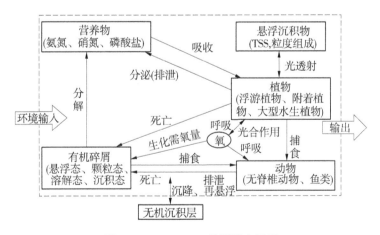

**图 5-31　AQUATOX 模型基本原理**

2)模型模拟效果评价方法

以模型中的标准河流参数为基础,通过敏感性分析选出对模型输出结果影响较大的参数进行率定。每次选取一个对象参数,利用不确定性分析功能帮助率定,拉丁超立方取样可确保所选分布的所有区间均被取样。污染物负荷默认为对数正态分布,点或参数值默认为正态分布,迭代次数设置为5,标准偏差为参数值的60%。

氮、磷是反映水体富营养化水平的重要指标,因此以 TN、$NO_3^-$—N、$NH_4^+$—N、TP4 个水质指标及硅藻、绿藻、蓝藻三种优势藻种的生物量作为主要验证对象与 2014 年实测值进行对比。本书选用均方根误差 $R_{RMSE}$ 和相关系数 $r$ 来定量评价模型模拟效果,计算公式分别为

$$R_{RMSE} = \sqrt{\frac{1}{n}\sum_{i=1}^{n}(P_i - Q_i)^2} \qquad (5\text{-}96a)$$

$$r = \frac{\sum_{i=1}^{n}(O_i - O)(P_i - P)}{\sqrt{\sum_{i=1}^{n}(O_i - O)^2}\sqrt{\sum_{i=1}^{n}(P_i - P)^2}} \qquad (5\text{-}96b)$$

式中:$n$ 为观测值的个数;$O_i$、$P_i$ 分别为实测值、模拟值;$O$、$P$ 分别为实测值、模拟值的平均值。

3. 敏感性分析

为进一步了解各种变量对模型输出结果(选取叶绿素 a 浓度)的不同影响程度,进行敏感性分析。敏感值计算方法为

$$S = \frac{|R_P - R_B| + |R_N - R_B|}{2 - |R_B|P_C} \times 100\% \qquad (5\text{-}96c)$$

式中:$R_B$、$R_P$、$R_N$ 分别为模型模拟结果在变量不变、变量增大、变量减小情况下的平均值;$P_C$ 为输入变量增加或减少的百分比。

### 5.4.6.3　结果与分析

1. 模型验证

表 5-6、表 5-7 分别为率定后殷村港生态模型的主要矿化参数及各门藻类的重要参数取值。

表 5-6　殷村港生态模型矿化参数

| 参数 | 消光系数（$m^{-1}$） | 不稳定碎屑最大分解速率 | 稳定碎屑最大分解速率 | 矿化最适温度（℃） | 碎屑沉降速率（m/d） | 碎屑降解最大 pH 值 | 碎屑降解最小 pH 值 |
|---|---|---|---|---|---|---|---|
| 取值 | 0.10 | 0.26 | 0.01 | 30 | 0.69 | 8.5 | 5 |

注:不稳定碎屑最大分解速率、稳定碎屑最大分解速率均为 g/(g·d)。

表 5-7　殷村港生态模型藻类重要参数

| 藻类 | $L_s$ | $K_N$ | $K_P$ | $P_m$（$d^{-1}$） | $T_0$（℃） | $R_{Resp}$（$d^{-1}$） | $M_C$（$d^{-1}$） | $L_E$（$m^{-1}$） | $R_{Sink}$ |
|---|---|---|---|---|---|---|---|---|---|
| 硅藻 | 18 | 0.117 | 0.055 | 1.87 | 20 | 0.080 | 0.001 | 0.140 | 0.005 |
| 绿藻 | 50 | 0.800 | 0.010 | 1.50 | 25 | 0.100 | 0.010 | 0.240 | 0.010 |
| 蓝藻 | 60 | 0.400 | 0.030 | 2.20 | 28 | 0.200 | 0.002 | 0.090 | 0.010 |

注:$L_s$ 为饱和光强,Ly/d;$K_N$ 为氮的半饱和参数,mg/L;$K_P$ 为磷的半饱和参数,mg/L;$P_m$ 为最大光合速率;$T_0$ 为最适温度;$R_{Resp}$ 为呼吸速率;$M_C$ 为死亡系数;$L_E$ 为消光系数;$R_{Sink}$ 为沉降速率,m/d;Ly 为光强单位,1 Ly = 10×104.186 8 kJ/$m^2$。

　　图 5-32、图 5-33 分别为殷村港水质数据、藻类数据模拟值与实测值比较,表 5-8 为各变量模拟值和实测值的吻合程度。由图 5-32 可看出,模拟值与实测值一致,数值偏离也较小。除 TN 浓度的模拟值与实测值的均方根误差较大为 0.64、相关性低于 0.85 外,其他指标模拟值与实测值均方根误差小,相关性高。可见利用 AQUATOX 建立的水生态模型较好地反映了殷村港生态环境的年际变化规律。由图 5-33 可看出,在无其他外来改变的情况下,殷村港 2015 年藻类变化规律与 2014 年基本一致。春季绿藻为优势藻种;夏季中后期蓝藻开始大量生长,数量上超过绿藻成为优势种类;而秋季由于温度的降低,蓝藻数量减少,硅藻增多,与绿藻一起成为优势藻种。但三种藻类的季节演变规律并不一致,绿藻最先复苏,3 月开始复苏生长,5 月的生物量达到高峰,10 月出现凋零、衰亡,生物量急剧减少。蓝藻春季开始生长,生物量 8 月达到峰值。绿藻生长相对滞后,在每年的秋季生物量较高,冬季生物量进入低谷。

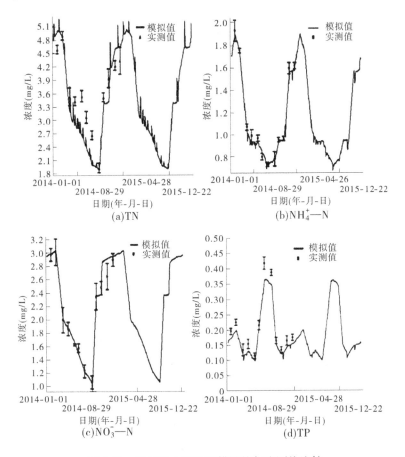

图 5-32　殷村港水质数据模拟值与实测值比较

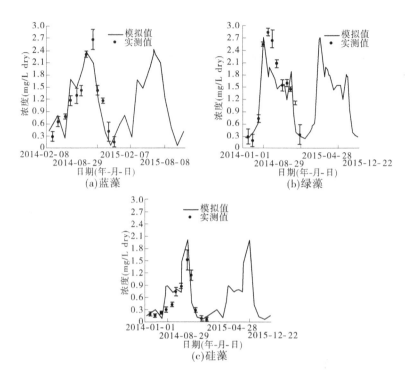

图 5-33　殷村港主要藻类数据模拟值与实测值比较

表 5-8　各变量模拟值与实测值的吻合程度

| 项目 | TN | $NO_3^-—N$ | $NH_4^+—N$ | TP | 硅藻 | 绿藻 | 蓝藻 |
|---|---|---|---|---|---|---|---|
| $R_{RMSE}$ | 0.640 | 0.106 | 0.078 | 0.037 | 0.280 | 0.410 | 0.350 |
| $r$ | 0.826 | 0.954 | 0.967 | 0.883 | 0.918 | 0.892 | 0.905 |

2. 富营养化控制研究

1) 营养盐调控

由 2014 年水质现状监测数据可知,目前殷村港总氮浓度均值为 3.63 mg/L,基本劣于 V 类,而总磷浓度较低,均值为 0.21 mg/L,处于 Ⅲ 类水质标准,磷对藻类生长限制作用明显。因此,进行叶绿素 a 浓度的敏感性分析,结果见图 5-34,中间垂线表示模型在原本条件下的结果,灰柱和黑柱分别表示减少 15% 和增加 15% 时叶绿素 a 浓度的变化。由图 5-34 可看出,叶绿素 a 浓度的变化对溶解性总磷最为敏感,敏感值达 721%;氨氮及硝氮对其影响甚微,敏感值仅为 5.46% 和 5.43%。基于此,利用 AQUATOX 的扰动模拟功能进行单一或多个因子变化下的扰动模拟,以对比分析营养盐和叶绿素 a 浓度之间的关系。设计控制过程为单一增减 TN 输入、单一增减 TP 输入、协同控制 TN 和 TP 输入。依次模拟这几种扰动过程并与原始营养物输入条件下的殷村港模拟结果进行对比,结果见图 5-35。由图 5-35 可看出,浮游植物对氮、磷负荷量变化具有一定的响应关系。总体看来,较削减 TN 而言,削减 TP 负荷能更有效降低殷村港叶绿素 a 浓度,TP 削减 20% 可使殷村港叶绿素 a 浓度削减量达 32.73%。反之,增加 TP20% 负荷明显刺激藻类生长,叶绿素 a 浓度增加 89.13%,而增加 TN20% 叶绿素 a 浓度增量仅为 1.87%,说明殷村港氮素供给远大于需求,磷含量是殷村港藻类生长的限制因素。建议进行农田汇水支流水质的改善,修建沿河生态护岸等来降低磷的入河量,能有效抑制殷村港藻类生长,改善殷村港富营养状态。同时氮磷比的变化对叶绿素 a 浓度也有影响。在同为削减 TP20% 情况下,削减 TN20%、增加 TN20%,即氮磷比由不变到扩大 1.5 倍情况下,叶绿素 a 浓度的削减量由 33.28% 增至 44.58%。反之,在同时增加 TP20% 基础上,氮磷比的减小有利于藻类生长。因此,在一定程度上,较小的氮磷比有利于藻类生长,过大的氮磷比抑制藻类生长。

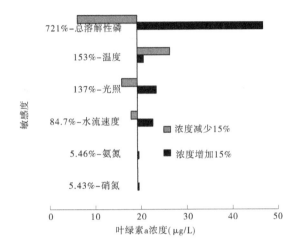

图 5-34　叶绿素 a 浓度对各参数 15% 变化的敏感性

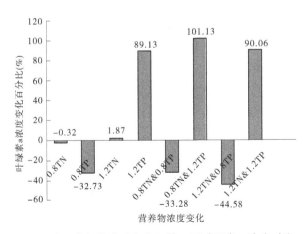

图 5-35　氮、磷负荷增减和实际情况下叶绿素 a 浓度对比

2)流速与水温控制

由于水温及水流速度在一定范围内对藻类生长影响明显,因此分别进行增加、减少 15% 水温和水流速度下的控制模拟,得出结果分别见图 5-36、图 5-37。

由图 5-36 可看出,水温降低 15% 对硅藻、蓝藻、绿藻影响都很明显,蓝藻在夏季削减量最高,达到 20%,而绿藻和硅藻在夏季明显增多,7 月甚至增量最高达 80% 左右。总体

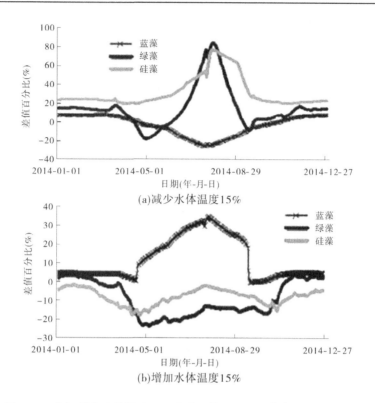

图 5-36　减少、增加水体温度 15% 和实际情况下不同藻类生物量对比

而言,水温的降低使浮游生物总量有所增加,但是蓝藻生长明显受抑。图 5-36(b)表明水温增加 15% 有效刺激了蓝藻的生长,夏季增量在 20%~30%,而绿藻和硅藻在夏季生长遭到一定程度的抑制,生物削减量在 10%~20%。根据 2011~2014 年近四年资料,殷村港所属地区平均气温逐年升高,尤其春秋季气温升高明显,但是夏季略有降低,保持此种趋势将有利于殷村港蓝藻水华的改善。

由图 5-37 可看出,殷村港年平均流速为 0.1 m/s,当流速降低 15% 时,蓝藻生物量显著增多,全年增量在 20% 左右,而绿藻和硅藻生长受到抑制,削减量均大于 10%。当流速增大 15% 时,蓝藻生长受到抑制,除夏季削减量低于 10% 外,其余时间对蓝藻的生物量削减在 15% 左右,而绿藻生物量显著增多,5 月增量最高达 30%,硅藻生物量虽有增加但变化相对较小。总体而言,微流动的水对硅藻和绿藻生长有利,停滞的水最利于蓝藻繁殖。因此,在蓝藻容易爆发的夏季,可通过上游开闸放水、河湖水系连通工程等方式适当加大水流流速,抑制蓝藻生长。

### 5.4.6.4　结论

(1)基于 AQUATOX 水生态模型,研究了殷村港常规水质变化和浮游藻类的生长规律。模拟结果与实测值吻合较好,基本可反映殷村港水生态系统的实际情况。

(2)磷含量是殷村港藻类生长的限制因素,建议改善农田汇水支流水质,修建沿河生态护岸等来降低磷的入河量以达到控制藻类生长的目的。同时,氮磷比对藻类生长也有影响,在一定程度上,控磷的同时增大氮磷比可更有效地抑制藻类生长。

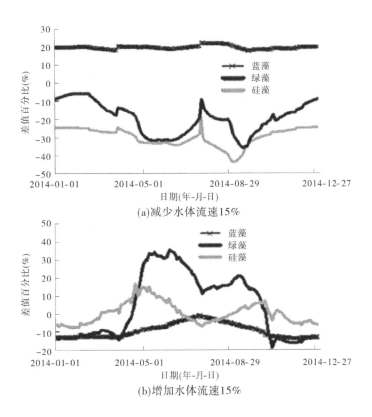

图 5-37　减少、增加水体流速 15%和实际情况下不同藻类生物量对比

（3）一定范围内,较低的水温和较大的水流速度可抑制蓝藻生长,但有利于硅藻和绿藻的生长。通过闸控、河湖水系连通等方法增大流速可有效控制蓝藻水华。对于富营养化研究和水华预警,需将水动力条件、营养盐负荷和理化因子等结合起来考虑。

# 5.5　湖库生态模型

## 5.5.1　湖库生态模型概述

20 世纪 70 年代后期,湖泊的水生态模型取得了突破性的进展,并出现了更加复杂的描述湖泊生态系统要素的模型。此时的湖泊水生态模型开始用来揭示湖泊生态系统的动力学变化,并开始用多层、多室、多成分的复杂模型对湖泊中的化学、物理、生物生态和水动力过程进行模拟。生态模型主要用来研究生态系统中各变量的动力学变化以及描述物种组成和物种性质的时间和空间变化。生态模型考虑了湖泊生态系统中各营养物质的时空变化,并且更加细致地描述了湖泊中的各种变化过程,使模型的模拟更加精确。但是,该模型中包含大量的状态变量、驱动变量以及模型参数,导致在应用此模型时需要大量的监测数据,从而降低了模型的模拟精度。生态模型对于各途径的动力学描述、在软件中的实现方法以及模型的相关假设,因各位学者的观点不同,存在很大的歧义。

生态模型在国内外均得到了广泛的应用。在国外,Sagehashi 等以巴拉顿湖为研究对象建立了该湖的生态动力学模型,并用蒙特卡洛的方法对模型进行了校正;Angelini 和 Petrere 建立了 ELLOBO 模型,此模型较准确地模拟了水体中浮游动物、浮游植物和鱼类之间的相互关系。在国内,朱永春和蔡启铭探讨了水动力作用下太湖蓝藻水华的迁移、聚集规律和垂直分布特性;胡维平等建立了风声流和风涌增减水的三维数值模型,模拟了湖泊的流动特性对湖泊生态系统的影响。由于模型参数会随着季节、地区,甚至时段的变化而发生很大的变化,因此近几年很多研究者忽略模型的普遍适用性,从每一个研究对象的特性出发,开始致力于开发适合某一类水体的生态动力学模型,并且取得了一系列的显著成果。

为了适应湖泊生态系统管理的目标,未来的生态模型应该致力于模拟和预测湖泊生态系统的变化,并结合生态系统健康评价等方法预测湖泊未来的发展趋势。对于生态模型的研究趋势,可以总结为两种:一是要将研究的重点放到生物上,主要致力于研究湖泊中污染物的生物积累和对种群的影响,建立生物种群动态模型;二是要试图通过对化学污染物的研究,与生态效应建立某种联系,从而进一步预测水体中污染物的生态风险性。

淀山湖生态模型与富营养化控制研究是湖泊或水库生态系统在各种外部因子综合作用下发生生物化学反应的过程。任何一个湖泊或水库的特定生态系统,总存在着湖泊生态因子生物量、水质参数与外部变量(水量、营养盐和能量输入)之间的响应关系。通过符合规律的数学模型来描述这种响应过程,就能够推断在外部变量改变时,湖泊营养状态的响应趋势、水质状况和相应的生态效应。

湖泊生态模型研究起步于 20 世纪 60 年代,经历了从单层、单室、单成分、零维的简单模型到多层、多室、多成分、三维的复杂模型的发展历程。根据其复杂性特征,将湖泊富营养化模型分为三种类型:单一营养盐模型、浮游植物生态模型和生态动力学模型。湖泊生态模型研究主要针对富营养化现象,研究的要素相对比较集中(如 P 的循环和浮游植物生长变化等),未能涵盖湖泊生态系统动力学的全部,但在一定程度上反映了湖泊生态系统的动力学变化,且可为全面深入地模拟湖泊的生态系统动力学特征奠定基础。

## 5.5.2　湖库生态模型存在问题和发展趋势

### 5.5.2.1　存在问题

湖库生态模型存在问题:①建模所依据的数据量不足,影响模型的预测精度;②参数估计方法有待改进;③模型不能完全反映湖泊生态系统的真实性。

要建立实用的湖泊生态模型至少需要两套数据,一套用来建模,另一套用来验证,以检验模型的适应性,然而,这样的系统数据较少。传统的参数估计方法主要有文献法、测定法和模型校正法。测定法消耗的财力、物力和人力较大,只能用于少数敏感参数的测定,大量的参数是利用文献法和模型校正法得到的。利用文献法得到的参数往往不符合研究对象的具体情况,必须进行模型校正,即以敏感参数的文献值为基础运行模型,使状态变量和过程速率的模型输出值与观测值达到最佳的吻合来确定参数值,这样的校准方法通常主观性很强。随外界环境变化,生态系统的结构与功能亦随之发生变化。要客观准确地描述湖泊生态系统的真实变化,生态模型的结构与参数必须是可变的;但是,目前绝大多数湖泊生态模型的结构与参数是不变的。因此,模型的预测结果不能反映湖泊生态系统的真实性。

#### 5.5.2.2 发展趋势

随着新技术的发展,一些新的研究思路和技术也开始逐渐应用到湖泊富营养化模型中,比如在模型中综合考虑社会学、经济学和心理学因素,结合人工智能方法或技术,从而使模型的适用性和可靠性得到进一步加强:①在模型中引入目标函数建立生态结构动力学模型;②人工神经网络的应用;③地理信息系统(GIS)技术的应用和模型耦合;④湖泊生态模型与基于社会学和心理学的人类系统模型相结合。

### 5.5.3 湖库生态模型中 OOMAS 模型概况

#### 5.5.3.1 OOMAS 模型简介

OOMAS( Object Oriented Modeling of Aquatic Systems)模型是荷兰 AquaSense 实验室最新开发的湖泊生态系统模型,主要用于湖泊生态动力学模拟。该模型具有强大的可视界面功能,能动态地演示湖泊各种水文因子(水位、流速)、营养盐(N、P、C)及水生生物生物量及 N、P、C、Si、Cl、N/C、P/C 等随时间变化。不仅能用于湖泊出入河流特征、水文过程和湖泊规划管理等对湖泊生态系统的研究,而且适用于对湖泊内物理、化学、生物过程的长期演变特性及湖泊富营养化的时空分布规律等方面的研究。

#### 5.5.3.2 OOMAS 结构解析

OOMAS 湖泊生态系统动力学模型主要从 7 个方面描述生态系统过程:一是湖流的流动与混合;二是降雨、蒸腾、环湖入流及渗漏等水量平衡;三是营养盐(N、P、C、Si、Cl)及溶解氧(DO)在水体和沉积物中循环,包括硝化和反硝化;四是碎屑的产生和分解;五是颗粒物的沉降和再悬浮;六是光环境的变化(光的衰减和吸收);七是藻类、浮游动植物、底栖动物、鱼类、大型动植物等的生长及食物网间的相互关系。此外,计算时还考虑了风、浪等物理过程造成的影响。其内部结构过程如图 5-38 所示。

1. 流动和运输模型

1)流动方程

$$\frac{\delta u}{\delta t} = -g \frac{\delta h}{\delta x} - \frac{g|u|u}{C^2 H} + \frac{C_f \rho_1 W^2}{\rho_w H} \cos(\alpha - \theta) \tag{5-97}$$

式中:$t$ 为时间;$u$ 为流速;$g$ 为重力加速度;$C$ 为谢才系数;$H$ 为水深;$C_f$ 为摩擦系数;$\rho_1$ 为空气密度;$\rho_w$ 为水密度;$\alpha$ 为风向;$\theta$ 为网格单元间夹角。

2)连续方程

$$\frac{dV}{dt} = Q_{in} - Q_{uit} + Q_{kwel} - Q_{wegz} + (\Phi_p - \Phi_e)A \tag{5-98}$$

式中:$t$ 为时间;$V$ 为单元水体体积;$Q_{in}$ 为单元的进水量;$Q_{uit}$ 为单元的排水量;$Q_{kwel}$ 为单元的上涌水量;$Q_{wegz}$ 为单元的下漏水量;$\Phi_p$ 为降雨量;$\Phi_e$ 为蒸发量;$A$ 为单元面积。

3)营养物质输运方程

$$\frac{\delta C}{\delta t} = \frac{\delta Cu_x}{\delta x} + \frac{\delta Cu_y}{\delta y} + \frac{\delta Cu_z}{\delta z} + S \tag{5-99}$$

式中:$C$ 为营养物质浓度;$u_x$、$u_y$、$u_z$ 为 $x$、$y$、$z$ 三个方向上的流速;$S$ 为源、汇项。

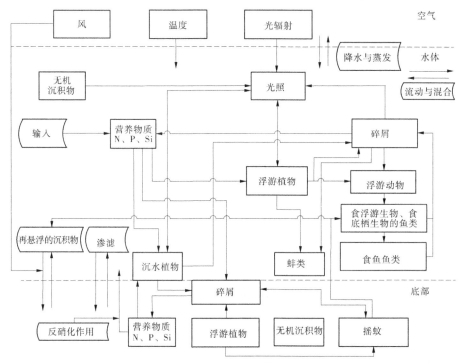

**图 5-38　湖泊生态系统内部过程图**

2. 有机物和碎屑模型

1) 温度相关性方程

在生态系统中许多过程都与温度有关,这些过程中的参数随温度的变化按下式计算:

$$k(T) = k(T_{ref}) \times \left(\frac{T}{T_{ref}}\right)^{\Theta} \tag{5-100}$$

式中:$T$ 为温度;$T_{ref}$ 为参照温度;$k(T)$ 为在温度 $T$ 时的变化速率;$k(T_{ref})$ 为在参照温度 $T$ 时的变化速率;$\Theta$ 为温度常数。

例如,不同温度下硅藻生产量可按下式计算:

$$k(T) = k(T_{opt}) e^{\ln(0.5)\left|\frac{T - T_{opt}}{\Theta}\right|} \tag{5-101}$$

式中:$T_{opt}$ 为硅藻生长的最佳温度;其他符号意义同前。

2) 藻类

每个单元中藻类的碳平衡计算方程如下:

$$\frac{dC_{alg(C)}}{dt} = \left[ B_{alg(C),T} - R_{alg(C),T} - S_{alg(C),T} - G_{alg(C),T} \right] \times C_{alg(C),T} +$$

$$\frac{I_{alg(C)} - U_{alg(C)}}{V} + \frac{\Phi_{alg(C),s,l} - \Phi_{alg(C),s,u} + \Phi_{alg(C),R}}{d} \tag{5-102}$$

式中:$C_{alg(C)}$ 为藻类中碳的含量;$B_{alg(C),T}$ 为在温度 $T$ 时藻类总生量;$R_{alg(C),T}$ 为在温度 $T$ 时藻类呼吸率;$S_{alg(C),T}$ 为藻类死亡率;$G_{alg(C),T}$ 为浮游动物消耗量;$I_{alg(C)}$ 为单元间碳的输入量或者源项;$U_{alg(C)}$ 为单元间碳的输出量或者汇项;$\Phi_{alg(C),s,l}$ 为来自上层水体沉降通量;

$\Phi_{\mathrm{alg(C)},s,u}$ 为向下层水体或者湖底沉降通量;$\Phi_{\mathrm{alg(C)},R}$ 为湖底再悬浮通量;$d$ 为单元深度。

每个单元中藻类的氮平衡计算方程如下:

$$\frac{\mathrm{d}C_{\mathrm{alg(N)}}}{\mathrm{d}t} = B_{\mathrm{alg(N)}} \times C_{\mathrm{alg(c)}} - \left[ S_{\mathrm{alg}} + G_{\mathrm{alg(N)}} \right] \times C_{\mathrm{alg(N)}} +$$

$$\frac{I_{\mathrm{alg(N)}} - U_{\mathrm{alg(N)}}}{V} + \frac{\Phi_{\mathrm{alg(N)},s,l} - \Phi_{\mathrm{alg(N)},s,u} + \Phi_{\mathrm{alg(N)},R}}{d} \qquad (5\text{-}103)$$

式中:$C_{\mathrm{alg(N)}}$ 为藻类中氮的含量;$B_{\mathrm{alg(N)}}$ 为藻类吸收氮量;$G_{\mathrm{alg(N)}}$ 为由于消耗损失的氮量;$S_{\mathrm{alg}}$ 为藻类死亡率;$I_{\mathrm{alg(N)}}$ 为由于单元间交换或者源进入本单元氮;$U_{\mathrm{alg(N)}}$ 为单元间氮的输出量或者汇项;$\Phi_{\mathrm{alg(N)},s,l}$ 为来自上层水体单元沉降通量;$\Phi_{\mathrm{alg(N)},s,u}$ 为下层或者湖底单元沉降通量;$\Phi_{\mathrm{alg(N)},R}$ 为湖底再悬浮通量。

藻类中磷的计算方程同氮的计算方程。

3) 浮游动物

浮游动物的碳、氮、磷平衡计算方程,结构形式一样,如下:

$$\frac{\mathrm{d}C_{\mathrm{ZOO(C)}}}{\mathrm{d}t} = \left[ B_{\mathrm{ZOO(C)}} - R_{\mathrm{ZOO(C)}} - G_{\mathrm{ZOO(C)}} \right] \times C_{\mathrm{ZOO(C)}} + \frac{I_{\mathrm{ZOO(C)}} - U_{\mathrm{ZOO(C)}}}{V} \qquad (5\text{-}104)$$

式中:$C_{\mathrm{ZOO(C)}}$ 为浮游动物中碳含量;$B_{\mathrm{ZOO(C)}}$ 为浮游动物食物吸收碳;$R_{\mathrm{ZOO(C)}}$ 为浮游动物呼吸消耗的碳量;$G_{\mathrm{ZOO(C)}}$ 为浮游动物被捕食损失的碳量;$I_{\mathrm{ZOO(C)}}$ 为单元间交换输入的碳或者源项;$U_{\mathrm{ZOO(C)}}$ 为单元间交换输出的碳或者汇项;$V$ 为单元体积。

4) 双壳类动物

碳循环方程:

$$\frac{\mathrm{d}C_{\mathrm{biv(C)}}}{\mathrm{d}t} = B_{\mathrm{biv(C)}} - \left[ R_{\mathrm{biv(C)},T} + G_{\mathrm{biv(C)}} \right] \times C_{\mathrm{biv(C)}} \qquad (5\text{-}105)$$

式中:$C_{\mathrm{biv(C)}}$ 为双壳类动物中碳含量;$B_{\mathrm{biv(C)}}$ 为双壳类动物食物摄入碳量;$R_{\mathrm{biv(C)},T}$ 为双壳类动物温度 $T$ 时呼吸消耗碳量;$G_{\mathrm{biv(C)}}$ 为双壳类动物被捕食损失的碳量。

氮、磷平衡方程相同,如下:

$$\frac{\mathrm{d}C_{\mathrm{biv(N)}}}{\mathrm{d}t} = B_{\mathrm{biv(N)}} \qquad (5\text{-}106)$$

式中:$C_{\mathrm{biv(N)}}$ 为双壳类动物中氮或者磷含量;$B_{\mathrm{biv(N)}}$ 为双壳类动物从食物吸收氮或者磷量。

5) 食浮游生物的鱼类

碳平衡方程:

$$\frac{\mathrm{d}C_{\mathrm{plf(C)}}}{\mathrm{d}t} = \left[ B_{\mathrm{plf(C)},T} - R_{\mathrm{plf(C)},T} - G_{\mathrm{plf(C)}} \right] \times C_{\mathrm{plf(C)},T} + \frac{I_{\mathrm{plf(C)}} - U_{\mathrm{plf(C)}}}{V} \qquad (5\text{-}107)$$

式中:$C_{\mathrm{plf(C)}}$ 为食浮游生物的鱼类中碳的含量;$B_{\mathrm{plf(C)}}$ 为通过食物吸收的碳量;$G_{\mathrm{plf(C)}}$ 为因其他原因损失消耗碳量;$R_{\mathrm{plf(C)}}$ 为呼吸损失消耗碳量;$I_{\mathrm{plf(C)}}$ 为单元间碳输入量或者源项;$U_{\mathrm{plf(C)}}$ 为单元间碳的输出量或者汇项;$V$ 为单元体积。

氮(磷)平衡方程:

$$\frac{\mathrm{d}C_{\mathrm{plf(N)}}}{\mathrm{d}t} = B_{\mathrm{plf(N)}} \times C_{\mathrm{plf(C)}} + \frac{I_{\mathrm{plf(N)}} - U_{\mathrm{plf(N)}}}{V} \qquad (5\text{-}108)$$

式中：$C_{plf(N)}$ 为食浮游生物的鱼类中氮的含量；$B_{plf(N)}$ 为通过食物吸收氮量；$I_{plf(N)}$ 为单元间氮输入量或者源项；$U_{plf(N)}$ 为单元间氮输出量或者汇项；$V$ 为单元体积。

6）摇蚊

碳平衡方程：

$$\frac{dC_{mid(C)}}{dt} = B_{mid(C)} - \left[ R_{mid(C),T} + G_{mid(C)} + M_{mid(C)} \right] \times C_{mid(C)} \tag{5-109}$$

式中：$C_{mid(C)}$ 为摇蚊中碳的含量；$B_{mid(C)}$ 为通过食物吸收碳的量；$R_{mid(C),T}$ 为在温度 $T$ 时摇蚊呼吸率；$G_{mid(C)}$ 为摇蚊被捕食量；$M_{mid(C)}$ 为摇蚊离开水体单元损失的碳量。

7）食底栖生物的鱼类

食底栖生物的鱼类通常按照生物量不同分成两类，每个单元中第一类碳平衡方程如下：

$$\frac{dC_{pbf1(C)}}{dt} = \left[ B_{pbf1(C),T} - R_{pbf1(C),T} - G_{pbf1(C)} - G_{rpbf1(C)} \right] \times C_{pbf1(C)} +$$
$$B_{rpbf2(C)} \times C_{pbf2(C)} + \frac{I_{pbf1(C)} - U_{pbf1(C)}}{V} \tag{5-110}$$

每个单元中第二类碳平衡方程如下：

$$\frac{dC_{pbf2(C)}}{dt} = \left[ B_{pbf2(C),T} - R_{pbf2(C),T} - G_{pbf2(C)} - B_{rpbf2(C)} \right] \times C_{pbf2(C)} +$$
$$G_{rpbf1(C)} \times C_{pbf1(C)} + \frac{I_{pbf2(C)} - U_{pbf2(C)}}{V} \tag{5-111}$$

式中：$C_{pbf1(C)}$ 为食底栖生物的鱼类中碳含量；$B_{pbf1(C)}$ 为通过食物吸收碳量；$R_{pbf1(C),T}$ 为食底栖生物的鱼类在温度 $T$ 时碳消耗量；$G_{pbf1(C)}$ 为食底栖生物的鱼类死亡含碳量；$G_{rpbf1(C)}$ 为第一类转变成第二类转移的碳量；$B_{rpbf2(C)}$ 为小鱼产生的含碳量；$I_{pbf1(C)}$ 为由单元间交换输入量或者源项；$U_{pbf1(C)}$ 为单元间碳输出量或者汇项；$V$ 为单元体积。

8）食鱼性的鱼类

食鱼性的鱼类的模拟方程同食底栖的鱼类，只是食物的来源不同。

9）水生植物

植物生长模型是基于 Hootamans 和 Vermaat 1991 年开发的模型，模型中包含了眼子菜属的生长过程的模拟。水生植物的生长的模拟在原理上与藻类相似，只不过在夏季水生植物将吸收的碳传给底部的根，在秋季植物的叶和径将会死亡，而在春季根部通过吸收新的碳将长出新的叶子和躯干。

由于风的作用水生植物会有流失，这里主要是将风浪和其对水生植物的作用力来协同考虑水生植物的流失。

3. 无机物模型

1）无机颗粒物

$$\frac{dC_{aw}}{dt} = \frac{I_{aw} - U_{aw}}{V} + \frac{\Phi_{aw,S,I} - \Phi_{aw,S,U} + \Phi_{aw,R}}{d} \tag{5-112}$$

式中：$C_{aw}$ 为无机颗粒物浓度；$I_{aw}$ 为单元间交换输入量或者源项；$U_{aw}$ 为单元间交换输出

量或者汇项;$\Phi_{aw,S,I}$ 是来自上层单元沉降通量;$\Phi_{aw,S,U}$ 是向下层或者湖底沉降通量;$\Phi_{aw,R}$ 是湖底再悬浮通量。

2) $NH_4^+$—N 和 $NO_3$—N

$$\frac{dC_N}{dt} = \sum M_{det,\tau} \times C_{det(N)} + \sum S_{alg} \times \alpha_{alg} \times C_{alg(N)} + \sum S_{diat} \times \delta_{diat} \times C_{diet(N)} -$$

$$\sum B_{alg(N)} \times C_{alg(C)} - \sum B_{diat(N)} \times C_{alg(C)} + \frac{I_N - U_N}{V} + \frac{\Phi_{N,D} + \Phi_{C,N}}{d} \quad (5\text{-}113)$$

式中:$C_N$ 为 $NH_4^+$—N 或者 $NO_3$—N 浓度;$I_N$ 为向单元输入量或者源项;$U_N$ 为从单元间输出量或者汇项;$\Phi_{N,D}$ 为与上层水体的交换通量;$\Phi_{C,N}$ 为与下层水体或者湖底单元沉降通量。

3)磷(P)

P 的平衡模拟基本上与 $NH_4^+$—N 一样,只是其没有硝化和反硝化过程,而是增加了在湖底层 P 的吸附和解吸过程的模拟。P 的吸附与解吸过程主要受底层溶解氧的影响。

4)硅

硅的平衡模拟基本上与 P 一样,只是其没有 P 的吸附和解吸过程。

5)氯化物

由于氯是保守物质,在方程中只要考虑输运和扩散过程,方程如下:

$$\frac{dC_{cl}}{dt} = \frac{I_{cl} - U_{cl}}{V} + \frac{\Phi_{cl,D}}{d} \quad (5\text{-}114)$$

式中:$C_{cl}$ 为氯化物浓度;$I_{cl}$ 为向单元输入量;$U_{cl}$ 为从单元输出量;$\Phi_{cl,D}$ 为与底层交换量。

#### 5.5.3.3 模型求解

OOMAS 模型求解过程分为两步进行:①根据水动力方程求解湖流速度、流量、水位参数;②以水动力学方程计算出的流速值代入水质浓度扩散方程求得各网格点的水质浓度,再代入生态学方程对藻类及各营养盐值进行计算。

由于在 OOMAS 生态动力学模型中,需要模拟的时段比较长(达几个月甚至一年),采用二维、三维数值模拟方法进行湖流计算时,计算机计算花费时间相当长,可达几十个小时。因此,在 OOMAS 模型中,采用比较简单的一维河道水动力学模拟方法。为了保证计算的稳定性,时间步长越小越好,但也增加了计算时间。当在水力计算中出现不稳定时,应重新启动,修改水力计算参数(如缩小时间步长等)。

### 5.5.4 OOMAS 模型构建

OOMAS 模型对湖泊生态系统的结构、功能以及运动过程有很好的表达,其应用条件与太湖这样的大型浅水湖泊比较吻合,而且有良好的可视界面和人机对话平台,可用来对太湖生态系统的动力学过程进行模拟。为了更好地模拟湖泊生态系统,提高模型的精度,本书中主要利用太湖目前例行监测点位和太湖站的监测点位共计 29 个点。

#### 5.5.4.1 模型学要输入的数据

(1)气象资料:水温、气温、风向、风速、太阳辐射、降水、蒸发等;

(2)地形资料:网格的四个坐标、水位、水深、面积、层厚、网格间的关系;

(3)水文资料:入流量、入流水质、出流量;

（4）生物参数：水蚤、藻类、大型植物、鱼类、底栖动物、食物网等；

（5）其他参数：无机沉淀物、混合系数等。

#### 5.5.4.2　计算湖区的划分

目前，太湖虽然现存进出河道多，但大多数河流河道短、流量小。较大的河流有 17 条，模型中入湖河道的水量、水质资料利用河道巡测资料。除很小的水系统外，浓度差总是存在的。在大的水系统中，浓度差在无风的条件下更加显著。因此，将水体系统划分为一些网格可以更好地模拟水体系统。OOMAS 模型将研究区域划分成一系列网格，这些网格可以是四边形，但是最好使四边形的偏差尽可能小，以避免水平混合偏差估算；或者其他形状，偏差应尽可能地小，以避免出现计算不稳定。在网格的划分中主要考虑以下两点：①尽量保证每个网格数据的输入、输出简单、方便。这样避免了整理输入、输出数据的麻烦，也可得到更大的精度；②网格的底部高程变化尽量小，避免同一个网格湖底高程变化过大。

太湖生态系统模拟计算区域约 2 433.5 km²。根据太湖湖底特征及现状监测点位，将太湖水体分成 52 个网格单元，计算区域采用不均匀四边形网格。每个网格单元根据其水深，按照水深 0~0.5 m、0.5~1.5 m、1.5~2.5 m、2.5~3.5 m 依次划分水层。湖泊单元划分结果与出入湖河流概化见图 5-39。

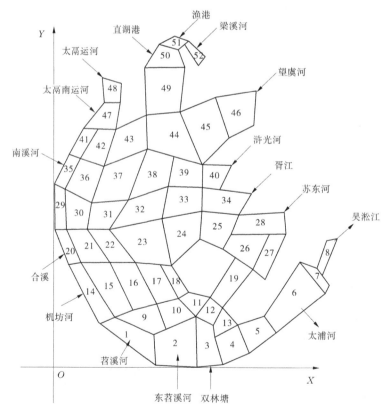

**图 5-39　计算网格及出入湖河流概化图**

进行网格划分后，确定网格的结点坐标、网格面积以及网格间关系等，见图 5-40。

| | Caption | X1 (m) | Y1 (m) | X2 (m) | Y2 (m) | X3 (m) | Y3 (m) | X4 (m) | Y4 (m) | ater level (m | own level (m |
|---|---|---|---|---|---|---|---|---|---|---|---|
| 1 | 1 | 10141 | 10141 | 23239 | 845 | 23239 | 7183 | 13944 | 10986 | 2.88 | 1.38 |
| 2 | 2 | 23239 | 845 | 32958 | 0 | 32958 | 10775 | 23239 | 7183 | 2.88 | 1.38 |
| 3 | 3 | 32958 | 0 | 38662 | 423 | 36761 | 8873 | 32958 | 10775 | 2.88 | 1.38 |
| 4 | 4 | 38662 | 423 | 44789 | 2535 | 42254 | 8873 | 36761 | 6127 | 2.88 | 1.38 |
| 5 | 5 | 44789 | 2535 | 51127 | 6761 | 48592 | 10563 | 42254 | 8873 | 2.88 | 1.63 |
| 6 | 6 | 51127 | 6761 | 62958 | 15000 | 56620 | 21549 | 48592 | 10563 | 2.88 | 1.88 |
| 7 | 7 | 62958 | 15000 | 63803 | 16479 | 60845 | 20070 | 56620 | 21549 | 2.88 | 2.13 |
| 8 | 8 | 62324 | 18592 | 65915 | 26197 | 63380 | 25986 | 60845 | 20070 | 2.88 | 2.13 |
| 9 | 9 | 23239 | 7183 | 25986 | 8239 | 23662 | 13521 | 13944 | 10986 | 2.88 | 0.63 |
| 10 | 10 | 25986 | 8239 | 32958 | 10775 | 28732 | 14789 | 23662 | 13521 | 2.88 | 0.63 |
| 11 | 11 | 32958 | 10775 | 36127 | 14577 | 31479 | 15634 | 28732 | 14789 | 2.88 | 1.13 |
| 12 | 12 | 36761 | 8873 | 38873 | 12254 | 36127 | 14577 | 32958 | 10775 | 2.88 | 1.13 |
| 13 | 13 | 37479 | 6127 | 42254 | 8873 | 38873 | 12254 | 36761 | 8873 | 2.88 | 1.63 |
| 14 | 14 | 10141 | 10141 | 13944 | 10986 | 6338 | 22183 | 3169 | 22183 | 2.88 | 1.38 |
| 15 | 15 | 13944 | 10986 | 18169 | 12254 | 13310 | 22183 | 6338 | 22183 | 2.88 | 0.63 |
| 16 | 16 | 18169 | 12254 | 23662 | 13521 | 19014 | 22183 | 13310 | 22183 | 2.88 | 0.48 |
| 17 | 17 | 23662 | 13521 | 28732 | 14789 | 24930 | 21549 | 19014 | 22183 | 2.88 | 0.68 |
| 18 | 18 | 28732 | 14789 | 31479 | 15634 | 27465 | 21127 | 24930 | 21549 | 2.88 | 1.28 |
| 19 | 19 | 38873 | 12254 | 45845 | 20282 | 42042 | 22817 | 36127 | 14577 | 2.88 | 1.58 |
| 20 | 20 | 3169 | 22183 | 6338 | 22183 | 2535 | 29155 | 21 | 29155 | 2.88 | 1.38 |
| 21 | 21 | 6338 | 22183 | 13310 | 22183 | 7606 | 29155 | 2535 | 29155 | 2.88 | 0.63 |
| 22 | 22 | 13310 | 22183 | 19014 | 22183 | 12887 | 29155 | 7606 | 29155 | 2.88 | 0.13 |
| 23 | 23 | 19014 | 22183 | 27465 | 21127 | 25352 | 31056 | 12887 | 29155 | 2.88 | 0.48 |
| 24 | 24 | 27465 | 21127 | 34014 | 26620 | 34648 | 32535 | 25352 | 31056 | 2.88 | 0.68 |
| 25 | 25 | 34014 | 26620 | 39296 | 24507 | 43099 | 31268 | 34648 | 32535 | 2.88 | 0.78 |
| 26 | 26 | 39296 | 24507 | 45845 | 20282 | 49859 | 27254 | 40986 | 27465 | 2.88 | 1.48 |
| 27 | 27 | 48592 | 18380 | 53873 | 27254 | 49859 | 27254 | 45845 | 20282 | 2.88 | 1.68 |
| 28 | 28 | 40986 | 27465 | 53873 | 27254 | 53239 | 31690 | 43099 | 31268 | 2.88 | 1.68 |
| 29 | 29 | 21 | 29155 | 2535 | 29155 | 2113 | 37606 | 0 | 38662 | 2.88 | 1.38 |
| 30 | 30 | 2535 | 29155 | 7606 | 29155 | 8873 | 34648 | 2113 | 37606 | 2.88 | 0.63 |
| 31 | 31 | 7606 | 29155 | 12887 | 29155 | 17324 | 35070 | 8873 | 34648 | 2.88 | 0.13 |
| 32 | 32 | 12887 | 29155 | 25352 | 31056 | 26831 | 37817 | 17324 | 35070 | 2.88 | 0.88 |
| 33 | 33 | 25352 | 31056 | 34648 | 32535 | 34648 | 37394 | 26831 | 37817 | 2.88 | 0.68 |
| 34 | 34 | 34648 | 32535 | 43099 | 31268 | 45845 | 35915 | 34648 | 37394 | 2.88 | 1.28 |
| 35 | 35 | 0 | 38662 | 2113 | 37606 | 6127 | 43944 | 3592 | 44789 | 2.88 | 1.38 |
| 36 | 36 | 2113 | 37606 | 8873 | 34648 | 11620 | 42254 | 6127 | 43944 | 2.88 | 0.63 |

Compartments ∧ Depth profiles ∧ Layers ∧ Connections ∧ Divers ∧ Fetch ∧ Inflow ∧ Outflow ∧ Seepage ∧ Weath

图 5-40　模型网络坐标

### 5.5.4.3　参数估计

参数估计在生态学模型的建立过程中,占有十分重要的地位。参数估计一般有 4 种方法:①理论法;②试验法;③经验法;④模型校正法。理论法是从机制的角度来推求参数值,但在机制不明的情况下大部分参数值推求困难。试验法是利用试验手段进行参数测算,但受到人力、物力、财力等多方面的限制。经验法主要是根据前人成果来推求参数的范围。模型校正法直接将实测水质资料代入模型,利用文献法得到参数范围,以此为基础运行模型,使状态变量的模型计算值与观测值相差最小来确定参数值。本书采用经验法和模型校正法,对模型的参数值进行了率定。模拟初始资料为 1999 年 1 月 1 日至 12 月 30 日的全太湖叶绿素 a、氨氮、硝态氮、有机氮、有机磷、溶解氧以及逐日的气温、水温、日照、降水、蒸发、风速、风向等监测资料,时间步长取 6 min。

### 5.5.4.4　模型验证

根据现有太湖监测资料,选择模拟时段为 2000 年 1 月 1 日至 12 月 31 日,时间步长取 6 min。参数值取自本章得出的率定结果,模拟初始值取自太湖水质的实测值。模拟所需的逐日风场、降水量、蒸发量等水文资料取自太湖无锡环境监测中心。

利用上述条件,本书对太湖水位、总氮、总磷、叶绿素、溶解氧、水温进行模拟,取第 37 号网格为研究对象。分别模拟水位、TN、TP、叶绿素 a 和水温等相关因素来观察研究其变化规律。

# 参考文献

[1] Eutrophication model for Lake Washington USA Part I Model description and sensitivity analysis. Eutrophi-

cation model for Lake Washington (USA): Part Ⅰ. Model description and sensitivity analysis[J]. Ecological Modelling, 2005, 187(2): 140-178.

[2] Benndorf J, Recknagel F. Problems of application of the ecological model salmo to lakes and reservoirs having various trophic states[J]. Ecological Modelling, 1982, 17(2): 129-145.

[3] Cho S, Lim B, Jung J, et al. Factors affecting algal blooms in a man-made lake and prediction using an artificial neural network[J]. Measurement, 2014, 53(7): 224-233.

[4] Hu W, Jørgensen S E, Zhang F. A vertical-compressed three-dimensional ecological model in Lake Taihu, China[J]. Ecological Modelling, 2006, 190(3-4): 367-398.

[5] Huang J, Gao J, Hörmann G. Hydrodynamic-phytoplankton model for short-term forecasts of phytoplankton in Lake Taihu, China[J]. Limnologica-Ecology and Management of Inland Waters, 2012, 42(1): 7-18.

[6] Huang J, Gao J, Hörmann G, et al. Modeling the effects of environmental variables on short-term spatial changes in phytoplankton biomass in a large shallow lake, Lake Taihu[J]. Environmental Earth Sciences, 2014, 72(9): 3609-3621.

[7] Huang J, Gao J, Liu J, et al. State and parameter update of a hydrodynamic-phytoplankton model using ensemble Kalman filter[J]. Ecological Modelling, 2013, 263(1765): 81-91.

[8] Huang J, Gao J, Hörmann G, et al. A comparison of three approaches to predict phytoplankton biomass in Gonghu Bay of Lake Taihu[J]. Journal of Environmental Informatics, 2014, 24(1).

[9] Huang J, Gao J, Zhang Y, et al. Modeling impacts of water transfers on alleviation of phytoplankton aggregation in Lake Taihu[J]. Journal of Hydroinformatics, 2014, 17(1): 329-337.

[10] Law T, Zhang W T, Zhao J Y, et al. Structural changes in lake functioning induced from nutrient loading and climate variability[J]. Ecological Modelling, 2009, 220(7): 979-997.

[11] Kravtsova L S, Izhboldina L A, Khanaev I V, et al. Nearshore benthic blooms of filamentous green algae in Lake Baikal[J]. Journal of Great Lakes Research, 2014, 40(2): 441-448.

[12] Paerl H W, Huisman J. Blooms like It Hot[J]. Science, 2008, 320(5872): 57-58.

[13] Recknagel F, Ginkel C V, Cao H, et al. Generic limnological models on the touchstone: Testing the lake simulation library SALMO-OO and the rule-based Microcystis, agent for warm-monomictic hypertrophic lakes in South Africa[J]. Ecological Modelling, 2008, 215(1): 144-158.

[14] Steinberg C E W, Hartmann H M. Planktonic bloom-forming Cyanobacteria and the eutrophication of lakes and rivers[J]. Freshwater Biology, 2010, 20(2): 279-287.

[15] Xiao Tan, Fanxiang Kong, Min Zhang, et al. Recruitment of Phytoplankton from Winter Sediment of Lake Taihu: A Laboratory Simulation[J]. Journal of Freshwater Ecology, 2009, 24(2): 339-341.

[16] Verspagen J M H, Snelder E O F M, Visser P M, et al. Benthic-pelagic coupling in the population dynamics of the harmful cyanobacterium Microcystis[J]. Freshwater Biology, 2010, 50(5): 854-867.

[17] 白晓华, 胡维平, 胡志新, 等. 2004年夏季太湖梅梁湾席状漂浮水华风力漂移入湾量计算[J]. 环境科学, 2005, 26(6): 59-62.

[18] 陈瑞弘, 李飞鹏, 张海平. 面向流量管理的水动力对淡水藻类影响的概念机制[J]. 湖泊科学, 2015, 27(1): 24-30.

[19] 陈彧, 钱新, 张玉超. 生态动力学模型在太湖水质模拟中的应用[J]. 环境保护科学, 2010 (4): 6-9.

[20] 丁玲, 逄勇, 李凌, 等. 水动力条件下藻类动态模拟[J]. 生态学报, 2005, 25(8): 1863-1868.

[21] 杜彦良, 周怀东, 彭文启, 等. 近10年流域江湖关系变化作用下鄱阳湖水动力及水质特征模拟[J]. 环境科学学报, 2015, 35(5): 1274-1284.

[22] 范成新. 太湖水体生态环境历史演变[J]. 湖泊科学, 1996, 8(4):297-304.

[23] 范亚民, 何华春, 崔云霞, 等. 淮河中下游洪泽湖水域动态变化研究[J]. 长江流域资源与环境, 2010, 19(12): 1397-1403.

[24] 方凤满, 金高洁, 高超. 巢湖蓝藻爆发多要素预测模型研究[J]. 地理科学, 2010, 30(5): 760-764.

[25] 高俊峰. 中国五大淡水湖保护与发展[M]. 北京:科学出版社, 2012.

[26] 郭静, 陈求稳, 李伟峰. 湖泊水质模型 SALMO 在太湖梅梁湾的应用[J]. 环境科学学报, 2012, 32(12): 3119-3127.

[27] 韩菲, 陈永灿, 刘昭伟. 湖泊及水库富营养化模型研究综述[J]. 水科学进展, 2003, 14(6): 785-791.

[28] 黄文钰, 吴延根, 舒金华. 中国主要湖泊水库的水环境问题与防治建议[J]. 湖泊科学, 1998, 10(3):83-90.

[29] 俊峰, 蒋志刚. 中国五大淡水湖保护与发展[M]. 北京:科学出版社, 2012.

[30] 孔繁翔, 高光. 大型浅水富营养化湖泊中蓝藻水华形成机理的思考[J]. 生态学报, 2005, 25(3): 589-595.

[31] 孔繁翔, 马荣华, 高俊峰, 等. 太湖蓝藻水华的预防、预测和预警的理论与实践[J]. 湖泊科学, 2009, 21(3): 314-328.

[32] 孔繁翔. 蓝藻生物学特性与水华形成机制概述[M]. 北京:科学出版社, 2001.

[33] 李世杰, 窦鸿身, 舒金华, 等. 我国湖泊水环境问题与水生态系统修复的探讨[J]. 中国水利, 2006(13): 14-17.

[34] 李为, 都雪, 林明利. 基于 PCA 和 SOM 网络的洪泽湖水质时空变化特征分析[J]. 长江流域资源与环境, 2013, 22(12): 1593-1599.

[35] 李文朝. 浅水湖泊生态系统的多稳态理论及其应用[J]. 湖泊科学, 1997, 9(2):97-104.

[36] 李一平, 逄勇, 丁玲. 太湖富营养化控制机理模拟[J]. 环境科学与技术, 2004, 27(3): 1-3.

[37] 李祚泳, 汪嘉杨, 郭淳. 富营养化评价的对数型幂函数普适指数公式[J]. 环境科学学报, 2010, 30(3):664-672.

[38] 刘春光, 金相灿, 邱金泉. 光照与磷的交互作用对两种淡水藻类生长的影响[J]. 中国环境科学, 2005, 25(1): 32-36.

[39] 刘涛, 揣小明, 陈小锋, 等. 江苏省西部湖泊水环境演变过程与成因分析[J]. 环境科学研究, 2011, 24(9): 996-1002.

[40] 毛劲乔, 陈永灿, 刘昭伟, 等. 太湖五里湖湾富营养化进程的模型研究[J]. 中国环境科学, 2006, 26(6):672-676.

[41] 潘红玺, 吉磊. 阳澄湖若干水质资料的分析与评价[J]. 湖泊科学, 1997, 9(2):187-191.

[42] 齐凌艳, 黄佳聪, 高俊峰, 等. 基于二维湖泊藻类模型的洪泽湖藻类空间动态模拟[J]. 中国环境科学, 2015, 35(10): 3090-3100.

[43] 邵东国, 郭宗楼. 综合利用水库水量水质统一调度模型[J]. 水利学报, 2000, 8: 10-15.

[44] 孙顺才, 黄漪平. 太湖. 北京:海洋出版社, 1993.

[45] 唐天均, 杨晟, 尹魁浩, 等. 基于 EFDC 模型的深圳水库富营养化模拟[J]. 湖泊科学, 2014, 26(3): 393-400.

[46] 王苏民, 窦鸿身. 中国湖泊志[M]. 北京:科学出版社, 1998.

[47] 王文杰, 姚旦, 赵辰红, 等. 氮磷营养盐对四种淡水丝状蓝藻生长的影响[J]. 生态科学, 2008, 27(4): 202-207.

[48] 吴述园, 葛继稳, 苗文杰, 等. 三峡库区古夫河着生藻类叶绿素 a 的时空分布特征及其影响因素[J]. 生态学报, 2013, 33(21): 7023-7034.

[49] 吴晓辉, 李其军. 水动力条件对藻类影响的研究进展[J]. 生态环境学报, 2010, 19(7): 1732-1738.

[50] 谢兴勇, 祖维, 钱新. 太湖磷循环的生态动力学模拟研究[J]. 中国环境科学, 2011, 31(5): 858-862.

[51] 许秋瑾, 秦伯强, 陈伟民, 等. 太湖藻类生长模型研究[J]. 湖泊科学, 2001, 13(2): 149-157.

[52] 颜润润, 逄勇, 赵伟, 等. 环流型水域水动力对藻类生长的影响[J]. 中国环境科学, 2008, 28(9): 813-817.

[53] 张曼, 曾波, 张怡. 温度变化对藻类光合电子传递与光合放氧关系的影响[J]. 生态学报, 2010, 30(24): 7087-7091.

[54] 张圣照. 洪泽湖水生植被[J]. 湖泊科学, 1992, 4(1): 63-70.

[55] 张晓晴, 陈求稳. 太湖水质时空特性及其与蓝藻水华的关系[J]. 湖泊科学, 2011, 23(3): 339-347.

[56] 张毅敏, 张永春, 张龙江, 等. 湖泊水动力对蓝藻生长的影响[J]. 中国环境科学, 2007, 27(5): 707-711.

[57] 张玉超, 钱新, 钱瑜, 等. 太湖水温分层现象的监测与分析[J]. 环境科学与管理, 2008, 33(6): 117-121.

[58] 张振克. 太湖流域湖泊水环境问题、成因与对策[J]. 长江流域资源与环境, 1999, 8(1): 81-87.

[59] 朱永春, 蔡启铭. 太湖梅梁湾三维水动力学的研究——Ⅰ. 模型的建立及结果分析[J]. 海洋与湖沼, 1998, 29(1): 79-85.

# 6　地下水环境模型

　　地下水是一种十分宝贵的资源,同时是环境的基本要素,当今世界所面临的人口、资源、环境三大问题都直接或间接地与地下水有关,尤其在我国北方缺水地区,由于地表水资源不足或污染严重,地下水的开采利用在用水结构中占有越来越大的比例。国务院于2011年发布了《全国地下水污染防治规划(2011~2020年)》,旨在基本掌握地下水污染状况,初步遏制地下水水质恶化趋势,建立地下水环境监管体系,对典型地下水污染进行全面监控。保障地下饮用水源水质安全,提高地下水环境监管能力,建成地下水污染防治体系。本章将重点讲述地下水环境模型以及在地下水污染模拟和控制方面的应用。

## 6.1　地下水环境概述

　　地下水是人类赖以生存和发展的宝贵的、不可取代的自然资源。地下水是重要的环境要素,参与地质过程和地球演化过程,地下水径流是重要的水循环过程,具有重要的生态功能。地下水与其赋存的岩土共同构成地表的应力平衡系统。对地下水的研究不仅关系到如何正确评价水资源、合理布置取水工程的问题,还关系到如何充分利用水资源又不至于引起水资源枯竭、水质恶化的问题。随着人类对自然改造能力的提高,规模越来越大的人类影响正在使地下水资源在数量和质量上不断减少和恶化,并引起其他方面的不良后果,引发目前国内外对地下水研究的逐渐重视。地下水研究的一项重要任务就是用各种理论和方法评估和预测环境资源恶化的规模和速度,以便提出相应的治理措施。任何科学技术的发展总是与生产实践的要求紧密联系,地下水计算技术正是随着人类对地下水需求的不断增加而发展。地下水运动的定量认识起始于1856法国工程师达西(Henry Darcy)根据砂槽试验提出达西公式,自此以后,地下水计算技术经历了稳定流、非稳定流的解析研究阶段、物理模拟方法阶段和计算机数值模拟阶段。近几十年来数值模拟技术取得了长足进步,不仅能够有效解决地下水水流问题,还能解决水质问题、污染物在地下水中的迁移问题、淡咸水分界面移动问题、地下水热运移及含水介质形变问题、地下水最优管理问题等,并且人们分析地下水问题的能力有了突破性的提高。理论上来说,对于任意复杂的地下水问题,使用数值方法都能得出相应精度的解,目前主要限制在于对实际地下水系统海量基础信息获取的详细程度。

### 6.1.1　地下水环境

　　地下水环境作为水环境的重要组成部分,目前尚没有统一的定义。

　　《建设项目地下水环境影响评价规范》中定义:地下水环境是地下水的物理性质、化学成分和赋存空间环境及其在内外动力地质作用和人为活动作用影响下所形成的状态及其变化的总称,是地质环境的重要组成部分。

　　李培月将地下水环境定义为地下水的物理性质、化学性质与贮存空间以及由与地下水直接和间接相关的自然地质作用、生物作用、人类工程经济活动以及在人类对地下水的管理政策等社会作用下所形成的状态及变化的总和。一切与地下水相关的自然因素和社会因素均应纳入地下水环境研究的范畴之内。广义上讲,地下水环境不仅包括地下水体本身的自然属性,如地下水水质、水量(位)、水温、地下水动态等,也应包括与地下水直接或间接相关的其他自然因素和社会因素,如含水层结构和性质、包气带、微生物、地表植被、大气降雨等自然要素和人类开发利用、社会经济发展、水资源管理政策、公众对地下水保护的态度等社会要素。

　　地下水环境是一个庞大的多层次、多目标、多因素影响并相互交融的动态环境体系,地下水环境空间和时间尺度跨度大,既有全球性、区域性和局部性层次区别,也有古地史与现代时域上的差异;从服务对象上又可分为科学普及性、管理与规划性和应用性层次。其目标针对性也不尽一致,有围绕以全球水循环与地下水演化为目的,研究水-岩相互作用、水文地球化学特征、地下水环境演化等;还有围绕以地下水开发利用与保护为目的,研究地下水合理开发利用、地下水防污性能、人类活动对地下水的污染、地下水诱发危害等。地下水环境研究范畴所涉及的影响因素就更为复杂多变,从作用机制上可分物理、化学和生物因素,既有自然因素也有人为因素。总之,地下水环境既有自然科学属性也有社会科学属性,涉及多学科多领域,是一项复杂的协同性很强的系统工程。

### 6.1.1.1　地下水文过程

　　地下水循环是指含水层中地下水交替更新的过程。大气降水和地表水渗入地下岩(土)体成为地下水,并在岩(土)体中流动,至排泄去或揭露点排出,构成一个补给—径流—排泄的地下水循环过程,地下水循环示意图见图6-1。地下水循环有3种形式:①垂直循环,潜水含水层受大气降水或地表水入渗补给及蒸发排泄,是包气带地下水循环的基本形式。②水平循环,含水层中地下水以接受侧向补给为主,经过横向径流至排泄区,以泉或其他形式溢出,多出现在潜水含水层的保水带及承压含水层。③混合循环、垂直循环和水平循环两者兼有之的含水层,多出现在潜水含水层的地下水季节变动带。

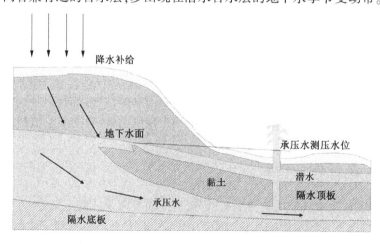

图6-1　地下水循环示意图

地下水系统包含以下特点:①地下水系统是由具有独立性而相互影响的若干不同层次的子系统所组成的一个整体;②每个地下水系统都有各自的含水层系统、水循环系统、水动力系统及水化学系统;③地下水系统受水文系统和社会系统制约,受人类活动影响而发生变化;④地下水系统的边界是自由可变的。

地下水环境系统主要包括地下水温度场、地下水动力场和地下水化学场等。地下水环境系统详见图6-2。

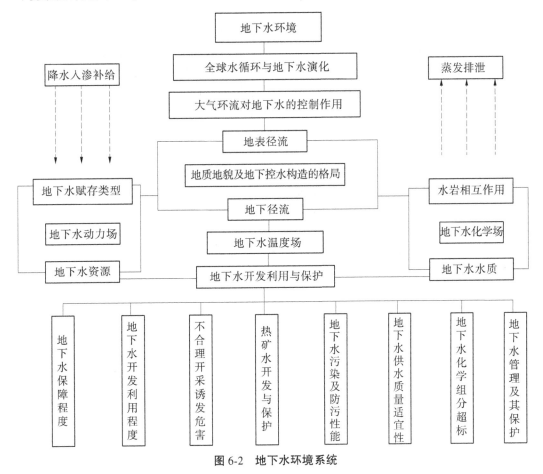

**图6-2 地下水环境系统**

### 6.1.1.2 地下水污染物迁移转化特征

地下水污染主要指人类活动引起地下水化学成分、物理性质和生物学特性发生改变而使质量下降的现象。地表以下地层复杂,地下水流动极其缓慢,因此地下水污染具有过程缓慢、不易发现和难以治理的特点。地下水一旦受到污染,即使彻底消除其污染源,也需要十几年甚至几十年才能使水质复原。

地下水污染源分为人为污染源和天然污染源两大类。地下水污染物包括人类活动导致进入地下水环境从而引起水质恶化的溶解物或悬浮物,无论是否达到影响水质恶化的浓度并影响地下水的使用。按其性质可分为3类:化学污染物、生物污染物和放射性污染物。按其形态又分为液体污染物和固体污染物两大类。地下水环境污染途径是指污染物从污染源进入地下水所经过的路径。研究地下水的污染途径有助于制订正确的防治地下水污染的措施。按照水力学特点可分为4类:间歇入渗型、连续入渗型、越流型和径流型。

### 6.1.1.3　地下水环境污染特点

地下水环境污染的主要特点:①不确定性,由于地下水含水介质的差异性和复杂性,决定了地下水污染范围的不确定性。地下水一旦被污染,其范围很难准确圈定。②隐蔽性,地下水一旦被污染,很难被发现,不像地表水污染直观明显而易于监测,因而常不会引起人们的关注。③延时性,地下水污染早期不易被觉察,待人们发觉水质有明显变异特征时,才确定地下水已被污染或严重污染。④广泛性,由于地下水是处于不断运移和循环中,经历着补给、径流、排泄各个途径,在地质环境复杂的体系中,各个水力系统又有着密切的水力联系,从而决定了地下水污染范围的广泛性,而地表水污染仅局限于水体所流经或贮存的有限空间内。⑤不可还原性,地下水运移于含水介质中,由于受含水介质差异性、空隙、裂隙系统的限制,地下水的运移速率极其缓慢,地下水在含水系统中的循环周期也相当长(几年、几十年、几百年),从而决定了污染地下水体在地下滞留时间亦长,使污染的地下水在近期内很难得以彻底修复还原。而地表水循环流动迅速,只要排除污染源,并加以一定的改善措施,水质还是能在短期内得到改善和净化的。

### 6.1.1.4　人类活动对地下水环境的影响

人类活动改变了原来地下水的成分、地下水的循环条件和应力状态,进而造成一系列地下水环境问题。人类活动主要从三个方面来对地下水环境产生影响:①过量开发或排出地下水,过量开采地下水及矿坑排水等。②过量补充地下水,大量地表水引水和灌溉、修建平原水等。③污染物进入地下水,生活污水和垃圾、工业废水和废渣、农用肥料和农药等主要污染物进入地下水环境。

### 6.1.1.5　地下水环境问题分类

地下水环境问题主要包括以下几种类型:①地下水资源问题,包括地下水源短缺、地下水赋存量逐渐枯竭、水质性水资源短缺等;②地面变形和破坏,包括地面沉降、岩溶地面塌陷、地裂缝等;③地下水-土壤-生态环境问题,主要包括土壤盐渍化、土地沙漠化等;④地下水水质问题,包括地下水质量下降、海咸水入侵、地下水污染等。

### 6.1.1.6　我国地下水环境质量

国土资源部发布的《2014国土资源公报》显示,全国198个地市级行政区共有4 929个地下水水质监测点,其中综合评价水质呈较差级的监测点为1 999个,占40.5%;水质呈极差级的监测点为826个,占16.8%。主要超标组分为铁、锰、氟化物、"三氮"(亚硝酸盐氮、硝酸盐氮和铵氮)、总硬度、溶解性总固体、硫酸盐、氯化物等,个别监测点存在重(类)金属项目超标现象。在这些监测点中,综合评价结果为水质呈优良级的监测点为580个,占全部监测点的11.8%;水质呈良好级的监测点为1 348个,占全部监测点的27.3%;水质呈较好级的监测点为176个,占全部监测点的3.6%。据悉,其中水质综合变化呈稳定趋势的监测点有2 974个,呈变好趋势的监测点有793个,占17.0%;呈变差趋势的监测点有910个,占19.5%。

## 6.1.2　地下水模型概述

地下水数学模型是描述地下水水头、水质和水温等现象及其变化过程的数学表达式。

它用数学方法表述经过简化和概化的地下水系统。地下水模拟模型是伴随着人类对地下水定量评价的发展而发展的。地下水资源定量评价的发展可分为三个时期:第一个时期自1935年至1950年,重点是解析解法;第二个时期自1950年至1965年,重点是电网络模拟;第三个时期自1965年至今,重点是数值模拟。利用数值模型对地下水水流和溶质运移等问题进行模拟的方法,由于其有效性、灵活性和相对廉价性逐渐成为地下水研究领域的一种不可缺少的重要方法,得到了广泛的应用。

### 6.1.2.1 地下水模拟任务

地下水数值模拟可以刻画饱和地下水流及饱和溶质在多孔介质中的运移过程,即通过数值方法求解描述地下水各种状态的偏微分方程定解问题。

大多数地下水模拟主要用于预测,其模拟任务主要有4种:①水流模拟,主要模拟地下水的流向及地下水水头与时间的关系。②地下水运移模拟,主要模拟地下水、热和溶质组分的运移速率。这种模拟要特别考虑到优先流。所谓优先流,就是局部具有高和连通性的渗透性,使得水、热、溶质组分在该处的运移速率快于周围地区,即水、热、溶质组分优先在该处流动。③反应模拟,模拟水中、气—水界面、水—岩界面所发生的物理、化学、生物反应。④反应运移模拟,模拟地下水运移过程中所发生的各种反应,如溶解与沉淀、吸附与解吸、氧化与还原、配合、中和、生物降解等,这种模拟将地球化学模拟(包括动力学模拟)和溶质运移模拟(包括非饱和介质二维流、三维流)有机结合,是地下水模拟的发展趋势。要成功地进行这种模拟,还需要研究许多水-岩相互作用的化学机制和动力学模型。

### 6.1.2.2 地下水模拟步骤

对于地下水某一模拟目标而言,模拟一般分为以下步骤:

(1)建立概念模型:根据详细的地形地貌、地质、水文地质、构造地质、水文地球化学、岩石矿物、水文、气象、工农业利用情况等,确定所模拟的区域大小,含水层层数,维数(一维、二维、三维),水流状态(稳定流和非稳定流、饱和流和非饱和流),介质状况(均质和非均质、各向同性和各向异性、孔隙、裂隙和双重介质、流体的密度差),边界条件和初始条件等。必要时需进行一系列的室内试验与野外试验,以获取有关参数,如渗透系数、弥散系数、分配系数、反应速率常数等。

(2)选择数学模型:根据概念模型进行选择。如一维、二维、三维数学模型,水流模型,溶质运移模型,反应模型,水动力-水质耦合模型,水动力-反应耦合模型,水动力-弥散反应耦合模型。

(3)将数学模型进行数值化:绝大部分数学模型是无法用解析法求解的。数值化就是将数学模型转化为可解的数值模型。常用数值化有有限单元法和有限差分法。

(4)模型校正:将模拟结果与实测结果比较,进行参数调整,使模拟结果在给定的误差范围内与实测结果吻合。调参过程是一个复杂而辛苦的工作,所调整的参数必须符合模拟区的具体情况。国外学者已花费巨力开发研究了自动调参程序(如PEST),大大提高了模拟者的工作效率。

(5)校正灵敏度分析:校正后的模型受参数值的时空分布、边界条件、水流状态等不确定度的影响,灵敏度分析就是为了验证不确定度对校正模型的影响程度。

（6）模型验证：是在模型校正的基础上，进一步调整参数，使模拟结果与第二次实测结果吻合，以进一步提高模型的置信度。

（7）预测和预测灵敏度分析：用校正的参数值进行预测，预测时需估算未来的水流状态。预测结果受参数和未来水流状态的不确定度的影响，灵敏度分析就是定量给出这些不确定度对预测的影响。

（8）给出模拟设计与结果。

（9）后续检查：在模拟研究结束数年后进行，收集新的野外数据以确定预测结果是否正确。如果模拟结果精确，则该模型对该模拟区来说是有效的。由于场址的唯一性，故模型只对该模拟区有效。后续检查应在预测结束足够长的时间后进行，以便有足够的时间发生明显的变化。

（10）模型的再设计：一般来说，后续检查会发现系统性能的变化，从而导致概念模型和模型参数的修改。所有模拟研究都应该进行到第 5 步，即校正灵敏度分析。

### 6.1.2.3　地下水模型研究现状

国外对区域地下水数值模拟的研究相比国内要早些，尤其是发达国家，如美国等。Bravo 等建立了美国休斯顿地区地下水三维流模型，通过与地下水流模型结合研究了休斯顿地区的地面沉降问题。同时，Bravo 等建立了美国弗吉尼亚州滨海平原地下水三维流模型，确定了地下水的运动模式、主要的补给和排泄区域以及无约束系统中地下水的循环次数。Belcher 等从 1998 年开始花了 5 年的时间为美国能源部建立了内华达州死谷地下水流模型，其作为大型区域性地下水流模型，模拟区域面积达几万平方千米。通过模拟来确定位于内华达州的地下核实验基地的储存地点，并为局部地下水流模型确定边界条件；同时研究了区域三维的地下水流途径、补给量、排泄量和具体位置；分析了区域地质构造以及断层对区域地下水流的影响。美国明尼苏达州政府开发了名为 Metro Model 的大型区域地下水流模型，这一模型区域覆盖 7 800 km²，主要用来研究明尼阿波利斯-圣保罗市区的污染物运移问题；同时该模型作为一个区域框架，供政府和私人机构开展更详细、更具体的模拟；此外，还被用于计算公共供水井群的水源保护带、评价水的可用性等。Rivera 等建立了德国 Konrad 放射性废物填埋场地下水流及溶质（盐）运移模型，通过该模型研究了在人为干扰作用下对地下水垂向流动方向盐分浓度的影响。Islam 等建立了美国内布拉斯加州 Ogallala 市地下水三维流及溶质运移模型。Ebraheem 等建立了埃及 Oweinat 东部地区用于地下水资源管理的数值模型，在抽水井集中的区域通过加密剖分网格研究不同的地下水管理方案对含水层的影响。Crowe 等建立了加拿大安大略湖 Point Pelee 湿地地下水流及污染物运移模型，该模型用来评价地下水与湿地之间的相互作用以及腐殖质等污染物的运移情况。Nastev 等建立了加拿大魁北克省蒙特利尔市西北地区地下水流模型，其模拟区域面积约 1 500 km²，主要用于研究区域地下水流特征，并对地下水资源可开采量及地下水动力学参数进行了定量评价。Orban 等建立了比利时 Meuse 盆地 Walloon 地区地下水流及溶质运移模型，其模拟区域面积约 17 000 km²，这个模型是 Walloon 地区水资源综合管理工程 PIRENE 的一部分。Bauer 等建立了博茨瓦纳 Okavango 三角洲区域地下水与地表水联合模拟模型，通过设计假定方案利用这一模型研究上游来水和当地用水以及它们之间的相互影响情况，研究结果有助于决策者公正地处理区域内人类生产、生活与生态环境需水之间的平衡。

我国对地下水流数值模拟的应用与研究始于 1973 年。由于许多数学工作者和水文地质学家的共同努力使水文模型快速发展,其应用已遍及与地下水有关的各个领域和各个产业部门。而在大区域地下水流数值模拟模型的构建和应用方面,相应地发展较晚,但近年来进展较快,许多研究成果已达到国际先进水平。王爱国等建立了河北平原东部地区多层含水层系统地下水准三维数值模拟模型,通过该模型的识别进一步查明了研究区的水文地质条件,并对整个地区地下水资源量进行了评价,对局部地区超量开采地下水提出了合理的建议,这有利于研究地下水特别是深层地下水的合理开采。陈崇希等建立了用于运城市地下水咸化趋势预测的地下水非均质五层准三维流数值模拟模型,应用所建立的模型模拟并选定较优的三种方案,预测了未来 10 年( 1990 ~ 1999 年)地下水的咸化趋势,并进行了定量评价。魏加华等建立了济宁市地下水与地面沉降三维有限元模拟模型,用于对地下水渗流场和地面沉降量进行模拟,并对未来年份地面沉降进行了预测。吴吉春等建立了山西柳林泉域地下水流数值模型,预报了柳林电厂水源地投入使用后对区域地下水流场的影响以及对柳林泉的影响。邵景力等建立了黄河下游影响带( 河南段)地下水三维流数值模拟模型,用于确定研究区地下水多年平均补给资源量和评价可开采资源量,还定量研究了黄河与区域地下水的补排关系。武选民等在大量实测资料的基础上,建立了西北黑河额济纳盆地地下水流系统饱和-非饱和三维数值模型,通过设计 4 种不同输水方案应用该模型预测盆地内区域地下水位的变化趋势,进而提出了合理的输水方案,为黑河流域水资源的合理调配及额济纳绿洲生态环境保护和建设提供了依据。张斌等建立了三江平原地下水三维流数值模型,模拟计算了各单元及全区的地下水补给量和可开采量。肖长来等采用 WINFEM 软件对松嫩平原南部区域第四系孔隙潜水、孔隙承压水双层含水层进行了仿真模拟,对 2005 年、2010 年及 2015 年研究区地下水可开采量进行了预报,并通过模拟计算了研究区地下水可开采资源量。汪家权等建立了济南泉域内岩溶地下水三维等效参数有限元数值模拟模型,对济南泉域内岩溶地下水的开采方案进行了评价,探讨了济南市"保泉"与"供水"的可行性。祝晓彬等在长江三角洲( 长江以南)地区建立了反映该区地下水贮存和总体运移特征的三维模型,在采用地下水数值模拟国际通用标准软件 GMS 对其进行精细剖分的基础上,对模型参数进行了识别,进一步评价了该区地下水资源几种不同的开采方案,为这一地区经济发展规划和可持续发展提出了合理的用水建议。黎明等建立了新疆渭干河流域地下水三维流数值模型,并应用识别后的模型进行了地下水资源评价,预测了未来 10 年不同开采条件下的地下水动态变化,探讨了地下水资源的合理开发模式。邵景力等建立了华北平原区域三维地下水流数值模型,并运用模型进行了区域地下水资源评价。

目前在实际研究及建模过程中还存在一些问题,主要表现为:区域地下水流数值模型主要是基于孔隙介质建立的,裂隙介质和岩溶介质区域地下水流数值模拟理论和方法的研究亟待加强;许多区域地下水流数值模拟模型没有进行灵敏度分析;区域地下水流数值模型的构建,工作量大、难度大,资料获取困难,模型的精度有待于提高。

# 6.2　MODFLOW 模型及 Visual MODFLOW 软件

## 6.2.1　模型基本情况

MODFLOW(Modular Three-dimensional Finite-difference Ground-water Flow Model,水流模型)是由美国地质调查局(U.S. Geological Survey)的 McDonald 和 Harbaugh 于 20 世纪 80 年代开发的一套专门用于孔隙介质中地下水三维有限差分法的数值模拟软件。

### 6.2.1.1　应用范围

MODFLOW 能够模拟地下水在空隙介质流动,还可以用来解决许多与地下水在裂隙介质中的流动相关问题,经合理的线性化处理后还可以用来解决空气在土壤中运动问题。MODFLOW 与其他溶质运移模拟的程序相结合,可模拟如海水入侵等以地下水密度为变量的问题。自问世以来,MODFLOW 已在全世界科研、生产、工业、司法、环境保护、城乡发展规划、水资源利用等行业和部门得到广泛应用,并成为最为普及的地下水运动数值模拟的计算程序。

### 6.2.1.2　MODFLOW 的特点

模块结构:一方面将具有相似功能的子程序组成子程序包,主要包括水井、补给、河流、沟渠、蒸发蒸腾和通用水头边界 6 个子程序包;另一方面用户可按实际需要选用其中某些子程序包进行地下水运动的数值模拟。此外,这种模块化结构使程序易于理解、修改,并为二次开发添加新的子程序包。自从 MODFLOW 问世以来,已经开发出许多子程序包用于解决新的热点问题。例如,Prudic 于 1998 年开发出了模拟河流与含水层之间水力联系的河流子程序包,Leake 等于 1998 年开发了模拟由于抽水引起地面沉降的子程序,Hsieh 等于 1993 年开发了模拟水平流动障碍的子程序包等。这些子程序包拓展了MODFLOW 的应用范围。

离散方法:在空间离散上,MODFLOW 对含水层采用等距或不等距的正交长方体剖分网格,这种网格的优点是易于准备数据文件,便于输入文件的规范化。

MODFLOW 模拟系统中引入了应力期的概念,整个模拟期可划分为若干个应力期,每个应力期的外应力(如抽水量、蒸发量、补给量等)保持不变;每个应力期可再划分为若干时间段,在同一应力期,各时间段既可以按等步长,也可以按一个规定的几何序列逐渐增长;通过对有限差分方程组的求解,即可得到每个时间段末刻的水头值。

因此每个模拟应包括三大循环:应力期循环、时间段循环和迭代求解循环。

求解方法多样化:求解的方法可以分为直接求解方法和迭代求解方法。MODFLOW 原来含有两种迭代求解子程序包:强隐式(SIP)方法和逐次超松弛(SOR)方法。由于 MODFLOW 的模块化结构,Mary Hill 于 1990 年设计增加了一种新的迭代子程序包,即预调共轭梯度(PCG)子程序包,该子程序包采用 PCG 方法迭代求解。

对于 MODFLOW 的多个求解子程序包,一方面,用户可以根据问题的实际选用比较合适的求解方法;另一方面,对于某一特定的实际问题,由于水文地质条件的复杂,用户选择不同的求解子程序包,可能都会收敛,也可能只收敛于一种或几种求解方法而不收敛于另一种或几种求解方法。

通过国内外多项实践应用,PCG 和 SIP 法使用可靠,而运用 SOR 子程序包求解的结果精度低,不宜采用。

### 6.2.1.3 MODFLOW 子程序包功能

MODFLOW 包括一个主程序和一系列相对独立的子程序包。每个子程序包又包括多个模块和子程序(见表 6-1)。

表 6-1 MODFLOW 子程序包功能

| 子程序包名称 | 缩写 | | 子程序包功能 |
| --- | --- | --- | --- |
| 基本子程序 | BAS | 水文地质子程序包 | 指定边界条件、时间段长度、初始条件及结果打印方式 |
| 计算单元间渗流子程序包 | BCF | | 计算多空介质中地下水流有限差分方程组各项,即单元间流量和进入储存的流量 |
| 水井子程序包 | WEL | | 流向水井的流量项有限差分方程组 |
| 补给子程序包 | RCH | | 代表面状补给的流量有限差分方程组 |
| 河流子程序包 | RIV | | 流向河流的流量有限差分方程组 |
| 排水沟渠子程序包 | DRN | | 流向排水沟渠的流量有限差分方程组 |
| 蒸发蒸腾子程序包 | EVT | | 蒸发蒸腾作用的流量有限差分方程组 |
| 通用水头边界子程序包 | GHB | | 流向通用水头边界的流量有限差分方程组 |
| SIP 求解子程序包 | SIP | 求解子程序包 | 采用强隐式方法通过迭代求解有限差分方程组 |
| SSOR 求解子程序包 | SOR | | 采用连续超松弛迭代方法求解有限差分方程组 |

标准 1988 年版 MODFLOW 所包括的子程序包分两大类:水文地质子程序包和求解子程序包。

(1)水文地质子程序包中包括一些与外应力有关的用于计算有限差分方程组系数矩阵的子程序包,以及用于计算各单位间地下水渗流量的 BCF 子程序包(Block Centered FLow),还包括外应力子程序包,分别用于模拟不同的外应力对地下水运动的影响。例如,河流子程序包可以用来计算地表水体与含水层之间的水力交换。

(2)求解子程序包用于求解线性方程组,MODFLOW 含有两种迭代求解方法,即对称超松弛法(SSOR)和强隐式法(SIP)。此外,还有一个基本子程序包,作用是完成一个模拟的基本任务,如模拟时间的划分等,这个基本子程序称为 BAS 子程序包。

### 6.2.1.4 Visual MODFLOW 简介

Visual MODFLOW 是由加拿大 Waterloo Hydrogeologic Inc 公司在 MODFLOW 软件基础上,应用可视化技术开发研制的一款商业专业软件。1994 年 8 月 Visual MODFLOW 软件首次在国际上公开发行,由于界面友好、使用方便及其可视化的优点,成为国际上最流行、被各国同行一致认可的三维地下水流和溶质运移模拟评价的标准可视化专业软件系统之一。MODFLOW 具有结构化模块程序设计、离散方法简单化、时间步长设置灵活、求解方法多样化、采用真三维数学模型等特点。自问世以来,MODFLOW 已在全美以至于全世界的环境保护、水资源利用、城乡发展规划等众多行业和部门得到广泛应用,成为最为普及的地下水运动数值模拟计算程序。目前,流行的基于 MODFLOW 的商业软件主要有 GMS、Visual MODFLOW、PMODFLOW 等。Visual MODFLOW 是综合 MODFLOW、MODPATH、MT3D、RT3D 和 WinPEST 等地下水模型而开发的可视化地下水模拟软件,具有水质点的向前、向后示踪流线模拟,任意水均衡域的水均衡项,允许用户直接接受 GIS 的输出数据文件和各种图形文件,将模拟的复杂性降到最小,简化数值模拟数据前处理和后处理等特点。Visual MODFLOW 在国外应用比较广泛,但在国内具体应用尚不多见。

### 6.2.1.5　Visual MODFLOW 结构特点

Visual MODFLOW 是三维地下水流动和污染物运移模拟实际应用的最完整、易用的模拟环境,是 MODFLOW 的可视化版本。这个完整的集成软件将 MODFLOW(水流模型)、MODPATH(流线示踪模型)和 MT3D(溶质运移模型)同最直观强大的图形用户界面结合在一起。全新的菜单结构让你轻而易举地确定模拟区域大小和选择参数单位、方便设置模型参数和边界条件、运行模型模拟(MT3D、MODFLOW 和 MODPATH)、对模型进行校正以及用等值线或颜色填充将其结果可视化显示。在建立模型和显示结果的任何时候,都可以用剖面图和平面图的形式将模型网格、输入参数和结果加以可视化显示。

Visual MODFLOW 可进行三维水流模拟、溶质运移模拟和反应运移模拟。Visual MODFLOW 最大的特点是易学易用。合理的菜单结构、友好的界面和功能强大的可视化特征及极好的软件支撑使之成为许多地下水模拟专业人员选择的对象。

Visual MODFLOW 分为输入模块、运行模块和输出模块。这些模块之间紧密连接以建立或调整模型输入参数、运行模型、显示结果(以平面和剖面形式)。输入模块作为建模之用。地下水水流和运移模型的输入数据文件的建立过程通常是最耗时、最烦琐的工作。Visual MODFLOW 的特别设计将模拟的复杂性降到最小,用户的工作效率达到最高。输入模块包括网格设计、抽水井、参数、边界。

运行模块可使用户选择、调整 MODFLOW、MODPATH、MT3D 和 RT3D 的运行时间,开始模型计算并进行模型校正。模型校正既可用手工进行,也可用 WinPEST 自动进行。WinPEST 是 PEST 的 Windows 版本。输出模块可自动地阅读每次模拟结果,可输出等值线图、流速矢量图、水流路径图、区段预算和打印,并可借助 Visual Groundwater 软件进行三维显示和输出,如三维等值面和三维路径。

1. Visual Groundwater

Visual Groundwater 是由加拿大 Waterloo 水文地质公司开发的地下数据和地下水模拟结果三维可视化与动画软件。可显示和打印地层、土壤污染、水头、地下水物质浓度和地下水模拟的三维结果,计算污染土壤和地下水的体积。

2. PHREEQC

PHREEQC 是用 C 语言编写的进行低温水文地球化学计算的计算机程序,可进行正向模拟和反向模拟,几乎能解决水、气、岩土相互作用系统中所有平衡热力学和化学动力学问题,包括水溶物配合、吸附-解吸、离子交换、表面配合、溶解-沉淀、氧化-还原。正向模拟能根据给定的反应机制来预测水的组分和质量的转移,可进行下列计算:①配分和饱和指数计算;②一次投药反应和一维运移计算,包括可逆和不可逆反应,双重介质的对流、弥散(扩散)和反应耦合。其中,可逆反应包括水溶物、矿物、气体、固溶体、表面配合和离子交换平衡;不可逆反应包括给定物质的量的反应物、动力学控制的反应、溶液混合、温度变化。动力学反应既可以是程序中已给出的反应表达式,也可以是用户自定义反应表达式。

反向模拟根据观测的化学和同位素资料来确定水-岩反应机制,说明沿水流路径演化时所发生的化学变化,即计算造成水流路径上初始和最终水组分差异所必须溶解或析出的矿物和气体物质的量。

PHREEQC由输入、运行、输出3个模块组成。输入由关键词数据块组成,每一数据块都是从带有关键词和其他可能附加数据的行开始的,以后各行都是与关键词有关的数据。每一个数据块都是按一定的句法组成的自由格式。在运行开始时,PHREEQC从数据文件中阅读关键词及其相关数据,以确定元素、交换反应、表面配合反应、矿物相、气体组分和速率表达式。从数据中所阅读到的任何数据项都可以在输入文件中用关键词数据块重新确定。阅读了数据文件后,就从输入文件中阅读数据直至遇到第一个END关键词,然后进行运算;之后,又继续阅读数据文件,直至第二个END关键词,进行运算,如此继续到最后一个END关键词。这种由END结尾的关键词数据块确定的运算称为模拟分析。运行就是这一系列模拟分析。

PHREEQC有一个强大的热力学数据库供输入和运行使用。PHREEQC共有phreeqc.dat、wateq4f.dat、winteq.dat 3个数据库。每一数据库均有水溶液主要组分、水溶液一般组分(气体和矿物)、表面主要组分和表面一般组分数据块。phreeqc.dat和wateq4f.dat还有交换器主要组分、交换器一般组分和反应速率数据块。其中wateq4f.dat包括48种元素、400多种组分、300多种矿物。PHREEQC中水溶组分的活度系数计算采用Davies和WATEQDebye-Hückel公式,分别适用的离子强度为小于0.5 mol/L和1 mol/L。

3. HST3D

HST3D是一个三维热及溶液运移模型(3D Heat & Solute Transport Model)。可以模拟三维空间地下水流及有关的热、溶液运移,进行地质废物处置、填埋物浸出、盐水入侵、淡水回灌与开采、放射性废物处理、水中地热系统和能量储藏等问题的分析。具体地说,可进行以下工作:①评价井的性能,包括井孔类型;②分析密度和黏变可变的饱和区水力驱动流、热和溶液运移;③进行地下水水流、热或溶质运移耦合模拟或单独进行地下水流模拟;④预测化学组分迁移,包括填埋场污染物运移;⑤预测废物向盐水含水层的注入;⑥分析盐水含水层中淡水及滨海含水层盐水入侵;⑦分析含水层中液相地热系统和热储藏;⑧模拟原生水中海水处置及迁移;⑨模拟复杂的三维含水层中单组分污染物的迁移;⑩模拟水障、底垫和水质保护系统。

4. TNTmips

TNTmips为图像处理系统,是用于地质空间统计的最先进的软件,包括光栅、矢量、TIN、CAD、地域、数据库和文本等目标模块。可以制作地貌、地质、水文地质、地形、地质构造、卫星遥感、土壤及农业等图,定量刻画出模拟目标的体积、面积、深度和形状等。其应用可以分为:①矿产储量测绘及其他地质资源评估,如金属矿物、水、砂与砾石、建筑石材、石油、天然气、煤、地热等;②危害图测绘,如边坡失稳、塌方、地震、火山爆发、洪水、滨海入侵、环境污染、全球变暖等;③工程选址,如废物处置场(都市填埋场、核废物处置井)、管道、公路与铁路、坝、建筑设计等;④不同空间数据组环境关联原因探讨,如与废石、土壤、水中地球化学有关的植物、动物或人类疾病事件(疾病可能与空间环境因素的复杂组合有关);⑤地质研究过程中数据组之间的内在空间关系的探讨,如 I 类和 S 类花岗岩区域地球化学标记和地球物理特征的探讨,岩性和植被的卫星图像光谱特征的辨识。

## 6.2.2　模型理论基础

MODFLOW 是一个三维有限差分地下水流动模型,它基于以下基本方程。

常密度地下水的三维流动基本方程:

$$\frac{\partial}{\partial x}(K_{xx}\frac{\partial h}{\partial x}) + \frac{\partial}{\partial y}(K_{yy}\frac{\partial h}{\partial y}) + \frac{\partial}{\partial z}(K_{zz}\frac{\partial h}{\partial z}) - w = S_s\frac{\partial h}{\partial t} \qquad (6\text{-}1)$$

式中:$K_{xx}$、$K_{yy}$、$K_{zz}$ 为沿 $x,y,z$ 坐标轴方向上的渗透系数,L/T;$h$ 为测压管水头,L;$w$ 为在非平衡状态下通过均质、各向同性土壤介质单位体积的通量,1/T,即地下水的源和汇;$S_s$ 为孔隙介质的储水率,1/L;$t$ 为时间,s。

一般情况下,$S_s$、$K_{xx}$、$K_{yy}$、$K_{zz}$ 为空间的函数,而 $w$ 不仅随空间变化,还可能随时间变化。式(6-1)加上相应的初始条件和边界条件,构成了一个描述 MODFLOW 地下水三维流动体系的数学模型。式(6-1)的解析除一些简单的情况外很难求得,大多数情况下只能用数值近似解代替,其中有限差分法是 MODFLOW 对三维数学模型求解的基本方法。求解过程中,连续的时间和空间被划分为一系列的离散点,这些点上连续的偏导由水头差分取代,将所求的未知点联系起来,这些有限差分式构成一个线性方程组并联立求解,获得的水头值为各个离散点上的近似解。物理概念模型空间离散:MOSFLOW 将一个三维含水层系统划分为一个三维网格系统,整个含水层被划分为若干层,每一层又剖分为若干层和若干列,则含水层被划分为若干个小长方体(格点)。每个格点的位置由该格点所在的行号、列号和层号标定。MODFLOW 采用格点中心差分法,每个剖分出来的小长方体上的水头实际上由水头在格点中心的值表示。在剖分过程中,一般尽量使物理模型上的分层和实际含水层一致。

Visual MODFLOW 是 MODFLOW 的一个可视化软件,理论基础同 MODFLOW 模型。

## 6.2.3　模型结构模块

### 6.2.3.1　MODFLOW 的主要模块和功能

BAS(基本子程序包):定边界条件、时间段长度、初始条件及结果打印方式;BCF(计算单元间渗流子程序包):计算多孔介质中地下水流有限差分方程组各项,即单元间流量和进入贮存的流量;WEL(水井子程序包):将流向水井的流量项加进有限差分方程组;RCH(补给子程序包):将代表面状补给的流量项加进有限差分方程组;RIV(河流子程序包):将流向河流的流量项加进有限差分方程组;DRN(排水沟渠子程序包):将流向排水沟渠的流量项加进有限差分方程组;EVT(蒸发蒸腾子程序包):将代表蒸发蒸腾作用的流量项加进有限差分方程组;GHB(通用水头边界子程序包):将流向通用水头边界的流量项加进有限差分方程组;SIP(SIP 求解子程序包):采用强隐式方法通过迭代求解有限差分方程组;SOR(SSOR 求解子程序包):采用连续超松弛迭代方法求解有限差分方程组。

数值模拟方法是评价地下水资源量、模拟自然界一些水文地质过程发生和发展的主要方法和手段之一。地下水数值模拟在地下水研究中发挥着越来越重要的作用。目前,地下水模拟及其相关软件已达数百个,其中 MODFLOW 是世界上使用最广泛的三维地下水水流模型,是一套水文地质学实用计算软件。

#### 6.2.3.2　Visual MODFLOW 的主要模块和功能

Visual MODFLOW 界面设计的主要目的就是增强模型数值模拟能力,简化三维建模的复杂性。界面设计包括三大彼此联系但又相当独立的模块,即输入模块、运行模块和输出模块。

##### 1. 输入模块

输入模块允许用户直接在计算机上赋值所有必要的输入参数,以便自动生成一个新的三维渗流模型。输入菜单把 MODFLOW、MODPATH 和 MT3D 的数据输入作为一个基本建模块,这些菜单以逻辑顺序排列并显示,指导用户逐步完成建模和数据输入工作。软件系统允许用户直接在计算机上定义和剖分模拟区域,用户可随意增减剖分网格和模拟层数,确定边界几何形态和边界性质,定义抽(排)水井的空间位置和出水层位以及非稳定抽排水量。参数菜单允许用户直接圈定各个水文地质参数的分区范围并赋值相应参数,同时上、下层所有参数可相互拷贝。用户在输入模块中还可预先定义水位校正观测孔的具体空间位置和观测层位,并输入其观测数据,以便在后续的模型识别工作中模拟使用。

##### 2. 运行模块

运行模块允许用户修改 MODFLOW、MODPATH 和 MT3D 的各类参数与数值,包括初始估计值、各种计算方法的控制参数、激活疏干–饱水软件包和设计输出控制参数等,这些均已设计了缺省背景值。用户根据自己模拟计算的需要,可分别单独或共同执行 MODFLOW、MODPATH 和 MT3D。

##### 3. 输出模块

输出模块允许用户以三种不同方式展示其模拟结果。第一种方式就是在计算机屏幕上直接彩色立体显示所有的模拟结果;第二种方式就是直接在各类打印机上输出各种模拟评价的成果表格和成果图件;最后一种方式就是将所有模拟结果以图形或文本的文件格式输出,输出图形包括可以标记出渗流速度矢量大小的平面、剖面等值线图和平面、剖面示踪流线图以及局部区域水均衡图等一系列图件。

### 6.2.4　模型操作方法

模型建立:建立模型就是建立概念模型并将其转化为数字形式,用于模拟地下水变化过程。将所评价区域划分为若干层网状单元格,确定边界类型,然后根据含水层地质岩性资料及其他水文特征确定传导系数 $K$、入渗系数 $R$、储水系数 $S$ 及初始水位等各种参数。

#### 6.2.4.1　模型的输入参数

水文地质参数率定时,根据水文地质条件,先给出各个参数的范围值,采用自动与手动相结合的方法,通过计算水位和实际水位及计算溶质浓度和实际溶质浓度的拟合分析,反复修改参数,当两者之间误差达到标准后,即认为此时的参数值代表含水层的参数。

#### 6.2.4.2　模型的输出结果

模型校准:模型建立后,通过运算可获得一组模拟结果。模型校准是在实际界限内调整独立变量的过程,通过不断调整参数,使模拟数据和实际数据建立最好的匹配关系。

模型预测:地下水模型的主要目标是对地下水系统的动态变化做出预测,通过描述预期的水文、气候条件预测未来地下水的变化情况,从而为科学规划水资源提供依据。

### 6.2.5　模型应用情况

MODFLOW 是由美国地质调查局的 McDonald 和 Harbaugh 于 20 世纪 80 年代开发的用于孔隙介质的三维有限差分地下水流数值模拟模型。模块化的结构是 MODFLOW 最显著的特点,它包括一个主程序和一系列相对独立的子程序包,如水井子程序包、河流子程序包、蒸发子程序包、求解子程序包等。这种模块化结构使程序易于理解、修改和添加新的子程序包。目前已经有许多新的子程序包被开发出来,逐渐完善了 MODFLOW 的功能。MODFLOW 采用有限差分法求解,空间离散采用矩形网格剖分。时间上引入了应力期的概念,把整个模拟时段分成若干个应力期,每个应力期又分为若干个时段(Time Step)。在迭代求解方法上提供了多种选择,包括强隐式法(SIP)、逐次超松弛迭代法(SSOR)、预调共扼梯度法(PCG2)等。MODFLOW 因其合理的模型设计,自问世以来在全美以及全世界范围内的科研、生产、环境保护、城乡发展规划、水资源利用等行业和部门得到了广泛的应用,成为最为普及的地下水运动数值模拟计算模型。

1998 年美国国际联合发射公司郭卫星博士和美国阿拉巴马大学卢国平博士将 MODFLOW 使用说明书编译成中文,为 MODFLOW 在我国的推广提供了有利条件。周念清等较早地将 MODFLOW 应用于宿迁市地下水资源评价中;吴剑锋、朱学愚对 MODFLOW 的特点和求解方法等做了详细论述,指出 MODFLOW 的实用性代表了未来地下水流数值模拟软件的发展趋势;陈劲松等就 MODFLOW 中不同方程组求解方法进行了差异分析,指出 PCG2 或 SIP 法求解可得到满足精度的结果,而 SSOR 法精度不佳,并指出水均衡分析对保证模型精度的重要性。另外,在污染物运移、地面沉降等方面,MODFLOW 也有相关应用。在 MODFLOW 程序广为应用的同时,许多基于 MODFLOW 的可视化地下水流数值模拟软件也相继问世。其中,加拿大 Waterloo Hydrogeologic Inc 在 MODFLOW 基础上应用现代可视化技术开发了 Visual MODFLOW 软件,并于 1994 年 8 月首次在国际上公开发行。它集成了地下水流模拟的 MODFLOW、粒子运动轨迹和传播时间模拟的 MODPATH、污染物在地下水中输移过程模拟的 MT3D,以及用于水文地质参数估计与优化的 PEST 模块。相较于 MODFLOW,该软件具备了数据前后处理能力,以及计算结果可视化、与其他软件数据信息交互等多方面优势。至今,Visual MODFLOW 已经成为被一致认可并广泛应用于三维地下水流和溶质运移模拟评价的标准可视化专业软件。

贾金生等用 Visual MODFLOW 建立了栾城县地下水流模型,定量评价了地下水位对不同开采量的响应;尹大凯等应用该软件,对宁夏银北灌区井渠结合灌溉进行了三维模拟分析;束龙仓等将其成功地用于模拟地下水开采对河流流量衰减影响分析和地下水系统各要素随时间变化过程分析;金咪等将 Visual MODFLOW 用于地下水流场及水质模拟。该软件在地下咸水恢复方案研究、地下水资源管理预警系统研究、基坑降水研究等方面也得到普遍应用。

## 6.2.6  模型应用案例

### 6.2.6.1  MODFLOW 模型应用

济南市的保泉工作始于 20 世纪 80 年代初,随后历经"采外补内"保泉、"节水"保泉、"引黄"保泉、"封井"保泉等阶段。目前,虽然四大泉群已连续出流四年,但都未从根本上解决泉水长期连续壮观喷涌和城市居民饮用优质地下水问题。综合分析济南地区水资源条件、水文地质特征、生态环境背景与问题及城市水资源供需状况等,在枯水期或者枯水年份要保持泉水持续喷涌,认为发挥岩溶地下水系统调蓄功能,进行水资源地下调蓄、实施回灌补源工程措施等是保泉供水与泉域生态地质环境保护的有效措施。其中,建立正确的水文地质概念模型和数学模型,是确定实施生态需水量的水位约束和泉域地下水的关键。研究区主要含水层为寒武—奥陶纪裂隙岩溶含水层,大气降水是其主要补给来源,大型抽水试验、示踪试验和回灌试验分析证实,西郊岩溶含水与第四系孔隙水存在水力联系,虽然溶蚀裂隙发育不均匀,但区域岩溶地下水具有统一的水面,可以运用 MODFLOW来描述和求解。

1. 模拟范围

西部以马山断裂为界,北部以济南岩体和石炭、二叠系地层为界,东部以东坞断裂为界,南部以寒武系中统张夏组与徐庄组地表分界线为界,总面积 847.5 km²。

2. 含水层结构的概化

将研究区含水介质分为两层,第一层为潜水含水层,第二层为岩溶水含水层,岩溶水与孔隙水存在互补关系。

3. 源、汇项的处理

工业、自备井开采地下水量按照井点处理,模型识别与检验阶段地下水开采量来源于实际调查;泉流量按排水渠处理;侧向交换量经模拟识别确定;农业开采按强度处理;降水入渗按强度给出。

4. 模型概化

根据研究区水文地质条件,模型概化为非均质各向异性的三维非稳定流数学模型:

$$\frac{\partial}{\partial x}\left[K_{xx}\frac{\partial h}{\partial x}\right] + \frac{\partial}{\partial y}\left[K_{yy}\frac{\partial h}{\partial y}\right] + \frac{\partial}{\partial z}\left[K_{zz}\frac{\partial h}{\partial z}\right] - w = S\frac{\partial h}{\partial t} \tag{6-2}$$

式中:$K_{xx}$、$K_{yy}$、$K_{zz}$ 为方向渗透系数;$h$ 为水位标高;$w$ 为源汇项;$S$ 为含水介质的贮水率。

计算区共剖分成 80 行 115 列 9 200 个单元格,每个单元格均为 500 m × 500 m,其中活动单元格 3 390 个。采用 2003 年 6 月 6 日至 7 月 28 日济西抽水试验的各观测孔水位资料进行模型检验校正。共划分 20 个时段,每个时段长度根据试验期间观测孔变化情况确定,时段长 1~4 d 不等,时间步长为 1 d。模型校正期间济西水源地开采量大,岩溶地下水的总补给量小于排泄量,观测孔水位表现为总体下降,至雨季来临后水位大幅回升。检验结果表明,模型总体上很好地反映了研究区的地下水流场的变化趋势,计算参数的选取合理,可以用于部分裂隙岩溶介质地下水流模拟。

5. 方案的确定

源汇项,降水量按照"四枯一丰"取值,根据历史资料,1999～2003 年的实测降水量,农业开采根据水利统计年鉴资料取值,生活用水量取常量。研究区地下水资源开采方案的确定。数值法评价地下水允许开采量是预先给定市区水位约束,计算开采量。第一方案是根据现状开采预测市区变化;第二方案是约束市区水位枯水期不低于 27.5 m,计算各开采区开采量;第三方案是在约束市区水位枯水期不低于 27.5 m 并进行补源时,计算各开采区最大开采量。

6. 预报结果分析

第一方案(维持现状水源地开采方案)计算结果。在维持现状水源地的开采条件下,具体开采方案见表 6-2,预报 2008～2012 年岩溶地下水动态。维持现状水源地开采,从第一方案市区趵突泉 1 号观测孔预报曲线可以看出,在前 4 个枯水年不可能保泉。

表 6-2　济南市岩溶地下水计算开采方案

| 开采方案 | 桥子李 | 冷庄 | 古城 | 市区 | 东郊 | 腊山 | 峨眉山 | 大杨庄 | 自备井 |
|---|---|---|---|---|---|---|---|---|---|
| 第一方案 | 8 | 2 | 1 | 0 | 2.8 | 0 | 3 | 1 | 7.5 |
| 第二方案 | 4.5 | 1.8 | 2 | 0 | 2.5 | 0 | 1 | 0.8 | 3 |
| 第三方案 | 9 | 4 | 6 | 1 | 5 | 0.5 | 6 | 2 | 5.5 |

第二方案计算结果分析。第二方案是约束市区水位枯水期不低于 27.5 m,减采了西郊与自备井进行预报,总开采量为 15.6 万 m³/d,较第一方案减少 9.7 万 m³/d,供水不足和未来需水部分分别利用引黄、引江水源替代。

第三方案是补源后的优化开采方案,其中补给量除降水入渗补给外,还有来自玉符河 11 万 m³/d、北沙河 9 万 m³/d、兴济河 3 万 m³/d 和孟家水库 2 万 m³/d,增加地下水补给量共 25 万 m³/d。计算结果为在西郊、峨眉山、大杨庄、腊山、市区、东郊分别开采 19 万 m³/d、6 万 m³/d、2 万 m³/d、0.5 万 m³/d、1 万 m³/d 和 5 万 m³/d,工业自备井按 5.5 万 m³/d 计。

## 6.2.6.2　Visual MODFLOW 模型应用

大庆油田新增水源地龙西地区,研究区西部附近存在着多个地下水开采水源地,开采量总体变化趋势不断增加,使该区地下水位在整体上呈逐年下降的趋势。研究区可以概化为非均质各向同性的承压含水系统。本区主要的开采目的层位是泰康组承压含水层,但该含水层与其上部的第四系白土山承压含水层具有一定的水力联系。特别是在开采状态下,这种联系更为重要,它是泰康组含水层的重要补给源之一。在研究区泰康组含水层与白土山含水层之间存在着一层较为稳定的弱透水层,其厚度由西向东逐渐增大。由于缺少三维水位观测资料,所以在本次研究中很难采用三维模型来进行模拟预报。但如果建立二维模型,确定白土山承压含水层对泰康承压含水层的越流补给是解决问题的关键。

在以往的数值模型计算中往往采用越流系数分区赋值,这一数值一般是理论计算值或经验值,给模型计算带来了不确定性。在 MODFLOW 模型中采用准三维模型。在模型中的每个单元上都要考虑两含水层之间弱透水层的渗透性能和厚度因素,进行垂向补给量的模拟。具体在模型中需要计算每个单元的越流参数 VCONT,利用如下公式计算:

$$VCONT = \frac{2}{\dfrac{\Delta Z_u}{(K_Z)^u} + \dfrac{2\Delta Z_c}{(K_Z)^c} + \dfrac{\Delta Z_l}{(K_Z)^l}} \tag{6-3}$$

式中:$(K_Z)^u$、$(K_Z)^c$、$(K_Z)^l$ 分别为上部含水层、弱透水层和下部含水层的垂向渗透系数。

在模型中具体使用了 GHB1 和 CHD1 边界条件。GHB1 边界或 Cauchy 边界条件用来模拟随水头变化而变化的流量边界。以往模型计算中的流量边界没有考虑边界流量随水位变化而发生变化,这在某些特定条件下是可以的,但在本次模拟计算的水文地质条件下,必须考虑地下水位变化对流量的影响。CHD1 边界条件为随时间变化的已知水位边界,即在模型模拟中,边界水位是已知的,而且在模拟过程中随时间而变化。边界水位变化的预测可以利用长期观测资料建立随机模型来完成,通过所建立的随机模型的计算,解决了边界水位在计算中不断变化的问题。

模型识别主要考虑含水层的渗透系数($K$)、储水系数($\mu$),此外还要研究边界条件和越流补给等。模型调参的初始值是根据野外抽水试验的结果,结合研究区的水文地质条件进行的,其中渗透系数 $K$ 的取值为 70 ~ 85 m/d,储水系数 $\mu$ 的取值为 0.000 5 ~ 0.000 9。而导水系数 $T = Kb$($b$ 为含水层的厚度),其在每个计算单元上的数值都有可能不同。计算区内没有大型的开采井,地下水的动态受下游开采水源地及越流和滞后的降水补给影响。计算区的地层结构比较清楚,模型识别的关键是边界条件是否准确和越流补给量的计算。

利用观测资料,对上述所建立的模型进行了识别,所采用的时段为 1998 年 11 月至 1999 年 5 月、1998 年 11 月至 1999 年 10 月。按照设计要求,总开采量为 $5.0 \times 10^4$ m³/d,布井方向为南北向,单井产水量为 2 500 m³/d,井距 200 m(其中每个单元中设置 2 口开采井),采用双排抽水井布置,排距 1 000 m,共需开采井 20 口(在实际施工中,可设置 3~4 口备用井)。

在时间上,MODFLOW 引进了应力期概念,它将整个模拟时间分为若干个应力期,每个应力期又可再分为若干个时间段。在同一应力期,各时间段既可以按等步长,也可以按一个规定的几何序列逐渐增长。不同的应力期内,设置不同的外部源汇项的强度。在模型计算中,计算边界的处理采用了先进的随水头变化而变化的流量边界和随时间变化的已知水位边界,使模型预报能够更为真实地反映实际过程。此外,通过计算区及周边地区地下水位多年动态分析,建立了非确定性模型,对边界水位的区域动态进行预测。这样的处理,使整个模型在对设计水源地的开采进行模拟计算时,同时考虑了区域地下水动力场变化的影响。随着地下水开采时间的增加,降落漏斗的面积在扩大,降深在增加,地下水的水力梯度也增大。对计算结果分析,发现在研究区的西部和西北部,越流补给量较大,而在东部越流补给量则较小。这与隔水层的分布厚度有关,在研究区的西部,隔水层的厚度较小,一般为 10 m 左右,有的地区则更小;而在东部其厚度一般为 30 m 左右,最大厚度可达 40 m。由于西北方向上的垂向补给量相对较大,故地下水的等降深线略呈椭圆状,其轴向为南西—北东向。

结论如下:①MODFLOW 程序结构合理,离散方法简单化、求解方法多样化、易于理解和便于操作,是一种专门用于孔隙介质中地下水三维有限差分法数值模拟较为权威的模拟软件,具有广泛的使用价值。②Visual MODFLOW 允许用户直接接受 GIS 的各种输出数据文件和图形文件、将模拟的复杂性降到最小、简化了数值模拟数据前处理和后处理。经过在大庆龙西地区地下水资源的评价的应用研究,表明其操作简便,预报准确、可靠,具有很好的应用和推广前景。③龙西地区第三系泰康组承压含水层分布广泛,厚度大,渗透性强,具有很好的地下水储存和开采条件,是该区最佳取水层位。在开采时还可得到上部白土山含水层的越流补给,特别在研究区的西部,越流补给较大。按照设计开采量 $5.0 \times 10^4$ m³/d 对地下水位进行了预报,根据模型预报结果,随着地下水开采时间的增加,虽然降落漏斗的面积在扩大,降深在增加,地下水的水力梯度增大,但从地下水降落漏斗中心的水位下降和地下水位流场及含水层特征分析来看,水源地设计开采量是可行的。

# 6.3　FEMWATER 模型

## 6.3.1　FEMWATER 模型基本情况

### 6.3.1.1　FEMWATER 模型简介

FEMWATER 是用来模拟饱和流和非饱和流环境下的水流和溶质运移的三维有限元耦合模型,由美国宾州大学开发,目前也是世界上广泛使用的地下水模型之一。应该说 FEMWATER 是目前地下水模型中功能比较全面的一个,与 MODFLOW 采用的差分格式不同,FEMWATER 采用三维有限元格式进行计算,由于考虑了水的变密度问题和非饱和带的作用,其不仅可以模拟饱和土层中地下水的运动,还可以模拟饱和-非饱和地下水流之间的水流传输过程,以及咸水入侵等密度变化的水流和运移问题。相对于有限差分法,尽管有限元方法在边界离散等多方面较有限差分存在一定的优势,但 FEMWATER 作为一个通用的有限元程序模块一直没有得到普遍应用。

模型软件 FEMWATER 由 3DFEMWATER 和 3DLEWASTE 合并而成,前者是地下水流模块,后者是溶质运移模块,分别利用有限单元法求解地下水流控制方程和溶质运移方程。

FEMWATER 作为一个模块包含在 GMS 系统中,由 GMS 系统为其提供的图形化用户操作界面,极大地提高了 FEMWATER 的建模效率,模型的可视化为有限元网格剖分提供了方便,减轻了原先在 FORTRAN 代码下前处理的巨大工作量。

### 6.3.1.2　FEMWATER 模型特点

(1)FEMWATER 采用压强水头而非总水头作为因变量,将饱和-非饱和带作为一个整体进行模拟,这打破了以往将饱和带地下水流和非饱和带的水分单独模拟的状况。尽管目前已经建立了许多三维或者准三维的饱和水流模型,但这些模型大多都没有包括严格意义上的潜水面移动边界条件,因此在实际问题的应用中一般都只能局限于承压含水层。例如,MODFLOW 以及基于 MODFLOW 的一系列相关程序都采用二类边界,用井流项来近似处理潜水面,即采用流量边界条件近似表示真实的自由面边界,显然这种方法并不能真实反映实际的客观条件。但 FEMWATER 计算程序则不存在这一问题,它将饱和-非饱和带作为整体进行模拟,数值模拟结果中压强水头为零的界面即为潜水面。这一特性使得 FEMWATER 能够很好地解决饱和地下水流三维模拟中潜水面难以把握的问题。

(2)不同于 MODFLOW 或 MT3DMS 仅仅是水流或溶质运移模型,FEMWATER 是一个水流模型和溶质运移模型耦合的模块,FEMWATER 除可以模拟一般的溶质运移问题外,还可以模拟变密度的水流溶质运移问题,对于海水入侵以及高浓度咸、卤水入侵问题也能较好地解决。

(3)FEMWATER 中除设有常用的一类、二类和三类边界条件外,还提供了一个变边界(variable boundary)条件。变边界条件通常用于模拟最顶层单元的顶面(如空气—土的交界面),用于描述水分的蒸发、入渗模拟。在大部分条件下,入渗、蒸发等源汇项通过采用给定流量边界条件来处理,但应该注意的是,该类处理方式要求给定流量方向平行于边界单元的法线方向。而事实上,降雨、入渗等方式的补给由于顶部单元厚度的起伏往往并非如此,因此该类处理方式将人为加大补给总量,FEMWATER 的变边界性质能更精确地模拟实际由于地表起伏变化的降雨入渗和蒸发情况。

## 6.3.2 FEMWATER 模型理论基础

FEMWATER 软件进行数值模拟时,在一定的初始条件和边界条件下,运用三维有限元方法求解。饱和-非饱和多孔介质的水流和溶质运移控制方程,两个方程分别如下:

水流控制方程

$$\frac{\rho}{\rho_0} F \frac{\partial h}{\partial t} = \nabla \cdot \left[ K \cdot \left( \nabla h + \frac{\rho}{\rho_0} \nabla z \right) \right] + \frac{\rho^*}{\rho_0} q \tag{6-4}$$

式中:$F$ 为贮存系数;$K$ 为水动力传导张量;$\rho$ 为流体密度;$\rho_0$ 为淡水参考密度;$\rho^*$ 为注入流体的密度;$q$ 为内源汇;$h$ 为压力水头;$z$ 为位置水头;$t$ 为时间。

溶质运移控制方程

$$\theta \frac{\partial C}{\partial t} + \rho_b \frac{\partial S}{\partial t} + V \cdot \nabla C - \nabla (\theta D \cdot \nabla C) = -\left( \alpha' \frac{\partial h}{\partial t} + \lambda \right) (\theta C + \rho_b S) -$$

$$(\theta k_w C + \rho_b k_s S) + m - \frac{\rho_0}{\rho} qC + \left[ F \frac{\partial h}{\partial t} + \frac{\rho_0}{\rho} V \cdot \nabla \left( \frac{\rho}{\rho_0} \right) - \frac{\partial \theta}{\partial t} \right] C \tag{6-5}$$

式中:$\theta$ 为介质的饱和度;$C$ 为溶质浓度;$S$ 为吸附浓度;$\rho_b$ 为介质的体积密度;$V$ 为流量;$D$ 为弥散系数张量;$\alpha'$ 为介质的压缩系数;$k_w$ 为溶解阶段的一阶生物降解率常量;$k_s$ 为吸附阶段的一阶生物降解率常量;$\lambda$ 为衰减常数。

有限单元法采用"分片逼近"的手段来求解水流和溶质运移的耦合偏微分方程。三维有限元方法可理解为求解区域由许多小的相互联系的三维多面体单元组成,单元的顶点称为节点,单元与单元之间通过节点相联系。离散求解区域后,用变分法或加权剩余方法建立每个节点的单元系数矩阵,把单元矩阵集合起来,形成一组描述整个模拟区域的代数方程组,建立总的系数矩阵,再把制定的边界条件也归并到总矩阵中,利用 FEMWATER

的求解器求解代数方程组,最终得出问题的解答。

### 6.3.3　FEMWATER 模型结构模块

FEMWATER 模型软件由 3DFEMWATER 和 3DLEWASTE 合并而成,前者是地下水流模块,后者是溶质运移模块,分别利用有限单元法求解地下水流控制方程和溶质运移方程。FEMWATER 是用来模拟饱和流和非饱和流环境下有限单元密度驱动(如海水入侵、酸法地浸采铀)的三维水流与污染物运移耦合模型。

FEMWATER 主要功能及特点介绍如下:

(1)FEMWATER 采用压强水头而非通常采用的总水头作为因变量,将饱和-非饱和带作为一个整体进行模拟,这打破了以往将饱和带地下水流和非饱和带的水分单独模拟的状况。尽管目前已经建立了许多三维或者准三维的饱和水流模型,但这些模型大多都没有包括严格意义上的潜水面移动边界条件,因此在实际问题的应用中一般都只能局限于承压含水层。FEMWATER 计算程序将饱和-非饱和带作为整体进行模拟,数值模拟结果中压强水头为零的界面即为潜水面。这一特性使得 FEMWATER 能够很好地解决饱和地下水流三维模拟中潜水面难以刻画并把握的问题。

(2)FEMWATER 是一个水流模型和溶质运移模型耦合的模块,FEMWATER 除可以模拟一般的溶质运移问题外,还可以模拟变密度的水流溶质运移问题,对于海水入侵以及高浓度咸、卤水入侵问题也能较好地解决。

(3)FEMWATER 中除设有常用的一类、二类和三类边界条件外,还提供了一个变边界条件。变边界条件通常用于模拟最顶层单元的顶面(如空气/土的交界面),用于描述水分的蒸发、入渗模拟。在大部分条件下,入渗、蒸发等源汇项通过采用给定流量边界条件来处理,但应该注意的是,该类处理方式要求给定流量方向平行于边界单元的法线方向。

### 6.3.4　FEMWATER 模型操作方法

概念模型法建立 FEMWATER 模型具体步骤如下:

(1)建立概念模型。

①输入底图:首先需要输入地形图,DXF、JPG 和 TIF 格式文件可输入到 GMS 中,选择 File 下的 Import 命令输入文件。在 GMS 中,DXF 数据可以转化为其他类型数据,在 Map 模块下选择 DXF 菜单下的 DXF→Feature Objects 命令,可以将 DXF 相应对象转化为 Map 覆盖层中的特征体,选择 DXF→TIN 命令,可以将 DXF 图像的三维面转化为 TIN。选择 Display Options,打开了显示对话框,对话框上方显示的是 DXF 文件自动分成的层,各层可被显示或隐藏。如果选择的是 Use original DXF colors,则使用的是原始文件颜色;如果选择的是 Use layer colors,则可以逐层改变线条颜色。输入规则的 tiff 图像时,必须先把它记录为世界坐标。在 Map 模块下,点击 Image 菜单下的 Register 命令,打开一个对话框,对话框上方显示了图像,且有三个"+"符号,用这三个点识别真实世界坐标,三个点的真实世界坐标($X,Y$)和图像坐标($U,V$)分别列在了图像下面的编辑区,拖动可以改变点的位置,固定点后,就可以在编辑区输入真实世界坐标。点击 Lat/Lon→UTM 按钮将打开一

个转化经度值、纬度值为 UTM 坐标的对话框。Import World File 用来自动定义记录数据。World File 是一个与从 Arc View 或 Arc/Info 输出的已记录过图像相联系的特殊文件。选择 Images 下的 Display Options 命令控制图像的显示状况,如果选择了 Draw on XY plane behind all objects,则图像被绘制在底图的最上层,图像只以平面图形式显示;如果选择了 Texture map to surface when shaded,则图像是一种纹理图。放大的图像通过选择 Images 下的 Resmple,可以使图像具有更高的分辨率。选择 Fit Entire Image 使得可见区恢复以至于整个图像在窗口适中显示且图形边界是红色的,此时整个图像可被重新定义大小。使用选项 Export Region 可以输出原始图像中的某个区域,在输出 tiff 图像对话框中,有两种确定分辨率的方法:一种是 Screen 法,选择此按钮,图像以与屏幕分辨率相同的分辨率保存,若以此法输出,则当图像重新输入时,不能被放大或重新定义大小;另一种是 Original image(原图像)法,当图像重新输入时,可以被放大或重新定义大小。使用 Delete 命令可将图像删除。

②FEMWATER 覆盖层转入到 Map 模块,打开特征体(Feature Objects)菜单下的覆盖层(Coverages)命令,更改默认的覆盖层名为 FEMWATER,并更改覆盖层类型为 FEMWATER,同时要定义单位,在覆盖层对话框中还可以新建、复制、删除覆盖层,需要注意的是每新建一个覆盖层都要更改它的类型,为 FEMWATER 建立覆盖层,要将其更改为 FEMWATER 型。

③创建弧。选择工具栏的创建弧工具,沿研究区地形顺时针点击(以足够多点)。若在点击时发生错误,如果想要删除点则点击 Backspace 键,如果想要删除弧则点击 Esc 键。弧的两端点称为节点,中间各点称为顶点,这些弧将被用来产生 2D Mesh,顶点间的间距决定了单元格的大小和数目,因此需要沿弧重新分配顶点数,选择弧,之后选择 Feature Objects 菜单下 Redistribute Vertices 命令,改变 Target spacing 值即可。如果定义的是定水头边界,那么需要把弧断开,选择顶点工具,然后选择 Feature Objects 菜单下的顶点与节点互相转化(Vertex<—>Node)命令,将顶点转化为节点,之后选择相应弧点击 Feature Objects 下的 Attributes 命令中的给定水头类型(浓度亦如此),退出对话框,选择点工具双击节点输入数值。创建其他属性弧(如河流等)处理方式相同。

④建立多边形。选择 Feature Objects 下的 Bulid Polygon 命令创建多边形,选择多边形后为之设置属性(补给)。

⑤创建井。选择创建点工具,点击研究区任一点,在编辑区输入坐标并按下 Enter 键。选择 Feature Objects 下的 Attributes 命令,对井进行描述。

(2)3D Mesh、FEMWATER。

在建立 Mesh 网格前,需要为每个含水层定义属性,选择编辑菜单下的 Materials,将缺省的 Materials 名改为相应含水层名,并可以改变其显示色彩,如果有多层,则点击新建(new),赋予新的名称和颜色。然后选择 Feature Objects 下的 Map→2D Mesh 命令,打开 Map→2D Mesh 对话框,水平滚动条控制着网格大小,复选框 Merge after meshing 表示在网格化后合并,复选框 Display meshing process 表示显示网格化过程。接下来要建立 TINS,目的是说明地层的垂向分布,开始时,所有 TINS 与二维 Mesh 具有相同的标高,因此需要输入一系列分散点并为 TINS 插入适当的标高。转入 2D Mesh 模块,选择 Build Mesh 菜单下的 Mesh→TIN 命令,输入 TIN 名 terrain 表示地面,在 materials 列表中,选择第一含水层,选择 OK,在提示中选择 No,表明不删除二维网格。同理建立其他 TINS,只需对应好 materials 即可。下一步是输入并插入数据,选择文件下拉菜单下的 Import 命令,输入扩展名为. sp2 的文件(文件格式是"id""x""y""z")。转入 TIN 模块,在 TIN 左上方的组合框选择与输入文件对应的 TIN 名,然后转入 2D Scatter Point 模块,在插值前首先选择插值(Interpolation)菜单下的 Interp Options 命令,选择插值方式,从分散点插入 TIN 选择 Interpolation 下的 to Active TIN,打开 Data 菜单下的 Map elevations,选择斜视图,若有必要需要把 Z 值放大以便观看。需要注意的是,一个分散点集可以包括多个数据集,其格式为:"id""x""y""bot of layer 2""bot of layer 1"。下一步是用 TINS 建立三维 Mesh 网格,在 TIN 模块下选择 TINS 工具,选择相邻两个 TINS,然后选择 Build TIN 菜单下的 Fill Between TINS→3D Mesh 命令,在对话框中输入插入网格层数,另外两个单选按钮分别是:使用 2D 网格的物质属性和给定属性。同理建立其他层三维 Mesh 网格。最后选择 FEMWATER 菜单下的 New Simulation 命令把所有数据初始化→转入 Map 模块,选择 Feature Objects 菜单下的 Map→FEMWATER 命令,这一选项把设置到概念模型中点、弧和多边形的井、边界条件和补给区设置到了三维网格的节点和单元格面上。

(3)选择分析项(Analysis Options)。

设置运行选项、迭代参数和输出结果控制、给定流体属性。

(4)给定初始条件。

为了定义初始条件,需要给计算的地下水位创建数据集,一种方式是创建包含标高的表格数据文件,另一种是交互式的创建点。利用后一种方法创建数据集,对于流量模型首先要选择 FEMWATER 菜单下的 BC Display Options,关闭 Flux 选项,→转入平面图→转入 TIN 模块,在 Build TIN 菜单下选择 New TIN 命令,输入"初始水头",选择 OK。→选择创建点工具,在适当位置点击并输入标高(确保正确)。→在 Build TIN 菜单下选择 TIN→Scatter Points,输入"初始水头",选择 Yes 删除 TIN。→转入 3D Mesh,选择 FEMWATER 菜单下的 Initial Conditions,在压力水头部分选择 Read from data set file,选择 Generate IC 按钮,输入"初始水头",在最小压力水头处输入一值。

(5)给定物质属性。渗透系数和一系列非饱和曲线等参数。

(6)存储和运行。

(7)后处理。

选择 FEMWATER 菜单下的 READ Solution 命令输入结果文件。显示等水头线、浓度线等,除二维平面图外,还可以看到其三维立体图。使用 Shade 可以更清楚地看到各项的逐渐变化情况。

## 6.3.5　FEMWATER 模型应用情况

自 FEMWATER 模型问世以来,它已经在全美甚至全世界范围内的科研、生产、环境保护、城乡发展规划、水资源利用等许多行业和部门得到了广泛的应用,成为最为普及的地下水运动数值模拟的计算软件。张更生、姜谱男等利用三维有限元软件 FEMWATER 建立矿冶污染物质对地下水环境影响的三维模型。从定量化角度模拟了矿冶污水在岩土介质中动力学弥散的动态变化过程,得到良好的效果。梅一、吴吉春利用 FEMWATER 模块为提高其建模效率展示了三维有限元网格构建的各种技巧,并说明 FEMWATER 中对断层的处理,结果表明 FEMWATER 可以很方便地对隔水和导水断层进行模拟。

GMS 可以方便地建立三维地层实体、任意切割剖面、产生逼真的图像、进行钻孔数据管理、三维地质统计、三维概念化建模,这些优势为 FEMWATER 模拟饱和流与非饱和流环境的水流和溶质运移的三维有限元耦合模型提供了强大的前后处理功能。借助 GMS 建立研究区域的三维地层结构模型,可以充分反映三维地质水文信息,使模拟更准确地反映滨海含水层三维空间海水入侵的动态变化,为合理分析各类地质要素的空间组合关系提供了可靠的支持。模块化结构 FEMWATER 具有灵活的网格剖分方式,其特点在于对海水入侵过程的模拟具有独特的优势。GMS 为 FEMWATER 的地下水模型提供了友好的图形界面,但在求解 FEMWATER 模型时,比起其他的模块,需要内存大,求解费时,收敛也更加困难,这要求所建模型具有合适的边界条件。此外,模型求解时不能进行单位的转换,只能显示用户设置的单位以确保单位的一致,而且 FEMWATER 模型也无法模拟热量运移。

# 6.4 地下水污染物迁移模型 MT3D

## 6.4.1 MT3D 模型基本情况

### 6.4.1.1 模型简介

MT3D 是英文 Modular 3-Dimensional Transport model(模块化的三维运移模型)的简称。MT3D 的模块化三维运移模型最初由 Zheng(1990)在 S. S. Papadopulos & Associates, Inc. 提出,后为美国环保部署的 Robert S. Kerr 环境研究实验室提供了文件说明。MT3D 是一套基于有限差分方法的污染物运移模拟软件,近年来在国外水文地质和水环境模拟等领域的研究中已经得到较为广泛的认可。MT3D 比较全面地考虑了污染物在地下水中的对流、弥散和化学反应等过程,可以灵活处理各种复杂的源汇项和边界条件,能够准确模拟承压、无压和越流含水层中的污染物运移过程。MT3D 具有模块化的程序结构、灵活的求解方法以及全面的模拟功能,非常适合实际问题的研究,值得在国内推广使用。此后几年,MT3D 在污染物迁移和治理评估研究中得到广泛应用。第二代 MT3D 称为 MT3DMS,其中 MT3D 仍然代表 Modular 3-Dimensional Transport model,而 MS 表示可插入多种污染物组分生化反应模块的程序结构。其功能得到显著改善,包括:①利用三阶总变差缩减法(TVD)能够在保证质量守恒的基础上尽可能减小数值弥散和人工振荡引起的误差;②使用一种基于广义共轭梯度法的迭代算法,这种迭代法可以有效地避免对运移时间步长的限制;③增加了处理非平衡吸附和双重介质中对流、扩散问题的处理方法;④程序采用多组件结构,从而可以随时插入模拟生物化学反应的模块。MT3DMS 的功能全面,既可以模拟常规水文地质条件下地下水流系统中污染物的对流、弥散/扩散过程,也可以模拟污染物在迁移过程中的生物化学反应。

MT3DMS 的独特性在于它囊括了三种主要的运移问题求解技术:标准有限差分法、欧拉-拉格朗日粒子跟踪法、三阶 TVD 法。由于没有一种单独的技术对所有运移条件都适用,总是既有优点又有缺陷,有理由相信,把这些技术综合起来是解决各种溶质运移问题的最有效途径。

作为 MT3D 原代码中显式公式的补充,MT3DMS 含有隐式公式,并采取一种有效的通用迭代算法进行求解。该算法基于广义共轭梯度法(GCG),有三种预处理选项,采用 Lanczos/ORTHOMIN 加速算法处理非对称矩阵。如果选择 GCG 解法,默认隐式公式计算弥散项、源汇项和反应项,无须施加约束条件。至于对流项,用户可以选择任何可用的方案,包括标准有限差分法、欧拉-拉格朗日粒子跟踪法、三阶 TVD 法。标准有限差分法可以完全隐式求解,不需要任何对运移步长的限制,而欧拉-拉格朗日粒子跟踪法和三阶 TVD 法仍然有时间步长限制。若没有选择 GCG 方法,MT3DMS 默认使用显式算法,其中运移时间步长按照常规收敛条件加以控制。当隐式方法需要大量迭代次数才能收敛,或者计算机内存不够处理隐式算法时,显式算法还是很有用的。

MT3DMS 保留了 MT3D 原代码的模块化结构,这种结构与美国地质调查局发布的三维有限差分地下水流模型 MODFLOW 是类似的。模块化结构的优点是:可以单独模拟运移的对流、弥散/扩散、源/汇问题和化学反应问题,而不需要为没有用到的模块开辟内存;处理其他运移过程和化学反应的模块也可以随时插入到程序中,而不需要改动现有的代码。

MT3DMS 适用于常规的空间离散化方式和多种运移边界条件,包括:①承压、无压的或承压-无压可转换的模拟层;②倾斜或单元厚度变化的模拟层;③已知组分浓度或通量强度的边界;④外界水力源汇项的作用,如井、渠、河、面状补给和蒸腾。

### 6.4.1.2　MT3D 的基本方程和主要功能

MT3D 采用了对流-弥散方程来描述污染物在三维地下水流中的运移,即

$$R \frac{\partial C}{\partial t} = \frac{\partial C}{\partial x_j}(D_{ij} \frac{\partial C}{\partial x_j}) - \frac{\partial}{\partial x_i}(v_i C) + \frac{q_s}{\theta}C_s - \lambda(C + \frac{\rho_b}{\theta}\overline{C}) \tag{6-6}$$

式中:$C$ 为溶解于水中的污染物的浓度,$M/L^3$;$R$ 为阻滞因子,无量纲;$t$ 为时间,$T$;$x_i$ 为空间坐标,$L$;$D_{ij}$ 为水动力弥散系数张量,$L^2/T$;$v_i$ 为地下水渗透流速,$L/T$;$q_s$ 为源(正值)或汇(负值)的单位流量,$1/T$;$C_s$ 为源或汇的浓度,$M/L^3$;$\theta$ 为孔隙度,无量纲;$\lambda$ 为一阶反应速率常数,$1/T$;$\rho_b$ 为多孔介质的比重,$M/L^3$;$\overline{C}$ 为吸附在介质上的污染物浓度,$M/L^3$。

式(6-6)的等号右端从左至右依次为弥散项、对流项、源汇项和化学反应项。

求解式(6-6)中的对流-弥散方程需要先确定地下水渗透流速。根据 Darcy 定律,有

$$v_i = - \frac{k_{ii}}{\theta} \frac{\partial h}{\partial x_i} \tag{6-7}$$

式中:$k_{ii}$ 为渗透系数的主轴分量,$L/T$;$h$ 为地下水位,$L$。

地下水位可以通过求解三维地下水流动方程得到,即

$$\frac{\partial}{\partial x_i}(k_{ii} \frac{\partial h}{\partial x_i}) + q_s = S_s \frac{\partial h}{\partial t} \tag{6-8}$$

式中:$S_s$ 为多孔介质的贮水率,$1/L$。

MT3D 中实际上并没有包括求解地下水流方程的子程序,而是利用另外一种常用的地下水流计算软件,即 MODFLOW 的输出结果来获得地下水位资料。

MT3D 可以用来模拟可溶性污染物在地下水中的对流、弥散、扩散作用和一些基本的化学反应过程,能够有效处理各种边界条件和外部源汇项问题。模型中的化学反应主要是一些比较简单的单组分反应,包括平衡或非平衡状态的线性或非线性吸附作用、一阶不可逆反应(如生物降解等)和可逆的动态反应等。MT3D 能够适用于各种水文地质条件,包括:①承压、无压或承压－无压含水层。②倾斜或厚度变化的含水层。③指定浓度或通量边界条件;降水、蒸发、抽水井、河流等多种外部源汇项。

## 6.4.2 MT3D 模型理论基础

污染物输运模型 MT3D 的基本方程:

$$\frac{\partial C}{\partial t} = \frac{\partial}{\partial x_i}\left(D_{ij}\frac{\partial C}{\partial x_i}\right) - \frac{\partial}{\partial x_i}(v_i C) + \frac{q_s}{Q}C_s + ER_k \tag{6-9}$$

式中:$C$ 为地下水中污染物浓度,C/L;$t$ 为时间,T;$x_i$ 为沿坐标轴各方向的距离,L;$D_{ij}$ 为水力扩散系数;$v_i$ 为地下水渗流流速,L/T;$q_s$ 为源和汇的单位流量,1/T;$C_s$ 为源和汇的浓度,C/L;$Q$ 为含水层孔隙率(%);$ER_k$ 为化学反应项。

方程中的化学反应项表示污染物存在和运移过程中一般的生物化学和地球化学反应。

在基本运移方程中,只采用了一种孔隙度经常被认为是有效孔隙度,通常比多孔介质的总孔隙度要小。它反映出这样的事实:一些孔隙中间可能含有渗流速率为零的不动水体。然而,由于孔隙结构的复杂性,所谓的有效孔隙度很难被实地测量。更确切地说,有效孔隙度通常必须被理解为集中参数,在模型校正过程中,它对羽状污染带的运动和观察到的溶质累积效应有很强的代表性。然而,在某些情况下,如裂隙介质或高度非均匀多孔介质中的运移,采用双重孔隙模型可能会更合适。在双重孔隙模型中,为充满流动水体的孔隙定义了一个主要孔隙度,在这些孔隙中对流在运移中起主导作用;同时为充满不动水体的孔隙定义了一个次要孔隙度,这些孔隙中的溶质运移主要为分子扩散。流动区域和不流动区域之间的溶质交换可用一个类似于用于描述非平衡吸附的动力学迁移方程描述。

## 6.4.3 MT3D 模型结构模块

### 6.4.3.1 整体结构

MT3DMS 运移模型的计算机程序使用与美国地质调查中使用的三维有限差分地下水流动模型或 MODFLOW 相类似的模块结构。像 MODFLOW 模型,MT3DMS 模型由一个主程序和许多独立的子程序组成。子程序又称模块,组合形成一系列程序包,每个程序包完成一方面运移模拟。MT3DMS 和 MODFLOW 在程序结构和设计上相似,这就为 MT3DMS 运移模型和作为最为广泛使用的水流模型之一的 MODFLOW 模型连用提供了方便。

图 6-3 为一般模拟运行的模型程序的执行过程。模拟时间分为应力期,也称为抽水期。在应力期,应力(汇/源)参数是恒定的。每个应力期分为一系列的时间步长。在每

一时间步长内,水头和流量用流动模型求解,结果供运移模型使用。由于与流动模型相比,运移模型对时间步长大小有更严格的要求,解决流动问题时时间步长的大小可能会超出运移解的精度和稳定性所要求的极限。因此,在流动问题中所用的时间步长,进一步分成更小的步长,称为运移步长。在运移步长内水头和流量被认为是不变的。

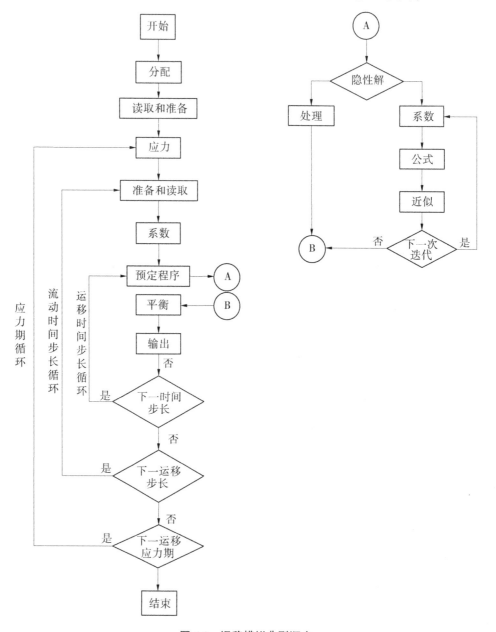

图 6-3　运移模拟典型顺序

在进入应力期循环之前,程序先执行属于整个模拟的 3 个子程序(见图 6-3)。在定义程序中,定义模拟问题,即模型的大小、应力期个数。在分配程序中,给数组分配内存,数组维数由定义程序中指定的参数决定。在读取和准备程序中,读取并处理模拟过程中不变的输入数据。这些输入数据包括:空间和时间离散化信息、边界条件、初始条件、运移参数、解法参数以及输出控制选项。

应力期循环中第一个程序是应力程序,它为当前应力期获取时间信息:应力期长度、应力期内时间步长的数量和每个时间步长的长度。接着第二个读取和准备程序读取并准备当前应力期内不变的输入数据,即需要指定汇和源的浓度。运移模型通过一个无格式的流动-运移连接文件获取位置、类型和流动模型中模拟的所有源汇的流速。源的浓度自动设为零,除非用户在读取和准备程序中指定了不同的浓度。汇的浓度一般设为等于汇所在含水层在汇处的浓度,在读取和准备程序中可指定浓度的蒸腾除外。

在流动时间步长循环中,第三个读取和准备程序读取并处理流动模型中保存的水头和流动项,自动合并指定的水力边界条件。然后参数程序计算某些在水头解的每一个时间步长内不变的系数,如弥散系数。

在运移时间步长循环中,预处理程序确定了一个合适的步长大小,用于当前运移时间步长。选取显式或隐式解法,预处理程序后面将会运行不同的程序。如果选择显式解法,解决程序在一个步长内直接解决每一个运移组分,没有任何迭代。如果选择隐式解法,程序就会进入迭代循环。在迭代循环中,另一个参数程序更新在每次迭代中都会改变的非线性系数,公式化程序为迭代更新并准备系数矩阵,近似程序求解线性方程,预算程序计算并准备总体的质量平衡信息,输出程序根据用户指定的输出控制选项保存模拟结果。

运移方程中的四个组分(平流、弥散、汇源混合和化学反应)都采用前面讨论的一般程序求解。求解通过使用单独的模块或者说独立的子程序完成,每个模块完成一特定过程。例如,对流组分通过 5 个模块实现:ADV3AL、ADV3RP、ADV3SV、ADV3FM 和 ADV3BD。ADV(对流程序包)表示这些模块解决运移组分(平流),数字 3 表示计算机代码的当前版本。AL(Allocation 的缩写)、RP(Read & Prepare 的缩写)、SV(Solve explicitly 缩写)、FM(Formulate 的缩写)、BD(Budget 的缩写)表示这些模块执行的程序。主程序调用的模块称为主要模块以区别于那些次级模块,次级模块仅在它们所属的主要模块中使用。主要模块 ADV3AL、ADV3RP、ADV3SV、ADV3FM 和 ADV3BD 和与之相关的次级模块一起组成一个程序包,称为对流程序包。弥散、汇源混合和化学反应处理过程是相似的,分别组成弥散程序包(DSP)、汇源混合程序包(SSM)和化学反应程序包(RCT)。

除四个运移组分程序包外,MT3DMS 模型程序还包括四个附加程序包:基本运移程序包(BTN)、流动模型分界面程序包(FMI)、广义共轭梯度程序包(GCG)和实用程序包(UTL)。BTN 处理整个运移模型需要的基本工作。这些工作包括模拟问题的定义、初始条件和边界条件的指定、合适运移步长的确定、整体质量平衡信息的准备和模拟结果的输出。FMI 结合流动模型获得流动解。目前,这种结合通过无格式的连接文件完成,文件内容包括流动模型解出的水头,各种水流和源汇项。这个文件以运移模型所需要的格式读取和处理。GCG 解决基于广义共轭梯度法的隐式有限差分法产生的矩阵方程。UTL 包括一些实用模块,其他模块调用这些模块完成计算机输入和输出的工作。

MT3DMS 运移模型中所有主要模块组成的程序包都列在表 6-3 中。手册中所有的程序包列在表 6-4 中。MT3DMS 和早期的 MT3D 最根本的区别是增加了 GCG 解法程序包和在其他运移程序包中增加了公式化模块,目的是公式化 GCG 解法需要的系数矩阵。

表 6-3　以程序和程序包组织的 MT3DMS 主要模块

| 程序 | 程序包 | | | | | | |
| --- | --- | --- | --- | --- | --- | --- | --- |
| | BTN | FMI | ADV | DSP | SSM | RCT | GCG |
| 定义(DF) | BTN3DF | | | | | | |
| 内存分配(AL) | BTN3AL | FMI3AL | ADV3AL | DSP3AL | SSM3AL | RCT3AL | GCG3AL |
| 读取准备(RP)[1] | BTN3RP | | ADV3RP | DSP3RP | | RCT3RP | GCG3RP |
| 应力(ST) | BTN3ST | | | | | | |
| 读取准备(RP)[2] | | | | | SSM3RP | | |
| 读取准备(RP)[3] | | FMI3RP | | | | | |
| 参数(CF)[4] | | | | DSP3CF | | | |
| 预处理(AD) | BTN3AD | | | | | | |
| 解决(SV) | BTN3SV | | ADV3SV | DSP3SV | SSM3SV | RCT3SV | |
| 参数(CF)[5] | | | | | | RCT3CF | |
| 公式化(FM) | BTN3FM | | ADV3FM | DSP3FM | SSM3FM | RCT3FM | |
| 近似(AP) | | | | | | | GCG3AP |
| 预算(BD) | BTN3BD | | ADV3BD | DSP3BD | SSM3BD | RCT3BD | |
| 输出(OT) | BTN3OT | | | | | | |

表 6-4　MT3D 软件中的子程序包及其功能描述

| 子程序包名称 | 英文名及其缩写 | 主要功能 |
| --- | --- | --- |
| 基本运移子程序包 | Basic Transport package(BTN) | 处理整个模拟中需要的基本数据 |
| 流动模型分界面子程序包 | Flow Model Interface(FMI) | 读取水流模型计算得到的地下水位资料 |
| 对流子程序包 | Advection package(ADV) | 模拟对流作用引起的污染物浓度变化 |
| 弥散子程序包 | Dispersion package(DSP) | 模拟弥散作用引起的污染物浓度变化 |
| 源汇项子程序包 | Source & Sink Mixing(SSM) | 模拟源汇项（如抽水井等）引起的污染物浓度变化 |
| 化学反应子程序包 | Reaction package(RCT) | 模拟化学反应（如生物降解等）引起的浓度变化 |
| 实用子程序包 | Utility package(UTL) | 处理数组的输入输出等 |

### 6.4.3.2　内存分配

MT3DMS 运行模型所需的计算机内存在运行期间是动态分配的。MT3DMS 用两个称为 X 数组（实数型变量）和 IX 数组（整型变量）的一维数组来存储各个数据数组，数据数组的维数取决于被模拟的问题。相应的程序包通过分配程序计算各数据数组的大小并累加,累计量作为指针指示 X 和 IX 数组中各数据数组的位置。所有分配程序结束后,各数组的累加量即为 X 和 IX 数组的大小,然后 X 和 IX 数组利用 FORTRAN-90ALLOCATE 语句动态分配内存。如果计算机系统没有足够的内存就会出现错误信息并终止程序。

在具体问题中,X 和 IX 数组的大小取决于使用程序包的种类和数量。X 和 IX 数组的准确大小可查表计算。它们也可以通过简单的运行程序得到,程序总会输出所需 X 和 IX 数组的大小,即使因为计算机系统不能为 X 和 IX 提供足够的内存而终止程序。一般认为,用隐式矩阵解法与不用隐式矩阵解法相比,所需的附加内存是模型节点总数的15~46 倍。粒子追踪法所需的附加内存为移动粒子总数和流动组分数的4~8 倍。

MT3DMS 模型程序针对处理三维模拟。当程序用于处理一维或二维问题时为节省内存一些数组是不需要的,这些数组在 X 和 IX 数组中不被分配。例如,ZP 数组用于存储移动粒子的纵坐标。如果程序用于模拟平面上的二维问题,不需要 ZP 数组也不再为其分配内存,在程序中不会用到或操作 ZP 数组。当用户需要修改计算机代码时,这一点是必须注意的。

读取和准备程序 1 读取和处理在整个模拟期间不变的输入数据;读取和准备程序 2 读取和处理每个应力期内不变的输入数据;读取和准备程序 3 读取和处理在流动模拟每个时间步长内不变的输入数据;参数程序 4 计算在流动模拟每一个时间步长不变的参数;参数程序 5 在矩阵解法的每一外部迭代中更新非线性反应参数。

## 6.4.4 MT3D 模型操作方法

MT3D 需要的输入数据是通过不同的数据文件来读取的。这些文件的数据输入格式有严格的要求。在研究一个实际问题时,需要特别注意输入数据的格式是否符合 MT3D 的要求。这是一个十分烦琐的过程。MT3D 输出计算浓度的格式和频率由用户给定。为了节省存贮空间,不同时刻污染物的浓度作为一个二进制文件保存在磁盘上。因此,无法用字处理软件直接读取和处理。MT3D 程序包中有一个实用程序(PM)可以用来读取指定时刻的浓度并保存为文本文件,便于制图和输出。近些年来,已经出现许多商业软件专门用于 MT3D 的数据输入和模拟结果的处理,比较著名的有加拿大 Waterloo 水文地质公司的 Visual MODFLOW、美国 BOSS 公司的 Groundwater Modeling System 以及 Processing MODFLOW 软件等。这些软件都具有可视化的操作环境,有些还具有地理信息系统的接口,使用这些软件可以完成从数据输入、模型运算到结果图形输出的全过程,极大地提高了污染物运移模拟工作的效率。

MT3D 的运行具体步骤如下:

(1)MT3D 模块。首先打开 Visual MODFLOW 软件,在菜单栏中选择 MT3DM3 选项的下拉菜单中点击 Solution Method,打开了溶质运移求解方法的窗口。

(2)解法选项窗口。打开 Solution Method 窗口进行溶质运移求解方法的设置,在解法栏中可选择是否选用隐式 GCG 解法,同时需要对过滤的方法进行选取;在时间步长和GCG 选项栏中对起始步长大小、最大步长大小和乘数进行设置;孔隙度选择使用有效孔隙度或者使用总孔隙度;最后对最小饱和厚度占单元厚度的比例进行设置。

（3）Output time-输出时间。MT3D 输出控制的默认输出设置是只在模拟结束时的浓度计算结果。在模型输出结果中需要指定查看模拟结果的时间。输入模拟时间、最大运移步长,选择指定输出时间。

（4）Run。选择需要运行的程序,点击 Translate&Run,开始运行。

## 6.4.5　MT3D 模型应用情况

运用 MT3DMS 软件不仅能模拟地下水中污染物的对流、弥散,而且能够同时模拟多种污染物组分在地下水中的运移过程以及它们各自的变化反应过程(不包括各种组分之间的化学反应),包括平衡控制的等温吸附过程、非平衡吸附过程、放射性衰变或简单生物降解过程。其中,平衡控制的等温吸附过程又包括线性吸附和非线性吸附(Freundlich 和 Langmuir 两种等温非线性吸附),非平衡吸附过程是基于一阶可逆变化的运动反应吸附过程。平衡吸附和非平衡吸附这两种过程均是指污染物在液相(溶解于地下水)与固相(被吸附于介质表面)之间的质量转化过程。而放射性衰变或简单生物降解过程是指污染物在液相和固相中的消减过程,它是不可逆的一阶衰减变化过程。正因为 MT3DMS 具有以上诸多功能和特点,决定了该软件广泛适用于各种不同条件下地下水中污染物的运移问题,有关污染物的运移研究大都可采用 MT3D/MT3DMS 进行数值模拟,用户可由该软件说明文档中的大量实例得到证实。自 MT3DMS 发布以来,在各种与地下水有关的权威学术刊物( 如 Water Resources Research, Advances in Water Resources, Journal of Hydrology,Journal of Contaminant Hydrology, Ground Water, Environmental Geology 和 Environmental Science and Technology 等)上均常有该软件的应用研究论文刊出,可以说 MT3DMS 是目前国内外应用最为广泛的溶质运移数值模拟软件。同时,利用双重区域介质理论,MT3DMS 还可以用来模拟高度非均质裂隙介质中的污染物运移。

利用 MT3DMS 的以上几个特点,用户还可以根据自己的需要,与其他扩充功能模块结合,从而应用到很多目前 MT3DMS 所不能模拟的过程或现象。如 Guo 等以 MT3DMS 为核心,开发出来考虑地下水密度变化的 SEAWAT 软件,可用于海水入侵过程的实际模拟;Labgevin 等对 SEAWAT 进行了升级。Prommer 等将 MT3DMS 与 PGREEQC-2 结合,开发了 PHT3D 软件,可以模拟许多地球化学反应对污染物(溶质)运移的影响。Zheng 和 Wang 将 MT3DMS 与优化方法相结合,用于污染物治理方案的最优设计,并开发了用于地下水污染治理和含水层修复方案设计的模拟优化软件。而最近 Wu 等将 MT3DMS 与优化方法相结合,成功地应用于确定条件下污染物长期监测网的优化设计。

虽然 MT3DMS 本身并不包含图形用户界面(Graphical User Interface,GUI),但有些很好的 GUIs,如 Model Viewer,可作为 MT3DMS 的后处理工具。而利用 MT3DMS 自身携带的后处理程序 PostMT3D|MODFLOW(PM),结合 Surfer 和 Tecplot 等功能强大的绘图软件也可作为 MT3DMS 的图形后处理工具。

另外,很多以 MT3DMS 源代码为溶质运移模拟内核的商用软件,如 Groundwater Modeling System(GMS)、Visual MODFLOW 和 Groundwater Vistas(GV)等,其本身就有很好的图形界面。需要说明的是,近年来 Groundwater Modeling System(GMS)、Visual MODFLOW 和 Groundwater Vistas(GV)等商用软件的推广与 MT3DMS 的广泛应用是一致的。因

为这些商用软件集中了 MODFLOW、MOC3D、MT3DMS 和 RT3D 等多个水流和溶质运移软件包,在利用这些软件模拟溶质运移问题时常常还是选择其中的 MT3DMS 菜单选项,只不过是用户利用这些图形界面的直观性和易操作性,作为 MT3DMS 软件运行的前处理和后处理平台。对于初级用户来说,这些商用图形界面相对应用较广,但就其本质来说,仍然是 MT3DMS 软件的应用;而对于高级用户来说,MT3DMS 软件因其模块化结构的易添加性,其源代码应用更为广泛。

### 6.4.6　MT3D 模型应用案例

研究区的地质背景如图 6-4(MT3DMS 基础)所示。场地下的潜水含水层上部为细到中砂,并有非连续的粉砂质透镜体;下部为中至粗砂并含一些砾石。上部和下部的水力传导系数分别大约为 60 in/d(1 in=2.54 cm,下同)和 520 in/d。场地平均地下水补给强度约为 12.7 cm/年。孔隙度约为 30%。其他有关含水层的参数列于表 6-5(MT3DMS 基础)中。场地地下水中可发现一些有机污染物,其中 1,2 二氯乙烷(1,2-DCA)的污染区域超过 670 m×396 m(2 200 ft×1 300 ft,1 ft=0.304 8 m,下同),最大浓度超过 200 ppb(见图 6-5)(MT3DMS 基础)。

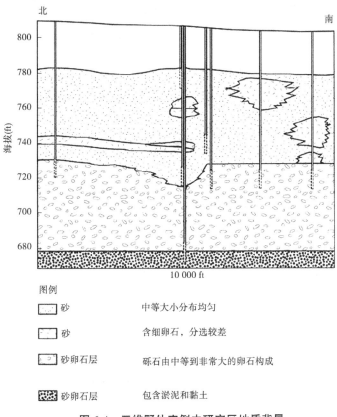

图 6-4　三维野外实例中研究区地质背景

表 6-5　研究区含水层参数

| | |
|---|---|
| 渗透系数(中到细砂) | 60 ft/d(18 m/d) |
| 渗透系数(粗砂) | 520 ft/d(159 m/d) |
| 垂向与水平方向上渗透系数之比 | 0.1 |
| 补给强度 | 5 in/年(12.7 cm/年) |
| 饱水带厚度 | 100 ft(30.5 m) |
| 纵向弥散度 | 10 ft(3 m) |
| 横向弥散度 | 2 ft(0.6 m) |
| 孔隙度 | 0.3 |
| 含水层容重 | 1.7 g/cm³ |
| 分配系数 | 0.176 cm³/g |

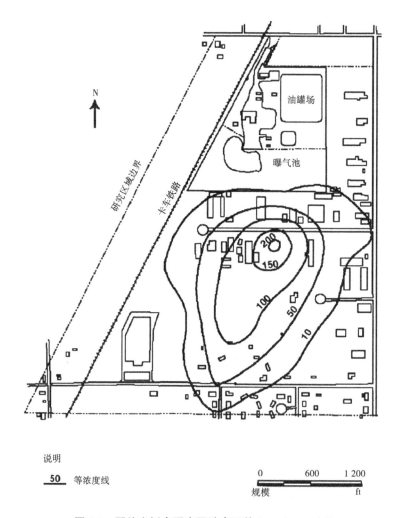

说明

**50**　等浓度线

图 6-5　野外实例中研究区地表下约 30 m(100 ft)处

1,2 二氯乙烷(1,2-DCA)浓度(ppb)原始分布

该场地数值模拟的目的是调查将存在 1,2 二氯乙烷(1,2-DCA)污染羽的含水层净

化而采取的各种恢复措施的有效性和实际表现。数学模型在垂向上分为4层,如图6-6 (MT3DMS 基础)所示。每一层厚度均为 7.62 m(25 ft)。平面上,每一层剖分 61 行 40 列。重点研究区的网格间距为15.24 m×15.24 m(50 ft×50 ft),并向模型的边界逐步增 大。水流模型的边界条件:在四周为给定水头边界,底部为隔水边界,在潜水面处有定流 量补给。四周边界水头的设置要使局部水力梯度自东向西为 5×10$^{-4}$、自北向南为 1× 10$^{-3}$。运移模型的边界条件:底部为零质量通量边界,其他为给定对流质量通量边界。对 流质量通量由通过边界结点流入或流出的流量以及流入或流出水流的浓度(默认情况下 流入水流的浓度为0)决定。边界与重点研究区的距离足够远,对重点研究区附近的水流 及溶质运移的影响非常微弱。位于污染羽区域内大多数的单元格集中在网格模型的中心 部位,以 ABCD 标注在图 6-6 中。水流模型只考虑稳定流条件。检测出的 1,2-DCA 的浓 度可作为任何恢复措施生效前溶质运移模型的初始条件。模型中重点研究区的第三层中 初始浓度分布如图 6-7(a)(MT3DMS 基础)所示。第二层中的初始浓度假定为第三层的 20%,而顶层与底层最初是洁净的。

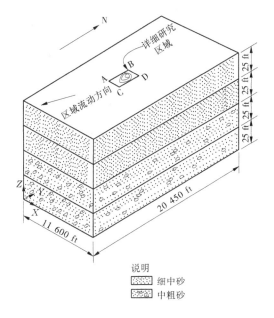

(11 600 ft = 3 535.68 m;20 450 ft = 6 233 m;25 ft = 7.62 m)

**图 6-6 野外实例中水流与运移模型结构示意图**

溶质运移模型用以下几种解法求解:①针对对流项的显式 ULTIMATE 方法和针对其 他项的隐式有限差分法;②针对对流项的基于粒子追踪的 HMOC 法与针对其他项的隐式 有限差分法;③针对对流项的上游加权全隐式有限差分法。HMOC 方法中的解法控制性 参数为:DCEPS = 10$^{-5}$,NPLANE = 0,NPL = 0,NPH = 16,NPMIN = 2,NPMAX = 32, DCHMOC = 0.01。初始粒子以随机模式分布(NPLANE = 0)。粒子追踪由混合一阶欧 拉和四阶 Runge-Kutta 算法完成。上述三种解法的 Courant 数都定为 1.0。

重点研究区内模型第三层在抽出——处理措施开始后的 500 d、750 d 和 1 000 d 的计 算浓度分布如图 6-7(b)、(c)和(d)所示。由 ULTIMATE 与 HMOC 方法所计算出的浓度

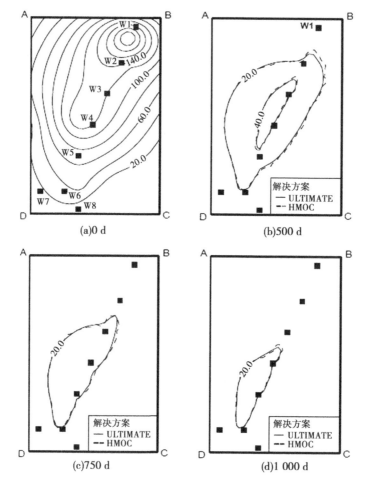

图 6-7　模型第三层的初始浓度和不同时间的计算浓度

结果相互之间吻合得很好,与上游加权隐式有限差分法所计算出的结果也很好吻合(见图 6-8)(MT3DMS 基础)。在整个模拟过程中,HMOC 解法的质量均衡误差不超过 1%。位于初始污染羽中心附近的 W4 号井中的浓度历时曲线如图 6-8 所示。三种解法之间吻合得相当好,尤其是 ULTIMATE 与 HMOC 解法。

对于这一应用实例,全隐式有限差分法的准确性与 ULTIMATE 及 HMOC 不相上下。因此,出于计算效率的考虑,使用全隐式有限差分法具有较大的优势。全隐式有限差分法对运移步长大小没有限制,用户可以根据需要采用尽可能少的运移步长来运行模拟程序。然而,随着时间步长增大,运移解的精度就会大幅度降低,因为此时的 Courant 数将会大大超过 1。当为全隐式有限差分法指定运移步长乘数时,应当考虑运移步长的精度要求。

为了说明这一点,用全隐式有限差分法解决同一溶质运移问题,但却用不同的运移步长乘数。为满足各种稳定性约束而具有最大运移步长为 2.25 d 的显式有限差分法被用作基本情况。表 6-6(MT3DMS 基础)中的计算时间为 Pentium Pro 200 MHz PC 上的计算机时间。GCG 解法使用改进的不完全 Cholesky 预处理器,收敛标准为 $10^{-4}$。括号为通过启动集中弥散截断选项而获得的时间。可以看出,尽管使用更大的步长乘数可以大大加

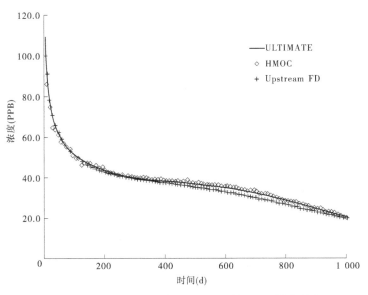

**图 6-8  位于初始污染羽中心附近的 W4 号抽水井中**
**使用不同解法计算出的浓度历时曲线**

快模拟运行的速度,但当以含水层相对于基本情况去除质量的总量来近似衡量时,结果就变得不够精确了。

**表 6-6  显式与隐式解法中的计算时间对比**

| 显式或隐式解法 | 初步运移步长大小(d) | 运移步长乘数 | 所需步长数 | 总计算时间(s) | 相对质量去除量 |
|---|---|---|---|---|---|
| 显式 | 2.25 | N/a | 889 | 128 | 1.00 |
| 隐式#1 | 2.25 | 1.2 | 29 | 64(24) | 0.98 |
| 隐式#2 | 2.25 | 1.5 | 16 | 38(16) | 0.95 |
| 隐式#3 | 2.25 | 2.0 | 10 | 26(11) | 0.93 |
| 隐式#4 | 2 000 | N/a | 1 | 8(3) | 0.79 |

注:括号内数据为通过启动集中弥散截断选项而获得的时间。

在已讨论的模拟中,吸附作用是用平衡控制线性等温线来模拟的。为了评估局部平衡假设对建议的恢复措施有效性的影响,MT3DMS 可利用动态(非平衡)等温吸附线构建新的模拟,而且只需要一个额外的参数,即一阶动态速率 $\beta$。在此项研究的模拟中,分别用一阶动态速率 $0.1/d$、$1.5\times10^{-4}/d$ 及 $10^{-6}/d$ 来代表相对快速的、中速的以及慢速的吸附过程。如图 6-9(MT3DMS 基础)所示,当吸附速率常数为 $0.1/d$ 时,动态吸附接近平衡吸附。换句话说,先前模拟中使用的局部平衡假设是有效的。然而,当这个速率常数在 $1.5\times10^{-4}/d$ 附近时,局部平衡假设将导致对质量去除量的过高估计。随着速率常数的进一步减小(吸附过程相对于迁移过程相当缓慢),动态吸附将接近于没有吸附的情况。需要注意的是,无吸附作用时质量去除量较少,因为假设没有吸附,含水层初始状态下所含质量就较少。

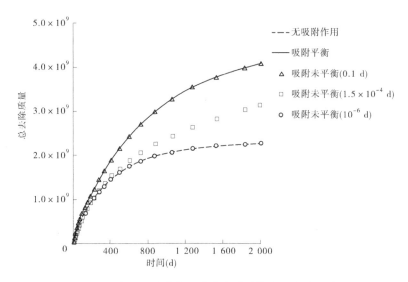

图 6-9 野外实例中动态吸附速率对质量去除量的影响

# 6.5 GMS 系统

地下水模拟系统(Groundwater Modeling System, GMS)是美国 Brigham Young University 的环境模型研究实验室和美国军队排水工程试验工作站在综合 MODFLOW、MODPATH、MT3D、FEMWATER、RT3D、SEEP2D、SEAM3D、UTCHEM、PEST、UCODE、NUFT 等地下水模型而开发的可视化三维地下水模拟软件包。它可进行水流模拟、溶质运移模拟、反应运移模拟;建立三维地层实体,进行钻孔数据管理、二维(三维)地质统计;可视化和打印二维(三维)模拟结果,其图形界面的可视化与操作简便快捷。由于 GMS 软件具有良好的使用界面,强大的前处理、后处理功能及优良的三维可视化效果,目前已成为国际上最受欢迎的地下水模拟软件。

## 6.5.1 GMS 各模块功能简介

GMS 由 MODFLOW、MODPATH、MT3D、FEMWATER、SEEP2D、SEAM3D、RT3D、UTCHEM、PEST、UCODE、MAP、SUB SURFACE CHARACTERIZATION、BoreholeData、TINs、Solid、GEOSTATISTICS 等模块组成。各模块的功能如下:

MODFLOW 是世界上使用最广泛的三维地下水流模型。专门用于孔隙介质中地下水流动的三维有限差分数值模拟,由于其程序结构的模块化、离散方法的简单化及求解方法的多样化等优点,已被广泛用来模拟井流、溪流、河流、排泄、蒸发和补给对非均质和复杂边界条件的水流系统的影响。

MODPATH 是一个与 MODFLOW 结合的离子跟踪代码。

MODPATH 是确定给定时间内稳定流或非稳定流中质点运移路径的三维质点示踪模型。在指定各质点的位置后,MODPATH 可进行正向示踪和反向示踪,根据 MODFLOW 计算出来的流场,MODPATH 可以追踪一系列虚拟的粒子来模拟从用户指定地点溢出污染物的运动。这种追溯跟踪方法可以用来描述给定时间内井的截获区。

MT3D 是模拟地下水中单项溶解组分对流、弥散和化学反应的三维溶质运移模型。MT3D 所模拟的化学反应包括平衡控制的线性和非线性吸附、一级不可逆衰变及生物降解。模拟计算时,MT3D 需和 MODFLOW 一起使用。

FEMWATER 是用来模拟饱和流与非饱和流环境下的水流和溶质运移的三维有限元耦合模型,还可用于模拟咸水入侵等密度变化的水流和运移问题。

RT3D 是模拟地下水中多组分反应的三维运移模型,适合于模拟自然衰减和生物恢复。例如,自然降解、重金属、炸药、石油碳氢化合物、氯化组分等污染物治理的模拟。

SEEP2D 是用来计算坝堤剖面渗漏的二维有限元稳定流模型。它可以用于模拟承压和无压流问题,也可以模拟饱和带与非饱和带的水流,对无压流问题,模型可以只局限于饱和带。根据 SEEP2D 的结果可以做出完整的流网。

SEAM3D 是在 MT3D 模型基础上开发的碳氢化合物降解模型,可模拟多达 27 种物质的运移和相互作用。它包含 NAPL(nonaqueous phase liquid,非水相)溶解包和多种生物降解包,NAPL 溶解包用于准确地模拟作为污染源的飘浮状 NAPL,生物降解包用于模拟包含碳氢化合物酶的复杂降解反应。

UTCHEM 是模拟多相流和运移的模型,它对抽水和恢复的模拟很理想,特别适合于表面活化剂增加的含水层治理(SEAR)的模拟,是一个已经被广泛运用的成熟模型。

PEST 和 UCODE 是用于自动调参的两个模块。可在给定的观察数据及参数区内自动调整参数,如渗透系数、垂直渗漏系数、给水系数、储水系数、抽水率、传导力、补给系数、蒸发率等,进行模型校正。自动进行参数估计时,交替运用 PEST 或 UCODE 来调整选定的参数,并且重复用于 MODFLOW、FEMWATER 等的计算,直到计算结果和野外观测值相吻合。

NUFT 是三维多相不等温水流和运移模型,它非常适合用来解决包气带中的一些问题。

MAP 可使用户快速地建立概念模型。在 MAP 模块下,以 TIFF、JEPG、DXF 等图形文件为底图,在图上确定表示源汇项、边界、含水层不同参数区域的点、曲线、多边形的空间位置。点位置可以确定井的抽水数据或污染物点源;折线可以确定河流、排泄等模型边界;多边形可以确定面数据,如湖、不同补给区或水力传导系数区,快速建立起概念模型。一旦确定了概念模型,GMS 就自动建立网格,将参数分配到相应的网格并可对概念模型进行编辑。

SUB SURFACE CHARACTERIZATION(地质特征)被用来建立三角形不规则网络(TINs)和实体(Solid)模型,显示钻孔数据(Borehole Data)。钻孔数据用来管理样品和地层这两种格式的钻孔数据。样品数据用来做等值面和等值线,推出地层。地层数据用来建立 TIN、实体和三维有限元网格。TINs 即三角不规则网络,通常用来表示相邻地层的界面,多个 TINs 就可以被用来建立实体模型或三维网格。TINs 是表示相邻地层单元界面的面,它是由钻孔内精选的地层界面组成的。一旦建立了一组 TINs,TINs 就可以用来建立实体模型。

Solid 被用来建立三维地层模型,任意切割剖面,产生逼真的图像。

GEOSTATISTICS(地质统计)模块提供了多种插值法,包括线性法、Clough-Techer法、反距离加权法、自然邻近法、克立格法和对数法等,将已有的野外数据转化成可使用的数据类型,然后被作为输入值分配给模型,可插入二维、三维点数据,产生等浓度面,从而图示化给出污染晕。实体(Solid)是在不规则的三角形网络(TINs)建立完成后,通过一系列操作产生的实际地层的三维立体模型。可以任意切割剖面,产生逼真的图像。

## 6.5.2　GMS 软件的优点

GMS 软件模块多,功能全,几乎可以用来模拟与地下水相关的所有水流和溶质运移问题。同其他类软件相比,GMS 软件除模块更多外,各模块的功能也更趋完善。主要优点如下:

概念化方式建立水文地质概念模型。进行地下水数值模拟时,一般包括建立水文地质概念模型、建立数学模型、求解数学模型、模型识别以及模型预报等几个步骤。其中,水文地质概念模型的建立是至关重要的一步,它是建立数学模型的基础,是整个模拟的前提。使用 GMS 软件建立概念模型时,除常用的网格化方式外,多了一种概念化方式。概念化方式是先采用特征体(包括点、曲线和多边形)来表示模型的边界、不同的参数区域及源汇项等,然后生成网格,再通过模型转换,就可以将特征体上的所有数据一次性转换到网格相应的单元和结点上。由于网格化方式要求对每个单元进行编辑,过程比较烦琐,因此通常只适合于创建一些简单的概念模型;概念化方式是对实体直接编辑,且可以以文件形式来输入、处理大部分数据,而没有必要逐个单元地编辑数据,因此对于实际应用中比较复杂的问题,采用概念化方式更简便、快捷。以这种方式建立起来的水文地质概念模型用不同的多边形来表示不同的参数值区域。在随后的参数拟合过程中,即可直接对这些相应的多边形进行操作,而无须对此多边形内的每一个网格都重复进行同一操作。

前处理、后处理功能更强。在前处理过程中,GMS 软件可以采用 MODFLOW 等模块的输入数据并自动保存为一系列文件,以便在 GMS 菜单中使用这些模块时可方便而直接地调用,且实现了可视化输入。同时 MODFLOW 等模块的计算结果又可以直接导入到 GMS 中进行后处理,实现计算结果的可视化。GMS 软件除可直接绘制水位等值线图外,还可以浏览观测孔的计算值与观测值对比曲线,以及动态演示不同应力期、不同时段水位等值线等效果视图。

版本不断更新,功能不断完善。与众多地下水数值模拟软件不同的是,GMS 软件不是一经开发后就变化不大,而是在快速动态中不断完善。该软件通过版本的升级来不断补充新的应用程序、不断完善各模块的功能。短短两年时间内,其 3.1 版较 3.0 版添加了 PEST. UCODE 程序模块,新增了可识别 *. JPEG 格式的图形文件、批处理抽水井和观测孔数据及对数插值等功能。而目前最新的 4.0 版更是将可用于模拟地下水含水层空间分布的转移概率统计程序包 TPROGS 集成进来,使 GMS 软件的功能得到进一步加强。

## 6.5.3　案例分析

### 6.5.3.1　昆明北市区地下水的动态预测

结合 1985 年 2 月至 1990 年 2 月这 5 年的水位、开采量及其他水文地质资料进行模型拟合校正,为昆明市科学管理地下水资源提供依据。根据地下水动态观测及降水特征将模拟期划分为以下应力期:1985年2月15日至1986年2月15日、1986年2月15日至1987年2月15日、1987年2月15日至1988年2月15日、1988年2月15日至1989年2月15日、1989年2月15日至1990年2月15日。选取前4个应力期进行数学模型识别,最后1个应力期(丰水期)进行数学模型的验证。

根据含水层的埋藏条件及降水入渗能力,将研究区含水层分为3个参数区:Ⅰ区为龙泉路往东区域;Ⅱ区为一河道与盘龙江之间的部分;Ⅲ区为盘龙江至断裂带地区。各参数分区渗透系数初值主要根据区内抽水试验计算成果通过换算确定,给水度及降水入渗系数取当地经验值。

概念模型建立好以后,切换到MAP模块,选择Map→MODFLOW命令,把前面建立好的概念模型实体转换到网格模型中。此操作把边界条件、源汇项含水层参数一并加入网格模型中。衡量一个模型是否正确可靠、能否用来预测地下水系统的动态变化特征,取决于两个方面的因素。一方面模型的识别要符合地下水系统的结构与功能特征,另一方面模型要收敛、稳定。本次地下水系统数值模拟是在充分研究昆明市北市区地下水系统的结构与功能,掌握了地下水系统宏观变化规律的基础上进行的,模型识别过程中所涉及的物理量也均是在实际调查的基础上确定的,因此在调参时就做到了有规律可循,消除了无目的调试的盲目性,大大提高了调参的置信度。从识别结果来看,地下水系统各分区参数的级别大小及其边界上的水量交换强弱程度和实际系统基本一致,较好地反映了实际地下水系统的结构与功能特征,各观测井的水位计算值和实测值拟合程度也较好(见表6-7),少数观测井模拟结果不甚理想,主要是由于这些观测井的实测水位变幅太大(可能是其本身是开采井或靠近开采井),而模拟所用的开采量是城区开采量,不可能和实际开采情况一致。下面通过流场对比和误差分析两种方法对模型拟合情况进行可靠性分析。

此次模型预测是在不改变拟订好模型的边界条件、参数,只更改开采量与降水入渗量的情况下,重新运行模型,模型运行结果即为预测结果。

表6-7　识别时段误差统计

| 观测孔 ID | 观测水位(m) | 计算水位(m) | 绝对误差(m) |
|---|---|---|---|
| 3 | 1 934.74 | 1 934 | 0.74 |
| 5 | 1 926.45 | 1 925.79 | 0.66 |
| 14 | 1 921.56 | 1 921.99 | -0.43 |
| 15 | 1 901.72 | 1 902.03 | -0.31 |
| 20 | 1 889.14 | 1 888.56 | 0.58 |
| 23 | 1 886.54 | 1 887.03 | -0.49 |
| 90 | 1 880.34 | 1 881.05 | -0.71 |
| 109 | 1 875.24 | 1 874.88 | 0.36 |
| 395 | 1 924.25 | 1 925.12 | -0.87 |

首先,根据气象局昆明中心站王家堆站 1948~1990 年降雨量资料,多年平均降雨量为 989.0 mm,历年最高降雨量是最低降雨量的 2.1 倍,1986 年降雨量最大,为 1 386.5 mm,1987 年降雨量最小,仅为 660.0 mm。利用频率分析法和历史降水周期重现法确定降水量预报序列。

结果表明:同一保证率的条件下,远离开采井的地下水位,符合丰水期水位升高、枯水期水位降低的规律,但是开采井密布的地方地下水位持续下降,丰水期增多的降水入渗也不能阻止漏斗的扩大。地下水的排泄量大于补给量,地下水表现为负均衡。研究区不能承受如此大的开采量。抽水井大量袭夺河水,河道入渗水量已经由 2 041 m³/d 增加到 2 526 m³/d(预测阶段 20% 保证率情况下),河流边界的水力梯度变得相当大。

由于开采量增大远离河流边界的区域漏斗不断扩大,表 6-8 是不同保证率情况下漏斗区水位与验证阶段水位对比,水位平均下降 3.35 m。不同降水保证率情况下,漏斗深变化范围为 0.1~0.13 m,而且随保证率的加大漏斗深随之加大,主要是因为保证率大、降水少,因此可见降水多少对漏斗的影响很小,可以推断漏斗的形成主要是人工开采影响的。

表 6-8　不同频率漏斗区验证时段末水位与预测时段丰水期水位对比

| 保证率(%) | 验证时段末水位(m) | 预测时段丰水期水位(m) | 水位差(m) |
|---|---|---|---|
| 20 | 1 915 | 1 911.1 | 3.9 |
| 50 | 1 915 | 1 911.4 | 2.6 |
| 75 | 1 915 | 1 911.5 | 3.5 |
| 95 | 1 915 | 1 911.8 | 3.2 |

结论如下:①研究区是一个独立完整的地下水系统,是统一的水动力场,具有间接补给、直接补给和汇集排泄等一套完整的地下水补给、径流、排泄、储蓄功能。②在拟定的地下水开采建议下,未来规划期内水源地的地下水位降深过程平稳,没有出现大范围水位降落漏斗;地下水开采以夺取河水入渗补给量为主,开采有保证,属于稳定性水源地;其可开采量为 63 070 m³/d。③考虑参数的不确定性,建立并求解参数随机模型,可以反映含水层参数的随机性对模拟结果的影响,与确定性模型相比较,其求解过程更加科学、合理,丰富了地下水数值模拟的研究内容,尤其是为地下水开采决策的风险分析研究提供了必要的参数随机模拟的基础。④结合实际资料,概化研究区水文地质特点,建立非均质三维非稳定流数学模型。采用自动调参和人工调参结合,对水文地质参数缺乏区域进行反演计算,利用 1985~1990 年的实测资料进行了识别和校验,经过识别与检验的地下水数值模型可直接用于昆明北市区地下水的动态预测。

### 6.5.3.2　安徽铜陵新桥硫铁矿模拟案例

以安徽铜陵新桥硫铁矿为例开展的数值模拟,该区域地表水系发育。矿区有关的地表水体主要有新西河和圣冲河。新西河沿 F1、F2 断裂带,流径矿区北部汇入河流。圣冲河由南向北贯穿矿区,在矿区北部与新西河汇流。矿区内的含水层有第四纪含水层,茅口灰岩、栖霞灰岩含水层,构造含水带、矿体含水层等,主要隔水层有高骊山组及五通组、孤峰隔水层等,各地层的主要地质资料见表6-9。研究区以新西河和圣冲河为定水头边界,底部为隔水边界,第四纪含水层和茅口灰岩含水层的渗透系数 $K$ 初值分别见表6-10和表6-11。

表6-9  各地层的主要地质资料

| 含水层类别 | 主要岩体 | 地下水类型 | 富水性 | 渗流系数范围 | 厚度(m) | 分布范围 |
|---|---|---|---|---|---|---|
| 第四纪 | 上部为砂、砾石及黏土互层,下部为黏土、亚黏土夹碎石 | 地表水、孔隙潜水与基岩地下水 | 强 | 0.036~111.38 | 50~150 | 新西河、圣冲河西岸 |
| 茅口灰岩 | 茅口灰岩、砾石以及少部分黏土 | 裂隙岩溶水、裂隙水 | 较强,不均匀 | 0.0088~25.257 | 100~150 | 矿体上盘 |
| 栖霞及船山灰岩 | 栖霞灰岩与船山灰岩 | 裂隙岩溶水、孔隙水 | 强,不均匀 | 0.236~8.06 | 300~400 | 矿体直接顶板 |

表6-10  第四纪含水层渗透系数 $K$ 初值

| 岩层 | I | II | III | IV | V | VI |
|---|---|---|---|---|---|---|
| $K_x$ | 2.2 | 13.61 | 8.04 | 0.32 | 3.152 | 8.26 |
| $K_y$ | 2.2 | 13.61 | 8.04 | 0.32 | 3.152 | 8.26 |
| $K_z$ | 0.88 | 6.57 | 5.24 | 0.24 | 1.086 | 5.27 |

表6-11  茅口灰岩含水层渗透系数 $K$ 初值

| 岩层 | I | II | III | IV | V | VI |
|---|---|---|---|---|---|---|
| $K_x$ | 4.51 | 8.26 | 5.06 | 1.41 | 8.152 | 3.16 |
| $K_y$ | 4.51 | 8.26 | 5.06 | 1.41 | 8.152 | 3.16 |
| $K_z$ | 2.32 | 3.61 | 1.24 | 0.24 | 2.086 | 1.02 |

各含水层之间的隔水层起到了一定的阻水效果,但其主要的水源还是来自其上部含水层的直接补给,导致了矿井突水的直接原因是以栖霞及船山灰岩含水层为顶板。根据其模拟得出的突水点上部各含水层对矿井突水的影响范围,第四纪含水层突水量影响范围比茅口灰岩含水层突水量范围扩大了一倍。随着反向示踪越来越明晰,可以看出突水水源由下到上,逐渐向西南侧蔓延,最终指向圣冲河。通过对矿井突水上部含水层的影响范围可以确定突水水源主要来自III、IV、V、VI四个分区,利用大井法估量各分区的涌水量比重。

分区影响程度差别标准见表6-12。

表 6-12　分区影响程度判别标准

| 影响程度 | 影响范围 $S(\text{m}^2)$ | 关系 | 影响突水量 $Q(\text{m}^3)$ |
|---|---|---|---|
| 高 | $S>50\,000$ | 或 | $Q>2\,000$ |
| 中 | $10\,000<S<50\,000$ | 或 | $1\,000<Q<2\,000$ |
| 低 | $S<10\,000$ | 且 | $Q<1\,000$ |

由第四纪含水层到茅口灰岩含水层Ⅲ、Ⅳ、Ⅴ、Ⅵ分区的涌水量都有所降低。其中,Ⅵ分区随着工程的不断加深,含水层降得尤为突出,但Ⅵ分区的涌水量也不容忽视,不管是第四纪含水层还是茅口灰岩含水层在该分区的涌水量占据了相当大的比重,Ⅲ分区对突水的补给比重越来越大。根据分区影响判别标准,第四纪含水层Ⅳ、Ⅵ两分区的影响程度为高,Ⅲ和Ⅴ两分区的影响程度为中;茅口灰岩含水层Ⅳ分区的影响程度为高,Ⅲ和Ⅵ分区的影响程度为中,Ⅴ分区的影响程度为低。由此表明,Ⅳ和Ⅵ分区对矿井突水的影响程度最高,应采取相应的防治水工程措施,如在Ⅳ、Ⅵ分区与突水点相近处建立隔水层,在栖霞含水层底部建立隔水壳等。

结论:①用粒子反向示踪理论,根据安徽铜陵新桥硫铁矿各含水层的水文地质条件、工程地质条件,利用抽压水试验得出岩层的渗流系数,针对突水水源识别,建立MODPATH的矿井突水可视化模型,并以时步分段量化研究水源渗透规律,分析了矿井突水的水源来向、侵害范围、影响程度等特征元素。②利用 MODPATH 模型处理矿井突水信息,主要依赖周边岩层渗透率、断裂带以及裂隙带的空间分布等信息,更接近工程实例。根据不同矿井的不同地质信息,获取对应水力关系,为合理预测突水规则、选取防治水方案提供依据。③利用 GMS 数值计算方法,对影响突水点的上部各含水层范围进行划分,并且通过大井法对各个含水层的涌水量进行定量定性分析,结果直观,可视化强。

### 6.5.3.3　垃圾填埋对地下水的潜在污染评价

案例解决的是评价美国的得克萨斯州某一位置拟建的垃圾填埋场对地下水的潜在污染情况,即对图 6-10 中两个抽水井的影响。模拟区域为河流阶地中的地下水流,北面为山区边界,南面为两条汇聚的河流;其基岩是石灰岩,北部为山区,有两个主要的沉积层,在模型中,上层为潜水层、下层为承压含水层。

我们使用两个粒子示踪模拟垃圾填埋场的长期污染影响。首先在模型东边对井做反向粒子跟踪来观察井的影响区域是否与垃圾填埋场重叠。然后在垃圾填埋场使用虚拟粒子做进一步的示踪,分析垃圾填埋场的潜在影响区域。

(1)定义孔隙度:为了计算示踪时间,必须定义栅格中每一个单元的孔隙度。根据默认值,GMS 自动定义栅格中每一个单元的孔隙度为 0.3。

(2)井的粒子追踪:首先,定义粒子的起始位置,在东侧井所在网格的附近创建一个粒子。可以看到,GMS 在包含井的每一个网格中都创建了粒子,然后将 MODPATH 输入文件保存到一个临时文件夹中,并在后台自动运行 MODPATH,当 MODPATH 运行时,GMS 读入 MODPATH 计算的路线。除了显示流线,GMS 还可以在链接井的流线处画一个封闭边界,这一边界称为截获区,截获区只能在俯视图中看到,MODPATH 计算的路线如

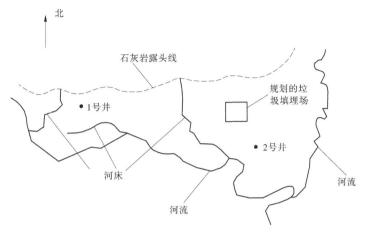

图 6-10　地点平面图

图 6-11 所示。

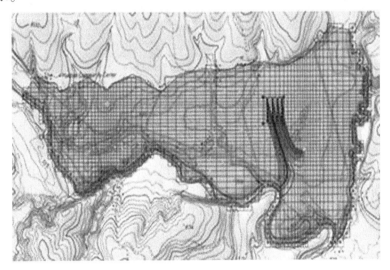

图 6-11　MODPATH 计算的路线

（3）观察粒子示踪随时间的变化：GMS 将起始位置组织成粒子束，当在新的网格中建立起始位置时，GMS 自动创建出粒子束，并且将新的起始位置输入。

（4）垃圾填埋场的粒子示踪：①创建新的粒子束；②定义新的起始位置；③设定显示颜色；④流线长度和时间计算；⑤通过区域代码设定截获区。

# 6.6　FEFLOW 模型

## 6.6.1　FEFLOW 模型基本情况

### 6.6.1.1　模型简介

有限元地下水流系统 FEFLOW 模型是一种交互式的、以图形为基础的地下水模拟系统,可用于对有压或无压的地下水资源的三维和二维、区域和断面、流体密度耦合及温盐线或者非耦合的变饱和的瞬间水流流体密度耦合及温盐线或者非耦合的变饱和的瞬间水流、化学物质及热传导进行模拟。所谓模型,通常是指一种结构,它能复制和再现一个实际系统的状态。FEFLOW 模型是用于孔隙介质中地下水资源评价、地下水变化趋势和水资源管理的有限元数值模拟工具。

有限元法为我国数学家冯康创建,其基本思想是采用插值近似使控制方程通过积分形式在不同意义下得到近似满足,把研究区域转化为有限数目的单元而列出计算格式。该方法于 20 世纪 60 年代后期开始应用于地下水流计算中,如 1966 年 Zinekiewicz 把有限元用于二维稳定流计算;1968 年 Jevendel 等进一步用有限元方法解非稳定流问题;1972 年引入等参有限元;1976 年 Capta 等用三维等参数有限元法对多层地下水盆地进行了模拟;进入 80 年代后,我国水文地质工作者应用有限元数值模拟技术解决了一大批供水水源地的资源评价、矿坑涌水量预测、区域地下水资源评价、海水入侵、污染物在地下水中运移过程等问题。

近年来,对于饱和带地下水流模拟的研究主要集中在:①三维流模型开发;②流速场和流线的计算方法;③非均质参数的区域概化;④繁杂数据的优化处理等方面。(孙晋伟等,2008)

### 6.6.1.2　FEFLOW 模型特点和功能

FEFLOW 是德国 WASY 水资源规划和系统研究所于 20 世纪 70 年代末开发的数值模拟软件,它采用有限元法进行复杂三维非稳定水流和污染物运移模拟。FEFLOW 的有限元方法方便用户建立模型,进行复杂三维地质体的地下水流及溶质运移分析,在这方面的功能要强于诸多基于有限差分的模拟软件阵,如 PMWIN、Visual MODFLOW、GMS 等。

系统输入特点:通过标准数据输入接口,用户既能直接利用已有的 GIS 空间图形数据生成有限单元网格,也可以手动生成网格。所有模型参数、边界条件及附加条件既可设置为常数,也可定义为随时间变化的函数。FEFLOW 提供克里金(Kriging)、阿基玛(Akima)和距离反比加权(IDW)等插值方法。输入数据格式既可以是 ASCII 码文件,也可以是 GIS 地理信息系统文件。

FEFLOW 系统模型求解特点:FEFLOW 可以模拟三维空间水流模型,也可模拟非稳定流及多层自由表面含水层,还可模拟非饱和带中物质运移过程。FEFLOW 采用加辽金法为基础的有限单元法来控制和优化求解过程,内部配备了若干先进的数值求解法来控制和优化求解过程:①快速直接求解法,如 PCG、GMRES;②up-wind 技术,以减少数值弥散;③皮卡和牛顿迭代法求解非线性流场问题,据此自动调节模拟时间步长;④模拟污染物迁移过程;⑤变动上边界(BASD)技术处理带自由表面的含水系统;⑥有限单元自动加密或放疏技术。

输出特点:FEFLOW 的计算结果既有水位、污染物浓度及温度等标量数据,也包括流速、流线和流径线等向量数据。模型参数和计算结果既能按 ASCII 码文件、GIS 地理信息系统文件、DXF 或 HPGL 文件输出,又能在 FEFLOW 系统中直接显示。其先进的图形可视化及数据分析技术表现在:①有限单元网格、边界条件和模型参数的三维可视化;②三维地下水流线追踪,流动时间及流速动画显示;③三维交叉断面图、剖面图与切片图显示;

④三维图形的交互旋转、放大或缩小;⑤模型整体和局部水量均衡分析;⑥各种边界条件上的水流通量、物质通量都可以由模型算出并以图形显示出来。

## 6.6.2　FEFLOW 模型理论基础

根据概念模型建立相应的数学模型,即

$$\frac{\alpha}{\alpha x}\left(T\frac{\alpha H}{\alpha x}\right) + \frac{\alpha}{\alpha y}\left(T\frac{\alpha H}{\alpha y}\right) + W(x,y) + \sum_{i}^{n}Q_i\delta_i = \mu\frac{\alpha H}{\alpha t} \quad (x,y)\in\Omega \tag{6-10}$$

$$H(x,y,t)\mid t_0 = H_0(x,y,t) \quad (x,y)\in D \tag{6-11}$$

$$H(x,y,t) = \varphi(x,y) \quad (x,y)\in\Gamma_1 \quad t\geq t_0 \tag{6-12}$$

$$\frac{\alpha H}{n} = 0 \quad t\geq t_0 \quad (x,y)\in\Gamma_2 \tag{6-13}$$

式中:$T$ 为导水系数,$L^2/T$;$H$ 为水头值,$L$;$W$ 为面补给、排泄量,$L/T$;$Q_i\delta_i$ 为泉及抽水井排泄量,对于泉,当水位标高高于其地面标高时,$\delta$ 取 1;$\mu$ 为弹性贮水(释水)系数,无量纲;$\Omega$ 为研究区域;$D$ 为初始条件;$\Gamma_1$ 为第一类边界条件;$\Gamma_2$ 为第二类边界条件。

(1)导水系数 $T$:是描述地下水运动的重要水文地质参数,单位是 cm/s 或 m/d,在 FEFLOW 中的单位为 m/d。渗透系数是指液体 1 d(24 h)时间里在固体中流动的长度,$K$ 一般用来描述岩层的透水性,但它并不能单独说明含水层的出水能力。

(2)给水度:指单位面积的潜水含水层柱体中,当潜水位下降一个单位时,所排出的重力水的体积。

(3)孔隙度:多孔介质的孔隙度是指孔隙体积与多孔介质总体积之比。这里的孔隙体积 $V$,是指岩层孔隙的总体积,不考虑这些孔隙是否对地下水实际运动有意义。但结合实际的研究来看,只有相互连的孔隙才是地下水运动有意义的参数。通常把互相连通的且不为结合水所占据的那一部分孔隙称为有效孔隙,有效孔隙体积与多孔介质总体积之比称为有效孔隙度,通常概念中所指的孔隙度都为有效孔隙度。

(4)储水率:表示含水层水头变化一个单位时,从单位体积含水层中,因水体积膨胀(或压缩)以及介质骨架的压缩或伸长而释放或储存的弹性水量,它是描述地下水三维非稳定流或剖面二维流的水文地质参数。

(5)储水系数:表示当含水层水头变化一个单位时,从底面积为一个单位、高等于含水层厚度的柱体中所释放或储存的水量;潜水含水层的储水系数等于储水率乘以含水层厚度再加给水度,但由于潜水含水层弹性变形小,可以用给水度近似代替储水系数。承压含水层的储水系数又称弹性储水系数,等于储水率乘以含水层厚度。

在对研究区水文地质情况进行概化后,构建数值模拟模型。运行模型模拟地下水位变化过程,可将模拟结果与地下水位观测井反映的实测地下水位变化过程相比较,检验模型能否客观正确地刻画地下水流系统的变化状态,并最终确定计算区域的水文地质参数。

## 6.6.3　FEFLOW 模型结构模块

FEFLOW 是德国 WASY 公司开发的地下水有限元数值模拟软件,它能够模拟各种复杂水文地质条件的需要,是迄今为止功能最为齐全的地下水模拟软件之一。运用

FEFLOW 地下水模拟软件可进行二维和三维地下水流、水质和热运移模拟,建立区域地下水流模型进行区域水资源评价,预测各种变异条件下地下水的变化趋势。FEFLOW 软件在 Visual MODFLOW 及其他模拟软件不适合某些复杂的地质条件,如不饱和流动、密度变化的流动(海水入侵)、热对流等棘手的问题时,可以发挥其独特的作用。该软件具有友好的人机对话操作界面、地理信息系统数据接口,提供了各种空间有限单元网格、空间参数区域化功能,以及快速精确的数值算法和丰富的可视化输出等。

### 6.6.4　FEFLOW6 模型操作方法

#### 6.6.4.1　原理

　　FEFLOW6 的用户界面设计宗旨为不需要打开嵌套的对话框或菜单而提供尽可能多的工具。它为有经验的 FEFLOW 用户提供了高效率的工作流程,而对初次使用的用户来说界面可能看起来比较复杂。因此,界面只显示与模型建立的当前阶段或当前模型类型相关的界面组件。五个主要的界面组件-菜单、工具栏、视图、面板和图表都自动适应当前状况。为方便快捷地使用某些常用功能,很多用户界面元素的功能也可以通过上下文菜单实现。

#### 6.6.4.2　界面定制

　　界面是完全可定制的,也就是说除主菜单外用户可以任意选择所有组件的位置和可现性。组件可以固定在某主窗口处也可以作为单独的窗口浮动。如果想在固定和浮动状态之间切换,可以双击面板的标题栏或按鼠标左键同时拖动一个组件移动到另一个位置。如要避免固定可以在移动一个面板或图表窗口前同时按<Shift>键。

　　面板和图表也可以分页使两个或多个以上组件叠加放置,点击其中一个选项卡可以使相应的面板或图表置前。浮动工具栏面板和图表可以移动到主应用程序窗口以外。当用户在一个屏幕上放大视图窗口而把工具栏和面板安排在另一个屏幕上时这一功能非常有用。视图窗口不能移动到主窗口以外。工具栏面板和图表可以通过在用户界面空白处,即无其他上下文菜单显示的部分,点击上下文菜单打开和关闭。面板和图表也可以通过点击组件右上角的关闭图标来关闭。在探索新界面时,可能遇到大多数面板和工具栏被隐藏的情况,可能其余组件也不是如愿排列。在这种情况下,只需打开视图菜单点选重置工具栏和固定窗口布局,下一次启动 FEFLOW 时会出现默认布局。

#### 6.6.4.3　操作过程

　　当 FEFLOW 启动时,默认打开一个空白工程和初始域边界对话框。在这里,为网格设计定义初始工作区域。可以手动定义或在随后的步骤加载地图后定义。

　　下列组件在工作区中可见:活动视图窗口-空间初步划分视图;主菜单;面板和工具栏。默认情况下,并不是所有的面板和工具栏均有显示。为熟悉图形用户界面的使用方法,现在在工作区中再增加一个面板。在主菜单上打开视图>面板单击插件面板。按着鼠标左键拖动面板可以移动面板的位置,松开鼠标可以将面板固定在主窗口某处或者作为单独的浮动窗口。

　　通过不同的方式可以增加另一个面板。在用户界面的空白部分,如查看面板的灰色区域,点击鼠标右键,打开一个包含工具栏、面板和图表的上下文菜单。打开面板选项卡并单击地图属性面板。此面板在用户工作区内呈现为单独的浮动面板。双击其标题栏可将该面板固定在主窗口内。空间单元面板和属性面板已被分页,每次只有一个面板可见。单击属性面板使该面板置前。单击面板右上角的关闭图标可关闭面板。

　　一般的只有与当前活动视图相关的工具栏可以显示。一般的只有与当前活动视图相关的工具栏可以显示除此限制以外,工具栏的是否可见及其位置由用户控制。作为练习,请点击网格编辑器工具栏的左边界,将其拖到其他位置,如置入空间初步划分视图,还要在工作区域内添加原点工具栏。选择上述方法之一来添加一个面板:点击视图>工具栏或者在工作区空白处点击鼠标右键。要恢复图形用户界面的默认设置,点击视图点选重置工具栏和固定窗口布局。当下次启动 FEFLOW 时会出现默认布局。

## 6.6.5  FEFLOW 模型应用情况

　　水量模拟:模拟水源地开采或者油田注水对区域地下水流场的影响、模拟水库放水或者河流断流时,河道沿线地下水流场的变化等。

　　水质模拟:模拟污染物在地下水中的迁移过程及其时间空间分布模式、模拟沿海地区抽取地下水引起的海水入侵等。

　　水流模拟:模拟三维水流模型、二维水流模型。非稳定流或稳定流的潜水含水层模拟,其中包括热、溶质运移等,也可以模拟非饱和带流场及物质迁移等。

　　温度模拟:模拟非饱和带以及饱和带温度场的分布。

　　FEFLOW 的应用领域包括:模拟地下水区域流场及地下水资源规划和管理方案;模拟旷区露天开采或地下开采对区域地下水的影响及最优对策方案;模拟由于近海岸地下水开采或者矿区抽排地下水引起的海水或深部盐水入侵问题;模拟非饱和带及饱和地下水流及其温度分布问题;模拟污染物在地下水中迁移过程及其时间空间分布规律(分析和评价工业污染物及城市废物堆放对地下水资源和生态环境的影响,研究最优治理方案和对策);结合降水径流模型联合动态模拟"降雨-地表水-地下水"水资源系统(分析水资源系统各组成部分之间的相互依赖关系,研究水资源合理利用以及生态环境保护的影响方案等)。

## 6.6.6  FEFLOW 模型应用案例

### 6.6.6.1  工程概况

　　红兴水库位于呼兰河滩地上,其东、北、西三面筑坝,坝线西端直接与阶地相接,东端通过 S202 省道(长约 87 m)与阶地相连,库区南岸为二级阶地前缘。水库坝线总长 9 445 m,总库容为 7 000 万 $m^3$;水库正常蓄水位为 154.3 m,相应库容为 4 800 万 $m^3$。大坝坝顶高程为 155.95~156.55 m,坝高 6~8 m。揭露浅部地层为第四系冲积层和白垩系碎屑岩,自上而下依次为:第四系全新统冲积层,低液限黏土,厚 1.10~8.20 m,下伏级配不良粗砂,厚 2.00~7.50 m;第四系上更新统顾乡屯组冲积层,低液限黏土,厚 6.50~8.80 m;第四系中更新统荒山组冲积层,岩性为级配不良的细砾,连续分布,局部厚度达到 25 m;白垩系碎屑岩,泥岩,揭露最大厚度为 9.70 m。库区地下水为第四系孔隙承压水,含水层岩性为级配不良的粗砂和细砾,含水层厚 10~35 m,上覆黏性土层,厚 0.4~4 m,局部有岩性天窗。区域地下水由东向西流动。

#### 6.6.6.2 库区渗流模型

为了尽量减少边界对数值计算的影响,将模拟区的边界围绕坝线向外进行了适当扩展,边界水位可根据地下水动态监测结果确定,概化为一类边界;下部边界为不透水泥岩,向下取 1 m 为底部隔水边界;水库蓄水后,相当于在天然条件下增加了一个内部面状水位边界。与天然条件相比,水库蓄水后,库区地下水的运动与未蓄水时相比增加了一个重要的影响条件,即库区水体向地下的渗透。同时,采取防渗措施后各渗流层不再是均质各向同性,而表现出明显的非均质特征。含水层中地下水流的三维流特征十分明显,相应数学模型为

$$\frac{\partial}{\partial x}\left(k_x \frac{\partial h}{\partial x}\right) + \frac{\partial}{\partial y}\left(k_y \frac{\partial h}{\partial y}\right) + \frac{\partial}{\partial z}\left(k_z \frac{\partial h}{\partial z}\right) = S \frac{\partial h}{\partial t} \quad (x,y,z) \in \Omega \quad (6\text{-}14)$$

$$k_x \left(\frac{\partial h}{\partial x}\right)^2 + k_y \left(\frac{\partial h}{\partial y}\right)^2 + k_z \left(\frac{\partial h}{\partial z}\right)^2 - \frac{\partial h}{\partial z}(k_z) = \mu \frac{\partial h}{\partial t} \quad (x,y,z) \in \Gamma_0 \quad (6\text{-}15)$$

$$h(x,y,z)\big|_{t=0} = h_0 \quad (x,y,z)(x,y,z) \in \Omega \quad (6\text{-}16)$$

$$h(x,y,z),t\big|_{\Gamma_1} = h_1 \quad (x,y,z,t)(x,y,z) \in \Gamma_1 \quad (6\text{-}17)$$

$$k_n \frac{\partial h}{\partial n}\bigg|_{\Gamma_2} = q(x,y,z,t) \quad (x,y,z) \in \Gamma_2 \quad (6\text{-}18)$$

式中:$\Omega$ 为渗流区域;$h$ 为地下水位,m;$k_x$、$k_y$、$k_z$ 为 $x$、$y$、$z$ 方向上的渗透系数,m/d;$k_n$ 为边界面法向渗透系数,m/d;$S$ 为自由面以下含水层的单位储水系数,1/m;$\mu$ 为潜水含水层重力给水度;$\Gamma_0$ 为渗流区域的上边界,即地下水的自由水面;$\Gamma_1$、$\Gamma_2$ 为渗流区的第一类、第二类边界;$q(x,y,z,t)$ 为定义的含水层二类边界单位面积流量,流入为正、流出为负,隔水边界为 0,m³/(m²·d)。

#### 6.6.6.3 模型特点

库区面积约为 15 km²,而防渗墙宽度仅为 0.4 m,要在刻画的模型中体现出坝体结构,必须克服剖分时整体与局部之间空间尺度差异过大的问题。对此,应用德国 WASY 公司开发的基于 Galerkin 有限元法的三维地下水流模拟系统 FEFLOW 的局部加密功能进行空间离散,垂直方向剖分为 4 层,每层 281 068 个单元,最小单元面积为 0.3 m²。处理宽度时,坝线处的网格加密,防渗墙的厚度相当于一个 0.4 m 网格的宽度;处理深度时 FEFLOW 软件能方便地对模型结构进行调整。这样的处理方法可以尽量精细地刻画出坝体结构,便于在参数赋值时将防渗墙所在单元处的 $K$ 值(渗透系数)单独赋值为极小,而其他网格的属性参数保持不变,能很好地刻画防渗墙,在计算过程中不必对防渗体参数进行等效处理。将边界处理为一类边界,为了更好地刻画水位的连续变化,可以采用 FEFLOW 中的一维线性差值方法推算未知的中间节点的序列水位,以提高模型边界处拟合的精度。

#### 6.6.6.4 渗控方案的防渗效果模拟

根据水库渗漏现状条件及工程地质补充勘察等相关工作,拟修建渗透系数小的防渗墙,使水头损失增大,进而减小渗透比降,以有效减少渗漏量,防止管涌和流土的发生。为寻求最大的经济效益和工程效益,提出了 4 种防渗设计方案:①南岸(无坝段)不防渗;②南岸东侧防渗 500 m、西侧防渗 500 m;③南岸东侧防渗 1 000 m、西侧防渗 1 700 m;④南岸东侧防渗 500 m、西侧防渗 2 600 m。运用识别与验证后的数值模型,以月为单位

时段运行模拟模型,得到各设计方案下的渗漏量,见表6-13。

表6-13 渗漏量

| 部位 | 现状 | 方案1 | 方案2 | 方案3 | 方案4 |
|---|---|---|---|---|---|
| 有坝段渗漏量 | 3 208.7 | 180.5 | 189.8 | 186.7 | 187.1 |
| 无坝段渗漏量 | 1 098.9 | 1 108.5 | 974.8 | 871.6 | 862 |
| 合计 | 4 307.6 | 1 289.0 | 1 164.6 | 1 058.3 | 1 049.1 |

### 6.6.6.5 结果分析

1. 剖面流场分析

在现状条件下坝后水位均相对较高,而对坝段进行防渗处理后,可有效降低坝后地下水位。通过文件输出功能分析不同计算方案坝体剖面流场中等水位线的分布规律,发现水位线集中分布在黏土心墙及防渗墙中,表明低渗透介质对水头的削减具有明显的作用。坝基的细砾层为主要含水层,等水位线在该层较稀疏,设置防渗墙后,坝基渗流场等水位线向坝轴线靠拢。

2. 渗漏量分析

利用FEFLOW软件的流量统计功能,分段统计了现状条件下和修建防渗墙后不同防渗方案的渗漏量(见表6-13),可以看出,随着防渗长度的增加,水库渗漏量减小。其中有坝段全防渗对渗漏总量的控制具有十分明显的作用,可以使水库渗漏总量减少约70%,而水库南岸的防渗长度增加对水库渗漏量的影响程度相对较低;从4个方案的预测结果对比来看,目前南岸防渗方案所发挥的作用尚不十分明显。

3. 渗透比降分析

不同渗控方案下坝脚处最大渗透比降见表6-14,通过方案1和现状条件下的计算结果对比可以发现,增加防渗处理措施后,各断面渗透比降显著减小,但随着防渗长度的增加,其变化已经不明显。因此,防渗方案的选择主要与渗漏量有关。方案1的渗漏量比现状条件下削减了70%;方案2的渗漏量比现状条件下削减了72.9%;方案3的渗漏量比现状条件下削减了75.4%;方案4的渗漏量比现状条件下削减了75.6%。方案3与方案4的计算结果十分接近,防渗效果相当,但方案3比方案4的防渗长度少400 m。综合考虑施工的困难程度以及经济因素,推荐方案3为最佳渗控方案。

表6-14 各方案渗透比

| 项目 | 7+500 断面 | | 6+500 断面 | | 3+500 断面 | | 2+000 断面 | | 8+800 断面 | |
|---|---|---|---|---|---|---|---|---|---|---|
| | 水平 | 垂直 | 水平 | 垂直 | 水平 | 垂直 | 水平 | 垂直 | 水平 | 垂直 |
| 现状 | 0.27 | 0.18 | 1.81 | 0.29 | 2.61 | 1.88 | 0.47 | 0.04 | 3.55 | 1.56 |
| 方案1 | 0.08 | 0.08 | 1.52 | 0.23 | 1.06 | 0.1 | 0.39 | 0.03 | 0.8 | 0.08 |
| 方案2 | 0.1 | 0.08 | 1.52 | 0.23 | 1.06 | 0.1 | 0.39 | 0.03 | 0.8 | 0.08 |
| 方案3 | 0.11 | 0.08 | 1.52 | 0.23 | 1.07 | 0.1 | 0.38 | 0.03 | 0.8 | 0.08 |
| 方案4 | 0.08 | 0.07 | 1.49 | 0.22 | 1.06 | 0.1 | 0.39 | 0.03 | 0.8 | 0.08 |

# 6.7　TOUGH2 模型

## 6.7.1　TOUGH2 模型基本情况

### 6.7.1.1　TOUGH2 模型简介

TOUGH 是非饱和地下水流及热流传输(Transport of Unsaturated Groundwater and Heat)的英文缩写,是一个模拟一维、二维和三维孔隙或裂隙介质中,多相流、多组分及非等温的水流及热量运移的数值模拟程序。而 TOUGH2(Pruess, 1991)是其后续版本。TOUGH2 应用范围非常广泛,在地热储藏工程、核废料处置、饱和非饱和带水文、环境评价和修复及二氧化碳地质处置中均有成功的应用范例。目前,TOUGH2 及其相关的程序代码(见表6-15)已被超过30个国家的300多个研究机构使用。

表 6-15　TOUGH 家族代码的发展史

| 程序 | 应用领域 | 相(组分) | 说明 |
|---|---|---|---|
| MULKOM | 地热、核废料以及油气 | 多相(多组分) | 研究代码未公开发布,1981 年开发 |
| TOUGH | 地热、核废料 | 液相和气相(水、气) | 1987 年发布 |
| TOUGH2 | 通用模拟器 | 液相和气相(水、不可压缩气体) | 1991 年发布 |
| T2VOC | 环境污染 | 液相、气相和非水相 NAPL(水、空气和挥发性有机物) | 1995 年发布 |
| iTOUGH2 | 反演、敏感性分析和不确定性分析 | 多相(多组分) | 1999 年发布 |
| iTOUGH2 V2.0 | 通用模拟器 | 多相(多组分) | 1999 年发布 |
| TMVOC | 环境污染 | 液相、气相和 NAPL(水、空气、多种挥发性有机物以及不可压缩气体) | 2002 年发布 |
| TOUGHREACT | 化学反应 | 液相、气相和固相(多组分) | 2004 年发布 |
| TOUGH-FLAC | 地质力学 | 液相和气相(水、$CO_2$) | 研究代码未公开发布 |
| TOUGH2-MP | 并行版通用模型 | 多相(多组分) | 2008 年发布 |

### 6.7.1.2　TOUGH2 的开发历史

TOUGH 代码的前身是由美国劳伦斯-伯克利国家实验室(LBNL)在20世纪80年代初期开发的名为 MULKOM 的模拟程序。该程序结构是基于对多组分、多相流的非等温运动控制方程(如果不考虑流体组分、相的属性、个数的不同)具有相同数学形式的认识。TOUGH 和后续的 TOUGH2 中有较多的方法和思路是基于 MULKOM 程序开发而得的。用于水-气两相流的 MULKOM 版本于1987年以 TOUGH 软件公开发布,它在美国犹卡山项目(美国高放射性核废料地质处置项目)中的运用代表了当时该程序的主要应用领域。

之后,包括五个状态方程(EOS,equation of states)功能模块的更新版由美国国家能源科技技术软件中心 ESTSC(Energy Science Technology Software Center)以 TOUGH2 软件向公众发布,1999 年已升级至 2.0 版本。该版本包含了几个新的水流特性 EOS 模块,并提供增强过程模拟的能力,如储层与井管水流的耦合、沉淀和溶解效应(EWf1SG 模块)、多相弥散(T2DM 模块)以及咸(卤)水含水层中二氧化碳的深层处置(ECO2N 模块)等。同时该版本对早期发布的模块进行了大量的改进,并增加了新的用户特性,如增强了线性方程的求解以及图形化文件的输出。TOUGH 家族代码的发展详见表 6-15。

T2VOC 和其后续版本 ZMVOC 是 TOUGH2 中侧重应用于非水相液体(NAPLs)的环境污染问题的子模块,其他单独发行的常用 EOS 模块还包括 EOS9NT(放射性核素衰减运移)、T2R3D(污染物运移)和 EOS7C(甲烷-二氧化碳或甲烷-氢气混合物)等。TOUGH2 家族相关的其他代码还包括用于反演、优化及敏感性和不确定性分析的 TOUGH2 程序,与 TOUGH2 结合用于模拟一般化学反应和运移过程的 TOUGHREAC7 程序,以及同商业岩石力学代码 FLAC3D 结合的 TOUGH-FLAC 程序。

TOUGH2 采用标准 FORTRAN77 语言编写,并可以在任意平台上运行,如工作站、PC机、苹果机以及大型计算机,只要有合适的 FORTRAN 编译器就能运行。TOUGH2 用于模拟水流系统的空间尺度变化可以从微观尺度到流域尺度。水流过程模拟的时间尺度可以从几秒分之一到几万年的地质年代时间。就目前的计算平台来说,几千个甚至是几万个单元的三维问题是很容易解决的。为解决美国犹卡山的核废料处置问题,劳伦斯-伯克利国家实验室研究小组在 PC 机上进行了超过十万个单元的三维模拟。2008 年,TOUGH2 的并行版本(TOUGH2-MP)正式公开发布,并行版包括 TOUGH2 V2.0 中的所有EOS 模块及 ZMVOC 和 T2R3D 等常用模块,可用于模拟超过百万个单元离散的问题。目前,成功应用最大的模型是东京湾的 $CO_2$ 地质处置模型,其单元数超过 1 千万个。

需要注意的是,在目前公开发行的 TOUGH2 标准版本中还未包括特殊流体性质的模块,包括超临界温度容量、可燃冰和水汽化合物形成、多种示踪和胶体,以及水、液体、气相二氧化碳和固体盐类的四相混合,以及惰性气体运移和煤层气模拟模块。对泡沫流体和其他非牛顿流体的模块目前已被研发出来。

### 6.7.1.3 TOUGH2 的结构组成和特点

#### 1.TOUGH2 中的变量定义

为处理非等温水流及热量运移现象,TOUGH2 中变量定义为热动力变量,且假设在局部范围内,所有流相为均匀处于热动力平衡状态。如果考虑系统中有 $NK$ 个组分,根据热动力平衡分属在 $NPH$ 个相中,根据热动力 Gibb's 原理,则该热动力系统的自由度为

$$f = NK + 2 - NPH \tag{6-19}$$

因为各流相的总饱和度为 1,所以在饱和度方面,自由度为 $NPH$。因此,该热动力系统中的总自由度($NKI$)为

$$NKI + f + NPH - 1 = NK + 1 \tag{6-20}$$

换言之,即该热动力系统由自由度为 $NK$ 个组分的质量守恒方程和一个热能守恒方程组成。若整个系统有 $NEL$ 个网格,则此系统中所包含的总热动力变量的个数为 $NEL \times NKI$,对于一个恒温系统不考虑温度变化时,系统总热动力变量减为 $NEL \times NK$。

　　为了数值计算的方便,TOUGH2 中变量又分为主要变量和次要变量。次要变量通过相应的函数关系从主要变量推导计算而得。当考虑相变的水流与热量传输模拟时,TOUGH2 定义主要变量的方式不同于通常的数值模拟器。一般的数值模拟器皆定义主要变量为压力及内能,但这些方法在计算热动力性质时会遇上困难。因此,在 TOUGH2 中定义:当系统为单相流时,主要变量为压力与温度;当系统为多相流时,则主要变量转换成压力与饱和度或组分的分量,在模拟过程中,由于相态变化主要变量可自动变换。在处理多相流数值模拟时,该方式已被证明是一种稳健的方法。

　　2. TOUGH2 的结构组成

　　当不考虑液相以及组分的个数和属性时,多相水流和热量运移的控制方程具有相同的数学形式,TOUGH2 基于这一点将程序结构设置为模块化(见图 6-12),主要的水流和运移模块可以与不同的水流属性模型相互作用,从而能够方便处理不同的多组分、多相水流系统。特定流体混合物的属性进入控制方程中,仅仅需要更改热动力参数,如流体密度、黏滞系数、焓等,即由合适的 EOS 模块来提供。

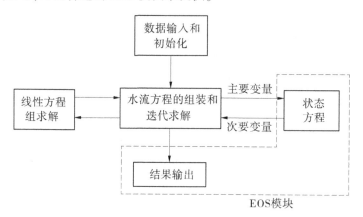

图 6-12　TOUGH2 模块化结构

　　TOUGH2 模块化框架围绕两个大的数组建立,X 数组包含了最新时段所有网格上的所有主要热动力变量,这些主要变量将传至一定的 EOS 子程序中,在 EOS 中会更新次要变量(第二个大的数组 PAR),之后主要变量与次要变量会再次传递回模块中,以供下一次迭代时计算主要变量的变化量。利用 TOUGH2 进行一次模拟可以看作是通过迭代过程不断更新数组 X 和数组 PAR 的过程。这些数组是一维的,按照先后顺序代入所有参与计算的网格块。

　　TOUGH2 首先通过子程序 INPUT 和 RFILE 读入数据,并以一种灵活的方式进行初始化,包括生成计算网格,读入介质属性、源汇项、初始条件和计算控制参数等。大多数所需的数据从文本文件中读入,而计算网格可由用户直接提供,也可以根据 INPUT 文件提供的数据,利用 TOUGH2 内部的 Mesh Maker 子程序生成。TOUGH2 的网格可以是结构的或无结构的任何形状单元体。时间步长的迭代顺序由子程序 CYCIT 控制,在第一个时间步长,所有的热物理属性在子程序 EOS 中初始化。随着迭代数的增加,所有求解的方程在子程序 MCJLTI 中组装建立。如果存在源汇项,则 MCJLTI 调用子程序 QU,然后 MCJLTI

计算所有残差,确认最大残差的单元以及方程,最后检查收敛。如果收敛,则调用 CONVER 更新主要变量,否则调用 LINEQ 求解线性方程组。求解过程的信息输出到一个文本文件中,以便当不收敛时供用户调试。如果不收敛,程序自动执行下一次迭代,否则由子程序 OUT 和 BALLA 输出结果,并进入下一个时间步长计算。如果发生错误,如计算热物理参数失败,或者求解线性方程组失败,或者在给定的最大步数内迭代无法收敛等,时间步长会自动减少时间增量 $\Delta t$,自动反复迭代。详细的程序结构见表 6-16。

表 6-16　TOUGH2 程序结构

| 子程序 | 功能 |
| --- | --- |
| TOUGH2 主程序 | 定义数组维数,控制子程序的运行,生成内部文件 |
| INPUT、RFILE 及其子程序包括 Mesh Maker | 初始化 |
| CYCIT | 执行时间步长迭代 |
| EOS 及其子程序 | 状态方程,控制热物理属性和相变的迭代 |
| MULTI 及其子程序 | 组装质量和能量守恒方程 |
| QU 及其子程序 | 源汇项 |
| LINEQ 及其子程序 | 求解线性方程组,更新热动力变量 |
| CONVER | 计数 |
| WRIFI、OUT、BALLA | 输出结果 |

### 3. TOUGH2 的特点

根据 TOUGH2 的结构组成,可将其主要特点概括如下:

程序结构的模块化:由 TOUGH2 的结构组成可以看出,总体计算程序由上面介绍的各子程序完成,而对于每个子程序中又包含若干个不同的子程序模块以实现不同的功能。针对具体实际模拟问题的特性,TOUGH2 除 EOS 子程序模块不同外,其余子程序基本相同。1999 年公布的 TOUGH2 V2.0 程序提供了 11 种不同的 EOS 模块(详见表 6-17)。

首先,这种模块化结构便于用户准备输入文件。用户可以根据实际概化的模型选择调用不同的 EOS 子程序模块,进而又可依照不同模块的需要来准备相关的输入文件。其次,程序的模块化设计也便于软件的升级,即新增模块的添加和陈旧模块的删减。在 TOUGH2 的升级过程中,只要对升级模块及其调用程序语句进行相应的增删修改,而对其他源代码都不需要修改。在 TOUGH2 的输出结果中,用户即可详细地查看各个子程序的开发版本信息等。

程序代码的公开化:TOUGH2 完全公开了程序源代码,而且对软件编制了详细的说明手册。一方面,源代码的公开有利于软件的推广应用。用户能够直接编译现成的源代码;另一方面,用户还可以利用 TOUGH2 的模块化特点,根据自己的需要,与其他扩充功能模块结合,应用于很多目前 TOUGH2 所不能模拟的过程或现象。T2VOC、ZMVOC、TOUGH2、TOUGHREACT 以及 TOUGH-FLAC 等 TOUGH2 家族的后续程序就是基于此而快速发展起来的,并在不同的实际领域中得到应用。

表 6-17　　TOUGH2 2.0 版本中的流体属性模块

| 模块 | 目的 |
|---|---|
| EOS1 | 最基本的模块,可模拟水或者具示踪物质的水的运动 |
| EOS2 | 水和二氧化碳的混合(适合于高温条件),最早由 O Sullivan 等(1985)开发 |
| EOS3 | 水和空气的混合 |
| EOS4 | 水和空气的混合,包括基于 Kelvin 方程的蒸气压降低(Edlefsen 和 Anderson,1943) |
| EOS5 | 水和氢气的混合 |
| EOS7 | 水、卤水以及空气的混合 |
| EOS7R | 水、卤水以及空气的混合,再加上两种核素(反应链) |
| EOS8 | 水、不可压缩气体以及黑油的三相流 |
| EOS9 | 基于 Richards 方程的饱和—非饱和水流 |
| EWASG | 三种组分两相流,包括水、溶解于水中的盐以及不可压缩气体,可模拟盐的沉淀和溶解以及相应的导致空隙度和渗透系数的改变 |
| T2VOC | 三种组分两相流,包括水、空气及 NAPLs |

离散方法的通用性:TOUGH2 采用积分有限差分法(Integral Finite Difference Method, IFDM)将模拟区域离散成任意形状的多面体。在计算过程中,只需要单元的体积与面积,以及单元中心到各个面的垂直距离。这样使得该方法在处理任意形状的单元时不必考虑总体坐标系统,同时不受单元块邻近单元数限制。IFDM 采用比传统的中心差分法概念更简单的办法来处理空间域上的梯度。

对于常见的无流量边界的处理,IFDM 仅需通过设置穿过该边界没有任何流量连接来实现。而对一类狄里克里边界,IFDM 可采用无效计算单元的办法,或者将该边界单元体积设置为一个非常大的值,而单元中心到边界的距离又设置为一个很小的值。

IFDM 的空间离散方法还使得 TOUGH2 能够仅仅通过几何空间数据的预处理,即可适应裂隙(非单孔)介质的模拟。对于裂隙介质发育的连通系统,一般采用连续等效模型而非离散裂隙网格的方式来处理。TOUGH2 中提供了三种方法:双孔隙度(double-porosity,DPM)、双渗透性(DKM)和多交互性连续体(Multiple Interacting Continua,MINC)来处理,只需对几何数据进行预处理,而不需修改程序代码,对于离散裂隙的模拟可以通过复杂裂隙网格来实现。

求解方法的高效性。非等温多相流模拟中最重要的几个问题是:流体的非等温性、相变以及多相流的高度非线性。由于需要对质量和能量守恒方程进行耦合,计算中需要严格限制时间步长以达到迭代收敛。TOUGH2 程序中实现了质量和能量守恒的完全耦合,并采用完全隐式时间步长来克服时间步长限制的局限。针对相变和多相流具有很强的非线性特征,该程序利用 Newton-Raphson 迭代法求解非线性方程组。在计算过程中,自动根据迭代收敛速度调整(增加或较少)时间步长。对于多相流问题,其内在的时间尺度会因系统流动状态的显著变化而发生好几个数量级的变化。因此,自动调整时间步长对多相流问题的求解速度是至关重要的。

针对实际复杂问题中所形成的雅克比系数矩阵可能是非对角占优或病态矩阵(质量和能量守恒方程的耦合会引入大量的非对角元素),TOUGH2 提供用户选择稀疏条件下的高斯消元法直接求解或是预共扼梯度法求解线性方程组。目前的 TOUGH2 V2.0 包含了能处理严重病态问题的迭代求解方法。

大多数可信赖的线性方程组求解方法是基于直接法,迭代法的性能倾向于具体的实际问题但缺乏直接法的可预测性。直接法的鲁棒性来源于大量内存以及 CPU 时间的消耗,一般随着问题大小 $N$(等于方程组的个数)的增加,消耗以 $N^3$ 的比例增加。相反,迭代法对内存的需求更低,计算量随问题的大小增加的速度要慢得多,近似于 $\omega$ 的比例增加,$\omega \approx 1.4 \sim 1.6$。因此,对于大问题特别是对三维成千上万个网格离散问题,共扼梯度法一般成为首选。

TOUGH2 中提供了用户三种共扼梯度法求解,分别是双共扼梯度求解(DSLUBC)、Lanczos 类的双共扼梯度求解(DSLUCS)以及稳定双共扼梯度求解(DLUSTB)。所有的迭代求解均采用不完全 LU 分解作为预共扼器。Moridis 曾采用直接法和三种不同共扼梯度求解方法对 16 个不同复杂性和大小的试验问题进行对比,一般而言,共扼梯度法比直接求解算法要快几倍,且直接法仅仅限于求解少于 2 000 个网格(二维情况)或少于 400 个网格(三维情况)的问题,直接法无法求解大多数的大尺寸或者中等尺度问题,而共扼梯度法甚至可以同时求解 10 万个线性方程组。

需要注意的是,迭代法求解可能不稳定,对于特殊性质的矩阵甚至可能无法收敛,如主对角上有很多零矩阵、矩阵元素的数值变化范围很大、有行和列几乎线性相关的矩阵等。因此,根据实际问题的特征选择合适的矩阵预条件可能对于能否收敛非常重要。求解过程中,线性方程组收敛信息将被输出到 LINEQ 的文件中,用户需要检查,从而采用不同的求解方法和预条件进行试验。

## 6.7.2 TOUGH2 模型理论基础

TOUGH2 使用积分有限差分法建立基本方程,应用牛顿-普森法(Newton-Raphson)求解。积分有限差分法最早由 Narashman 在 1976 年提出,这种方法的中心思想是将总的研究域离散成方便计算的子域或元素,并在每个子域上遵循质量守恒。从差分公式的数学形式看,积分有限差分法可以理解为不规则网格的有限差分法。

### 6.7.2.1 非饱和带特征函数

对于非饱和带水流,渗透性不仅取决于介质属性,还取决于饱和度 $S$。通常,使用 VCM(Van Cenuchten-Mualem)经验公式计算非饱和带相对渗透性与毛管压力,见下式。

$$K_r = (S^*)^{1/2} \{1 - [1 - (S^*)^{1/m}]^m\}^2 \qquad (6-21)$$

$$P_c = -\frac{\rho_w g}{\alpha} [(S^*)^{1/m} - 1]^{1-m} \qquad (6-22)$$

$$S^* = (S_1 - S_{1r}) / (S_{1s} - S_{1r}) \qquad (6-23)$$

式中:$S_1$ 为液相饱和度;$S_{1r}$ 为液相残余饱和度;$S_{1s}$ 为液相完全饱和度;$\rho_w$ 为水的密度;$g$ 为重力加速度;$m = 1 - 1/n$,$\alpha$ 与 $n$ 随介质类型而定,$\alpha$ 与进气吸力的逆有关,$n$ 与孔隙大小分布有关。

VGM 参数的物理意义非常有限,但一般认为 VGM 经验公式足够精确描述非饱和带的特征。

#### 6.7.2.2 控制方程的基本形式

TOUGH2 中将水、空气、溶质等视为系统中的组分,并根据质量守恒原理,对每一种组分都建立如下式的控制方程:

$$\int_{v_n} \frac{\partial}{\partial t} M dV_n = \int_{v_n} (-\operatorname{div} F + q) dV_n \tag{6-24}$$

其中,积分域 $v_n$ 表示某一任意体积域。$M$、$F$ 与 $q$ 分别表示某一物质或组分的质量、流量与源汇项。式(6-24)右端应用散度定理展开,同时采用上标 $k$ 代表某一组分,则组分 $k$ 的控制方程可写成如下形式:

$$\frac{d}{dt} \int_{v_n} M^k dV_n = \int F^k \cdot n d\Gamma_n + \int_{v_n} 0 q^k dV_n \tag{6-25}$$

以模块 EOS7R 为例,$k = 1, 2, \cdots, 5$ 依次为水、海水、放射性核素主核、核素子核与空气。

### 6.7.3 TOUGH2 模型结构模块

TOUGH2 基于积分有限差分法进行空间离散化,是二维网格规则离散剖分的有效手段,采用全隐式一阶反向有限差分法进行时间离散化,利用 Newton-Raphson 迭代法求解。TOUGH2 流体特征模块见表 6-18,TOUGH2 新流体特征模型见表 6-19。

表 6-18　TOUGH2 流体特征模块

| 模块 | 功能 |
| --- | --- |
| EOS1 * | 水、示踪水 |
| EOS2 | 水、$CO_2$ |
| EOS3 * | 水、空气 |
| EOS4 | 水、空气、降低的蒸气压 |
| EOS5 * | 水、氢气 |

注:* 表示具有可选择恒温的功能。

表 6-19　TOUGH2 新流体特征模型

| 模块 | 功能 |
| --- | --- |
| EOS7 * | 水、盐水、空气 |
| EOSR * | 水、盐水、空气、放射性核素反应链 |
| EOS8 * | 水、重油、不可压缩气体 |
| EOS9 | 基于 Richards 方程的可变饱和度的等温流 |
| EWASG | 水、盐(NaCl)、不可压缩气体 |

注:* 表示具有可选择恒温的功能。

## 6.7.4　TOUGH2 模型操作方法

TOUGH2 是一个开源的程序,模拟的初始化运行需要提供一个具有固定格式的文本输入文件。TOUGH2 的输入文件由具有不同用途的数据块组成,数据块中的数据使用 SI 单位。不同的数据块由特定字符声明表示。

ROCKS 数据块声明介质性质,这一部分包含了流体在介质中流动时所涉及的各种水文地质参数。MULTI 根据特定的 EOS 模块,指定不同的流体组分和平衡方程数目。INCON 数据块声明单个单元体的初始化状态。ELEME 是体积单元项、CONNE 是邻接面项,利用两个数据块的信息表示所计算的网格模型。PARAM 数据块指定时步、收敛参数。SOLUR 定义线性方程求解器的参数,包括求解器、预处理法、收敛参数和收敛准则等。GENER 数据块表示源汇项。输入数据的末尾为 ENDCY,表示结束输入工作,开始运行求解。

在输入文件中指定 FOFT(单元体)、COFT(邻接面)、GOFT(源/汇)等关键词,可记录状态变量对于 TOUGH2 在运行过程中的时间序列数据,并输出在相应的文本文件中。

TOUGH2 输入文件中的 ELEME、CONNE、INCON、GENER 数据块可由单独的文本文件读入,在输入文件中可以省略。关于输入文件的具体格式和其他数据块的含义,可参考 TOUGH2 用户手册。TOUGH2 在运行期间可以文本文件的形式输出结果和模拟信息,表 6-20 中表示的是 TOUGH2 的输出文件。

表 6-20　TOUGH2 的输出文件

| 文件 | 说明 |
| --- | --- |
| MESH | 网格文件 |
| CENER | 声明源/汇项文件 |
| INCON | 热力学变量的初始化状态文件 |
| SAVE | TOUGH2 运行结束时热力学变量的状态文件 |
| MINC | 裂隙孔隙介质网格文件 |
| LINEQ | 求解线性方程时写入的求解信息文件 |
| TABLE | 记录 TOUGH2 运行结束时热交换半解析系数的文件 |
| FOFT | 单元体的时间序列文件 |
| COFT | 邻接面的时间序列文件 |
| LOFT | 源/汇项的时间序列文件 |
| VERS | 记录 TOUGH2 程序单元信息的文件 |

## 6.7.5　TOUGH2 模型应用情况

TOUGH2 所具有的以上诸多功能和特点,决定了该软件广泛适用于各种不同条件下地下水中水流和热量运移问题。自 TOUGH2 发布以来,在各种与地下水有关的权威学术刊物(如 Water Resources Research,Advances in Water Resources,Journal of Hydrology,

Journal of Contaminant Hydrology，Ground Water，等）上均常有该软件的应用研究论文刊出。自 1995 年以来，已召开了多次 TOUGH 用户学术交流会。TOUGH2 是目前解决多孔及裂隙介质中多维、多相、多组分混合流体及热量运移的最通用数值模拟程序之一。

开发 TOUGH 代码的最初动机来源于储层地热工程。从 20 世纪 80 年代开始，MULKOM 和后续的 TOUGH2 广泛地应用于地热储藏问题的研究中，包括自然状况模拟、野外试验的设计和分析等。TOUGH2 在地热工程方面的运用至今仍很活跃。2004 年，Geothemic 杂志出版了 TOUGH2 在地热中运用的专辑。目前，TOUGH2 已经在核废料地质处置方面也得到了广泛的运用。

同时，TOUGH 系列代码还在其他领域内得到运用，如环境修复问题，特别是和挥发性有机物有关的问题。TOUGH2 中的 T2VOC 和 TMVOC 的开发，有效地解决了水、气和 NAPL 三相流的模拟。另外，在饱和非饱和带水文、野外和实验室水流试验的设计和分析、油气生成和储藏、矿产工程、化学过程等方面 TOUGH2 都得到了广泛的应用。TOUGH2 和 TOUGHREAC7 已成为近年发展起来的二氧化碳地质处置研究最通用的软件之一，而 TOUGH2-MP 的应用更使得大规模实际工程模拟成为现实。

2007 年以来伯克利实验室开始全面优化 TOUGH 系列软件，开发 TOUGH 家族的新一代模拟器 TOUGH，其采用 FORTRAN95 12003 编写，引进了面向对象的编程技术，重新设计了程序的数据结构，采用动态数据分配，充分利用现代计算机语言的增强计算特性，并采用区域分解技术进行并行计算，使新一代模拟器能充分应用现代多核、多 CPU 计算机硬件系统。用于天然气水合物模拟的 TOUGH +HYDRATE 及其并行版已公开发布。另外，用于水、气、冰三相模拟的 TOUGH +AirH$_2$O 模块以及用于二氧化碳地质处置的 TOUGH+CO$_2$ 都已成功开发。

### 6.7.6　TOUGH2 模型应用案例

#### 6.7.6.1　研究场区概况

鄂尔多斯盆地是我国西北地区东部的一个大型构造沉积盆地，蕴藏着丰富的矿产资源，是我国正在建设的重要能源基地；还有多个大型煤化工项目正在论证和筹备中，项目主要集中在鄂尔多斯盆地北部，建成后将形成大量 CO$_2$ 的集中排放源，在该地区进行咸水层 CO$_2$ 地质封存是必然的趋势。鄂尔多斯盆地为一个构造沉积盆地，含水层系统由下而上分别为：寒武系—奥陶系碳酸盐岩类岩溶含水层系统、石炭系—侏罗系碎屑岩类裂隙含水层系统、白垩系碎屑岩类孔隙—裂隙含水层系统和新生界松散岩类孔隙含水层系统。本书选取一段厚度为 45 m 的石炭系—侏罗系砂岩体作为储层进行研究，储层的顶部深度为 1 016 m，上面覆盖厚 20 m 的泥岩层。

#### 6.7.6.2　模型范围和概念模型建立

为了研究的方便，基于建立理想模型来模拟 CO$_2$ 的注入。三维地质模型选取的平面范围为以注入井为中心，横向（WE）与纵向（NS）距离均为 5 000 m 的区域。模型的垂向范围设为深 1 000~1 065 m，分为 2 层，图 6-13 为该模型的垂向 XZ 剖面的二维均质储盖层模型示意图。

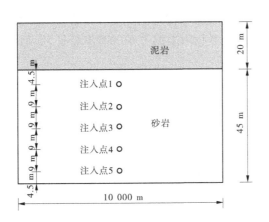

图 6-13  储盖层模型示意图

### 6.7.6.3   网格离散

利用 Mview 网格剖分软件对地质模型进行网格离散。垂向方向和水平方向上采用不同的剖分方式。垂向上共剖分为 7 个模型层,储层根据厚度进行等距剖分,分为 5 层,每层 9 m;隔离层剖分为 2 层,靠近储层的盖层厚度为 8 m,远离储层的盖层厚度为 12 m。水平方向上,采用关键区域加密方案,井口附近分辨率为 2 m,按 5 个层次逐步加密,如图 6-14(a)所示。井口附近的网格剖分如图 6-14(b)所示。整个模型共剖分为 63 343 个网格。

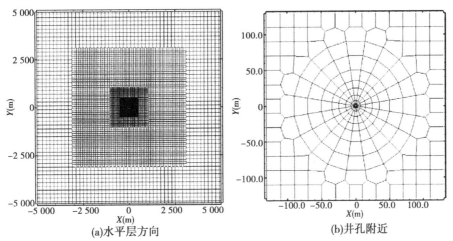

(a)水平层方向                              (b)井孔附近

图 6-14  网格离散图

### 6.7.6.4   模型边界条件

通过将模型范围取足够大(10 km×10 km),其侧向边界可作为第一类边界条件——定压力边界,在进行模拟运算时,通过将边界网格的体积设为无限大(1 050 m³)来实现。模型顶界面是一个良好的隔水层,可处理为无流量边界条件,模型底部也处理为无流量边界。

### 6.7.6.5   模型初始条件

根据重力平衡状态(稳态)确定整个模型范围内的初始压力分布情况,符合静水压力梯度分布。整个系统的初始温度分布由地温梯度分布给出。由于鄂尔多斯盆地的地温梯度多在 2.5~3.0 ℃/100 m,参考我国地温分布的基本特征,取地表温度为 15 ℃,地温梯度为 5 ℃/100 m。

### 6.7.6.6　参数设置

根据该地区地层特性并参考相关文献,选取的水文地质和热力学参数如表 6-21 所示。为了研究方便,考虑模型的均质性,所有地层的垂向渗透率为水平渗透率的 10%。砂岩的平均孔隙度设为 0.08,水平渗透率为 20 mD;泥岩的平均孔隙度设为 0.008,水平渗透率为 $8.0×10^{-6}$ mD。多相流的相对渗透率和毛细压力计算采用 VanGenuchten 公式。为了保证 $CO_2$ 的安全封存,在模拟中设置注入量时要考虑裂隙封闭压力。在本书中,裂隙封闭压力取为 150% 的静水压力。根据之前的定义,最大注入压力要小于 15 MPa。本书中,拟通过一口垂直井将 $CO_2$ 以 $2×10^4$ t/年的速度注入,连续注入 20 年,模型运行 20 年。注入井的设置采用定速注入的第 3 种设计方案设置,一个虚拟井,虚拟井剖分成 5 个网格单元,将最上层的虚拟井网格单元设置为 $CO_2$ 源,各个虚拟井网格单元和各储层中与之深度相同的注入网格单元一一对应连接。

表 6-21　参数设置

| 参数 | | 砂岩含水层 | 泥岩盖层 |
|---|---|---|---|
| 渗透率(mD) | 水平方向 | 20 | $8.00×10^{-6}$ |
| | 垂直方向 | 2 | $8.00×10^{-7}$ |
| 孔隙度 | | 0.08 | 0.008 |
| 岩石颗粒密度(kg/m³) | | 2 600 | |
| 岩石热传导率[W/(m·℃)] | | 2.51 | |
| 岩石颗粒特殊焓[J/(kg·℃)] | | 920 | |
| 压缩系数(Pa⁻¹) | | $6.00×10^{-10}$ | |
| 盐度 $X_{NaCl}$(%) | | 0.03 | |
| 液相的相对渗透率 $k_{rl}$ | | $k_{rl}\sqrt{S^*}\{1-(1-[S^*]^{1/\lambda})^\lambda\}^2$ $S^*=(S_1-S_{lr})/(1-S_{lr})$ | |
| 气相的相对渗透率 $k_{rg}$ | | $k_{rg}=(1-\hat{S})^2(1-\hat{S}^2)$ $\hat{S}=(S_1-S_{lr}/(1-S_{lr}-S_{gr})$ | |
| 毛细管压力 $P_{cap}$ | | $P_{cap}=-P_0([S^*]^{1/\lambda}-1)^{1-\lambda}$ $S^*=(S_1-S_{lr})/(1-S_{lr}),P_0=\rho_w g/\alpha$ | |
| 残余水饱和度 $S_{lr}$ | | 0.4 | 0.4 |
| 残余气体饱和度 $S_{gr}$ | | 0.18 | 0.18 |
| 指数 | | 0.4 | |

### 6.7.6.7　模型结果

模型中各储层的渗透率相同,因此储层中压力积聚的传播距离和 $CO_2$ 气体饱和度的扩散情况基本一致。以第一注入层为例,由输出文件,整理得到在第0.5年、第2年及第20年注入停止时 $CO_2$ 气体饱和度分布图以及压力积聚分布图,见图6-15~图6-17。为了说明垂向上 $CO_2$ 晕的扩散情况,图6-18给出了0.5年和2年时,$YZ$ 剖面的 $CO_2$ 气体饱和度分布图。从图6-15~图6-17都可以看到,这三个时刻的压力积聚最大为1.8 MPa,控制在地层裂隙封闭压力的范围之内,$CO_2$ 气体饱和度的最大值基本相同,在0.98左右;半年内压力扰动范围和 $CO_2$ 晕的扩散距离分别为650 m和100 m左右,2年时分别能传播约800 m和250 m的距离,注入停止时能分别传播850 m和650 m左右的距离。研究表明,随着时间的增加,$CO_2$ 晕的扩散范围和压力扰动的传播范围增加,对比图6-15~图6-17中的压力扰动传播范围和 $CO_2$ 晕的扩散距离,可以看出在短时间内压力扰动传播的范围要远远大于 $CO_2$ 的扩散距离,随着时间的推移,压力扰动的传播范围基本稳定。另外,从图6-18可以看出 $CO_2$ 晕在垂向上的迁移情况,$CO_2$ 气体基本都集中在储层,但是在一定时间内有少量的 $CO_2$ 气体扩散到上部的盖层,说明注入的 $CO_2$ 在沿着水平方向扩散的同时也在浮力的作用下向上扩散。在实际工程中可利用研究获得的 $CO_2$ 迁移规律情况为注入方案设计、监测井布置、安全性评价等提供依据。

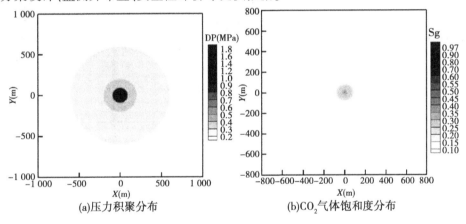

(a)压力积聚分布　　　　　　　　　(b)$CO_2$气体饱和度分布

图6-15　压力扰动与扩散距离关系示意图1

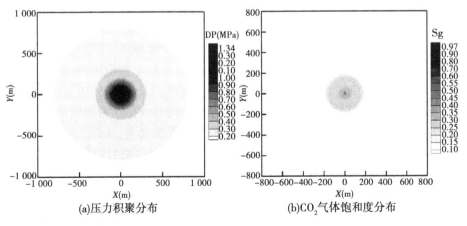

(a)压力积聚分布　　　　　　　　　(b)$CO_2$气体饱和度分布

图6-16　压力扰动与扩散距离关系示意图2

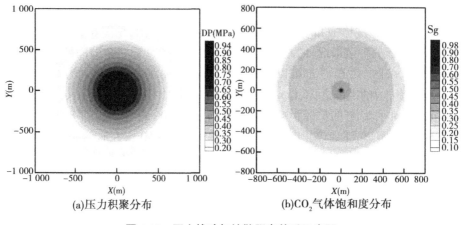

(a)压力积聚分布      (b)$CO_2$气体饱和度分布

图 6-17 压力扰动与扩散距离关系示意图 3

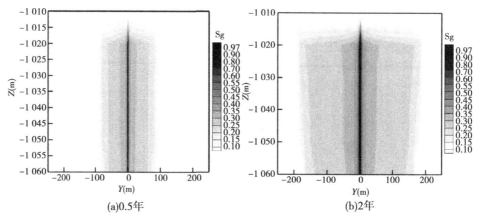

(a)0.5年      (b)2年

图 6-18 气体饱和度分布图

### 6.7.6.8 结论与讨论

本书利用 TOUGH2-MP/ECO2N 模拟器,针对场地规模 $CO_2$ 地质封存进行了相关的模拟研究,着重对模拟运算前输入文件的准备过程进行了详细的介绍,包括网格文件的生成、水文地质参数的确定、初始条件的确定、边界条件的简化、输入参数的确定和注入井的模拟方案等。同传统地下水数值模拟相比,具体给出了定速注入方式和定压注入方式下注入井的几种模拟设置方案。以鄂尔多斯盆地为示例,介绍了数值模型建立的方法。对 $CO_2$ 迁移规律以及储层中压力扰动传播的模拟结果表明:①储层中的压力扰动传播范围大于 $CO_2$ 的扩散距离。②$CO_2$ 在沿着水平方向扩散的同时也在浮力的作用下向上扩散。实际工程中可以利用 $CO_2$ 迁移规律为监测井位的布置提供参考,作为注入方案设计和安全性评价的关键依据。本书对今后开展大规模 $CO_2$ 地质封存的数值模拟研究有一定的参考意义。本书在介绍建模过程中注入井的设置时给出了几种设计方案,在实际方案选取时,应根据实际需要,结合已有的参数,选取更接近实际情况的设置方式。对于注入井的设计方案是目前常涉及的,其他设计方案还有待于今后的进一步完善和研究。

# 参考文献

［1］ Bauer P, Gumbricht T, Kinzelbach W. A regional coupled surface water/groundwater model of the Okavango Delta, Botswana[J]. Water Resources Research, 2006, 42(4): W04403.

［2］ Bravo R, Rogers J R, Cleveland T G. A New Three Dimensional Finite Difference Model of Ground Water Flow and Land Subsidence in[J]. Iahs Publication, 1991.

［3］ Chen M. Groundwater resources and development in China[J]. Environmental Geology, 1987, 10(3): 141-147.

［4］ Crowe A S, Shikaze S G, Ptacek C J. Numerical modelling of groundwater flow and contaminant transport to Point Pelee marsh, Ontario, Canada[J]. Hydrological Processes, 2004, 18(2): 293-314.

［5］ Ebraheem A M, Garamoon H K, Riad S, et al. Numerical modeling of groundwater resource management options in the East Oweinat area, SW Egypt[J]. Environmental Geology, 2003, 44(4): 433-447.

［6］ Islam M R, Jewett D, Williams J R, et al. Calibration of Groundwater Flow and Contaminant Transport Modeling for Ogallala, Nebraska[J]. Science Signaling, 2014, 4(163): 667-672.

［7］ Nastev M, Rivera A, Lefebvre R, et al. Numerical simulation of groundwater flow in regional rock aquifers, southwestern Quebec, Canada[J]. Hydrogeology Journal, 2005, 13(5): 835-848.

［8］ Orban P, Dassargues A, Brouyère S. Large-scale groundwater flow and transport modelling: Methodology and application to the Geer basin, Belgium[C]// International Groundwater Quality Conference. IAHS Press, 2005: 489-495.

［9］ Rivera A, Johns R T, Schindler M, et al. Modeling of strongly coupled groundwater brine flow and transport at the Konrad radioactive waste site in Germany[J]. Nueva Revista De Política Cultura Y Arte, 2014: 2-14.

［10］ 布朗RH. 地下水研究[M]. 赵耿忠, 叶寿征, 译. 北京: 学术书刊出版社, 1989.

［11］ 陈崇希, 刘建刚. 运城市地下水咸化趋势预测: 准三维数值模拟方法[J]. 地球科学, 1993(1): 48-59.

［12］ 陈崇希, 唐仲华. 地下水流动问题的数值方法[M]. 武汉: 中国地质大学出版社, 1990.

［13］ 陈梦熊, 马风山. 中国地下水资源与环境[M]. 北京: 地震出版社, 2002.

［14］ 丁继红, 周德亮, 马生忠. 国内外地下水模拟软件的发展现状与趋势[J]. 勘察科学技术, 2002, (1): 37-42.

［15］ 迪施. FEFLOW 有限元地下水流系统[M]. 徐州: 中国矿业大学出版社, 2000.

［16］ 丁元芳, 迟宝明, 易树平, 等. Visual Modflow 在李官堡水源地水流模拟中的应用[J]. 水土保持研究, 2006, 13(5): 99-102.

［17］ 段永臣, 李莉. 生态环境需水量及相关概念的探讨[J]. 山东水利, 2006(5): 24-25.

［18］ 付延玲, 郭正法. Processing Modflow 在地下水渗流与地面沉降研究中的应用[J]. 勘查科学技术, 2006(4): 19-23.

［19］ 高慧琴. MODFLOW 和 FEFLOW 在国内地下水数值模拟中的应用[J]. 地下水, 2012(4): 13-15.

［20］ 高卫东, 孟磊, 张海荣, 等. FEFLOW 软件在地下水动态预测中的应用[J]. 上海国土资源, 2008, 29(4): 10-13.

［21］ 郭晓东, 田辉, 张梅桂, 等. 我国地下水数值模拟软件应用进展[J]. 地下水, 2010, 32(4): 5-7.

［22］ 贺国平, 邵景力, 崔亚莉, 等. FEFLOW 在地下水流模拟方面的应用[J]. 成都理工大学学报: 自

然科学版, 2003, 30(4): 356-361.

[23] 贺国平, 周东, 杨忠山, 等. 北京市平原区地下水资源开采现状及评价[J]. 水义地质工程地质, 2005, 32(2): 45-48.

[24] 胡立堂. 地下水三维流多边形有限差分模拟软件开发研究及实例应用[D]. 武汉: 中国地质大学, 2004.

[25] 李存法, 刘秀婷, 马自芬. 地下水渗流分析问题的一种数值解法及其应用[J]. 水文地质工程地质, 2004, 31(5): 72-73.

[26] 林沥. 大区域地下水流模拟研究及 FEFLOW 的建模方法——以华北平原为例[D]. 北京: 中国地质大学, 2006.

[27] 李奎, 易南概, 姜谙男. 基于 FEFLOW 海水入侵模型的等效海水边界研究[J]. 山西建筑, 2008, 34(1): 11-12.

[28] 李树文, 王文静, 崔新玲. 基于 Visual Modflow 的成安县地下水动态研究[J]. 河北工程大学学报(自然科学版), 2008, 25(4): 49-52.

[29] 黎明, 刘文波, 陈崇希. MODFLOW 能模拟地下水混合井流吗? [J]. 水文地质工程地质, 2003, 5.

[30] 刘记成, 王现国, 葛雁, 等. Visual Modflow 在郑州沿黄水源地地下水资源评价中的应用[J]. 地下水, 2007, 29(4): 91-92.

[31] 刘志峰, 林洪孝, 许向君, 等. 小范围群井与单井抽水试验推求水文地质参数的比较分析[J]. 地质与勘探, 2007, 43(1): 94-97.

[32] 毛军, 贾绍风, 张克斌. FEFLOW 软件在地下水数值模拟中的应用——以柴达木盆地香日德绿洲为例[J]. 中国水土保持科学, 2007, 5(4): 44-48.

[33] 任印国, 柳华武, 李明良, 等. 石家庄市东部平原 FEFLOW 地下水数值模拟与研究[J]. 水文, 2009, 29(5): 59-62.

[34] 杨明太, YANGMing-tai. 放射性核素迁移研究的现状[J]. 核电子学与探测技术, 2006, 25(1): 878-880.

[35] 杨青春. Visual Modflow 在吉林省西部地下水数值模拟中的应用[J]. 水文地质工程地质, 2005, 32(3): 67-69.

[36] 张斌, 杨文, 祁敏, 等. 三维数值模型在三江平原地下水资源计算中的应用[J]. 黑龙江大学工程学报, 2004, 31(3): 20-22.

[37] 张更生. 海水入侵机理及防治措施的三维数值模拟[D]. 大连: 大连海事大学, 2007.

[38] 张亮. TOUGH2 在低中放核素地下水迁移模拟中的应用与改进[J]. 工程勘察, 2013, 41(6): 38-42.

[39] 张祥伟, 竹内邦良. 大区域地下水模拟的理论和方法[J]. 水利学报, 2004(6): 7-13.

[40] 张志忠, 武强. 河水与地下水耦合模型的建立与应用[J]. 辽宁工程技术大学学报: 自然科学版, 2004, 23(4): 449-452.

[41] 张宗祜, 施德鸿. 人类活动影响下华北平原地下水环境的演化与发展[J]. 地球学报, 1997, 18: 337-344.

[42] 周义朋. MT3DMS 中混合欧拉-拉格朗日数值解法分析[J]. 水文, 2006, 26(6): 38-41.

[43] 祝晓彬. 地下水模拟系统(GMS)软件[J]. 水文地质工程地质, 2003, 30(5): 53-55.

[44] 祝晓彬, 吴吉春, 叶淑君, 等. 长江三角洲(长江以南)地区深层地下水三维数值模拟[J]. 地理科学, 2005, 25(1): 68-73.

# 7  流域水环境模型

## 7.1  流域水环境概述

### 7.1.1  流域的有关定义

流域指水系的干流和支流所流过的地区,亦指由分水线所包围的河流集水区,分地面集水区和地下集水区两类。如果地面集水区和地下集水区相重合,称为闭合流域;如果地面集水区和地下集水区不重合,则称为非闭合流域。平时所称的流域,一般都指地面集水区。

每条河流都有自己的流域,一个大流域可以按照水系等级分成数个小流域,小流域又可以分成更小的流域等。另外,可以截取河道的一段,单独划分为一个流域。流域之间的分水地带称为分水岭,分水岭上最高点的连线为分水线,即集水区的边界线。处于分水岭最高处的大气降水,以分水线为界分别流向相邻的河系或水系。例如,中国秦岭以南的地面水流向长江水系,秦岭以北的地面水流向黄河水系。分水岭有的是山岭,有的是高原,也可能是平原或湖泊。山区或丘陵地区的分水岭明显,在地形图上容易勾绘出分水线。平原地区分水岭不显著,仅利用地形图勾绘分水线有困难,有时需要进行实地调查确定。流域根据其中的河流最终是否入海可分为内流区(内流流域)和外流区(外流流域)。

### 7.1.2  流域特点

#### 7.1.2.1  流域自身特征

(1)流域面积:流域地面分水线和出口断面所包围的面积,在水文上又称集水面积,单位是平方千米。这是河流的重要特征之一,其大小直接影响河流和水量大小及径流的形成过程。在水文地理研究中,流域面积是一个极为重要的数据。自然条件相似的两个或多个地区,一般是流域面积越大的地区,该地区河流的水量也越丰富。

(2)河网密度:流域中干支流总长度和流域面积之比,单位是千米/平方千米。其大小说明水系发育的疏密程度,受到气候、植被、地貌特征、岩石土壤等因素的控制。

(3)流域形状:对河流水量变化有明显影响。

(4)流域高度:主要影响降水形式和流域内的气温,进而影响流域的水量变化。

(5)流域方向或干流方向:对冰雪消融时间有一定的影响。

#### 7.1.2.2  流域自然环境概况

(1)流域地理位置;

(2)流域地形地貌;

(3)流域植被现状;

(4)流域水系及河流形态;

（5）流域气候概况；

（6）流域水域特征；

（7）流域土地资源。

### 7.1.2.3　流域社会经济状况

（1）行政区划；

（2）人口及经济总量；

（3）产业结构；

（4）土地利用情况。

### 7.1.2.4　流域污染物迁移转化特征

（1）污染源和排污口分布；

（2）污染物组成；

（3）污染源特征（种类及污染程度）。

## 7.1.3　流域水文过程

流域水循环是水资源演变的基础，也是环境水文过程所依赖的介质和驱动力。物质随不同形态的水周而复始地发生迁移转化，一个完整的水文循环过程包括了蒸发（水面、植被蒸腾、土壤）、降水、下渗、径流等几个方面。

降水是水循环最重要的环节之一，是流域水资源的重要补给来源。水滴凝结大气中的海水飞沫、粉尘、灰尘、细菌以及含氮化合物、含硫化合物等，降落至透水或不透水地表，通过汇流至水域，或直接降落至水域表面污染水体。降水水质具有明显的区域性，海洋、城市、工业区、农村等不同区域的降水的理化性质截然不同。近年来，降水污染已逐渐成为流域水污染的重要污染源之一。降水冲刷土壤，剥离土壤颗粒及吸附的非溶解态污染物质，引起表土流失，发生不同形态的水力侵蚀。土壤系统可持有、改变、分解和吸收有机污染物、大气沉降物以及人类的固、液废弃物等。土壤 – 营养物间的交互作用可促进作物生长，但过量的营养物会破坏土壤中微生物的平衡系统。一般土壤体系可划分为四层，各土壤层中影响污染物迁移转化功能的因子各异。如 SWAT 模型中一般将土壤划分为10 层以描述土壤中不同形态的氮、磷等的物质循环。

## 7.1.4　流域水文模型概述

水体污染是目前世界上许多国家共同存在并且密切关注的环境问题，我国的流域水污染形势十分突出，七大水系Ⅳ～Ⅴ类和劣Ⅴ类水质的断面比例占到45%，重点湖泊Ⅴ类和劣Ⅴ类水质的数量占57%。城市发展、工业和农业活动等人类活动产生的点源和非点源污染物在流域上的迁移和输入共同造成了水环境质量的恶化。因此，有必要从整个流域尺度对污染物的产生、输入和迁移进行定量化的评估，识别流域污染物负荷严重的区域作为优先控制的区域，进而实行削减和控制，为流域水污染总量控制与管理提供依据。

由于流域地表过程本身的复杂性，通过建立数学模型在流域尺度上对污染物的产生和输移进行模拟和定量化具有重要的意义。流域水文模型是在计算机技术和系统理论发展的过程中产生的，自 20 世纪60～70 年代起涌现出了大量的流域水文模型，从模型结构看,分为集总式和分布式两种。20 世纪 80 年代以来,由于遥感技术、地理信息系统和计算机技术的应用,大幅度提高了空间信息处理的工作效率和模型的精度,新的水文模型或生态水文模型不断出现。这些应用模型归纳起来大有 3 种,即简单估算或经验模型、集总式水文模型、分布式水文模型。

简单估算或经验模型不涉及生态水文或环境水文的具体过程和机制,仅根据所研究对象的系统输入和输出进行估算,因此难以实现对生态水文或环境水文过程、分布、数量的科学认识。在目前的流域模型中,研究和应用较多的一般是集总式水文模型和分布式水文模型。

集总式水文模型不考虑水文现象或要素的空间分布,将整个流域当作一个整体进行研究。但由于人类活动日益增强,下垫面条件变化显著,影响了流域产汇流和水资源时空演变,传统的集总式水文模型已不能很好地反映出下垫面空间差异性造成的径流过程和营养物质循环过程的变化,分布式水文模型应运而生。

分布式水文模型将整个流域离散为较小的空间单元,模型在每一个空间单元上运行,在一定离散尺度下,可以认为在每一个空间单元内部,各影响因子的属性相对一致,具有相似的地理过程。相较之下,分布式水文模型是基于物理过程的,更具有机制性,在流域水资源管理中也更具有优势。

目前比较成熟的机制模型如 SWAT(Soiland Water Assessment Tools)、AGNPS(Agricultuval Non-point Source)、HSPF(Hydrologic Simulation Program Fortran),比较成熟的经验统计模型如人工神经网络(ANNs)、克里格空间统计方法。而将经验统计与基于过程的方法结合起来使用的模型有 SPARROW(SPAtially Referenced Regressions On Watershed Attributes)流域空间统计模型(Schwarz 等,2006)。

下面将对目前使用较多的 SWAT 模型、AGNPS 模型、HSPF 模型及 SPARROW 模型做详细阐述。

# 7.2 SWAT 模型

SWAT 模型就是一个集成了遥感(RS)、地理信息系统(GIS)和数字高程模型(DEM)技术的目前国际流行的分布式水文模拟工具。从模型结构看,SWAT 属于第二类分布式水文模型,即在每一个网格单元或子流域上应用传统的概念性模型来推求净雨,再进行汇流演算,最后求得出口断面流量。它明显不同于 SHE 模型等第一类分布式水文模型,即应用数值分析来建立相邻网格单元之间的时空关系。从建模技术看,SWAT 采用先进的模块化设计思路,水循环的每一个环节对应一个子模块,十分方便模型的扩展和应用。在运行方式上,SWAT 采用独特的命令代码控制方式,用来控制水流在子流域间和河网中的演进过程,这种控制方式使得添加水库的调蓄作用变得异常简单。

## 7.2.1 SWAT 模型基本情况

SWAT 模型是 20 世纪 90 年代美国农业部农业研究所(USDA-ARS)历经近 30 年开

发的一套适用于复杂大流域的水文模型。

1973 年该研究所组织美国相关学科的专家开发了基于过程的非点源污染模拟模型，1980 年完善后成为田间尺度上模拟土地管理对水沙、营养物质和杀虫剂运移影响的 CREAMS(Chemical Runoff and Erosion from Agricultural Management Systems)模型。随后开发了主要模拟侵蚀对作物产量影响的 EPIC(Erosion Productivity Impact Calculator)模型，用于模拟地下水携带杀虫剂和营养物质的 GLEAMS(Groundwater Loading Effects of Agricultural Management System)模型和研究不同土壤、土地利用和管理方式对流域产汇流影响的 AGNPS 模型。1985 年修改 CREAMS 模型的日降雨水文模块，合并 CREAMS 模型的杀虫剂模块和 EPIC 模型的作物生长模块，开发出时间步长为日的 SWRRB(Simulation for Water Resources in Rural Basin)模型，用于模拟评估管理对水和沉积输移的影响，该模型可以把流域分为 10 个子流域，增加了气象发生器模块，对径流过程考虑更加详细。20 世纪 80 年代末，又在 SWRRB 模型的基础上结合 ROTO(Routing Outputs to Outlet)模型的河道演算模块和 QUAL2E(Enhanced Stream Water Quality Model)的内河动力模块开发出了现今的 SWAT 模型，具体流程见图 7-1。

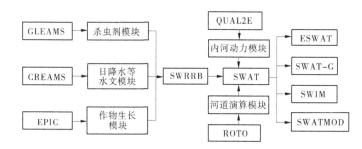

**图 7-1 SWAT 模型的发展进程并附有 SWAT 的改进模型**

SWAT 模型正式推出之后不断得到更新和完善，增加新的模块、新的功能而升级成为新版本，使其在适应性、自动划分子流域、模型的参数化敏感性、模型的校准与验证及其与其他模型的整合等方面得以完善。自开发以来，连续推出了 SWAT 94.2、SWAT 96.2、SWAT 98.1、SWAT 99.2、SWAT 2000、SWAT 2003、SWAT 2005 和 SWAT 2009 版本，目前发布的最新版本是 SWAT 2012。

94 版引入了多个水文响应单元；96 版增加了 $CO_2$ 循环、彭曼公式、土壤水侧向流动、营养物质和杀虫剂运移模块；98 版对融雪演算和水质模拟改进，增加了放牧、施肥排水等管理措施选项；99 版增加了城市径流平衡；2000 版增加了细菌传输模块、Green-Ampt 渗流计算方法和马斯京根汇流演算方法，改进了天气生成器，提供 3 种潜在蒸发量计算方法，模拟水库数量不再受限制；2003 版增加了敏感性分析和自动率定与不确定分析模块，敏感性分析采用 LH-OAT 法进行，从而使模型具有了全局分析法和局部分析法二者的长处；2005 版改进了细菌运输过程模拟，增加了天气预报情景模拟和半日降雨发生器。2012 版相对 2009 版，不管是界面操作，还是数据准备，都有了一些变化。关于 SWAT 描述更多的细节，详见由美国农业部和得克萨斯州农业试验站推出的 SWAT 2012 版本的理论文档和用户手册。

此外,由于SWAT模型的运行涉及大量的空间数据输入,因此其与GIS的集成增强了空间数据前后处理的能力,使用户界面提升到以视窗平台为主的可视化界面。最初的SWAT与GIS集成界面是SWAT/GRASS,之后又开发集成了AVSWAT和ArcSWAT。

SWAT模型以其强大的功能在分布式水文模型中占有重要地位。迄今为止,SWAT模型的有效性已经得到了国内外许多研究项目和研究者的论证,并已经广泛应用在美国国家项目HUMUS(Hydrological Unit Modeling of United States)、大的区域性项目(NOAA Cosatal Assessment Framework和Conversation Environment Assessment Project)和许多不同尺度的研究项目中,研究内容涉及流域的水平衡、河流流量预测和非点源污染控制评价等诸多方面。美国环保署将SWAT模型作为其TMDL(Total Maximum Daily Load)项目的首选模型,并将SWAT模型集成在其开发的BASINS(Better Assessment Science Integrating Point and Nonpoint Sources)模型系统中。

## 7.2.2　SWAT模型理论基础

SWAT 2009已发展为由705个数学方程、1 013个中间变量组成的综合模型体系。因此,模型可以模拟流域内的多种水文物理过程:水的运动、泥沙的输移、植物的生长及营养物质的迁移转化等。其程序共由306个子程序组成,由Fortran语言开发编译而成,源代码可自由地从SWAT网站下载。

该模型具有以下特性:①当处理流域内部的地理要素和地理过程在时空上的非均一性和可变性时,以子流域的空间单元划分方法,将一个大区域或流域离散化成更小的地理单元-水文响应单元(HRUs)。在每个水文响应单元中,地形、土壤、土地利用等地理参数被看作是均一的,因而比较逼近水文或环境过程的真实性,有较强的物理基础。②比较适用于包含各种土壤类型、土地利用和农业管理制度的大流域,可以模拟和评估人类活动对水、沙、农业污染物的长期影响。③对营养物质模拟输出主要以氮和磷为主,包括有机氮、硝态氮、氨态氮、有机磷、矿物磷等变量。④模型的动力框架属时间连续的分布式水文模型,模拟的时间跨度可以以每日步长的方式从年、月到年代际。⑤与地理信息系统软件进行了集成,提升了空间数据前处理和后处理的能力,增强了可视化的操作功能和表达能力。

SWAT模型是一个具有很强物理机制的长时段流域分布式水文模型,功能十分强大,它能够利用GIS和RS提供的空间数据信息,模拟复杂大流域中多种不同的水文物理过程,包括水、沙、化学物质和杀虫剂的输移与转化过程。它可以在水文响应单元的空间尺度上模拟地表径流、入渗、侧流、地下水流、回流、融雪径流、土壤温度、土壤湿度、蒸散发、产沙输沙、作物生长、养分(氮、磷)流失、流域水质、农药/杀虫剂等多种过程以及各种农业管理措施(耕作、灌溉、施肥、收割、用水调度等)对这些过程的影响,甚至在缺乏资料的地区可以利用模型的内部天气生成器自动填补缺失资料。

由于该模型综合考虑了水文(包括地表水和地下水)、水质、土壤、气象、植被、植物生长、农业管理等多种过程,使其具有以水为主导的生态水文模型或环境水文模型的特征,而不再是传统意义上的水文模型。

SWAT模型的整个模拟过程可以分为两个部分:①亚流域模块(水循环的陆面部分,

负责产流和坡面汇流);②汇流演算模块,该模块属于水循环的水面部分,主要考虑水、沙、营养物(N、P 等)和杀虫剂在河网中的输移,包括河道汇流演算和蓄水体(水库、池塘/湿地)汇流演算两大部分。前者控制着每个亚流域主河道的水、沙、营养物质和化学物质等的输入量;后者决定水、沙等物质从河网向流域出口的输移运动及负荷的演算汇总过程。

### 7.2.3　SWAT 模型结构模块

SWAT 采用先进的模块化设计思路,水循环的每一个环节对应一个子模块,十分方便模型的扩展和应用。根据研究目的,模型的诸多模块既可以单独运行,也可以组合其中几个模块运行模拟。其主要包含水文过程、土壤侵蚀、污染负荷三个子模型(见图 7-2)。

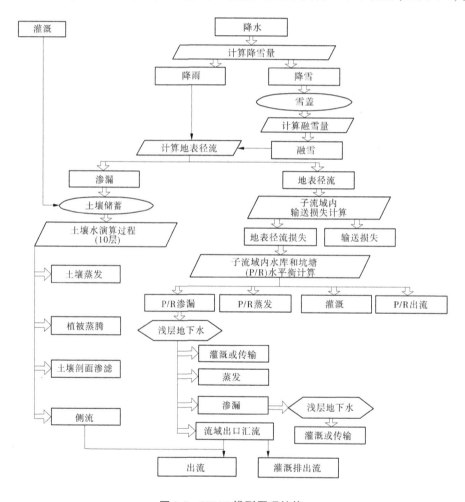

图 7-2　SWAT 模型原理结构

### 7.2.3.1　水文过程模型

SWAT 模型可模拟流域内多种不同的水循环物理过程,示意图见 7-3。

SWAT 模型中,模拟计算的水量平衡方程如下(刘兴誉,2018):

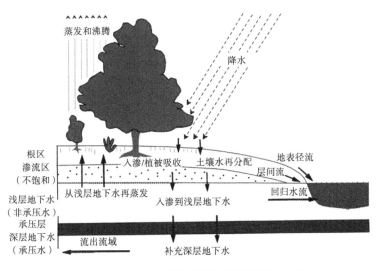

图 7-3　SWAT 水文循环过程（郝芳华等,2006）

$$SW_t = SW_0 + \sum_{i=1}^{t} (R_{\text{day},i} - Q_{\text{surf},i} - E_{\text{a},i} - W_{\text{seep},i} - Q_{\text{gw},i}) \tag{7-1}$$

式中:$SW_t$ 为土壤最终含水量,mm;$SW_0$ 为土壤前期含水量,mm;$t$ 为计算时段;$Q_{\text{surf},i}$ 为第 $i$ 天的地表径流量,mm;$R_{\text{day},i}$ 为第 $i$ 天的降雨量,mm;$E_{\text{a},i}$ 为第 $i$ 天的蒸发量,mm;$W_{\text{seep},i}$ 为第 $i$ 天的渗透量,mm;$Q_{\text{gw},i}$ 为第 $i$ 天的地下径流量,mm。

1. 地表径流

地表径流一般采用美国水保局研究开发的地表径流估算模型,即 SCS 径流曲线数法,其假定了实际蓄水量 $F$、最大需水量 $S$、降雨量 $P$、径流量 $Q$ 之间的关系,降雨-径流表达关系如下:

$$\frac{F}{S} = \frac{Q}{P - I_\alpha} \tag{7-2}$$

$$I_a = aS \quad (a \text{ 为常数,一般取 } 0.2) \tag{7-3}$$

式中:$P$ 为一次性降雨总量,mm;$Q$ 为地表径流量,mm;$I_a$ 为初损,mm,即产生地表径流之前的降雨损失;$F$ 为后损,mm,即产生地表径流之后的降雨损失;$S$ 为流域可能最大滞留量,mm,是后损 $F$ 的上限。

根据水量平衡:

$$F = P - I_a - Q \tag{7-4}$$

$$Q = \frac{(P - I_a)^2}{P - I_a + S} \tag{7-5}$$

$$S = \frac{25\ 400}{CN - 254} \tag{7-6}$$

式中:$CN$ 为无量纲,可通过查表获得。

2. 蒸散发

蒸散发通常包括潜在蒸散发和实际蒸散发。潜在蒸散发主要有 Penman-Monteuth

法、Priestley-Taylor 法和 Hargreaves 法三种。Penman-Monteuth 法计算公式如下：

$$ET_0 = \frac{\Delta(R_n - G) + 86.7\rho D / r_a}{L(\Delta + \gamma)} \tag{7-7}$$

式中：$ET_0$ 为蒸散发能力，mm；$\Delta$ 为饱和水汽压斜率，kPa/℃；$R_n$ 为净辐射量，MJ/m²；$G$ 为土壤热通量，MJ/m²；$\rho$ 为空气密度，g/m³；$D$ 为饱和水汽压差，kPa；$r_a$ 为边界层阻力，s/m；$L$ 为汽化潜热，MJ/kg；$\gamma$ 为湿度计常数。

### 3. 洪峰流量

洪峰流量是指某一次降雨事件中，测流断面上的最大径流量，通常可以反映出暴雨侵蚀能力的大小，用来预测泥沙流失量。SWAT 模型中洪峰流量计算公式如下：

$$q_{peak} = \frac{C \cdot i \cdot Area}{3.6} \tag{7-8}$$

$$C = Q_{surf} / R_{day} \tag{7-9}$$

$$i = \frac{R_{tc}}{t_{conc}} \tag{7-10}$$

式中：$q_{peak}$ 为洪峰流量，m³/s；$C$ 为径流系数，无量纲；$i$ 为降雨强度，mm/hr；$Area$ 为子流域面积，mm²；$R_{day}$ 为某天的降雨量，mm；$R_{tc}$ 为汇流时间内的降雨量，mm；$t_{conc}$ 为该子流域的汇流时间，h。

### 4. 基流

稳态条件下的基流计算公式：

$$Q_{gw,i} = \frac{8\,000 K_{sat}}{L_{gw}^2} \cdot h_{wtbl} \tag{7-11}$$

式中：$Q_{gw,i}$ 为第 $i$ 天进入主河道的基流，mm；$K_{sat}$ 为蓄水层的水力传导率，mm/d；$L_{gw}$ 为地下水子流域边界到主河道的距离，m；$h_{wtbl}$ 为地下水位，m。

### 5. 入渗

入渗计算公式：

$$W_{seep} = (SW - FC)\left[1 - \exp\left(\frac{\Delta t \cdot K}{SAT - FC}\right)\right] \tag{7-12}$$

式中：$W_{seep}$ 为土壤下渗量，mm/d；$SW$ 为土壤含水量，mm；$FC$ 为田间保水量，mm；$\Delta t$ 为时间步长，d；$K$ 为饱和土壤渗透系数。

### 6. 侧流

土壤侧流的计算公式：

$$Q_{lat} = 0.048 \times \frac{(SW - FC) \cdot K \cdot slp}{L \cdot \phi_d} \tag{7-13}$$

式中：$Q_{lat}$ 为壤中流量，mm；$slp$ 为计算区坡度；$L$ 为计算区的坡长，m；$\phi_d$ 为土壤层总孔隙率与土壤达到田间保持水量的孔隙率差。

### 7. 地下水

SWAT 模拟地下水方程：

$$Q_{gw,i} = Q_{gw,i-1} \cdot \exp(-\alpha_{gw} \cdot \Delta t) + W_{rchrg,i} \cdot [1 - \exp(-\alpha_{gw} \cdot \Delta t)] \tag{7-14}$$

式中:$Q_{gw,i}$ 为第 $i$ 天进入河道的地下水,mm;$Q_{gw,i-1}$ 为第 $i-1$ 天进入河道的地下水,mm;$W_{rchrg,i}$ 为第 $i$ 天蓄水层的补给量,mm;$\alpha_{gw}$ 为基流的退水系数。

$$W_{rchrg,i} = [1 - \exp(-1/\delta_{gw})] \cdot W_{seep} + \exp(-1/\delta_{gw}) \cdot W_{rchrg,i-1} \tag{7-15}$$

式中:$\delta_{gw}$ 为补给滞后时间,d;$W_{seep}$ 为通过土壤剖面底部进入地下含水层的水量,mm。

### 7.2.3.2 土壤侵蚀模型

对于土壤侵蚀的模拟,SWAT 模型采用对土壤流失方程 USLE 进行修正后得到的 MUSLE 方程来计算。通用土壤流失方程 USLE 用降水动能函数预测年均侵蚀量,而 MUSLE 方程用径流因子代替降水动能,改善了泥沙的产量预测,无须泥沙输移系数,并可应用于单次暴雨径流事件(冯麒宇,2016)。其计算式为

$$m_{sed} = 11.8 \times (Q_{surf} \cdot q_{peak} \cdot A_{hru})^{0.56} \cdot K_{USLE} \cdot C_{USLE} \cdot LS_{USLE} \cdot P_{USLE} \cdot CFRG \tag{7-16}$$

式中:$m_{sed}$ 为土壤侵蚀量,t;$Q_{surf}$ 为地表径流,mm/h;$q_{peak}$ 为洪峰径流,$m^3/s$;$A_{hru}$ 为水文响应单元的面积,$hm^2$;$K_{USLE}$ 为土壤侵蚀因子;$C_{USLE}$ 为植被覆盖和管理因子;$P_{USLE}$ 为保持措施因子;$LS_{USLE}$ 为地形因子;$CFRG$ 为粗碎屑因子。

土壤侵蚀因子 $K_{USLE}$ 主要反映了不同土壤类型对侵蚀的抵抗程度,它与土壤物理性质(如组成成分、孔隙率、有机质含量、紧密度)等相关。通常情况下,土壤颗粒越粗、渗透性越大,$K_{USLE}$ 值越低,反之越高;取值范围为 0.02~0.75。

植被覆盖和管理因子 $C_{USLE}$ 主要表示植物覆盖和作物栽培措施对防止土壤侵蚀的综合效益,其意义是在地形、土壤、降水等条件相同情况下,种植农作物的土地与连续休闲地土壤流失量的比值,最大取 1.0。

保持措施因子 $P_{USLE}$ 是指采取过土壤保持措施的土地土壤流失与不采取任何措施的地表土壤流失比值,取值最大为 1.0。土壤保持措施包括等高耕作、带状种植、梯田等。

### 7.2.3.3 污染负荷模型

SWAT 模型可对不同形态的氮循环过程进行模拟。氮主要分为有机氮、硝态氮、氨氮三种形态,其中有机氮分活泼有机氮和惰性有机氮两种;模拟的污染过程主要包括地表径流流失、入渗淋失、施肥等物理过程和有机氮矿化、反硝化等化学过程和作物吸收等生物过程(冯麒宇,2016)。

1. 硝态氮污染负荷模型

硝态氮在流域中的迁移主要通过地表径流、侧向流、渗流三种形式,模型首先计算出自由水中硝态氮的浓度,用此浓度乘以各路流动水的总量,即得到水体中硝态氮的流失总量。自由水硝态氮浓度可用以下公式计算:

$$\rho_{NO_3,mobile} = \frac{\rho_{NO_3ly} \cdot \exp\left[\dfrac{-\omega_{mobile}}{(1-\theta_e) \cdot SAT_{ly}}\right]}{\omega_{mobile}} \tag{7-17}$$

式中:$\rho_{NO_3,mobile}$ 为自由水中硝态氮浓度(以 N 计),kg/mm;$\rho_{NO_3ly}$ 为土壤中硝态氮的量,$kg/hm^2$;$\omega_{mobile}$ 为土壤中自由水的量,mm;$\theta_e$ 为孔隙度;$SAT_{ly}$ 为土壤饱和水含量,mm。

2. 有机氮污染负荷模型

有机氮因为其物理特性一般通过吸附土壤颗粒在流域中随径流迁移转化,所以土壤流失量可直接反映有机氮负荷量,计算公式如下:

$$\rho_{\text{orgNsurf}} = 0.01 \times \rho_{\text{orgN}} \frac{m}{A_{\text{hru}}} \cdot \varepsilon_N \tag{7-18}$$

式中:$\rho_{\text{orgNsurf}}$ 为有机氮流失量(以 N 计),kg/hm²;$\rho_{\text{orgN}}$ 为有机氮在表层(10 mm)的浓度(以 N 计),kg/t;$m$ 为土壤流失量,t;$A_{\text{hru}}$ 为水文响应单元的面积,hm²;$\varepsilon_N$ 为氮富集系数,其表示随土壤流失的有机氮浓度与土壤表层有机氮浓度的比值。

SWAT 模型的其他污染负荷子模型:溶解磷负荷模型、吸附磷负荷模型、氮转化等模型介绍不再赘述,详细原理可参考文献(郝芳华等, 2006)。

### 7.2.4　SWAT 模型操作方法

#### 7.2.4.1　SWAT 模型基础数据库

模型需要的输入数据主要有:①流域的数字高程模型(DEM),用来划分子流域和寻找出流路径;②土地利用/覆盖的空间分布数据,主要用来计算植被生长、耗水和地表产汇流;③土壤类型,用来计算壤中流和浅层地下水量;④气象数据,包括日降雨资料、日最高最低气温、风速、日辐射量、相对湿度、气温站位置高程、雨量站位置高程等,用来计算净流量和蒸散发量;⑤农业管理措施和水库及湖泊位置,出流点等,所需数据的来源和说明见表 7-1。

**表 7-1　模型主要输入数据**

| 数据名称 | 数据 | 类型 | 所需参数 | 获得渠道 | 说明 |
|---|---|---|---|---|---|
| 地形数据 | DEM | GRID 或 .shp file 格式 | 地形高程、坡度、坡向、河流等 | 数字高程模型(DEM) | 前 3 层数据坐标系必须统一,并且用等面积投影;土壤分类采用美国的分类系统;气象资料还需要气象和水文站点高程及位置的文件 |
| 土地利用 | 植被图 | GRID 或 .shp file 格式 | 植被种类、空间分布、叶面积指数、植被根系等 | 高清晰遥感图像解释 | |
| 土壤数据 | 土壤图 | GRID 或 .shp file 格式 | 各层土壤含水量、孔隙率、饱和水力传导度,各组成颗粒含量、径流曲线等 | 野外采样测量或者有关单位提供数据 | |
| 气象数据 | 气象资料表 | .dbf 或 .bd 格式 | 日降雨量、日最高最低气温、相对湿度、日辐射量、风速等 | 各气象站点,国家气象局 | |

SWAT 模型自带 5 个数据库存储必需的数据:作物生长、城镇土地利用、耕作、施肥和杀虫剂数据库,AVSWAT 界面允许用户修改此 5 个数据库以及 2 个附加的用户土壤库和用户气象站数据库。

#### 7.2.4.2　SWAT 模型运行控制

模型的运行控制(王中根等,2003),即 SWAT 采用类似于 HYMO 模型的命令结构(command structure)来控制径流和化学物质的演算(见图 7-4):①通过子流域命令,进行分布式产流计算;②通过汇流演算命令,模拟河网与水库的汇流过程;③通过叠加命令,把实测的数据和点源数据输入到模型中同模拟值进行比较;④通过输入命令,接受其他模型的输出值;⑤通过转移命令,把某河段或水库的水转移到其他的河段或水库中,也可直接用作农业灌溉。SWAT 模型的命令代码能够根据需要进行扩展。

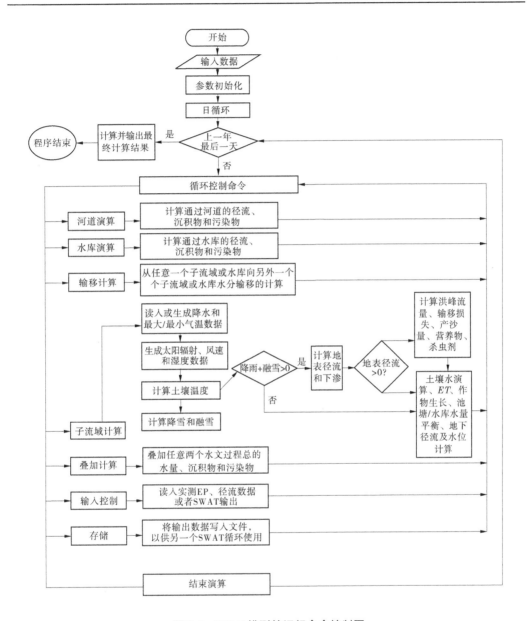

图 7-4  SWAT 模型的运行命令控制图

### 7.2.4.3  AVSWAT - X 具体操作

#### 1. 打开 SWAT

打开 ArcView(见图 7-5),File(Extensions),勾选 AVSWATX Extendable,点击"OK"按钮进入 SWAT 界面。(注:系统语言需要设置成英语,通过控制面板里的区域和语言选项设置)

#### 2. 建立 SWAT 工程文件

(1)点击 New Project 新建一个工程文件,出现如图 7-6 所示界面时,可先在右边方框选择路径,在左边方框输入工程文件名称,完成路径选择和名称输入,点击"OK"按钮。此时,程序会在对应路径下建立一个 sabine. avsx 文件。

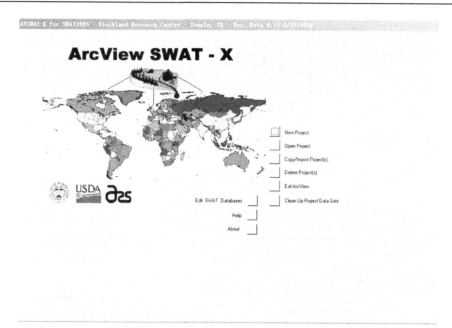

图 7-5　ArcView SWAT-X 界面

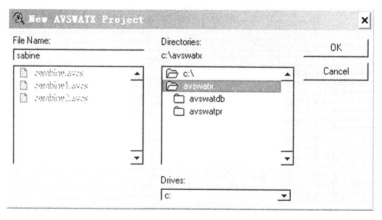

图 7-6　建立 AVSWATX 新项目

（2）此时，程序弹出提示栏（见图 7-7），需要用户输入数据源路径，点击 OK 采用默认路径。默认情况下，程序将在与 sabine. avsx 文件相同目录下建立一个 sabine 文件夹，用来存放该 project 的生成数据。

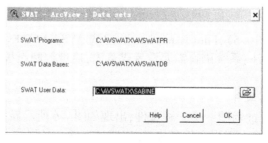

图 7-7　数据集

**3. 流域的划分**

1) 导入 DEM

(1) 点击图 7-8 中①，选择 Load DEM grid from disk，点击 OK。

(2) 在右边路径选择 C:\AVSWATX\AvSwatDB\Example3，此时选择左边的 DEM，或者直接输入 DEM，点击 OK。

(3) 有警示栏提示需将 DEM 数据投影，点击 OK 即可。

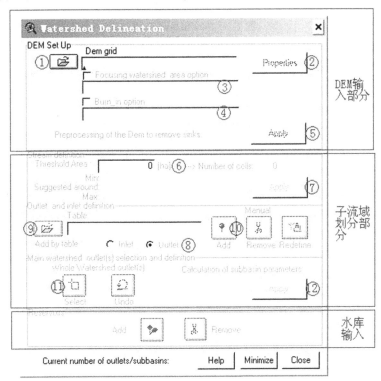

图 7-8　流域的划分

2) DEM 投影

(1) 点击图 7-8 中②，依次点击 projection、OK、Yes。

(2) 选择 Predefined Projection，Alber Equal_Area(Conterminous U. S.)，点击 OK。回到 Dem Properties 提示栏时，再次点击 OK 回到 Delineation。

3) 载入 MASK

(1) 勾选图 7-8 中③Focusing watershed area option 前面的方框，在弹出界面中选择 Load mask grid from disk，点击 OK。

(2) 在右边的路径选择中，将路径选择到 C:\AVSWATX\AvSwatDB\Example3，然后在左边选择 amask，点击 OK。

4) 载入数字化的河网信息

如果有数字化的流域信息，则可通过图 7-8 中④载入河流河段信息，这个例子中不做输入。流域的河网通过 delineation 过程自动生成。

5)点击 Apply,完成 DEM 输入操作

点击 Apply,完成 DEM 输入操作会有提示(见图 7-9),选择 Yes。计算完成后选择 OK。

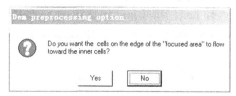

图 7-9　Dem 预处理选项

6)子流域划分

(1)图 7-8 中⑥处选择默认值 800 ha,点击 Apply(注:Threshold Area 越小,子流域和河段就划分的越精细)。

(2)确认图 7-8 中⑧处选择的是 Outlet,点击图 7-8 中⑨处,在 C:\AVSWATX\AvSwat-DB\Example3 路径下选择 strflow. dbf,点击 OK 确定(注:这一步骤是为了添加若干个子流域出口控制点。通常是一些有监测数据的点位,建模者希望这些点刚好在子流域出口处,也可手动在图上圈定)。

(3)点击图 7-8 中⑪Select,在图中将白色点框选成黄色点后,点击 OK 确定。若有提示,选择 Yes 即可(注:这一步骤是为了选取流域的出口控制点。该点以上的汇水区域需要进行模拟,以下的区域则不进行模拟)

(4)点击 Apply,完成子流域参数计算。最后点击 OK 确定,如图 7-10、图 7-11 所示。

图 7-10　主要流域出口

4. 土地利用和土壤数据输入

在工具栏选项中选择 Avswatx,并在其菜单栏中选择 Land Use and Soil definition,如图 7-12 所示。

在 Definition of Land Use and Soil themes 窗口中,左边为土地利用数据输入,右边为土壤数据输入。

(1)土地利用输入。

①点击上方的文件夹图标,在弹出窗口中选择 Load Landuse themes(s)from disk,点击 OK 确定,在 format 选框中选择 grid,点击 OK,在提示是否经过投影窗口中选择 Yes,最后在路径为 C:\AVSWATX\AvSwatDB\Example3 下选择 Landuse,点击 OK 确认。

②点击下面的文件夹图标(Lookup Table Grid Values),选择 User table,点击 OK;选择.dbf file,点击 OK;在路径为 C:\AVSWATX\AvSwatDB\Example3 下,选择 lunlcd. dbf,点击 OK

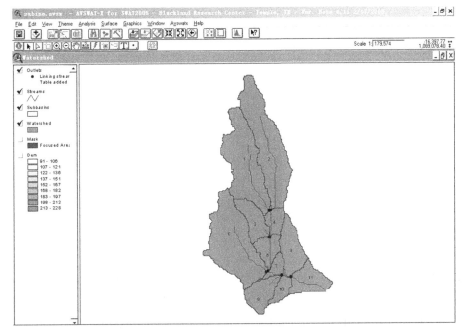

**图 7-11　sabine**

(注:新生成的图层存放位置 C:\AVSWATX\sabine\watershed)

确认(注:也可手动进行土地利用类别的重命名)。

　　③最后点击下方的 Reclassify。

　　(2)土壤数据输入。

　　①点击上方的文件夹图标,方法同土地利用输入步骤①,format 选择 shape,文件选择为 soils.shp。

　　②不同于土地利用的地方,这里不用点击第二个文件夹,只需点选下面 Options 中的 Stmuid 即可。(注:一般来说,我国土壤分类与美国土壤分类方式是不同的,所以土壤数据中的数据类型不能对应到SWAT 自带的土壤数据库中,需要先在 SWAT 中建立用到的土壤类型)。

**图 7-12　Black land Research Center**

　　③最后点击下方的 Reclassify。

　　(3)点击最下方的 Overlay,有提示时点击 OK 确认。

5. HRU 分布

　　在工具栏选项中选择 Avswatx,并在其菜单栏中选择 HRUs distribution,如图 7-13 所示。

　　在图 7-14 中,选择 Multiple HRUs,并在右边 Land Use 和 Soil 分布中都选择 10%。完成后点击 OK 确认(注:如果选 Dominant Land Use and Soil,则只考虑占最大面积的土地利用类型和土壤类型,在这种情况下,一个子流域 subbasin 只有一种类型的 HRU)。

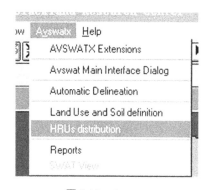

图 7-13 Avswatx

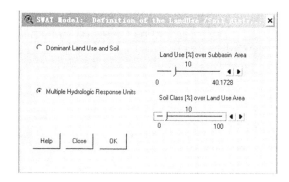

图 7-14 SWAT 模型

这一步完成后,ArcView 中会生成一个新的 View——SWAT View。接下来的工作都在这个 View 里面进行。

6. 气象数据导入

在导入天气数据之前,先手动将 C:\AVSWATX\AvSwatDB\Example3 下的降雨和温度数据复制到工程目录下(前面设置路径为 C:\AVSWATX\sambine),降雨和温度数据包括文件:pcpfork. dbf, hop0pcp. dbf, hop1pcp. dbf, hop2pcp. dbf, hop3pcp. dbf, hop4pcp. dbf, tmpfork. dbf, tmp_2902. dbf, tmp_4976. dbf, tmp_4483. dbf, tmp_8743. dbf。

在工具栏选项中选择 Input,并在其菜单栏中选择 Weather Stations,如图 7-15 所示。

如图 7-16 所示,降雨和温度数据分别导入工程目录下的表文件 pcpfork. dbf, tmpfork. dbf,太阳辐射、风速、相对湿度数据用模拟值,点击 US database 后面的文件夹图标,导入模拟数据源后,窗口下方出现 OK 选项,点击选择 OK 即可。

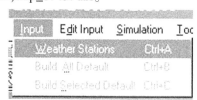

图 7-15 输入

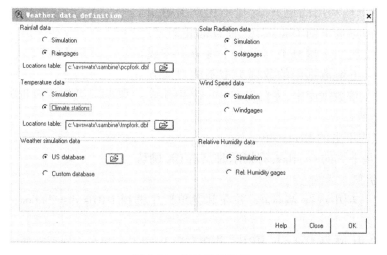

图 7-16 定义天气数据

7. 建立模型输入文件

在工具栏选项中选择 Input,并在其菜单栏中选择 Build All Default,则模型会按默认设置完成所有输入文件的准备工作,如图 7-17 所示。

当有提示框时,依次选择 Yes、Continue、No、No、Yes、OK。

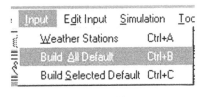

图 7-17 输入

此时,已经完成了模型输入文件的准备工作,可以进行模拟了。如果这时还有某些输入数据需要改动或者其他情况,可以通过工具栏中的 Edit Input 选项来操作(见图 7-18)。(浏览各项,找到文本文件)

8. 运行模拟

在工具栏选项中选择 Simulation,并在其菜单栏中选择 Run SWAT,如图 7-19 所示。

图 7-18 输入编辑 图 7-19 模拟

在图 7-20 所示窗口中,左下角的打印频率改成 Monthly(模型还是按天模拟,只是输出月数据),其他保持默认,点击 Setup SWAT Run,有提示时选择 NO。

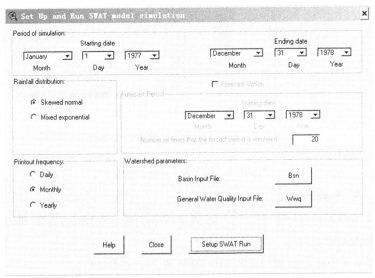

图 7-20 设置并运行 SWAT 模型进行模拟

此时,窗口右下方出现 Run SWAT 按钮,点击开始进行模拟。

9. 观看模拟结果

模拟完成后,程序会出现提示窗口,如图 7-21 所示。选择 Yes,可以直接观看模拟结果,或者可以通过 Simulation 下的菜单栏选项 Read Results 观看模拟结果。这里选择 Yes。

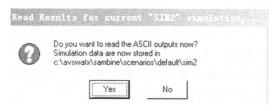

图 7-21　读取当前"SIM2"模拟的结果

得到如图 7-22 所示界面。

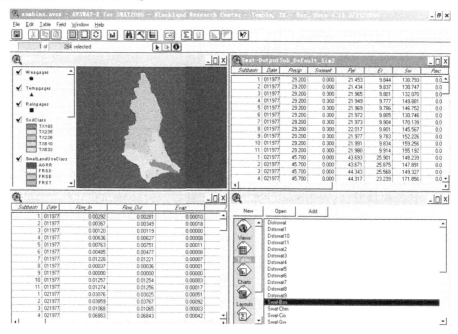

图 7-22　SWAT 子输出 – 默认 – Sim2

(注:这些表格的原始文件存在 C:\AVSWATX\sabine\scenarios\default\txtinout,
以便用 Excel 等其他软件处理数据)

### 7.2.4.4　ArcSWAT 具体操作

本节采用 ArcSWAT 自带的例子 1 的演示说明,例子 1 位于:安装目录\Databases\Example1(见图 7-23)。

该例子包括 4 个栅格数据、16 个 DBF 表格和 2 个文本文件。

4 个栅格数据如下:

(1)dem:Lake Fork 流域的数字高程模型(DEM)栅格数据。图件投影类型 Albers Equal Area,分辨率单位是 m,海拔单位是 m。

(2)amask:DEM Mask 栅格数据。图件投影类型 Albers Equal Area,分辨率单位是 m。

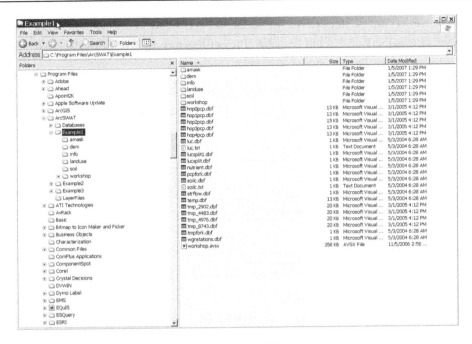

**图 7-23  安装目录**

（3）landuse：Lake Fork 流域的土地覆盖/土地利用栅格数据。图件投影类型 Albers Equal Area，分辨率单位是 m。

（4）soil：Lake Fork 流域的土壤栅格数据。图件投影类型 Albers Equal Area，分辨率单位是 m。土壤栅格是 STATSGO 土壤图。

部分 DBF 表和文本文件如下：

（1）USGS 河道径流测站位置表：strflow. dbf。

（2）河道内营养物监测点位置表：nutrient. dbf。

（3）降水测站位置表：pcpfork. dbf。

（4）降水数据表：hop0pcp. dbf，hop1pcp. dbf，hop2pcp. dbf，hop3pcp. dbf，hop4pcp. dbf。

（5）气温测站位置表：tmpfork. dbf。

（6）气温数据表：tmp_2902. dbf，tmp_4483. dbf，tmp_4976. dbf，tmp_8743. dbf。

（7）用来创建自定义气象生成器数据集的气象站位置表：wgnstations. dbf。

（8）土地利用索引表：luc. dbf。

（9）土壤索引表，STMUID 选项：soilc. dbf。

（10）土地利用索引文件：luc. txt。

（11）土壤索引文件，STMUID 选项：soilc. txt。

**1. 建立 SWAT 工程**

（1）打开 ArcMap 选择 Anewemptymap。

（2）在 Tools 菜单下，单击 Extensions。确认已经勾选 SWATProjectManager、SWATWatershedDelineator 和 SpatialAnalyst 等 3 个模块。

（3）在 View 菜单下的 Toolbars 菜单，确保已经调出 ArcSWAT 工具条。

（4）在 SWATProjectSetup 菜单下，单击 NewSWATProject 命令。

（5）在"ProjectSetUp"对话框中，设置 ProjectDirectory 位置，并命名为"lakefork"（见图 7-24）。

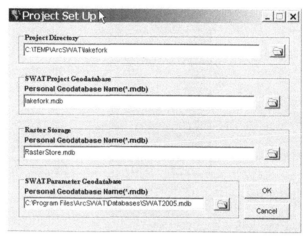

图 7-24　建立 SWAT 工程

SWAT Project Geodatabase（SWAT 工程数据库）会自动设置为"lakefork. mdb"，而 RasterStorage（栅格存储）数据库会自动设为"RasterStore. mdb"。SWAT Parameter Geodatabase（SWAT 参数数据库）则为默认的安装目录的 SWAT2009. mdb 数据库。单击 OK。会弹出成功建立工程的提示（见图 7-25）。

图 7-25　成功提示

2. 处理高程数据

（1）在 Watershed Delineation 菜单下，单击 Automatic Watershed Delineation 命令，打开"Watershed Delineation"对话框（见图 7-26）。

（2）从 Example 1 数据目录中加载"dem"。

（3）高程栅格会输入到当前 SWAT 图 7-26 工程的"RasterSTore. mdb"中。其名字会显示在 Watershed。

（4）Delineation 对话框的 DEM Setup 文本框中，同时高程图显示在视图中（见图 7-27）。

（5）单击 Dem projection setup 按钮打开"DEM Properties"对话框，设置 Z unit 为"meter"（见图 7-28）。

（6）勾选 Mask，单击临近的浏览按钮加载 Example 1 的"amask"栅格，弹出提示时，选择"Load from Disk"（见图 7-29）。

（7）Mask 栅格会输入到当前 SWAT 工程的"RasterSTore. mdb"中。其名字会显示在"Watershed Delineation"对话框的 Mask 文本框中，同时 Mask 图显示在视图中。

当使用 mask 栅格时，只有被 mask 栅格覆盖的 DEM 区域才会划分出河网。

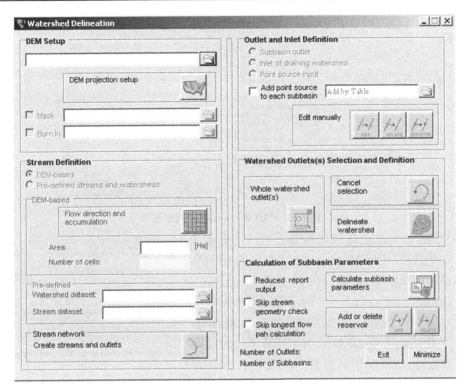

图 7-26  "Watershed Delineation"对话框

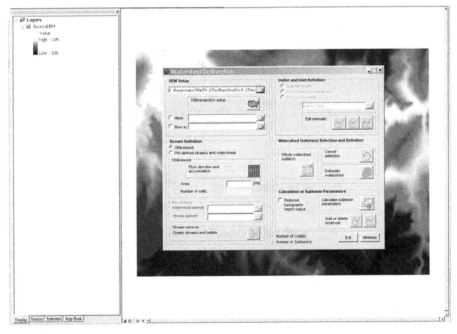

图 7-27  "Delineation"对话框

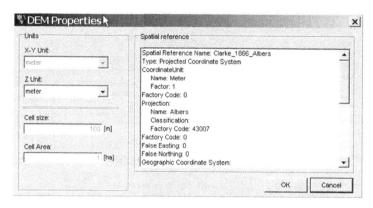

图 7-28　"DEM Projection"对话框

（8）现在 Stream 定义区域被激活了。这里定义河网有 2 个选项：①DEM-based（基于加载的 DEM），使用加载的 DEM 自动划分河网和流域；②Pre-defined streams and watersheds（预定义河网和流域），需要用户提供河网和子流域数据，并输入到 ArcSWAT 中。使用此选项，DEM 只用来计算子流域参数和河流参数，比如坡度和高程等。本例子中，使用第一个方法（见图 7-30）。

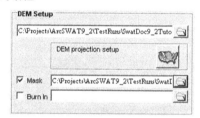

图 7-29　"DEM Setup"对话框

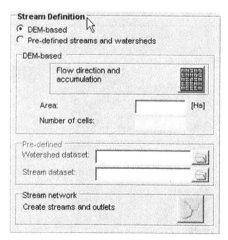

图 7-30　Stream 定义区域

（9）选择 DEM-based 选项，单击 Flow direction and accumulation 按钮。其作用是对 DEM 进行填洼，接着计算流向和水流累积量，流向和水流累积量被用来定义河网和计算流域边界。对于很大的 DEM，这个过程会需要很长时间（某些情况下需要很多小时）。而本例，则只需要几分钟。当完成时，会弹出如图 7-31 所示的信息。

（10）处理完 DEM 之后，需要指定定义河流起源

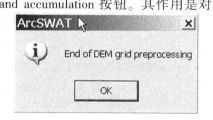

图 7-31　弹窗示意图

的阈值。阈值数字越小,生成的河网越详细。图 7-32、图 7-33 分别是阈值设为 100 ha 和 1 000 ha 时生成的河网。

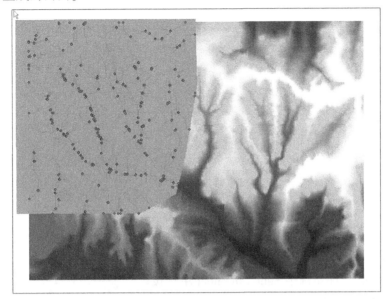

图 7-32　阈值设为 100 ha 时生成的河网

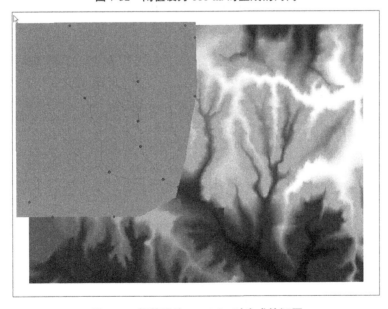

图 7-33　阈值设为 1 000 ha 时生成的河网

　　(11)对于此例,阈值设置为 1 000。单击 Create streams and outlets 按钮,创建河网和出口点(见图 7-34)。

　　(12)河网会在计算完成之后显示在图中,见图 7-33。由 2 条河流交叉点定义的子流域出口点以蓝色的点表示在河网上。

　　注意:用户可以手动修改子流域出口点的数量,或是通过输入一个包含出口点位置坐

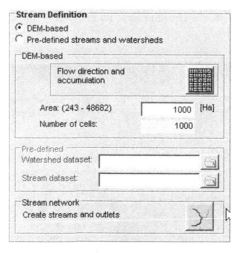

图 7-34　定义阈值

标的 dbf 表来添加。通过表添加或手动添加的点会捕捉到距离划分的河流最近的点上。

（13）Example 1 中包含了一个营养物测站的位置表。要加载此表，首先选中 Subbasin outlet 单选按钮，然后单击文件浏览按钮（见图 7-35）。

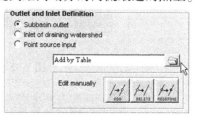

图 7-35　加载位置表示意图

（14）在弹出的浏览器窗口中，找到并选中 nutrient. dbf，并单击 OK（见图 7-36）。通过表添加的子流域出口点以白色点样式显示在图中。

（15）要手动添加子流域出口点，首先选中

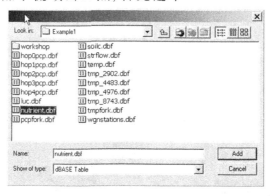

图 7-36　选中 nutrient. dbf

Subbasin outlet 单选按钮，然后单击 Add 按钮（见图 7-37）。

（16）对话框会最小化。移动鼠标，在要放置子流域出口点的地方，单击左键。手动添加的子流域出口点会显示为红色的点。添加 4 个出口点，如图 7-38 所示。

图 7-37　添加流域出口点

（17）一旦满意显示的子流域出口点，就可以选择流域出口点了。单击 Whole watershed outlet(s)按钮（见图 7-39）。

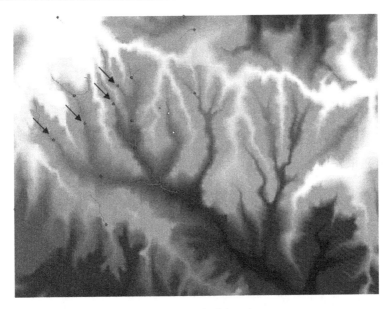

图 7-38　子流域出口点

（18）对话框最小化。选择右下的子流域出口点，选中出口点后，出口点会变为蓝色（见图 7-40），并且会弹出一个信息，表明已经选择了出口点（见图 7-41）。

（19）单击 Delineate watershed 按钮，则开始流域划分处理过程（见图 7-42）。

（20）当处理过程完成后，流域划分的子流域就显示出来（见图 7-43）。

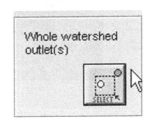

图 7-39　Whole watershed outlet(s) 按钮

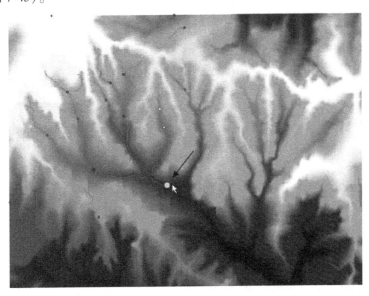

图 7-40　出口点选择

图 7-41　出口点选择成功示意图

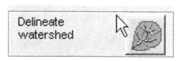

图 7-42　Delineate watershed 按钮

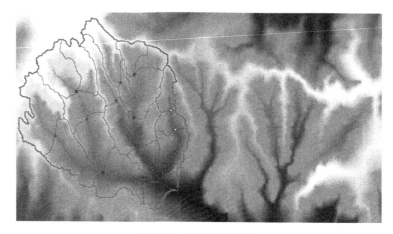

图 7-43　子流域示意图

（21）单击 Calculate subbasin parameters 按钮,计算子流域河道参数。

（22）在子流域河道参数计算完成之后,会弹出一个提示框,单击 OK,流域划分就完成了。

3. HRU 分析

（1）选择 HRU Analysis 菜单中的 Land Use/Soils/Slope 定义命令,会打开 Land Use/Soils/Slope Definition 定义对话框（见图 7-44）。

（2）单击 Land Use Grid 区域的文件浏览按钮,会打开一个提示框（见图 7-45）。

（3）选择 Load Land Use dataset(s) from disk,并单击 Open。弹出信息提醒用户:数据必须是已经投影的数据。单击 Yes。在出现的浏览器窗口中,单击名为“landuse”的土地利用栅格图,单击 Select 确认,会弹出一些表明土地利用数据重叠区域的信息。

（4）原始的土地利用栅格图就显示出来,且被裁切到流域区域大小（见图 7-46）。

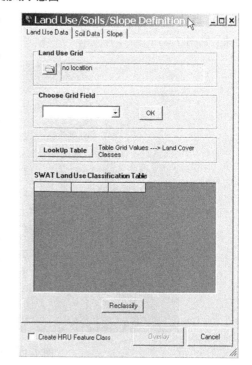

图 7-44　Land Use/Soils/Slope Definition 定义对话框

图 7-45 文件浏览按钮提示框

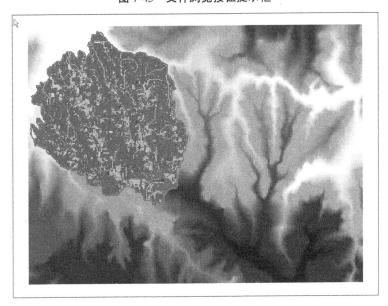

图 7-46 原始的土地利用栅格图

(5)加载过土地利用栅格图之后,界面并不知道图中分类与 SWAT 土地利用代码之间的联系。

(6)在 Choose Grid Field 组合框的下方,选择"value",然后单击 OK。

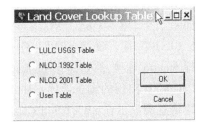

图 7-47 Lookup Table 提示框

(7)单击 Lookup Table 按钮,加载土地利用索引表。弹出一个提示框,选择 User table,单击 OK(见图 7-47)。

(8)在出现的浏览器窗口中,单击名为"luc. dbf"的索引表,单击 Select 确认。SWAT 土地利用分类会显示在 SWAT Land Use Classification Table 中。一旦 Land Use Swat 代码与所有图中的分类都对应起来了,Reclassify 按钮就被激活了。单击 Reclassify 按钮,图 7-48 中显示的分类会显示出 SWAT 土地利用代码。

(9)切换到 Soil Data 页面,单击 Soils Grid 区域的文件浏览按钮,会打开一个提示框(见图 7-49)。

(10)选择 Load Soils dataset(s) from disk,单击 Open。弹出信息提醒用户:数据必须

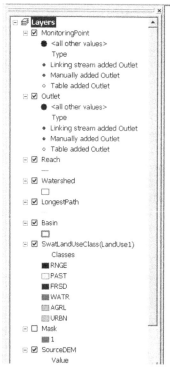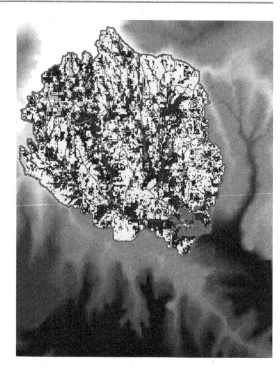

图 7-48　SWAT Land Use Classification Table **提示框**

是已经投影的数据。单击 Yes。在出现的浏览器窗口中，单击名为"soil"的土壤栅格图，单击 Select 确认，会弹出一些表明土壤数据重叠区域的信息。

（11）原始的土壤栅格图就显示出来，且被裁切到流域区域大小（见图 7-50）。

（12）在 Choose Grid Field 组合框的下方，选择"value"，然后单击 OK。

（13）本例子通过 STATSGO 多边形代码连接。选择 Stmuid 选项，然后单击 Lookup Table 按钮。

图 7-49　Soils Grid **区域的文件浏览提示框**

（14）在出现的浏览器窗口中，单击名为"soilc. dbf"的索引表，单击 Select 确认。土壤连接信息会显示在 SWAT Soil Classification Table 中。一旦 Stmuid 代码与所有图中的分类都对应起来了，Reclassify 按钮就被激活了。单击 Reclassify 按钮，图 7-51 中显示的分类会显示出土壤代码。

（15）切换到 Slope 页面，单击 Multiple Slope 选项，将坡度栅格分为多个坡度分类。在 Number of Slope Classes 组合框的下方，选择 2 个坡度分类。设置"slope class 1"的上限为 1%。默认，"slope class 2"的上限会是 9999%（见图 7-52）。

（16）单击 Reclassify 按钮，流域坡度分类图就显示在图 7-53 中。

（17）当土地利用、土壤和坡度数据都加载并重分类后，单击 Overlay 按钮。当土地利用、土壤和坡度数据叠加完成后，会弹出提示叠加完成的提示框，单击 OK。

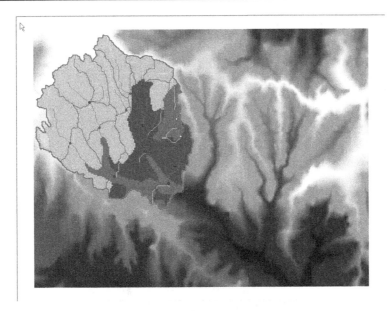

图 7-50 原始的土壤栅格图

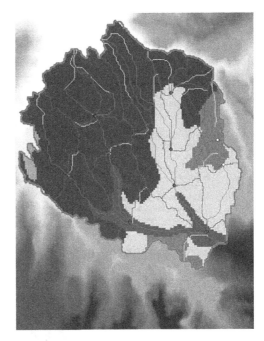

图 7-51 土壤代码分类示意图

(18)叠加处理过程中生成了一个报表。选择 HRU Analysis 菜单下的 HRU Analysis Reports 可以打开查看这个报表。在列表中,选择 LandUse, Soils, Slope Distribution,单击 OK。查看之后,关闭报表。

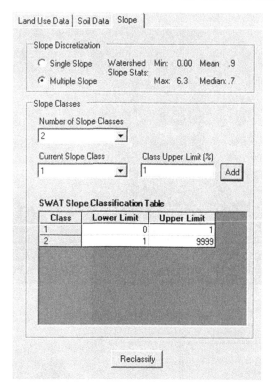

图 7-52　坡度选项

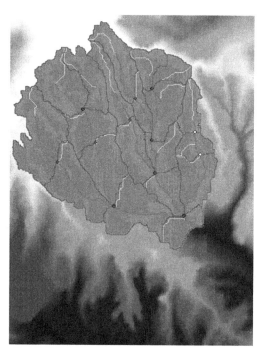

图 7-53　流域坡度分类图

4. HRU 定义

（1）选择 HRU Analysis 菜单下的 HRU 定义命令。弹出"HRU Definition"对话框（见图 7-54）。

（2）选择 Multiple HRUs。

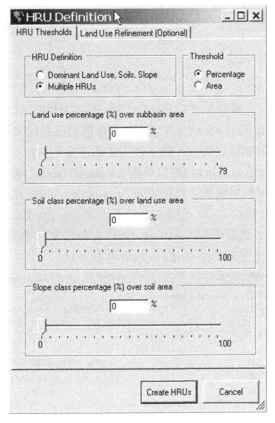

图 7-54　HRU Definition 定义对话框

（3）设置 Land use percentage（%）over subbasin area 在 5%。

（4）设置 Soil class percentage（%）over subbasin area 在 20%。

（5）设置 Slope class percentage（%）over subbasin area 在 20%。

（6）单击 Create HRUs,当 HRU 建立完成时,会显示出提示信息,单击 OK。

（7）HRU 创建过程中,会产生一个报表。选择 HRU Analysis 菜单下的 HRU Analysis Reports 可以打开查看这个报表。

（8）在列表中,选择 Final HRU Distribution,单击 OK。流域中创建的 HRU 总数以粗体列在报表的顶部。报表的其余部分列出了每一个子流域模拟的土地利用、土壤和坡度,以及子流域占流域的百分比、HRU 占子流域的百分比。查看之后,关闭报表。

5. 气象站

（1）单击 Write Input Table 下的 Weather Stations 命令,打开"Weather Data Definition"对话框（见图 7-55）。

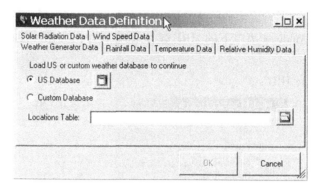

图 7-55 "Weather Data Definition"对话框

（2）对于使用监测数据的 SWAT 模拟来说，气象模拟信息用来填补缺测的数据，并且生成相对湿度、太阳辐射和风速数据。例子使用加载进自定义数据库的气象生成器数据。单击 Custom database 旁的单选按钮，然后单击 Locations Table 右侧的文件浏览按钮，选择 Example 1 数据目录的气象生成器站点位置表（wgnstations. dbf），然后单击 Add。

（3）切换到 Rainfall Data 页面（见图 7-56），单击 Raingages 旁的单选按钮，选择 Precip Timestep 类型为"Daily"，然后单击 Locations Table 右侧的文件浏览按钮，选择 Example 1 数据目录的降水站点位置表（pcpfork. dbf），然后单击 Add。

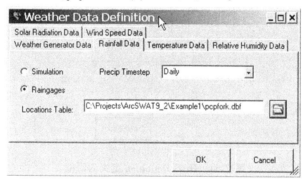

图 7-56 Rainfall Data 页面

（4）切换到 Temperature Data 页面（见图 7-57），单击 Climate Stations 旁的单选按钮，然后单击 Locations Table 右侧的文件浏览按钮，选择 Example 1 数据目录的气温站点位置表（tmpfork. dbf），然后单击 Add。

（5）此例中，相对湿度、太阳辐射和风速的时间序列数据将由气象生成器模拟生成，所以不再定义这 3 个参数的站点文件。

（6）单击 OK，以生成这些气象站点的空间图层，并加载这些监测气象数据到 SWAT 气象文件中。界面将会自动为流域中的每一个子流域分配不同的气象站。

（7）当处理过程完成时，会弹出一个提示框，单击 OK。

6. 创建 SWAT 输入文件

（1）单击 Write Input Tables 菜单下的 Write All 命令。创建 ArcSWAT 数据库和 SWAT 输入文件。

（2）当界面进行到常规子流域数据时，弹出提示框，询问用户是否需要改变坡面流的

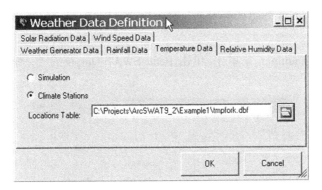

图 7-57　Temperature Data 页面

曼宁系数的默认值 0.014,单击 NO。

(3)当界面进行到主河道数据时,弹出提示框,询问用户是否需要改变河道径流的曼宁系数的默认值 0.014,单击 NO。

(4)当界面进行到管理数据时,弹出提示框,询问用户是估算植物热单元或是设为默认值,单击 Yes 选择估算。

(5)当 SWAT 输入数据库初始化完成时,会弹出一个信息框,单击 OK。

7.运行 SWAT

(1)在 SWAT Simulation 菜单下,单击 Run SWAT 命令,弹出一个对话框(见图 7-58)。

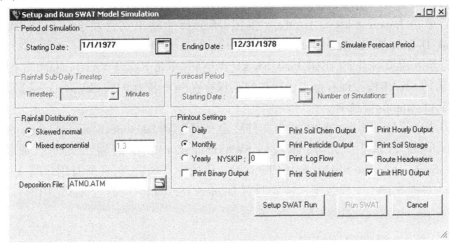

图 7-58　Setup and Run SWAT Model Simulation 页面

(2)将 Printout Settings 设置为 Monthly,其余保持现状。

(3)单击 Setup SWAT Run 按钮,创建主流域控制文件,并写入点源、进口和水库文件,当建立完成时,会弹出一个提示框。

(4)单击 Run SWAT 按钮。

(5)当 SWAT 运行完成时,会弹出模拟成功完成的提示,单击 OK。

8.查看和保存结果

(1)ArcSWAT 界面提供了一些基本的工具来处理 SWAT 输出文件和保存模型模拟,

还可以使用 VIZSWAT 软件查看和分析 SWAT 输出。更多 VIZSWAT 的信息见 SWAT 官方网站。

（2）在 SWAT Simulation 菜单中，单击 Read SWAT Output 命令，弹出一个对话框（见图 7-59）。

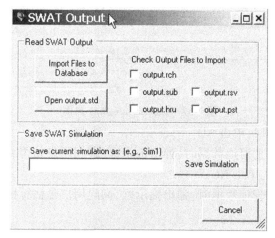

**图 7-59 "SWAT Output" 对话框**

（3）单击 Open output. std，可以查看 "output. std" 文件。

（4）要将选择的 SWAT 输出文件输入进 Access 数据库，可以选择所感兴趣的输出文件，然后单击 Import Files to Database 按钮，所选择的输出文件将会输入到 lakefork\Scenarios\Default\TablesOut\SwatOutput. mdb 中。

（5）输入模拟的名字（比如，First_SWAT_RUN）并单击 Save SWAT Simulation 按钮，可以将当前的 SWAT 模拟保存起来。模拟将会保存在一个名为 lakefork\Scenarios 目录下的 First_SWAT_Run 的目录中。

（6）当前模拟的所有 SWAT 输出文件将会被复制到 lakefork\Scenarios\First_SWAT_RUN\TxtInOut 目录中。此外，输入到 SWATOutput. mdb 中的输出文件会被复制到 lakefork\Scenarios\First_SWAT_RUN\TablesOut 目录中。最后，包含所有用来写入文本文件的输入表的 SWAT 工程数据库被复制到 lakefork\Scenarios\First_SWAT_RUN\TablesIn 目录中。

## 7.2.5 SWAT 模型应用情况

### 7.2.5.1 SWAT 模型的适用性

SWAT 模型自 20 世纪 90 年代由 USDA-ARS 开发以来，在国内外已广泛应用于径流模拟（水质和水量的模拟评估）、产沙模拟、营养物质模拟、非点源模拟与控制、气候变化对水文响应的影响、模型数据库的敏感因子分析、模型的参数率定和改进研究、情景分析与预测、环境变化及农业管理措施对水文水质的影响等多方面。应用的流域尺度从几百平方千米到几十万平方千米不等，甚至大到国家级或大陆级空间尺度，如 Jayakrishnan 等将 SWAT 模型用于宏观地分析和评估美洲大陆或美国全国的水质、水量等水资源管理措施的效应；应用的时间尺度从某次降水过程的数小时、数天到几十年不等。在众多的流域分布式模型中,SWAT 模型是目前最具代表性、使用最广泛、应用前景最广阔的分布式机制性模型。

1. 径流模拟

径流模拟是水文模拟研究中最基本、最重要的一个环节,也是研究其他水文问题的基础。Arnold 和 Allen 在美国伊利诺斯州的 3 个流域利用实测数据验证了 SWAT 模型在模拟地表径流、地下径流、地表水蒸散发、土壤水蒸散发、补偿流、水位标高参数方面的有效性。Arnold 等在美国密西西比河上游面积为 49.17 万 km$^2$ 的流域上将地表水补偿流和基流数据与利用 SWAT 模型模拟的径流值进行比较,结果表明实测值和模拟值之间的回归系数分别达到 0.63 和 0.65,表明了模型的适用性。

而 Peterson 对宾夕法尼亚州东北部 Ariel Creek 流域的模拟,表明模型适合长期径流量模拟,不适合单一事件模拟。Khalil Ahmad 等对 SWAT 99.2 版的应用表明模型能满意地模拟 3 种不同耕作方式在 2 个研究区域内不同土壤、坡度和天气变化下的排水坡面径流,但是需要对模型模拟坡面径流峰值均化的情况做进一步研究。

根据 Alberta 南部的山麓丘陵草地的地形特征,Alberta, stavely 研究站用 SWAT 模型模拟分析了草地区域中 1998~2000 年 3 种放牧程度下(禁牧、重度放牧、超重度放牧)的地表径流,表明草地计算降雨径流量只占降雨量的很小一部分;径流量和洪峰流量在重度放牧的情况下最大,禁牧的情况下最小;由于输入模型资料时间的限制,3 年的径流量都偏小。

Jayakrishnan 等把模型应用于缺少资料的肯尼亚的 Sondu 河流域的水资源研究,表明模型虽然能够在数字资料缺乏的地区应用,但需要开发更好的输入数据系列。Chu 和 Shirmohammadi 在马里兰 33.4 km$^2$ 的流域通过预测地表径流和潜流评价了 SWAT 模型的适用性。研究发现,SWAT 模型对于极端湿润年份的模拟非常不理想,若删除这些年份,模拟结果包括以月为单位的地表径流、基流和河川径流的数据还是可以接受的。Rosenthal 和 Hoffman 在美国 Texas 州中部 7 000 km$^2$ 的 Leon 流域为了确定潜在的水质监测站的位置,利用 SWAT 模型对该区进行了流域径流量的模拟,效率系数达到 0.69~0.75。

2. 产沙模拟

Tripathi 等对印度东部的一个小流域 Nagwan 在不同的农业管理措施下进行日、月的产沙模拟,为重要亚流域的水资源管理及规划的发展提供参考。从结果来看,与常规耕地、保护耕种和零耕种相比,子模板耕犁产沙量最高,日产沙模拟的相关系数($R^2$)为 0.89。Lenhart 等应用了 SWAT-G 定量地分析了土地利用变化对水量平衡和营养物质平衡情况。研究表明,土地利用的变化对产沙量几乎没有什么影响。Schomberg 等在 Minnesota 州和 Michigan 州应用了 SWAT 模型模拟了在不同土地形式和土地利用下产流量、产沙量的季节性和年际的变化。张雪松等在卢氏流域(4 623 km$^2$)应用 SWAT 模型进行中尺度流域的产流产沙模拟试验。在模型校准过程中采用自动数字滤波技术将径流分为直接径流和基流,并且用相对误差($RE$)、决定系数($R^2$)和 Nash-Suttcliffe 效率系数(Ens)作为模型适应性的评价系数。结果表明,模型在长期连续径流和泥沙负荷模拟中具有较好的适用性的结论。

**3. 营养物质模拟**

Saleh 等用 SWAT 模型对 Texas 州中北部的 Upper North Bosque River 流域(93 250 hm²)进行了水质模拟。针对区域含有大量酪农场对水质带来较大的污染,模型模拟了月径流、泥沙量和营养物的变化情况。为评价酪农场的影响,把肥料废物施用领域替换为草地,替换后污染物负荷情况大致为:总 N(有机氮和硝酸氮)可减少 33%,总 P(有机磷和矿物磷)可减少 79%。这对该流域减少营养物质负荷提供了重要的参考价值。在印度 West Bengal 州,Behera 和 Panda 应用 SWAT 模型证实了模型用于次湿润的亚热带区域农业非点源污染的适用性。模型模拟了整个雨季的日产流量、产沙量和营养物的浓度变化情况,结果与统计值均接近。研究表明,为减少泥沙和营养物的损失,传统式耕地管理方式应被保守式所替代。同时,为减少硝态氮和磷对区域地表带来的污染,推荐施用的肥料氮与磷的含量的比例分别是 80 kg/hm² 和 60 kg/hm²。考虑到 SWAT 模型自身的缺陷,Salvett 等针对 Po River 流域特定的情况把模型与河流水质紧密联系起来,结合 QUAL2E 算法模拟了营养物质在河流中的产生、运移和转化。

国内研究成果有:焦锋等使用 SWAT 模型对以面源输出为主的宜兴市湖𣾷流域进行模拟,应用一个完整的降雨过程中的总输出对模型的输出结果进行了验证,结果表明,水量模拟值与实测误差平均为 5.01%,总磷模拟值与实测误差为 13%,悬浮物模拟值与实测误差为 7.3%。张运生等应用模型分析出土地利用方式对有机氮、有机磷、硝态氮、可溶性磷和矿化磷的迁移量的明显影响,万超等利用模型分析出不同施肥制度对面源污染负荷的影响。这为农业的可持续发展和流域的综合治理与规划可提供一定的技术支持和依据。

**4. 非点源模拟与控制**

已经发表的关于 SWAT 模型的大量文章,其中约有 1/2 都涉及对非点源污染的模拟和控制,SWAT 模型不仅可以模拟非点源污染迁移转化的过程,而且可以对非点源污染关键源区进行识别,并建立不同的管理情景来评价不同的最佳管理措施的效果。

在美国得克萨斯州的 Bosque 流域,Saleh 等应用 SWAT 模型证实了模型用于畜牧业生产所导致的面源污染的适用性。在美国中东部的农业流域,研究人员利用 SWAT 模型确定了能够改善水质的最佳农业耕作制度的空间布局,评价了河岸缓冲带在降低农业非点源污染所产生的经济效益,指出缓冲带所产生的经济效益与土壤属性、河流长度及作物种植比例密切相关。Bruna Grizzetti(Celine Conan,Faycal Bouraoui)将模型应用于西班牙南部的 Guadiamar 流域,验证模型的产流产沙和营养物质运移,评估土壤固氮和淋滤损失的能力,结果表明模型模拟流域不同出流点的日流量比较可靠,对产沙、氮和总磷聚集的月模拟符合实际;同时指出由于点源输入数据、水质监测数据的缺乏和资料系列的缺失对模型的模拟精度有一定的影响。

国内的孙峰、郝芳华等在官厅水库流域和黄河流域下游卢氏流域应用 SWAT 模型对径流、泥沙和氮污染负荷进行模拟,并对不同管理措施的效果进行了模拟分析。万超等在潘家口水库流域应用 SWAT 模型对不同水平年进行了面源污染负荷计算,并分析了施肥对面源污染负荷的影响。胡连伍等将模型应用于以农业景观为主的亚热带和暖温带过渡性季风气候区域,对水文、泥沙和营养物质(氮元素)进行模拟,计算了氮元素的自净效率,验证了模型在半湿润地区水文、水质方面的适应性。李硕等利用 SWAT 模型研究江西兴国县潋水河流域的农业非点源污染,实现了流域模拟的空间离散化和参数化,为非点源污染数据库的建立提供了参考。徐爱兰将 SWAT 模型运用到我国太湖平原河网地区典型圩区,预测流域内复杂变化的下垫面条件、土地利用方式及不同管理措施对流域产汇流及非点源污染物质的产输出的影响,结果表明 SWAT 模型可以应用于太湖流域典型圩区的非点源污染模拟。另外,有类似的研究指出空间分异性较大的流域对资料的空间处理、模型参数率定和验证应成为模型研究的重要方面。

5. 气候变化对水文响应的影响

气候变化将对流域水文循环产生显著影响,SWAT 模型可以通过输入日气象数据或通过天气发生器根据多年逐月气象资料来模拟逐日气象数据,因此可用于气候变化条件下水文响应的研究。在美国东南部,Cruise 等应用 SWAT 模型研究了气候变化条件下,现状与未来水质的变化情况。Stonefelt 等的研究表明,气候变化的水文效应主要取决于水文气象要素,对年径流量影响最大的要素是降水,对径流的时间分配影响最大的是气温,并且每个要素对径流总量的影响作用和程度是不同的。Stone 等应用密苏里河流域的历史数据模拟了 $CO_2$ 提高 2 倍情况下的水文响应,结果表明流域入口处的产水量在春夏季节减少 10%~20%,在秋冬季节增加;从空间分布上来说,产水量在流域南部减少、在北部增加。

国内的陈军锋、陈秀万等用 SWAT 模型对长江上游梭磨河流域进行水量平衡研究,揭示了梭磨河流域的气候波动和土地覆被变化对流域径流的影响,表明 20 世纪 60~90 年代,梭磨河流域的径流变化中,由土地覆被变化引起的约占 1/5。车骞、王根绪等利用 SWAT 模型以黄河源区为研究对象建立不同气候波动和土地覆盖变化情景,模拟和预测未来水资源的变化。针对黄河源区特殊的下垫面条件,着重冰雪和冻土的水文过程调试,对模拟结果的评价显示 SWAT 模型能够较好地模拟黄河源区的水资源变化。

6. SWAT 模型数据库的敏感因子分析

SWAT 模型采用代表性基本单元(Representative Elementary Area)的概念,即在某一尺度可以根据输入参数的概率分布来进行模拟预测,而不需要考虑其空间的实际分布,在每一个亚流域内根据特定土壤类型和土地利用方式的组合生成水文响应单元(HRU)来确定模型参数。Manguerra 等发现 SWAT 模型的河道流量预测变化对亚流域和 HRUs 的数目具有一定的敏感性,尺度较大的参数集影响了径流曲线数 CN(Curve Number)值的实际分布,从而降低了预测的准确性。FitHugh 和 Mackay(2000)发现对于不同的亚流域划分,河道流量基本不变,其原因为坡面泥沙产量高于流域出口河道泥沙输移能力,不同的亚流域划分对下游河道泥沙的输移能力影响较小。

郝芳华等对分布式水文模型亚流域合理划分水平做了讨论,研究指出不同的亚流域划分对流域径流和泥沙负荷模拟的影响源于地形、土壤、土地利用及气候特征输入的空间分布不均匀性,当亚流域划分数量达到一定水平时,增加亚流域划分对模型输出结果的影响较小。许其功等以大宁河流域为研究区讨论了参数的空间分布对流域径流和非点源污染的模拟结果的影响,结果表明:不同的流域划分方案对营养物质的流失产生了轻微的影响,但没有明显的变化趋势和规律。任希岩、郝芳华等研究了 DEM 分辨率对流域产流产产沙模拟的影响,结果表明:DEM 分辨率对亚流域的面积或个数的提取影响不大,但对坡度值的提取影响较大,因此在进行流域产流、产沙模拟时,应进行坡度订正。吴军、张万昌采用 5 种不同分辨率的 DEM 运用 SWAT 模型对汉江上游马道河流域的径流进行模拟,结果表明:不同分辨率 DEM 流域地形分析计算机自动提取得到的最长河道相差较小,但河道总长、坡度等相差较大,进而影响了分布式水文模型径流模拟的效率。

### 7. SWAT 模型参数率定

对于模型参数的率定方法有自动校正和手动校正两种方法,由于污染物的迁移转化途径与流域产流、产沙过程密切相关,所以实际参数校正过程是先满足径流和泥沙校准之后再对相关的营养物质迁移的参数进行校准。C. H. Green 等在美国得克萨斯州中部的 6 个小流域(4.0~8.4 hm²)上利用 SWAT 模型内置的自动校正程序与手动校正的结果进行了比较分析,结果表明在自动校正的基础上再一次进行手动校正,会使模型的效率系数大大提高。郝芳华选择黄河流域洛河上游卢氏水文站作为研究区,采用修正的摩尔斯检验法对模型参数进行了敏感性分析,进而确定非点源污染模拟的最敏感影响参数;在对模型参数进行率定时,按径流成分分别率定,包括直接径流(地表径流和壤中流)和基流。张东、张万昌等针对模型在我国西北部寒旱区的黑河流域和中西部温润的汉江流域的水文模拟中发现的问题进行了扩充和改进,增加了土壤粒径转换模块和天气发生器(WGEN)数据预处理模块,改进了模型中的 WGEN 算法、潜在蒸散量模拟算法及气象参数的空间离散方法,利用扩充和改进后的模型对汉江褒河上游江口流域的降雨—径流过程进行了系统的研究。结果表明:不仅模型的使用效率有明显提高,而且效率系数和相关系数也有较大提高。

#### 7.2.5.2　存在的问题与不足

鉴于 SWAT 模型在水资源管理、流域规划、气候变化的水文效应以及非点源污染方面的研究是比较成功的,而且适用于实测资料相对缺乏的地区。因此,它被全国各地广泛应用。但是,国内引进 SWAT 模型只是近些年的事情,而且研究主要侧重于水文模拟方面。它在我国的使用过程中还存在许多问题,主要体现在以下几方面。

### 1. 土壤数据

SWAT 模型是针对北美的土壤、植被和流域水文结构来设计的,模型备用的土地利用类型和土壤类型都是基于美国本土的统计,模型自带的土壤数据库和国内的土壤分类不同,土壤编码和名称也差别较大,应用时难以找到对应的类型,在土地利用和土壤资料不完整的流域应用就比较困难。用户要建立自己的土壤属性数据库,同时转换土地利用的编码。此外,我国现有的土壤数据属性达不到模型要求的精度:模型中要求土壤剖面有 10 层,我国土壤数据只做到 5 层(100 cm 深度左右),并且西部地区主要是 1∶100 万的土壤图,仅东部地区有 1∶50 万的土壤图。SWAT 模型采用的土壤粒径级配标准是 USDA 简化的美制标准,而我国的土壤粒径级配标准与此不相同。

### 2. 植被数据

模型的土地利用数据库是根据北美的植被类型分类的,已经细分到植被的种类,与我国的土地利用分为 6 大类不一致,我国的土地利用数据不能直接利用,需要修改甚至需要实地观测采样,根据遥感影像重新解译等,工作量方面任务较重。模型计算中采用了生物量方法,模拟的一些植被需要用户添加属性参数,而这些参数大多需要试验研究或调查得到,对模型的推广应用十分不利。SWAT 植物生长模型的缺陷导致了多位学者开展了对此进行修正的探索性 SWAT 模型的开发与应用进展研究,如 Watson 等和 McDonald 等引入了森林生长的机理模型 3-PG 来代替 SWAT 植物生长模型;Kiniry 等也提出通过引进并修正 ALMANAC 植物模型以改善 SWAT 模型在模拟森林生态系统有关水和生物地球化学循环方面不足的方法。

3. 气象模拟误差

由于我国气象站点的不均匀性和观测资料不完整等,需要用到模型的气象发生器自动补充缺失资料,而 SWAT 2000 气象模拟器利用数理统计原理和随机噪声矩阵,根据气温和太阳辐射的月平均值和标准差等补充缺失数据,随机矩阵的动荡性会造成数据不合理,因此需要长系列的数据消减误差,消减气象模拟误差也是模型需要改进的地方之一。针对我国的自然条件和资料特点,国内的研究者提出了一些有价值的模型改进方法并在实际流域中进行验证。王中根等指出:模型对降雨的空间处理不太理想,改用泰森多边形法或者距离倒数加权法与 SWAT 模型进行了松散耦合效果较好,还有研究者提出基于DEM 的 PRISM 插值法。

4. 地下水模块

模型地下水模块把地下水分为浅层地下水和深层地下水,各土壤层(0~2 m)的侧流或层间流用 kinematic model 计算,其中地下径流采用回归方法计算,当天的浅层蓄水层地下径流的出流量与其前一天的出流量存在指数回归关系。浅层地下水作为流域内的水量,参与水量平衡计算:渗透到深层的水量被看作是系统中损失的部分,不再参加水量平衡计算。

### 7.2.5.3　SWAT 模型的改进研究

为适应不同的应用目标和增强 SWAT 模型的可操作性,国内外学者在应用过程中进行了 SWAT 模型与模型的耦合集成研究,并对该模型进行了不同程度的修正,改进后的SWAT 模型能针对特定区域的特定过程进行更高精度的模拟,这些改进包括以下几个方面:

(1)ESWAT(Extended SWAT),van Griensven 等在研究比利时的 Dender 和 Wister 湖流域时,把 Qual2E 模型集成到 SWAT 模型中,对模型"小时时间步长"动力框架进行了修正,增强了 SWAT 模型的水质模拟功能,形成了 ESWAT 模型。

(2)SWAT-G,针对山区汇流问题,Eckhardt 等在 SWAT 99.2 的基础上加以改进了渗流和壤中流的计算方法后形成的 SWAT-G 模型,能够更好地模拟山脚地带的水文过程。

(3)SWIM(Soil and Water Integrated Model),是基于 SWAT 模型的水文模块和MATSALU 模型的营养物质模块开发的,使之在区域尺度上增强了模拟能力。

(4)SWATMOD,由于地下水模块采用土壤蓄满产流的方式,在地下水超采区应用效果差,Sophocleous 等将 SWAT 和地下水模块模型 MODFLOW 结合产生了 SWATMOD,该模型能更客观地模拟地下水过程。

(5)目前 SWAT 模型提供 AvSWAT 和 ArcSWAT 两个版本,AvSWAT 是将 SWAT 2000版本嵌入到 ArcView 中,ArcSWAT 将 SWAT 模型集成在 ArcGIS 中,使数据输入、模型调试和

结果输出都在可视化界面下完成,加速了模型的界面开发和灵活应用,使模型的操作更加简单。

## 7.2.6  SWAT 模型应用案例

非点源污染对三峡库区流域的水环境污染起到主导作用。将 SWAT 模型应用于库区大尺度流域的污染模拟研究中,以 2005 年土地利用现状为基准设定了 6 种土地利用情景,定量分析了不同土地利用措施对非点源污染的控制效果。首先采用三峡库区流域 2002~2008 年的水文、水质实测数据对建立的 SWAT 模型进行率定与验证,径流、泥沙、营养盐的评价指标 ENS 均达到令人满意的效果,表明 SWAT 模型应用于三峡库区流域是可行的。不同土地利用情景的非点源影响模拟结果表明,通过退耕还林措施将 25°、15°、6° 以上的耕地转化为林地可达到较好的非点源污染消减效果,考虑库区地处贫困山区,25° 以上耕地退耕还林更为经济、可行;相同区域的草地转化为林地所产生的非点源污染要远远小于转化为耕地而产生的污染物,因此应严格控制自然植被退化为耕地的现象发生,否则会严重加剧库区污染状况;库区扩大林地范围的方案要有计划性、针对性,可在减少坡耕地的基础上进行,该措施能最大限度地减少库区非点源污染。本研究所得结论为政府科学合理地制定三峡库区流域非点源污染控制方案提供了重要科技支撑。

### 7.2.6.1  SWAT 模型模拟过程

#### 1.研究区域

三峡库区位于重庆与湖北交界处,介于东经 106°50′~111°50′,北纬 29°16′~31°25′,总流域面积达 5.8 万 km²,涉及湖北省、重庆市 20 个县、市、区。水库岸长约 600 km,平均水面宽 1 500 m,总落差 150 m 左右。流域内总体地势东高西低,东部山地,西部多为丘陵地带,占库区总面积的 95% 以上,有少量平原,整体地貌类型多样、地质条件复杂。三峡库区地处亚热带的北缘,四季分明、温暖湿润;年平均气温为 17~19 ℃,年降水量 1 000~1 250 mm,多集中在夏季,相对湿度达 60%~80%,具有明显的四川盆地气候特色。三峡库区内江河纵横、水系发达,包括嘉陵江、乌江、大宁河、小江、香溪河等 40 余条主要支流,其中嘉陵江和乌江是库区最大的两条支流,香溪河是湖北省境内最大支流。三峡库区建成后,淹没耕地约 1.94 万 hm²,涉及移民 117.15 万。截至 2008 年,三峡库区户籍总人口 2 068.02 万,其中农业人口 1 385.67 万、非农业人口 682.35 万。库区经济基础薄弱,经济社会发展长期落后于全国平均水平。

#### 2.SWAT 模型的建立

本研究模型采用应用成熟的 SWAT2005 版,即 Arc-SWAT 2.3.4 版,该版本作为插件嵌在 ArcGIS 9.3.1 中进行调用模拟。SWAT 模型建立需要的输入数据主要分为空间数据和基本属性数据两类,此处所用数据如下。

1)数字高程图(DEM)

精度为 90 m,主要来源于中国科学院计算机网络信息中心国际科学数据服务平台(http://datamirror.csdb.cn)。该数据集在 GIS 下截取为三峡库区研究范围,主要用于在 SWAT 模型下自动提取水系、提供地形信息并进行子流域划分,见图 7-60(a)。

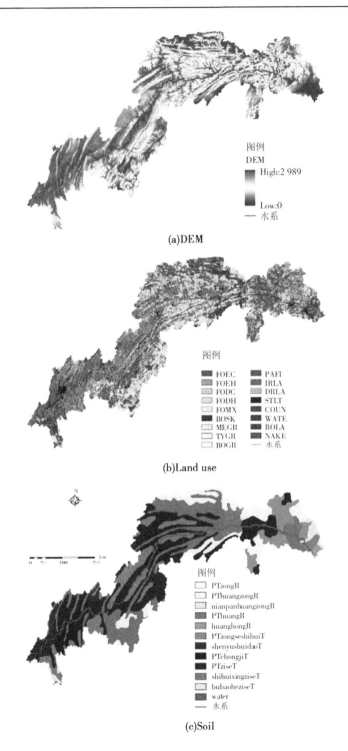

(a)DEM

(b)Land use

(c)Soil

图 7-60  SWAT 模型空间数据输入图

2) 土地利用图

数据来源于国家科技基础条件平台建设项目——地球系统科学数据共享平台（http://www.geodata.cn）的"2005 年全国 1∶25 万土地覆被数据集"。参考 SWAT 模型附带的土地覆被/植被生长数据库,将土地利用类型重新整合归类为 17 种类型并划分为 7 大类。同时,SWAT 模型"土地覆被/植被生长数据库"中建立了与之对应的代码和参数信息,以备模型模拟时调用。土地利用见图 7-60(b),详细分类情况见表 7-2。

表 7-2　库区 2005 年土地利用类型分类

| 编号 | SWAT 代码 | 名称 | 面积（hm²） | 土地利用类型分类 |
|---|---|---|---|---|
| 11 | FOEC | 常绿针叶林 | 1 122 161 | 林地 |
| 12 | FOEH | 常绿阔叶林 | 156 042 | |
| 13 | FODC | 落叶针叶林 | 47 485 | |
| 14 | FODH | 落叶阔叶林 | 259 284 | |
| 15 | FOMX | 针阔混交林 | 440 970 | |
| 16 | BOSK | 灌木 | 824 109 | 灌木 |
| 21 | MEGR | 草甸草地 | 27 158 | 草地 |
| 22 | TYGR | 典型草地 | 356 538 | |
| 26 | BOGR | 灌丛草地 | 289 248 | |
| 31 | PAFI | 水田 | 637 864 | 耕地 |
| 32 | IRLA | 水浇地 | 84 415 | |
| 33 | DRLA | 旱地 | 1 455 999 | |
| 41 | STLT | 城镇建筑用地 | 48 010 | 建筑用地 |
| 42 | COUN | 农村聚落 | 16 875 | |
| 53 | WATE | 水体 | 89 841 | 水域 |
| 54 | BOLA | 湿地 | 3 358 | |
| 61 | NAKE | 裸地 | 626 | 裸地 |

3) 土壤类型图

截取自"全国 1∶400 万土壤类型分布图",由国家科技基础条件平台建设项目——地球系统科学数据共享平台（http://www.geodata.cn）提供。各类土壤的分层数,各层颗粒组成、有机质含量、土壤氮磷含量等土壤物理、化学属性来自中国科学院南京土壤研究所——中国土壤数据库网。其中,获得的土壤各层颗粒组成采用国际制划分,需要进行转换为美制标准才能为模型所用;各类土壤的容重、有效田间持水量、饱和水利传导系数等参数可通过美国农业部提供的土壤水特性软件 SPAW（Soil Plant Atmosphere Water）进行估算。土壤类型见图 7-60(c),其详细分类见表 7-3。

表 7-3　库区土壤类型分类

| 编号 | SWAT 代码 | 名称 | 面积（hm²） |
|------|-----------|------|-------------|
| 161 | PTzongR | 普通棕壤 | 63 100 |
| 201 | PThuangzongR | 普通黄棕壤 | 708 200 |
| 203 | nianpanhuangzongR | 粘檗黄棕壤 | 72 800 |
| 231 | PThuangR | 普通黄壤 | 1 463 800 |
| 253 | huanghongR | 黄红壤 | 23 200 |
| 531 | PTzongseshihuiT | 普通棕色石灰土 | 403 700 |
| 563 | shenyushuidaoT | 渗育水稻土 | 243 800 |
| 611 | PTchongjiT | 普通冲击土 | 192 700 |
| 651 | PTziseT | 普通紫色土 | 1 774 300 |
| 652 | shihuixingziseT | 石灰性紫色土 | 678 800 |
| 653 | bubaoheziseT | 不饱和紫色土 | 29 700 |

4）气象数据

模型需要的气象数据包括整年的日最高/低气温、日降水量、相对湿度、太阳辐射量等基本数据。本处收集的气象数据来自国家气象信息中心，时间范围为 2001～2008 年，共 7 个站点。SWAT 模型还内嵌了 WXGEN 天气发生器用于模拟生成并自动填补略有缺失的气象数据；该天气发生器的运行是在对日最高/低气温、降水量、相对湿度等计算得到的多年月统计数据基础上进行的。数据的处理是通过使用 pcpSTAT. exe、dew. exe 并辅以 Excel 等工具完成的。

5）水文、水质数据

2001～2008 年逐月水文数据（流量、泥沙）来自国家水利部水文局；2001～2008 年水质（TN、TP）水期数据来自三峡库区当地环保部门。水文实测站点从上游到下游涉及寸滩、清溪场、万县、宜昌 4 个站点；水质实测站点包括寸滩、清溪场、万县、培石。其中，在处理水质水期实测数据时，假定该水期内各月均值变化不大，即用水期数据代替各月内实测均值用于模型计算。

6）其他

SWAT 模型建立所需的农业耕种管理措施主要来自实地调研及文献资料的收集，包括油菜－玉米的旱地轮耕（一年）和一年两熟的水稻种植。库区工业、生活点源数据来自统计年鉴的分析、核算，统计后的数据以年均日负荷常量的形式输入模型。

SWAT 模型建立时，首先依据 DEM 自动计算出流域内的水流方向及汇流累积量；在参考模型推荐的子流域最大、最小划分阈值的前提下，从 20 000～100 000 hm² 反复设定阈值并对比河网生成效果，最终选定 40 000 hm²，在该阈值下 SWAT 模型生成水系与实际河网最为接近；考虑模型校验方便，在模型中添加了水文、水质站点作为出水口后共划分得到了 79 个子流域（见图 7-61）。划分水文响应单元（Hydrologic Response Unit，HRU）时，模型输入土地利用图、土壤类型分布图并将库区坡度设为 4 级（<6°、6°～15°、15°～

25°、>25°),同时定义土地利用图、土壤类型分布图、坡度分级的阈值均为面积的 10%,最终得到 2 985 个 HRU。之后,在模型中添加各类气象数据、库区上游汇入数据、库区土壤化学属性数据及农业耕种措施后,即可正常运转模型。其中,由于三峡库区上游(包括长江干流、嘉陵江、乌江)汇水量占入库总流量的 90% 以上,随汇水入库的污染物负荷占入库总量的 60% 以上,因此三峡库区上游水文水质汇入数据的添加对 SWAT 模型在三峡库区流域的精确模拟起到了至关重要的作用。三峡库区上游汇入数据来自长江干流朱沱站、嘉陵江北碚站、乌江武隆站,该站点亦为长江进入库区的水文分界点;库区下游截止分界点为长江干流宜昌站。

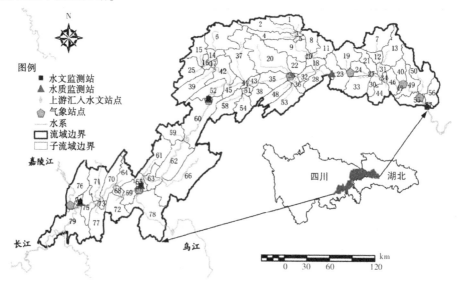

图 7-61　三峡库区子流域及各站点分布示意图

3. SWAT 模型的参数率定

SWAT 模型的参数调整和验证是模拟计算中的重要一环,需要进行调整的参数很多,按以下原则和顺序进行:先确定径流量参数,再确定泥沙参数,最后确定面源污染的相关参数;空间上的调整顺序则是先上游后下游。本研究通过手动调整参数,对三峡库区流域的径流、泥沙、营养盐(TN、TP)指标进行了校验。其中,径流主要调整参数为 CN2(径流曲线数)、SOL-AWC(土壤有效水容量)、ESCO(土壤蒸发补偿系数)、ALPHA-BF(基流系数)等;泥沙调整相关参数为 SPCON(挟沙能力计算的待定线性系数)、SPEXP(挟沙能力计算的待定幂指数)、USLE-P(水土保持措施因子);水质调整参数主要有 NPERCO(氮下渗系数)、PPERCO(磷下渗系数)及 PHOSKD(磷的土壤分离系数)。

4. SWAT 模型的验证

本研究采用了确定性系数($R^2$)及美国土木工程师学会于 1993 年推荐的统计方法计算值 Nash-Sutcliffe coefficient(ENS)对模型模拟效率进行评价。其中,$R^2$ 越接近 1,表示实测值与模拟值之间的吻合程度越高;ENS 越接近 1,则表明模型模拟效率越高。另外,根据已有经验,当 ENS>0.75 时,可以认为模型模拟效果好;当 0.36 ≤ENS≤ 0.75 时,模型模拟效果令人满意;当 ENS<0.36 时,模型模拟效果较差。

根据收集得到的 2001~2008 年水文月数据及水质水期数据对模型进行校验。采用 2001 年实测数据用于模型预热,2002~2005 年实测数据用于模型校准,2006~2008 年 3 年的实测数据用于模型验证。由于三峡库区研究范围较大,本研究沿三峡库区干流从上游到下游依次对寸滩、清溪场、万县、宜昌的径流、泥沙参数进行了率定;水质数据由于仅有重庆地区的水期数据,因此只对长江干流的寸滩、清溪场、万县、培石的水质参数进行了率定。

模型经过校验后,最终模拟值与实测数据吻合程度较高。库区各站点径流模拟效率系数 $R^2$、ENS 均在 0.95 以上,效果很好;泥沙模拟效率系数 ENS 基本在 0.75 以上,效果令人满意。库区各站点营养盐模拟效果总体来看要劣于水文模拟,其中 TN 模拟效率系数 ENS 基本处于 0.36~0.75 范围内,模拟效果较好;TP 模拟效率系数 ENS 无论在模拟期还是验证期都有低于 0.36 的现象,但总体模拟效果还可以接受。

考虑模型对营养盐模拟效果欠佳的原因,一方面由于 SWAT 模型内部参数设置侧重于陆域水文模拟,对河道演算等模块有待完善;另一方面与本研究采用模型校验的数据以 TN、TP 的形式,而非具体的营养盐类别(如硝态氮、有机氮或有机磷、矿物质磷等形式)有关,用笼统的营养盐数据去校准模型,势必会带来一定的模拟偏差,这是由本研究收集到的有限数据形式造成的。

5. 土地利用情景设置

根据三峡库区土地利用实际情况,本研究分别对库区土地利用图进行了处理,与基准情景一起共设定了 6 类情景。各情景均在模型校准后运行,模拟时段为 2001~2008 年月均值。具体情景设置如下:

Q0,基准情景:2005 年土地利用现状情景。

Q1,坡度 25°以上耕地退耕还林:从保护和改善库区生态环境的角度出发,响应国家现行退耕还林政策,将坡度在 25°以上的耕地逐步实施停耕措施,并最终全部转变为林地。

Q2,坡度 15°以上耕地退耕还林:由于库区大多数耕地主要集中在 15°~25°,因此本研究考虑在情景 Q2 的基础上继续加大退耕还林力度,即将坡度 15°以上的耕地全部转换为林地,以考察加强退耕还林措施对库区非点源污染物的消减效果。

Q3,坡度 6°以上耕地退耕还林:由于 6°~15°的坡度相对较和缓,此范围内的耕地在库区分布也较广;本情景模拟进一步实行退耕还林措施对非点源污染的消减效果,同时考察不同坡度对耕地非点源污染负荷产生的影响。

Q4,草地转为林地:假定在库区实行生态屏障建设等保护措施,使得原有退化的宜林草地得到恢复,即有 9.53% 的草地变为林地。

Q5,草地转为耕地:由于库区大部分地区为偏远山区,当地居民较为贫困,假定山区居民迫于生计将原有草地开荒进行作物耕种并导致了生态环境的恶化,即库区有 9.53% 的草地转为耕地。

Q6,耕地、草地转为林地:假定未来采取积极的生态保护措施,即全面禁伐、退耕还林、天然林保护等工程措施,使得库区土地利用朝着良性方向发展,地表基本被高密度的林地覆被,即分别有占总面积 9.53% 的草地和 13.22% 的耕地转变为林地,最终林地面积达到库区总面积的 57.33%。

#### 7.2.6.2 SWAT 模型模拟结果分析

##### 1.土地利用情景分析

库区各情景的土地利用类型分布如图 7-62 所示,其中情景 Q3、Q6 的林地面积最大,分别达到了 57.99% 和 57.33%,林地面积最小的为基准情景 Q0,为 34.57%;草地面积最大的为基准情景 Q0,为 11.48%,面积最小的为 Q6,仅有 1.95%;耕地面积最大的为情景 Q5,达到 46.87%,面积最小的为 Q2,为 26.21%;此外,其他土地利用类型基本无变化。

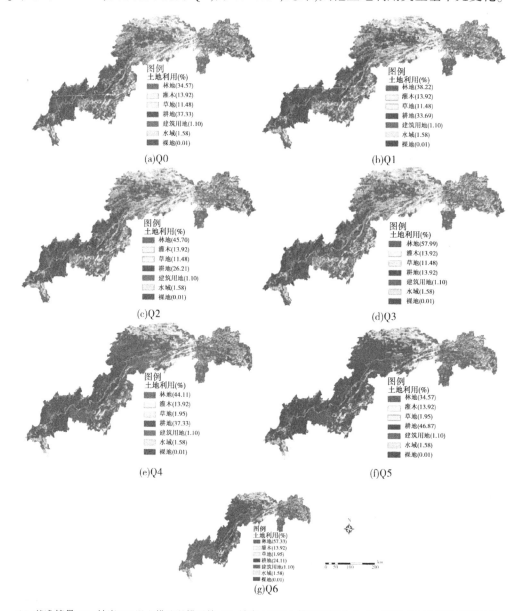

(a)Q0　　　　　　　　　　　　　(b)Q1

(c)Q2　　　　　　　　　　　　　(d)Q3

(e)Q4　　　　　　　　　　　　　(f)Q5

(g)Q6

Q0:基准情景;Q1:坡度 25°以上耕地退耕还林;Q2:坡度 15°以上耕地退耕还林;Q3:坡度 6°以上耕地退耕还林;
Q4:草地转为林地;Q5:草地转为耕地;Q6:耕地、草地转为林地。下同

**图 7-62　库区各情景的土地利用类型分布图**

从不同的角度综合比较各类情景,可达到多种研究目的。将情景 Q1、Q2、Q3 与基准情景 Q0 对比可看出库区坡耕地的主要分布范围;即当坡度 25°以上耕地转为林地后,仅有 3.64%的耕地转为林地,土地利用图基本无变化,当坡度 15°以上耕地转为林地后,库区中部的耕地基本消失,由此可见陡坡耕地在库区所占比例较小,而较陡的坡耕地主要集中在库区中段;当坡度 6°以上耕地转为林地后,库区中西部的耕地大范围消失,说明缓坡耕地主要集中在库区重庆西部地区。情景 Q2 与 Q4 的林地比例接近,且整体上分布区域较一致,分别为 45.70%、44.11%,但两者耕地与草地分别产生了变化,该设置考察了在达到相同林地面积建设的同时,不同土地利用改善措施对非点源污染控制的影响。情景 Q4、Q5 为土地利用类型中易发生变化的地类,即草地的两种分化状态,在不考虑草地特殊生态作用的前提下,该情景研究了草地的两种转变方式对库区非点源污染的影响。情景 Q5、Q6 分别考虑了库区土地利用状况恶化及最优的两种情景状态,耕地、林地面积分别占到库区流域总面积的一半左右,它们是库区土地利用发展较极端的两种情况。上述情景为库区非点源污染控制方案的制订提供指导。

**2. 土地利用情景对非点源污染的影响分析**

采用 SWAT 模型对各类土地利用类型情景进行模拟、统计分析后,得到各土地利用情景的径流量、地表产沙及营养盐负荷量的多年平均值对比(见图 7-63),各情景相对基准情景的消减比例如图 7-64 所示("—"代表增加比例)。总体来看,受土地利用类型改变影响最大的是地表产沙,其中情景 Q5 的产沙量最大,达到了 1.662 亿 t/年,比基准情景增长了 62.73%;产沙量最小的是情景 Q3,为 0.111 亿 t/年,与基准情景相比,减少了 89.10%,而 Q1 与 Q6 的产沙量相当,均为 0.65 亿 t/年左右。营养盐 TN、TP 污染负荷量受土地利用类型变化影响程度及趋势相接近,也较大。营养盐负荷量最大的是 Q5,较基础情景相比 TN、TP 分别增长了 36.36%、40.88%;营养盐负荷量最小的是 Q3,较基础情景分别减少了 72.02%、79.00%;营养盐负荷消减量最小的是 Q4,TN、TP 分别减少了 7.40%、6.74%。地表产流几乎对土地利用类型改变无响应,仅有微小的变化,均较基础情景有所减少,且在 0.30%~2.07%波动。

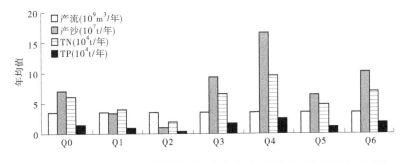

图 7-63 各土地利用情景的径流量、地表产沙、营养盐负荷量年均值对比

就情景设置效果分析,Q1 中有占库区总面积 3.64%的坡度 25°以上耕地转变为了林地,其对泥沙、TN、TP 污染负荷的消减率达到了 31.71%、12.78%、14.92%;Q2 中有占总面积 11.13%的坡度 15°以上的耕地转为林地,其对泥沙、TN、TP 的消减率为 66.15%、44.46%、44.96%;Q3 中有占总面积 23.42%的坡度 6°以上的耕地转为林地,泥沙、TN、TP

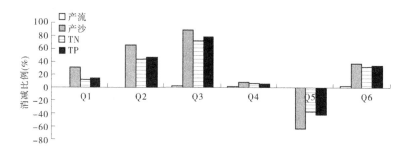

**图 7-64　相对基准情景的各土地利用情景地表产流、泥沙、营养盐负荷削减比例对比**

的消减率分别达到 89.10%、72.02%、79.01%。减少单位面积的耕地,情景 Q1、Q2、Q3 的污染负荷减少比例分别为:泥沙 8.7∶5.9∶3.8、TN3.5∶3.9∶3.8、TP 4.1∶4.0∶3.4,可见坡耕地非点源污染负荷随坡度的增加而增加,泥沙最为显著,TP、TN 略次,陡坡耕种是非点源污染产生的主要源头(陈康宁等,2010)。情景 Q2 与 Q4 相比,虽然两者林地面积相近,但 Q2 的污染负荷消减率要远大于 Q4,前者是后者的 6~8 倍,因此若要达到相同的林地建设规模目标,以耕地为主要控制对象可消减控制更多的非点源污染负荷。对比情景 Q4 与 Q5 的污染物消减效果可以看出,同地块的草地在向林地或耕地转变后,将会产生悬殊的非点源污染影响效果;在本研究中,虽然占流域总面积 9.53% 的草地转为林地后仅减少不到 10% 的非点源污染负荷,但转为耕地后将比基础情景多产生 50% 左右的污染物。因此,库区草地退化为耕地后,会严重加剧非点源污染状况,该现象应受到严格控制。分析情景 Q6 的消减效果,虽然其林地面积占库区流域总面积比例达到 57.33%,但非点源污染消减效果并没有达到最优,泥沙消减效果仅相当于情景 Q1,而营养盐消减效果接近 Q2,由此可见林地维育要有计划性、针对性,不能盲目无原则扩大,否则事倍功半,不能达到应有的污染治理效果。

### 7.2.6.3　结论

本研究应用 SWAT 模型,分析了不同的土地利用情景下对非点源污染的影响,可得到以下结论:

(1)从非点源污染消减有效性出发,情景 Q2(坡度 15°以上坡耕地退耕还林)及情景 Q3(坡度 6°以上坡耕地退耕还林)两种情况下的污染物消减量较大;但考虑库区地处贫困山区,情景 Q1(坡度 25°以上坡耕地退耕还林)以其农田减少量最少、污染物消减效率高,而更为有效合理。坡耕地应作为库区流域非点源污染控制的重点对象。

(2)对比情景 Q4(草地转为林地)、Q5(草地转为耕地),相同面积草地退化为耕地与转而培育林地相比,非点源污染负荷有急剧地增加。应合理补贴、改善库区移民或贫困山区居民的生活条件,严格监管库区自然植被的退化趋势,避免库区发生人为毁林、毁草耕种的现象,否则会对库区非点源污染起到致命的加强作用。

(3)分析情景 Q6(耕地、草地转为林地)的林地面积比例为 57.33%,仅以 0.66% 次于情景 Q2,但其污染负荷消减效果并不理想。因此,库区采取植树造林、林地维育等保护性工程措施时要有针对性、有计划性,不能盲目扩大林地,否则既耗费人力、物力,又不能达到应用的非点源污染消减效果。

（4）本研究结果为政府决策者有针对性的、高效的治理非点源污染提供了理论依据，同时为三峡库区流域非点源污染控制方案的合理制订提供了科技支撑，并对三峡库区的环境保护起到重要作用。

# 7.3 AGNPS 模型

## 7.3.1 AGNPS 模型基本情况

AGNPS( Agricultural Non-point Source)模型是美国农业部农业研究局联合明尼苏达州污染控制局和自然资源保护局共同开发的计算机模型系统，不仅能用于模拟小流域土壤侵蚀、养分流失和预测评价农业非点源污染状况，而且可以用来进行风险和投资效益分析。

AGNPS 模型是一个基于方格框架组成的流域分布事件模型，按照栅格采用模型参数，由水文、侵蚀和化学传输三大模块组成，用于 N、P 元素等土壤养分流失预测，并对农业地区的水质问题，以重要行为顺序进行排列，同时对次暴雨径流和侵蚀产沙过程进行模拟。该模型较易在 IBM 兼容 PC 机上运行。确定临界区域后，通过改变参数评价不同管理措施的效果，选择最有效可行的方案，从而达到有效控制农业非点源的目的。

鉴于 AGNPS 模型相对于其他非点源污染模型具有许多长处，较快地熟悉国内外 AGNPS 的研究进展与应用，对于研究农业非点源污染模型，加快建立适用于我国特殊侵蚀环境的农业非点源污染预测模型具有重要的学术意义。

## 7.3.2 AGNPS 模型理论基础

AGNPS 是面向事件的分布式水文模型，模型包括水文、侵蚀和化学物质迁移三个部分，AGNPS 模型的计算过程分为 3 个阶段。第 1 阶段，计算包括所有起始单元内坡地侵蚀、地表径流深、汇流时间、泥沙量、可溶性污染物水平等；第 2 阶段，计算流出起始单元的地表径流量和泥沙量；第 3 阶段，计算流经整个流域的地表径流、泥沙量、营养物质。其中，营养物质考虑引起水体污染的主要因子氮和磷。模型对化肥的施用、降雨和径流以及渗透进行了模拟，且其模拟范围已扩大到土壤和地下水中氮平衡的连续模拟。

流域的尺度大小从几公顷到大约 20 000 hm²，流域被以 0.4 hm² 到 26 hm² 的单元进行均等分室，流域内径流、污染物、泥沙沿各分室汇集于出水口（见图 7-65）。模型以网格为基本运行单位，通过网格间逐步演算的方法推算至流域出口。对于面积超过 800 hm² 的流域，建议使用 16 hm² 的网格尺寸。一般，网格划分越细，计算精度越高，但模型运行所需的时间越长，精力消耗也越大。实际应用时应根据具体情况而定。

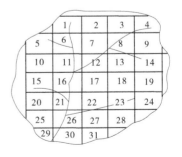

图 7-65 计算机模拟图形

### 7.3.3　AGNPS 模型结构模块

AGNPS 模型主要由三部分组成:①水文部分——径流子模型;②侵蚀部分——产沙子模型;③化学物质的迁移——水质子模型。模型的基本结构可概化为图 7-66(孙金华等, 2009)。

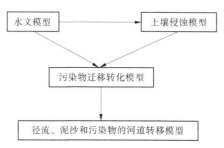

**图 7-66　农业非点源污染模型基本结构**

其中,径流子模型采用 SCS(Soil Conservation Service Curve Number)曲线法,计算地表径流量、峰值流量及网格单元的径流分配;产沙子模型采用通用土壤流失方程(USLE),模拟土壤侵蚀和泥沙迁移;水质子模型包括两个子模型:采用 CREAMS(Chemicals, Runoff and Erosion from Agricultural Management Systems)模型和饲育场评价模型,对模型化学物质迁移部分的 N、P、COD 迁移进行计算。

AGNPS 的 3 个子模型中,径流子模型是这个模型的基础,原因在于降雨及形成径流过程是造成非点源污染的直接动力因素,产沙子模型又是水质子模型的基础,因为泥沙能吸附或挟带许多污染物。

#### 7.3.3.1　水文部分

采用美国 SCS(Soil Conservation Service Curve Number)曲线法,计算地表径流量、峰值流量及网格单元的径流分配。

其中,径流量

$$Q_d = (P - I_a)/(P - I_a + S) \tag{7-19}$$

式中:$P$ 为降雨量,mm;$S$ 为流域饱和储水量,mm,由 $CN$(Curve Number)确定,$S = (1\,000/CN) - 10$;$I_a$ 为初损,mm,一般取 $0.2S$。

$$Q_d = (P - I_a)^2/(P + 0.8S) \tag{7-20}$$

峰值流量用 Smith 和 William 得出的经验相关方程推求:

$$Q_p = 3.79A^{0.7}C_s^{0.16}(R_0/25.4)^{0.093A^{0.017}}LW^{-0.19} \tag{7-21}$$

式中:$Q_p$ 为洪峰流量,m³/s;$A$ 为流域面积,km²;$C_s$ 为渠道底坡比降,m/km;$R_0$ 为径流量,mm;$LW$ 为流域长宽比,等于 $L^2/A$;$L$ 为流域长度,km。

#### 7.3.3.2　侵蚀部分

当沉积物负荷小于搬运能力时便发生分离现象,反之发生沉积现象。由于不同粒径的颗粒挟带和输运污染物的能力相差很大,模型将固体颗粒分为 5 个粒径等级进行计算。颗粒粒径越小,其比表面积越大,泥沙颗粒的比表面积约为 4 m²/g,而黏土颗粒的比表面积依据不同的黏土类型为 20~800 m²/g。因此,沉积物中黏土成分的微小变化就能导致其搬运能力的大幅改变。

模型给出了每个单元分离点沉积物颗粒级别的分布,以及每一级别的成分,泥沙分为黏土、粉粒、小团粒、大团粒和砂石等 5 个颗粒级别。

模型采用修正的通用土壤流失方程(RUSLE)计算流失量,即

$$SL = EI \cdot K \cdot LS \cdot C \cdot P \cdot SSF \tag{7-22}$$

式中:$SL$ 为土壤流失量;$EI$ 为降雨能量因子,由降雨动能和最大 30 min 雨强求得;$K$ 为土壤可蚀性因子;$LS$ 为坡度坡长因子;$C$ 为植被覆盖因子;$P$ 为侵蚀控制措施因子;$SSF$ 为坡型调整因子。

计算完径流和土壤侵蚀后,对其挟带的泥沙逐个按单元依次演算,直至流域出口,其间有复杂的迁移和沉积关系,由稳态连续方程推导基本演算方程为

$$Q_s(x) = Q_s(O) + Q_{sl}(x/L_r) - \int_0^x D(x)w\mathrm{d}x \tag{7-23}$$

式中:$Q_s(x)$ 为河(渠)段下游泥沙输出量;$Q_s(O)$ 为河(渠)段上游泥沙输入量;$x$ 为泥沙汇入点到河(渠)段下游的距离;$w$ 为河(渠)道宽;$Q_{sl}$ 为旁侧泥沙汇入量;$L_r$ 为河(渠)段长度;$D(x)$ 为沉积率,用式(7-24)估算。

$$D(x) = [V_{ss}/q(x)] \times [q_s(x) - g_s(x)] \tag{7-24}$$

式中:$V_{ss}$ 为颗粒沉积速率;$q(x)$ 为单宽径流量;$q_s(x)$ 为单宽泥沙负荷;$g_s(x)$ 为单宽有效输沙能力。

用修正的 Bagnold 河流能力方程计算有效输沙能力:

$$g_s(x) = Z g_s = Z k (f_v^2/v_s) \tag{7-25}$$

式中:$Z$ 为有效输沙因子;$g_s$ 为输沙能力;$k$ 为输沙能力因子;$f_v$ 为黏性摩擦阻力;$v_s$ 为河(渠)道平均流速,由曼宁公式推求。

用式(7-26)计算每个单元流出的 5 个颗粒级别的泥沙负荷,式(7-26)为泥沙输移模型的基本方程。

$$Q_s(x) = \left[ \frac{2q(x)}{2q(x) + \Delta x v_{ss}} \right] \times \left\{ Q_s(0) + Q_{sl} \frac{x}{L} - \frac{w\Delta x}{2} \times \left[ \frac{v_{ss}}{q(0)}q_s(0) - g_s(0) \right] - \frac{v_{ss}}{q(x)}g_s(x) \right\} \tag{7-26}$$

### 7.3.3.3 化学物质的迁移

采用 CREAM 模式和饲育场评价模型对模型的化学物质迁移部分的 N、P、COD 的迁移进行计算。化学物质的迁移传输通过化学传输模块,分为可溶性部分和泥沙结合态进行计算。

泥沙结合态的营养物吸附量采用单元的总泥沙量计算:

$$Nut_{sed} = (Nut_f) \cdot Q_s(x) \cdot E_R \tag{7-27}$$

式中:$Nut_{sed}$ 为沉积物输运的 N 或 P 的浓度;$Nut_f$ 为土壤中 N 或 P 的含量;$E_R$ 为富集比,$E_R = 7.4Q_s(x) - 0.2T_f$,$Q_s(x)$ 为泥沙量,$T_f$ 为土壤质地的校正系数。

可溶性营养物质的估算考虑了降雨、施肥和淋溶对营养物质的影响。径流中可溶性营养物质由式(7-28)估算:

$$Nut_{sol} = C_{nut}Nut_{ext}Q \tag{7-28}$$

式中:$Nut_{sol}$ 为径流中可溶性 N 或 P 的浓度;$C_{nut}$ 为降雨过程中土壤表层 N 或 P 的平均浓度;$Nut_{ext}$ 为 N 或 P 进入径流的提取系数;$Q$ 为径流量。

化学需氧量(COD)被认为是可溶的,根据径流量和径流中 COD 平均浓度估算。通过调查获得的 COD 背景值可作为预测每个单元 COD 浓度的基础,并认为迁移演算和累计过程中没有损失。

在次降雨过程中,对每一分室的径流特征和泥沙、养分以及 COD 的迁移过程进行描述、模拟和评价,同时某一分室的输出将成为相邻分室的输入。AGNPS 模型中的侵蚀模块以 USLE 为基础应用于次暴雨过程,在次暴雨事件中以 EI 指数进行表达,土壤侵蚀函数包括侵蚀与沉积;模型中的水文模块是以美国 SCS 曲线法为基础的,用以预测径流量和径流高峰;N、P 元素在流域的迁移传输通过化学传输模块,分为可溶性部分和泥沙结合态进行计算。

### 7.3.4　AGNPS 模型操作方法

#### 7.3.4.1　AGNPS 模型输入参数

AGNPS 模型输入流程如图 7-67 所示,模型输入参数包括流域总体特征值和单元级参数(见图 7-68)。

流域总体特征值:流域面积 A、流域长度 L、单元面积、单元总数、降雨量 PW、降雨能量-强度值 EI。

单元级参数在单元内都是相等的,如下列示:单元编号 CN;汇水进入的单元编号 RC;径流曲线数值 CN;单元平均坡度 LS(%);单元平均坡长 SL;单元坡向 A(共分 8 个方向)(见图 7-69);坡型因子 $S_{SF}$(直形坡、凸坡、凹坡)(见图 7-70);河(渠)道指示 CI[单元内是否有河(渠)道];河(渠)道底坡比降 CS(m/km);河(渠)道边坡坡度 CSS(%);河(渠)道曼宁系数 n;USLE 土壤侵蚀因子 K;USLE 植被覆盖因子 C;USLE 侵蚀控制因子 P;地面条件常数 SCC(和土地利用有关的因子);土壤质地 T(砂石、粉砂、黏土、泥炭);化肥施用水平 F(无、低、中、高);化肥比例因子 AF(土壤表面 1 cm 残留的化肥比例百分数);COD 平均浓度或背景值;滞水因子 IF(单元内有梯田或其他储水系统);点污染源标志 PS;沟蚀水平 GS(分室内冲沟侵蚀程度),模型输入参数如图 7-71 所示。

#### 7.3.4.2　AGNPS 模型初步输出结果

研究流域的初步输出结果包括流域面积和网格尺寸、降雨和可蚀性(EI)、流域出口径流量和洪峰流量、面积加权的坡面和渠道侵蚀;沉积物传输率、沉积物富集比、沉积物平均浓度、五种粒径颗粒的总产沙量;单位面积可溶性和颗粒挟带 N、P 及 COD 的质量、径流中 N、P、COD 的浓度(见图 7-72)。

#### 7.3.4.3　AGNPS 模型适用性检验

评价模型模拟的精度,方便模型参数校正,检验模型的适用性,通常采用 2 个指标来表征模型实测值与模拟值的拟合度。模拟偏差:

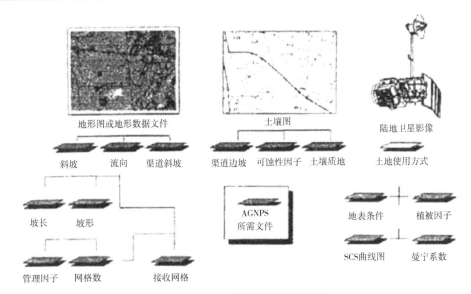

**图 7-67 AGNPS 所需数据文件流程**

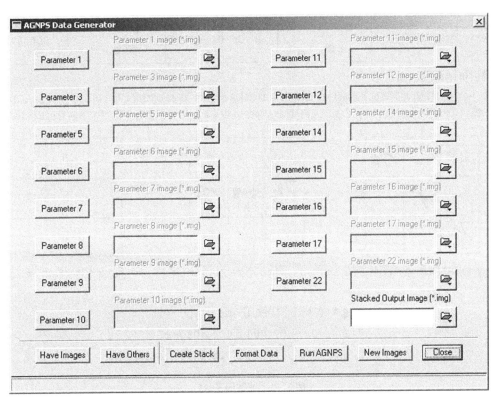

**图 7-68 AGNPS 模型输入参数文件**

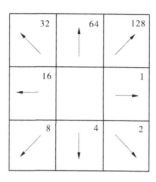

图 7-69  Cell Number

## Slope Shape Factor:

| | a  b  c | slope relation (at each point) | |
|---|---|---|---|
| 1 = | = | a = b = c | straight |
| 2 = | = | a < b < c | convex |
| 3 = | = | a > b > c | concave |

## Determine Factor:

Given Flow Direction and Slope Percentage. Use flow direction of a cell "b" to compare the cell behind (slope "a") and the cell in front (having slope "c"). Compare all three slopes to form a relation 1, 2, or 3 for the slope shape factor.

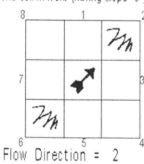

Flow Direction = 2

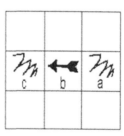

Flow Direction = 7

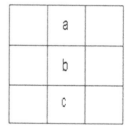

Flow Direction = 5

if a = b = c, then Slope Shape Factor = 1
if a < b < c, then Slope Shape Factor = 2
if a > b > c, then Slope Shape Factor = 3

图 7-70  坡型因子 $S_{SF}$

$$D_V = \frac{V - V'}{V'} \times 100 \qquad (7-29)$$

式中：$V$ 为模型模拟值；$V'$ 为实测值；$D_V$ 为模拟偏差，此值越趋于 0，模拟精度越高。

| Number | Title | Information on Generation |
|---|---|---|
| 1 | Cell Number | Using a watershed cutout of the DEM to create the watershed cells with unique cell numbers from the DEM. |
| 2 | Cell Division | Set to zero. No cells were divided. |
| 3 | Receiving Cell Number | Calculated by using cell number and flow direction within Imagine Spatial Modeler. |
| 4 | Receiving Cell Division | Set to zero. No cells were divided. |
| 5 | Flow Direction | Created the TARDEM program, and then processing with Imagine Spatial Modeler to edit flow-direction values. |
| 6 | SCS Curve Number | Determined by Imagine's Spatial Modeler, using the soil information and land cover as cross-referencing lookup tables. |
| 7 | Average Land Slope | Calculated by using Imagine Spatial Modeler's PERCENT SLOPE function on the DEM. |
| 8 | Slope Shape Factor | Calculated by using cell number, flow direction, and land slope within Imagine Spatial Modeler. |
| 9 | Slope Length | Calculated by executing a model that uses land slope and a maximum slope length within Imagine Spatial Modeler. |
| 10 | Overland Manning's Coefficient | Created with Imagine Spatial Modeler by using land cover as a lookup table. |
| 11 | Soil Erodibility Factor | Created with Imagine Spatial Modeler by using soils as a lookup table. |
| 12 | Cropping Factor | Created with Imagine Spatial Modeler by using land cover as a lookup table. |
| 13 | Practice Factor | Set to one (1). |
| 14 | Surface Condition Constant | Created with Imagine Spatial Modeler by using land cover as a lookup table. |
| 15 | COD (Chemical Oxygen Demand) Factor | Created with Imagine Spatial Modeler by using land cover as a lookup table. |
| 16 | Soil Type | Created with Imagine Spatial Modeler by using soils as a lookup table. |
| 17 | Fertilizer Level | Created with Imagine Spatial Modeler by using land cover as a lookup table. |
| 18 | Pesticide Type | Set to zero (0). |
| 19 | Number of Point Sources | Set to zero (0). |
| 20 | Additional Erosion Sources | Set to zero (0). |
| 21 | Number of Impoundments | Set to zero (0). |
| 22 | Type of Channel | Created by running DEM through stages of TARDEM program, and then through Imagine Spatial Modeler along with land cover. |

图 7-71　AGNPS 模型输入参数示意图

　　绘制 1∶1 连线图和回归曲线,反映径流、泥沙及总氮的拟合度。在 1∶1 连线图上,数据点越接近于 1∶1 连线,拟合度越高;相关系数 $R^2$ 越大,表示实测值与模拟值的拟合度越好。

## 7.3.5　AGNPS 模型应用情况

### 7.3.5.1　AGNPS 模型的适用性

　　AGNPS 模型主要用于流域面积从几公顷到大约 20 000 $hm^2$ 的农业流域的非点源污染分析。在流域景观特征、水文过程和土地利用规划等研究领域均具有良好的适应性,但不适合用于流域物理过程的长期演变特性,以及土壤侵蚀的时空分布规律等方面的研究。

| Filename | Band | Definition | Units |
|---|---|---|---|
| xxxhydro | ++ | | |
| | 1 | Drainage Area | acres |
| | 2 | Equivalent runoff for the cell (Overland Runoff) | inches |
| | 3 | Accumulated runoff volume into cell (Upstream Runoff) | inches |
| | 4 | Upstream Concentrated Flow (Peak Flow Upstream) | cfs |
| | 5 | Accumulated runoff volume out of cell (Downstream Runoff) | inches |
| | 6 | Downstream Concentrated Flow (Peak Flow Downstream) | cfs |
| | 7 | Runoff generated above cell | % |
| xxxclay | ++ | | |
| | 1 | Eroded sediment (Cell Erosion) | tons/acre |
| | 2 | Upstream sediment yield | tons |
| | 3 | Sediment generated within cell | tons |
| | 4 | Sediment yield | tons |
| | 5 | Deposition in the cell | % |
| xxxsilt | ++ | Repeat for same variables as xxxclay | |
| xxxSAGG | ++ | Repeat for same variables as xxxclay | |
| xxxLAGG | ++ | Repeat for same variables as xxxclay | |
| xxxsand | ++ | Repeat for same variables as xxxclay | |
| xxxtotal | ++ | Repeat for same variables as xxxclay | |
| xxxnitro | ++ | | |
| | 1 | Drainage area | acres |
| | 2 | Cell sediment nitrogen | lbs/acre |
| | 3 | Sediment attached nitrogen | lbs/acre |
| | 4 | Soluble nitrogen in cell runoff | lbs/acre |
| | 5 | Total soluble nitrogen | lbs/acre |
| | 6 | Soluble nitrogen concentration | ppm |
| xxxphospho | ++ | | |
| | 1 | Cell sediment phosphorus | lbs/acre |
| | 2 | Sediment attached phosphorus | lbs/acre |
| | 3 | Soluble phosphorus in cell runoff | lbs/acre |
| | 4 | Total soluble phosphorus | lbs/acre |
| | 5 | Soluble phosphorus conc. | ppm |
| | 6 | Cell COD yield | lbs/acre |
| | 7 | Total soluble COD | lbs/acre |
| | 8 | Soluble COD concentration | ppm |

图 7-72　AGNPS 模型输出结果示意图

其研究重点是河流水质,主要研究对象是多级固体颗粒及附着的 N、P 营养元素。

AGNPS 模型是一个比较适于评价和预测小流域农业非点源污染发生的计算机模型。非点源污染具有流域空间分布特性,为模拟其产生的迁移,模型需考虑这些空间分布因素影响。AGNPS 模型综合考虑了流域的水文气象、地形、土壤类型和植被覆盖等因素,经实例验证,对计算大中型流域的非点源污染有较好的效果;同时 AGNPS 模型可以应用于试验小区,模型计算结果与实测数据吻合较好。将 GIS 技术与 AGNPS 模型相结合,可以极大地提高模型数据获取与管理的效率,方便了模型的使用。目前,GIS 在非点源污染控制中得到越来越多的应用,而且随着非点源污染研究的不断深入和 GIS 技术的发展,其应用水平将会不断提高。

#### 7.3.5.2　AGNPS 模型参数敏感度分析

　　AGNPS 模型的应用过程中需要输入大量的参数,有些诸如径流曲线数、作物管理参数、耕作管理参数等比较主观,难以把握,这会导致模拟结果存在一定的偏差。为使得模拟结果更加接近研究区域的实际情况,增加模型预测的准确度,需要对 AGNPS 模型的输入参数进行敏感性分析,找出最为敏感的参数优先进行调整,然后调整敏感性稍差的参数,最后调整敏感性最差的参数,率定 AGNPS 模型,从而用于预测研究区域的径流量、泥沙侵蚀量、营养盐负荷量等。AGNPS 模型在调参的过程中,依次调整水文子模型参数、泥沙侵蚀子模型参数、氮磷子模型参数,因为水文子模型预测的径流量会影响泥沙侵蚀子模型的泥沙侵蚀量的预测,径流量与泥沙侵蚀量又会影响氮磷营养盐的预测。水文子模型参数率定中最为敏感的参数为径流曲线数,泥沙侵蚀子模型中最为敏感的参数为降雨侵蚀因子、坡度坡长因子,氮磷子模型中最为敏感的参数为作物管理参数、化肥使用参数、土壤参数。

　　洪华生等以九龙江流域为研究对象,用多场次降雨事件的数据对 AGNPS 模型进行校正与验证,直至 AGNPS 完全适用该区域,估算氮磷的输入负荷,总结了全年氮磷输出规律,氮磷大部分集中在 7~9 月暴雨期,总氮、总磷、径流量的模拟结果较为理想,而可溶性磷和峰值流量不太理想。按照水文子模型、泥沙侵蚀子模型、氮磷子模型的顺序调试率正 AGNPS 模型,优先调整灵敏参数,使其他参数保持最优水平,以效率系数为依据进行校准。Kirnak 等利用 AGNPS 预测 Rock Greek 流域径流量、泥沙侵蚀量,峰值流量比实测值高 26.5%,泥沙侵蚀量比实测值低 17%。Walling 等对英国 Devon 两个小集水区,用 AGNPS 对径流量与泥沙侵蚀量进行模拟。结果表明:7 次降雨事件中,Moor 湖集水区的泥沙侵蚀迁移模拟与实测值的误差变化范围为 13%~31%,而 Keymelford 集水区泥沙侵蚀迁移模拟值与实测值的误差变化范围为 33%~39%。因此,为使模拟结果更接近实际,需按照参数敏感性顺序进行调整,优先调整敏感性强的参数,依次调整水文子模型参数、泥沙侵蚀子模型参数以及氮磷子模型参数。

#### 7.3.5.3　AGNPS 模型模拟精度的分析

　　影响 AGNPS 模拟精度的因素很多,然而 AGNPS 研究单元网格的划分是影响模拟结果的关键性因子,是泥沙沉积物计算中最重要的影响因素。网格大小划分不同,得出的模拟结果也不同。Haregeweyn 等用 AGNPS 模拟埃塞俄比亚 Augucho 集水区土壤流失量的适用性,单元网格大小分别为 100 m 和 200 m,模拟结果:100 m 单元网格径流量、泥沙侵蚀量分别比实测值高 200%、5.3%,200 m 单元网格径流量、泥沙侵蚀量分别比实测值高 148%、19.1%;年泥沙侵蚀量与实测值具有高度一致性,100 m 单元网格比 200 m 的模拟效果好、精度高。Jaepil 等用 AGNPS 模拟韩国两个流域 Balhan 和 Banwol 的径流量和泥沙侵蚀量,单元分离方法分别采用不规则的单元分割(IGS)和统一的单元分割(UGS)。结果表明,利用 IGS 模拟时径流量较大,峰值流量和泥沙侵蚀量较小;IGS 减少单元数量后地表径流量和峰值流量更协调,增大模拟计算的精度。

　　合理的单元网格划分可以使 AGNPS 模型模拟结果更准确,因此需要寻找一种合适的单元网格划分方法。Brannan 针对这种情况研究开发了一套应用地质统计方法设计网格布置的步骤,其基本思想是使用地质统计分析工具选择基本网格尺寸,并确定需要进行次分的网格以用于模型。

#### 7.3.5.4　AGNPS 模型对污染关键源区的判断

　　AGNPS 常常可用于判断径流量、土壤侵蚀、污染物关键源区等，以便能够在重点地区采取措施得到最好的效果。Yongsheng 等选择 Michigan 市 Monow 湖子流域 Kalamazoo 区域作为研究区，模拟该地区的土壤侵蚀与磷流失，因为 AGNPS 模型可将研究区划分为单元格，定时模拟各单元格中径流量、土壤侵蚀、氮磷等营养盐负荷，判断研究区中污染关键源区，Yongsheng 等研究结果表明，农田村庄和马场分别为两个高磷区。

#### 7.3.5.5　AGNPS 模型对管理措施的效果评价

　　利用 AGNPS 进行最佳管理决策（BMPs）研究，为管理部门科学决策提供一定的参考依据，即利用校准后的 AGNPS 模型，根据假设的决策措施，调整 AGNPS 的相关输入参数，定量得出该措施的实施效果，将各个拟采取的措施比较分析，为科学决策提供依据。赵刚等用 AGNPS 结合 GIS 模拟云南滇池流域捞鱼河试验小区，利用实测数据校准模型并验证，模拟各种控制措施，评价模拟的效果，为选出高效的侵蚀控制措施提供依据。张玉珍等以九龙江流域为研究对象，校验 AGNPS 后模拟评价两项现状管理措施（等高耕作与多水塘系统）和 3 项假设情景方案（降低 30% 的施肥水平、坡地果园退耕还林及其组合），将降低 30% 施肥水平与坡地果园退耕还林进行组合措施对非点源污染控制效果最好。

#### 7.3.5.6　AGNPS 模型应用地区的拓展

　　AGNPS 在美国得到推广应用，为美国政府及农场主管理水土资源提供了决策支持。在国外 AGNPS 模型已广泛用于最佳管理措施（BMPs）效果比较，但在实际操作当中也出现了各种有待解决的问题，如计算网格的适当选取及设计方法，复杂繁多的输入数据整理和输出结果的表示，模型计算结果给决策带来的风险性等。

　　我国的自然地理、气候环境、产业结构、政策法规等均与美国有所区别，因此研究该模型在我国的适用性显得非常重要。国内学者在这方面做了大量的研究工作，得出的结论大部分均为基本适用，模拟结果可以接受。

　　目前，AGNPS 模型应用的地区大部分为山地丘陵区，极少用于平原河网地区，近年来有学者在太湖流域进行 AGNPS 的尝试性研究，曾远等首次将 AGNPS 用于模拟平原河网区太湖流域，验证了该模型在太湖流域的适用性与可靠性，率定了最为敏感的参数径流曲线数，发现总氮的模拟效果较为理想，而总磷的模拟效果误差较大，且圩区氮磷的流失主要以可溶态为主。

　　我国的农业非点源污染研究非常薄弱，尤其是非点源污染的治理手段、管理措施、政策有效性的量化更是一个空白。利用 AGNPS 系列模型不仅可以评价流域内农业管理措施对水文、水质的影响，而且可以评估 BMPs 的风险及其成本分析，从而为流域的规划与管理提供科学依据。无论是从技术上还是经济上，该模型均是现实可行的，可以避免在削减污染负荷时盲目布置防控与治理工程而造成浪费。AGNPS 系列模型是值得推广与进一步研究的模型，在我国具有很大的应用前景。

#### 7.3.5.7　AGNPS 模型的改进意见

　　（1）在 AGNPS 系列模型中应加入积雪融化与冻土部分、地下水与湖泊模块、湿地与湖泊水质部分等一系列未考虑到的因素，使该模型的模拟更符合实际、精度更高。

（2）AGNPS系列模型的输入参数比较多,模型的参数输入过程中,没有考虑到降雨的空间差异,整个流域采用统一的降雨参数。另外,需要加强与地理信息系统的有机结合,这将会使参数数据的获取更加方便,对于AGNPS系列模型的研究更加便捷,在此过程中,要注意AGNPS与GIS新版本的融合集成,开发出更为方便的可视操作界面。

（3）AGNPS系列模型没有质量平衡计算追踪流入与流出的水,在营养盐与农药研究模拟中没有相应的示踪研究,没有考虑到当日沉积于河道中的泥沙所吸附的营养物及农药在以后的影响,模拟期间点源流量和养分浓度局限于常数。

（4）在AGNPS系列模型模拟过程中,集水单元网格大小的划分目前还没有具体的划分方法与标准,临界源面积(CSA)与最小初始沟道长度(MSCL)的确定在一定程度上影响模型模拟的精度。

（5）AGNPS系列模型在校准与验证过程中确定敏感性因子时,仍然缺乏统一的方法,目前只是处于探索研究阶段,各个模块的敏感性因子也略有差别,因此建立统一的标准方法确定敏感性因子尤为重要。

（6）目前,国内对农业非点源污染模型研究缺乏大量基础性的数据进行校验,需要在各区域进行大量的研究,在AGNPS系列模型的应用中建立基本的数据信息库,开发集成软件,强化共享机制,为研究与管理决策提供充足的科学依据。

### 7.3.5.8 Ann AGNPS 模型

1. Ann AGNPS 模型的改进

AGNPS在应用中虽然取得较好的效果,但由于它是单事件模型,在应用中有许多局限性,因此至AGNPS 5.0就停止了开发。20世纪90年代初,美国农业部自然资源保护局与农业研究局转向开发连续模拟模型——Ann AGNPS模型(Annualized AGNPS)。

Ann AGNPS模型是一种连续模拟模型,它不是沿袭AGNPS模型均等划分分室的方法,而是按流域水文特征将流域划分为一定的分室,即按集水区来划分单元,使模型更符合实际(见图7-73);模型最大的改进之处就以日为基础连续模拟一个时段内各分室每天及累计的径流、泥沙、养分、农药等的输出结果,可用于评价流域内非点源污染的长期作用效果;与GIS较好地集成,以ArcView-AGNPS接口进行显示操作,模型参数大多可自动提取,模拟结果的显示度得以显著提高。Ann AGNPS模型的另一改进是采用修正的通用土壤流失方程(RUSLE)预测各分室的土壤侵蚀,使得泥沙侵蚀模拟更符合实际。此外,Ann AGNPS模型还包括一些特殊的模型计算点源、畜牧养殖场产生的污染物、土坝、水库和集水坑对径流、泥沙的影响。

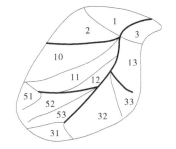

图7-73 计算机模拟图形

Ann AGNPS不仅能够预报来自流域内任何一个地方的水量、按颗粒和来源的产沙量、溶解与吸附养分(氮磷和有机碳)、溶解与吸附杀虫剂等,也能够预报这些污染物的去向,能模拟来自饲养场和其他点源的养分浓度,获得各饲养场的潜在分级。

2. Ann AGNPS 模型的构成

Ann AGNPS 的核心也是 3 个以上的子模型,但它考虑了更多的日常气候的影响。其开发的基本思想是:既维持 AGNPS 版本单一事件模型的简易性,又增强持续模拟的能力。Ann AGNPS 典型的模拟区域及主要过程如图 7-74 所示。

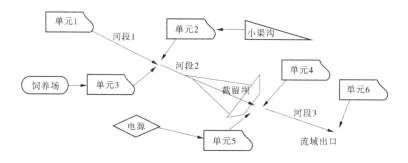

图 7-74　Ann AGNPS 典型的模拟区域及主要过程

该模型运用于 $1 \sim 50\,000$ hm² 的小流域生态系统农业非点源污染的评价和流域内土壤侵蚀及 N、P 元素的流失预测。应用时将流域均匀地划分为若干单元(陈欣和郭新波,2000)。当前,Ann AGNPS 与其他一些模拟过程模块结合在一起,这些模块相互提供信息,以增强每一个模块的预测能力。在 Ann AGNPS 中的集成模块有:①Ann AGNPS 核心模块是优化管理措施和进行风险分析而设计的用于量化及标识流域中污染负荷的计算机模型;②CCHEID(计算机水科学及工程中心的一维河道模型)模块是设计用于集成河道发育中的特征与丘陵地负荷影响的河流网络程序;③Con CEPTS(保持河道发育和污染传输系统模块)模块是设计用于预测和量化堤岸侵蚀的影响,河床沉积及退化,污染物的沉积或挟带,河岸边的植被形态和污染负荷等;④SNTEMP(溪流网络水体温度模块)模块是水域规模的,设计用于预测日平均、最大和最小水温度的模块;⑤SIDO(沉积物的侵扰和溶解氧模块)模块是专门为评价或量化污染负荷及其他一些威胁的因素对鲑科鱼产卵区、生活栖息地的影响而设计的一套鲑科鱼生命周期模型。

Ann AGNPS 污染负荷的计算机模型由输入模块(数据输入和编辑模块)、处理模块(年污染物负荷计算模块)和输出模块(显示模块)三部分组成。其示意图如图 7-75 所示。在模型应用中,最主要的是数据准备,数据准备由 4 部分组成:流网生成模块(Flow net Generator)、数据录入模块(Input Editor)、气象因子生成模块(Generation of weather elements for multiple application)和数据文件转换模块(AGNPS – to– Ann AGNPS Converter)。

3. Ann AGNPS 模型适用性研究

Ann AGNPS 功能强大,精度高,但该模型适用性研究较少,Sarangi 等以加勒比海 St. Lucia 岛的森林流域与农业流域为研究对象,利用 Ann AGNPS 模拟该流域的径流量及泥沙侵蚀量,结果表明 Ann AGNPS 可以用来评价径流量与泥沙量。王飞儿等利用 Ann AGNPS 模拟千岛湖流域非点源污染负荷,验证该模型在该地区的适用性,模拟效果较为理想,证实了该模型在农业非点源污染的研究及应用潜力。

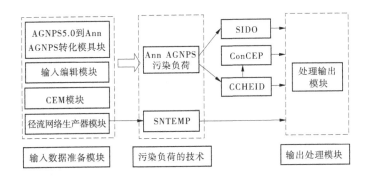

**图 7-75 Ann AGNPS 模型系统简化结构**

**4. Ann AGNPS 模型模拟精确度研究**

利用 Ann AGNPS 模拟各种地形地貌状况下的径流量、泥沙侵蚀量、营养盐等,发现各项模拟精确度有所差别且精度顺序不一样,这可能是由于该模型应用区域地形地貌等各方面自然差异所引起的。Shrestha 等用 Ann AGNPS 模拟尼泊尔 Siwalik 山脉 Masrang Khola 流域,结果表明径流量的模拟在可接受的范围内,峰值流量在校正时高估了 105%,在验证时高估了 162%,泥沙量在校正时高估了 59%,在验证时高估了 92%。Polyakov 等用 Ann AGNPS 模拟夏威夷 Kauai 岛 Hanalei 流域,结果表明月径流量预测很好,泥沙量的模拟值与实测值具有较好的相关性,小雨量事件模型会高估泥沙量,大雨量事件模型会低估泥沙量。Shamshad 等以马来群岛 Kuala Tasik 河流域为研究区域,结果表明径流量预测值很好,泥沙量可以接受,氮负荷效果较好,磷负荷效果较差。洪华生、黄金良等运用 Ann AGNPS 模拟以中低山为主的九龙江流域,指出西溪与北溪氮磷模拟的精确度较高,径流量的模拟精度次之,泥沙量模拟表现出一定的不确定性。在模拟期间流域河道中水生生物生长旺盛,氮磷的吸收、吸附和解吸等复杂生物地球化学过程可能是上述模拟效果不一的主要原因。邹桂红检验 Ann AGNPS 在鲁东低山丘陵区大沽河小流域上年、月、日的适用性,结果表明次降雨地表径流、泥沙及总氮表现出很大的不确定性,且年均负荷较好;径流量的模拟结果较为理想,泥沙的模拟结果可以接受,而营养盐氮的模拟结果则欠妥当。程炯等对盆地新田小流域模拟结果为磷的模拟效果最好,径流量次之,氮的模拟效果最差。

**5. Ann AGNPS 模型对污染关键源区的判断及管理措施的定量分析**

Ann AGNPS 可用来判断流域的污染关键源区,将措施所能达到的效果定量化,选出 BMPs。Sarangi 等在推荐的土地管理措施下,用 Ann AGNPS 来模拟径流量与泥沙量,结果表明径流量模拟值减少 18.5%、泥沙量减少 63%。Shamshad 等利用 Ann AGNPS 生成的侵蚀图与马来群岛农业部生产的农业侵蚀风险图极度一致,土壤侵蚀的主要来源为橡胶地与城镇。贾宁凤等以黄土丘陵沟壑区晋西北河曲县砖窑沟流域为研究区域,利用 Ann AGNPS 评价径流流失与土壤侵蚀,重点分析了降雨特征、模拟单元划分、施肥、径流曲线值等各个因子的确定,指出在不同土地利用情况下土壤侵蚀量及其空间分布。洪华生对两种管理措施进行模拟(顺坡等高种植和退耕返林),模拟氮磷削减率,为科学管理决策提供依据。邹桂红模拟了等高耕作、营养盐管理、少耕、坡地农田退耕还林、作物留茬等5种措施对减少污染负荷的影响,结果表明坡地农田退耕还林的效果最为明显。孟春红等用 Ann AGNPS 模拟御临河流域,从时空上标识农业非点源污染负荷的分布状况,4 类土地利用方式(耕地、林地、园地、居民用地)中,耕地污染负荷最大、园地污染负荷最小。泥沙量、氮磷污染的空间分布极为相似,主要集中在坡度较大的区域。程炯等认为由于林地+果园景观流域景观单元一致性,所以模拟效果最好,在水田+旱地景观流域,由于地表起伏大,下垫面较为复杂,水田+旱地景观为农业非点源污染的关键源区。

6. Ann AGNPS 模型与其他模型的比较研究

将 Ann AGNPS 与其他模型进行比较研究,研究该模型与其他模型的不同及模型各自的最佳适用情形,Kliment 等以波希米亚的西北部 Blsanks 河为研究流域,分别用 Ann AGNPS 和 SWAT 模拟该流域径流量和泥沙量,SWAT 适合长期持久性预测,Ann AGNPS 适合短期高强度的降雨事件。

## 7.3.6　AGNPS 模型应用案例

九龙江是龙岩、漳州和厦门 3 市的饮用水源,同时该流域又是近海流域。目前流域的农业非点源污染比较突出,因此对九龙江流域农业非点源污染的研究具有重要的现实意义和理论价值。在九龙江上游遴选了一个典型农业流域——五川流域,将 AGNPS 模型全面、系统地引入到五川流域的农业非点源污染的模拟研究中,利用流域实测的数据,验证了 AGNPS 模型在该流域的适宜性。研究结果表明,模拟值与实测值基本相符,相关程度较高,该模型可以用于南方丘陵区小流域氮、磷流失的预测与评价。

### 7.3.6.1　AGNPS 模型模拟过程

#### 1. 试验小流域的基本概况

九龙江位于我国东南沿海,是福建省第二大河流。五川流域位于九龙江西溪中上游,南靖县城的东南部,地处东经 $117°29'3''$、北纬 $24°26''$,涉及东田、土尾、山边、坑尾、鸿钵 5 个行政村和 1 个五川作业区 2 个果场。土地总面积 18 $km^2$。五川流域属南亚热带海洋性气候,常年气候温和、雨量充沛、光能充足。年均降雨量 1 705 mm,雨量集中在 3~9 月。流域中的土壤类型主要有花岗岩、火山凝灰岩发育而成的粗骨性砖红壤性红壤土—赤红壤、潴育水稻土和少部分红壤。通过 1:10 000 流域地形图(1986 年出版)分析以及野外实地勘察,选择 2 个试验小流域(简称试验区)进行模型验证和农业非点源试验研究,以便考察流域尺度大小是否与模拟精度有关。2 个试验区的相对位置如图 7-76 所示。2 个试验区的面积分别为 1.88 $km^2$ 和 9.6 $km^2$,分别称为小试验区和大试验区,大试验区包括土尾、山边、五川作业区及 2 个果场,土地利用为林地、果园、旱地、村庄、畜禽养殖、鱼塘、水田。小试验区仅包括五川作业区和 1 个果场,土地利用主要为林地、果园、鱼塘、旱地、水田。

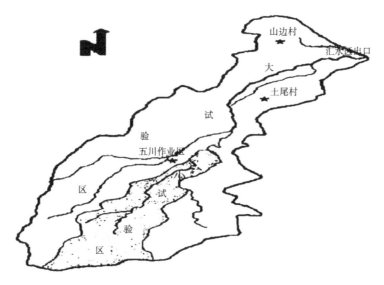

**图 7-76　大、小试验区相对位置图**

2. AGNPS 模型参数的确定

　　AGNPS 模型将流域离散化为在土地利用、水文、土壤等相对一致的网格来解决空间的异质性问题,模拟过程是以网络为单元进行的。该模型是一种分室(cell)模型,应用时将流域均等地划分为若干分室,流域径流、污染物、泥沙沿分室汇集于集水口,见图 7-77。AGNPS 所划分的每个网格都需要输入 22 个参数。反映流域特征的输入输出状况均在网格水平上表达,水文参数、氮磷营养盐、泥沙的模拟过程均是以每个网格为单元进行计算的,输出的结果可以是每个网格的也可以是整个流域的结果。本研究采用实际观测、经验参数和参考已有的文献资料确定模型参数。AGNPS 模型应用于五川流域,所需主要参数的数据来源和采用方法如表 7-4 所示。

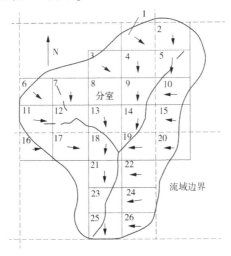

**图 7-77　小流域分室示意图**

表 7-4　AGNPS 模型变量和参数取值来源

| 输入变量和参数 | 采用方法 | 数据来源 |
|---|---|---|
| 降雨量 | — | 南靖县气象局 |
| 水流方向 | — | 数字高程模型（DEM） |
| 流向的网格号 | — | 数字高程模型（DEM） |
| 土壤质地 | 南靖土壤 | 南靖县土壤普查办公室（1983） |
| 坡型因子 | — | 数字高程模型（DEM） |
| 平均坡长（m） | — | 数字高程模型（DEM），地形图手工核对 |
| 平均坡度（%） | — | 数字高程模型（DEM），地形图手工核对 |
| 渠道类型 | — | 现场调查 |
| 曼宁糙率 | Young 等 | 土地利用 |
| 渠道类型 | — | 现场调查 |
| 平均渠道坡度（%） | — | 数字高程模型（DEM），地形图手工核对 |
| 平均渠道边度（%） | — | 主要排水沟实地调查 |
| 化肥利用率（%） | 崔玉亭，2000 | 耕作措施 |
| 地表状况常数 | Young 等，1987 | 土地利用 |
| 土壤可蚀系数 $K$ | — | 现场土壤颗粒组成，有机质采样 |
| 作物管理因子 C | 蔡崇法等，2000 | 土地利用 |
| 水土保持因子 P | NOVOTNY，1989 | 文献 |
| 化肥施用因子 | 问卷调查 |  |
| 渠道指示 |  | 1∶10 000 地形图，数值排水沟系 |

### 7.3.6.2　AGNPS 模型模拟结果分析

1. 模拟结果

本研究选取 2002 年 5~8 月的降雨事件（3~4 月降雨事件采样点少，不考虑，所选择的降雨强度包含大、中、小 3 个级别）来调试 AGNPS 模型。经过反复多次的模型参数调试，最后使模型的各参数取值比较稳定。表 7-5 和表 7-6 分别列出了大小试验区的降雨量、径流量、峰值流量、产沙量和各种氮、磷负荷量及浓度的模拟值与实测值。

表 7-5　大试验区模拟结果

| 降雨时间<br>（年-月-日） | 采用方式 | 径流流量<br>（m³） | 峰流率<br>（m/s） | 总泥沙量<br>（t） | 总氮<br>（kg） | 可溶性氮<br>（kg） | 可溶性氮浓度<br>（mg/L） | 总磷<br>（kg） | 可溶性磷<br>（kg） | 可溶性磷浓度<br>（mg/L） |
|---|---|---|---|---|---|---|---|---|---|---|
| 2002-05-14 | 实测 | 28 233 | 0.940 |  | 49.50 | 24.51 | 3.00 | 1.04 | 0.12 | 0.006 |
|  | 模拟 | 2 475 | 0.001 | 3.0 | 54.50 | 10.91 | 2.65 | 10.91 | 0 | 0 |
| 2002-07-18 | 实测 | 42 786 | 0.460 |  | 582.70 | 526.82 | 12.30 | 9.41 | 2.61 | 0.091 |
|  | 模拟 | 44 544 | 0.513 | 5.6 | 534.40 | 469.00 | 10.56 | 10.91 | 2.50 | 0.070 |
| 2002-08-03 | 实测 | 112 323 | 1.330 | 15.0 | 1 683.60 | 1 145.00 | 10.93 | 48.08 | 5.43 | 0.040 |
|  | 模拟 | 133 632 | 1.700 | 35.0 | 1 450.00 | 1 210.50 | 9.10 | 43.62 | 10.91 | 0.040 |

表 7-6　小试验区模拟结果

| 降雨时间（年-月-日） | 采用方式 | 径流流量（m³） | 峰流率（m/s） | 总泥沙量（t） | 总氮（kg） | 可溶性氮（kg） | 可溶性氮浓度（mg/L） | 总磷（kg） | 可溶性磷（kg） | 可溶性磷浓度（mg/L） |
|---|---|---|---|---|---|---|---|---|---|---|
| 2002-05-14 | 实测 | 2 541 | 0.114 | | 10.10 | 2.76 | 4.00 | 0.02 | 0.077 | 0.030 |
| | 模拟 | 576 | 0.003 | 1.67 | 10.16 | 2.54 | 4.92 | 2.54 | 0.020 | 0.020 |
| 2002-06-11 | 实测 | 1 996 | 0.030 | 0.09 | 18.66 | 10.18 | 5.10 | 0.16 | 0.025 | 0.018 |
| | 模拟 | 1 727 | 0.003 | 2.85 | 20.29 | 10.15 | 5.65 | 5.08 | 0 | 0.020 |
| 2002-07-06 | 实测 | 53 918 | 0.908 | | | | | 27.53 | 8.300 | 0.100 |
| | 模拟 | 57 562 | 0.910 | | 456.62 | 393.20 | 7.41 | 25.37 | 5.070 | 0.080 |
| 2002-07-18 | 实测 | 14 322 | 0.208 | 8.97 | 176.12 | 168.00 | 11.57 | 3.83 | 1.210 | 0.090 |
| | 模拟 | 10 936 | 0.130 | | 167.40 | 149.70 | 13.43 | 5.07 | 0 | 0.080 |
| 2002-08-03 | 实测 | 24 676 | 0.400 | 1.951 | 354.87 | 209.00 | 8.60 | 13.60 | 2.000 | 0.050 |
| | 模拟 | 22 449 | 0.320 | 1.41 | 238.00 | 202.90 | 9.06 | 10.14 | 0 | 0.050 |
| 2002-08-05 | 实测 | 162 029 | 1.480 | 11.51 | 1 962.80 | 1 372.62 | 11.00 | 0.03 | 43.780 | 0.030 |
| | 模拟 | 155 418 | 2.700 | 64.06 | 1 237.96 | 1 100.97 | 7.08 | 0.02 | 45.660 | 0.020 |
| 2002-08-07 | 实测 | 126 586 | 1.464 | 3.85 | 690.80 | 371.00 | 3.85 | 22.00 | 9.21 | 0.070 |
| | 模拟 | 90 948 | 1.620 | 36.53 | 578.40 | 495.00 | 5.45 | 27.90 | 2.540 | 0.030 |
| 2002-08-10 | 实测 | 25 889 | 0.480 | 1.19 | 314.50 | 263.70 | 13.00 | 10.06 | 1.776 | 0.060 |
| | 模拟 | 25 903 | 0.488 | 11.63 | 342.47 | 312.00 | 12.03 | 10.15 | 2.54 | 0.060 |

使用 Nash-Suttclife 效率系数 $E$ 来衡量模型模拟值和观测值之间的拟合度。其表达式为

$$E = 1 - \frac{\sum_1^n (Q_m - Q_p)^2}{\sum_1^n (Q_m - Q_{avx})^2} \tag{7-30}$$

式中：$Q_m$ 为测量值；$Q_p$ 为预测值；$Q_{avx}$ 为观测值的平均值；$n$ 为样本个数。

性能系数 $E$ 越接近于 1，则观测值和预测值越接近，计算结果如表 7-7 所示。

表 7-7　Nash-Suttclife 效率系数 $E$

| 流域 | 总氮 | 可溶氮 | 总磷 | 可溶磷 | 径流 | 峰值流量 | 泥沙量 |
|---|---|---|---|---|---|---|---|
| 大区 | 0.96 | 0.99 | 0.98 | 0.77 | 0.99 | 0.29 | — |
| 小区 | 0.80 | 0.93 | 0.95 | 0.15 | 0.99 | 0.34 | -1.3 |

注："—"监测场次太少，不宜统计。

2. 结果分析

径流量模拟相比峰值流量要精确一些，而峰值流量的模拟值总是大于实测值，使相对于实测的模拟误差总为负值。

AGNPS 模型的模拟泥沙量远高于实测的泥沙量。这可能是 AGNPS 模型采用了很多

的经验和半经验公式所致。Naden 的研究表明:在低强度降雨阶段,AGNPS 模型中采用的 Bagnold 方程因没有考虑水流对河床的摩擦,增大了河床泥沙能量的损失,造成渠道泥沙的有效迁移力远大于由侵蚀提供的泥沙量,系统高估了泥沙的迁移力。另外的原因可能是,河道中的植被捕获了相当部分由坡地侵蚀所带来的泥沙,而模型不能考虑这一特点,导致了模拟值远高于实测值。

氮的模拟比磷的模拟精度高,总氮和总磷的模拟比可溶态氮磷的模拟精度高。除泥沙量和可溶性磷的模拟值与实测值偏差较大外,其他的模拟结果与实际观测结果基本一致,Nash-Suttclife 效率系数 $E$ 基本上都在 0.8 左右,说明模型模拟的精度尚在可接受的范围内。模拟结果没有表现出非常明显的因流域尺度越小而模拟精度越高的趋势。

3. 模型验证

对调试好的模型,同样必须通过验证后才能应用于环境规划和管理。

验证就是用调试好的模型参数(系数),输入调试时未用过的暴雨资料进行验算。验证时,只对降雨等参数做调整,其他参数则保持模型调试的结果,如果模型计算结果与实测结果拟合精度符合要求,就认为模型通过了检验。选取 2002 年 9 月 11 日和 2002 年 9 月 13 日两场降雨事件对 AGNPS 模型进行验证。模拟结果列入表7-8 和表7-9。

表 7-8　大、小试验区径流量、峰流量模拟值与实测值对照

| 流域 | 降雨时间（年-月-日） | 降雨量（mm） | 类型 | 径流量 | | 峰流量 | |
|---|---|---|---|---|---|---|---|
| | | | | 平均（m³） | 误差（%） | 平均（m³/s） | 误差（%） |
| 小试验区 | 2002-09-11 | 49.9 | 观测值 | 18 736.10 | 7.5 | 0.37 | 24.46 |
| | | | 模拟值 | 20 146.00 | | 0.28 | |
| | 2002-09-13 | 85.0 | 观测值 | 56 933.64 | 12.23 | 0.80 | 38.75 |
| | | | 模拟值 | 63 894.09 | | 1.11 | |
| 大试验区 | 2002-09-11 | 49.9 | 观测值 | 126 024.48 | 6.04 | 1.58 | 8.14 |
| | | | 模拟值 | 133 632.80 | | 1.72 | |
| | 2002-09-13 | 85.0 | 观测值 | 295 288.80 | 17.33 | 2.53 | 66.00 |
| | | | 模拟值 | 346 454.06 | | 4.20 | |

表 7-9　大、小试验区氮磷量模拟值与实测值对照

| 流域 | 降雨时间（年-月-日） | 雨量（mm） | 类型 | 总氮量 | | 可溶性氮量 | | 总磷量 | | 可溶性磷量 | |
|---|---|---|---|---|---|---|---|---|---|---|---|
| | | | | 平均（kg） | 误差（%） | 平均（mg/L） | 误差（%） | 平均（kg） | 误差（%） | 平均（mg/L） | 误差（%） |
| 小试验区 | 2002-09-11 | 49.9 | 观测值 | 300.00 | 1.06 | 253.00 | 4.20 | 46.60 | 6.44 | 0.85 | 199 |
| | | | 模拟值 | 296.80 | | 263.80 | | 43.60 | | 2.54 | |
| | 2002-09-13 | 85.0 | 观测值 | 548.46 | 1.01 | 458.74 | 4.00 | 75.19 | 1.52 | 2.77 | 8.3 |
| | | | 模拟值 | 542.90 | | 476.90 | | 76.34 | | 2.54 | |

续表 7-9

| 流域 | 降雨时间<br>(年-月-日) | 雨量<br>(mm) | 类型 | 总氮量 | | 可溶性氮量 | | 总磷量 | | 可溶性磷量 | |
|---|---|---|---|---|---|---|---|---|---|---|---|
| | | | | 平均<br>(kg) | 误差<br>(%) | 平均<br>(mg/L) | 误差<br>(%) | 平均<br>(kg) | 误差<br>(%) | 平均<br>(mg/L) | 误差<br>(%) |
| 大试<br>验区 | 2002-09-11 | 49.9 | 观测值 | 2 114.54 | 1.50 | 1 455.02 | 26.67 | 46.60 | 6.44 | 8.92 | 22.20 |
| | | | 模拟值 | 2 083.00 | | 1 843.10 | | 43.60 | | 10.91 | |
| | 2002-09-13 | 85.0 | 观测值 | 3 283.00 | 6.33 | 2 104.90 | 25.90 | 75.19 | 1.53 | 9.68 | 12.71 |
| | | | 模拟值 | 3 075.50 | | 2 650.15 | | 76.34 | | 10.91 | |

结果表明,除可溶性磷的模拟结果误差较大外,其他参数的模拟值与实测值基本符合,其中总氮、总磷的模拟误差在7%以下,径流的模拟误差在18%以下。检验的结果表明,经过调试的 AGNPS 模型可适用于预测该流域农业氮、磷的流失,以及最终用于流域的环境规划和管理工作中。

### 7.3.6.3　结论

根据实测数据对 AGNPS 模型参数进行了调试,并应用模型进行了模拟。结果表明,AGNPS 对于径流量、总氮负荷和总磷负荷的模拟结果与实测值相近,误差较小,但是对产沙量的模拟结果偏差较大。Nash-Suttclife 效率系数 $E$ 较高,大、小试验区都在 0.8 以上。模型的模拟结果与实测值吻合较好,从而证明了 AGNPS 模型适用于亚热带地区农业氮、磷的流失评估,可以为流域各项环境规划的制定提供有价值的参考。

# 7.4　HSPF 模型

## 7.4.1　HSPF 模型基本情况

HSPF 模型( Hydrological Simulation Program-Fortran)全称为水文模拟模型,是在 1966年 SWM( Stanford Watershed Model)斯坦福模型基础上发展起来的,于 1981 年由 Robert Carl Johanson( HSPF 模型之父)提出。经过不断地发展完善已日臻成熟,它不仅能模拟流域内长时间连续的水文和水力过程,也能模拟流域非点源污染和点源污染的演进过程,被美国国家环保局列为推荐模型,广泛用于区域的水资源水环境模拟。

1998 年,美国环保署又开发完成了一套基于 GIS 技术的整合式平台系统 BASINS。该系统把 HSPF 模型集成在具有强大空间数据存储和处理能力的 Arc View 上,为 HSPF 自动提取模拟区域的地形地貌、土地利用、土壤植被、河流等数据,以及非点源污染负荷的长时间连续模拟提供了方便。发展至今,HSPF 模型又集成了 HSP、ARM、NPS 等模块。它将常见的污染物和毒性有机物模拟纳入模型中,能够实现多种污染物地表、壤中流过程及蓄积、迁移、转化的综合模拟。HSPF 模型是半分布式综合性流域模型的优秀代表。在国外已经被广泛应用于水、颗粒沉积物、营养盐、化学污染物、有机物质和微生物等的模拟研究。在我国,由于缺乏大量基础数据,对 HSPF 模型的研究还处于起步阶段。

## 7.4.2　HSPF 模型理论基础

HSPF 模型采用 FORTRAN 语言编写,以 Stanford 水文模型为基础,能够综合模拟径流、土壤流失、污染物传输、河道水力等过程,并大量应用于气候变化与土地利用变化的流域水环境效应情景模拟。

HSPF 模型是半分布式水文水质模型的优秀代表,在国外得到广泛应用。其水文模块在非点源模型中是最为完善的,HSPF 模型包括 PERLND、IMPLND 与 RCHRES 等 3 个主要模块,分别实现对透水地段、不透水地段与地表水体的水文水质模拟。

## 7.4.3　HSPF 模型结构模块

HSPF 模型内嵌于 BASINS( Better Assessment Science Integrating Point and Non-point Sources)系统平台,该系统由美国国家环保局于 1988 年开发完成目前最新版本为 BASINS 4.1 系统。BASINS 系统由 4 个重要部分组成:GIS 集成分析工具( BASINS GIS)、工具分析软件( WDMUtil、HSPFParm)、流域水文模型( Win HSPF、AQUATOX、PLOAD)、决策支持分析工具( Gen Scn)。

HSPF 模型能够解决不同时空尺度下点源污染、非点源污染问题,并且与 Windows 结合成易于操作的 WinHSPF 应用界面。HSPF 模型的结构与功能如图 7-78 所示。

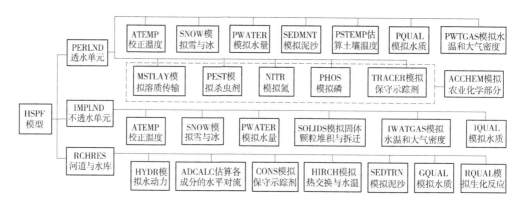

**图 7-78　HSPF 模型的结构与功能**

模型软件安装后一共具有的模块见图 7-79。

### 7.4.3.1　BASINS GIS

BASINS GIS 用于 HSPF 模型前期数据准备,可自动叠加和处理 DEM(数字高程模型)、Soil(土壤)、LUCC(土地利用/土地覆盖变化)数据,表征地形、地貌、覆被特性,并设定参数,提取河段信息,完成水文响应单元准备,为水文模型提供空间属性数据信息。完成 BASINSGIS 的前期数据准备和分析后,可以自动跳转到 Win HSPF 软件界面( 见图 7-80)。

在 BASINS 系统界面中对图件数据进行处理,得到的文件包括以下三类数据:①WSD 文件,流域特征数据:包括目标流域内各种土地利用形式的地块面积,平均坡度与地块长度,并对流域地块透水性质进行定义,划分比例;②RCH 文件,河道特性数据:包括目标流域内需要进行模拟的河道的编号、高度、深度、宽度、长度、上下游关系以及河水中水质参

图 7-79 HSPF 模型的软件模块

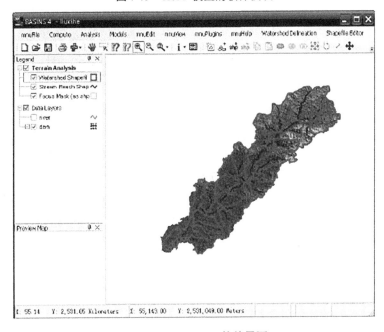

图 7-80 Win HSPF 软件界面

数等的背景数据;③PTF 文件,河道特性数据:主要是对目标区域内河道河床性质的总结,包括模拟河道断面的平均长度、宽度、深度、坡度和高程等。

### 7.4.3.2 WDMUtil

WDMUtil 程序由美国环保署科学技术所(USEPA's Office of Science and Technology)组织研发,主要用于时间序列文件的检验、运行以及 WDM 文件的生成。在分布式水文模型中,气象数据作为影响水文循环的重要驱动因素,是模型不可缺少的输入数据。为了使 Win HSPF 正常运转,研究区域范围内的气象数据资料是必须要获得到的。BASINS 与

HSPF 使用的时间序列数据结构为 WDM 格式,WDMUtil 就是管理 WDM 数据的有效分析
处理工具,可以分解与合成新的时间序列数据,也可以填补、完善原有序列数据中缺失的
数据。WDMUtil 运行界面见图 7-81。

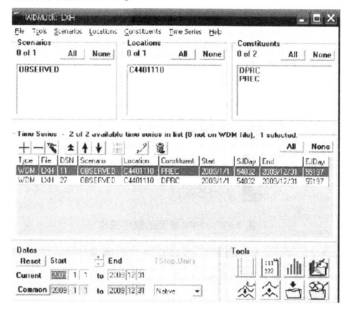

图 7-81　WDMUtil 运行界面

WDMUtil 工具生成输入数据的步骤:①参照已有规格建立时间序列;②用 16 种 WS
文件格式导入、导出数据;③对时间序列文件进行地域、命名、特性、数据单位的管理和修
正;④完成时间序列的合并或分割;⑤对现有数据进行衍生和扩散;⑥通过制表、作图对某
一或某几个序列进行对比分析;⑦输出 WDM 时间序列文件。

HSPF 模型要求输入的气象数据序列以及目标区域的点源污染负荷的数据序列都是
通过 WDMUtil 程序编辑生成的,并存储在 ∗.WDM 文件中。该文件包含的气象数据和点
源污染负荷数据内容有:目标区域的降水量、蒸发量、气温、露点温度、风速、云量以及污染
负荷大气沉降的小时平均气象数据;目标区域内点源水量以及总氮、总磷、悬浮泥沙等水
质污染负荷的时间序列数据。HSPF 模型对每一种导入的气象数据资料指定相对应的特
定数据集(Data Set)与之对应。

在 WDMUtil 工具中,数据集也被分派指定的数字序列号与之对应。表 7-10 显示数据
集字段(Data Set Fields)、数据集名称(Data Set Name)、对应的数字序列号(Data Set Num-
ber)和参数说明。数字序列号从 11 编排至 210,其中字段 1~8 表示小时气象数据资料,
9~16 表示每日气象数据资料,17~20 不代表任何数据,仅为预留数据,可根据需要指定相
应的数据。其中 1~8 项数据都要具备,缺一不可,否则模型无法识别气象数据。当数据
无法满足 HSPF 模型运算需求时,可以使用 WDMUtil 工具衍生/扩散功能,将已有数据衍
生估算出新的数据,或将日数据扩充分解为小时数据。

表 7-10 WDM 数据集与数字序列号编码规则说明

| 数据集字段<br>（Data Set Fields） | 数据集名称<br>（Data Set Name） | 对应的数字序列号<br>（Data Set Number） | 参数说明 |
|---|---|---|---|
| 1 | PREC | （11，31，51，…，191） | 小时降雨量 |
| 2 | EVAP | （12，32，52，…，192） | 小时蒸发量 |
| 3 | ATEM | （13，33，53，…，193） | 小时气温 |
| 4 | WIND | （14，34，54，…，194） | 小时风速 |
| 5 | SOLR | （15，35，55，…，195） | 小时太阳辐射 |
| 6 | PEVT | （16，36，56，…，196） | 小时潜在蒸散发量 |
| 7 | DEWP | （17，37，57，…，197） | 小时露点温度 |
| 8 | CLOU | （18，38，58，…，198） | 小时云量 |
| 9 | TMAX | （19，39，59，…，199） | 日最高气温 |
| 10 | TMIN | （20，40，60，…，200） | 日最低气温 |
| 11 | DWDN | （21，41，61，…，201） | 日均风速 |
| 12 | DCLO | （22，42，62，…，202） | 日均云量 |
| 13 | DPTP | （23，43，63，…，203） | 日露点温度 |
| 14 | DSOL | （24，44，64，…，204） | 日太阳辐射强度 |
| 15 | DEVT | （25，45，65，…，205） | 日潜在蒸散发量 |
| 16 | DEVP | （26，46，66，…，206） | 日地表蒸发量 |
| 17 | | （27，47，67，…，207） | |
| 18 | | （28，48，68，…，208） | |
| 19 | | （29，49，69，…，209） | |
| 20 | | （30，50，70，…，210） | |

### 7.4.3.3 Win HSPF

通过 BASINS 系统的空间属性数据处理，同时链接 WDM 时间序列文件，写入相应的水文气象数据，跳转到 Win HSPF 界面。Win HSPF 是模型的内部组件，是 HSPF 模型与 Windows 结合产生的软件运行界面。Win HSPF 通过生成、操作、修改 UCI 文件完成模拟，该文件是 HSPF 模型各类视窗操作版本的工程文件，不仅链接前期数据准备的结果，而且保存着本次模拟工程的相关参数设定。Win HSPF 界面如图 7-82 所示。

在模型调试或运行过程中，经常会遇到运行出错的情况，HSPF 模型会产生一个专门的 .ech 文件对出错信息进行汇总。查看该文件可以查到错误的位置，同时通过分析错误信息，寻找错误的原因，以便对 UCI 文件做出适当修改。HSPF 模型运行时一旦发生错误，将会影响程序继续进行。如果模拟过程没完全运行结束，则此时用户需要仔细检查

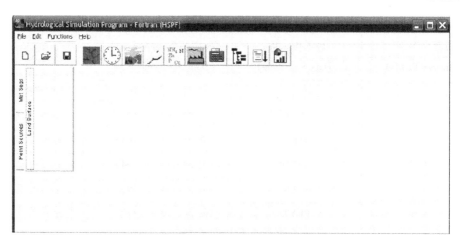

图 7-82　Win HSPF 界面

. ech 文件中的错误信息.。ech 文件与 UCI 文件都置于同样的路径之下,可用文本编辑器(Notebook、Ultra Edit)打开。

　　Win HSPF 内核 HSPF 模型主要模块包括透水地段水文水质模拟模块(PERLND)、不透水地段水文水质模拟模块(IMPLND)以及地表水体模拟模块(RCHRES)。

　　辅助模块由序列数据转换模块(COPY)、序列数据写入模块(PLTGEN)、序列数据运行模块(GENER)以及优化管理模块(BMP)构成。

　　1. PERLND(Pervious Land Segment)模块

　　该模块适用于 HSPF 模型的子流域透水部分。径流通过坡面流或者其他方式汇入河流或水库中,从而实现该地段水、颗粒沉积物、化学污染物、有机物质的运移。该模块主要子模块包括 SNOW 积雪消融子模块、PWATER 水文子模块、SEDMNT 地表土壤侵蚀沉积物子模块、ATEMP 空气温度设定和修正子模块、PSTEMP 土壤温度子模块、PQUAL 多种水质变化模拟子模块及一些农业化学子模块,而其他子模块则体现了一些辅助功能,如ATEMP 空气温度设定和修正子模块不仅用于融雪和土壤温度计算,还生成了 PSTEMP 土壤温度子模块所需数据,而这些空气、土壤的温度数据是估算河川径流出口流量温度的关键参数,并且对于模拟水中不同化学物质反应速率及估算出口水中含氧量、二氧化碳含量起着重要作用。

　　2. IMPLND(Impervious Land Segment)模块

　　该模块适用于 HSPF 模型的子流域不透水部分。不透水地段即意味着很少有水分渗透,即积雪虽会融水,降雨也能积水,但均只储存于地表面,并最终蒸发,或形成坡面流流出该地段;沉淀物、化学物沿坡面流向更低处,并在低处汇集。IMPLND 不透水地段水文水质模拟模块便用于解决此类问题。

　　该模块主要子模块包括:

　　(1)IWATER 子模块,用于模拟该地段水量的收支变化情况。由于不透水地面不能渗透水分,因此不透水地面的水文过程相对于透水地面的水文过程要简单。不透水地面的主要水文过程是:降雨经扣除屋顶集水、沥青变湿,以及城市植物截留后便形成地表径流,其中这些被截留的水分又将通过蒸发迁移。

(2)SOLIDS 子模块,用于模拟固体颗粒的堆积与搬迁。

(3)SNOW 子模块,用于模拟雪与冰的蓄积与消融过程。

(4)ATEMP 子模块,用于调整温度。

(5)IWATGAS 子模块,用于模拟水温和大气密度。

(6)IQUAL 子模块,用于模拟水质。

3. RCHRES(Free-flowing Reach or Mixed Reservoir)模块

该模块为地表水体水文水质模拟模块,用于模拟单一开放式河流、封闭式渠道或湖泊、水库等水体,通常也把模拟的河段或水库叫作一个 RCHRES,这样的 RCHRES 是一个拥有入口、出口两点对象作为界限的区对象,这也是 BASINS 系统划分子流域所生成子区中的河流均为单一河段的原因之一。在 RCHRES 中,水流以及其他化学元素、杂质均为单向流动,入口物质一部分到达出口,余下的滞留;出口接纳的物质既包括入口水流挟带的,也包括该子流域经溶解、冲刷重新加入的。该复杂过程充斥着全部 RCHRES,各RCHRES 不仅相互作用,而且首尾连接成为一体,展现了整个流域特征。

RCHRES 模块包括以下几种子模块:①HYDR 子模块,用于水动力模拟;②ADCALC子模块,用于估测各成分的水平对流;③CONS 子模块,用于模拟保守示踪剂;④HTRCH子模块,用于模拟热交换与水温;⑤SEDTRN 子模块,用于模拟泥沙;⑥GQUAL 子模块,用于模拟水质;⑦RQUAL 子模块,用于模拟生化反应。

4. HSPF 模型主要模块按功能划分

3 个模块又可按照功能分为水文模块、泥沙侵蚀模块和污染物迁移转化模块等子模块,各功能模块之间按一定的层次排列,实现对径流和泥沙、BOD、DO、氮、磷、农药等污染物的迁移转化和负荷的连续模拟。

1)水文过程模拟

它将研究区域分为透水地面和不透水地面两种类型,针对不同地面水文过程进行模拟。模型将研究区域自上而下分为树冠层、植被层和各土壤层(包括表层土壤、上土壤层、下土壤层和地下水涵养层)。降水在这些垂直的存储层间进行分配。透水地面的模拟考虑降雨或降雪、截留、地表填注、渗透、蒸散发、地表径流、壤中流和地下水流等水文过程。降雨或降雪被地面截留一部分,再扣除地表填注、下渗、蒸发,最后形成地表径流。不透水地面的模拟考虑降雨或降雪、截留、蒸散发、地表径流。降雨或降雪经扣除屋顶集水、沥青变湿及植被截留后形成地表径流。降雨最终由地表径流、壤中流和地下水流进入河流(见图 7-83)。

2)泥沙侵蚀模拟

相比目前很多模型采用的通用土壤流失方程(USLE),HSPF 模型对泥沙侵蚀的模拟更具有机制性。它将侵蚀过程分为雨滴溅蚀、径流冲刷和径流运移等若干子过程,分别对其进行模拟。泥沙侵蚀模拟过程包括降雨对透水地面土壤的剥蚀、对不透水地面的冲刷以及地表径流对泥沙的输移过程。用于模拟泥沙剥蚀和迁移过程的数学方程是基于Meyer 和 Wischmeier 所提出的降雨对土壤表面侵蚀的算法。泥沙随水流的演进输移,HSPF 模型采用 Toffaleti、colby 或幂函数法以及临界切应力原理进行模拟。泥沙的传输按照泥沙粒径大小,粉砂和黏粒的传输、沉降和冲刷根据临界剪切应力原理判断产生沉积

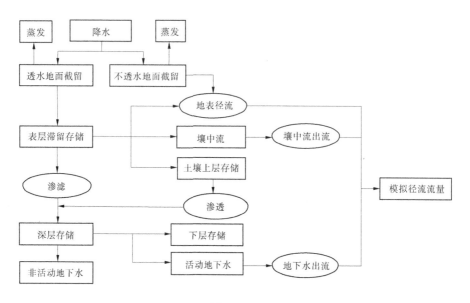

**图 7-83　HSPF 模型水文模拟过程示意图**

或是冲刷,沙粒的传输可以用 Toffaleti、collby 或幂级数函数法来计算。

　　3)污染物迁移转化模拟

　　HSPF 模型污染物迁移模块考虑了污染物在多种环境介质之间的迁移转化过程,考虑了污染物在土壤中的状态、含量,以及其受到各种物理化学过程和生物过程的影响,可以模拟输出 BOD、DO、营养物、农药和微生物等多种污染物负荷。尤其对氮的模拟,模型综合考虑了溶解态、吸附态氮、有机氮和无机氮、氮素间的相互转化,以及氮素与环境介质间的迁移等多个过程。

### 7.4.3.4　Gen Scn

　　Gen Scn(Generation and Analysis of Model Simulation Scenarios)与前述的 BASINS GIS 和 WDMUtil 工具一样,也是 HSPF 模型的外部组件之一。Gen Scn 主要用于 HSPF 模型的后处理工作,为用户提供一个管理海量的输入、输出和率定数据的操作平台,平台与 HSPF 进行无缝衔接,极大方便用户的操作。Gen Scn 程序能够根据用户需要,以交互方式对输入的时间序列进行变化,按照图形方式查看 HSPF 模型运行结果,便于对输出结果的分析比较和数据的宏观把握,在模型参数调整和敏感性分析时作为主要参考。Gen Scn 运行界面见图 7-84。

## 7.4.4　HSPF 模型操作方法

　　构建 HSPF 模型,生成 uci 主文件和输入、输出 wdm 文件。利用 WDMUtil 将上述时序数据生成每个子流域所需的 WDM 输入文件,再与土地利用、水系、子流域等地理信息数据在 BASINS 自动生成 uci 主文件和 wdm 输出文件,最终得到 model. uci、input. wdm 和 out. wdm。HSPF 模型运转基本流程见图 7-85。

### 7.4.4.1　**基础数据准备**

　　收集研究流域的自然地理(地形地貌、土壤类型及植被覆盖)及气象数据(降雨、蒸散

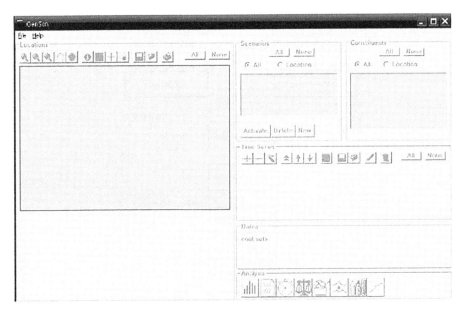

**图7-84 Gen Scn 运行界面**

发能力,大气温度,风速,太阳辐射、露点温度,云量),并利用地理信息系统软件 BASINS 及 ArcGIS 建立数据库,为模拟计算进行输入数据准备。

### 7.4.4.2 空间属性前处理

空间数据包括流域数字高程模型(DEM)图、流域水系图、土地利用类型图、土壤类型图等,这些图件通常由 Arc GIS 处理,然后将栅格数据和矢量图层导入 BASINS GIS 中进行数据前处理,为 HSPF 模型运行提供空间属性信息。

### 7.4.4.3 建立 WDM 时间序列

时间序列数据是 HSPF 模型必须具备的输入数据,模型要求输入的气象数据序列和水文实测数据系列都是通过 WDMUtil 程序编辑生成的,并存储在 WDM 文件中,如图7-86所示。一个完整的 WDM 时间序列文件应包括 16 种数据,见表7-10 中数据集字段1~16。从模型构建的角度和完整性来说,需对无须导入的数据进行虚拟构建,即值设为"0"的时间序列。

### 7.4.4.4 子流域划分

通过加载 DEM 图层以及已整理好的水系图层,运用 HSPF 模型的"Watershed Delineation"功能进行子流域划分,如图7-87 所示。设定合适的面积阈值,得到满足要求的水系划分结果。

通过 BASINS 的编辑可以得到流域特征数据(WSD 文件)和河道特性数据(RCH 文件和 PTF 文件)。

### 7.4.4.5 BASINS 跳转 WinHSPF

经过基础数据的准备、空间属性的前处理、WDM 时间序列的建立和 BASINS 系统的子流域划分,设置好相应参数后,可以从 BASINS 跳转到 Win HSPF 上来,如图7-88 所示。

通过 BASINS 系统的空间属性数据处理,跳转到 HSPF 界面(见图7-89),同时链接

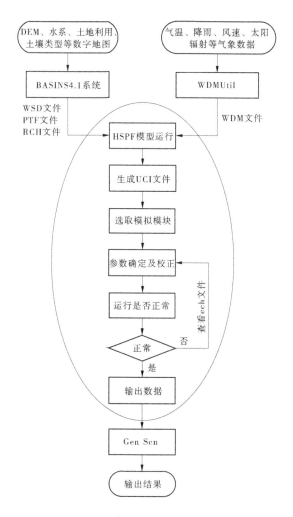

**图 7-85　HSPF 模型运转基本流程**

WDM 时间序列文件,写入相应的水文气象数据,对相应模块进行设置,选择合适的计算方法运行模型,生成 UCI 工程文件,该文件不仅链接数据前处理结果,而且保存着模型模拟的相关参数设定。通过 Gen Scn 程序输出可视化结果图,查看模型运行结果,根据图形结果结合实测数据进行分析,以便进行参数率定、敏感性分析以及模拟预测。

#### 7.4.4.6　模型校验

在确定模型的结构和输入数据后,需要对模型进行校准和验证工作。通常需将所使用的实测资料分为两部分:一部分用于模型校准,另一部分用于模型验证。

HSPF 模型调参的一般顺序是:首先调参使模拟水量符合实测资料,接着进行输沙量率定,最后对水中污染物质的模拟结果进行调参率定。

### 7.4.5　HSPF 模型应用情况

#### 7.4.5.1　HSPF 模型的适用性

HSPF 模型结合了分布式流域水文模型和其他非分布式流域模型的一些优点,是一

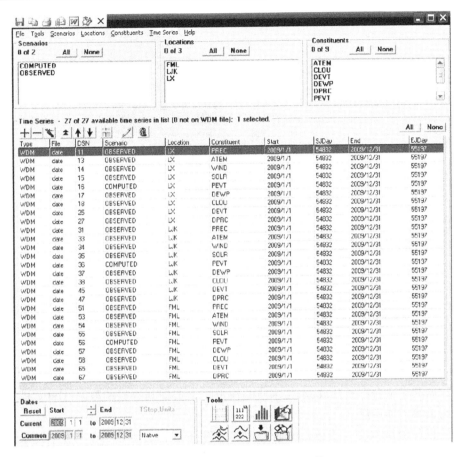

**图 7-86　某流域气象资料 WDM 文件**

个可以模拟流域内连续的水文过程以及水质变化过程的模型。

(1)模型集成于 BASINS 系统平台,实现了模拟区域地形地貌、土地利用、土壤植被、河流等数据的自动提取。与 SWAT 模型相比,它包含融雪模块,因此对冬季径流的模拟具有优势。

(2)对于降雨径流,HSPF 模型能够将降雨径流过程按某一尺度进行空间划分,对每一区域降雨、下渗等过程分别进行动态和连续的模拟。

(3)对于子流域,HSPF 模型每个子流域间具有承接关系,并可根据不同需要调整子流域水文响应单元大小。既实现了分布式模拟,又能减少计算冗余,同时避免了类似分布式的结构假定函数与实际不符而造成的错误。

(4)对于模拟尺度,HSPF 模型主要用于农业和城市混合型的不同时空尺度流域,能够模拟时间尺度为小时的产汇流过程。模型中 WDMUtil 软件可将现有气候气象数据进行衍生和扩充,延长了模拟时间序列。

## 7.4.5.2　HSPF 模型的应用现状

HSPF 模型已经广泛应用于区域的水资源、水环境模拟,并取得了精确的结果。未来,气候变化、土地利用覆被变化等情景模拟和非点源污染对流域水文水质的影响,以及地区水资源、水环境综合管理问题解决仍将是研究的热点。在我国,随着实测数据的不断

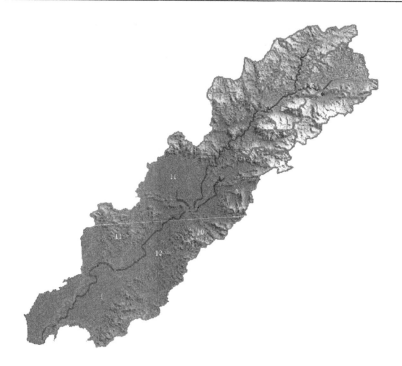

图 7-87　某流域子流域划分

积累及数据共享平台不断开放,水文水质的模拟将不再受到数据的限制,HSPF 模型在我国的应用也将更加广泛。

　　但从目前流域水文水质模拟的研究现状来看,HSPF 模型若要在流域水文水质模拟上有更大的突破,需要加强以下几方面的研究:①污染物迁移转化机制的研究。现有的模型依赖于很多经验关系或近似假设来表达污染物在介质间的迁移过程,很多参数的随机性给模型预测结果带来了不确定性,其中的某些方案或算法也仍然有改进和完善的空间。②参数的敏感性及不确定性研究。由于模型所需的参数数量很大,对模拟过程参数进行敏感性分析及对参数不确定性进行定量化研究,将对模型使用效率具有重要意义。③与多学科模拟模型整合联用的研究。HSPF 模型仅限于对均匀混合的河流、水库和一维水体模拟。因此,对于复杂流域或水体的模拟研究,需要将 HSPF 模型与其他模型整合以解决更加综合的问题。

### 7.4.5.3　HSPF 模型存在问题

#### 1. HSPF 模型内部算法问题

　　任何模型都不是完美的,仅是现实世界的逼近。HSPF 模型依赖于很多经验关系来表达物理过程,其中的某些方案或算法仍然有改进和完善的空间。Bai 以模拟水温、溶解氧、示踪剂为例,研究了 HSPF 模型中的对流方案的质量守恒和恒久不变条件对模型应用的影响。Liu 等比较了 HSPF 中的 PQUAL/IQUAL 和 AGCHEM 的 2 种营养盐算法,结果认为,与 AGCHEM 模块相比,PQUAL/IQUAL 算法只是一个简单的负荷算法,不能表达土壤营养盐过程,也不能模拟土壤中营养盐物质交互作用;而 AGCHEM 则能明确地表达土壤中全部的营养盐过程,如施肥、大气沉降、粪肥使用、植物吸收过程及转化过程。因此,

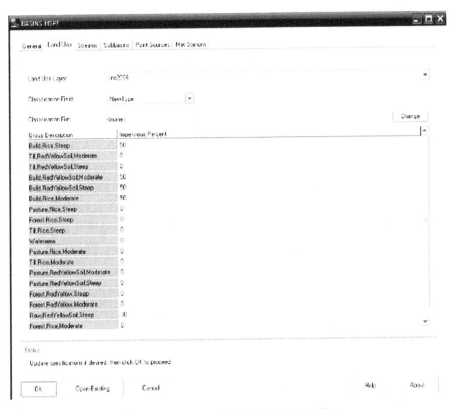

图 7-88　BASINS HSPF(Land Use)设置界面

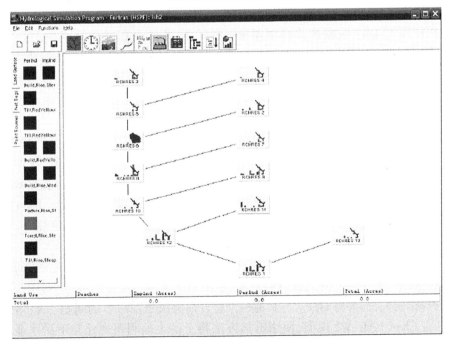

图 7-89　BASINS 跳转 Win HSPF 后模型主界面

AGCHEM 模块能评价多样的管理活动,模拟营养物质的交互作用。

2. HSPF 模型输入数据及参数敏感性分析

HSPF 模型模拟需要大量的空间数据和属性数据,尤其是土地利用数据、高程数据及气象数据。不同来源的时空数据输入 HSPF 模型,必然会得到不同的结果。对不同来源数据模拟结果的分析,有助于检验模型的可用性和模拟结果对数据的敏感性。Alarcon 等以 Mississippi Gulf 的 2 个滨海流域为例,以 USGS DEM、NED、NASA's SRTM、IFSAR 等 4 种高程数据(分辨率各为 300 m、30 m、30 m、5 m)和 USGS GIRAS、NLCD、NASA MODIS MOD12Q1 等 3 种土地利用数据(分辨率各为 400 m、30 m、1 000 m)为数据源,研究土地利用和 DEM 的分辨率及尺度对河道径流的影响,结果显示 HSPF 估算的河道径流对尺度和数据库的空间分辨率不敏感。Ramirez 等使用 HSPF 模型,选择农业用地为主流域,以 GIRAS、MODIS MOD12Q1、NLCD 等 3 种土地利用数据源,研究土地利用特征对水文和泥沙模拟的影响。结果表明,不同数据库,农业用地特征的差异显示,泥沙预测比径流预测对土地利用数据集的尺度和分辨率更敏感。不同土地利用数据集也将潜在影响其他与农业活动相关的水质要素。Duan 选择密西西比滨岸流域的 Wolf 河流域和 Jordan 河流域,研究探索了 HSPF 模型对流域地貌特征的敏感性,结果表明,地形较平的 Wolf 河流域在模拟径流、水温、溶解氧等参数时具有较好的模拟效果。

HSPF 模型对河流流量预测的精度,受到模型所包含的分散的气象数据的影响。NLDAS 以其高空间和时间分辨率,提供了 NOAA 国家气候数据中心站数据的替代品。使用 NLDAS1/8 度小时降雨和蒸散发数据,在 Chesapeake Bay 地区的 7 个流域,对 HSPF 河道流量预测改进。研究结果表明,当 NLDAS 的降雨和蒸散发数据整合到 BASINS 中以后,其中的 5 个流域日河道径流预测有所改进。当流域的气象站很远或不属于类似的气候区域时,使用 NLDAS 数据的改进更明显。使用 NLDAS 分析的相关系数>0.8,Nash - Sutcliffe(NS)模型拟合效率>0.6,水平衡的误差<5%。另外还发现,河道流量模拟的改进主要来自 NLDAS 的降雨数据,而蒸散发数据的改进效果不明显。NLDAS 蒸散发数据改进了基流的预测,表明 NLDAS 数据具有改进河流流量预测的潜力,进而有助于 EPA 非点源水质评价决策工具的水质评价。

HSPF 模拟需要大量的参数,要想得到准确的模拟结果,模型需要广泛的校准,而且模型不同,参数组合可能会得到相同的模拟结果。参数不确定性几乎是所有模型存在的问题,因此模型应用需要较高的专业知识水平。Patil 等整合了 Rosenblueth 方法和敏感性分析,通过 HSPF 模型的参数和结构,研究 HSPF 模型参数不确定性传播。Iskra 等针对 HSPF 模型,采用 3 种不确定性方法,18 个参数,比较分析 HSPF 模型不确定性。

3. HSPF 模型功能及扩展问题

由于模型本身的限制,有些问题不能单靠某个特定的模型完成,需要模型的综合或者二次开发。HSPF 模型限于均匀混合的河流、水库和一维水体模拟。因此,对于复杂流域或水体的模拟研究,需要将 HSPF 与其他模型整合以解决更加综合的问题。Xu 等综合利用 HSPF 与 CE-QUAL-W2 模型,使用链接方法将上游土地利用变化与下游水质直接关联起来,通过模型校正与检验,很好地模拟了美国弗吉尼亚河流与水库复杂流域的水文和水质过程,并利于评价流域管理规划和对决策制定过程的理解。Liu 等整合 HSPF、EFDC

（Environmental Fluid Dynamics Code）、WASP（Water Quality Analysis Simulation Program）模型,在 St. Louis Bay 的 3 个支流,研究了 2 种关键径流条件下的氮动态。结果表明,上游支流干旱气候条件下洪峰 TN 平均浓度较高,因此制定 TMDL 时,应以干旱气象条件为准。Jeon 等改进 HSPF 模型单一河段分割,对每个子流域分割多河段,模拟稻田 $BOD_5$ 浓度,研究结果表明,当上游有点源污染输入时,对子流域进行多河段分割很有意义。

总体来看,HSPF 模型在国外水文水质过程模拟,以及涉及气候变化和土地利用影响的情景分析中发挥重要作用,但是国内该模型的应用非常有限。目前,针对发展与完善 HSPF 模型的研究仍在继续,包括模型平台开发、模型功能扩展、模型校正方法研究、参数敏感性研究等方面。随着我国基础数据的积累及共享程度的提高,HSPF 模型在我国的应用也将更加广泛。

## 7.4.6　HSPF 模型应用案例

应用分布式水文模型 HSPF 结合回归模型,对广东省东江流域中淡水河流域的非点源负荷进行计算。研究结果显示,模型较好地再现了悬浮泥沙（SS）、$COD_{Cr}$、$NO_3^-—N$ 及 TP 在 2010 年内的通量随时间的变化过程。统计结果表明,淡水河流域的 SS、$COD_{Cr}$、$NO_3^-—N$ 及 TP 在汛期的通量对年通量的贡献十分显著,分别占年通量的 86. 81%、77. 56%、69. 83% 及 73. 08%;$NH_4^+—N$ 和 TN 的计算结果与实测值之间拟合程度较弱,可能是由于这两类污染物与人类活动的点源排放关系密切,而本研究中所用回归方程只考虑了径流量与污染物通量之间的关系,并没有更多地考虑两类污染物与人类活动相关的因素。

### 7.4.6.1　HSPF 模型模拟过程

#### 1. 研究区域概况

本次研究区域为淡水河流域,淡水河为广东省东江的二级支流,流域南北跨越深圳、惠州两市,是广东省内一条典型的跨市河流（见图 7-90）。淡水河流域的相关自然、地理及土地利用状况可见已有的研究成果。淡水河流域面积为 1 015. 34 $km^2$,流域内人口总计 356. 45 万。改革开放以来,在深圳市境内的淡水河上游流域社会经济迅速发展、人口急剧增加、土地利用类型变化显著。产生的大量污染物在进入河流后,不但使当地水质恶化,影响到下游群众的用水安全,也影响到当地的可持续发展。

#### 2. 同步水文、水质观测数据

为获取淡水河流域出口的同步水文、水质数据,以构建淡水河流域的分布式产汇流模型及污染物通量与径流量之间的回归统计模型,本书在参考国内外同类研究的基础上,于 2010 年 1 月在淡水河流域出口建立一个有人值守的污染物通量站,通量站选在惠州市三栋镇鹿颈村内淡水河的桥梁上进行安装,有关通量站的仪器构成、测流方法、连续流量的推求及仪器率定等细节可见课题组的相关研究成果。2010 年下半年,考虑到简化仪器日常维护程序,将原来仪器直接与沉底锚石相连,改进为仪器通过活动圆环与主钢索相连（见图 7-91）。由于目前 YSI 6920 自动水质仪只能测量溶解氧及氨氮两类水质参数,因此课题组安排两名研究人员长驻淡水河通量站,从 2010 年 3 月起每天实施人工水样采集（流域内没有降雨期间、枯季期间每天早、午、晚共采样 3 次,流域内降雨期间及降雨后实

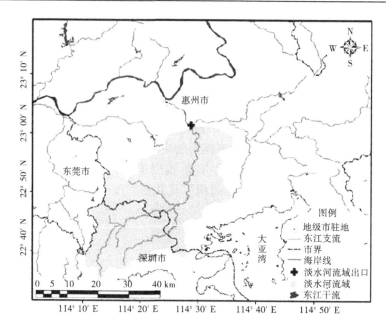

图 7-90　淡水河流域示意图

行每 2 h 进行 1 次加密采样,枯季期间则每天采样 1 次)。在淡水河通量站 2010 年设备运行期间,较为完整地进行了 7 次降雨过程的水样采集,其余降雨期间的水质采样均只覆盖了降雨期间的部分时段。水样采集后,先放入驻地冰箱进行保存,再送实验室进行分析。主要分析项目有 $BOD_5$、$COD_{Cr}$、TN、TP、$NO_3^-$—N、$NH_4^+$—N 和 SS(悬浮泥沙)。

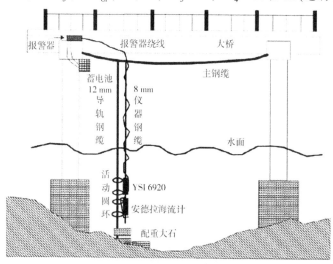

图 7-91　污染物通量站安装改进示意图

3. 淡水河流域 HSPF 产汇流模型的构建

本次研究中数字高程模型主要采用美国 NASA 的 SRTM 90 m 分辨率 DEM,土地利用类型图采用中国科学院地理科学与资源研究所地球科学共享数据提供的 100 m 分辨率栅格图,土壤类型图采用中国科学院南京土壤研究所提供的 1∶1 000 000 土壤类型图;气象数据库的构建采用中国气象局提供的 1956~2010 年东江流域内 5 个站点的气象数据(包括逐日降雨、日最高最低气温、露点温度、云量、风速、相对湿度等),以给定并推算模型用气象数据。HSPF 所用的逐时降雨数据采用广东省水文局提供的淡水河流域内 5 个降雨站 2008~2011 年的逐时降雨数据(见图 7-92)。根据淡水河流域面积和模型的计算考虑,同时考虑到模型的计算效率及调参的复杂程度,最终采用 1 000 hm² 的划分阈值,将淡水河流域划分为 80 个子流域(见图 7-93)。淡水河流域 HSPF 模型从 2008 年开始预热计算至 2011 年 6 月,流量率定、验证数据直接采用所提及污染物通量站的流量数据。

图 7-92　淡水河流域子流域划分及雨量站分布

### 7.4.6.2　HSPF 模型模拟结果分析

1. 径流模拟结果

2010 年淡水河流域出口的逐时实测和模拟流量时间序列见图 7-93,HSPF 中主要产汇流模拟参数的率定值见表 7-11。从图 7-93 可见,淡水河流域 2010 年的年内降雨主要集中于 4~10 月,其中,以 6 月及 8~10 月的降雨强度最大,降雨事件也较为密集。相应地,暴雨径流的极值也出现在 6 月及 8~10 月,各个暴雨事件中实测径流量的峰值介于 400~850 m³/s。从模拟结果可以看出,HSPF 基本能较好地把握淡水河流域年内地表径流的变化过程,并能对大部分暴雨径流过程得出较合理的模拟结果。对于小部分暴雨径流过程中 HSPF 的模拟结果会高估径流量,可能是该部分暴雨径流主要是由台风登陆所至(如 9 月 21 日的暴雨径流过程是由台风"凡亚比"登陆所致),台风在过境时会造成降雨强度发生剧烈的时空变化,而目前淡水河流域内仅有 5 个降雨站,可能难以准确体现整个流域在台风过境时的降雨时空变化过程,导致模型的模拟结果高估径流量。统计分析结果显示,淡水河流域出口逐时、逐日、逐月的径流量计算值与实测值回归分析的可决系数($R^2$)分别为 0.59、0.62、0.77,平均相对误差分别为 38%、25%、19%。虽然逐时径流模拟结果不如逐日及逐月理想,但考虑到淡水河流域受人类活动干扰程度高,加上流域内本身存在一定数量的调控过程未知的中小水库,HSPF 在 2010 年率定期对淡水河流域产汇流过程的模拟结果还是较为合理的。

表 7-11　淡水河流域 HSPF 模型产汇流模拟参数的率定值

| 参数 | 定义(单位) | 取值范围 | 率定值 |
|---|---|---|---|
| LZSN | 下层土壤含水层厚度(in) | 2.0~15.0 | 4.0~6.5 |
| UZSN | 上层土壤含水层厚度(in) | 0.05~2.00 | 1.128 |
| INTFW | 壤中流入流系数* | 1.0~10.0 | 4.0~7.5 |
| INFILT | 土壤渗水能力(in/h) | 0.001~0.500 | 0.2 |
| DEEPFR | 地下水损失系数* | 0~0.50 | ·0.1 |
| KVARY | 地下水出流系数(in/h) | 0~5.0 | 0 |
| IRC | 壤中流退水率(1/d) | 0.30~0.85 | 0.5 |
| PLS NSUR | 透水下垫面地表径流曼宁系数* | 0.05~0.50 | 0.2~0.4 |
| ILS NSUR | 不透水下垫面地表径流曼宁系数* | 0.01~0.15 | 0.05 |

注:*表示无量纲。

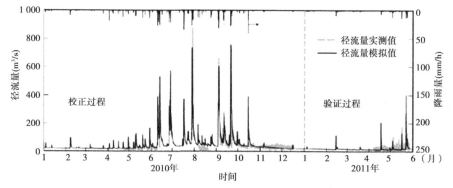

图 7-93　淡水河流域 2010、2011 年逐时径流量模拟值与实测值对比

在 2011 年 1~5 月的验证期,HSPF 中主要产汇流参数按表 7-11 设置。验证过程可见图 7-93。从验证结果可以看出,HSPF 基本可以反映出 2011 年 1~5 月间淡水河流域由于

强对流降雨所导致的产汇流过程,对峰值流量的出现时间也可以较准确地捕捉下来。但模型在5月上半月的模拟过程中明显对一些降雨过程的流量估算不足,这除前面提到的流域内部分中小水库的运行方式无法掌握外,还可能与目前流域内用于输入条件的降雨站数据较少,并不能较好地代表流域内降雨的时空分布有关。

2. 水质检测结果

淡水河流域2010年的水质监测结果汇总见表7-12。从表7-12中可以看出,除SS外,$COD_{Cr}$、$NO_3^--N$、TN、$NH_4^+-N$和TP在洪季时的监测平均值明显低于或接近枯季监测值。洪季SS、$COD_{Cr}$、$NO_3^--N$和TN的最大值分别是最小值的497倍、9.14倍、139.98倍和25.9倍,从这4种物质浓度在洪、枯季的标准偏差也可以看出它们在洪季期间浓度变化幅度高于枯季。$NH_4^+-N$和TP浓度的季节性变化特征与SS、$COD_{Cr}$、$NO_3^--N$及TN相比存在明显差异。$NH_4^+-N$和TP的浓度平均值在洪季期间明显低于枯季,但两者的洪季浓度与SS一样变化剧烈,$NH_4^+-N$和TP的最大值分别是最小值的36.95倍和33.25倍。上述各污染物浓度在洪、枯季的变化特点主要与流域内洪、枯季水量差异及各污染物的来源差异有关。对于SS,由于淡水河流域的SS来源主要还是以陆面泥沙为主,也就是基本以非点源为主要来源,所以SS在洪季浓度平均值大于枯季,且浓度变化剧烈;$COD_{Cr}$与$NO_3^--N$均存在点源排放,其中,$COD_{Cr}$有工业和生活来源,$NO_3^--N$则主要来自污水处理厂排放,但$COD_{Cr}$与$NO_3^--N$依然表现出洪季平均浓度大于枯季的特点,非点源对两者的贡献相当重要。淡水河流域$COD_{Cr}$的非点源污染的可能来源包括流域中土壤有机质、植物残渣及陆面垃圾,而$NO_3^--N$的来源则主要为土壤中本身含有的$NO_3^--N$及化肥;$NH_4^+-N$与TP在枯季的平均浓度高于洪季,这表明淡水河流域内$NH_4^+-N$与TP的点源贡献十分重要;在枯季时,$NH_4^+-N$平均浓度占TN的74.8%,而洪季时$NH_4^+-N$平均浓度占TN的比例为58%,这表明洪季$NO_3^--N$和有机氮对TN的贡献有所增加。

表7-12  淡水河流域2010年水质监测结果统计信息  （单位:mg/L）

| 采样季节 | 数据类型 | SS | $COD_{Cr}$ | $NH_4^+-N$ | $NO_3^--N$ | TN | TP |
|---|---|---|---|---|---|---|---|
| 枯季 | 最小值 | 9.000 | 13.000 | 10.752 | 0.175 | 12.717 | 0.426 |
| | 最大值 | 52.000 | 38.700 | 23.097 | 4.423 | 35.809 | 1.916 |
| | 平均值 | 21.412 | 22.217 | 15.731 | 1.106 | 21.022 | 0.976 |
| | 标准偏差 | 10.799 | 4.253 | 2.486 | 0.925 | 5.471 | 0.287 |
| 洪季 | 最小值 | 1.000 | 5.000 | 0.500 | 0.053 | 2.489 | 0.056 |
| | 最大值 | 497.000 | 45.700 | 18.476 | 7.419 | 64.478 | 1.862 |
| | 平均值 | 30.568 | 15.967 | 6.372 | 1.695 | 10.982 | 0.467 |
| | 标准偏差 | 63.177 | 5.293 | 3.615 | 1.189 | 5.810 | 0.233 |

注:洪季是指每年的4~9月,枯季是指每年的1~3月及10~12月。

3. 淡水河流域污染物通量计算

参考前人同类研究,本研究通过对淡水河流域出口污染物通量站大量的同步水文、水质数据进行回归分析,建立径流量与各污染物通量之间定量关系的统计模型,采用的回归模型如下

式:

$$\frac{W_i}{A} = a\left(\frac{Q_i}{A}\right)^b \tag{7-31}$$

式中:$W_i$ 为流域中的各类污染物的负荷,kg/h;$A$ 为流域面积,km$^2$;$Q_i$ 为流量,m$^3$/h;$a$ 和 $b$ 为对应各类污染物待求的常量参数。

淡水河流域中对应各类污染物的统计模型参数回归结果见表 7-13。

表 7-13　淡水河流域污染物通量模型回归分析结果

| 污染物 | $a$ | $b$ | $R^2$ | $n$ |
|---|---|---|---|---|
| SS | 0.002 1 | 1.646 9 | 0.79 | 498 |
| COD$_{Cr}$ | 0.005 1 | 1.198 1 | 0.94 | 389 |
| NH$_4^+$—N | 0.016 4 | 0.808 3 | 0.57 | 508 |
| NO$_3^-$—N | 0.003 3 | 0.884 7 | 0.78 | 503 |
| TN | 0.000 6 | 1.444 5 | 0.72 | 498 |
| TP | 0.000 5 | 1.014 3 | 0.77 | 498 |

注:以上统计结果,均为 $P<0.001$。

基于 HSPF 的径流量模拟结果及式(7-31)所示的污染物通量模型,对淡水河流域各类污染物的年输出通量及年内通量变化过程进行计算,结果如表 7-14 及图 7-94 所示。从图 7-94 可以看出,除 NH$_4^+$—N 和 TN 通量的计算值与实测值拟合程度较低($R^2$ 分别为0.28 和 0.31)外,其余污染物通量的计算值与实测值拟合程度相对较好,$R^2$ 均大于 0.5。其中,以 SS 和 TP 通量的计算值与实测值拟合程度最好,$R^2$ 分别为 0.63 和 0.61。从淡水河流域出口月通量及年通量的计算结果可以看出,淡水河流域各类污染物在汛期的输出通量占全年通量总和均在 60% 以上。在各污染物中,SS 和 TN 在汛期的通量占全年通量比例较高,分别是 86.81% 和 83.02%;COD$_{Cr}$ 和 TP 汛期输出通量所占比例略低于 SS 和TN,分别为 77.56% 和 73.08%;NH$_4^+$—N 和 NO$_3^-$—N 汛期通量占全年通量比例较低,分别为 67.91% 和 69.83%。

表 7-14　淡水河流域各类污染物 2010 年月通量计算结果

| 月份 | 月通量(t/月) | | | | | |
|---|---|---|---|---|---|---|
| | SS | COD$_{Cr}$ | NH$_4^+$—N | NO$_3^-$—N | TN | TP |
| 1 | 2 038.10 | 694.39 | 409.36 | 114.80 | 239.76 | 30.56 |
| 2 | 2 005.54 | 641.50 | 369.29 | 103.86 | 227.99 | 27.84 |
| 3 | 1 507.60 | 557.55 | 353.00 | 97.62 | 184.03 | 25.38 |
| 4 | 2 488.29 | 752.27 | 415.98 | 117.83 | 275.51 | 31.99 |
| 5 | 5 504.53 | 1 329.46 | 610.14 | 179.11 | 550.25 | 51.72 |
| 6 | 3 4587.64 | 4 475.66 | 1 262.06 | 405.40 | 2 594.07 | 137.26 |
| 7 | 28 679.59 | 3 974.30 | 1 207.23 | 382.34 | 2 208.24 | 126.26 |
| 8 | 9 891.83 | 2 150.77 | 868.86 | 262.17 | 948.46 | 79.10 |
| 9 | 52 544.03 | 6 171.24 | 1 595.07 | 521.60 | 3 770.63 | 181.84 |
| 10 | 9 839.58 | 1 974.87 | 793.29 | 238.78 | 899.39 | 72.01 |

续表 7-14

| 月份 | 月通量（t/月） | | | | | |
| --- | --- | --- | --- | --- | --- | --- |
| | SS | COD$_{Cr}$ | NH$_4^+$—N | NO$_3^-$—N | TN | TP |
| 11 | 3 003.06 | 917.17 | 489.76 | 140.06 | 336.52 | 38.54 |
| 12 | 1 927.23 | 670.82 | 401.12 | 112.20 | 229.09 | 29.74 |
| 年总量 | 154 017.00 | 24 309.99 | 8 775.17 | 2 675.77 | 12 463.96 | 832.25 |
| 汛期比例 | 86.81% | 77.56% | 67.91% | 69.83% | 83.02% | 73.08% |

**注**：汛期指 4~9 月,汛期比例是指 4~9 月间污染物通量总和占全年污染物通量总和的比例。

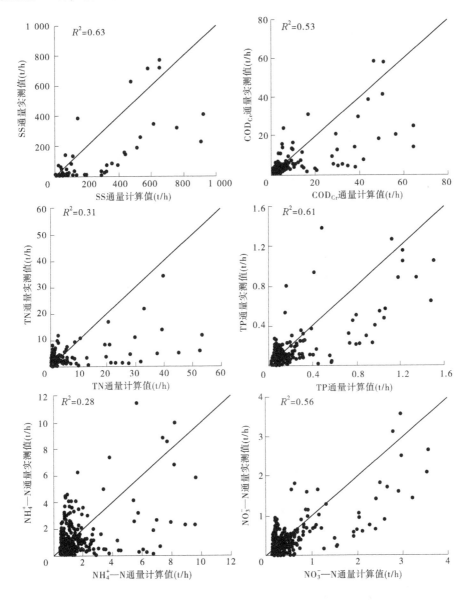

**图 7-94  淡水河流域污染物通量计算回归模型计算值与实测值散点图**

### 7.4.6.3  结论

本书应用分布式水文模型 HSPF 结合回归模型,对广东省东江流域中淡水河流域的非点源负荷进行计算。研究结果显示,模型较好地再现了 SS、$COD_{Cr}$、$NO_3^-$—N 及 TP 在 2010 年内的通量随时间变化过程。研究结果表明,淡水河流域的 SS、$COD_{Cr}$、$NO_3^-$—N 和 TP 在汛期的通量对年通量的贡献十分显著,分别占年通量的 86.81%、77.56%、69.83% 和 73.08%,本书中所用回归方程只考虑了径流量与污染物通量之间的关系,并没有更多地考虑其与人类活动相关的因素,$NH_4^+$—N 和 TN 的计算结果与实测值之间存在较大差异,可能是由于这两类污染物与人类活动的点源排放关系密切有关。本书所利用的分布式水文模型结合污染物通量与流量回归模型的非点源负荷估算方法,适用于没有常规水文站点及流域内人类活动相关数据(污染源等)不易获取的流域进行污染负荷计算。

# 7.5  SPARROW 模型

## 7.5.1  SPARROW 模型基本情况

SPARROW(Spatially Referenced Regressions On Watershed attributes)是基于空间的回归模型,也是由美国地质调查局(USGS)开发的一个基于空间的经验统计和地表过程相结合的计算流域营养物质污染负荷的非线性回归模型。

SPARROW 模型是以污染物在陆域及河道水体中的迁移衰减过程机理为构架,利用非线性回归方法求出待定机理方程参数,介于统计模型和机理模型之间的一种流域水环境模型。与机理模型相比更适用于中大型流域的计算,与完全统计模型相比对污染物迁移衰减的细节有更多了解。相对于机理模型需要的输入数据较少,率定好的模型可以用来计算各汇水区的年均污染负荷和河道污染物浓度等,因此可以用来确定不同污染源的产污比重和了解影响污染物衰减的因素。由于模型考虑了水环境质量与流域空间属性紧密性,能揭示水质状况及其主要影响因子,故常用来分析污染物、农药、悬浮颗粒、有机碳和大肠杆菌等的产生迁移过程。模型对美国全国、墨西哥湾流域、密西西比河流域以及新西兰全国和流域等多种污染物进行了成功模拟和预测,证实了模型在不同国家不同流域尺度上的适用性。

它使用机理函数和空间分布模块来计算流域的污染负荷,从而弥补了许多经验回归模型的缺陷。其空间特性非常显著,即可将上游的污染源数据和下游的负荷数据协同起来,同时可将河流中的水质监测数据或污染物通量数据与流域的空间属性特征(如土地利用类型、河网结构、大气沉降等)进行联系。基于模型的特性,其在流域污染负荷核算、水质响应模拟、采样点空间优化、流域日最大污染负荷计算与水环境管理等方面有较好的应用前景。

模型通过对河流水质数据和流域属性建立空间回归实现污染负荷产生和迁移的定量化。模型除一般水质模型所具有的水质模拟和流域污染源的分析功能外,还可在模拟过程中对流域中每个污染源、流域属性和污染物迁移过程对水质监测结果的影响进行显著性检验。

模型代码需要在 SAS(统计分析系统)宏语言中编写,其中的统计程序需要在 SAS IML(交互式矩阵语言)中编写,模型软件也需要与 SAS 软件一起运行。这种嵌入式的模型系统可以方便地实现对 SPARROW 模型的编写和修改。SPARROW 模型最早的版本是由 Smith 等在描述美国新泽西州地表水污染物迁移时研发的,随后在美国的多个流域进行开发应用。模型最初应用于地表水体营养盐、杀虫剂、悬移质泥沙和有机碳的污染源分析与迁移量计算,并适用于水质、河流生物和流量等其他方面的测量。后期模型逐步对早期版本做了一些关键的修改以增强其功能,目前正在 USGS 网站提供下载的最新版 SPARROW 模型是 Version 2.9。同时提供可选择的 GIS(地理信息系统)文件包供下载,以实现模型运行结果可视化的表达。近年来,SPARROW 模型应用主要集中在估算营养盐污染源和地表水中营养盐的长期去除速率,同时模型也被应用于营养盐长距离传输的定量化方面。

## 7.5.2　SPARROW 模型理论基础

SPARROW 模型同大多数模型一样,都是基于质量守恒原理建立的。其数学原理的核心是非线性回归方程,这个回归方程描述了从陆地点源和非点源污染物质向河流的非保守型输移。在方程中,依据因景观过程和河道过程而产生损失的估算对污染源数据添加权重。用河道中来自上游整个流域的污染物负荷作为模型的因变量来进行模型的校正。将进入河道的上游污染物量作为模型的因变量来对模型进行校正。该模型估算河流污染负荷涉及三种自变量,且每种自变量都有各自的参数,参数估算方法是对回归方程进行最小二乘运算。估算的同时对参数进行假设检验,以评价此种自变量在解释河道中污染物负荷的空间变化时的统计显著性。

从概念上讲,一个河段的污染物负荷量由两个部分组成:河段负荷量 = 上游河段产生的并经由河网迁移到本河段的污染物量 + 本流域范围内产生的并迁移到河道内的污染物量。SPARROW 非线性回归方程的数学形式可以写成:

$$F_i = \left\{ \sum_{n=1}^{N} \sum_{j \in j(i)} S_{n,j} \beta_n \exp(-\alpha' Z_j) H_{i,j}^S H_{i,j}^R \right\} \varepsilon_i \tag{7-32}$$

式中:$F_i$ 为河段 $i$ 的负荷;$n$ 为污染源编号索引;$N$ 为考虑的污染源的总数;$j(i)$ 为包含河道 $i$ 在内的其上游所有河道的集合;$S_{n,j}$ 为水体 $j$ 所在小流域中的污染源 $n$ 产生污染物质量;$\beta_n$ 为污染源 $n$ 的系数;$\exp(-\alpha' Z_j)$ 为一个指数函数,表示传递到水体 $j$ 的有效营养物质的比例;$H_{i,j}^S$ 为在水体 $j$ 中产生并传输到水体 $i$ 的比例,作为河流中的一阶过程衰减函数;$H_{i,j}^R$ 为在水体 $j$ 中产生并传输到水体 $i$ 的比例,作为湖库中的一阶过程衰减函数;$\varepsilon_i$ 为误差范围。

SPARROW 模型主要包括四个重要概念:①每个流域空间单元上与土地利用相关的污染源,沿山坡坡面迁移到河流,对河流生态系统产生影响;②每个单元的污染载荷随着向下迁移而降低,衰减速率与迁移路线的土地覆盖类型和河流特性有关;③河流生态系统污染载荷的强度,由所有上游单元产生的累积剩余载荷决定;④河流生态系统的条件或完整性,是由在该位置累积的污染负荷对生态系统完整性的响应函数决定的。

SPARROW 模型是将入河营养物质负荷与上游污染源和土地利用特性相联系的一种

统计模型。通过空间连接营养盐来源、土壤特性完成空间参照,并将信息加载到河流地理信息数据集中,为关联上下游负载网络服务。

图 7-95 假定某流域共有三个子流域,每个子流域各有三个河段,监测站点分别设在 A、B、C 三个点。每一河段的营养物质输入都包括从上游传输的负荷量和在流域内部产生的直接进入河道的负荷量。陆地土壤特性会影响迁移到河段的营养盐,如土地平均表面斜率是计算迁移速率的一个考虑因素。模型中的所有参数保留了空间参照,这使得预测结果能在空间上得以表达和解释。

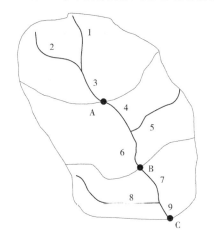

图 7-95　流域概化示意图

### 7.5.3　SPARROW 模型结构模块

SPARROW 模型的核心是上述非线性回归方程,模型的基础结构是 SPARROW 模型的一大特色,它包括详尽的河流网络、基于 DEM 刻画的流域,而其中的监测站点和关于流域特征的 GIS 数据等都是基于空间的。模型的非线性回归方程中所描述的因变量和自变量包括河道中污染物通量、流域污染源(包括点源和非点源)、景观迁移特征以及河流和水库中的污染物迁移。模型参数通过非线性回归技术在空间上将水质监测与流域污染源数据及影响迁移的土壤和地表水体特性关联起来实现。

相对于其他水质模型,SPARROW 模型最大的特点是将机理模型与统计模型结合起来用以估算污染源和地表水污染物运移。模型的机理部分包括地表水流路径(河道宽度、水库面积)、迁移过程(一阶入河/库衰减速率)、模型的输入(来源)、衰减(陆地和水中污染物的衰减/存储)、输出(河流营养物质输出)等(见图 7-96)。

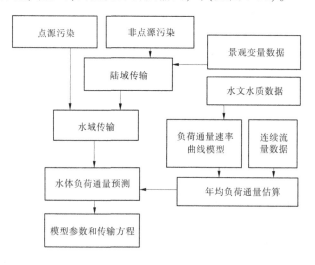

图 7-96　SPARROW 模型结构示意图

## 7.5.4 SPARROW 模型操作方法

### 7.5.4.1 SPARROW 模型输入

模型的输入包括三个部分:①包含研究区河段信息的数据文件;②可在空间上进行输入的 GIS 地图;③模型详细说明的控制文件。模型输入的三种自变量分别是源变量、陆-水迁移变量和河道/水库中的损失变量。源变量包含点源、市区用地面积、施肥率、畜牧生产和大气沉降;陆-水迁移变量包含气温、降水、地表坡度、土壤透水性、河网密度和湿地面积;河道/水库中损失变量则包括河流的流速等。

模型输入数据可以分为以下四大类,输入数据为年均值,一般要求监测数据为按月监测数据,具体见表 7-15。①河网数据:主要包括河段始末结点、河段类型、河段编码、年平均径流量、每一河段汇流区域面积和范围等。②流域的空间属性数据:包括土地利用数据、土壤渗透性、河网密度、河流流速等。③污染源数据:包括点源排放、化肥投入等输入流域各河段的污染源负荷以及通过土地利用类型、农业活动、恩格尔系数等来表征的污染物排放数据。④监测数据:包括流域内各监测点的位置、名称及水质、水文监测数据。

表 7-15 SPARROW 模型需要输入的变量

| 变量序号 | 数据类别 | 变量名称 | 变量说明 |
|---|---|---|---|
| 1 | 河网数据 | waterid | 子流域编码 |
| 2 | | hydsed | 河段水文序列 |
| 3 | | fnode | 河段起始节点 |
| 4 | | tonde | 河段终点节点 |
| 5 | | length | 河段长度 |
| 6 | | hload | 支流分配比例 |
| 7 | | rehtype | 河段类型 |
| 8 | | frac | 支流分配比例 |
| 9 | | iftran | 河段是否传输 |
| 10 | | headflag | 是否终点河段 |
| 11 | | termflay | 是否起始河段 |
| 12 | | inc_area | 本河段流域面积 |
| 13 | | tot_area | 本河段及上游流域面积 |
| 14 | 监测数据 | staid | 监测点位编号 |
| 15 | | lat | 监测点位纬度坐标 |
| 16 | | lon | 监测点位经度坐标 |
| 17 | | depvar | 监测点位水质数据 |
| 18 | | mean_flow | 平均流量 |
| 19 | 流域的空间属性数据 | divvar | 空间传输因子 |
| 20 | | rehtot | 水力传输时间 |
| 21 | 污染源数据 | srevar | 选定的污染源数据 |

### 7.5.4.2　SPARROW 模型输出

模型的输出为两个独立的部分:估算输出和预测输出。

估算输出包括通过非线性优化算法得出的判断结果、模型系数和关联统计、以图表形式显示预测流量和观测流量的关系,以及污染物量和各种污染源的贡献度、模型残差、关于数据结果和测试模型输出的 SAS 数据文件以及模型估算结果的概括性文本文件。预测输出包括河段预测结果列表、关于河段预测和概述的 SAS 数据文件以及模型测试输出。

### 7.5.4.3　SPARROW 模型具体操作实例

此处通过 SPARROW 模型模拟对某流域地区的氮含量进行了预测评估,并依据 GIS 中的回归结果来分析氮负荷的空间分布情况,且对模型的不确定性进行了检验。本应用通过 SAS 9.1 和 ESRI ArcGIS 9.3 来演示,相关数据文件(50 MB)可在 http://www.ce.utexas.edu/prof/maidment/STATWR2009/Ex7/Ex7Data.zip 获得。可从 USGS 网站 http://water.usgs.gov/nawqa/sparrow/sparrow-mod.html 获得 SPARROW 运行相关的完整安装包。模型运行以 Version 2.8 为例,可由此下载:http://water.usgs.gov/nawqa/sparrow/sparrow-mod/sparrow package v2.8.zip,下载解压后,可看到四个安装包:master、data、results 和 gis(见图 7-97)。模型输出结果将存储于子文件夹"Results"中(见图 7-98)。

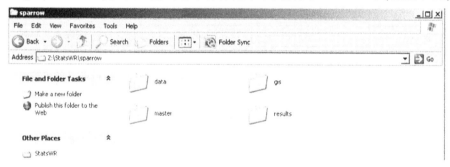

图 7-97　SPARROW 模型安装包文件

将子文件夹"Results"复制存储于另一新建路径,这样可随时查看运行结果,不受模型运行限制。

打开 SAS 9.1(见图 7-99)进行如下操作,并打开上步复制的文件夹"Results"中的"sparrow_control_example.sas"(见图 7-100)。

将模型打开后,首先通过编辑代码设置数据读取和输出路径,图 7-101 即为 USGS 的 Greg Schwarz 编写的原始结果文件代码。

图 7-102 为 LRC 的 z:\sparrow 中的文件如何编辑运行的代码。

将加工后的数据存储于 SAS 中的 File/Save(见图 7-103)。通过点击 运行软件,仅需几分钟即可计算得出全美国的流量和营养通量。所得数据存储于 SAS 中难以分析,因此可通过 ArcGIS 9.3 查看其空间分布。

分析 SPARROW 结果。

打开文件夹"Results",可看到新建了几个文件夹。"predict.txt"中的结果可在 SAS 和 text 文件中打开(见图 7-104、图 7-105),但在 ArcGIS 9.3 中查看还需新建一个 Excel 表。

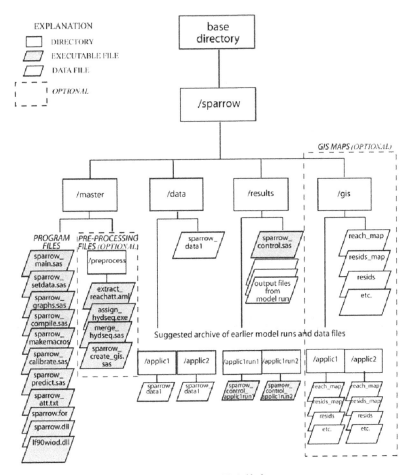

图 7-98　SPARROW 子文件夹

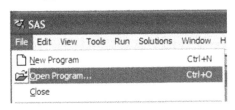

图 7-99　SAS9.1

用 Microsoft Office Excel 打开"predict. txt"文件后,可看到模型计算所得的所有预测氮值(见图 7-106)。

打开表格如图 7-107、图 7-108 所示。将其保存为 Excel 1997-2003. xls 格式,才能在 ArcGIS 9.3 中打开。

在 Arc GIS 中查看结果。

将"Predict"表和流域的图形文件相结合可直观得出其空间分布。本应用研究了 HUC 地区的 12 条河段,涵盖了 Texas 的大部分州。

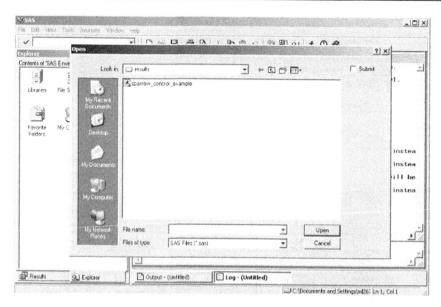

图 7-100　打开"Results"中的"sparrow_control_example. sas"

```
* Program: sparrow.sas
  Date: 1/21/03
  Written by: Greg Schwarz

  Purpose: Header information for running the sparrow model. This is typically the
           only file that needs to be modified to run the model.
 *;

 /* Specify the results, data, program, and gis directories */
%let home_results = d:\Greg\sparrow\model\package\sparrow\results ; /* Location of results */
%let home_data = d:\Greg\sparrow\model\package\sparrow\data ; /* Location of data */
%let home_program = d:\Greg\sparrow\model\package\sparrow\master ; /* Location of program code */
%let home_gis = d:\Greg\sparrow\model\package\sparrow\gis ; /* Location of gis coverages */
```

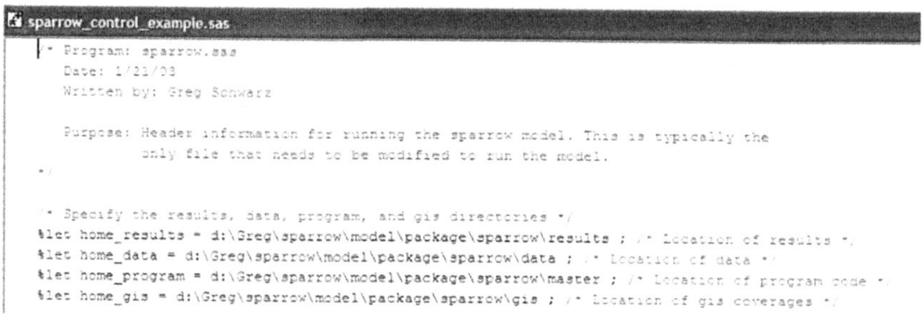

图 7-101　sparrow_control_example. sas

```
/* Specify the results, data, program, and gis directories */
%let home_results = z:\sparrow\results ; /* Location of results */
%let home_data = z:\sparrow\data ; /* Location of data */
%let home_program = z:\sparrow\master ; /* Location of program code */
%let home_gis = z:\sparrow\gis ; /* Location of gis coverages */
```

图 7-102　运行代码

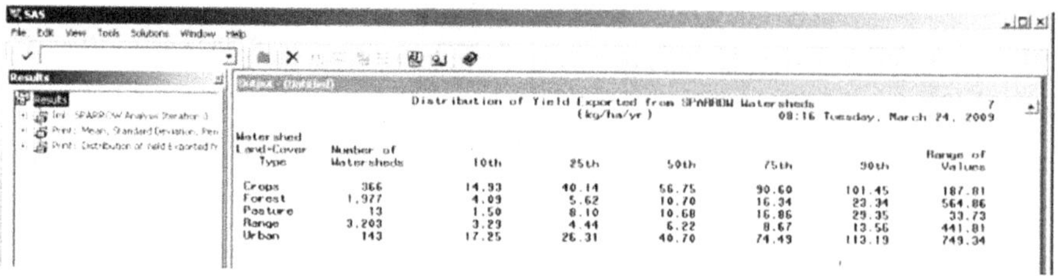

图 7-103　数据存储

| | | | |
|---|---|---|---|
| boot_betaest_all.sas7bdat | 13 KB | SAS Data Set | 3/14/2009 8:17 PM |
| lu_yield_percentiles.sas7bdat | 9 KB | SAS Data Set | 3/14/2009 8:18 PM |
| LU_yield_percentiles.txt | 1 KB | Text Document | 3/14/2009 8:18 PM |
| predict.sas7bdat | 26,993 KB | SAS Data Set | 3/14/2009 8:17 PM |
| predict.txt | 26,852 KB | Text Document | 3/14/2009 8:17 PM |
| sparrow_control_example.sas | 26 KB | SAS Program | 3/14/2009 7:22 PM |
| summary_model_specs.txt | 3 KB | Text Document | 3/14/2009 8:17 PM |
| summary_predict.sas7bdat | 13 KB | SAS Data Set | 3/14/2009 8:18 PM |
| summary_predict.txt | 2 KB | Text Document | 3/14/2009 8:18 PM |
| test_data.sas7bdat | 17 KB | SAS Data Set | 3/14/2009 8:17 PM |
| test_data.txt | 1 KB | Text Document | 3/14/2009 8:17 PM |

图 7-104 predict. txt

```
predict.txt - Notepad
File  Edit  Format  View  Help
waterid rr        pname       rchtype headflag       termflag
2757    02030104007 *A          0       0             3
2761    02030104011 *A          0       1             3
12297   04010301034             0       1             3
38500   09020201022 DEVILS L    0       0             0
38501   09020201022 DEVILS L    0       0             0
54936   17100306059             0       0             3
56082   17110013001 DUWAMISH WATERWAY 0   0
56083   17110013003 ELLIOT BAY  0       1             3
80001   18010101000 PACIFIC OCEAN 0     0             3
80002   18010102000 PACIFIC OCEAN 0     1             3
80003   18010102000 HUMBOLDT BAY 0      0             3
```

图 7-105 predict. txt_Notepad

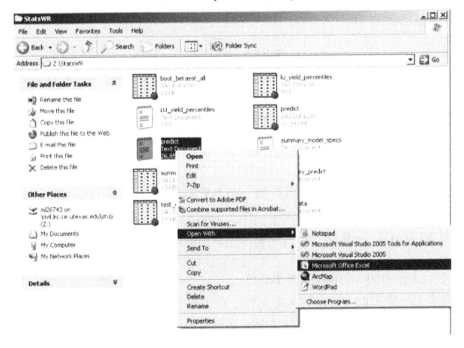

图 7-106 StatsWR

| | A | B | | C | | D | E | F | G | H | I | J | K |
|---|---|---|---|---|---|---|---|---|---|---|---|---|---|
| 1 | waterid | rr | pname | | | rchtype | headflag | termflag | station_id | staid | demtarea | demiarea | meanq |
| 2 | 1 | 1010001001 | ST JOHN R | | | 0 | 0 | 1 | | | 21314 | 2519 | 12988.29 |
| 3 | 2 | 1010001002 | ST JOHN R | | | 0 | 0 | 0 | | | 18745 | 2 | 12907.32 |
| 4 | 3 | 1010001003 | ST JOHN R | | | 0 | 0 | 0 | | | 18590 | 1 | 11968.24 |
| 5 | 4 | 1010001004 | ST JOHN R | | | 0 | 0 | 0 | | | 11773 | 413 | 8169.18 |
| 6 | 5 | 1010001015 | ST FRANCIS R | | | 0 | 1 | 0 | | | 389 | 389 | 785.37 |
| 7 | 6 | 1010001016 | DEAD BK | | | 0 | 1 | 0 | | | 81 | 81 | 56.44 |
| 8 | 7 | 1010001019 | ST JOHN R | | | 0 | 0 | 0 | | | 10475 | 0 | 7023.98 |

图 7-107　Excel 1997~2003. xls 格式

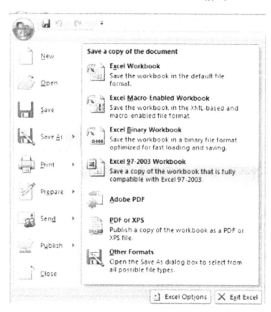

图 7-108　Workbook

此处所用的 Arc GIS 数据已经编译好并可在此下载使用:http://www.ce.utxas.edu/prof/maidment/STATWR2009/Ex7/Ex7Data.zip,将 GIS 数据解压后,可自选一路径保存(见图 7-109)。

| | | | |
|---|---|---|---|
| results | | File Folder | 3/26/2009 11:33 AM |
| Predict | 42,062 KB | Microsoft Office Exc... | 3/16/2009 11:50 PM |
| SPARROW | 9,556 KB | Microsoft Office Acc... | 3/26/2009 11:30 AM |

图 7-109　GIS 数据解压

"SPARROW.mdb"为地理数据库,"erf1_2_reaches"为已被 SPARROW 模型线性化的 HUC 地区 12 条河段,"erf1_2_ws"为相应的不规则边界的流域,"Texas"为对应的州(见图 7-110)。

打开 ArcGIS 中的 ArcMap(见图 7-111)。

通过点击➕导入以上三个数据库文件。右击每个数据图层,依次选择"Properties""Symbology",或直接双击图层名称下方显示的符号来更换(见图 7-112)。

依次点击"File""Save As",将地图文件保存为"Sparrow.mxd"(见图 7-113)。然后,从"predict.txt"文件中添加表格。再次点击➕,将此表导入到"Predict.xls"中的"Predict $"工作表(见图 7-114)。

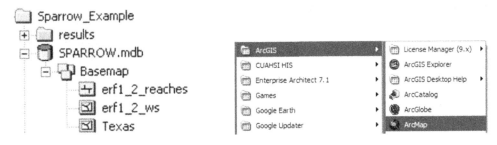

图 7-110  SPARROW          图 7-111  ArcGIS 中的 ArcMap

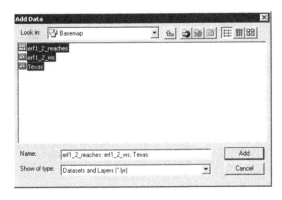

图 7-112  Add Data

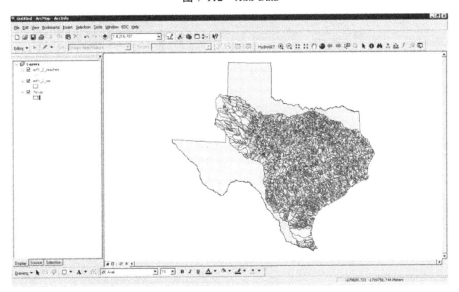

图 7-113  Sparrow. mxd

将该表导入后,在 ArcMap 窗口左侧会出现"Source"窗口,右击该表格,选择"Open",它会如 Excel 中一样精确显示(见图 7-115、图 7-116)。

将该表导出到 Geodatabase 以便添加到空间数据。右击"Predict $",依次选择"Data""Export"(见图 7-117)。

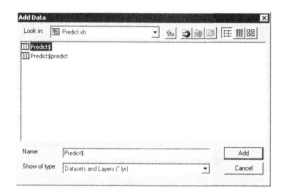

图 7-114 Predict $

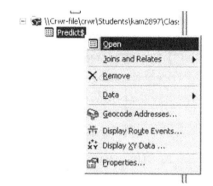

图 7-115 Open

Attributes of Predict$

| waterid | rr | pname | rchtype | headflag | termflag |
|---|---|---|---|---|---|
| 1 | 1010001001 | ST JOHN R | 0 | 0 | 1 |
| 2 | 1010001002 | ST JOHN R | 0 | 0 | 0 |
| 3 | 1010001003 | ST JOHN R | 0 | 0 | 0 |
| 4 | 1010001004 | ST JOHN R | 0 | 0 | 0 |
| 5 | 1010001015 | ST FRANCIS R | 0 | 1 | 0 |
| 6 | 1010001016 | DEAD BK | 0 | 1 | 0 |
| 7 | 1010001019 | ST JOHN R | 0 | 0 | 0 |
| 8 | 1010001020 | ST JOHN R | 0 | 0 | 0 |
| 9 | 1010001021 | ST JOHN R | 0 | 0 | 0 |
| 10 | 1010001022 | ST JOHN R | 0 | 0 | 0 |

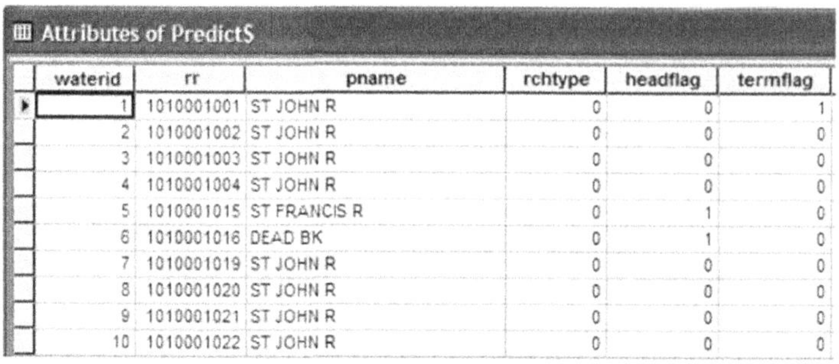

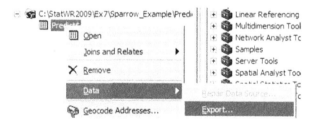

图 7-116 Attributes of Predicts

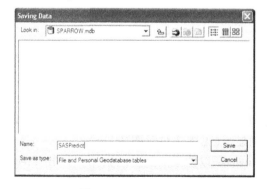

图 7-117 Export

导入到“SPARROW geodatabase”中后，同“SASPredict”一样将结果以文件和个人地理数据库表格形式保存(见图 7-118)。

图 7-118 Saving Data

基于"waterid"创建链接可与流域的预测结果关联起来。右击"erf1_2_ws",选择"Joins and Relates""Join"来实现(见图7-119)。此项操作完成需要5 min左右。点击"Yes"将结果表格添加到流域地图中。

通过依次右击"erf1_2_ws",选择"Joins and Relates""Join"将预测氮负荷量导入到流域地图上(见图7-120)。

该链接以多边形流域图层中的"GRIDCODE"

图 7-119 Layers

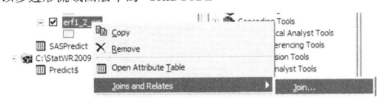

图 7-120 Join and Relates

为基础,将其添加到"Predict"表中的"waterid"中。选择"Keep all records",并在新跳出的窗口选择"Yes"(见图7-121)。

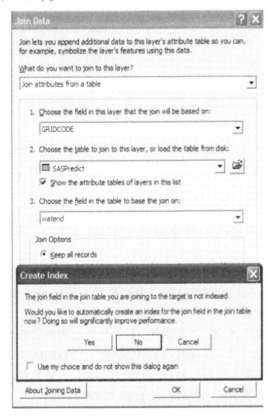

图 7-121 Create Index

　　将流域地图文件再次保存为 Sparrow. mxd,以便之后出现问题时可以由此重新开始。完成链接后,右击该图层,选择"Open Attribute Table"打开多边形流域属性表。可看到每个流域地图上已经添加了相应的预测数据。现在,可以根据氮负荷来区分流域,以便了解其空间格局。右击流域图层"erf1_2_ws",再选择"Properties"。依次选择"Symbology""Quantities""Graduated colors"。在"Value"处选择"PLOAD_TOTAL",将"Classes"设置为15,以便进行更好的分级。将"Classification"类型设置为"Natural Breaks",可将相近数据进行最佳组合,并将各级别之间的差异最大化(见图 7-122)。

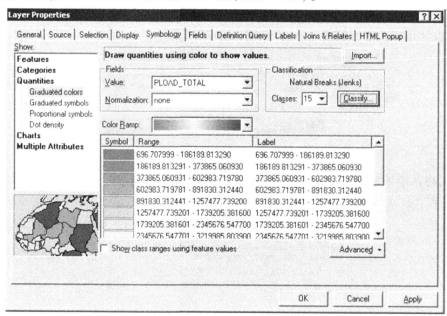

图 7-122　Layer Properties

　　将各处的预测氮负荷量在流域地图上用不同颜色进行标注分级。由此可直观看出,关键负荷在主河段会降低,特别是流过 Texas 的中部和东部农业用地,以及 Sabine、Trinity 和 Brazos 河流(见图 7-123)。

　　再看各流域的总预测氮负荷量的空间分布趋势。右击并选择"Save as Layer File"可将地图保存,并相应地命名各图层,此处命名为"pload_total"。这样便于对每个图层进行查看和比对。

　　重复以上操作,不同的是将数域"PLOAD_TOTAL"更换为"PLOAD_Point"(见图 7-124)。这样可显示各流域的点负荷。可知氮源主要来自工业和市政排放。注意氮排放对 Texas 主要城市的影响很是突出,且空间分布差异很大。

　　然后,分别将大气沉降、化肥、牲畜粪便、非农业的预测氮负荷图层保存,并对应地命名为"PLOAD_ATMDEP""PLOAD_FERILIZER""PLOAD_WASTE"和"PLOAD_NONAGR"。若要使用标准工具栏的 ❶ ,可单击功能键并查看其属性。选择"erf1_2_ws",点击流域集水区,可自动识别出其出处和所有相关属性(见图 7-125)。

　　这是 Trinity 河附近毗邻 Galveston 湾出口且 WaterID 为 41287 的集水区。SPARROW 文档中关于变量的定义可通过该网址查得:http://pubs. usgs. gov/tm/2006/tm6b3/PDF.

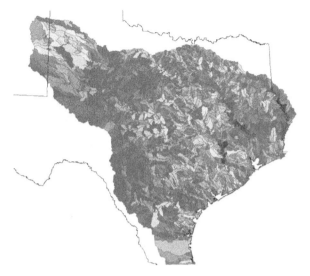

图 7-123 流域图

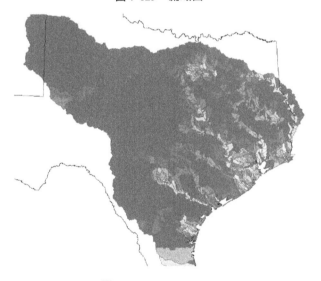

图 7-124 PLOAD_Point

htm。特别地,附录 D 第 6 节对所有预测变量都做出了解释(见图 7-126)。附录 D 可在此处下载:http://pubs.usgs.gov/tm/2006/tm6b3/PDF/tm6b3 appendix.pdf。

## 7.5.5 SPARROW 模型应用情况

### 7.5.5.1 SPARROW 模型的功能

SPARROW 最初应用于地表水体营养盐、杀虫剂、悬移质泥沙和有机碳等污染源的迁移分析,后来应用集中在营养物污染源的合理精确的估算和地表水体中营养盐长期的衰减速率,模型在阐述营养盐向下游水体长距离的迁移和运输的定量化方面应用很多。最近,美国联邦和州环境管理者在切斯比克湾和堪萨斯州进行了 SPARROW 模型在目标营养盐减排策略方面的应用,并在康涅狄格河流域应用 SPARROW 模型发展 TMDLs。

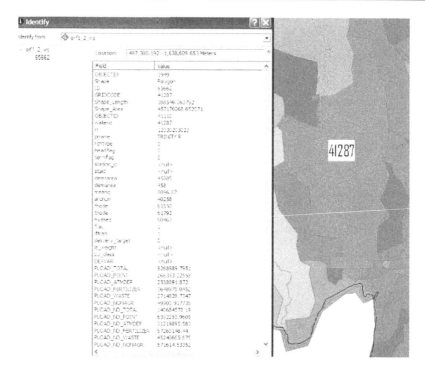

图 7-125　Identify

图 7-126　D. 6 Prediction Output File "predict"

Alexander 等基于模型的空间特性,通过模型对于水质水量迁移的定量化,研究了上游水体营养盐和水量对下游水体的营养盐和水量的影响。随着 SPARROW 模型的逐渐完善,模型模拟的营养盐指标从总氮总磷逐步扩大到有机氮、氨氮、硝酸盐和亚硝酸盐氮,并对氮和磷分别建立模型,以研究氮和磷在污染源和迁移过程中的差异性。

SPARROW 模型从发展之初到现在,功能不断完善,模型的功能体现在下列五个方面。

1. 水质状况的描述

仅仅依靠水质监测数据无法联系水质状况的地理信息,即无法解释是什么因素造成了这种水质状况,有时甚至对流域的水质状况提供带有空间偏差的描述。SPARROW 模型可以整合来自不同监测途径的水质样本,提供具有地理空间代表性的水质状况的描述,并能洞悉污染源和控制水质的流域水文过程。模型把水质数据和流域特征结合在一起,比单独的水质数据具有更精确描述水质状况的能力;通过在典型区域使用模型来预测水质状况,能够消除监测的空间差异对监测结果的影响。

2. 污染源分析

SPARROW 模型具有获得污染源定量化信息的功能。对于每一种污染类型,在某一河道中污染物的通量都能追踪到这段河道的上游流域中的独立的污染源。SPARROW 模型也可以在 TMDL 分析中进行污染源的定量。TMDL 的最终目标是建立一个污染源的负荷分配体系,而在这之前,模型提供大量的关于流域污染源和河流水质状况关系的定量化信息,对于比较和选择不同的污染物负荷分配方案至关重要。

3. 水质模拟

SPARROW 模型拥有一般水质模型的水质模拟的功能。例如,SPARROW 模型在 TMDL 分析中模拟不同的污染物负荷分配方案实施对水质的响应。在 Neuse 河流域的 TMDL 的发展中,就用到了 SPARROW 模型的支持。当前的模型结构和软件的发展,不仅能模拟水质状况的空间变化,也能模拟平均水质状况的时间变化,模型的模拟朝着动态的方向变化。比如,输入时间尺度变化的系数,可以评价其对水质的影响。Smith 等针对牛群的圈养和散养产生的污染负荷的变化对河流大肠杆菌的影响做了模拟和评价。

4. 假设检验

假设检验可以检查模型中所涉及的解释性因子(污染源和流域属性等)和地表过程对采样点水质的显著性。在校正过程中估算的每个模型参数都要进行假设检验,并且把假设检验的结果作为与参数有关的自变量和模型的因变量关联性大小的表征。比如在模拟多种类型的污染源负荷时,模型的估算过程提供了关于每种污染源"重要性"的假设检验,这里的"重要性"通过不同类型污染源的污染物输入和下游负荷监测值之间的相关性大小进行衡量。SPARROW 模型的一个常用的功能便是进行流域中特定污染源和地表水文过程在向流域排放污染物和使污染物迁移所起的作用的假设检验,以描述每种解释性因子和过程的统计显著性。

5. 采样网络的设计

SPARROW 模型的建立可以用来解释某一特定的水质监测网络获得的数据。模型一旦在一个特定的监测网络范围内建立,模型的模拟目标和监测目标就具有一致性,因此可以利用 SPARROW 模型优化监测网络。比如,当要确定流域中哪些水域的污染水平超过特定的阈值,就更多地需要收集是否超过阈值不确定性最大的水域的水质数据。SPARROW 模型能够提供每条河流每个河段的模型预测不确定性的定量化信息,因此根据这些定量化信息就能够知道哪些河段需要进行更多的监测。Mcmahon 等正是基于此利用 SPARROW 模型来识别未来监测中高度优先的站点。

### 7.5.5.2 SPARROW 模型的应用现状

短短的十几年间,SPARROW 模型取得了飞速的发展,模型在美国本土和新西兰等地应用于多个流域,展现出了较好的模型适用性。相对于其他复杂的机理性的流域模型需要大量的数据进行校正和验证以保证模型参数的精确性,SPARROW 最大的优势便是它的模型参数通过在水质数据和污染源以及水文地质特性间建立空间联系来估计。这种参数估计保证了校正后的模型不会很复杂,数据足够支持模型的精确性。因此,SPARROW 模型在具有足够量的河流水质监测站点和已知流域属性的流域能得到很好的应用。随着我国对流域水环境问题的研究和认识逐渐加深,应用空间统计学方法代替原有的多元统计方法进行流域地表水体污染物迁移和转化规律的研究已经开展并将逐渐深入。但是目前还缺乏统一、成熟的基于空间统计和过程机理于一体的流域统计模型,今后的研究方向之一便是对美国的 SPARROW 模型进行引进和创新,让 SPARROW 模型适用于我国的流域环境。

　　SPARROW 模型对监测数据要求相对较低,较为适合应用于我国流域污染物总量控制方案的制订。我国在流域污染物总量控制技术方面的研究刚刚起步,初步提出了面向控制单元的总量控制技术方法,而实现我国流域总量控制技术亟待解决污染控制单元的选取、水环境生态功能分区、实际和允许负荷量的计算以及污染负荷分配等关键技术,尤其是其中的水环境生态功能分区技术在我国尚未系统开展,它不再单纯考虑水化学指标,而是注重水环境生态系统整体,注重水域和流域的结合,且区划方法的指标体系也包含水质指标和流域经济社会地理景观等指标。SPARROW 模型对各种流域指标对水质响应的统计显著性检验可以帮助我们更好地优化水环境生态功能区划指标的选取。同时,SPARROW 模型的空间模拟和预测功能有助于进行我国中远期的水体污染梯度划分,进而开展中远期水环境生态功能分区。SPARROW 还可实现 TMDLs 中污染源负荷的定量化并模拟不同的污染物负荷分配方案实施对水质的响应。SPARROW 模型可以协助科学家和管理人员进行 TMDL 污染物分配,并确定受损水域。同时,为了适应我国污染物总量控制,应开发 COD、氨氮等相关模块。基于 SPARROW 模型原理进行我国的流域水污染负荷定量化、水环境生态功能分区和水环境污染总量控制方面的研究会有广阔的应用前景。

### 7.5.5.3　SPARROW 模型的优点

　　SPARROW 模型能在河流水质监测数据和流域空间属性之间建立良好的空间回归关系,具有较强的空间特性和污染负荷预测及定量化功能。其优点在于:①相对于机理模型来说,所需的观测数据较少,对监测频率要求较低;②将流域陆地上营养物质产生和迁移与河流衰减过程联系起来;③避免了对复杂水文过程的描述,减少了不必要的误差;④用统计的办法描述地形和人类活动对营养物质污染负荷的影响。随着 SPARROW 模型的发展,它已在美国、新西兰等国的多个地方应用,显示出了较好的适用性。在问题识别、监测策略改进、污染分析和河流管理等方面都有很好的研究和应用。

### 7.5.5.4　模型的改进——贝叶斯-SPARROW 模型

　　1. 贝叶斯-SPARROW 模型的基本情况

　　首先,流域模型中的非线性回归方法有两个潜在的弱点:①所有子流域使用固定系数;②SPARROW 模型中应用的最小二乘法趋向于高估山区的营养物质负荷、低估沿海平原的营养物质负荷。其次,SPARROW 模型需要长期监测数据,模型的开发要适应大流域就使得数据空间分辨率相对较低,忽略了一些细节。再次,模型采用长期平均值,从实质上说是静态的。基于 SPARROW 模型的这些缺点,Qian 等提出贝叶斯-SPARROW 模型。

　　贝叶斯方法中模型参数的估计往往通过后验联合分布提出,它强调的后验分布能够对不确定性进行一个完整的描述,从而更好地对模型预测误差进行量化。同时贝叶斯方法较最小二乘法能更好地计算模型和数据的不确定性,更适用于预测水质超标的频率,这对于 TMDL 的开发和评价是非常重要的。

　　从统计上讲,使用回归模型模拟河流营养物质迁移的困难在于,对上游流域进入子流域的营养物质负荷的处理。贝叶斯-SPARROW 模型中模型估算的营养物质负荷是在河段污染负荷的计算中加入模型误差项。观察到的营养物质负荷可以看作是代表实际负荷的样本。数学上,这种状态矢量空间模型可以写成以下公式:

$$Y_i = N(\mu_i, \sigma^2) \tag{7-33}$$

$$\mu_i = N\left[f_i(\mu_{上游}), \tau^2\right] \tag{7-34}$$

式中:$\sigma^2$为观测误差方差;$\tau^2$为观测过程误差方差;$f_i(\mu_{上游})$为子流域$i$的预期营养物质负荷。

2. 贝叶斯-SPARROW 模型主要的优点

(1)能对 TMDL 程序有效性的评价进行动态更新。模型可以进行自我纠正,结果能跟随数据变化。同时,能充分利用样本和参数信息,在进行参数估计时,通常贝叶斯估计量具有更小的方差,能得到更精确的预测结果,可减少标准方差计算中不必要的错误。

(2)方法简单、操作性强。贝叶斯理论是通过计算它过去发生的频率来估计未来某件事情发生的概率。贝叶斯方法能对假设检验或估计问题所做出的判断结果进行量化评价,而不是频率统计理论中的接受、拒绝的简单判断。

(3)计算方法灵活,允许多层次建模。目前贝叶斯计算方法有很多,如 MCMC(Markov Chain Monte Carlo)、STSP(State Space)和 CAR(Conditional Autoregressive)等。这些方法加入 SPARROW 模型中有很多优点,如贝叶斯方法残差比 SPARROW 要小很多。这些方法各有其优缺点,可以将其组合形成多层模型,对模型的适用性和准确率都有很大的改善。

3. SPARROW 模型的发展前景

贝叶斯-SPARROW 模型能够提高模型可辨识性和参数估计准确度,这代表了应用水质模型的一个重要方向。在贝叶斯框架内进行实施,非线性回归模型得出的结果可以更新监测数据,评价 TMDL 的实施效果,并支持列表结果。流域统计模型今后的研究方向之一便是对 SPARROW 模型进行引进和创新,将其与贝叶斯方法结合,开发适用于我国流域环境的贝叶斯-SPARROW 模型。

## 7.5.6 SPARROW 模型应用案例

本研究旨在建立与我国北方流域相似的仿真流域,利用 SPARROW 模型进行总氮模拟,在流域尺度上揭示影响总氮的主要环境因子和环境过程,表征总氮的传输过程,探索模型应用方法对流域管理的支持作用,为该模型在我国的推广应用做技术储备。

### 7.5.6.1 SPARROW 模型模拟过程

1. 仿真流域介绍

选择与我国北方某流域具有相似河网结构和土地利用类型的流域作为仿真区域,基于其 DEM 地图并利用 Arc Hydro 工具提取流域空间属性相关信息(见图 7-127)。该流域由 3 条干流及其各级支流组成,共计 234 条河段。该流域主要由平原和丘陵组成,主要土地利用类型为耕地、林地以及建设用地(见图 7-128)。流域内的主要城市 A、B、C

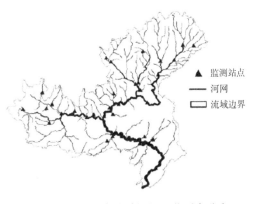

图 7-127 仿真流域河网及监测点分布

分别分布在流域出口以及流域中部地区。流域内河流年均流量为 1.13~393.98 m³/s。

图 7-128　仿真流域土地利用图

2. 模型输入数据

SPARROW 模型需要河网拓扑数据、空间属性数据、总氮污染源数据、监测数据等 4 类数据(见表 7-16)。

表 7-16　SPARROW 总氮仿真模拟数据说明

| 数据类型 | 数据内容 | 数据来源 |
|---|---|---|
| 河网拓扑数据 | 河段长度、子流域面积 | DEM 图 |
| 空间属性数据 | 土地利用、土地坡度、河网密度、温度、降水、土壤渗透性 | DEM 图,土壤渗透率参照美国相似土壤类型的数据 |
| 总氮污染源数据 | 工业源、生活源、农业源总氮排放数据 | 数据量级参考我国国家污染源普查数据量级 |
| 监测数据 | 35 个监测点总氮监测数据 | 数据量级参考我国北方流域 2008 年总氮监测数据量级 |

3. 模型调试

仿真流域总氮 SPARROW 模拟研究选择工业源、生活源、农业源作为备选污染源参数;温度、土地坡度、降水、河网密度、土壤渗透性等空间属性作为陆域传输备选参数;仿真流域中无湖泊和水库,只考虑河段衰减,将流域内河段按流量分为 3 级:$\delta_1$( < 21.23 m³/s)、$\delta_2$(21.23~169.8 m³/s)、$\delta_3$(>169.8 m³/s)。各级流量的河段水力保留时间均作为水域传输备选参数,分别估计各级流量河段的反应速率常数。

依据上述参数构建非线性方程,经过调试、筛选,最终得到拟合精度较高、参数系数较灵敏的模拟方程。

4. 参数估计结果

经过模型调试,仿真流域总氮模拟 $R^2$ 为 0.83。参数估计结果表明总氮 3 个污染源对仿真流域总氮均有显著影响(见表 7-17)。作为点源的工业源系数明显小于 1,说明部分工业源排放去向为模拟河段的下级支流(模型中未模拟的河流),该部分污染物由水域传输至模拟河段过程中存在衰减;作为点源的生活源系数略小于 1,说明在管网输送过程中有部分污染物发生了衰减;作为非点源的农业源系数明显大于 1,是由于土壤中的部分氮在雨水冲刷以及地表径流作用下进入地表水,最终进入河流,从而导致实际进入河流的污染物负荷通量偏高。

表 7-17　仿真流域水质总氮 SPARROW 模拟的参数估计结果

| 项目 | 系数估计数 | $P$ 值 |
|---|---|---|
| 总氮污染源($\beta$) | | |
| 工业源 | 0.45 | 0.13 |
| 农业源 | 2.36 | 0.08 |
| 生活源 | 0.76 | 0.07 |
| 陆域传输系数($\alpha$) | | |
| 土壤渗透性 | -1.10 | 0.01 |
| 温度 | 0.18 | 0.69 |
| 河网密度 | 2.91 | < 0.005 |
| 水域传输系数($\delta$) | | |
| $\delta_1$ | 0.29 | 0.005 |
| $\delta_2$ | 0.21 | 0.005 |
| $\delta_3$ | 0.12 | 0.09 |
| $R^2$ | 0.83 | |
| 监测点数 | 35 | |

在 3 个陆域传输系数中,土壤渗透性与总氮负荷呈负相关,表明土壤渗透性越强,总氮负荷进入地下水体的量就越大,地表水的总氮负荷就越少。河网密度与总氮负荷呈正相关,说明河网密度大的流域水力传输时间比河网密度小的流域短,总氮衰减率小。其中,温度显著性相对较低,可能是由于该流域的年平均温度普遍较低,氮的反硝化影响效果不明显,因而温度对总氮负荷的变化影响不显著。

河段衰减系数均表现出很高的显著性,且流量越大的河段总氮衰减率越低,这是由于河段中总氮衰减多发生在与河床接触面积大的底层水体中,而流量大的河段底层水体所占的比例相对较小,所以衰减率较低。

### 7.5.6.2　SPARROW 模拟结果分析

1. 仿真流域综合情况

表 7-18 为仿真流域总氮综合情况。结果表明整个仿真流域总氮浓度水平偏高,总氮

污染物主要来自农业。河段平均水域衰减率大于 50%,说明来自上游河段的污染物比较少,河段污染物主要来自本地负荷。

表 7-18　仿真流域总氮综合情况

| 项目 | 模拟结果 | | |
| --- | --- | --- | --- |
| 水质 | 总氮平均浓度 2.16 mg/L | 达 Ⅲ 类水(≤ 1.00 mg/L)河段占 37.4% | 达 V 类水(≤ 2.0 mg/L)河段占 62.6% |
| 污染源结构 | 工业源占 16.5% | 生活源占 19.8% | 农业源占 63.7% |
| 水域传输衰减率 | 平均衰减率为 64% | 衰减率>50% 的河段占 65% | 衰减率>75% 的河段占 48% |

**2. 仿真流域污染源解析**

图 7-129~图 7-131 为仿真流域 3 类污染源对总氮贡献率的分布。农业源为主要总氮贡献的区域(贡献率大于 50.00%),分布在仿真流域东北部以及南部干流所在流域;农业源贡献较小的区域(贡献率小于 20.00%)分布在流域东部、西北部以及流域出口(见图 7-129)。结合仿真流域土地利用情况,农业源对总氮负荷贡献大的区域覆盖了大部分的耕地和部分林地地区。在这些区域,农业源总氮负荷比较大,化肥使用是主要的总氮来源。生活源为主要总氮贡献的区域,集中在流域中部城市 B、C 以及流域出口城市 A 地区(见图 7-130),上述城市区域人口比较密集,生活废水是主要的总氮来源。工业源贡献比较大的区域主要分布在人口比较密集的城镇(建设用地区)周围(见图 7-131)。工业园区和经济开发区的工厂是主要的氮来源。

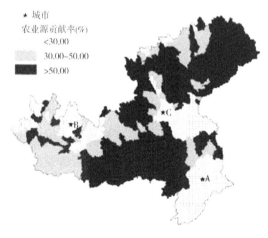

图 7-129　农业源对总氮负荷贡献率分布

**3. 管理措施评估**

基于仿真流域水质总氮模拟结果(见表 7-18),需要对仿真流域拟进行的污染削减措施进行效果预测评估,以期水质在规定时间内达到国家相关水质标准要求。根据污染源贡献率分布,分别选择各污染源负荷较大且该污染源贡献率较高的子流域进行削减策略的情景分析。选择生活源贡献率较高的 C 城市所在流域作为目标子流域 1(代表城市

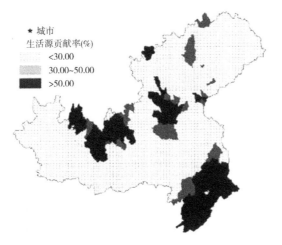

图 7-130 生活源对总氮负荷贡献率分布

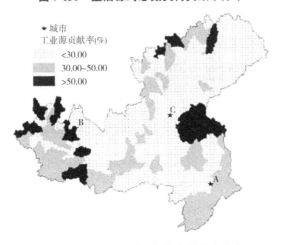

图 7-131 工业源对总氮负荷贡献率分布

区),模拟水质现状为 1.70 mg/L;选择流域东北部农业源负荷大且贡献率高的子流域为目标子流域 2(代表农业区),模拟水质现状为 1.35 mg/L;选择流域西南部工业源负荷大且贡献率高的子流域为目标子流域 3(代表工业区),模拟水质现状为 1.61 mg/L;选择流域上游 3 个污染源贡献率较均衡的子流域为目标子流域 4(代表综合区)。对目标子流域采取以下两类削减策略:策略 1,采取统一管理政策,各污染源同步削减,农业源、生活源、工业源总氮均为每 5 年削减 10%;策略 2,考虑各污染源实际情况,实行有针对性的削减措施,如表 7-19 所示。

表 7-19 总氮负荷削减策略 （%）

| 污染源 | 2010~2015 年 | 2015~2020 年 | 2020~2025 年 | 2025~2030 年 |
|---|---|---|---|---|
| 农业源 | 10 | 10 | 10 | 10 |
| 生活源 | 20 | 15 | 10 | 5 |
| 工业源 | 15 | 15 | 10 | 10 |

借助 SPARROW 模型计算,图 7-132 为执行削减策略 1 后各目标子流域水质预期变化情况。各目标子流域的总氮浓度均稳步下降,农业区和综合区由于其水质现状相对较好,因此到 2030 年可达Ⅲ类水质标准(1 mg/L);而城市区和工业区采取削减策略 1 后到 2030 年水质仍未能达到Ⅲ类水质标准。由于各污染源是等比例削减,污染源结构并未发生变化。

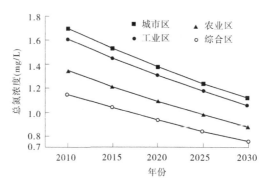

图 7-132 执行削减策略 1 后各目标子流域水质预期变化情况

图 7-133 为执行削减策略 2 后各目标子流域水质预期变化情况。各目标子流域的总氮浓度下降速率均不相同,到 2030 年基本上均能达到Ⅲ类水质标准。由于各污染源采取的削减比例不同,导致各子流域均发生了污染源结构的变化。以目标子流域 4 为例,图 7-134 为执行削减策略 2 后目标子流域 4 的污染源结构变化。

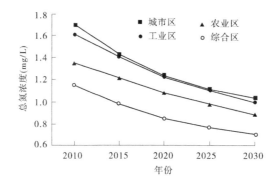

图 7-133 执行削减策略 2 后各目标子流域水质预期变化情况

该子流域现状为总氮污染源贡献率以生活源和工业源居多,其次是农业源。执行削减策略 2 后,该子流域各污染源对总氮的贡献率发生了变化。

工业源整体呈现下降趋势,生活源贡献率先下降后升高,农业源贡献率上升后略有下降。污染源结构随着削减执行时间处于不断变化中。在流域污染治理时,应该把握流域主要污染源的变化趋势,进行成本效益分析,适时修订削减策略,提高削减效率。

### 7.5.6.3 结论

应用 SPARROW 模型对仿真流域进行总氮模拟得到以下结论:

(1)仿真流域总氮污染源由工业源、生活源和农业源构成,各污染源的贡献率分布与流域土地利用类型分布情况基本吻合。

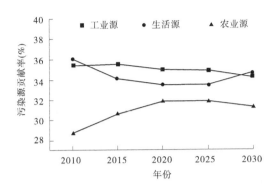

**图 7-134　执行削减策略 2 后各目标子流域 4 的污染源结构变化**

（2）仿真流域河段中的总氮负荷通量在水域传输过程中损失较大，子流域内部产生的总氮污染是该子流域总氮负荷通量的主要来源。

（3）不同子流域可能体现出不同的污染源结构特征，应抓住主要污染源进行治理；对各污染源采取有针对性的削减措施可能会改变污染源结构，应及时修订削减方案，以提高削减效率。

（4）仿真流域的数据处理、模型调试方法的研究表明，我国目前的数据精度情况基本上可以满足 SPARROW 模型运行要求，而对模型模拟结果的分析表明，该模型对我国流域尺度的水环境的评估与管理具有良好的支持作用。

# 参考文献

[1] Alarcon V J, O'Hara C G. Scale-Dependency and sensitivity of hydrological estimations to land use and topography for a coastal watershed in mississippi[C]//International Conference on Computational Science and ITS Applications. Springer-Verlag, 2010: 491-500.

[2] Alexander R B, Smith R A, Schwarz G E. Effect of stream channel size on the delivery of nitrogen to the Gulf of Mexico[J]. Nature, 2000, 403(1): 758-761.

[3] Alexander R B, Smith R A, Schwarz G E, et al. Atmospheric Nitrogen Flux from the Watersheds of Major Estuaries of the United States: An Application of the SPARROW Watershed Model[C]//Nitrogen Loading in Coastal Water Bodies: An Atmospheric Perspective. American Geophysical Union, 2001: 119-170.

[4] Alexander R B, Elliott A H, Shankar U, et al. Estimating the sources and transport of nutrients in the Waikato River Basin, New Zealand[J]. Water Resources Research, 2002, 38(12): 4-1-4-23.

[5] Alexander R B, Johnes P J, Boyer E W, et al. A comparison of models for estimating the riverine export of nitrogen from large watersheds[J]. Biogeochemistry, 2002, 57-58(1): 295-339.

[6] Alexander R B, Boyer E W, Smith R A, et al. The Role of Headwater Streams in Downstream Water Quality[J]. Jawra Journal of the American Water Resources Association, 2007, 43(1): 41.

[7] Alexander R B, Smith R A, Schwarz G E, et al. Differences in phosphorus and nitrogen delivery to the Gulf of Mexico from the Mississippi River Basin[J]. Environmental Science & Technology, 2008, 42

（3）：822-830.

［8］ Arnold J G, Allen P M. Estimating hydrologic budgets for three Illinois watersheds［J］. Journal of Hydrology, 1996, 176(1-4)：57-77.

［9］ Arnold J G, Muttiah R S, Srinivasan R, et al. Regional estimation of base flow and groundwater recharge in the Upper Mississippi river basin［J］. Journal of Hydrology, 2000, 227(1)：21-40.

［10］ Arnold J G, Fohrer N. SWAT2000: current capabilities and research opportunities in applied watershed modelling［J］. Hydrological Processes, 2005, 19(3)：563-572.

［11］ Bai S. Evaluation of the advection scheme in the HSPF model［J］. Journal of Hydrologic Engineering, 2010, 15(3)：191-199.

［12］ Evans B M, Lehning D W, Corradini K J, et al. A Comprehensive GIS-Based Modeling Approach for Predicting Nutrient Loads in Watersheds［J］. J Spatial Hydrology, 2002(2).

［13］ Behera S, Panda R K. Evaluation of management alternatives for an agricultural watershed in a sub-humid subtropical region using a physical process based model［J］. Agriculture Ecosystems & Environment, 2006, 113(1-4)：62-72.

［14］ Bicknell B R, Imhoff J C, Kittle J L, et al. Hydrological Simulation Program-Fortant: HSPF version 12. 2 user's manual［M］. National Exposure Research Laboratory: U. S. EPA, 2001.

［15］ Brannan K, Hamlett J M. Using geostatistics to select grid-cell layouts for the AGNPS model［J］. Transactions of the Asae, 1998, 41(4)：1011-1018.

［16］ Celine Conan, Faycal Bouraoui. An integrated modeling of the Guadiamar catchment(Spain)［J］. http://www. brc. tamus. edu/swat/2ndswatconf/2ndswatconfproceeding. pdf.

［17］ Chanasyk D S, Mapfumo E, Willms W. Quantification and simulation of surface runoff from fescue grassland watersheds［J］. Agricultural Water Management, 2003, 59(2)：137-153.

［18］ Chang C H, Wen C G, Huang C H, et al. Nonpoint source pollution loading from an undistributed tropic forest area［J］. Environmental Monitoring & Assessment, 2008, 146(1-3)：113.

［19］ Shirmohammadi A, Chu T W. Evaluation of the Swat Model's Hydrology Component in the Piedmont Physiographic Region of Maryland［J］. Transactions of the Asae, 2004, 47(4)：1057-1073.

［20］ Cruise J F, Limaye A S, A A. Assessment of Impacts of Climate Change on Water Quality in the Southeastern United States 1［J］. Jawra Journal of the American Water Resources Association, 1999, 35(6)：1539-1550.

［21］ Diazramirez J N, Alarcon V J, Duan Z, et al. Impacts of Land Use Characterization in Modeling Hydrology and Sediments for the Luxapallila Creek Watershed, Alabama and Mississippi［J］. Transactions of the Asabe, 2008, 51(1)：139-151.

［22］ Diazramirez J, Duan Z, Mcanally W, et al. Sensitivity of the HSPF Model to Land Use/Land Cover Datasets［J］. Journal of Coastal Research, 2008, 24(1)：89-94.

［23］ Diaz-Ramirez J N, Mcanally W H, Martin J L. Sensitivity of Simulating Hydrologic Processes to Gauge and Radar Rainfall Data in Subtropical Coastal Catchments［J］. Water Resources Management, 2012, 26(12)：3515-3538.

［24］ DiLuzio M, Srinivasan R, Arnold J G, etc. Arc View Interface for SWAT2000 User's Guid ［M］. Temple, Texas: Texas Water Resources Institute, College Station, 2002, 7-351.

［25］ Duan Z. A HSPF Model Sensitivity Study: Impacts of Watershed Topographic Characteristics on Hydrological and Water Quality Modeling ［C］// TMDL 2010: Watershed Management to Improve Water Quality Proceedings, 14-17 November 2010 Hyatt Regency Baltimore on the Inner Harbor, Baltimore,

Maryland USA. 2010.

[ 26 ] Fitzhugh T W, Mackay D S. Impacts of input parameter spatial aggregation on an agricultural nonpoint source pollution model[ J]. Journal of Hydrology, 2000, 236( 1-2): 35-53.

[ 27 ] Gassman P W, Reyes M R, Green C H, et al. Soil and Water Assessment Tool: Historical Development, Applications, and Future Research Directions[ J]. 2007, 50( 4): 1211-1250.

[ 28 ] Leon L F, George C. WaterBase: SWAT in an Open Source GIS[ J]. Open Hydrology Journal, 2008, 2 ( 1): 1-6.

[ 29 ] Green C H, Griensven A V. Autocalibration in hydrologic modeling: Using SWAT2005 in small-scale watersheds[ J]. Environmental Modelling & Software, 2008, 23( 4): 422-434.

[ 30 ] Van G A, Bauwens W. Integral water quality modelling of catchments[ J]. Water Science & Technology A Journal of the International Association on Water Pollution Research, 2001, 43( 7): 321-328.

[ 31 ] Haregeweyn N, Yohannes F. Testing and evaluation of the agricultural non-point source pollution model ( AGNPS) on Augucho catchment, western Hararghe, Ethiopia[ J]. Agriculture Ecosystems & Environment, 2003, 99( 1-3): 201-212.

[ 32 ] Hargreaves G L, Hargreaves G H, Riley J P. Agricultural Benefits for Senegal River Basin[ J]. Journal of Irrigation & Drainage Engineering, 1985, 111( 2): 113-124.

[ 33 ] Igor Iskra, Ronald Droste. Parameter Uncertainty of a Watershed Model[ J]. Canadian Water Resources Journal, 2008, 33( 1): 5-22.

[ 34 ] Cho J, Park S, Im S. Evaluation of Agricultural Nonpoint Source ( AGNPS) model for small watersheds in Korea applying irregular cell delineation[ J]. Agricultural Water Management, 2008, 95( 4): 400-408.

[ 35 ] Jayakrishnan R, Srinivasan R, Santhi C, et al. Advances in the application of the SWAT model for water resources management[ J]. Hydrological Processes, 2005, 19( 3): 749-762.

[ 36 ] Jeon J H, Lim K J, Yoon C G, et al. Multiple segmented reaches per subwatershed modeling approach for improving HSPF-Paddy water quality simulation[ J]. Paddy & Water Environment, 2011, 9( 2): 193-205.

[ 37 ] Schomberg J D, Host G, Johnson L B, et al. Evaluating the influence of landform, surficial geology, and land use on streams using hydrologic simulation modeling[ J]. Aquatic Sciences, 2005, 67( 4): 528-540.

[ 38 ] Johnson T E, Mcnair J N, Srivastava P, et al. Stream ecosystem responses to spatially variable land cover: an empirically based model for developing riparian restoration strategies[ J]. Freshwater Biology, 2007, 52( 4): 680-695.

[ 39 ] Kawara O, Hirayma K, Kunimatsu T. study on pollution loads from the forest and rice paddy fields [ C]// Diffuse Pollution '95 : Selected Proceedings of the, Iawq International Specialized Conference and Symposia on Diffuse Pollution, Held in Brno and Prague, Czech Republic, 13-18 August. 1996.

[ 40 ] Kiniry J R, Macdonald J D, Armen R Kemanian, et al. Plant growth simulation for landscape-scale hydrological modelling[ J]. Hydrological Sciences Journal, 2008, 53( 5): 1030-1042.

[ 41 ] Kirnak H. Comparison of erosion and runoff predicted by WEPP and AGNPS models using a geographic information system[ J]. Turkish Journal of Agriculture & Forestry, 2002.

[ 42 ] Kliment Z, Kadlec J, Langhammer J. Evaluation of suspended load changes using AnnAGNPS and SWAT semi-empirical erosion models[ J]. Catena, 2008, 73( 3): 286-299.

[ 43 ] Krysanova V, Hattermann F, Wechsung F. Development of the ecohydrological model SWIM for regional

impact studies and vulnerability assessment[J]. Hydrological Processes, 2005, 19(3): 763-783.

[44] Valentina Krysanova, Jeffrey G. Arnold. Advances in ecohydrological modelling with SWAT—a review [J]. Hydrological Sciences Journal, 2008, 53(5): 939-947.

[45] Lee S H, Nimesister W, Toll D, et al. Assessing the hydrologic performance of the EPA's nonpoint source water quality assessment decision support tool using North American Land Data Assimilation System (NLDAS) products[J]. Journal of Hydrology, 2010, 387(3): 212-220.

[46] Lee S B, Yoon C G, Jung K W, et al. Comparative evaluation of runoff and water quality using HSPF and SWMM[J]. Water Science & Technology A Journal of the International Association on Water Pollution Research, 2010, 62(6): 1401.

[47] Lenhart T, Fohrer N, Frede H-G. Effects of land use changes on the nutrient balance in mesoscale catchments[J]. Physics and Chemistry of the Earth, 2003, 28: 1301-1309.

[48] Lenhart T, Rompaey A V, An S, et al. Considering spatial distribution and deposition of sediment in lumped and semi-distributed models[J]. Hydrological Processes, 2005, 19(3): 785-794.

[49] Leonard R A, Knisel W G, Still D A. GLEAMS: Groundwater Loading Effects of Agricultural Management Systems[J]. Transactions of the American Society of Agricultural Engineers, 1987, 30(5): 1403-1418.

[50] Liu Z, Hashim N B, Kingery W L, et al. Hydrodynamic Modeling of St. Louis Bay Estuary and Watershed Using EFDC and HSPF[J]. Journal of Coastal Research, 2008, 52(Fall 2008): 107-116.

[51] Liu Z, Kingery W L, Huddleston D H, et al. Application and evaluation of two nutrient algorithms of Hydrological Simulation Program Fortran in Wolf River watershed[J]. Journal of Environmental Science & Health Part A Toxic/hazardous Substances & Environmental Engineering, 2008, 43(7): 738-748.

[52] Liu Z, Kingery W L, Huddleston D H, et al. Modeling nutrient dynamics under critical flow conditions in three tributaries of St. Louis Bay[J]. Journal of Environmental Science & Health Part A Toxic/hazardous Substances & Environmental Engineering, 2008, 43(6): 633-645.

[53] Liu Z J, Weller D E. A Stream Network Model for Integrated Watershed Modeling[J]. Environmental Modeling & Assessment, 2008, 13(2): 291-303.

[54] Maidment D R. Arc Hydro: GIS for water resources[J]. 2002.

[55] Manguerra H B, Engel B A. Hydrologic Parameterization of Watersheds for Runoff Prediction Using Swat [J]. Jawra Journal of the American Water Resources Association, 1998, 34(5): 1149-1162.

[56] Mcdonald D, Kiniry J, Arnold J, et al. Developing parameters to simulate trees with SWAT[C]// ABBASPOUR K, SRINIVASAN R. Proceedings of the 3rd International SWAT Conference. Zürich: Glodach Press, 2005: 231-256.

[57] Mcmahon G, Roessler C. A Regression-Based Approach to Understand Baseline Total Nitrogen Loading for Tmdl Planning[J]. Proceedings of the Water Environment Federation, 2002: 1277-1303.

[58] Mcmahon G, Alexander R B, Song Q. Support of TMDL Programs Using Spatially Referenced Regression Models[J]. Journal of Water Resources Planning & Management, 2003, 129(4): 315-329.

[59] Arnold J G, Srinivasan R, Muttiah R S, et al. Lareg Area Hydrologic Modeling and Assessment Part I: Model Development[J]. Jawra Journal of the American Water Resources Association, 1998, 34(1): 73-89.

[60] Ranjan S Muttiah, Ralph A Wurbs. Modeling the Impacts of Climate Change on Water Supply Reliabilities[J]. Water International, 2002, 27(3): 407-419.

[61] Kiniry J R, Williams J R, King K W. Soil and Water Assessment Tool Theoretical Documentation (Ver-

sion 2005)[J]. Computer Speech & Language, 2011, 24(2): 289-306.

[62] Neitsch S L, Arnold J G, Kiniry J R, et al. Soil and Water Assessment Tool Theoretical Documentation Version 2000 [M]. Temple, Texas: Texas Water Resources Institute, College Station, 2002, 19-506.

[63] NEIWPCC(New England Interstate Water Pollution Control Commission ). New England SPARROW water quality model[J]. Interstate Water Report, 2004, 1(3): 6-7.

[64] Nigro J, Toll D, Partington E, et al. NASA-modified precipitation products to improve USEPA nonpoint source water quality modeling for the Chesapeake Bay[J]. Journal of Environmental Quality, 2010, 39 (4): 1388.

[65] Vladimir N, Gordon C. Handbook of nonpoint pollution: sources and management[J]. Novotny Vladimir, 1981.

[66] Novotny V, Chesters G. Delivery of sediment and pollutants from nonpoint sources: a water quality perspective[J]. Journal of Soil & Water Conservation, 1984, 44(6): 568-576.

[67] Patil A, Deng Z Q. Analysis of uncertainty propagation through model parameters and structure[J]. Water Science & Technology A Journal of the International Association on Water Pollution Research, 2010, 62(6): 1230-1239.

[68] Penman H L. Evaporation: An introductory survey[J]. Netherlands Journal of Agricultural Science, 1956(4): 7-29.

[69] Polyakov V, Fares A, Kubo D, et al. Evaluation of a non-point source pollution model, AnnAGNPS, in a tropical watershed[J]. Environmental Modelling & Software, 2007, 22(11): 1617-1627.

[70] Popov E G. Gidrologicheskie Prognozy (Hydrological Forecasts) [M]. Leningrad: Gidrometeoizdat, 1979.

[71] Preston S D, Brakebill J W. Application of spatially referenced regression modeling for the evaluation of total nitrogen loading in the Chesapeake Bay Watershed[J]. Center for Integrated Data Analytics Wisconsin Science Center, 1999.

[72] Preston S D, Brakebill J W. Application of spatially referenced regression modeling for the evaluation of total nitrogen loading in the Chesapeake Bay Watershed[J]. Center for Integrated Data Analytics Wisconsin Science Center, 1999.

[73] Priestley C H B, Taylor R J. On the assessment of surface heat flux and evaporation using large-scale parameters[J]. Mon. Weather Rav, 1972, 100: 81-92.

[74] Qian S S, Reckhow K H, Zhai J, et al. Nonlinear regression modeling of nutrient loads in streams: A Bayesian approach[J]. Water Resources Research, 2005, 41(7): 372-380.

[75] Qiu Z, T P. Economic Evaluation of Riparian Buffers in an Agricultural Watershed 1[J]. Jawra Journal of the American Water Resources Association, 1998, 34(4): 877-890.

[76] Qiu Z, T P. Physical Determinants of Economic Value of Riparian Buffers in an Agricultural Watershed 1 [J]. Jawra Journal of the American Water Resources Association, 2001, 37(2): 295-303.

[77] Richard B Alexander, Richard A Smith, Gregory E Schwarz. Effect of stream channel size on the delivery of nitrogen to the Gulf of Mexico[J]. Nature, 2000, 403: 758-761.

[78] Salvetti R, Azzellino A, Vismara R. Diffuse source apportionment of the Po river eutrophying load to the Adriatic sea: assessment of Lombardy contribution to Po river nutrient load apportionment by means of an integrated modelling approach[J]. Chemosphere, 2006, 65(11): 2168-2177.

[79] Ronald L Bingner, Fred D Theurer. Ann AGNPS technical processes documentation[J]. USDA-ARC National Sedimentation Laboratory & USDA-NRCS National Water and Climate Center, 2001.

[80] Rosenthal W D, Hoffman D W. Hydrologic Modeling/GIS as an Aid in Locating Monitoring Sites[J]. Transactions of the Asae, 1999, 42(6): 1591-1598.

[81] Saleh A, Arnold J G, Gassman P W, et al. Application of SWAT for the Upper North Bosque Watershed [J]. Transactions of the Asae, 2000, 43(5): 1077-1087.

[82] Sarangi A, Cox C A, Madramootoo C A. Evaluation of the AnnAGNPS Model for prediction of runoff and sediment yields in St Lucia watersheds[J]. Biosystems Engineering, 2007, 97(2): 241-256.

[83] Schmalz B, Fohrer N. Comparing model sensitivities of different landscapes using the ecohydrological SWAT model[J]. Advances in Geosciences, 2009, 21(21): 91-98.

[84] Schwarz G E, Hoos A B, Alexander R B, et al. The SPARROW Surface Water-Quality Model: Theory, Application and User Documentation[J]. 2006.

[85] Shamshad A, Leow C S, Ramlah A, et al. Applications of AnnAGNPS model for soil loss estimation and nutrient loading for Malaysian conditions[J]. International Journal of Applied Earth Observation & Geoinformation, 2008, 10(3): 239-252.

[86] Shrestha S, Babel M S, Gupta A D, et al. Evaluation of annualized agricultural nonpoint source model for a watershed in the Siwalik Hills of Nepal[J]. Environmental Modelling & Software, 2006, 21(7): 961-975.

[87] Smith R A, Alexander R B, Tasker G D, et al. Statistical Modeling of Water Quality in Regional Watersheds, in U S Environmental Protection Agency, Proceedings of Watershed'93-a National Conference on Watershed Management, Alexandria, Virginia, March 21-24, 1993 [R]. Washington, DC, U S Environmental Protection Agency, EPA 840-R-94-002, 1994.

[88] Smith R A, Schwarz G E, Alexander R B. Regional interpretation of water-quality monitoring data[J]. Water Resources Research, 1997, 33(12): 2781-2798.

[89] Smith R A, Alexander R B, Schwarz G E. Effects of Structural Changes in U S Animal Agriculture on Fecal Bacterial Contamination of Streams -Comparison of Confined and Unconfined Livestock Operations [R]. American Geophysical Union, EOS Transactions, Fall Meeting Supplement, 2004, 85(47).

[90] U. S. Department of Agriculture. Urban hydrology for small watersheds[J]. 1975.

[91] Sophocleous M, Perkins S P. Methodology and application of combined watershed and ground-water models in Kansas[J]. Journal of Hydrology, 2000, 236(3-4): 185-201.

[92] Srefan Liersch. The programs dew. exe and dew02. exe [M]. User's Manual, Berlin, August, 2003.

[93] Stefan Liersch. The programs pcpSTAT User's Manual, Berlin, August 12, 2003. http://www. brc. tamus. edu/swat/pcpSTAT. zip. Stone, M. C, R. H. Hotchkiss, C. M. Hubbard, etc. Impacts of climate change on Missouri river basin water yield[J]. of Amer. Water Res. Assoc, 2001, 37(5): 1119-1130.

[94] Stonefelt M D, Fontaine T A, Hotchkiss R H. Impacts of climate change on water yield in the Upper Wind River Basin[J]. Jawra Journal of the American Water Resources Association, 2000, 36(2): 321-336.

[95] Tripathi M P, Panda R K, Raghuwanshi N S. Development of effective management plan for critical sub-watersheds using SWAT model[J]. Hydrological Processes, 2005, 19(3): 809-826.

[96] Walling D E, He Q, Whelan P A. Using (CS)-C-137 measurements to validate the application of the AGNPS and ANSWERS erosion and sediment yield models in two small Devon catchments[J]. Soil & Tillage Research, 2003, 69(1): 27-43.

[97] Watson B, Coops N, Selvalingam S, et al. Integration of 3-PG into SWAT to simulate the growth of evergreen forests[C]. 2005.

[98] Wischmeier W H, Smith D D. A universal soil-loss equation to guide conservation farm planning[J]. Transactions Int. congr. soil Sci, 1960: 418-425.

[99] Xu Z, Godrej A N, Grizzard T J. The hydrological calibration and validation of a complexly-linked watershed-reservoir model for the Occoquan watershed, Virginia[J]. Journal of Hydrology, 2007, 345(3): 167-183.

[100] Ma Y, Bartholic S J, Asher J, et al. NPS Assessment Model: An Example of AGNPS Application for Watershed Erosion and Phosphorus Sedimentation[J]. Journal of Spatial Hydrology, 2002, 1(1): 433-442.

[101] Yoon S W, Chung S W, Oh D G, et al. Monitoring of non-point source pollutants load from a mixed forest land use[J]. Journal of Environmental Sciences, 2010, 22(6): 801-805.

[102] Young R A, Onstad C A, Bosch D D, et al. AGNPS: A Non-Point-Source Pollution Model for Evaluating Agricultural Watersheds[J]. Journal of Soil & Water Conservation, 1989, 44(2): 168-173.

[103] Zhou Y, Fulcher C. A watershed management tool using SWAT and ARC/INFO[J]. 1997.

[104] 蔡崇法, 丁树文, 史志华, 等. 应用USLE模型与地理信息系统IDRISI预测小流域土壤侵蚀量的研究[J]. 水土保持学报, 2000, 14(2): 19-24.

[105] 车骞, 王根绪, 孙福广, 等. 气候波动和土地覆盖变化下的黄河源区水资源预测[J]. 水文, 2007, 27(2): 11-15.

[106] 陈军锋, 陈秀万. SWAT模型的水量平衡及其在梭磨河流域的应用[J]. 北京大学学报（自然科学版）, 2004, 40(2): 265-270.

[107] 陈康宁, 卞戈亚, 李琳. 重庆市王家沟小流域农业面源污染防控对策[J]. 河海大学学报, 2010, 38(6): 639-643.

[108] 陈欣, 郭新波. 采用AGNPS模型预测小流域磷素流失的分析[J]. 农业工程学报, 2000, 16(5): 44-47.

[109] 陈媛, 郭秀锐, 程水源, 等. SWAT模型在三峡库区流域非点源污染模拟的适用性研究[J]. 安全与环境学报, 2012, 12(2): 148-154.

[110] 陈媛, 郭秀锐, 程水源, 等. 基于SWAT模型的三峡库区大流域不同土地利用情景对非点源污染的影响研究[J]. 农业环境科学学报, 2012, 31(4): 798-806.

[111] 程炯, 吴志峰, 刘平, 等. 珠江三角洲典型流域Ann AGNPS模型模拟研究[J]. 农业环境科学学报, 2007, 26(3): 842-846.

[112] 崔玉亭. 化肥与生态环境保护[M]. 北京:化学工业出版社, 2000.

[113] 董延军, 李杰, 郑江丽, 等. 流域水文水质模拟软件(HSPF)应用指南[M]. 郑州:黄河水利出版社, 2009.

[114] 冯麒宇. 基于SWAT模型的南方典型小流域农业非点源污染研究[D]. 广州:华南理工大学, 2016.

[115] 高以信, 李锦, 周明枞, 等. 中国1:400万土壤图(首次方案)[M]. 北京:科学出版社, 1998.

[116] 韩莉, 刘素芳, 黄民生, 等. 基于HSPF模型的流域水文水质模拟研究进展[J]. 华东师范大学学报(自然科学版), 2015(2): 40-47.

[117] 郝芳华. 流域非点源污染分布式模拟研究[D]. 北京:北京师范大学, 2003.

[118] 郝芳华, 张雪松, 程红光, 等. 分布式水文模型亚流域合理划分水平刍议[J]. 水土保持学报, 2003, 17(4): 75-78.

[119] 郝芳华, 程红光, 杨胜天. 非点源污染模型——理论方法与应用(第一版)[M]. 北京:中国环境科学出版社, 2006.

[120] 何锋. 北京山区流域土地利用系统非点源污染环境风险评价与 SPARROW 模拟[D]. 北京:中国农业大学, 2014.

[121] 洪华生, 曹文志, 张玉珍, 等. 九龙江典型流域氮磷流失的模拟研究[J]. 厦门大学学报, 2004, 43(s1): 243-248.

[122] 洪华生, 黄金良, 张珞平, 等. Ann AGNPS 模型在九龙江流域农业非点源污染模拟应用[J]. 环境科学, 2005, 26(4): 63-69.

[123] 胡连伍, 王学军, 罗定贵, 等. 基于 SWAT 2000 模型的流域氮营养素环境自净效率模拟——以杭埠-丰乐河流域为例[J]. 地理与地理信息科学, 2006, 22(2): 35-38.

[124] 胡远安, 程声通, 贾海峰. 芦溪流域非点源污染物流失的一般规律[J]. 环境科学, 2004, 25(6): 108-112.

[125] 花利忠, 袁建平, 韦杰, 等. Ann AGNPS 模型动态及其应用进展[J]. 山地学报, 2006, 24(b10): 330-337.

[126] 黄金良, 洪华生, 杜鹏飞, 等. Ann AGNPS 模型在九龙江典型小流域的适用性检验[J]. 环境科学学报, 2005, 25(8): 1135-1142.

[127] 黄珏玲, 三峡水库香溪河库湾水华生消机理研究[D]. 咸阳:西北农林科技大学, 2007.

[128] 贾宁凤, 段建南, 李保国, 等. 基于 Ann AGNPS 模型的黄土高原小流域土壤侵蚀定量评价[J]. 农业工程学报, 2006, 22(12): 23-27.

[129] 贾宁凤, 李旭霖, 陈焕伟, 等. Ann AGNPS 模型数据库的建立:以黄山丘陵沟壑区砖窑沟流域为例[J]. 农业环境科学学报, 2006, 25(2): 436-441.

[130] 江涛, 张晓磊, 陈晓宏, 等. 东江中上游主要控制断面水质变化特征[J]. 湖泊科学, 2009, 21(6): 873-878.

[131] 焦锋, 秦伯强, 黄文钰. 小流域水环境管理以宜兴湖滏镇为例[J]. 中国环境科学, 2003, 23(2): 220-224.

[132] 赖格英, 吴敦银, 钟业喜, 等. SWAT 模型的开发与应用进展[J]. 河海大学学报(自然科学版), 2012, 40(3): 243-251.

[133] 李崇明, 黄真理. 三峡水库入库污染负荷研究(Ⅰ):蓄水前污染负荷现状[J]. 长江流域与环境, 2005, 14(5): 611-622.

[134] 李峰, 胡铁松, 黄华金. SWAT 模型的原理、结构及其应用研究[J]. 中国农村水利水电, 2008(3): 24-28.

[135] 李焱. 变密度地下水流溶质运移模型及其海水入侵模拟应用[D]. 北京:中国科学院大学, 2012.

[136] 李硕, 孙波, 曾志远, 等. 遥感和 GIS 辅助下流域养分迁移过程的计算机模拟[J]. 应用生态学报, 2004, 15(2): 278-282.

[137] 李燕, 李兆富, 席庆. HSPF 径流模拟参数敏感性分析与模型适用性研究[J]. 环境科学, 2013, 34(6): 2139-2145.

[138] 李兆富, 刘红玉, 李燕. HSPF 水文水质模型应用研究综述[J]. 2012, 33(7): 2218-2224.

[139] 梁犁丽, 汪党献, 王芳. SWAT 模型及其应用进展研究[J]. 中国水利水电科学研究院学报, 2007, 5(2): 125-131.

[140] 刘兴誉. 基于 SWAT 模型的藉河流域产流产沙模拟研究[D]. 西安:西北大学, 2018.

[141] 雒文生, 宋星原. 水环境分析及预测[M]. 武汉:武汉大学出版社, 2000.

[142] 孟春红, 赵冰. 御临河流域农业面源污染负荷的研究[J]. 中国矿业大学学报, 2007, 36(6): 794-799.

[143] 孟伟, 张楠, 张远, 等. 流域水质目标管理技术研究[J]. 环境科学研究, 2007, 20(4): 1-8.

[144] 庞靖鹏, 徐宗学, 刘昌明. SWAT 模型研究应用进展[J]. 水土保持研究, 2007, 14(3): 31-35.

[145] 秦福来, 王晓燕, 张美华. 基于 GIS 的流域水文模型——SWAT(Soil and Water Assessment Tool) 模型的动态研究[J]. 首都师范大学学报, 2006, 27(1): 81-85.

[146] 任希岩, 张雪松, 郝芳华, 等. DEM 分辨率对流域产流产沙模拟的影响[J]. 水土保持研究, 2004, 11(1): 1-5.

[147] 孙峰, 郝芳华. 基于 GIS 的官厅水库流域非源污染负荷计算研究[J]. 北京水利, 2004(1): 16-18.

[148] 孙金华, 朱乾德, 颜志俊, 等. AGNPS 系列模型研究与应用综述[J]. 水科学进展, 2009, 20(6): 876-884.

[149] 万超, 张思聪. 基于 GIS 的潘家口水库面源污染负荷计算[J]. 水利发电学报, 2003, 81(2): 62-68.

[150] 王飞儿, 吕唤春, 陈英旭, 等. 基于 Ann AGNPS 模型的千岛湖流域氮、磷输出总量预测[J]. 农业工程学报, 2003, 19(6): 281-284.

[151] 王振岗. 密云水库上游石闸小流域非点源污染负荷模型研究与建立[D]. 北京:首都师范大学, 2002.

[152] 王中根, 刘昌明, 吴险峰. 基于 DEM 的分布式水文模型研究综述[J]. 自然资源学报, 2003, 18(2): 1-6.

[153] 王中根, 刘昌明, 黄友波. SWAT 模型的原理、结构及应用研究[J]. 地理科学进展, 2003, 22(1): 79-86.

[154] 魏怀斌, 张占庞, 杨金鹏. SWAT 模型土壤数据库建立方法[J]. 水利水电技术, 2007, 28(6): 15-18.

[155] 吴军, 张万昌. DEM 分辨率对 AVSWAT 2000 径流模拟的敏感性分析[J]. 遥感信息理论研究, 2007(3): 8-13.

[156] 吴在兴, 王晓燕. 流域空间统计模型 SPARROW 及其研究进展[J]. 环境科学与技术, 2010, 33(9): 87-90.

[157] 解莹, 李叙勇, 王慧亮, 等. SPARROW 模型研究及应用进展[J]. 水文, 2012, 32(1): 50-54.

[158] 徐爱兰. 太湖流域典型圩区农业非点源污染产污规律及模型研究[D]. 南京:河海大学, 2007.

[159] 徐琳, 李海杰. 农业非点源污染模型研究进展及趋势[J]. 污染防治技术, 2008(2): 42-46.

[160] 许其功, 刘鸿亮, 沈珍瑶, 等. 参数空间分布对非点源污染模拟的影响[J]. 环境科学, 2007, 28(7): 1425-1429.

[161] 薛亦峰, 王晓燕. HSPF 模型及其在非点源污染研究中的应用[J]. 首都师范大学学报:自然科学版, 2009, 30(3): 61-65.

[162] 薛亦峰, 王晓燕, 王立峰, 等. 基于 HSPF 模型的大阁河流域径流量模拟[J]. 环境科学与技术, 2009, 32(10): 103-107.

[163] 叶麟. 三峡水库香溪河库湾富营养化及春季水华研究[D]. 武汉:中国科学院水生生物研究所, 2006.

[164] 于峰, 史正涛, 李滨勇, 等. SWAT 模型及其应用研究[J]. 水科学与工程技术, 2008, 5: 4-9.

[165] 曾远, 张永春, 张龙江, 等. GIS 支持下 AGNPS 模型在太湖流域典型圩区的应用[J]. 农业环境科学学报, 2006, 25(3): 761-765.

[166] 翟晓燕. 变化环境下流域环境水文过程及其数值模拟——以淮河和新安江流域为例[D]. 武汉:武汉大学, 2015.

[167] 张东, 张万昌. SWAT 2000 气象模拟器的随机模拟原理、验证及改进[J]. 资源科学, 2004, 26(4): 28-35.

[168] 张东,张万昌. SWAT 分布式水文物理模型的改进及应用研究[J]. 地理科学, 2005, 25(4):434-440.

[169] 张恒,曾凡棠,房怀阳,等. 连续降雨对淡水河流域非点源污染的影响[J]. 环境科学学报, 2011, 31(5):927-934.

[170] 张恒,曾凡棠,房怀阳,等. 基于 HSPF 及回归模型的淡水河流域非点源负荷计算[J]. 环境科学学报, 2012, 32(4):856-864.

[171] 张宏华,李蜀庆,杜军,等. 农业面源污染模型 AGNPS 的应用现状及在我国应用的展望[J]. 重庆环境科学, 2003, 25(12):188-190.

[172] 张雪松,郝芳华,杨志峰,等. 基于 SWAT 模型的中尺度流域产流产沙模拟进展[J]. 水土保持研究, 2003, 10(4):38-42.

[173] 张玉斌,郑粉莉. AGNPS 模型及其应用[A]. 水土保持研究, 2004, 11(4):124-127.

[174] 张玉珍,陈能汪,曹文志,等. 南方丘陵地区农业小流域最佳管理措施模拟研究[J]. 资源科学, 2005, 27(6):151-155.

[175] 张运生,曾志远,李硕. GIS 辅助下的江西潋水河流径流的化学组成计算机模拟研究[J]. 土壤学报, 2005, 42(4):559-569.

[176] 赵刚,张天柱,陈吉宁. 用 AGNPS 模型对农田侵蚀控制方案的模拟[J]. 清华大学学报, 2002, 42(5):705-707.

[177] 郑炳辉,王丽婧,龚斌. 三峡水库上游河流入库面源污染负荷研究[J]. 环境科学研究, 2009, 22(2):125-131.

[178] 邹桂红,崔建勇. 基于 Ann AGNPS 模型的农业非点源污染模拟[J]. 农业工程学报, 2007, 23(12):11-17.

[179] 邹桂红,崔建勇,刘占良,等. 大沽河典型小流域非点源污染模拟[J]. 资源科学, 2008, 30(2):288-295.